Das Tierreich

Eine Zusammenstellung und Kennzeichnung der rezenten Tierformen

Gegründet von der Deutschen Zoologischen Gesellschaft

Im Auftrage der

Preußischen Akademie der Wissenschaften zu Berlin

herausgegeben von

F. E. Schulze (†), W. Kükenthal (†)

fortgesetzt von **K. Heider,** seit 1927 von **R. Hesse**

Schriftleiter: **C. Apstein**

Seit Linnés Systema naturae ist die Zahl der bekannten Tierformen so angewachsen, daß eine neue, umfassende Übersicht des Systems, die als Abschluß der bisherigen und als Grundlage künftiger systematischer Forschung dienen kann, ein dringendes Bedürfnis geworden ist. Um diese Aufgabe zu erfüllen, hatte die Deutsche Zoologische Gesellschaft das vorliegende Werk gegründet und dessen wissenschaftliche Leitung Herrn Geh. Reg.-Rat Prof. **F. E. Schulze** in Berlin anvertraut. Das gewaltige Unternehmen fand die Unterstützung der Preußischen Akademie der Wissenschaften, die in Würdigung der Bedeutung des Werkes im Jahre 1902 die Herausgabe übernommen hat.

Die Herausgabe findet in Lieferungen statt, die je eine oder mehrere nahestehende Gruppen behandeln, jedoch unabhängig von einer systematischen Folge erscheinen.

Jede Lieferung ist einzeln käuflich. Dem Umfang entsprechend ist der Preis der Lieferungen verschieden; **jedoch wird den Subskribenten, die sich für die Abnahme von fünf hintereinander erscheinenden Lieferungen verpflichten, ein Nachlaß von zwanzig Prozent des bei Ausgabe der Lieferung festgesetzten Ladenpreises gewährt.**

Nach einer Umfrage bei den bisherigen Bearbeitern haben folgende Herren ihre Mitarbeit zugesagt, resp. neue Bearbeiter sind hinzugekommen:

Bearbeiter: Dr. **E. Ahl** in Berlin, Dr. **W. Arndt** in Berlin, Graf Dr. **C. Attems** in Wien, **R. S. Bagnall** und **Hood** in Oxford, England, Prof. **Bischoff** in Berlin, Prof. **Boschma** in Leiden, Lehrer **H. Fahrenholz** in Hannover, Prof. Dr. **H. Friese** in Schwerin, Lehrer **H. Gebien** in Hamburg, Dir. **E. Hartert** in Tring, Dr. **C. E. Hellmayr** in München, Prof. **A. Jacobi** in Dresden, Dr. **K. Jordan** in Tring, Hauptlehrer **Fr. Kiefer** in Dilsburg bei Heidelberg, Prof. **C. A. Kofoid** in Berkeley (California), Dr. **H. A. Krauss** in Tübingen, Prof. **T. Krumbach** in Berlin, Dr. **H. Kuntzen** in Berlin, Prof. **A. Laubmann** in München, Dir. Prof. **H. Lohmann** in Hamburg, Prof. Dr. **T. Mortensen** in Kopenhagen, Dr. **E. Neresheimer** in Wien, **W. D. Pierce** in Washington, Dr. **E. Reisinger** in Köln, Prof. **L. Rhumbler** in Hannov.-Münden, Lord **W. Rothschild** in Tring, Dr. **F. A. Schilder** in Naumburg/Saale, Prof. **O. Schmiedeknecht** in Blankenburg, Prof. **E. Stechow** in München, Dr. **O. Steinböck** in Innsbruck, Dr. **H. Stichel** in Berlin-Lichterfelde-Ost, Dr. **T. Stingelin** in Olten, Konrektor **H. Stitz** in Berlin, Dr. **E. Stresemann** in Berlin, Prof. **J. Thiele** in Berlin, Schuldirektor **S. Thor** in Oslo, Dr. **G. Ulmer** in Hamburg, **K. Viets** in Bremen.

Siehe auch S. 3 des Umschlags!

Das Tierreich

Eine Zusammenstellung und Kennzeichnung der rezenten Tierformen

Gegründet von der Deutschen Zoologischen Gesellschaft

Im Auftrage der

Preußischen Akademie der Wissenschaften zu Berlin

herausgegeben von

F. E. Schulze (†), W. Kükenthal (†)

fortgesetzt von **K. Heider,** seit 1927 von **R. Hesse**

Schriftleiter: **C. Apstein**

„Παντα ῥει“ *„Sine systemate chaos“*

52. Lieferung

Myriapoda

1. Geophilomorpha

bearbeitet von

Dr. Graf Attems
Wien

Mit 307 Abbildungen

Berlin und Leipzig 1929
Walter de Gruyter & Co.
vormals G. J. Göschen'sche Verlagshandlung — J Guttentag, Verlagsbuchhandlung
Georg Reimer — Karl J. Trübner — Veit & Comp.
Ausgegeben März 1929

Das Tierreich

Im Auftrage der

Preußischen Akademie der Wissenschaften zu Berlin

herausgegeben von

F. E. Schulze (†), W. Kükenthal (†)

fortgesetzt von **K. Heider**, seit 1927 von **R. Hesse**

Schriftleiter: **C. Apstein**

---

52. Lieferung

Myriapoda

1. Geophilomorpha

bearbeitet von

Dr. Graf Attems
Wien

Mit 307 Abbildungen

Berlin und Leipzig 1929

Walter de Gruyter & Co.

vormals G. J Göschen'sche Verlagshandlung — J. Guttentag, Verlagsbuchhandlung
Georg Reimer — Karl J. Trübner — Veit & Comp.

Ausgegeben März 1929

Druck: August Hopfer, Burg Bz. Mgdbg.

Inhalt

Die Literatur wurde bis Anfang 1929 berücksichtigt.

Literatur-Kürzungen

Abh. Ges. Wien — Abhandlungen der K. K. zoologisch-botanischen Gesellschaft in Wien. Wien. 4.
Abh. Mus. Dresden — Abhandlungen und Berichte des Königlichen zoologischen und anthropologisch-ethnographischen Museums zu Dresden. Berlin. 4.
Abh. Schles. Ges. — Abhandlungen der Schlesischen Gesellschaft für vaterländische Cultur. — Abtheilung für Naturwissenschaften und Medicin. Breslau. 8.
Abh. Senckenb. Ges. — Abhandlungen, herausgegeben von der Senckenbergischen naturforschenden Gesellschaft. Frankfurt a. M. 4.
Alluaud & Jeannel, Voy. Afr. Or. — Voyage de Ch. Alluaud et R. Jeannel en Afrique Orientale 1911—1912. Résultats scientifiques. Paris. 1914—.... 8.
Amer. Natural. — The American Naturalist. Salem (Philadelphia) (Boston). 8.
Ann. ent. Soc. Amer. — Annals of the entomological Society of America. Columbus. 8.
Ann. Hofmus. Wien — Annalen des K. K. naturhistorischen Hofmuseums. Wien. 8.
Ann. Mus. Genova — Annali del Museo civico di Storia naturale di Genova. Genova. 8.
Ann. Mus. Paris — Annales du Muséum |national| d'Histoire naturelle. Paris. 4.
Ann. nat. Hist. — The Annals and Magazine of natural History, including Zoology, Botany, and Geology. London. 8.
Ann. N. York Ac. — Annals of the New York Academy of Sciences, late Lyceum of natural History. New York. 8.
Ann. S. Afr. Mus. — Annals of the South African Museum. Cape Town. 8.
Ann. Sci. nat. — Annales des Sciences naturelles. — [Sér. 2—4:] Zoologie ([Sér. 5 & sequ.:] Zoologie et Paléontologie). Paris. 8.
Ann. Soc. ent. Belgique — Annales de la Société entomologique de Belgique. Bruxelles. 8.
Ann. Soc. ent. France — Annales de la Société entomologique de France. Paris. 8.
Ann. Soc. Linn. Lyon — Annales de la Société Linnéenne de Lyon. Lyon (Paris). 8.
Ann. Wien. Mus. — Annalen des Wiener Museums der Naturgeschichte. Wien. 4.
Arch. Naturg. — Archiv für Naturgeschichte. Berlin. 8.
Arch. Zool. expér. — Archives de Zoologie expérimentale et générale. Paris. 8.
Ark. Zool. — Arkiv för Zoologi utgifvet af K. Svenska Vetenskaps-Akademien. Stockholm. 8.
Atti Acc. Lincei, Rend. — Atti della Reale Accademia dei Lincei. — Rendiconti |della Classe di Scienze fisiche, matematiche e naturali|. Roma. 4.
Atti Soc. Veneto-Trent. — Atti della Società Veneto-Trentina di Scienze naturali, residente in Padova. Padova. 8.
Beitr. Land-Süßw.-Fauna D.-S.-W.-Afr. — Beiträge zur Kenntnis der Land- und Süßwasserfauna Deutsch-Südwestafrikas. Ergebnisse der Hamburger Deutsch-südwestafrikanischen Studienreise 1911. Herausgegeben von W. Michaelsen. Hamburg. 8.
Berlese, A. M. S. — Antonii Berlesii, Acari, Myriopoda et Scorpiones hucusque in Italia reperta. Fasc. 1—101. Patavii, Portici. 1882—1903. 8.
Bih. Svenska Ak. — Bihang till Kongl. Svenska Vetenskaps-Akademiens Handlingar. — Afdelning 4, Zoologi. Stockholm. 8.
Biol. Centralbl. — Biologisches Centralblatt. Erlangen (Leipzig). 8.
Biol. Centr.-Amer. — Biologia Centrali-Americana; or, Contributions to the Knowledge of the Fauna and Flora of Mexico and Central-America. Edited by F. Ducane Godman |and Osbert Salvin|. London. 4.

Boll. Laborat. Zool. Portici — Bollettino del Laboratorio di Zoologia generale e agraria della R. Scuola superiore d'Agricoltura in Portici. Portici. 8.

Boll. Mus. Genova — Bollettino dei Musei di Zoologia e Anatomia comparata della Reale Università di Genova. Genova. 8.

Boll. Mus. Torino — Bollettino dei Musei di Zoologia ed Anatomia comparata della Reale Università di Torino. Torino. 8.

Boll. Soc. Rom. zool. — Bollettino della Società Romana per gli Studi zoologici. Roma. 8.

Brandt, Recu. Mém. — Recueil de Mémoires relatifs à l'Ordre des Insectes Myriapodes et lus à l'Académie Impériale des Sciences de St.-Pétersbourg. St.-Pétersbourg & Leipsik. 1841. 8.

Extrait du Bulletin scientifique publié par l'Académie Impériale des Sciences de St.-Pétersbourg. *v.* 5—9.

Bronn, Kl. Ordn. — H. G. Bronn's Klassen und Ordnungen des |Thier |Tier |-Reichs, wissenschaftlich dargestellt in Wort und Bild. Leipzig, Heidelberg. 8.

Bull. Ac. Belgique — Bulletins de l'Académie Royale des Sciences, des Lettres et des Beaux-Arts de Belgique. Bruxelles. 8.

Bull. Ac. St.-Pétersb. — Bulletin de l'Académie Impériale des Sciences de St.-Pétersbourg. St.-Pétersbourg. 4 (8).

Bull. Mus. Harvard — Bulletin of the Museum of comparative Zoology at Harvard College, in Cambridge. Cambridge. Mass., U. S. A. 8.

Bull. Mus. Monaco — Bulletin du Musée océanographique de Monaco. Monaco. 8.

Bull. Mus. Paris — Bulletin du Muséum d'Histoire naturelle. Paris. 8.

Bull. Soc. Bucarest — Buletinul Societatii de Sciinte din Bucuresci-România. Bulletin de la Société des Sciences de Bucarest-Roumanie. Bucuresci. 8.

Bull. Soc. Corse — Bulletin de la Société des Sciences historiques et naturelles de la Corse. Bastia.

Bull. Soc. ent. France — Bulletin des Séances et Bulletin bibliographique de la Société entomologique de France. Paris. 8.

Bull. Soc. ent. Ital. — Bullettino della Società entomologica Italiana. Firenze. 8.

Bull. Soc. Rouen — Bulletin de la Société des Amis des Sciences naturelles de Rouen. Rouen. 8.

Bull. Soc. Toulouse — Bulletin de la Société d'Histoire naturelle de Toulouse. Toulouse. 8.

Bull. U. S. Mus. — Bulletin of the United States national Museum. Washington. 8.

Canad. Ent. — The Canadian Entomologist. Toronto (London). 8.

Comun. Mus. Buenos Aires — Comunicaciones del Museo Nacional de Buenos Aires. Buenos Aires. 8.

Cook, Brandtia — Brandtia. A Series of occasional Papers on Diplopoda and other Arthropoda. By O. F. Cook. Huntington, New York. 1896, 97. 8.

G. Cuvier, Règne an. — Le Règne animal distribué d'après son Organisation, pour servir de Base à l'Histoire naturelle des Animaux et d'Introduction à l'Anatomie comparée. Par [Georges] Cuvier. Tom 1—4. Paris. 1817. 8.

G. Cuvier, Règne an., ed. 2 — Le Règne animal distribué d'après son Organisation, pour servir de Base à l'Histoire naturelle des Animaux et d'Introduction à l'Anatomie comparée. Par [Georges] Cuvier. Nouvelle Édition, revue et augmentée. [Tom. 4 & 5:] Par [Pierre André] Latreille. Tom. 1—5. Paris. 1829, 29, 30, 29, 29. 8.

*G. Cuvier, Règne an., ed. 4**) — Le Règne animal distribué d'après son Organisation, pour servir de Base à l'Histoire naturelle des Animaux, et d'Introduction à l'Anatomie comparée. Par [Georges] Cuvier. [4.] Édition accompagnée de Planches gravées, ... par une Réunion de Disciples de Cuvier. Paris. 1836—49. 4.

Daday, Myr. Regni Hungar. — Myriopoda Regni Hungariae. E Commissione Regiae Societatis Hungaricae Scientiarum Naturalium. Elaboravit Eugenius Daday de Deés. Budapest. 1889. 4.

---

*) Diese Ausgabe ist bisher als „ed. 3" aufgeführt gewesen. Es gibt aber eine Ausgabe Bruxelles 1836, die mit „3 Edition" auf dem Titel bezeichnet ist, so daß die zuerst genannte Ausgabe von jetzt ab als „ed. 4" zitiert werden wird.

Denk. Ges. Jena — Denkschriften der medicinisch-naturwissenschaftlichen Gesellschaft zu Jena. Jena. 4.

Edinb. Enc. — The Edinburgh Encyclopaedia; conducted by David Brewster. With the Assistance of Gentlemen eminent in Science and Literature. Vol. 1—18. Edinburgh. 1830 [1809—31]. 4.

Ent. Amer. — Entomologica Americana. Published by the Brooklyn entomological Society. Brooklyn, N. Y. 8.

Ent. News Philad. — Entomological News |and Proceedings of the entomological Section of the Academy of natural Sciences of Philadelphia|. Philadelphia. 8.

Ent. Tidskr. — Entomologisk Tidskrift. På Föranstaltande af entomologiska Föreningen i Stockholm. Stockholm. 8.

Ergeb. Hamburg. Magalh.-Sammelr. — Ergebnisse der Hamburger Magalhaensischen Sammelreise 1892/93. Herausgegeben vom Naturhistorischen Museum zu Hamburg. *v.* 1—8. Hamburg. 1896—1907. 8.

Ergeb. Schwed. Exp. Kilimandjaro — Wissenschaftliche Ergebnisse der Schwedischen zoologischen Expedition nach dem Kilimandjaro, dem Meru und den umgebenden Massaisteppen Deutsch-Ostafrikas 1905—1906, unter Leitung von Yngve Sjöstedt. Herausgegeben mit Unterstützung von der Königl. Schwedischen Akademie der Wissenschaften. Stockholm. 4.

Expl. Algérie — Exploration scientifique de l'Algérie pendant les Années 1840, 41, 42. Publiée par Ordre du Gouvernement et avec le Concours d'une Commission académique. — Sciences physiques. Zoologie. I—IV. Histoire naturelle des Animaux articulés par H. Lucas. Partie 1—3; Atlas. Paris. 1849 [1845—49]. 4.

Exp. Morée — Expédition scientifique de Morée. Section des Sciences physiques. — Tom. 3. Partie I. Zoologie. Cum Atlas. Paris. 1836 (1832, 33); 31—35. 4 & 2.

Fabricius, Spec. Ins. — Ioh. Christ. Fabricii Species Insectorum exhibentes eorum Differentias specificas, Synonyma Auctorum, Loca natalia, Metamorphosin adiectis Observationibus, Descriptionibus. Tom. 1, 2. Hamburgi et Kilonii. 1781. 8.

Fauna Haw. — Fauna Hawaiiensis or the Zoology of the Sandwich (Hawaiian) Isles: Being Results of the Explorations instituted by the Joint Committee appointed by the Royal Society of London for promoting natural Knowledge and the British Association for the Advancement of Science and carried on with the Assistance of those Bodies and of the Trustees of the Bernice Pauahi Bishop Museum at Honolulu. Edited by David Sharp. Vol. 1—3. Cambridge. 1899—1913. 4.

Fauna S. W.-Austral. — Die Fauna Südwest-Australiens. Ergebnisse der Hamburger Südwestaustralischen Forschungsreise 1905, herausgegeben von W. Michaelsen und R. Hartmeyer. Jena. 8.

Feuille Natural. — La Feuille des jeunes Naturalistes. |Revue mensuelle d'Histoire naturelle.| |Fondée à Mulhouse en 1870.| Paris. 8.

H. Gadeau de Kerville, Voy. Khroumirie — H. Gadeau de Kerville, Voyage zoologique en Khroumirie (Tunisie). Mai—Juin 1906. Paris. 1908. 4.

Gadeau de Kerville, Voy. Syrie — H. Gadeau de Kerville, Voyage zoologique en Syrie. (Avril—Juin 1908). *v.* 1. Paris. 1926. 4.

Gay, Hist. Chile — Historia fisica y politica de Chile segun Documentos adquiridos . . . y publicada bajo los Auspicios del supremo Gobierno por Claudio Gay. — Zoologia. Tom. 1—8; Atlas. Paris. 1847—54. 8 & 2.

Gmelin-Linné, Syst. Nat., ed. 13 — Caroli a Linné Systema Naturae per Regna tria Naturae, secundum Classes, Ordines, Genera, Species, cum Characteribus, Differentiis, Synonymis, Locis. Editio XIII, aucta, reformata. Cura Jo. Frid. Gmelin. — Tomus I. Pars 1—7. Lipsiae. 1788—1792. 8.

Guérin-Méneville, Iconogr. Règne an. — Iconographie du Règne animal de G. Cuvier, ou Représentation d'après Nature de l'une des Espèces les plus remarquables et souvent non encore figurées, de chaque Genre d'Animaux. Avec un Texte descriptif mis au Courant de la Science. Par F. E. Guérin-Méneville. Tom. 1—3. Paris, Londres. 1829—44. 4 (& 8). Text 1844.

Haase, Schles. Chilop. — Schlesiens Chilopodae. 1. Chilopoda anamorpha. Inaugural-Dissertation Breslau 1. September 1880. Breslau. 1880. 8.

Harriman Alaska Exp. — Harriman Alaska Expedition. With Cooperation of Washington Academy of Sciences. Alaska, New York. 8.

Hist. An. artic. — Histoire naturelle des Animaux articulés, Annelides, Crustacés, Arachnides, Myriapodes et Insectes. — Histoire naturelle des Crustacés, des Arachnides et des Myriapodes, par [Hippolyte] Lucas. Paris. 1840. 8.

Hist. Madag. — Histoire physique, naturelle et politique de Madagascar. Publiée par Alfred Grandidier. Paris. 4

Horae Soc. ent. Ross. — Horae Societatis entomologicae Rossicae. Petropoli. 8.

Irish Natural. — The Irish Naturalist: a monthly Journal of general Irish natural History. Dublin. 8.

J. Ac. Philad. — Journal of the Academy of natural Sciences of Philadelphia. Philadelphia. 8 (4).

Jahrb. Hamburg. Anst. — Jahrbuch der Hamburgischen wissenschaftlichen Anstalten. Hamburg 8.

Jahrb. Mus. Kärnten — Jahrbuch des naturhistorischen Landes-Museums von Kärnten. Klagenfurt. 8.

J Linn. Soc. London — The Journal of the Linnean Society. — Zoology. London. 8.

Koch, C. M. A. — Deutschlands Crustaceen, Myriapoden und Arachniden. Ein Beitrag zur Deutschen Fauna von C. L. Koch. Heft 1—40. Regensburg. [1835—44.] 16. [= C. L. Koch in: Panzer (Herrich Schäffer), Faun. Ins. Germ., Heft 132 etc.]

Koch, Myr. — Die Myriopoden. Getreu nach der Natur abgebildet und beschrieben von C. L. Koch. *v.* 1, 2. Halle. 1863. 8.

Koch-Panzer, Krit. Revis. — C. L. Koch (Panzer's) Kritische Revision der Insektenfauna Deutschlands. 3. Bändchen, enthaltend Deutschlands Crustaceen, Arachniden und ein System der Myriapoden. Regensburg. 1847. 8.

Kükenthal & Krumbach, Handb. Zool. — Handbuch der Zoologie. Eine Naturgeschichte der Stämme des Tierreichs. Gegründet von Willy Kükenthal, unter Mitarbeit zahlreicher Fachgelehrten herausgegeben von Thilo Krumbach. Berlin, Leipzig. 1923—. 8.

Latreille, Cours Ent — Cours d'Entomologie, ou de l'Histoire naturelle des Crustacés, des Arachnides, des Myriapodes et des Insectes; à l'Usage des Élèves de l'École du Muséum d'Histoire naturelle. Par [Pierre André] Latreille. Première Année. Ouvrage accompagné d'un Atlas. Paris. 1831. 8.

Latreille, Gen. Crust. Ins. — P. A. Latreille Genera Crustaceorum et Insectorum secundum Ordinem naturalem in Familias disposita, Iconibus Exemplisque plurimis explicata. Tom. 1—4. Parisiis et Argentorati. 1806, 07, 07, 09. 8.

Latreille, Hist. Crust. Ins. — Histoire naturelle, générale et particulière, des Crustacés et des Insectes. Ouvrage faisant Suite aux Oeuvres de Leclerc de Buffon, et Partie du Cours complet d'Histoire naturelle rédigé par C. S. Sonnini. Par P. A. Latreille. Tom. 1—14. Paris. X—XIII [1802—1805]. 8.

Latzel, Myr. Österr.-Ung. — Die Myriopoden der Österreichisch-Ungarischen Monarchie von Robert Latzel. *v.* 1, 2. Wien. 1880, 84. 8.

Leach, Zool. Misc. — The zoological Miscellany; being Descriptions of new, or interesting Animals, by William Elford Leach. Illustrated with coloured Figures, drawn from Nature, by R. P. Nodder. Vol. 1—3. London. 1814, 15, 17. 8.

Linné, Fauna Svec. — Caroli Linnaei, Fauna Svecica sistens Animalia Sveciae Regni. Stockholmiae (Lugduni Batavorum). 1746. 8.

Linné, Fauna Svec., ed. 2 — Caroli Linnaei Fauna Svecica sistens Animalia Sveciae Regni: Mammalia, Aves, Amphibia, Pisces, Insecta, Vermes. Distributa per Classes & Ordines, Genera & Species, cum Differentiis Specierum, Synonymis Auctorum, Nominibus Incolarum, Locis Natalium, Descriptionibus Insectorum. Editio altera, auctior. Stockholmiae. 1761. 8.

Linné, Syst. Nat., ed. 10 — Caroli Linnaei Systema Naturae per Regna tria Naturae, secundum Classes, Ordines, Genera, Species, cum Characteribus, Differentiis, Synonymis, Locis. Editio X, reformata. — Tomus I. Holmiae. 1758. 8.

Linné, Syst. Nat., ed. 12 — Caroli a Linné Systema Naturae per Regna tria Naturae, secundum Classes, Ordines, Genera, Species, cum Characteribus, Differentiis, Synonymis, Locis. Editio XII, reformata. — Tomus I. Pars 1, 2. Holmiae. 1766, 67 8.

Mag. Zool. — Magasin de Zoologie |[Sér. 2:], d'Anatomie comparée et de Paléontologie|. Paris. 8.

Maillard, Note Réunion — Notes sur l'Ile de la Réunion (Bourbon) par L. Maillard. *v.* 1, 2. 1862. ed. 2. 1863. Paris. 8.

A. Marschall, Nomencl. zool. — Nomenclator zoologicus continens Nomina systematica Generum Animalium tam viventium quam fossilium, secundum Ordinem alphabeticum disposita. Conscriptus a Comite Augusto de Marschall. Vindobonae. 1873. 8.

Mém. Ac. St.-Pétersb. — Mémoires de l'Académie Impériale des Sciences de St.-Pétersbourg. — [Sér. 6:] Sciences mathématiques, physiques et naturelles. St.-Pétersbourg. 4

Mém. Soc. Genève — Mémoires de la Société de Physique et d'Histoire naturelle de Genève. Genève. 4.

Mém. Soc. Moscou — Mémoires de la Société Impériale des Naturalistes de Moscou ([Tome 1:] Mémoires de la Société des Naturalistes de l'Université Impériale de Moscou). Moscou. 4.
Tome 1—6: 1806—23. [sequ.: *N. Mém. Soc. Moscou.*]

Mém. Soc. Neuchâtel — Mémoires de la Société des Sciences naturelles de Neuchâtel. Tome 1—4. Neuchâtel. 1835—74. 4. Mémoires de la Société neuchâteloise des Sciences naturelles. Tome 5. 1912. Neuchâtel. 4.

Mém. Soc. zool. France — Mémoires de la Société zoologique de France. Paris. 8.

Miss. Mex. — Mission scientifique au Mexique et dans l'Amérique centrale, Ouvrage publié par Ordre du Ministre de l'Instruction publique. — Recherches zoologiques . . . publiées sous la Direction de [Henri] Milne Edwards. Paris. 4.

Mt. Mus. Berlin — Mitteilungen aus der zoologischen Sammlung des Museums für Naturkunde in Berlin. Berlin. 4.

Mt. Mus. Hamburg — Mitteilungen aus dem naturhistorischen Museum in Hamburg. Aus dem (Beiheft zum) Jahrbuch der Hamburgischen wissenschaftlichen Anstalten. Hamburg. 8.

N. Acta Ac. Leop. — Nova Acta |physico-medica| Academiae Caesareae Leopoldino-Carolinae |Germanicae| Naturae Curiosorum. [*v.* 9 & sequ :] Verhandlungen (Abhandlungen) der |Kaiserlichen| Leopoldinisch-Carolinischen Akademie der Naturforscher. Norimbergae. (Erlangen) (Bonn) . . . . 4.

N Amer. Fauna — North American Fauna published by Authority of the Secretary of Agriculture. U. S. Department of Agriculture. Washington. 8.

N. Arch. Mus. Paris — Nouvelles Archives du Muséum d'Histoire naturelle de Paris. Paris. 4

Nat. Hist. Juan Fernandez — The natural History of Juan Fernandez and Easter Island, edited by Carl Skottsberg. *v.* 3. 1924. 8.

Natural. Sicil. — Il Naturalista Siciliano. Giornale di Scienze naturali. Palermo. 4.

Nature — Nature. A weekly illustrated Journal of Science. London and New York (London). 4.

Naturh. Tidsskr. — Naturhistorisk Tidsskrift. Kjøbenhavn. 8.

N. Caledonia — Nova Caledonia Forschungen in Neu-Caledonien und auf den Loyalty-Inseln. Herausgegeben von Fritz Sarasin und Jean Roux. Wiesbaden, Berlin, München. 4.

Newport, Cat. Brit. Mus. Myr. — Catalogue of the Myriapoda in the Collection of the British Museum by George Newport. Part 1. Chilopoda. London. 1856. 8.

Occas. Papers Mus. Zool. Michigan — Occasional Papers of the Museum of Zoology, University of Michigan. Published by the University Michigan. 8.

Öfv. Ak. Förh. — Öfversigt af Kongliga Vetenskaps-Akademiens Förhandlingar. Stockholm 8.

P. Ac. Philad. — Proceedings of the Academy of natural Sciences of Philadelphia. Philadelphia. 8.
P. Amer. phil. Soc. — Proceedings of the American philosophical Society, held at Philadelphia, for promoting useful Knowledge. Philadelphia. 8.
Pan-Pacif. Ent. San Francisco — The Pan-Pacific Entomologist. Published by the Pacific Coast Entomological Society in Cooperation with the Californian Academy of Sciences. San Francisco 8.
Panzer (Herrich-Schäffer), Faun. Ins. Germ. — G. W. F. Panzer, Faunae Insectorum Germaniae Initia. ([Heft 111—190:] Deutschlands Insekten, herausgegeben von G. W. F. Panzer fortgesetzt von G. A. W. Herrich-Schäffer). Heft 1—110; 111—190. Nürnberg (Regensburg). [1793—1823]; [1829—44]. 16.
P. biol. Soc. Washington — Proceedings of the biological Society of Washington. Washington. 8.
P. Calif. Ac. — Proceedings of the California Academy of |natural| Sciences. — [Ser. 3:] Zoology. San Francisco. 8.
P. ent. Soc. Philad. — Proceedings of the entomological Society of Philadelphia. Philadelphia. 8.
P ent. Soc. Washington — Proceedings of the entomological Society of Washington. Washington. 8.
P. Linn. Soc. N. S. Wales — The Proceedings of the Linnean Society of New South Wales. Sydney. 8.
Pomona — Pomona College Journal of Entomology. Published by the Department of Biology of Pomona College. Claremont, California.
P. R. phys. Soc. Edinb. — Proceedings of the Royal physical Society of Edinburgh. Edinburgh. 8.
P. R. Soc. London — Proceedings of the Royal Society of London. London. 8.
Psyche — Psyche. A Journal of Entomology. Published by the Cambridge entomological Club. Cambridge, Mass. 8.
P. U. S. Mus. — Proceedings of the United States national Museum. Washington. 8.
P. zool. Soc. London — Proceedings of the zoological Society of London. London. 8.
Quart. J. micr. Sci. — Quarterly Journal of microscopical Science. London. 8.
Rec. Austral. Mus. — Records of the Australian Museum. Sydney 8.
Rec. Canterbury Mus. — Records of the Canterbury Museum. Published by Order of the Board of Governors. Christchurch, New Zealand. 8.
Rec. Ind. Mus. — Records of the Indian Museum (A Journal of Indian Zoology). Calcutta. 8.
Redia — „Redia". Giornale di Entomologia pubblicato dalla R. Stazione di Entomologia agraria in Firenze. Firenze. 8.
Résult. Voy. Belgica — Résultats du Voyage du S. Y. Belgica en 1897—1898—1899 sous le Commandement de A. de Gerlache de Gomery. Rapports scientifiques publiés aux Frais du Gouvernement Belge, sous la Direction de la Commission de la Belgica. Zoologie. Anvers. 4.
Revista Chilena — Revista Chilena de Historia natural. Valparaiso. 8.
Revista Mus. Paul. — Revista do Museu Paulista. Publicada por H. von Ihering. São Paulo. 8.
Rev. Mag. Zool. — Revue et Magasin de Zoologie pure et appliquée. Paris. 8.
Rev. Suisse Zool. — Revue Suisse de Zoologie et Annales du Musée d'Histoire naturelle de Genève. Genève. 8.
Rev. zool. — Revue zoologique, par la Société Cuvierienne. Paris. 8.
Risso, Hist. Eur. mérid. — Histoire naturelle des principales Productions de l'Europe méridionale et particulièrement de celles des Environs de Nice et des Alpes maritimes; par A. Risso. Tom. 1—5. Paris et Strasbourg. 1826. 8.
SB. Ak. Wien — Sitzungsberichte der Kaiserlichen Akademie der Wissenschaften. — Mathematisch-naturwissenschaftliche Classe. Wien. 8.
SB. Ges. Marburg — Sitzungsberichte der Gesellschaft zur Beförderung der gesammten Naturwissenschaften in Marburg. Marburg. 8.
Termész. Füzetek — Természetrajzi Füzetek |az Állat-, Növény-, Ásvány-, és Földtan Köréböl|. Kiadja a Magyar nemzeti Múzeum. Budapest. 8.

Todd, Cycl. Anat. Physiol. — The Cyclopaedia of Anatomy and Physiology, edited by Robert B. Todd. *v.* 1—4. London. 1836—52. 8

Tr. Amer. phil. Soc. — Transactions of the American philosophical Society, held at Philadelphia, for promoting useful Knowledge. Philadelphia. 4.

Tr. Linn. Soc. London — The Transactions of the Linnean Society of London. — [Ser. 2:] Zoology. London. 4.

Tr. N. York Ac. — Transactions of the New York Academy of Sciences, late Lyceum of natural History. New York. 8.

Trudy Russ. ent. Obschtsch. St.-Peterb. — Труды Русскаго энтомологическаго Общества въ С.-Петербургѣ. С.-Петербургъ. 8. [Arbeiten der Russischen entomologischen Gesellschaft in St.-Petersburg. 8].

Univ. Calif. Publ. — University of California Publications. Zoology. Berkeley. 8.

Verh. Ges. Wien — Verhandlungen der kaiserlich-königlichen zoologisch-botanischen Gesellschaft in Wien. Wien. 8.

Vidensk. Meddel. — Videnskabelige Meddelelser fra den naturhistoriske Forening i Kjøbenhavn for Aarene ... Kjøbenhavn. 8.

Wagner, Reis. Algier — Reisen in der Regentschaft Algier, in den Jahren 1836, 1837 und 1838 von Moritz Wagner. Nebst einem naturhistorischen Anhang und einem Kupferatlas. *v.* 1—3. Leipzig. 1841. 8.

Walckenaer (& Gervais), Hist. Apt. — Histoire naturelle des Insectes. Aptères. Par [Charles Athanasie de] Walckenaer. [Tome 3:] Par Paul Gervais. [Tome 4:] Par Walckenaer et Paul Gervais. Tome 1—4; Atlas. Paris. 1837, 37, 44, 47. 8.

Weber, Ergeb. Reise Niederl. O.-Ind. — Zoologische Ergebnisse einer Reise in Niederländisch Ost-Indien. Herausgegeben von Max Weber. Band 1—4. Leiden. 1890—1907. 8.

Willey, Zool. Results — Zoological Results based on Material from New Britain, New Guinea, Loyalty Islands and elsewhere, collected during the Years 1895, 96 and 97 by Arthur Willey. (Part) 1—6. Cambridge. 1898—1902. 4.

Z. Ent. Breslau — Zeitschrift für Entomologie, herausgegeben vom Verein für Schlesische Insektenkunde zu Breslau. Breslau. 8.

Zichy, Dritte Asiat. Forschr. — Dritte Asiatische Forschungsreise des Grafen Eugen Zichy. — Band 2. Zoologische Ergebnisse ... Redigirt von G. Horváth. Budapest, Leipzig. 1901. 4

Zool. Anz. — Zoologischer Anzeiger. Leipzig. 8.

Zool. Jahrb., Suppl. — Zoologische Jahrbücher. Supplement. Jena. 8.

Zool. Jahrb., Syst. — Zoologische Jahrbücher. — Abtheilung für Systematik, Geographie und Biologie der Thiere. Jena. 8.

Zool N. York — Zoologica. Scientific Contributions of the New York zoological Society. New York. 8.

Zool. Rec. — The zoological Record. London. 8.

Systematischer Index

---

[1]) Dazu: Subgen. **Nesonannophilus** Verh., Nachtrag p. 351.
[2]) Dazu: Subgen. **Schendylotyn** Chamb., Nachtrag p. 351 mit S. (S.) integer Chamb., p. 352.

[1]) Siehe Nachtrag p. 352. — [2]) Siehe Nachtrag p. 354. — [3]) = G. proximus C. L. Koch, Nachtrag p. 353. — [4]) Ist zu streichen, Nachtrag p. 357. — [5]) = G. joyeuxi Bröl., Nachtrag p. 357. — [6]) Siehe Nachtrag p. 358. — [7]) Weitere Arten: 46. G. pinivagus Verh., 47. G. glacialis Verh., 48. G. minimus Verh., 49. G. aetnensis Verh., 50. G. insculptus Att., 51. G. promontorii Verh., 54. G. noricus Verh., 55. G. blunchi Verh., 56. G. scillyensis Verh., 57. G. frigidanus Verh. Siehe Nachtrag p. 355—358.

[1]) Dazu: 7. M. silvestrii Verh., Nachtrag p. 359. — [2]) Ist mit Geophilus zu vereinigen, siehe Nachtrag p. 352. — [3]) P. m. glandulosus Verb., Nachtrag p. 359.

[1]) Siehe Nachtrag p. 362. Weitere Arten: S. mediterraneus Verh., S. crinitus Att., S. transsilvanicus Verh, S. acuminatus italicus Verh. — [2]) Siehe Nachtrag p. 361, mit den Arten: 11. H. hirsuta Verh., 12. H. cassinensis Verh., 13. H. attemsii Verh. — [3]) Dazu: C. v. pharyngealis Verh., Nachtrag p. 364.

Nachtrag

Chilopoda

1802 *Syngnatha,* Latreille, Hist. Crust. Ins., *v.* 3 p. 45 | 1806 *S.*, Latreille, Gen. Crust. Ins., *v.* 1 p. 77 | 1813/4 *Scolopendrides,* Leach in: Edinb. Enc., *v.* 7 p. 408 | 1815 *Syngnatha,* Leach in: Tr. Linn. Soc. London, *v.* 11 p. 376 | 1817 *S.*, Leach, Zool. Misc., *v.* 3 p. 38 | 1817 *Chilopoda,* Latreille in: Cuvier, Règne an., *v.* 3 p. 155 | 1829 *C.*, Latreille in: Cuvier, Règne an., ed. 2 *v.* 4 p. 335 | 1831 *C.*, Latreille, Cours Ent., *v.* 1 p. 175 | 1837 *C.*, P. Gervais in: Ann. Sci. nat., ser. 2 *v.* 7 p. 35 | 1841 *C.*, Brandt, Recu. Mém., p. 15 | 1844 *C.*, Newport in: Tr. Linn. Soc. London, *v.* 19 p. 274 | 1847 *C.*, P. Gervais in: Walckenaer & Gervais, Hist. Apt., *v.* 4 p. 210 | 1847 *Syngnatha,* C. L. Koch-Panzer, Krit. Revis., *v.* 3 p. 5, 146 | 1865 *S.*, H. C. Wood in: Tr. Amer. phil. Soc., ser. 2 *v.* 13 p. 244 | 1865 *Chilopoda,* H. C. Wood in: Tr. Amer. phil. Soc., ser. 2 *v.* 13 p. 141 | 1872 *Chilopodes,* Saussure & Humbert in: Miss. Mex., Pars 6 II p. 106 | 1880 *Chilopoda,* Latzel, Myr. Österr.-Ung., *v.* 1 p. 7 | 1880 *C.*, E. Haase, Schles. Chilop., p. 1 | 1886 *C.*, Meinert in: Vidensk. Meddel., *v.* 36—38 p. 100 | 1893 *Syngnatha,* Bollman in: Bull. U. S. Mus., *v.* 46 p. 164 | 1895 *Chilopoda,* Pocock in: Biol. Centr.-Amer., Chilop. p. 1 | 1902 *C.*, C. Verhoeff in: Bronn, Kl. Ordn., *v.* 5 II p. 5 | 1903 *C.*, Packard in: P. Amer. phil. Soc., *v.* 42 p. 160 | 1904 *C.*, Ray Lankester in: Quart. J. micr. Sci., n. ser. *v.* 47 p. 569 | 1926 *C.*, Attems in: Kükenthal & Krumbach, Handb. Zool., *v.* 4 p. 239 | 1928 *C.*, Attems in: Ann. S.-Afr. Mus., *v.* 26 p. 31.

Die Chilopoden sind landbewohnende opisthogoneate Arthropoden mit einer ziemlich gleichartigen, wenn auch nicht homonomen Segmentierung bei der niedersten Gruppe und einer fortschreitenden Ungleichheit der aufeinander folgenden Segmente bei den weiter spezialisierten Gruppen. Der Körper ist meist abgeplattet und stets viel länger als breit, am längsten und schlanksten bei den Geophilomorpha, am gedrungensten bei den Scutigeromorpha; seine Größe schwankt in weiten Grenzen, von 3 mm (z. B. *Catanopsobius chilensis* Silv.) bis über 26 cm (z. B. *Scolopendra gigantea* Leach). Der Körper ist geschieden in Kopf und Rumpf, letzterer läßt keine Regionenbildung im Bereiche der Laufbeinsegmente erkennen; das erste Rumpfsegment mit den Kieferfüßen ist von den anderen verschieden; auf die Laufbeinsegmente, deren letztes wieder etwas abweicht (Pleuren, Extremitäten), folgt eine kleine aus zwei Segmenten bestehende Genitalregion und auf diese das Analsegment.

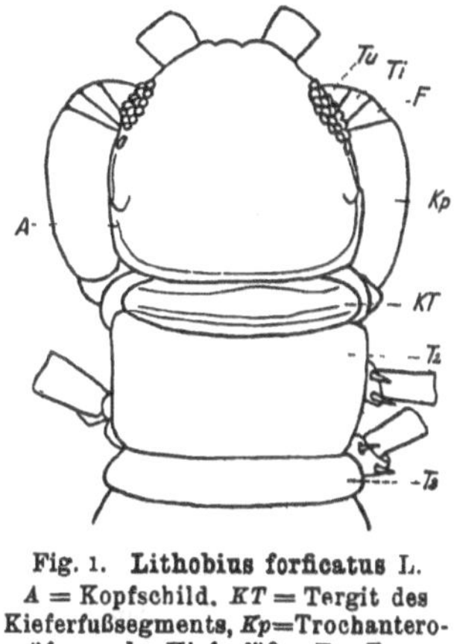

Fig. 1. Lithobius forficatus L. A = Kopfschild. KT = Tergit des Kieferfußsegments, Kp = Trochanteropräfemur der Kieferfüße, F = Femur, Ti = Tibia, Tu = Tarsungulum der Kieferfüße, T_2 = Tergit des 2. Rumpfsegments (mit dem 1. Beinpaar), T_3 = Tergit des 3. Rumpfsegments.

An der Bildung des Kopfes beteiligen sich das Akron und die sechs ersten Metameren: das Präantennen-, Antennen-, Interkalar-, Mandibular-, erste Maxillen- und zweite Maxillensegment. Der fertige Kopf läßt seine Entstehungsweise nicht mehr erkennen. Er ist zum größten Teil außen bedeckt von der Kopfkapsel (Fig. 1 *A*), die die Gestalt eines flachen, die Dorsalseite bildenden Schildes hat, dessen Ränder vorn und seitlich nach unten eingeschlagen sind; der vordere ventral eingeschlagene Teil zwischen Vorderrand des Kopfes und Labrum heißt Clypeus, die seitlichen Teile sind die Kopfpleurite; der vordere dorsale Teil des Kopfschildes ist oft durch eine Naht, die Stirnfurche, abgetrennt. Die Kopfkapsel trägt vorn die zwei Antennen, vorn seitlich die Augen, die aber manchmal fehlen, und bei den Anamorpha zwischen Antennenbasis und Augen das Tömösvarysche Organ, ein den Epimorpha fehlendes Sinnesorgan. Auf den Hinterrand des Clypeus folgt das Labrum (Fig. 2), eine mehr oder weniger vollkommen abgegliederte Ausstülpung des Clypeus mit einer unteren und oberen Lamelle; letztere stößt im spitzen Winkel an den Vorderrand des Epipharynx an, der das Dach der Mundhöhle bildet. Das Labrum ist bei den Anamorpha und Scolopendromorpha median tief eingebuchtet und hat in der Bucht einen oder mehrere starke Zähne: die Geophilomorpha haben ein von dem der anderen drei Ordnungen recht abweichendes und auch innerhalb der Ordnung verschiedenartiges Labrum. Der Kopf der Scutigeromorpha ist von dem der anderen Ordnungen dadurch verschieden, daß der Mund nahe an den Vorderrand gerückt ist, der Clypeus dadurch dorsal liegt und die Antennen auf die Oberseite verschoben sind; bei den anderen Ordnungen liegt die Mundöffnung ventral.

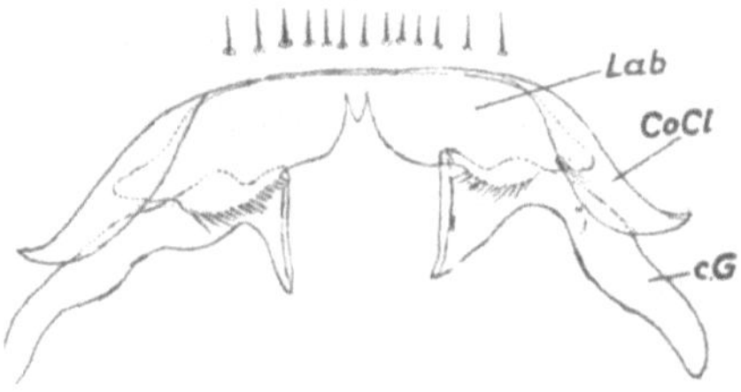

Fig. 2. **Cryptops anomalans Newp.**
Lab = Labrum, *CoCl* = Coclypeus, *cG* = commandibulares Gerüst.

Die Antennen bestehen aus einer einfachen Reihe von Gliedern, deren Zahl nur bei den Geophilomorpha ganz konstant ist (14); bei den anderen Gruppen schwankt sie von 13 bis über 400 und ist auch für die einzelne Art meist nicht ganz konstant. Bei den Scutigeromorpha unterscheidet man einen unvollkommen zweigliedrigen Schaft mit einem Sinnesorgan von unbekannter Bedeutung und eine vielgliedrige Geißel, die durch eine oder zwei Gelenkstellen (nodus und nodulus) in Abschnitte geteilt ist. Bei den anderen Ordnungen zeigen die Antennen keine solchen Abschnitte. Die Antennen sind Träger von Sinnesorganen, die in den Tastborsten und Zapfen endigen.

Unter der Kopfkapsel liegen die Mundgliedmaßen, jede an einem eigenen Sternit; bei der Betrachtung des Tieres in toto von der Ventralseite werden sie größtenteils von den Kieferfüßen verdeckt. Die Mundgliedmaßen sind: ein Paar Mandibeln (zum 4. Metamer gehörend), das erste Maxillenpaar (5. Metamer) und das zweite Maxillenpaar (6. Metamer). Innerhalb der Ordnungen der *Scutigeromorpha, Lithobiomorpha* und *Scolopendromorpha* sind die Mundteile recht gleich gestaltet; bei den *Geophilomorpha* dagegen sind erhebliche Verschiedenheiten der Mundteile vorhanden, so daß sie in der Systematik ausgiebig zur Abgrenzung der Arten, Gattungen und Familien verwendet werden.

Am hinteren freien Rande des Clypeus ist bei den *Lithobiomorpha* und *Scolopendromorpha* lateral vom Labrum ein Stück abgegliedert, der Coclypeus *(CoCl)*. Spuren davon finden sich auch bei einigen *Geophiliden*.

Die **Mandibeln** artikulieren mittels ihres Drehzapfens mit dem **commandibularen Gerüst** (Fig. 3), Skleriten des Mandibelsegments. Bei den *Lithobiiden* ist es am besten entwickelt und besteht aus zwei dreiarmigen Platten, der Stützplatte und der Nebenplatte (*np* Fig. 3). Der nach außen gerichtete längste Arm der Stützplatte bildet den Gelenkknopf (g^1) mit dem Pleuralstreifen, um den sich bei Bewegungen der Mundteile das ganze Gerüst so drehen kann, daß der in der Ruhelage nach vorn gewendete kürzeste Arm der Stützplatte nach hinten gerichtet ist. Mit dem Labrum, dem Coclypeus (*CoCl* Fig. 2) und dem Pleuralstreifen ist die Stützplatte häutig verbunden, ebenso mit der Nebenplatte, mit der sie am festesten an der Stelle zusammenhängt, an der ihr kurzer Arm mit dem Vorderarm der Nebenplatte zusammenstößt, welche Stelle auch diejenige ist, in der beide Platten gegeneinander eingeklappt werden können. Der Drehzapfen der Mandibel greift in eine Bucht zwischen Innenarm und kurzem Hinterarm der Stützplatte.

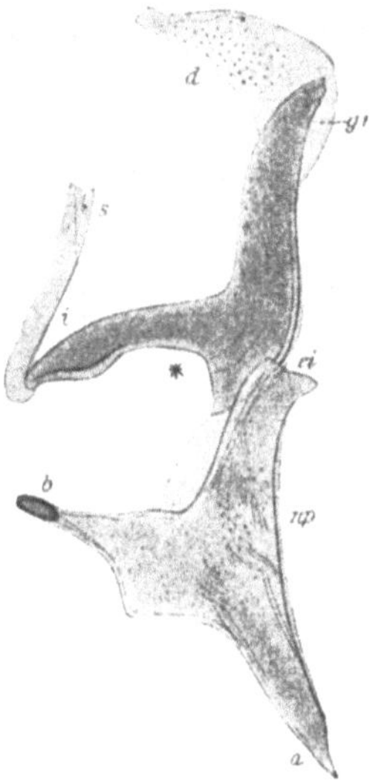

Fig. 3. **Lithobius forficatus L.** Linkes commandibulares Gerüst. *i* = Innenarm, *s* = Sehne der Stützplatte, g^1 = deren Gelenk mit dem Pleuralstreifen, *d* = Hautfeld zwischen Stützplatte und Clypeus, *np* = Nebenplatte, *a* = hinterer, *b* = innerer, *ci* = vorderer Ast der Nebenplatte.

Bei *Scolopendra* artikuliert die Stützplatte ebenfalls durch einen Gelenkknopf mit dem Pleuralstreifen, erstreckt sich hauptsächlich in der Querrichtung und gabelt sich innen in einen breiten Vorderlappen und schnell verjüngten Hinterlappen. Die Nebenplatte ist bedeutend schwächer ausgebildet; sie ist innen mit dem spitzen Hinterlappen der Stützplatte verbunden, hat einen längeren Hinterfortsatz und vorn einen kleinen Bogen, an die beide sich Muskeln ansetzen. Bei den Mandibelbewegungen wird nicht die Stützplatte umgedreht und gegen die Nebenplatte eingeklappt, sondern die Einknickung erfolgt nur in der Verbindungshaut zwischen Stützplatte und Clypeus.

Bei den *Geophilomorpha* sind Stützplatte und Nebenplatte so fest miteinander verbunden, daß eine Grenze meist überhaupt nicht erkennbar ist. Das ganze Gerüst hat die Form eines T. Der obere Querbalken des T, der Kopf, entspricht dem queren Hauptteil samt dem vorderen Innenlappen der Stützplatte von *Scolopendra*, der senkrechte Balken dem Hinterlappen + Nebenplatte. Das Gerüst schiebt sich mit seinem Kopfe zwischen Labrum und Pleuralstreifen ein und sein Innenende stößt an den Außenrand des Labrum unter Bildung eines zweiten Gelenkknopfes. Eine Begleitbewegung des Gerüstes bei den Bewegungen der Mandibel findet bei den *Geophilomorpha* nicht statt. Bei *Dicellophilus*, bei dem das Labrum seitlich bis an den Pleuralstreifen erweitert ist, liegt der Kopf des Gerüstes verdeckt. Das Gerüst der *Geophilomorpha* wird meist **Fulkrum** genannt.

Das kommandibulare Gerüst der *Scutigeromorpha* ist sehr schwach entwickelt und beide Teile sind nur sehr wenig gegeneinander abgesetzt.

Das Sternit des Mandibularsegments ist der Hypopharynx, ein unter dem Pharynx gelegener, meist behaarter und median vertiefter Wulst, der in der Embryonalentwickelung als einfacher medianer Fortsatz auftritt und in keinerlei genetischer Beziehung zur Extremität steht. Die Mandibeln entsprechen dem Protopodit eines *Crustaceen*-Spaltfußes. Ein dem Endopodit entsprechender Palpus ist nicht vorhanden. Die ursprüngliche Zweigliedrigkeit in Angel (proximal) und Stamm (distal) ist noch mehr oder weniger erkennbar, kann aber verwischt werden, einerseits durch Verschmelzen beider Glieder in ein Stück *(Geophiliden)*, andererseits durch das Auftreten sekundärer Nähte, die den Stamm in mehrere Stücke zerlegen. Als der Kaulade entsprechende Bildungen treten am Stamme auf: mehrere Gruppen kräftiger Beißzähne *(BZ.)*, ein oder zwei behaarte Polster *(P.)* und eine Anzahl von mehr oder weniger zu Kämmen verwachsenen Sichelborsten *(Sb.)*.

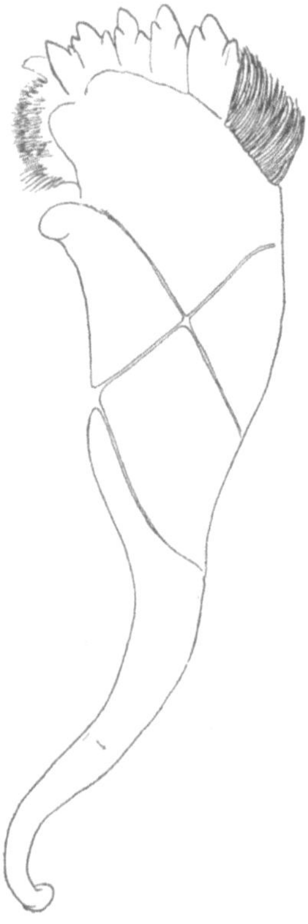

Fig. 4.
Scolopendra cingulata Latr.
Mandibel.

Bei *Scolopendra* ist die Mandibel (Fig. 4) durch ein Kreuz von Nähten geteilt in die Angel, die proximal vom Querbalken des Nähtekreuzes sich befindet, und den Stamm distal von diesem Querbalken. Die Angel zerfällt wieder in den Schaft, dessen proximaler Teil schlank ist und fast im rechten Winkel zur übrigen Mandibel steht, und dessen distaler Teil von unten verdeckt wird von der Schaftplatte und dem Dreieck, die beide durch den proximalen Teil des Längsbalkens des Nähtekreuzes getrennt werden. Der Stamm, distal vom Querbalken des Nähtekreuzes, zerfällt durch den Längsbalken dieses Kreuzes in das Zapfenstück und das Zahnstück. Das Zapfenstück trägt den Drehzapfen, mit dem die Mandibel am Kopfe artikuliert. Das Zahnstück trägt eine Anzahl dicht zusammengefügter Zähne, deren Zahl auf der linken Mandibel 5, auf der rechten 6 ist. Am vorderen Ende der Zahnreihe schließt sich das dicht und fein behaarte Polster an, am hinteren Ende folgen die Sichelborsten, die in dichtgedrängten Reihen stehen, so daß es den Anschein hat, es wären Kämmchen vorhanden; doch behalten die aus einer Grundverdickung entspringenden Borsten ihre Selbständigkeit.

Die Mandibel von *Scutigera* (Fig. 5) ist durch eine Naht deutlich in Angel und Stamm geteilt. Der Stamm zerfällt in Zapfenstück und Zahnstück. Der distale Teil des Zapfenstückes ist durch eine Leiste gegen den übrigen Teil abgesetzt und wird Grannenfeld genannt; es ist vorn dicht behaart, die Haare teilweise zerschlitzt, hinten mit einer dichten Reihe feiner Stäbchen besetzt. Dieses behaarte Polster ist nicht zu verwechseln mit dem Polster, das sich bei *Scolopendra* und *Lithobius* findet und bei *Scutigera* durch ein kleines Polsterchen zwischen Grannenfeld und Vorderende der Zahnreihe repräsentiert wird. *Scutigera* hat also zwei Polster, im Gegensatz zu den anderen Gruppen. Das Zahnstück hat drei kräftige, dreilappige, in einer Reihe stehende Zähne und dahinter eine Anzahl von Kämmchen, das heißt Gebilden, deren Basis einheitlich ist und die nur in der Endhälfte in Zähnchen zerschlitzt sind.

Bei *Lithobius* (Fig. 6) sind Angel und Stamm durch eine tiefe Einbuchtung nur unvollkommen voneinander getrennt; die dem Dreieck und der Schaftplatte der *Scolopendriden* entsprechenden Abschnitte sind nicht abgegrenzt.

Mit dem Zahnstück ist die Angel vollkommen verwachsen. Das Zapfenstück ist vom Stamm durch eine Naht in gleicher Weise wie bei *Scolopendra* abgesetzt. Das Zahnstück trägt 8 Beißzähne, die zu je zweien in 4 Blöcken angeordnet sind; manchmal hat der größte Zahn der Blöcke noch ein drittes Nebenzähnchen. Die Zahl der Beißzähne ist links und rechts die gleiche. Vor den Beißzähnen befindet sich ein derbwandiges, fein behaartes Polster; hinter den Zähnen die Sichelborsten, die zum Teil fein gefiedert sind; neben den Beißzähnen und den Sichelborsten steht eine Reihe von fein behaarten Grannen.

Während in den Ordnungen der *Lithobiomorpha, Scutigeromorpha* und *Scolopendromorpha* die Mandibeln keine wesentlichen Verschiedenheiten zeigen,

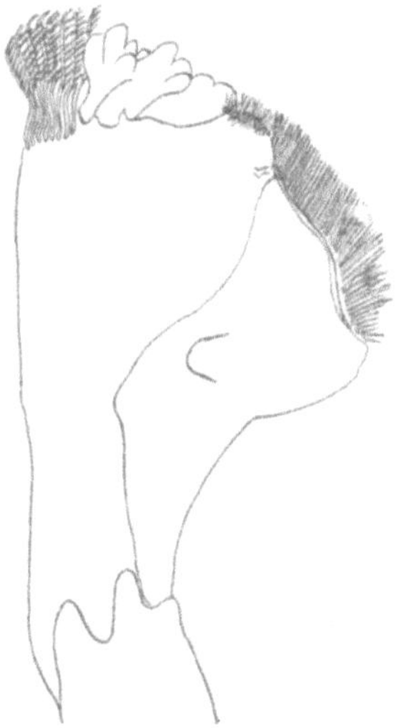

Fig. 5. **Scutigera coleoptrata** L. Mandibel.

Fig. 6. **Lithobius forficatus** L. Mandibel.

sind die Mandibeln der *Geophilomorpha* (Fig. 7, 8) recht mannigfaltig gestaltet. Trotzdem die Ordnung *Geophilomorpha* sonst die tiefststehendste ist und ihre Organisation in vielen Beziehungen noch die ursprünglichste, sind gerade die Mandibeln am meisten spezialisiert und vom primitiven Typus abweichend. Von denen aller anderen *Chilopoden* unterscheiden sich ihre Mandibeln durch folgende Eigenschaften: Eine deutliche Gliederung in Angel und Stamm ist nirgends vorhanden, ein Polster am Zahnstück fehlt völlig, Sichelborsten in der Ausbildung wie bei den *übrigen Chilopoden* sind nicht vorhanden, wohl aber öfter ihnen entsprechende Kammblätter. Bei den *Schendylidae* (Fig. 7) und *Himantariidae* sind noch Beißzähne vorhanden; bei den ersteren ist das Zahnblatt in Blocks zu mehreren Zähnen zerklüftet, bei den letzteren ist es einheitlich; allen anderen Familien fehlen Beißzähne völlig. Die den Sichelborsten der anderen *Chilopoden*-Ordnungen entsprechenden Gebilde sind zu sogenannten Kammblättern angeordnet bei den *Himantariidae, Oryidae* und *Mecistocephalidae*; bei den *Schendylidae* befindet sich an der entsprechenden

Stelle eine einfache Reihe von Kammzähnen. Bei den *Geophilidae* (Fig. 8) *Gonibregmatidae, Soniphilidae, Neogeophilidae* und *Azygethidae* ist der Rand der ganz einheitlichen Mandibel mit einer einfachen Reihe von Zähnchen besetzt; es entfernt sich somit bei den letztgenannten Familien die Gestalt der Mandibel am meisten vom ursprünglichen Typus.

Fig. 7 **Nannophilus eximius** Mein. Mandibel. *zb* = Zahnblatt.

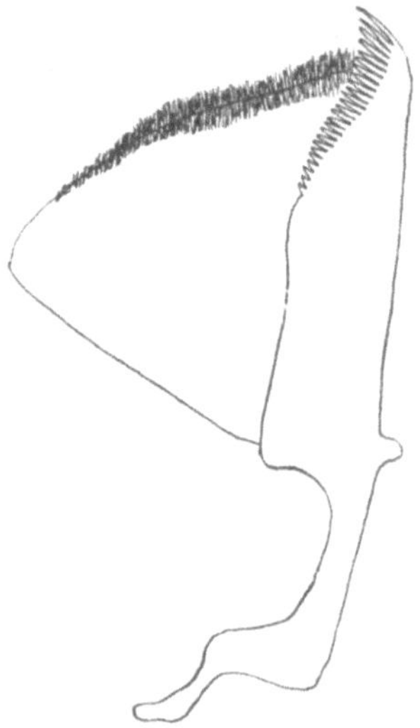

Fig. 8. **Chilenophilus corralinus** Att. Mandibel.

1. Maxillenpaar. Am Fetus von *Scolopendra* (Fig. 9) sind das Sternit, eine stumpfwinkelige, dreieckige Platte und die Coxen, jede mit einem großen Coxalfortsatz, noch getrennt. Am Erwachsenen ist eine deutliche Grenze zwischen den beiden Anteilen meist nicht mehr erkennbar; beide Coxen sind meist nur durch eine schmale basale Querspange, die meist aus hellerem Chitin besteht und als Rest des Sternits anzusehen ist, miteinander verbunden.

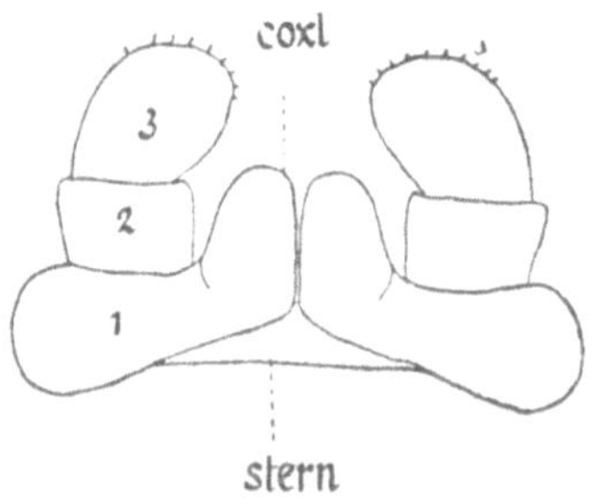

Fig. 9. **Scolopendra cingulata** Latr 1. Maxillenpaar im Fetalstadium. *Stern* = Sternit, *Coxl* = Coxalfortsatz des Basalgliedes, *1*, *2*, *3* = die 3 Glieder des Extremitätenstammes

Fig. 10. **Scutigerina weberi** Silv 1 Maxille mit ausgestülptem Maxillarorgan im Coxit.

Bei den *Geophilomorpha* hängen beide Hüften außerdem meist mit ihren Innenrändern noch mehr oder weniger zusammen; bei den anderen drei Ordnungen geht die Spaltung zwischen den Hüften meist bis auf die Sternitspange herab. Jede Hüfte hat einen großen Innenfortsatz, bei *Scutigera* (Fig. 10) ist dieser Innenfortsatz geteilt in einen medialen Lappen, der das den *Scutigeriden* eigentümliche Coxalorgan enthält, und einen einfachen lateralen Lappen. Das Coxalorgan kann aus der tiefen Tasche, in der es sitzt, hervorgestülpt werden und dient höchstwahrscheinlich als Putzorgan. Es besteht aus einer großen Zahl kürzerer, plattgedrückter und schräggestreifter Spindeln und langen, gruppenweise angeordneten und zusammengerollten Haaren. Das Telopodit der Chilopoden ist meist zweigliedrig; bei den *Geophilomorpha* kann die Scheidewand zwischen den beiden Gliedern mehr oder weniger verschwinden und das Telopodit ungegliedert erscheinen. Man sieht jedoch auch dann oft, daß dies einheitliche Glied das Verschmelzungsprodukt zweier Glieder ist an dem

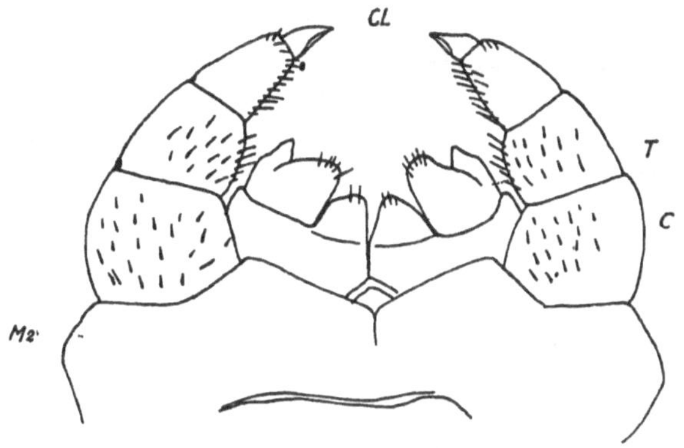

Fig. 11. **Himantarium gabrielis** L.
Beide Maxillenpaare. C = Coxit, T = Telopodit der 1. Maxille, Cl = Coxallappen.

kleinen Tasterlappen, den das proximale Telopoditglied lateral hat und der am ungegliederten Telopodit genau an der Stelle sitzt, der dem Endrand des proximalen Gliedes eines zweigliedrigen Telopodits entspricht. Entgegen diesem Verschmelzen der Telopoditglieder ist der innere Coxalfortsatz der *Geophilomorpha* (Fig. 11, 12) oft mehr oder weniger deutlich durch eine Falte oder Naht gegen den Grundteil der Hüfte abgesetzt. Das Telopodit, besonders sein Endglied und der Coxalfortsatz sind mit Borsten und Haaren von verschiedener Form besetzt; bei den *Geophilomorpha* sind es einfache Borsten; bei *Scolopendra* bilden die Borsten einen dichten Filz und haben die Gestalt kleiner, am Ende etwas verbreiterter Häkchen. Bei den *Lithobiomorpha* finden sich außer den einfachen Borsten auch Pinselborsten, das heißt Borsten, die am Ende in eine Anzahl feiner Fäden zerfasert sind. Bei den *Lithobiomorpha* mündet das eine Paar vorderer metamerer Drüsen in die Hüften neben einer Längsleiste am Innenrand. Das ganze erste Maxillenpaar ist dorsoventral mehr oder weniger plattgedrückt und bildet eine Art Klappe oder Unterlippe unter der Mundöffnung. Am ausgeprägtesten plattgedrückt ist die 1. Maxille bei den *Geophilomorpha*, bei denen sie auch so eng mit der 2. Maxille verbunden ist, daß beide nur schwer zu trennen sind; bei den anderen drei Ordnungen hängen beide Maxillenpaare nicht enger zusammen und ist die erste Maxille zwar dorsoventral zusammengedrückt, aber im ganzen dann konkav gebogen. Die erste Maxille spielt hauptsächlich beim Aufnehmen der nach Tötung der Beute durch die Kieferfüße von den Mandibeln zerkleinerten Nahrungsbrocken eine Rolle.

2. Maxillenpaar. Das Sternit verwächst mit den Coxiten mehr oder weniger vollständig zu einem Coxosternum, an dem die Grenzen zwischen den drei Teilen manchmal noch deutlich sichtbar, manchmal ganz verwischt

Fig. 12. **Arctogeophilus glacialis** Att. 1. Maxillenpaar. *Sc* = Syncoxit, T_1 = 1. Telopoditglied mit *Cl* = Coxallappen, T_2 = 2. Telopoditglied.

sind. Bei den *Scutigeromorpha* (Fig. 14), *Lithobiomorpha* (Fig. 15) und *Scolopendromorpha* bildet das Sternit eine mittlere schmale Brücke zwischen den beiderseits angesetzten Coxiten. Bei den *Geophilomorpha* ist die Art der Verbindung eine recht mannigfaltige. Es können die Hüften von dem Sternit noch recht deutlich getrennt und untereinander nur häutig verbunden sein oder mit einer breiten Brücke miteinander verwachsen. In den Hüften der *Geophilomorpha* mündet das eine Paar der vorderen metameren Drüsen.

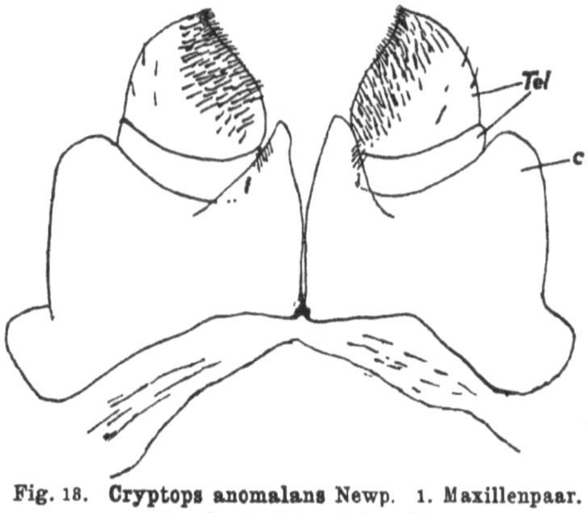

Fig. 13. **Cryptops anomalans** Newp. 1. Maxillenpaar. *C* = Coxit, *Tel* = Telopodit.

Neben der Drüsenöffnung, lateral von ihr, befindet sich in der Hüfte bei einer Subfamilie (den *Chilenophilinae)*, eine leistenartige Verdickung im Chitin (Fig. 16). Die Ausbildung der Hüftenverbindung wird in der Systematik, insbesonders derjenigen der *Geophilidae* verwendet. Die Hüften sind analog den Verhältnissen bei den Laufbeinen aus mehreren Stücken zusammengesetzt, jedoch sind diese Komponenten nicht immer deutlich. Das Telopodit besteht bei den *Scutigeromorpha* noch aus deutlich getrennten Trochanter, Präfemur, Femur, Tibia und Tarsus, jedoch fehlt ein Prätarsus. Die Glieder sind vom

Präfemur an mit langen Stacheln, wie die der Beine, besetzt und die ganze Maxille ist hier überhaupt noch sehr beinähnlich. Bei *Craterostigmus* (zu den *Lithobiomorpha* gehörig) ist das Telopodit noch deutlich viergliedrig, den krallenförmigen Prätarsus nicht mitgerechnet; bei den übrigen *Chilopoden* verwachsen die Glieder: Trochanter, Präfemur und Femur mehr oder weniger

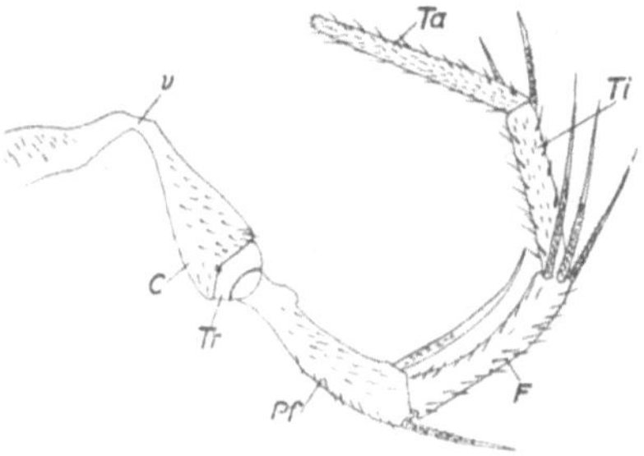

Fig. 14. **Scutigera coleoptrata** L. 2. Maxille.
v = Sternit, *C* = Coxit, *Tr* = Trochanter,
Pf = Präfemur, *F* = Femur, *Ti* = Tibia,
Ta = Tarsus.

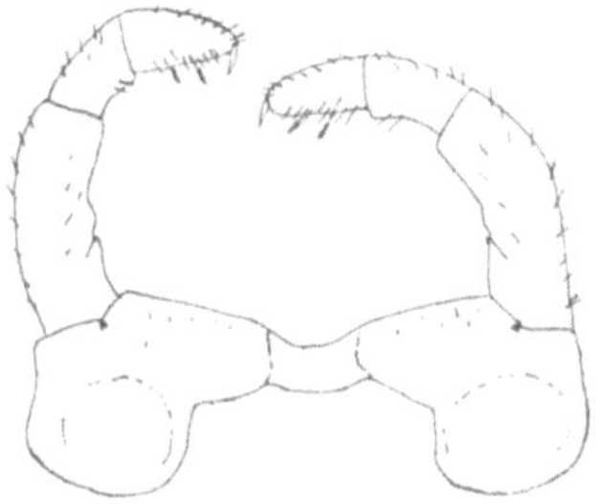

Fig. 15.
Alokobius dentatus C. L. Koch.
2. Maxillenpaar

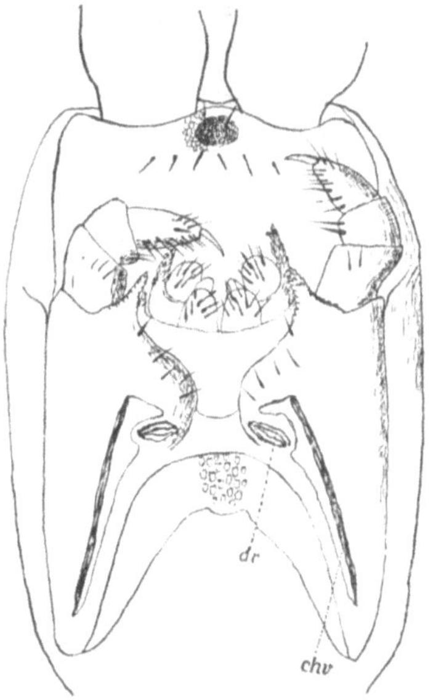

Fig. 16. **Polygonarea oligopus** Att.
Kopf und beide Maxillenpaare von der Ventralseite.
dr = Drüsenmündung in der Hüfte der 2. Maxille,
chv = Chitinleiste in der Hüfte.

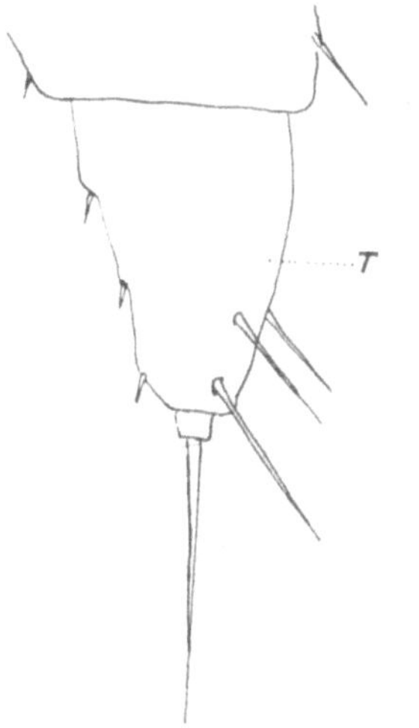

Fig. 17.
Geoperingueyia conjungens Att.
Tarsus *(T)* und Prätarsus
der 2. Maxille.

vollständig miteinander, so daß das Telopodit aus drei großen Gliedern und dem kleinen krallenförmigen Prätarsus besteht. Bei einigen *Lamyctes* und *Geophilomorpha* zeigt das erste dieser Glieder noch mehr oder weniger deutlich eine durchgehende Naht, die das Glied in zwei Glieder teilt, die aber nicht mehr gelenkig gegeneinander beweglich sind. Bei anderen ist innen eine schräge, bis etwa zur Mitte reichende Kerbe oder Furche sichtbar, außen dagegen die Glieder völlig verwachsen; bei noch anderen ist von einer Teilung des ersten Gliedes in seine ursprünglichen Komponenten nichts mehr sichtbar. Der Prätarsus fehlt selten bei den *Lithobiomorpha, Scolopendromorpha* und *Geophilomorpha*. Bei einigen Arten der *Geophilomorpha* hat er die Gestalt eines beborsteten Zäpfchens (Fig. 17).

Der Rumpf besteht aus 19 *(Scutigeromorpha, Lithobiomorpha)*, 25 oder 27 *(Scolopendromorpha)*, 35 bis gegen 181, Zahl immer unpaar *(Geophilomorpha)*, Segmenten. Die Anhänge des 1. Segmentes sind die Kieferfüße, das letzte, Analsegment oder Telson, ist stets fußlos. Die dem Analsegment vorangehenden 2 Segmente bilden die Genitalregion und sind, eines oder beide, mit rudimentären Extremitäten, den Gonopoden versehen; alle übrigen

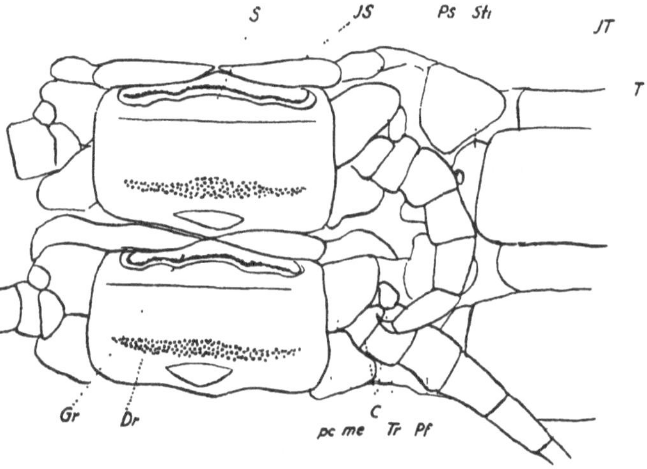

Fig. 18 Clinopodes flavidus C. L. Koch. 19 und 20. Segment.
S = Sternit, *JS* = Prästernit, *T* = Tergit, *JT* = Prätergit, *Ps* = Präscutellum, *Sti* = Stigmenschild, *Gr* = vordere Grube im Sternit, *Dr* = Ventralporenfeld, *pc* = Procoxa, *me* = Metacoxa, *C* = Coxa, *Tr* = Trochanter, *Pf* = Präfemur

Segmente tragen je ein Laufbeinpaar, deren Zahl somit 15, 21 oder 23, 31 bis über 170, stets unpaar, ist und immer um 4 kleiner als die der Rumpfsegmente. Von einer homonomen Segmentierung kann man am ehesten noch bei den *Geophiliden* sprechen, obwohl auch hier die Segmente sich in mancher Beziehung, Drüsenverteilung und so weiter, verschieden verhalten. Am nächsten kommen ihnen die Scolopendriden, und am meisten gestört ist die Homonymie bei den *Scutigeriden*, bei denen die Zahl der Tergite und Laufbeine in unregelmäßiger Folge nicht mehr übereinstimmen.

Jedes Laufbeinsegment hat ein Tergit und ein Sternit, beide werden durch die Pleuren verbunden, faltige Häute, deren Gestalt teilweise vom Füllungszustand des Körpers abhängt. In den Pleuren sind stärker chitinisierte Schildchen in gesetzmäßiger Anordnung abgegrenzt; am entwickeltsten in dieser Beziehung sind die *Geophilomorpha* (Fig. 18). Auf einem dieser Schildchen liegt, außer bei den Scutigeriden, wo die unpaaren Stigmen dorsal gelegen sind, das Stigma. Die Beine sind in den Pleuren eingefügt und die Coxa wird von einer Anzahl Pleuralschildchen umgeben, von denen noch weiterhin die Rede ist. Bei den *Epimorpha* (Fig. 19 *JT*) ist vom vorderen Teil des

Sternites und Tergites ein schmaler Streifen durch eine Naht oder Falte abgesetzt und heißt Prästernit oder Prätergit. Der größere Teil heißt in diesem Falle Hauptsternit beziehungsweise Haupttergit.

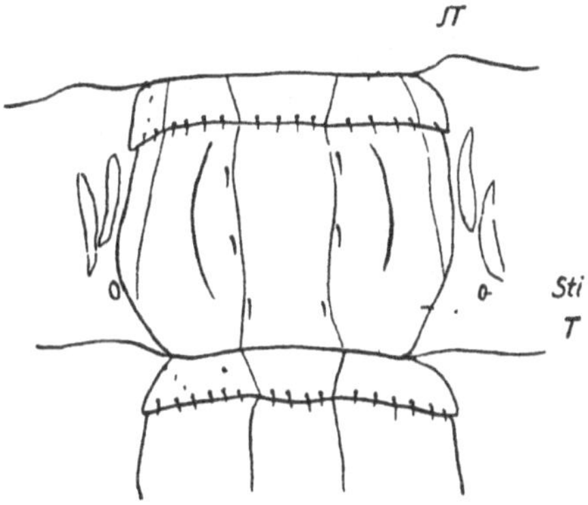

Fig. 19. Cryptops anomalans Newp.
Segment aus der Körpermitte.
T = Haupttergit, JT = Prätergit, Sti = Stigma.

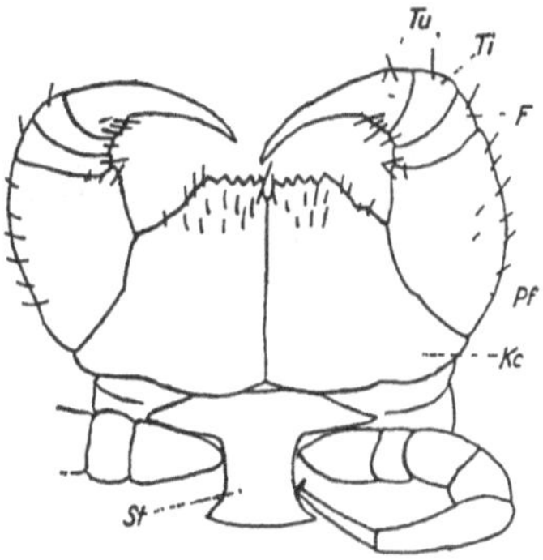

Fig. 20. Lithobius forficatus L.
Kieferfüße.
Kc = Syncoxit, Pf = Präfemur,
F = Femur, Ti = Tibia, Tu = Tarsungulum, St = Sternit des 2. Rumpfsegments mit dem 1. Laufbeinpaar.

Die bei den meisten *Epimorpha* sichtbaren feinen zwei Längsnähte der Tergite und Sternite sind durch die Art der embryonalen Anlage der Segmente zu erklären.

Die Extremitäten des ersten Rumpfsegmentes sind in die gewaltigen Kieferfüße (Fig. 20) umgewandelt, die Giftdrüsen enthalten und die Hauptwaffe der Chilopoden bilden. Ihr Besitz ist einer der Hauptgründe, warum sich eine direkte Ableitung der Hexapoden von den *Chilopoden* verbietet. Das Tergit dieses Segmentes kann als Basalschild vorhanden oder mit dem Tergit des ersten Laufbeinsegmentes verwachsen oder ganz verschwunden sein. Das Sternit bleibt nur bei den *Scutigeriden* frei. Bei den *Lithobiomorpha* (Fig. 20) ist das „Coxosternum" der Länge nach durch eine Mediannaht geteilt und es ist wohl anzunehmen, daß es gar kein Coxosternum ist, sondern daß das Sternit ganz atrophierte, so daß der Rest richtiger als Syncoxit zu bezeichnen wäre. Die Entscheidung kann erst die in diesem Punkte noch ausständige Embryologie geben. Bei den *Epimorpha* (Fig. 21) verschmilzt das Sternit mit den Coxiten zum großen Coxosternum, an dem man öfter noch die Grenzen des Sternites erkennen kann. Vom oberen (dem Körper zugewendeten) Rande des Coxosternum gehen zwei nach hinten gerichtete Platten ab, die Coxalplatten. Sie sind von verschiedener Länge; sie reichen bei *Schendyla*, *Nannophilus* und *Dignathodon* nur bis zum Vorderrand des 2. Segments, bei vielen anderen *Geophilomorpha* reichen sie bis in das 2. Segment hinein, so bei *Scolioplanes*, *Chaetechelyne*, *Chalandea*,

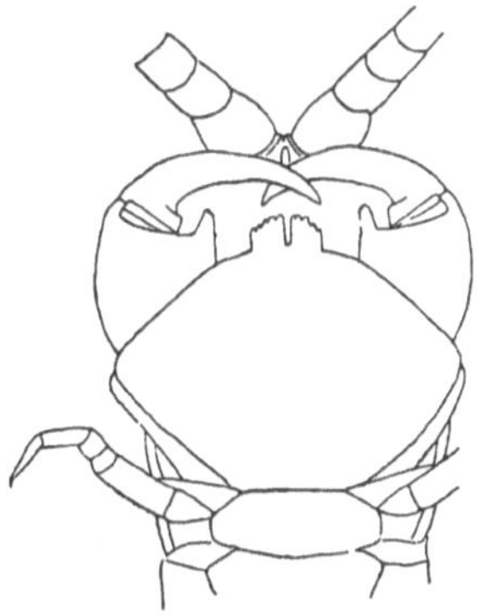

Fig. 21. **Scolopendra morsitans** L.

Geophilus, Gnathoribautia, Dicellophilus, Henia; und bei manchen *Himantariidae* reichen sie sogar in das 3. Segment hinein.

Zwischen Kieferfußhüfte und Telopodit sind zwei Gelenkcondyli ausgebildet, von denen der eine dorsal, der andere ventral liegt; der ventrale ist eine sekundäre Errungenschaft der Kieferfüße, da die Laufbeine nur einen vorn gelegenen Condylus haben. Auf den Kieferfüßen ist dieser Condylus dadurch von vorn nach oben geraten, daß die Hüfte von der seitlichen Lage erstens eine Drehung um 90° nach vorn und zweitens eine Drehung von 90° von oben nach außen gemacht hat. Bei den *Scutigeromorpha* liegt der sekundäre Condylus nicht ventral, sondern nach außen gerückt und haben die Laufbeine auch zwei Condyli. Das Telopodit der *Scutigeriden* ist zeitlebens fünfgliedrig, Trochanteropräfemur, Femur, Tibia, Tarsus, Prätarsus,

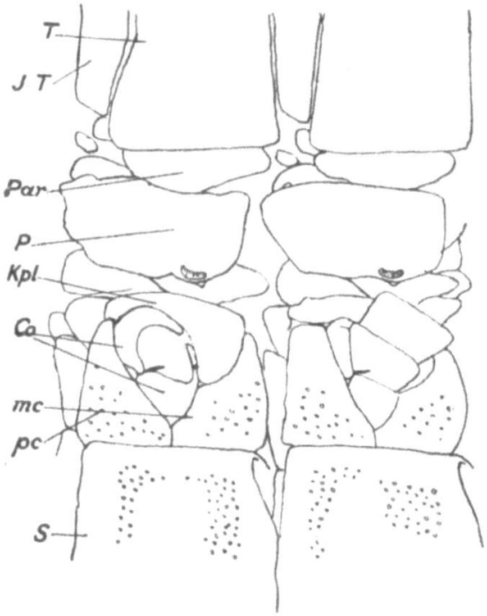

Fig. 22. **Orya barbarica** Mein. Linke Hälfte zweier vorderer Segmente.
T = Tergit, *JT* = Prätergit, *Par* = Paratergit, *P* = verschmolzenes Atemschild und Präscutellum.
Kpl = Katopleure, *Co* = Coxa, *mc* = Metacoxa, *pc* = Procoxa, *S* = Sternit.

ebenso ist es beim Embryo von *Scolopendra.* Bei der erwachsenen *Scolopendra* sowie den übrigen Chilopoden verwachsen Tarsus und Prätarsus zum Tarsungulum, so daß das Telopodit 4gliedrig erscheint, in seltenen Fällen *(Aphilodontidae)* sogar nur 3gliedrig, indem Femur und Tibia verschmelzen. Femur und Tibia sind bei den *Anamorpha* vollständige, außen geschlossene Ringe, bei den *Epimorpha* dagegen sind sie außen sehr verkürzt und nicht geschlossen, so daß sich Präfemur und Tarsungulum berühren.

Die Laufbeine des Rumpfes sind in den Pleuren, der seitlichen Verbindung zwischen Tergit und Sternit, eingelenkt. Die Ausbildung der Pleuren und Coxen ist bei den 4 großen Gruppen sehr verschieden. Bei der tiefstehenden, den *Geophilomorpha,* (Fig. 22) bildet die Hüfte nur einen oben — hinten offenen Halbring, der aus 2 Teilen: Eucoxa superior und inferior, besteht. Quer zum Bogen läuft die Costa coxalis oder Hüftrippe. Die Hüfte *(Co)* wird ringförmig von 3 Skleriten umfaßt, von der Procoxa *(pc)* ventral vorn, der Metacoxa *(mc)* ventral hinten und der Katopleure *(Kpl)* dorsal. Pro- und

Metacoxa werden als Hypocoxa und die ganze Umrahmung der Hüfte, bestehend aus Hypocoxa und Katopleure, als Pericoxa zusammengefaßt. Bei den folgenden Gruppen besteht die Tendenz, daß die Hüfte sich immer mehr ausbildet, indem sie sich nach und nach zu einem Ring schließt, dafür bildet sich die Hypocoxa immer mehr zurück. Bei den *Scolopendromorpha* sind noch beide Stücke vorhanden, bei den *Lithobiomorpha* fehlt die Metacoxa und bei den *Scutigeromorpha* fehlt die Hypocoxa ganz.

Bei den *Scolopendromorpha* bildet die Hüfte $^3/_4$ bis $^4/_5$ eines Ringes und besteht aus 3 Teilen, indem die Eucoxa inferior der *Geophilomorpha* hier in Eucoxa inferior (im engeren Sinne) und Eucoxa posterior zerfällt. Von der Eucoxa superior löst sich innerhalb der *Scolopendromorpha* nach und nach immer deutlicher ein Sklerit, die Pleurocoxa, ab. Pro- und Metacoxa sind stets gut entwickelt und gleich groß oder die Procoxa ist merklich größer. Beide können in Teilsklerite zerfallen. Zusammen mit der Katopleure bilden sie die Umrahmung der Hüfte, die Pericoxa. Zwischen dem Stigmenpleurit

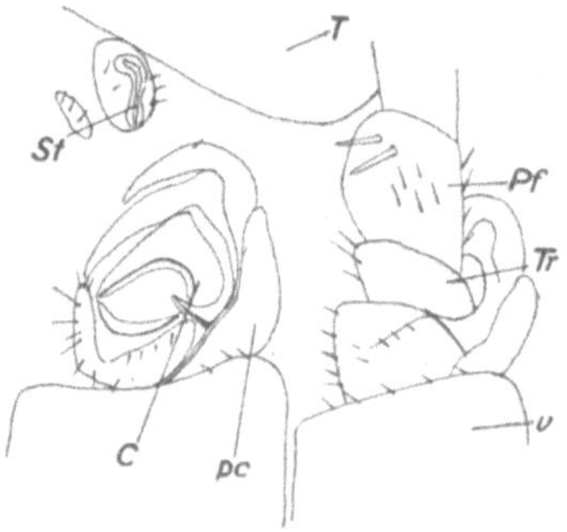

Fig. 23. **Lithobius forficatus** L. Coxalgegend des 3. und 4. Segments.
T = Tergit, *St* = Stigma, *v* = Sternit, *pc* = Procoxa, *C* = Coxa des 3. Beinpaares, *Tr* = Trochanter, *Pf* = Präfemur des 2. Beinpaares.

und der Katopleure einerseits und dem interkalaren Hauptpleurit andererseits liegen drei längsgestreckte Pleurite übereinander, die kein Analogon bei den *Geophilomorpha* haben und Anopleuren heißen. Die Hüftrippe oder Costa coxalis trennt die Eucoxa inferior und superior.

Bei den *Lithobiomorpha* (Fig. 23) bilden die derber chitinisierten Teile der Eucoxa ungefähr $^4/_5$ eines Ringes, dessen oberer übrigbleibender Teil durch die mehr weichhäutigen Gelenkhäute ohne scharfe Grenze in die ebenso gestaltete Pleuralhaut übergeht. Die deutlich ausgebildete Costa coxalis trennt die Eucoxa superior und inferior. Eine Eucoxa posterior ist nicht deutlich abgegrenzt; auf den hinteren Beinpaaren, die Coxaldrüsen haben, wird das durch eine Kante abgegrenzte flache oder vertiefte Feld, in dem die Drüsenmündungen liegen, zur Eucoxa posterior gerechnet. Auch die Pleurocoxa ist nicht immer deutlich von der Eucoxa superior geschieden. In der Gelenkhaut zwischen Hüfte und Telopodit ist ein schmaler Bogen eingeschaltet, bestehend aus einem oberen und einem unteren Halbbogen. Dieser Bogen ist auch eine vorgebildete Reißstelle, so daß beim Abreißen eines Beines nur die Hüfte sitzen bleibt. Die Procoxa ist gut entwickelt; die Stelle der Metacoxa, hinter der Hüfte, dagegen ist weichhäutig und unterscheidet sich nicht von der angrenzenden Intersegmental- und Pleuralhaut. Während die obere Umrahmung der Hüfte, wie erwähnt, bei den meisten Beinen weichhäutig bleibt, haben die Endbeine eine auch dorsal geschlossene, festere Umrahmung der Hüfte. Die Größe der Hüften nimmt im allgemeinen von vorn nach hinten zu.

Bei den *Scutigeromorpha* sind die Hüften sehr groß und bilden einen vollständig geschlossenen Zylinder, der aus den schon bekannten Teilen Eucoxa superior, inferior, posterior und Pleurocoxa besteht. Der hintere Rand der Eucoxa superior wird zu einer gratartigen Kante, dem Hüftmesser, das weit nach aufwärts reicht und in 2 Abschnitte gegliedert ist. Das Pleurit, in dem der obere Abschnitt liegt, ist die Katopleure. Durch die feste Verwachsung der Coxopleure mit der Eucoxa superior entsteht eine auch oben geschlossene Gelenkgrube für das Telopodit und ein deutliches hinteres Gelenk zwischen Hüfte und Trochanter. Beim Abreißen der Beine bleibt der Trochanter an der Hüfte sitzen. Von Pleuriten ist sehr wenig zu sehen; eine Procoxa und Metacoxa fehlen ganz.

Die auf die Hüfte folgenden Glieder werden als Telopodit zusammengefaßt. Seine Glieder sind: Trochanter, Präfemur, Femur, Tibia, Tarsus 1- oder 2gliedrig, Prätarsus (Fig. 24). Der Trochanter ist kurz, oft muskellos und homolog dem Trochanter des Insektenbeines. Der Tarsus der Laufbeine, mit Ausnahme der Endbeine, ist stets muskellos, nämlich es entspringen keine Muskeln von seiner Wandung, dagegen ist er von der starken Krallensehne durchzogen. Er ist 1- oder 2gliedrig. Während sich die Chilopodenbeine im Coxotrochantergelenk von vorn nach hinten drehen, bewegen sich die Telopoditglieder in dorsoventraler Richtung um einen unpaaren Gelenkknopf in der dorsalen Mediane. Der Gelenkknopf besteht entweder aus zwei Chitinverdickungen, die sich flach aneinanderlegen, oder aus einem Zapfen am proximalen und einer Grube am distalen Glied. Das Gelenk ist ein Einstülpungsgelenk, indem das distale Glied, um den dorsalen Gelenkknopf sich drehend, die Unterseite in das proximale Glied einstülpt. Die Einstülpung wird ermöglicht durch eine Gelenkhaut, die unten am breitesten ist und sich nach oben zu immer mehr verschmälert; bei manchen *Geophilomorphen* ist sie durch eine besondere Skulptur ausgezeichnet. Bei den *Scutigeriden* haben die Telopoditgelenke zwei obere Gelenkknöpfe, die als aus der Teilung des ursprünglich einzigen Gelenkknopfes hervorgegangen zu betrachten sind. So wie die Hüfte bei den *Geophilomorpha* noch am wenigsten ausgebildet und dem ursprünglichen Zustande am nächsten ist, sind es auch ihre Telopodite; sie sind klein, ihre Glieder zeigen keinerlei Besonderheiten und Auszeichnungen, sie haften sehr fest an der Hüfte, haben keine vorgebildete Reißstelle; der Tarsus ist mit Ausnahme der Endbeine stets eingliedrig. Bei den *Scolopendromorpha* und *Lithobiomorpha* sind die Beine bedeutend länger; in beiden Ordnungen finden sich einzelne Formen, bei denen die Tarsen sich in eine größere Zahl sekundärer Gliederchen auflösen, doch kommen in beiden Ordnungen auch eingliedrige Tarsen vor, wenn auch die zweigliedrigen überwiegen. Zwischen Hüfte und Trochanter ist eine Abreißstelle präformiert, so daß der Trochanter mit dem Telopodit mit abreißt. In noch weit höherem Grade ist die Ausbildung der Beine bei den *Scutigeriden* vorgeschritten. Nicht nur, daß die ganze Hüfte einen ganz geschlossenen Zylinder bildet, der viel starrer als bei den anderen Ordnungen am Rumpfe befestigt ist, da eine weiche Pleuralhaut, die ein Verschieben der Hüfte zuläßt, hier so gut wie fehlt, sind die Beine enorm lang und dünn dadurch, daß die Tarsen in zahlreiche Gliederchen aufgelöst sind.

Der Prätarsus hat bei den *Scolopendra-Embryonen* und auf den Endbeinen mancher *Geophiliden* (Fig. 25) noch die Gestalt der vorangehenden Glieder, zylindrisch walzlich. Im allgemeinen aber ist er krallenförmig und wird von der starken Krallensehne bewegt, deren Muskeln bei *Lithobiiden* und *Geophiliden* im Trochanter, Präfemur, Femur und Tibia, bei *Scutigeriden* und *Scolopendriden* in Präfemur, Femur und Tibia entspringen. Er ist ein den übrigen Beingliedern gleichwertiges Glied. Sehr oft hat er eine oder mehrere Nebenkrallen, die beweglich an der Hauptkralle artikulieren oder starr mit ihr verbunden sind.

Die Endbeine sind in mehrfacher Beziehung von den eigentlichen Laufbeinen verschieden; sie sind hauptsächlich Tastorgane (bei den *Scutigeriden* und *Geophiliden*) oder Angriffs- und Verteidigungswaffen (bei den *Lithobiiden* und *Scolopendriden*, insbesonders bei letzteren sind sie oft mit riesigen Dornen versehen). Das Grundglied verdrängt die Pleurite und ist vielleicht bei manchen als Verwachsungsprodukt von Hüfte und Pleuriten aufzufassen,

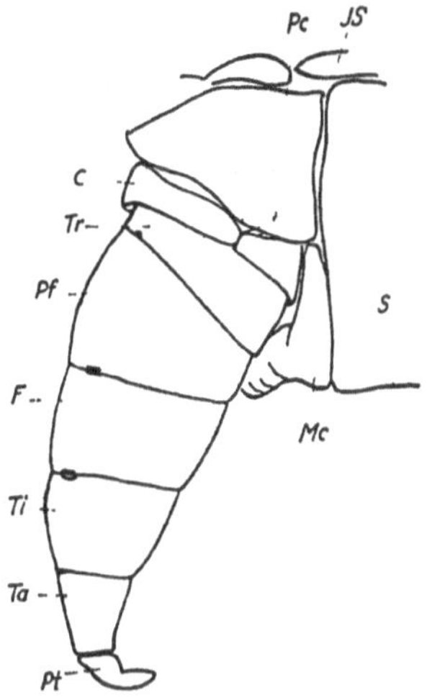

Fig. 24.
Meinertophilus superbus Mein.
Bein aus der Körpermitte.
JS = Prästernit, *S* = Sternit, *Pc* = Procoxa, *C* = Coxa, *Mc* = Metacoxa, *Tr* = Trochanter, *Pf* = Präfemur, *F* = Femur, *Ti* = Tibia, *Ta* = Tarsus, *Pt* = Prätarsus.

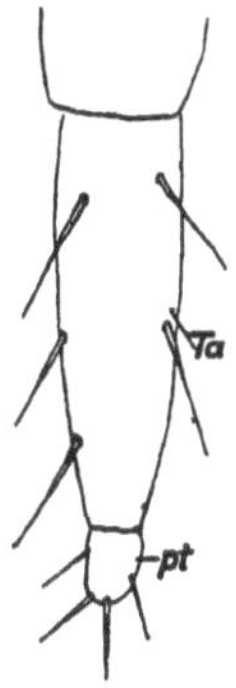

Fig. 25.
Alloschizotaenia minuta Silv.
Ta = Tarsus, *Pt* = Prätarsus eines Endbeines.

daher Coxopleuren genannt. Bei den *Epimorpha* ist der Unterschied zwischen der Endbeinhüftgegend und der entsprechenden Gegend auf dem vorangehenden Segment ein viel größerer als bei den *Anamorpha*, bei denen sich die nicht sehr großen Differenzen schon einige Segmente vorher anbahnen. In der Systematik spielen die Endbeine eine große Rolle, besonders bei den *Lithobiiden* und *Scolopendriden*, da die Bedornung, Gliederung des Tarsus und bei ersteren die sekundären Geschlechtsmerkmale des ♂, wie Gruben, Furchen, Auswüchse u. dgl. gute Artcharaktere abgeben; aber auch bei den *Geophilomorpha* werden sie vielfach systematisch verwendet.

Zwischen Endbeinsegment und Analsegment liegt die Genitalregion, bestehend aus 2 Segmenten, Prägenitalsegment vorn, und Genitalsegment hinten, die freilich nicht bei allen Ordnungen am Erwachsenen deutlich unterscheidbar sind. Am deutlichsten ist die Genitalregion der Erwachsenen bei den *Geophilomorpha*. Sie hat ein einziges Tergit: das Genitaltergit, dagegen zwei deutlich gesonderte Sternite; das Genitalsternit trägt bei ♂ und ♀ am Hinterrand ein- oder zweigliedrige Gonopoden. Am erwachsenen *Scolopendriden* sieht man von der ganzen Genito-anal-region gewöhnlich nichts, da sich das Genitalsegment fernrohrartig in das Prägenitalsegment und dieses in das Endbeinsegment hineinschiebt und das Analsegment zu einem kleinen, gleichfalls nach vorn sich einschiebenden Zapfen wird.

Männchen und Weibchen der *Lithobiomorpha* haben ein großes, frei sichtbares, gemeinsames Genitaltergit. Das stets gut entwickelte Prägenitalsternit trägt in beiden Geschlechtern Gonopoden, beim Weibchen sind es große Zangen, die beim Eilegen Verwendung finden, beim Männchen entweder kleine, ein bis zweigliedrige Stummel oder größere, viergliedrige, in eine dünne

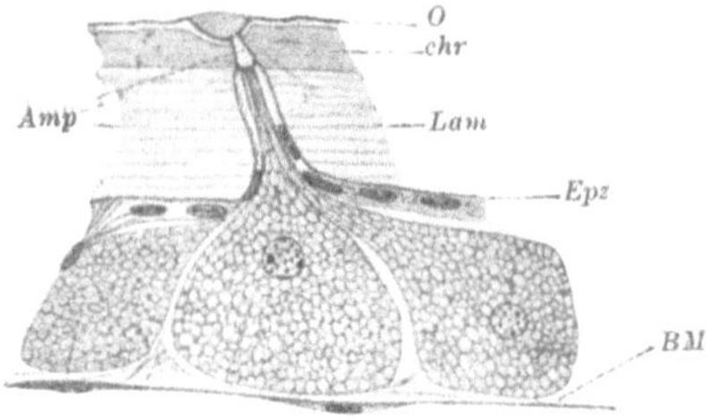

Fig. 26. Lithobius forficatus L.
3 Drüsenzellen von einem Antennenglied. *O* = Oberflächenschicht, *chr* = chromophile Schicht, *Lam* = Lamellenschicht des Chitin, *BM* = Basalmembran, *Epz* = Epithelzellen, *Amp* = Ampulle am Ende der Ausführungsgänge der Drüsenzellen.

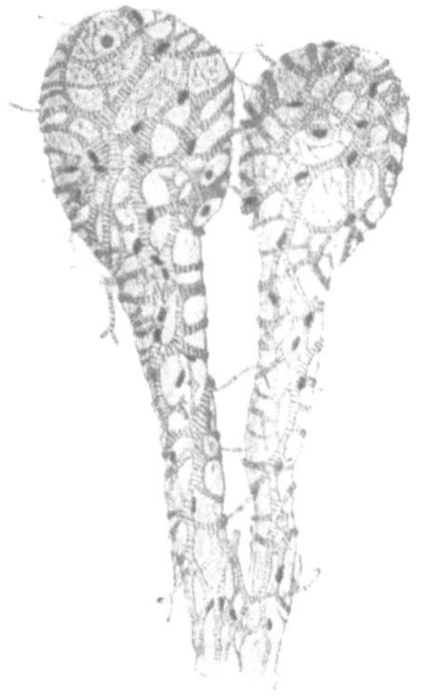

Fig. 27. Himantarium gabrielis L.
2 einzellige Ventraldrüsen.

Borste auslaufende Gebilde. Das Genitalsternit ist auf eine sehr unscheinbare Spange reduziert, die nie Gonopoden trägt. Ein Penis ist vorhanden. Bei den *Scutigeromorpha* ist die Genitalregion bei Männchen und Weibchen recht verschieden. Die Männchen haben kein deutliches Tergit in derselben, während ein solches bei den Weibchen vorhanden ist. Ein Prägenitalsternit ist in beiden Geschlechtern gut ausgebildet; während es beim Männchen die ganze Ventralseite dieses Segments einnimmt, wird es beim Weibchen von den großen Basalgliedern der Gonopoden flankiert, die Telopodite der weiblichen Gonopoden vereinigen sich aboral vom Prägenitalsternit zu einem Syntelopodit und verlieren fast die Verbindung mit den Grundgliedern. Beim Männchen sind die Gonopoden des Prägenitalsegments kleine ungegliederte Griffel oder Plättchen; ähnliche Gonopoden trägt auch das Genitalsegment des Männchens, während das Weibchen auf diesem, in beiden Geschlechtern übrigens sehr unscheinbaren Segment keine Gonopoden hat.

Die Epidermis (Fig. 26) enthält dreierlei Zellen: gewöhnliche Epidermiszellen, die das Chitin sezernieren, einzellige Drüsen und primäre Sinneszellen. Das Chitin besteht aus drei Schichten: zu unterst eine Lamellen- oder acidophile Schicht, die dickste der drei Schichten, eine mittlere chromophile oder basophile Schicht und eine Oberflächen- oder achromatische Schicht, die die durch äußere Einflüsse umgewandelte Rinde der chromophilen Schicht ist und in den Gelenken und Verbindungsstellen der Sklerite fehlt. Pigmente liegen im reticulären Bindegewebe oder im Fettkörper. Das Chitin wird von den Ausführungsgängen der zahlreichen Hautdrüsen und von den zu den Borsten führenden Kanälen mit den Endigungen der Sinneszellen durchbohrt (Fig. 28). Die einzelligen Epidermisdrüsen sind sehr zahlreich; es sind große flaschenförmige Zellen, deren intrazellulärer Ausfuhrkanal sich gegen die Oberfläche zu allmählich verengt; die Mündung selbst kann offen oder durch eine feine Membran geschlossen sein. Eine besondere Ausbildung der einzelligen Hautdrüsen sind die Ventraldrüsen der Geophiliden (Fig. 27), die in Gruppen auf den Sterniten münden. Die Drüsenzellen rücken infolge ihrer Größe aus

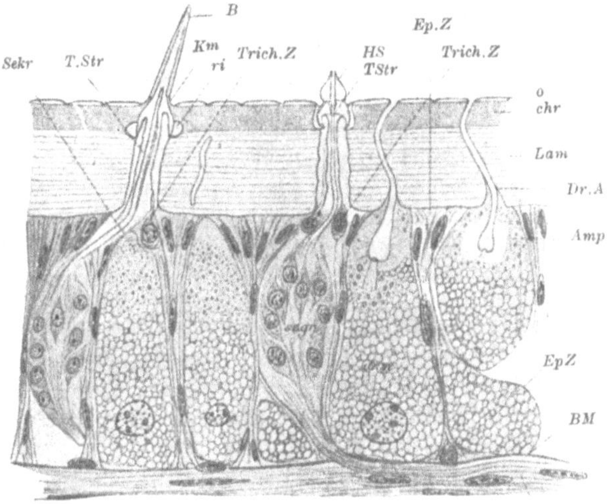

Fig. 28. **Scolopendra morsitans L.**
Längsschnitt durch Teile eines basalen Antennengliedes.
BM = Basalmembran, *Ep.Z* = undifferenzierte Epidermiszellen, *Trich.Z* = Trichogene Zellen, *Amp* = Ampulle, *Dr.A* = Ausfuhrröhrchen einer Drüsenzelle, *Sekr* = Sekretmasse im distalen Teil der Drüsenzelle, *n* = Nerv, *T.Str* = Terminalstrang, *B* = hohle Borste, *Km* = Kuppelmembran, *HS* = herzförmiger Sinneskegel, *ri* = Ring aus Oberflächenschicht, *o, chr, Lam* = die 3 Chitinschichten

dem Epithel, dem sie entstammen, in das darunter liegende mesodermale Bindegewebe, das jede Drüsenzelle mit einem Netzwerk von quergestreiften Muskelfasern umgibt. Die Kieferfußdrüse besteht aus einer Gruppe von einzelligen Drüsen, von denen jede von einer Hülle aus Epithelzellen und Muskelfasern umgeben ist; der ganze Komplex hat eine kräftige muskulöse Hülle. Die einzelnen Drüsenzellen münden in den gemeinsamen Ausführungsgang, der sich etwas vor der Spitze des Tarsungulum auf dessen Unterseite öffnet. Die Drüsenmasse liegt in der Coxa oder noch tiefer im Innern des Körpers.

Mehrzellige Hautdrüsen sind die Hüftdrüsen und Terminaldrüsen. Erstere finden sich in verschiedener Zahl und Anordnung auf den Hüften von 1 bis 5 letzten Beinpaaren. Die Verteilung der Mündungen, der „Hüftporen", wird besonders in der Systematik der *Lithobier* und *Geophiliden* verwendet. Bei *Lithobius* führt der Außenporus einer Hüftdrüse in einen kurzen weiten Kanal mit dicker Seitenwandung, der durch ein dünnhäutigeres Sieb geschlossen ist; jedes Siebloch ist die Mündung einer Drüsenzelle. Die Drüsen sind entweder nur in einer einzigen Reihe auf 1—5, meist 4 letzten Beinpaaren angeordnet oder die Poren bilden ein unregelmäßiges Sieb. Die Hüftdrüsen der *Geophiliden* sind ähnlich gebaut, finden sich aber nur in den Endbeinen; sie münden entweder einzeln nach außen oder zu Gruppen vereinigt in Gruben oder Taschen. Die bei den *Lithobiomorpha* im Analsegment und bei den *Geophilomorpha* im Genitalsegment sich findenden paarigen Drüsen, bei letzteren Terminaldrüsen genannt, sind ganz so wie die Coxaldrüsen gebaut. Die *Lithobiidae* haben Analdrüsen nur in den Jugendstadien, die *Henicopidae* auch im erwachsenen Zustand. Mehrzellige Drüsen sind auch die Kopfdrüsen oder metameren Drüsen der vorderen Segmente, die in 3—5 Paaren vorkommen; eine Homologisierung dieser Paare bei den 4 Ordnungen ist derzeit unmöglich, da die Angaben über Mündung und Bau der Drüsen zu vage sind. Systematisch interessiert am meisten ein Drüsenpaar, das in den Hüften der 2. Maxille aller Ordnungen mündet; die näheren Details der Drüsenöffnung und ihrer Umgebung geben manchmal systematisch verwendbare Merkmale.

Die Anhänge der Cuticula sind teils beweglich, teils unbeweglich. Die beweglichen muß man wieder teilen in Haare, die nicht mit Hautsinnesorganen in Verbindung stehen, und Borsten und Zapfen, die mit Endigungen von Hautsinnesorganen verbunden sind. Als Borsten werden sie bezeichnet, wenn sie solid sind oder wenn der Durchmesser ihres Hohlraumes nicht größer ist als die Wanddicke, als Zapfen, wenn das Lumen die Dicke der dünnen Wand um das Mehrfache übertrifft. Beide bestehen aus Oberflächenchitin.

Von den Haaren und Borsten verschieden sind die unbeweglichen Auswüchse des Hautskeletts, wie Dornen, Zähne der Kieferfußhüften oder gewisser Beinglieder, die verästelten Anhänge in den Stigmen der *Scolopendriden* und ähnliche hohle Ausstülpungen, in die, wenn sie größer sind, auch die Epidermiszellen eindringen und die ebenfalls die Endigungen von Sinneszellen enthalten können. Zu jedem dieser als Tastorgane fungierenden Anhänge oder Hervorragungen des Hautskeletts, wie Borsten, Stacheln, Zähnen, Zapfen usw. gehören eine oder mehrere epitheliale bipolare Sinneszellen, die ihren distalen Fortsatz, der sich mit anderen zum Terminalstrang vereinigt, zur Borste usw. schicken, wo er an der Basis derselben aufhört, auch wenn sie hohl ist; der proximale Fortsatz vereinigt sich mit anderen zur Bildung der sensiblen Nerven.

Sinnesorgane von noch nicht ganz geklärter Bedeutung, vielleicht Geruchsorgane, sind die Zapfen an den Antennen. Bei den *Lithobiern* und *Scolopendriden* kommen sie an mehreren Gliedern, grundwärtigen und Endgliedern vor, bei den *Geophiliden*, wo sie besonders gut ausgebildet sind, finden sie sich meist nur auf dem Endglied, und zwar in einer oberflächlich stehenden Gruppe oder ganz eingesenkt in eine tiefe Grube, mit allen Übergängen zwischen beiden Modi. Die Zapfen von *Lithobius* sind einfache Ausstülpungen der Oberflächenschicht und nicht in eine Grube eingesenkt. Der zu einem Zapfen gehörige Terminalstrang zieht durch den Porenkanal, und tritt eine Strecke weit in den Zapfen ein; die früher verflochtenen Nervenfibrillen ordnen sich dort parallel an und enden frei. Nur bei den *Schendylidae* sind außerdem eigentümliche Sinnesstäbchen auf anderen Gliedern (9, 13 und so weiter) vorhanden. Ein den Zapfen homologes Organ ist das Schaftorgan von *Scutigera*: die cuticulare Oberflächenschicht bildet eine halbkugelige Grube, in die eine Anzahl kurzer dornartiger Zapfen hineinragen, an denen die distalen Fortsätze der zugehörigen Sinneszellen endigen.

Augen: Alle *Geophilomorpha*, die Familie *Cryptopidae* und einzelne *Lithobiomorpha* sind blind; die *Scolopendridae* haben vier, die *Lithobiomorpha* 1—30 gehäufte einzelne Grubenaugen, während die Augen der *Scutigeromorpha* Pseudofacettenaugen mit zahlreichen Ocellen sind. Bei den Grubenaugen tragen die den Augenbecher auskleidenden primären Sinneszellen an ihrem distalen, nach dem Grubeninnern zu gerichteten Ende einen Besatz von Härchen oder Stiftchen, die den recipierenden Teil bilden. Jedes Härchen steht mit einer feinen Neurofibrille in Verbindung, die die Sehzelle durchzieht und in die Nervenfaser eintritt; diese proximalen Fortsätze der Sinneszellen setzen sich in den Augennerven fort.

Bei den *Anamorpha* wurde ein Tömösvary'sches Organ gefunden. Sein Nerv entspringt vom Lobus opticus neben dem Sehnerv und zieht zu einem runden Zellhaufen, dem Sinnesepithel, das dicht unter der Oberfläche liegt. Zwischen Antennenbasis und Auge befindet sich eine ovale oder runde Grube mit einer kleinen Öffnung im Chitin, das sie bedeckt; die feinen faserartigen distalen Ausläufer der Sinneszellen legen sich der Innenseite der Grube dicht an.

1. Unterklasse **Epimorpha**

1880 *E.*, E. Haase, Schles. Chilop., p. 6 | 1881 *E.*, E. Haase in: Z. Ent. Breslau, ser. 2 *v.* 8 p. 66 | 1885 *E.*, Meinert in: P. Amer. phil. Soc., *v.* 23 p. 177 | 1886 *E.*, Meinert in: Vidensk. Meddel., *v.* 36—38 p. 111 | 1887 *E.*, E. Haase in: Abh. Mus. Dresden, nr. 5 p. 37 | 1893 *E.*, Bollman in: Bull. U. S. Mus., *v.* 46 p. 164 | 1901 *E.*, Verhoeff in: N. Acta Ac. Leop., *v.* 77 p. 400 | 1907 *E.*, Verhoeff in: Bronn, Kl. Ordn., *v.* 5 II p. 241 | 1914 *E.*, Attems in: Arch. Naturg., *v.* 80 A 4 p. 100 | 1926 *E.*, Attems in: Kükenthal & Krumbach, Handb. Zool., *v.* 4 p. 341 | 1928 *E.*, Attems in: Ann. S.-Afr. Mus., *v.* 26 p. 80.

Entwicklung mit Epimorphose; die Jungen verlassen das Ei mit der vollen Segment- und Beinpaarzahl. Die Eier werden in Haufen abgelegt und das ♀ übt eine längere Brutpflege aus.

Scolopendromorpha mit 25 oder 27, die Zahl für jede Art konstant, Geophilomorpha mit 35 oder mehr Rumpfsegmenten, die Zahl bei letzteren für die Art meist etwas schwankend. Von den Tergiten und Sterniten ist ein vorderer Streif durch eine Naht abgetrennt und heißt Prätergit und Prästernit. Ersteres ist stets einheitlich, letzteres kann es auch sein oder es ist median geteilt oder manchmal sogar auf getrennte seitliche Zwickel reduziert. Der hintere größere Teil des Tergits heißt Haupttergit, des Sternits Hauptsternit. Die Haupttergite sind bei den Geophilomorpha gleich groß, bei den Scolopendromorpha sind die Haupttergite 3, 5, 7, 10, 12, 14, 16, also dieselben wie bei den Lithobiomorpha, öfters etwas kleiner als die übrigen.

Die Tracheen mit Quer- und Längsanastomosen. Die Stigmen münden entweder auf allen Segmenten, vom 2. bis vorletzten beintragenden Segment (oder 3. bis fünfletzten Rumpfsegment), oder sie sind nur auf gewissen Segmenten vorhanden, die größtenteils dieselben sind wie bei den Anamorpha.

Tergite und Sternite meist mit 2 Längsnähten.

Kieferfüße mit einheitlichem Coxosternum, an dem keine Mediannaht mehr erhalten ist und die Grenzen von Coxen und Sternit, wenn überhaupt, nur undeutlich sichtbar sind. Femur und Tibia außen sehr kurz oder sogar offen, so daß Trochanteropräfemur und Tarsungulum sich berühren. Das Tergit des Kieferfußsegments ist bei den Geophilomorpha als „Basalschild" gut entwickelt, bei den Scolopendromorpha meist rudimentär. Die Pleuren sind stets deutlich und schließen manchmal zwischen Coxosternum der Kieferfüße und Sternit des ersten Laufbeinsegments zu einer schmalen Spange zusammen.

Die Genitalregion ist in beiden Ordnungen sehr verschieden ausgebildet, bei den Geophilomorpha deutlich sichtbar mit eigenem Tergit und Gonopoden am Genitalsegment bei ♂ und ♀. Bei den Scolopendromorpha ist sie fernrohrartig im Endbeinsegment eingesenkt und sehr rudimentär, und nur bei ♂ können hier manchmal kleine Styli am Prägenitalsegment vorkommen.

An den Endbeinen verschmelzen Pleuren und Coxen zu einem Coxopleurium, meist mit Drüsen oder die Pleuren sind ganz verdrängt. Nur bei den Azygethidae (Familie der Geophilomorpha) sollen Coxa und Pleuren getrennt bleiben.

1. Ordnung **Geophilomorpha** Leach

1815 *Geophilides*, Leach in: Tr. Linn. Soc. London, *v.* 11 p. 384 | 1844 *Geophilidae*, Newport in: Tr. Linn. Soc. London, *v.* 19 p. 276 | 1856 *G.*, Newport, Cat. Brit. Mus. Myr., p. 3, 81 | 1865 *G.*, H. C. Wood in: Tr. Amer. phil. Soc., ser. 2 *v.* 13 p. 175 | 1866 *Geophili*, Bergsoe & Meinert in: Naturh. Tidsskr., ser. 3 *v.* 4 p. 81 | 1870 *G.*, Meinert in: Naturh. Tidsskr., ser. 3 *v.* 7 p. 1 | 1880 *Geophilidae*, Latzel, Myr. Österr.-Ung., *v.* 1 p. 158 | 1881 *G.*, E. Haase in: Z. Ent. Breslau, ser. 2 *v.* 8 p. 71 | 1885 *Geophilini*, Meinert in: P. Amer. phil. Soc., *v.* 23 p. 212 | 1886 *G.*, Meinert in: Vidensk. Meddel., *v.* 36—38 p. 141 | 1887 *Geophilidae*, E. Haase in: Abh. Mus. Dresden, nr. 5 p. 99 | 1895 *Pantastigmata*, Silvestri in: Ann. Mus. Genova, ser. 2 *v.* 14 p. 634 | 1896 *Geophilomorpha*, Pocock in: Biol. Centr.-Amer., Chilop. p. 35 | 1902 *G.*, Pocock in: Quart. J. micr. Sci., n. ser. *v.* 45 p. 442 | 1903 *G.*, Attems in: Zool. Jahrb., Syst. *v.* 18 p. 175 | 1908 *G.*, Verhoeff in: Bronn, Kl. Ordn., *v.* 5 II p. 265 | 1909 *Géophilomorphes*, Brölemann in: Arch. Zool. expér., ser. 5 *v.* 3 p. 303 ff. | 1914 *Geophilomorpha*, Attems in: Arch. Naturg., *v.* 80 A 4 p. 110 | 1926 *G.*, Attems in: Kükenthal & Krumbach, Handb. Zool., *v.* 4 p. 342 | 1928 *G.*, Attems in: Ann. S.-Afr. Mus., *v.* 26 p. 108.

Körper sehr langgestreckt, wurmförmig, manchmal fadenartig dünn, von wenigen bis über 200 mm Länge mit kurzen Beinen und Antennen. Farbe weißlichgelb bis satt chitingelb, der Kopf und die Kieferfüße meist dunkler, braun, manchmal kommen dunkle Längsbinden auf dem Rücken vor oder fein verteiltes dunkles Pigment; im allgemeinen aber ist die Färbung eintönig und wenig charakteristisch. Bewegungen infolge des langen segmentreichen Körpers und der kurzen Beine nicht behende. Aufgestört knäueln sie sich meist zusammen und versuchen nicht zu fliehen. Segment- und Beinpaarzahl bei derselben Art meist schwankend, 31 bis über 70 Beinpaare; Zahl derselben immer ungerade, nur bei den Mecistocephalidae ist die Segmentzahl für die Arten fast stets konstant.

Auf dem Kopfschilde, der dorsalen Wand der Kopfkapsel, ist die Stirngegend manchmal durch die Stirnfurche abgegrenzt. Im hinteren Teil des Kopfschildes können kurze grubenartige Furchen auftreten; die Fläche ist sehr oft mehr oder weniger dicht punktiert mit einer Borste in den Grübchen; sonstige auffallende Skulpturen sind auf dem Kopfschild nicht vorhanden. Der auf die Ventralseite herabgeschlagene vordere Teil der Kopfkapsel, der Clypeus, ist durch eine schräge Falte oder durch eine Zone mit veränderter Oberflächenskulptur von den gleichfalls auf der Ventralseite liegenden Kopfpleuriten getrennt. Der Clypeus geht nach hinten in das Labrum über, und zwar entweder direkt oder es sind beide voneinander getrennt. Mit dem Medialrand des Kopfpleurites ist der Lateralrand der Hüfte der 2. Maxille fest verbunden, so daß die Kopfkapsel hier auch ventral geschlossen ist. In der großen Bucht, die vorn durch den Clypeus, seitlich durch die Kopfpleurite eingerahmt und, wie soeben geschildert, hinten durch die Hüften der 2. Maxille überbrückt und abgeschlossen wird, liegen in der Tiefe zu den Seiten der Mundöffnung das erste Maxillenpaar und die Mandibeln. Bei der Ventralansicht des Tieres in toto wird der Kopf zum größten Teil von den gewaltigen, nach vorn gerichteten Kieferfüßen verdeckt. Gewisse Eigentümlichkeiten der Oberflächenstruktur des Clypeus, so die Art der polygonalen Felderung, dann ein oder zwei kleine, in ihrer Struktur von der Umgebung abweichende Stellen, die Clypealareae, sowie die Art der Beborstung werden systematisch verwertet. Bei den Mecistocephalidae ist der Clypeus in 2 voneinander recht verschiedene, hintereinander liegende Abschnitte geteilt. Gewöhnlich geht der dorsale Kopfschild ohne Abgrenzung in die Pleurite über, manchmal jedoch ist an der lateralen Kante der stets mehr oder weniger linsenförmig abgeplatteten Kopfkapsel eine Naht zwischen Kopfschild und

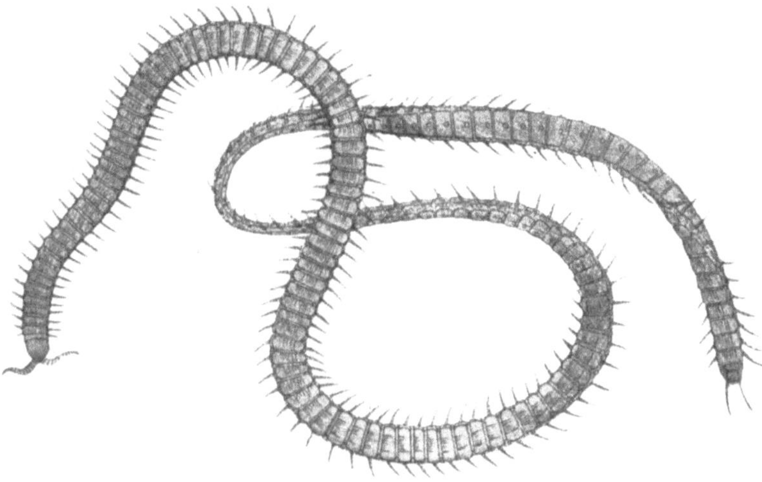

Fig. 29. **Himantarium gabrielis L.**

Pleuriten vorhanden. Die am Vorderende des Kopfes eingelenkten Antennen sind stets 14gliedrig; sie können fadenförmig oder endwärts mehr oder weniger kolbig verdickt (z. B. Ballophilinae, Dignathodon) oder pfriemenförmig, endwärts verdünnt und an der Basis abgeflacht und verbreitert sein. Die Borsten stehen auf etwa den 5—6 ersten Gliedern meist in 2 Quirlen; nach und nach treten zwischen den Quirlen weitere, meist kleinere Borsten auf; die Glieder der Endhälfte sind meist gleichmäßig und dicht beborstet; Endglied mit 1—2 Gruben, in denen Sinneszapfen stehen. Augen fehlen stets.

Das Labrum ist von dem der anderen Ordnungen völlig verschieden. Es hat niemals einen oder drei starke Medialzähne in einer tiefen Einbuchtung, sondern meist zahlreiche kleine Zähnchen oder längere, dünne Fransen; die seitlichen Zähne können oft zu langen, krummen Dolchen, wie Haifischzähne, werden, zum Beispiel bei *Orya barbarica;* ein Zeichen, daß das Labrum bei der Bewältigung der Beute eine wichtige Rolle spielt. Das Labrum besteht entweder aus einem Stück, das noch mit dem Clypeus völlig zusammenhängt; dies ist wohl der ursprüngliche Zustand, da das Labrum ja nur eine Ausstülpung des Clypeus ist; oder es ist durch eine Naht mehr oder weniger gegen den Clypeus abgesetzt. Bei den Geophilidae, Mecistocephalidae und Soniphilidae zerfällt das Labrum in drei nebeneinander gelegene Teile, deren relative Größe sehr verschieden ist. Bei manchen Geophilidae überwiegt der Mittelteil, bei anderen Geophilidae ist er sehr klein und wird von den Innenenden der Seitenteile mehr oder weniger zurückgedrängt. Außerordentlich breit sind die Seitenteile bei den Mecistocephalidae, deren laterale Enden die Fulkren überlagern. Der Mittelteil des dreiteiligen Labrum ist meist nach hinten vorgewölbt; das aus einem Stück bestehende Labrum der anderen Familien kann eingebuchtet oder vorgewölbt sein und beides in derselben Familie vorkommen. Die kommandibularen Gerüste, hier Fulkren genannt, bestehen aus einem T-förmigen Stück und machen keine Begleitbewegungen mit den Mandibeln mit. Das quere Vorderende legt sich dem Außenende des Labrum an.

Mandibeln (Fig. 7, 8) sehr verschieden ausgebildet, auch sie sind wie Labrum und Maxillen sehr mannigfaltig im Vergleich mit den anderen Ordnungen. Sie sind als sehr derivat zu bezeichnen. Die den ursprünglichen Verhältnissen nächststehenden sind die der Himantariidae und Schendylidae, bei denen noch Beißzähne vorhanden sind. Die von anderen Ordnungen bekannten Sichelborsten sind bei den Himantariidae zu den sogenannten Kammblättern geworden; bei den Schendylidae ist der Rand des Mandibelstammes an der entsprechenden Stelle mit einer einfachen Reihe von „Kammzähnchen", den Sichelborsten entsprechend, besetzt. Die Beißzähne sind entweder mit ihren Basen völlig verschmolzen (bei den Himantariidae) oder sie sind in hintereinander liegende Blöcke angeordnet, ähnlich wie bei anderen Chilopodenordnungen. Allen anderen Familien fehlen die Beißzähne; die Homologa der Sichelborsten sind bei den Oryidae und Mecistocephalidae in mehreren Kammblättern angeordnet; bei den restlichen Familien ist die Mandibel noch mehr vereinfacht und stellt ein hohles Blatt vor, dessen Rand eine einfache Reihe von „Kammzähnchen" trägt. Ein Haarpolster fehlt immer.

Fig. 30. Ribautia repanda Att.
Beide Maxillenpaare.

Hüften der ersten Maxille (Fig. 30) meist völlig verwachsen; neben Formen, bei denen dieses Syncoxit eine große Platte ohne jede Spur einer medianen Spaltung ist (zum Beispiel *Arctogeophilus glacialis*), kommen andere vor, bei denen die Spaltung bis auf eine schmale basale Querspange herabgeht (zum Beispiel *Himantarium Gabrielis* und Mecistocephalidae). Am Außeneck des Syncoxits kommen manchmal kleine Tasterlappen vor. Das Telopodit ist meist zweigliedrig, doch können auch beide Glieder verschmelzen. Das proximale Telopoditglied hat außen öfters ähnliche Tasterlappen wie das Syncoxit; diese Tasterlappen stehen, wenn beide Telopoditglieder verschmolzen sind, in der Mitte des Außenrandes des einheitlichen Telopodits. Das Endglied ist breit abgerundet und beborstet.

Die Verbindung der Hüften mit der zweiten Maxille ist eine sehr verschiedenartige, viel mannigfaltiger als bei den anderen Ordnungen; beide Hüften können breit miteinander verwachsen sein, so, daß gar keine mediane Grenze sichtbar ist, oder die mediane Naht bleibt erhalten; in anderen Fällen sind beide Hüften nur durch eine schmale Brücke oder nur lose durch eine Membran miteinander verbunden. Im unteren Teil der Hüften mündet durch eine querovale Öffnung das eine Paar der vorderen metameren Drüsen. Die Hüfte kann kurz oder mehr oder weniger verlängert sein; bei den Chilenophilinae (Fig. 30) ist eine leistenartige Verdickung lateral von der Drüsenmündung beginnend und bis fast zur Basis der Hüfte herabreichend vorhanden. An die Hüften legen sich die Pleurite an; beide können auch fest miteinander verwachsen. Es kommt auch vor, daß das Pleurit die Basis der Hüfte ganz umgreift und medial von ihrem Grundteil bis an den Hinterrand des Mittelteils der Hüfte verlängert ist. In dieser Beziehung bestehen manchmal zwischen nahestehenden Formen große Unterschiede. Das Sternit des 2. Maxillensegments ist fast immer als weichhäutiges Feld in dem von den verschmälerten Hüftbasen eingerahmten, nach hinten offenen Bogen erkennbar; seine Fläche hat meist eine polygonale Oberflächenstruktur. An den zweiten Maxillen kommt es somit nicht zur Bildung eines Coxosternum, sondern höchstens eines Syncoxits. Das Telopodit besteht aus drei zylindrischen Gliedern und dem Prätarsus. Das erste Telopoditglied zeigt öfters durch eine Naht seine ursprüngliche Zusammensetzung aus zwei Gliedern an. Der Prätarsus hat meist die Gestalt einer Kralle, ähnlich wie auf den Laufbeinen; sie ist manchmal ausgehöhlt und dann können die beiden Kanten mit Spitzchen besetzt sein; wenn diese Spitzchen so eng stehen, daß ihre Basen sich berühren, spricht man von gekämmten Krallen, so besonders bei vielen Schendylidae. Bei *Macronicophilus* ist der Prätarsus ein dickes, den anderen Gliedern gleichendes, beborstetes Glied; bei *Orinophilus* hat er die Gestalt eines beborsteten Zäpfchens, bei *Geoperingueyia* die einer langen, auf einem kleinen Sockel sitzenden Borste; sehr selten fehlt er ganz.

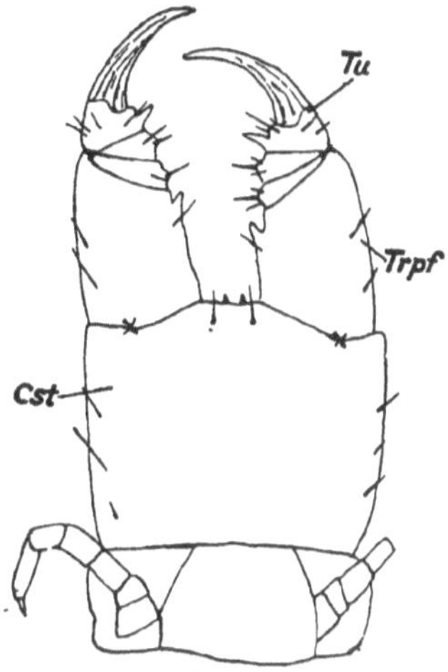

Fig. 31.
Alloschizotaenia minuta Silv.
Kieferfüße.
Cst = Coxosternum, *Trpf* = Trochanteropräfemur, *Tu* = Tarsungulum.

An den Kieferfüßen (Fig. 31) unterscheidet man einen großen Basalteil, der meist Coxosternum *(Cst)* genannt wird, obwohl seine Zusammensetzung aus dem Sternit und den Hüften nicht mehr deutlich sichtbar ist, jedenfalls ist ventral in der Medianlinie keine Naht mehr sichtbar. Häufig finden sich zwei feine oder derbere Linien, eine jederseits, die „Chitinlinien", die vom Hinterrand in der Richtung zum ventralen Condylus laufen, diesen erreichend oder schon vorher abbrechend; in letzterem Falle spricht man von „abgekürzten Chitinlinien". An die Hüften seitlich schließen sich die Pleurite an; je nachdem nun, ob die Hüften ungefähr parallele Seitenränder haben oder ob sie an der Basis bedeutend schmäler sind als distal, verläuft die Pleurocoxalgrenze, die Naht zwischen Hüften und Pleurit parallel zur Längsrichtung des Körpers oder schräg zu ihr. Das Telopodit besteht aus einem großen Grundglied, dem Trochanteropräfemur *(Trpf)*, entstanden aus der Verwachsung von Trochanter und Präfemur, der aber in den systematischen Beschreibungen der Kürze wegen meist als Präfemur bezeichnet wird, ferner aus zwei kurzen, seitlich offenen Zwischengliedern, dem Femur und der Tibia, und dem Tarsungulum *(Tu)*; alle diese Glieder können medial zahnartige Höcker haben, das Trochanteropräfemur manchmal zwei; wenn es nur einen hat, ist es der distale, dem Präfemur entsprechende; zwei zahnartige oder mehr abgerundete Zacken können auch am Vorderrand der Hüften vorkommen. Bei den Aphilodontinae treten am Telopodit Verschmelzungen einzelner Glieder ein. Die Kieferfüße sind bei manchen Formen klein und von oben gesehen ganz unter dem Kopfschild verborgen; bei anderen Formen mit schmälerem Kopfschild, so besonders bei den Mecistocephalidae, Pachymerinae,

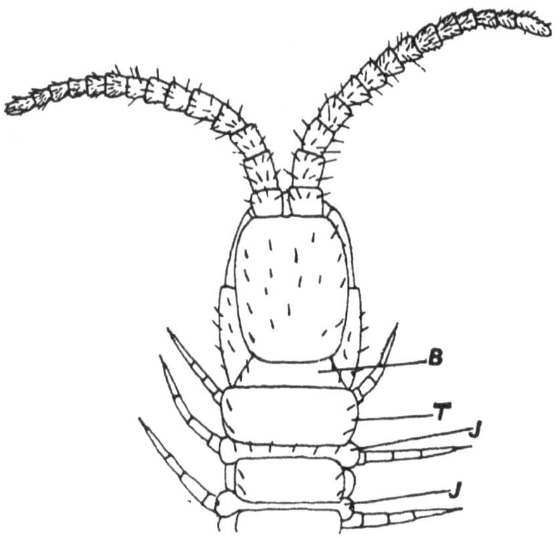

Fig. 32. **Arctogeophilus glacialis Att.**
B = Basalschild oder Tergit des Kieferfußsegments, *T* = Tergit des 2. Rumpfsegments (mit dem 1. Laufbeinpaar), *J* = Prätergit.

Chilenophilinae von oben zum Teil sichtbar, und zwar sieht man die Pleurite und einen Teil des Telopodits; die relative Länge der Kieferfüße, ob nämlich die geschlossenen Klauen noch vom Stirnrand entfernt bleiben, ihn erreichen oder überragen, wird systematisch verwertet. Das Ungulum ist innen glatt oder stumpf sägeartig gekerbt. Das Tergit des Kieferfußsegments heißt Basalschild (Fig. 32, *B*); es ist stets deutlich ausgebildet, oft sogar groß; bei den Formen mit sehr großen, von oben teilweise frei sichtbaren Kieferfüßen ist der Basalschild schmäler, trapezförmig (vorn schmäler) und erreicht den Seitenrand des Körpers nicht; bei den Formen mit kleineren Kieferfüßen ist der Basalschild breiter, ganz bis an die Seiten des Körpers reichend, dafür aber meist kürzer. Die Längsfurchen der Tergite setzen sich nicht auf dem Basalschild fort.

Prätergite und Prästernite gut ausgebildet, besonders erstere, die stets ungeteilt sind und untereinander nur geringe Verschiedenheiten zeigen. Die Prästernite dagegen sind sehr verschieden ausgebildet; sie können einheitlich (median ungeteilt) und ziemlich lang oder durch eine Mediannaht geteiltsein; bei zunehmender Verkürzung können sie völlig in zwei getrennte dreieckige Zwickel zerfallen. Sie fehlen dem Kieferfuß- und ersten beintragenden Segment.

Es sind meistens Ventraldrüsen vorhanden, deren Mündungen auf den Sterniten die systematisch viel verwendeten „Ventralporen" sind (Fig. 33). Diese Poren sind entweder auf ein oder mehrere rundliche oder ovale mehr oder weniger scharf umgrenzte Felder zusammengedrängt (alle Himantariidae, Schendylidae, manche Geophilidae), oder sie sind in einem nicht scharf umgrenzten Querband vor dem Hinterrande angeordnet, (viele Geophilidae, manche Gonibregmatidae, die Sogonidae) oder sie stehen in einem großen Viereck, dessen Mitte porenfrei bleibt, (Oryidae, manche Gonibregmatidae) oder in noch anderen Anordnungen. Den Mecistocephalidae, Soniphilidae, Neogeophilidae, Azygethidae sowie einzelnen Arten anderer Familien fehlen sie ganz.

Die Pleuralgegend ist stärker differenziert als in den anderen drei Chilopodenordnungen. Von Skleriten sind immer vorhanden ein Stigmen-

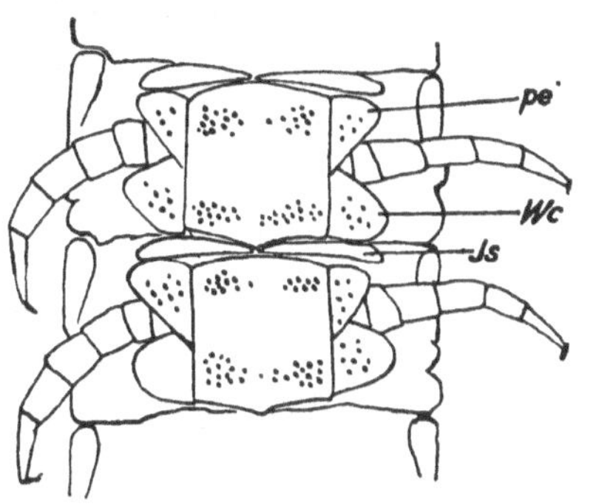

Fig. 33. **Pachymerium ferrugineum Att.** Sternite des 15. und 16. Segments.
pe = Procoxa, *Wc* = Metacoxa, *Js* = Prästernit.

pleurit, ventral vom Haupttergit und davor ein Präscutellum, meist bedeutend größer als ersteres. Selten (so bei *Orya*) verschmelzen beide. Zwischen diesen beiden Skleriten und den Tergiten können .eine oder mehrere Reihen von „Paratergiten" auftreten, und zwar entweder nur zwischen einem dieser Sklerite und dem zugehörigen Tergit oder zwischen beiden Skleriten und ihren Tergiten; bei derselben Art ist die Zahl der Paratergite in den verschiedenen Körperregionen meist verschieden. Die Paratergite zwischen Haupttergit und Stigmenpleurit heißen Hauptparatergite, die zwischen Prätergit und Präscutellum heißen Präparatergite.

Zwischen Stigmenpleurit und Präscutellum einerseits und der Pericoxa andererseits treten mehrere Reihen kleiner Sklerite in verschiedener Zahl und Anordnung auf; sie sind bisher nur von relativ wenigen Formen genau beschrieben und kommen vorläufig für die Kennzeichnung der Arten wenig in Betracht.

Pro- und Metacoxa immer gut entwickelt und annähernd gleich groß, beide oft mit Drüsenmündungen, ganz ähnlich den Ventralporen; manchmal finden sich solche Drüsenporen auch auf den Pleuriten und sogar auf den Seiten der Tergite. Die Coxa besteht aus zwei Teilen, der Eucoxa superior und inferior und bildet nur einen Halbring; eine Eucoxa posterior und Pleurocoxa fehlen. Beine klein, niemals mit Dornen oder dergleichen versehen.

Tarsus einfach. Die Endbeine sind sehr von den übrigen Beinen verschieden. Die großen Hüften nehmen den ganzen Raum zwischen Tergit und Sternit ein und sind einheitlich, nicht aus mehreren Stücken zusammengesetzt. Bei manchen Formen sieht man neben dem Prätergit ein selbständiges Pleurit, das Präpleurit, im übrigen aber sind die Pleurite des Endbeinsegments völlig verdrängt. In den Hüften finden sich sehr häufig Drüsen, die durch

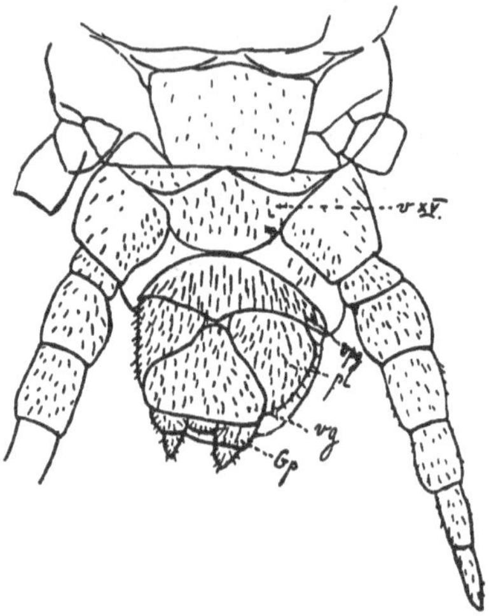

Fig. 34. Orya barbarica Mein. ♂
vxV = Sternit des Endbeinsegments, *vpg* = Sternit des Prägenitalsegments, *pl* = Pleurite, *vg* = Sternit des Genitalsegments, *Gp* = Gonopoden.

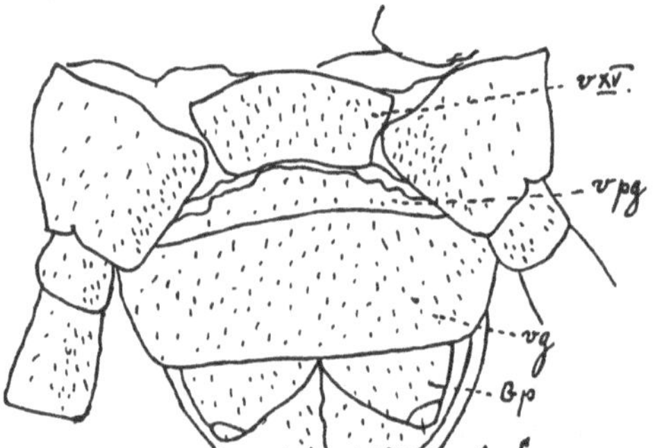

Fig. 35. Orya barbarica Mein. ♀
An.S. = Analsegment; die anderen Bezeichnungen wie in Fig. 34.

die „Hüftporen" ausmünden. Entweder jede Drüse mündet einzeln an die Oberfläche, und zwar kann sie in diesem Falle frei münden oder unter dem Rande des die Hüfte teilweise überlagernden Endbeinsternits; oder die Poren sind zu Gruppen vereinigt, die in eine für jede Gruppe gemeinsame Grube oder tiefe Tasche münden; diese Taschen liegen meist am Lateralrande des Sternits und am oberen Rande der Hüfte. Die Endbeine haben stets einen Trochanter, Präfemur, Femur, Tibia und ein- oder zweigliedrigen Tarsus;

nur bei *Nannophilus melanostictus* haben die ♂ ein viergliedriges Telopodit, (die ♀ ein sechsgliedriges). Der Prätarsus ist meist krallenförmig, manchmal ist er walzig, den anderen Gliedern ähnlich; nicht selten fehlt er ganz.

Die Stigmen sind vom 2. bis vorletzten beintragenden Segment vorhanden, rund oder oval bis schlitzförmig und dann verschieden gestellt, in der Längsrichtung des Körpers oder schräg oder senkrecht.

Genitalregion stets deutlich sichtbar. Es ist nur ein Tergit ausgebildet. Ventral ein Prägenitalsternit, das seitlich in die weichhäutigen Pleuren, vorn und hinten in dünne Intersegmentalhäute übergeht. Am Genitalsegment bei ♂ und ♀ ein gut entwickeltes Sternit; beim ♂ (Fig. 34) außerdem noch große Pleuren, die zuweilen das Sternit ganz vom Prägenitalsternit trennen. Am Hinterrand trägt das Genitalsternit bei ♂ und ♀ 1- bis 2gliedrige Gonopoden (Fig. 35). Das ♂ hat außerdem ein Kopulationsorgan: das Genitalsegment bildet eine mediane Aussackung zwischen den Gonopoden mit dorsalem Längsschlitz, aus dem der Penis (Fig. 36) austritt, ein mit Haaren besetzter Kegel, in dessen Basis die beiden *Vasa deferentia* münden.

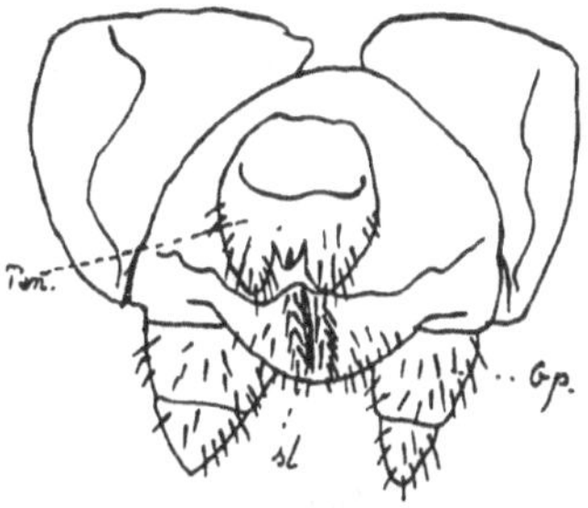

Fig. 36. **Orya barbarica Mein.** ♂ *Pen* = Penis, *Gp* = Gonopoden, *sl* = Schlitz für den Penis.

In den Pleuren des Genitalsegments oft ein Drüsenpaar.

10 Familien, 11 Unterfamilien, 2 Tribus, 128 sichere Gattungen, davon 2 mit 7 Untergattungen, 17 unsichere Gattungen, 452 sichere Arten mit 49 Unterarten, 190 unsichere Arten.

Übersicht über die Familien der *Geophilomorpha*:

1a) Mandibel mit einem Zahnblatt und: 2
- 2a) mehreren Kammblättern. Antennen plattgedrückt, endwärts verjüngt: 1. **Himantariidae**
- 2b) einfachem Besatz von Kammzähnchen. Antennen dünn, fadenförmig oder endwärts kolbig . . . . 2. **Schendylidae**

1b) Mandibel ohne Zahnblatt
- 3a) Mandibel mit mehreren Kammblättern 4
  - 4a) Oberlippe aus einem Stück bestehend. Hüften der 1. Maxille ganz verwachsen. Kieferfüße klein, kurz, von oben nicht sichtbar. Endbeinhüften meist ohne, selten mit 2 Poren . . . . . 3. **Oryidae**
  - 4b) Oberlippe dreiteilig. Hüften der 1. Maxille nicht verwachsen. Kieferfüße sehr groß, von oben zum großen Teil sichtbar. Endbeinhüften mit zahlreichen Poren . . . . . . 4. **Mecistocephalidae**
- 3b) Mandibel mit einfachem Besatz von Kammzähnen 5
  - 5a) Pleuren und Hüften der Endbeine ganz getrennt, erstere mit Stigma(?), Hüften porenlos. Hüften der 1. Maxille ganz getrennt, Oberlippe ungeteilt . . . . 10. **Azygethidae**
  - 5b) Hüften des Endbeinsegments zu einem Coxopleurium verwachsen, ohne Stigma 6
  - 6a) Die ersten Maxillen bestehen aus völlig getrennten Hüften, die je ein kegeliges 2. Glied tragen. Krallen der vorderen Beine mit einem starken Zahn auf der Hohlseite . . . 9. **Neogeophilidae**
  - 6b) Die ersten Maxillen haben an den verwachsenen Hüften innere Coxalfortsätze und tragen 1- bis 2gliedrige Telopodite. Krallen der Beine ohne Innenzahn 7
  - 7a) Oberlippe aus einem ungeteilten Stück bestehend. Antennen abgeplattet, distal verjüngt 8

8a) Coxopleuren der Endbeine sehr vergrößert, können sich seitlich bis zum drittletzten beintragenden Segment erstrecken, dicht mit einzeln mündenden Poren bedeckt: 7. **Gonibregmatidae**

8b) Coxopleuren der Endbeine nicht besonders vergrößert. Jede Hüfte mit 1 bis 2 Gruben, in die eine Anzahl Poren münden: 8. **Sogonidae**

7b) Oberlippe dreiteilig, der Mittelteil manchmal verkümmert, Antennen fadenförmig, weder abgeplattet noch endwärts merklich verjüngt, manchmal kolbig 9

9a) Die 3 Teile der Oberlippe nicht miteinander verwachsen. Mittelteil manchmal verkümmert . . . . 5. **Geophilidae**

9b) Die 3 Teile der Oberlippe miteinander verwachsen, die Grenzen jedoch noch erkennbar . . . . 6. **Soniphilidae**

1. Fam. **Himantariidae**

1895 Fam. *Himantariidae*, Cook in: P. U. S. Mus., *v.* 18 p. 66, 67 | 1903 *Himantariini*, Attems in: Zool. Jahrb., Syst. *v.* 18 p. 166, 172 | 1908 Subfam. *Himantariinae*, Verhoeff in: Bronn, Kl. Ordn., *v.* 5 II p. 277 | 1909 *H.*, Brölemann in: Arch. Zool. expér., ser. 5 *v.* 3 p. 308 | 1909 Fam. *Himantariidae*, Chalande & Ribaut in: Arch. Zool. expér., ser. 5 *v.* 1 p. 197 | 1925 Fam. *H*, Verhoeff in: Bronn, Kl. Ordn., *v.* 5 II p. 547 | 1926 *H.*, Attems in: Kükenthal & Krumbach, Handb. Zool., *v.* 4 p. 347.

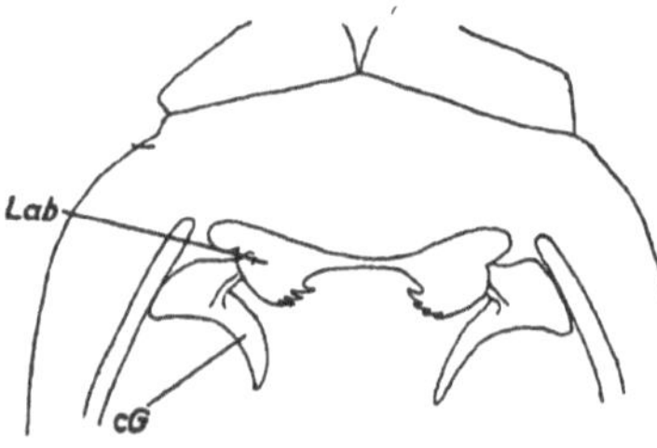

Fig. 37. **Himantarium gabrielis** L.
Lab = Labrum.

Fig. 38.
Himantarium gabrielis L.

Das Labrum (Fig. 37) besteht aus einem einheitlichen, median eingebuchteten und wenigstens teilweise gezähneltem Stück und ist scharf gegen den Clypeus abgesetzt. Mandibel (Fig. 38) mit mehreren schräg hintereinander gestellten Kammblättern und einem einheitlichen Zahnblatt, das durch eine Linie gegen die übrige Mandibel abgesetzt ist. Hüften der 1. Maxille verwachsen oder tief herab gespalten, bis fast ganz getrennt, ohne Außentaster. Die 2 Telopoditglieder getrennt oder miteinander verschmolzen, mit oder ohne Außentaster. Hüften der 2. Maxille in verschiedenem Grade miteinander verwachsen, entweder so, daß noch die Mediannaht sichtbar ist und der Vorderrand median eingekerbt ist oder völlig verschmolzen mit geradem, eventuell leicht vorgewölbtem Vorderrand. Kieferfußhüften kurz und breit, mit starken, vollständigen nach vorn divergierenden Chitinlinien. [Bei *Stigmatogaster sardous* sollen die Chitinlinien fehlen; wäre nachzuprüfen.]

Der Tarsus hat nur bei *Thracophilus* einen starken Zahn, sonst kommen Zahnbildungen nicht vor. Geschlossen erreichen die Kieferfüße den Stirnrand meist nicht und überragen ihn nie. Kopfschild rundlich, meist etwas breiter als lang. Antennen kurz, dick, mehr oder weniger dorsoventral plattgedrückt und endwärts verjüngt. Basalschild noch ein Stück auf die Seiten herabreichend; auch das Tergit des folgenden Segments greift noch etwas auf die Seiten herab. Bei mehreren Gattungen sind ein oder mehrere Hauptparatergite vorhanden, bei den meisten Gattungen Präparatergite (fehlen ganz nur bei *Thracophilus*), und zwar primäre, deren Seitenrand in einer Längslinie mit dem Seitenrand der Haupttergite liegt oder primäre und sekundäre, letztere in einer oder mehreren Reihen. Das letzte Stigmenpleurit ist manchmal mit dem Tergit verschmolzen. Ventralporen in einem scharf umschriebenen Feld auf den Segmenten der vorderen Körperhälfte stets vorhanden, meist auch auf denen der hinteren Hälfte. Außerdem können auf gewissen Segmenten seitliche Gruben, am Rande von Sternit und Subcoxa, vorkommen, die sich vorn in ein rundes, stigmaähnliches Grübchen fortsetzen können; oder es kommen mediane, unpaare Grübchen vor dem Porenfeld oder große quere Gruben in der hinteren Hälfte des Sternits vor. Telopodit der Endbeine sechsgliedrig, stets ohne Prätarsus. Die Hüftporen sind entweder gleichmäßig über die ganze Fläche verteilt (Fig. 39), oder sie sind zu Gruppen vereinigt, die in Taschen und Gruben münden, einer dorsalen neben dem Tergitrand, einer ventralen neben dem Sternitrand; selten fehlen die Hüftdrüsen ganz. Terminalporen fehlen. ♂ Gonopoden zweigliedrig, ♀ Gonopoden ein- oder zweigliedrig.

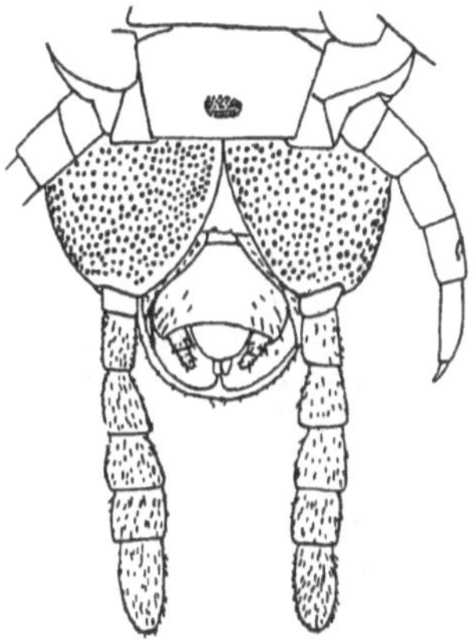

Fig. 39.
Himantarium gabrielis L. ♂
Hinterende ventral.

2 Tribus, 10 Gattungen, 30 Arten, von denen 7 in 19 Unterarten zerfallen, 4 unsichere Gattungen, 17 unsichere Arten.

1. Tribus Himantariini Att.

1909 Tribus *H.* + *Haplophilini*, Chalande & Ribaut in: Arch. Zool. expér., ser. 5, *v.* 1 p. 229 | 1925 *Himantariinae* + *Haplophilinae*, Verhoeff in: Bronn, Kl. Ordn., *v.* 5II p. 547.

Vorderrand der mehr oder weniger verwachsenen Hüften der 2. Maxille (Fig. 40) median eingeschnitten und ungefähr V-förmig; meist ist die Mediannaht noch teilweise erhalten. Telopodit der 1. Maxille mit kleinem Außentaster. Tergite mit 2 Längsfurchen oder mit einem breiten, mehr oder weniger vertieften und längsgefurchten mittleren Streifen. Präpleurit des Endbeinsegments sehr klein oder meist fehlend.

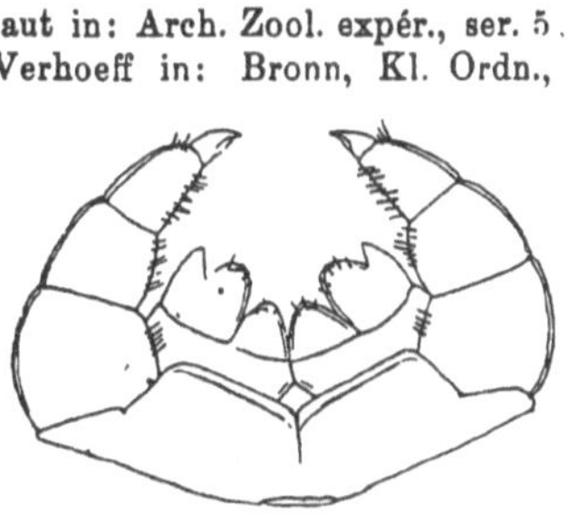

Fig. 40.
Himantarium gabrielis L.
Beide Maxillenpaare.

Übersicht über die Gattungen der *Himantariini*:

1a) Es sind Hauptparatergite vorhanden. Die Endbeinhüftporen sind gleichmäßig über die ganze Fläche verteilt. 2. bis vorletztes Sternit mit Porenfeld 2
1b) Keine Hauptparatergite. Labrum median tief eingeschnitten 4

2a) Labrum median tief, bis zum Grund eingeschnitten. Die Zahl der Zähne des Mandibel-Zahnblattes ist viel geringer als die der Kammblätter. Der Stamm der Mandibel springt neben dem Zahnblatt vor. Alle Stigmen rund: 3. Gen. **Himantariella**

2b) Labrum median nicht eingeschnitten und gleichmäßig rund eingebuchtet. Die Zahl der Zahnblattzähne der Mandibel ist größer bis mehr als doppelt so groß wie die der Kammblätter. Der Stamm der Mandibel springt neben dem Zahnblatt nicht vor. Stigmen längsoval 3

3a) Haupt- und Prätergit des Endbeinsegments porös . 1. Gen. **Himantarium**

3b) Haupt- und Prätergit des Endbeinsegments ohne Poren: 2. Gen. **Pseudohimantarium**

4a) Kieferfüße mit großem Tarsalzahn. Paratergite fehlen ganz. Endbeinhüftdrüsen in einer dorsalen und einer ventralen Tasche konzentriert. 2. bis vorletztes Sternit mit Ventralporenfeld . . . . . 7. Gen. **Thracophilus**

4b) Kieferfüße ohne Tarsalzahn 5

5a) Einige der mittleren Sternite mit einer großen, queren hinteren Grube. Endbeinhüftporen gleichmäßig über die ganze Fläche verteilt. Die Ventralporen hören schon vor der Körpermitte auf . . 6. Gen. **Nesoporogaster**

5b) Solche quere Hintergruben fehlen 6

6a) Es sind nur sehr undeutliche primäre Präparatergite vorhanden. Die Endbeinhüftporen sind gleichmäßig über die ganze Fläche verteilt. 2. bis vorletztes Sternit mit Porenfeld . . . . 5. Gen. **Meinertophilus**

6b) Es sind primäre und sehr deutliche sekundäre Präparatergite vorhanden. Verteilung der Endbeinhüftporen verschieden, gleichmäßig oder in Gruben konzentriert. Das Ventralporenfeld reicht bis etwa zur Körpermitte oder ist auch auf den Segmenten der hinteren Hälfte vorhanden: 4. Gen. **Stigmatogaster**

1. Gen. **Himantarium** C. L. Koch

1847 *H.*, C. L. Koch in: Koch-Panzer, Krit. Revis., *v.* 3 p. 82 und 176 | 1866 *H.*, Bergsoe & Meinert in: Naturh. Tidsskr., ser. 3 *v.* 4 p. 106 | 1870 *H.*, Meinert in: Naturh. Tidsskr., ser. 3 *v.* 7 p. 21 | 1880 *H.*, Latzel, Myr. Österr.-Ung., *v.* 1 p. 214 | 1885 *H.*, Meinert in: P. Amer. phil. Soc., *v.* 23 p. 227 | 1886 *H*, Meinert in: Vidensk. Meddel., *v.* 36—38 p. 147 | 1888 *H.*, Berlese, A. M. S., fasc. 46 nr. 5 | 1903 *H.*, Attems in: Zool. Jahrb., Syst. *v.* 18 p. 173 | 1909 *H.*, Chalande & Ribaut in: Arch. Zool. expér., ser. 5 *v.* 1 p. 236.

Kopf ungefähr so breit wie lang, Antennen sehr kurz, dick, pfriemlich. Labrum rund eingebuchtet, in der Mitte ganz ungezähnt, seitlich spitz gezähnt. Mandibelzahnblatt mit 8—11 Zähnen, 4 Kammblätter, die Zähne derselben parallelrandig, stumpf; der Stamm der Mandibel springt neben dem Zahnblatt nicht vor. Hüften der 1. Maxille getrennt, ohne Außentaster, Telopodit ungegliedert, mit Außentaster. Prätarsus der 2. Maxille (Fig. 41) breit, löffelförmig abgestumpft, ohne basale Borsten. Chitinlinien der Kieferfüße vollständig, alle Glieder ohne Zahnbildung. — Tergite zwischen den undeutlich ausgebildeten Längsfurchen grubig-runzelig. 1 bis 3 Hauptparatergite und 1—2 Präparatergite. Haupt- und Prätergit des Endbeinsegments porös. Sternite mit Ausnahme des ersten und letzten beintragenden Segments mit rundem Porenfeld (Fig. 42). Sternit des Endbeinsegments sehr klein, durch tiefe Furchen in 4 Felder geteilt. Endbeinhüften auf der ganzen Fläche dicht und gleichmäßig mit Poren bedeckt;

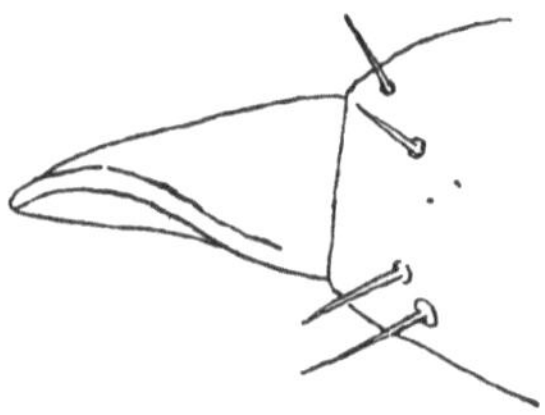

Fig. 41.
Himantarium gabrielis L.
2. Maxille, Kralle.

zwischen Prätergit und Hüfte der Endbeine kein Pleurit. Letztes Stigmenpleurit vom Tergit ganz getrennt (Fig. 43). Weibliche Gonopoden zweigliedrig. Alle Stigmen längsoval.

Mediterranregion, Madagaskar.

Typus: *H. gabrielis* L.

2 Arten.

1. **H. gabrielis** (L.) 1767 *Scolopendra G.*, Linné, Syst. Nat., ed. 12 *v.* 1 II p. 1063 | 1781 *S. G.*, J. C. Fabricius, Spec. Ins., *v.* 1 p. 533 | 1826 *Geophilus longissimus*, A. Risso, Hist. Eur. mérid., *v.* 5 p. 155 | 1835 *G. Walkenaeri*, P. Gervais in: Mag. Zool., *v.* 5 Cl. 9 t. 133 f. 1 | 1845 *G. xanthinus*, Newport in: Tr. Linn. Soc. London, *v.* 19 p. 438 t. 40 f. 13 | 1847 *Himantarium gabrielis*, C. L. Koch in: Koch-Panzer, Krit. Revis., *v.* 3 p. 176 | 1847 *Geophilus g.*, P. Gervais in: Walckenaer & Gervais, Hist. Apt, *v.* 4 p. 322 | 1856 *G. xanthinus*, Newport, Cat. Brit. Mus. Myr., p. 91 | 1863 *Himantarium gabrielis*, C. L. Koch, Myr., *v.* 2 p. 91 f. 214, 215 | 1870 *H. G.*, Meinert in: Naturh. Tidsskr., ser. 3 *v.* 7 p. 23 | 1880 *H. g.*, Latzel, Myr. Österr.-Ung., *v.* 1 p. 215 | 1888 *H. g.*, Ant. Berlese, A. M. S., fasc. 46 nr. 6 | 1889 *H. g.*, Daday, Myr. Regni Hungar., p. 83 | 1890 *H. g.*, Pocock in: Ann. Mus. Genova, *v.* 29 p. 68 | 1897 *H. g.*, Verhoeff in: Bull. Soc. Bucarest, *v.* 6 p. 371 | 1902 *H. hova*, Saussure & Zehntner in: Hist. Madag., *v.* 27 p. 343 | 1903 *H. Gabrielis*, Attems in: Zool. Jahrb., Syst. *v.* 18 p. 175 | 1909 *H. G.*, Chalande & Ribaut in: Arch. Zool. expér., ser. 5 *v.* 1 p. 239 (Fig. 11, 27, 29, 37—43).

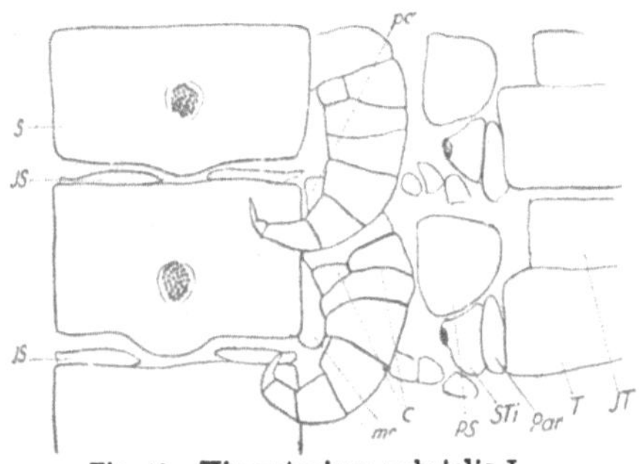

Fig. 42. **Himantarium gabrielis** L. 19. und 20. Segment.
S = Sternit, *JS* = Prästernit, *pc* = Procoxa, *mc* = Metacoxa, *C* = Coxa, *Ps* = Präscutellum, *STi* = Stigmenpleurit, *Par* = Paratergit, *T* = Tergit, *JT* = Prätergit.

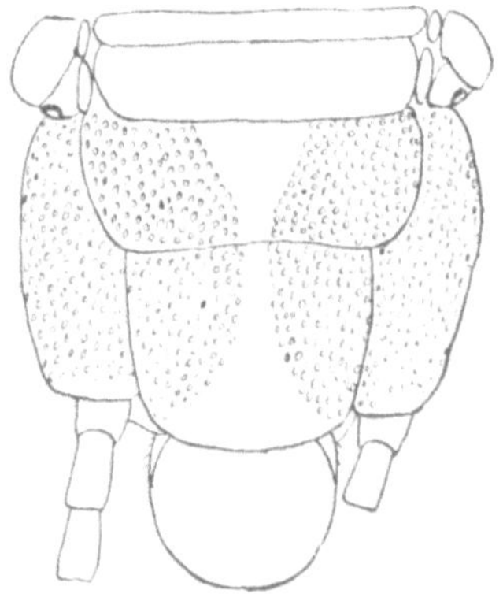

Fig. 43. **Himantarium gabrielis** L. ♂ Hinterende dorsal.

Länge bis 195 mm, Breite der Tergite: Körperlänge = 1 : 64. Zahl der Beinpaare 105 (♂) —173 (♀). Mittelzone der Tergite zwischen den undeutlichen Längsfurchen mit unregelmäßigen flachen Längsrunzeln, die manchmal über die ganze Länge des Tergits laufen. Prätergite ähnlich. Sternite eingestochen punktiert, manchmal mehr oder weniger runzelig. 2. bis vorletztes mit rundem Porenfeld. Prätergit und Tergit des Endbeinsegments porös, auf dem Tergit bleibt ein vorn schmaler, hinten breiter Mittelstreif porenfrei (Fig. 43). Genitaltergit des ♂ schütter beborstet, beim ♀ fast nackt. Die Zahl der Beinpaare variiert in ungewöhnlich hohem Grade, ohne das sich darauf Rassen begründen ließen. Die Tiere von Istrien-Dalmatien haben meist 133 (♂)—173 (♀) Beinpaare; in Sizilien, Sardinien und Nordafrika haben sie 105 (♂)—141 (♀) Beinpaare. Die Exemplare von Tunis mit

105 (♂)—115 (♀) Beinpaaren haben schwächer gerunzelte Tergite; das Verhältnis von Körperlänge: Breite ist dasselbe wie bei den dalmatinischen.

Mediterranregion von Portugal bis an die Küsten des schwarzen Meeres, Mittelmeerinseln, Algier, Tunis, wärmere Teile Frankreichs, Lombardei, Herzegovina, Bosnien, Rumänien, Syrien, Madagaskar.

2. **H. rugulosum** (C. L. Koch) 1841 *Geophilus rugulosus*, C. L. Koch in: M. Wagner, Reis. Algier, *v.* 3 p. 224 t. 11 | 1870 *Himantarium rugulosum*, Meinert in: Naturh. Tidsskr., ser. 3 *v.* 7 p. 25 | 1890 *H. r.*, Ant. Berlese, A. M. S., fasc. 57 nr. 1.

Länge bis 105 mm. Breite der Tergite 3 mm. Breite: Länge = 1 : 35. Tergite in der Mittelzone grob rundgrubig, nicht langrunzelig. Zahl der Beinpaare 95 (♂)—99. Im übrigen mit *H. Gabrielis* übereinstimmend.

Algier, Italien von Neapel bis römische Campagna.

2. Gen. **Pseudohimantarium** Chal. & Rib.

1909 *P.*, Chalande & Ribaut in: Arch. Zool. expér., ser. 5 *v.* 1 p. 236 | 1925 *P.*, Verhoeff in: Bronn, Kl. Ordn., *v.* 5 II p. 551.

Fig. 44. **Pseudohimantarium mediterraneum** (Mein.) Labrum.

Kopf etwas breiter als lang, Antennen mäßig verdickt, endwärts etwas verjüngt. Labrum (Fig. 44) mäßig tief eingebuchtet, die Einbuchtung gezähnt, die Einschnitte zwischen den Zähnen nicht tief. Mandibel mit 4—6 Kammblättern, deren Zähne parallelrandig und am Ende stumpf sind. Zahnblatt mit 9 bis 11 Zähnen; der Mandibelstamm springt neben dem Zahnblatt nicht vor. Telopodit der 1. Maxille undeutlich gegliedert mit kleinem Außentaster. Prätarsus der 2. Maxille breit, löffelförmig, meist ohne basale Borsten. Kieferfüße wie bei *Himantarium*. — Tergite zwischen den undeutlichen Längsfurchen seicht längsrunzelig. 1 Hauptparatergit (*hp*); ein primäres Präparatergit (*pp* Fig. 45), in der hinteren Körperhälfte auch 1 sekundäres Präparatergit. Tergite des Endbeinsegments nicht porös. Sternite mit Ausnahme des ersten und letzten mit rundem oder querelliptischem Porenfeld. Sternit des Endbeinsegments sehr klein, in der Mitte tief längsgefurcht. Endbeinhüften auf der ganzen Fläche dicht mit Poren bedeckt. Zwischen Prätergit und Endbeinhüfte kein Pleurit. Letztes Stigmenpleurit völlig vom Tergit getrennt. Weibliche Gonopoden zweigliedrig. Alle Stigmen kurz längsoval.

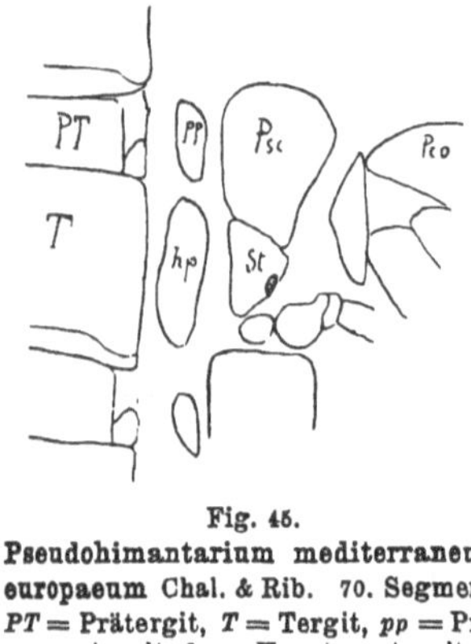

Fig. 45. **Pseudohimantarium mediterraneum europaeum** Chal. & Rib. 70. Segment. *PT* = Prätergit, *T* = Tergit, *pp* = Präparatergit, *hp* = Hauptparatergit, *Psc* = Präscutellum, *St* = Stigmenpleurit, *Pco* = Procoxa.

Westmediterranländer bis einschließlich Sizilien, Sardinien.

Typus: *P. mediterraneum* (Mein.).

2 Arten, von denen 1 in 3 Unterarten zerfällt.

Übersicht über die Arten:

1a) Ventralporenfeld kreisrund . . . . 1. **P. mediterraneum** 2

2a) Telopodite der Endbeine bei ♂ und ♀ mit kurzen dicken Gliedern, beim ♂ kurz und dicht beborstet . . . . . . 1a) **P. m. mediterraneum**

2b) Telopodite der Endbeine bei ♂ und ♀ lang und schlank 3

3a) Kralle der 2. Maxille ohne basale Borsten. Labralbucht breiter. Körper breiter . . . . 1b) **P. m. europaeum**

3b) Kralle der 2. Maxille mit basalen Borsten. Labralbucht schmäler. Körper viel schlanker . . . . 1c) **P. m. tenue**

1b) Ventralporenfeld querelliptisch . . . . 2. **P. brölemanni**

1. **P. mediterraneum** (Mein.) 1870 *Himantarium m.*, Meinert in: Naturh. Tidsskr., ser. 3 *v.* 7 p. 29 | 1899 *H. hispanicum* var. *africana*, Attems in: Zool. Jahrb., Syst. *v.* 12 p. 292 | 1908 *H. h.* var. *a.*, Attems in: H. Gadeau de Kerville, Voy. Khroumirie, p. 106 | 1909 *Pseudohimantarium mediterraneum*, Chalande & Ribaut in: Arch. Zool. expér., ser. 5 *v.* 1 p. 244 (Fig. 44, 45).

Länge bis 140 mm. Breite bis 4 mm. Zahl der Beinpaare 113 (♂), 159 (♀). Stirn durch eine feine Furche und hellere Farbe abgesetzt. Die geschlossenen Kieferfüße erreichen den Stirnrand bei weitem nicht. Körper mit Ausnahme des mehr oder weniger beborsteten Hinterendes fast nackt. Ventralporenfeld rund.

Algier, Tunis, Spanien, Frankreich, Sizilien, Sardinien, Madeira.

Die Art zerfällt in 3 Unterarten:

1a) **P. m. m.** Chal. & Rib. 1909 *P. m. m.*, Chalande & Ribaut in: Arch. Zool. expér., ser. 5 *v.* 1 p. 244.

Länge bis 130 mm. Breite bis 4 mm. Ventralporenfeld rund. Telopodit der Endbeine bei ♂ und ♀ mit kurzen, dicken Gliedern, beim ♂ dicht und kurz beborstet, Genitaltergit des ♂ reichlich beborstet. Zwischen Endbeinhüfte und Prätergit kein Pleurit. 113 (♂)—139 (♀) Beinpaare.

Prätarsus der 2. Maxille ohne basale Borsten. Labralbucht breit.

Algier, Tunis.

1b) **P. m. europaeum** Chal. & Rib. 1909 *P. m. e.*, Chalande & Ribaut in: Arch. Zool. expér., ser. 5 *v.* 1 p. 246.

Endbeintelopodit bei ♂ und ♀ mit langen, schlanken Gliedern, auch beim ♂ nur sehr spärlich beborstet. Genitaltergit des ♂ nur schütter mit winzigen Börstchen besetzt. Zwischen Endbeinhüfte und Prätergit ist entweder ein Pleurit vorhanden oder ein solches fehlt (z. B. bei Exemplaren von Granada). 113 (♂)—139 (♀) Beinpaare. Prätarsus der 2. Maxille ohne basale Borsten. Labralbucht breit mit zahlreichen Zähnen. Ventralporenfeld rund.

Spanien, Frankreich.

1c) **P. m. tenue** (Latz.) 1886 *Himantarium m.* var. *t.*, Latzel in: Bull. Soc. Rouen (1885), 2. sem. p. 174 | 1924 *Pseudohimantarium m. t.*, Brölemann in: Bull. Soc. Toulouse, *v.* 52 p. 14.

Telopoditglieder der Endbeine bei ♂ und ♀ lang und schlank. Länge bis 140 mm. Breite 1,5—2,1 mm, viel schlanker als die anderen Subspecies. Zwischen Endbeinhüfte und Prätergit kein Pleurit. ♀ mit 141—159 Beinpaaren. Prätarsus der 2. Maxille mit basalen Borsten. Labralbucht schmäler, die Zähne weniger zahlreich. Ventralporenfeld rund. Clypeus mit zahlreichen ungeordneten Borsten, hauptsächlich in der vorderen Hälfte.

Tunis. (Nord- und Mittelfrankreich?)

2. **P. brölemanni** (Lég. & Dub.) 1903 *Himantarium B.*, Léger & Duboscq in: Arch. Zool. expér., ser. 4 *v.* 1 p. 318.

Länge 145 mm. Breite 2 mm. 141 Beinpaare (♀). Stirnfurche vorhanden. Die Längsfurchen der ersten Tergite fast unsichtbar. Endbeintergit glatt, die Seiten mit zahlreichen Poren. Die Endbeinhüften berühren sich; das Sternit ist sehr klein. Ventralporenfeld querelliptisch, auf dem 2. bis vorletzten beintragenden Segment. Die vorderen 66 Beinpaare viel gedrungener als die folgenden.

Ciusco, Korsika.

3. Gen. **Himantariella** Chal. & Rib.

1909 *H.*, Chalande & Ribaut in: Arch. Zool. expér., ser. 5 *v.* 1 p. 236.

Ein Hauptparatergit und 2—3 Präparatergite vorhanden. 2. bis vorletztes Sternit mit Ventralporenfeld. Letztes Stigmenpleurit vom Tergit getrennt. Endbeinsegment (Fig. 46) mit oder ohne Präpleurit. Hüftporen gleichmäßig auf die ganze Fläche verteilt; Sternit trapezförmig, median mehr oder weniger tief gefurcht. Haupttergite doppelfurchig und längsgerunzelt. — Labrum tief eingebuchtet, gezähnt, der mediane Einschnitt bis zum Grund reichend. Mandibel mit 11—14 Kammblättern; Zahnblatt mit 7—8 Zähnen; der Stamm springt neben dem Zahnblatt vor. Telopodit der 1. Maxille deutlich zweigliedrig, mit kleinem Außentaster. Prätarsus der 2. Maxille abgerundet, löffelförmig ausgehöhlt, ohne basale Borsten. Kieferfüße mit vollständigen Chitinlinien. Weibliche Gonopoden zweigliedrig.

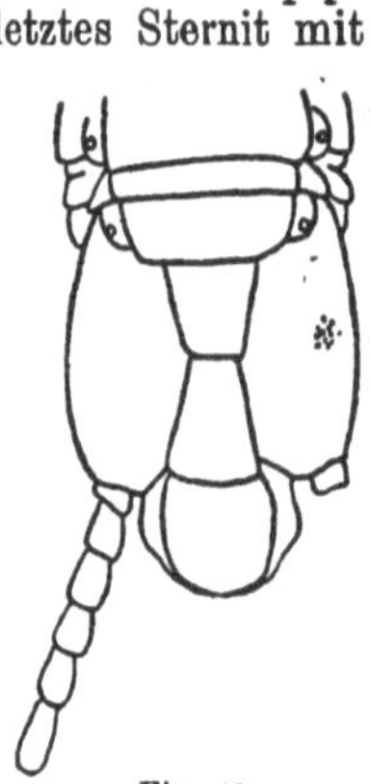

Fig. 46. **Himantariella maroccana** Chal. & Rib. Hinterende. Dorsalseite.

Marokko, Südfrankreich.

Typus: *Himantariella maroccana* Chal. & Rib.

2 Arten.

Übersicht der Arten:

a) Labrumzähne sehr zahlreich, auch der vorgewölbte Rand lateral von der Mittelbucht gezähnt. Syncoxit der 2. Maxillen mit Mediannaht (Fig. 48). 3 Präparatergite. Endbeinsegment sehr langgestreckt, besonders das Prätergit. ♀ 80 mm lang, 1 mm breit, 69 Beinpaare . . . . 1. **H. maroccana**

b) Nur 10 Labralzähne; nur die Mittelbucht gezähnt. Syncoxit der 2. Maxillen ohne Mediannaht ganz verwachsen (Fig. 50). 2 Präparatergite. Endbeinsegment kurz. ♂ 152 mm lang, 3,8 mm breit, 113 Beinpaare . . 2. **H. scutellaris**

1. **H. maroccana** Chal. & Rib. 1909 *H. m.*, Chalande & Ribaut in: Arch. Zool. expér., ser. 5 *v.* 1 p. 247 f. 2III, 3, 10, 19, 37, 38, 39 (Fig. 47, 48).

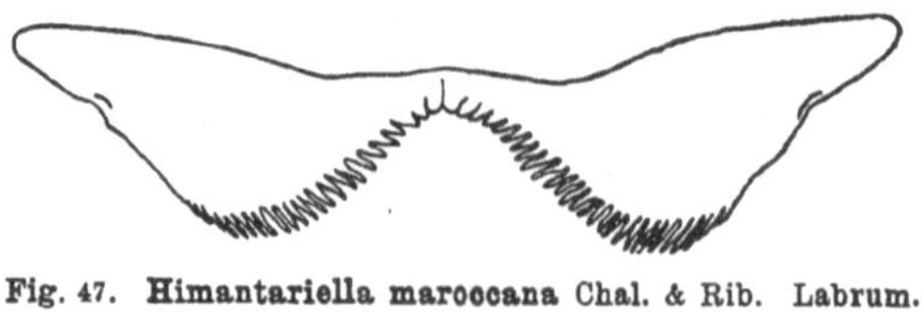

Fig. 47. **Himantariella maroccana** Chal. & Rib. Labrum.

Länge 80 mm. Breite 1 mm. ♀ 169 Beinpaare. Antennen kurz, zylindrisch. Die Kieferfüße erreichen fast den Stirnrand. Mandibel mit

13—14 Kammblättern, Zahnblatt mit 7 Zähnen, kaum $^1/_4$ so breit wie die ganze Mandibel. Die Einbuchtung des Labrum (Fig. 47) nimmt ungefähr die Hälfte der Labrumbreite ein, die Zähnelung erstreckt sich auch auf die vorgewölbten Seitenteile neben der Bucht. Die Zähne sind sehr zahlreich, lang und spitz. Ventralporenfelder groß, rund oder etwas queroval. Mittelteil der Tergite grob längsgerunzelt. Alle Stigmen rund. 3 Präparatergite. Endbeinsegment sehr langgestreckt, besonders das Prätergit, das trapezförmig ist mit der schmäleren Seite hinten; das Tergit ist auch trapezförmig aber vorn schmäler; kein Präpleurit. Alle Stigmen rund.

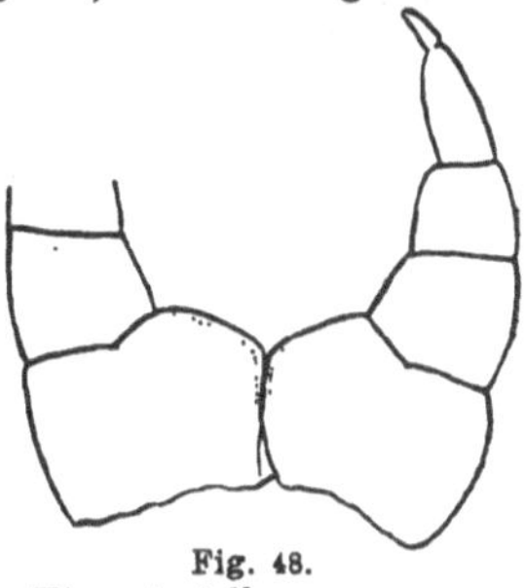

Fig. 48. **Himantariella maroccana** Chal. & Rib. 2. Maxille.

Marokko.

2. **H. scutellaris** Bröl. 1926 *H. s.*, Brölemann in: Bull. Soc. Toulouse, *v.* 54 p. 257 f. 24—27 (Fig. 49, 50).

♂ Länge 152 mm, größte Breite 3,8 mm. 113 Beinpaare. Kopf breiter als lang. Antennen kurz, dick. Vordere Tergite glatt, hintere seicht gerunzelt, dabei zweifurchig. Ein Hauptparatergit und zwei Präparatergite im hinteren

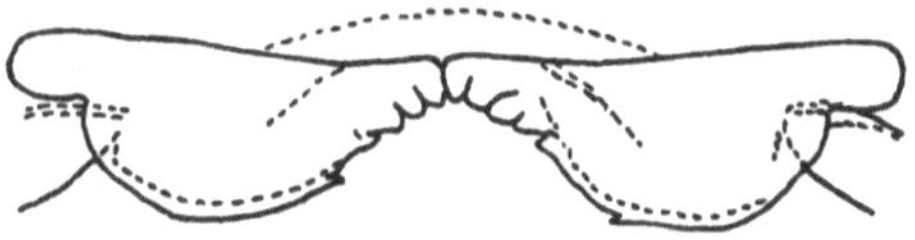

Fig. 49. **Himantariella scutellaris** Bröl. Labrum.

Teil des Rumpfes. — Clypeus mit zahlreichen, angeordneten Borsten. Labralbucht schmal, $^1/_8$ der Labrumbreite, mit 10 Zähnchen, der mediane Einschnitt reicht bis zum Grund (Fig. 49). Mandibelzahnblatt mit 7—8 Zähnen, der Stamm springt neben dem Zahnblatt vor. 11 Kammblätter. — 2. bis vor-

Fig. 50. **Himantariella scutellaris** Bröl. Beide Maxillenpaare.

letztes Sternit mit rundem, auf den letzten Segmenten etwas querovalem Porenfeld. — Endbeinsegment mit Präpleuriten, Sternit schmal, trapezförmig, median tief längsgefurcht. Vordere Stigmen schräg oval, hintere rund.

Südfrankreich, Pyrenäen.

4. Gen. **Stigmatogaster** Latz.

1880 *S.*, Latzel, Myr. Österr.-Ung., *v.* 1 p. 211 | 1888 *S.*, Ant. Berlese, A. M. S., fasc. 46 nr. 8 | 1896 *Haplogaster*, Verhoeff in: Zool. Anz., *v.* 19 p. 76 | 1896 *Haplophilus*, Cook, Brandtia, p. 6 | 1901 *Stigmatogaster*, Verhoeff in: N. Acta Ac. Leop., *v.* 77 p. 412 | 1903 *S.* + *Haplophilus*, Attems in: Zool. Jahrb., Syst. *v.* 18 p. 179, 177 | 1909 *S.* + *H.*, Chalande & Ribaut in: Arch. Zool. expér., ser. 5 *v.* 1 p. 236 | 1918, 1925 *H.* + *Diadenoschisma*, Verhoeff in: Bronn, Kl. Ordn., *v.* 5II p. 530, 552.

Fig. 51. **Stigmatogaster gracilis occitanica** Rib. Labrum.

Kopf etwas breiter als lang, Antennen kurz, pfriemenförmig. Labrum (Fig. 51) tief eingebuchtet, gezähnt, die Einschnitte zwischen den mittleren Zähnen fast bis zum Grund reichend. Mandibel mit 5—7 Kammblättern, Zahnblatt mit 4—10 Zähnen. Telopodit der 1. Maxille zweigliedrig, mit

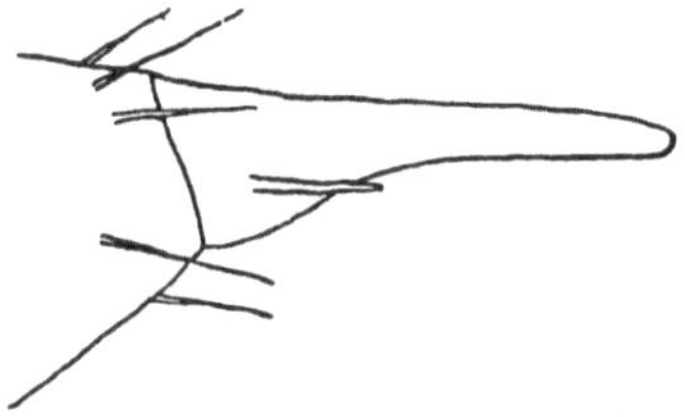

Fig. 52. **Stigmatogaster subterranea** (Leach)
2. Maxille. Kralle.

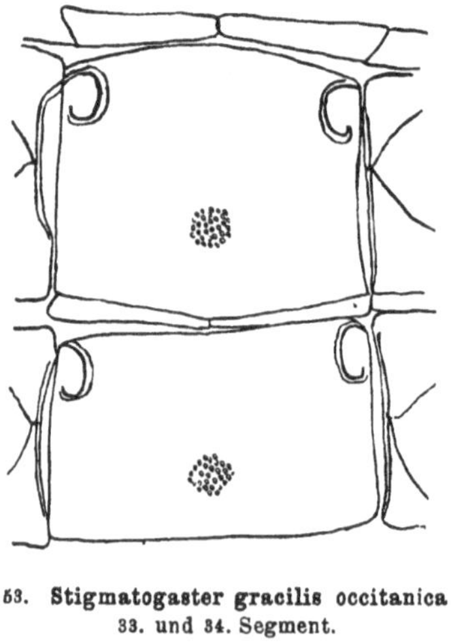

Fig. 53. **Stigmatogaster gracilis** occitanica Rib.
33. und 34. Segment.

Außentaster. Prätarsus der 2. Maxille (Fig. 52) schlank und spitz, mit basalen Borsten. Kieferfußhüfte kurz und breit, mit starken vollständigen Chitinlinien, die nur bei *S. sardous* Verh. fehlen sollen. Tergite doppelfurchig. Keine Hauptparatergite; primäre und sekundäre Präparatergite sind vorhanden. Auf gewissen mittleren Segmenten sind öfters seitliche Längsgruben zwischen

Sternit und Subcoxa vorhanden, die nach vorn in stigmenähnliche runde Grübchen (Fig. 53) übergehen. Ein rundes oder querovales Ventralporenfeld auf den meisten Segmenten, mit Ausnahme des 1. und der 1—2 letzten beintragenden Segmente, oder nur in der vorderen Körperhälfte vorhanden. Letztes Stigmenpleurit mit dem Tergit verschmolzen oder beide getrennt. Zwischen Prätergit und Hüfte der Endbeine kann ein Pleurit vorhanden sein. Die Drüsenporen der Endbeinhüfte sind entweder gleichmäßig auf die ganze Fläche verteilt oder in einer dorsalen Grube neben dem Sternitrand konzentriert (Fig. 54), zu denen auch noch einzel mündende Drüsen auf der Ventralseite kommen können. Weibliche Gonopoden ein- oder zweigliedrig. Stigmen rund.

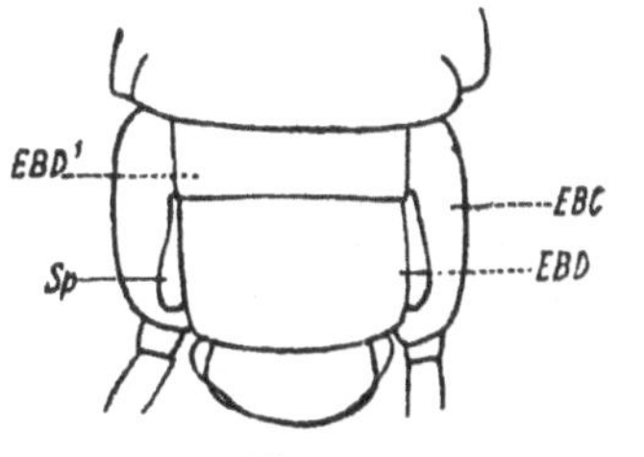

Fig. 54.
Stigmatogaster gracilis occitanica Rib. Hinterende. Dorsalseite. *EBD* = Tergit des Endbeinsegments, *EBD'* = Prätergit desselben, *EBC* = Coxopleuren, *Sp* = Grube, in der die Coxaldrüsen münden.

Mediterranregion von Portugal bis Dalmatien, inkl. Canaren, Nordafrika; Albanien, Herzegovina; eine Art über Frankreich—Holland bis Schweden und Irland.

Typus: *Stigmatogaster gracilis* (Mein.).

7 Arten, von denen 3 in 9 Unterarten zerfallen.

Übersicht der Arten:

1 a) Das Ventralporenfeld fehlt nur auf dem 1. und 1—2 der letzten Sternite: 2
1 b) Das Ventralporenfeld fehlt in der hinteren Hälfte des Rumpfes; die Drüsenporen der Endbeinhüften sind gleichmäßig auf die ganze Fläche verteilt: 7
2 a) Es sind keine seitlichen, stigmenähnlichen Grübchen vorhanden; Endbeinsegment mit großen Präpleuriten; Hüftporen der Endbeine auf die ganze Fläche gleichmäßig verteilt . . . . 4. **S. neglecta**
2 b) Auf gewissen mittleren Segmenten sind seitliche, stigmenähnliche Grübchen vorhanden. Hüftporen der Endbeine in einer tiefen dorsalen Grube neben dem Tergitrand; außerdem können auf der Ventralseite einzeln mündende Poren vorhanden sein . . . . 1. **S. gracilis** 3
3 a) Vorletztes Sternit ohne Porenfeld 4
3 b) Vorletztes Sternit mit Porenfeld; Körper kräftig 6
4 a) Auf der Ventralseite der Endbeinhüfte keine Poren. Körper schlank. Die hinteren Ventralporenfelder rund . . . . 1 a) **S. gracilis gracilis**
4 b) Auf der Ventralseite der Endbeinhüfte sind Poren vorhanden 5
5 a) Endbeinhüfte ventral nur mit 2—4 teilweise unter dem Sternit verborgenen Poren. Hintere Ventralporenfelder kreisrund. Körper sehr schlank: 1 b) **S gracilis occitanica**
5 b) Endbeinhüfte ventral mit einer größeren Zahl kleiner, ganz frei liegender Poren auf einem großen Teil der Fläche; hintere Ventralporenfelder deutlich queroval. Körper viel breiter . . . . 1 c) **S. gracilis robusta**
6 a) Ventralseite der Endbeinhüfte ohne Poren . 1 d) **S. gracilis provincialis**
6 b) Auf der Ventralseite der Endbeinhüfte einige Poren: 1 e) **S. gracilis porosa**
7 a) Chitinlinien fehlen. Sternit des Endbeinsegments äußerst schmal mit einer tiefen Rinne . . . . 5. **S. sardous**
7 b) Chitinlinien vorhanden. Sternit des Endbeinsegments ungefähr so breit wie lang, trapezförmig oder dreieckig 8
8 a) (11) 127 bis 145 Beinpaare. Endbeinsegment ohne Präpleurit. Weibliche Gonopoden eingliedrig. Tergit des Endbeinsegments zum größten Teil mit den Hüften verwachsen. Sternite immer ohne seitliche stigmenähnliche Grübchen . . . . 3. **S. dimidiata**

8b) 71—97 Beinpaare. Endbeinsegment mit Präpleuriten. Weibliche Gonopoden zweigliedrig. Tergit des Endbeinsegments von den Hüften getrennt. Sternite meist mit seitlichen stigmenähnlichen Grübchen . . . 2. **S. subterranea**

1. **S. gracilis** (Mein.) 1870 *Himantarium gracile*, Meinert in: Naturh. Tidsskr., ser. 3 *v.* 7 p. 32 | 1909 *Stigmatogaster gracilis*, Chalande & Ribaut in: Arch. Zool. expér., ser. 5 *v.* 1 p. 260 | 1910 *S. g.*, Ribaut in: Arch. Zool. expér, ser. 5 *v.* 5 Notes et Rev. p. 41.

Hüften der Kieferfüße breit, die Chitinlinien vollständig; die geschlossenen Klauen erreichen nicht den Stirnrand. Stirnfurche undeutlich bis fehlend. Tergite doppelfurchig, im übrigen fast glatt. Das Ventralporenfeld fehlt auf dem 1. und auf 1—2 letzten Sterniten; es ist vorn mehr oder weniger nierenförmig, hinten queroval oder kreisrund. Gewisse vordere Segmente haben ventral zwischen Sternit und Subcoxa Längsgruben, die nach vorn in ein kreisrundes, stigmenähnliches Grübchen übergehen. Diese Gruben beginnen auf dem 34.—39. Segment und reichen bis zum 49.—54. Segment. Sternit des Endbeinsegments trapezförmig, mit tiefer Medianfurche. Endbeinhüfte mit einer tiefen Grube dorsal neben dem Tergitrand, in die Hüftporen münden; außerdem können auch ventral auf der Fläche eine Anzahl Poren einzeln münden, letztere können aber auch fehlen. Letztes Stigmenpleurit mit dem Tergit verschmolzen. Endbeinsegment ohne Präpleurit. Länge etwa 79—102 mm, Breite bei den Subspecies verschieden. 83 (♂) bis 111 (♀) Beinpaare.

Albanien, Dalmatien, Istrien, Südtirol, Italien, Sizilien, Sardinien, Korsika, Frankreich, Tunis, Algier.

Die Art zerfällt in 5 Unterarten:

1a) **S. g. g.** (Mein.) 1870 *Himantarium gracile*, Meinert in: Naturh. Tidsskr., ser. 3 *v.* 7 p. 32 | 1910 *Stigmatogaster gracilis gracilis*, Ribaut in: Arch. Zool. expér., ser. 5 *v.* 5 Notes et Rev. p. 42.

Rumpf sehr schlank. ♀ Länge 66 mm. Breite 1,4 mm. Vorletztes Sternit ohne Porenfeld; die hinteren Porenfelder sind kreisrund. Endbeinhüften ventral ohne Poren.

Ober- und Mittelitalien.

1b) **S. g. occitanica** Rib. 1880 *S. g.*, Latzel, Myr. Österr.-Ung., *v.* 1 p. 212 | 1910 *S. g. occitanica*, Ribaut in: Arch. Zool. expér., ser. 5 *v.* 5 Notes et Rev. p. 42 (Fig. 51, 53, 54).

Rumpf sehr schlank. Länge ♂ bis 62, ♀ bis 69 mm. Breite 1,2—1,8 mm. 93 (♂)—111 (♀) Beinpaare. Vorletztes Sternit ohne Porenfeld. Die hinteren Ventralporenfelder sind kreisrund. Hüfte der Endbeine ventral mit 1—4, gewöhnlich 2 halb unter dem Sternitrand versteckten Poren.

Istrien, Dalmatien, Ostpyrenäen, Südfrankreich.

1c) **S. g. robusta** Att.

Länge 66 mm. Breite 2,3 mm, also relativ sehr kräftig. 87 (♂) bis 97 (♀) Beinpaare. Vorletztes Sternit ohne Porenfeld. Die hinteren Porenfelder sind deutlich queroval. Endbeinhüfte ventral mit einer größeren Zahl winziger, frei mündender Poren, die den seitlichen und hintersten Teil der Hüfte frei lassen. Genitaltergit des ♂ reichlich, des ♀ spärlich und kurz beborstet.

Tunis.

1d) **S. g. provincialis** Chal. & Rib. 1909 *S. g. p.*, Chalande & Ribaut in: Arch. Zool. expér., ser. 5 *v.* 1 p. 262 | 1910 *S. g. p.*, Ribaut in: Arch. Zool. expér., ser. 5 *v.* 5 Notes et Rev. p. 42.

Rumpf gedrungener; vorletztes Sternit mit Porenfeld; die hinteren Porenfelder sind queroval, ungefähr 2mal so breit wie lang und größer als bei *S. g. occitanica.* Endbeinhüfte ventral ganz ohne Poren. 95 (♂)—101 (♀) Beinpaare. Länge bis 102 mm. Breite bis 3 mm.

Südfrankreich, Riviera, Oberitalien, Korsika, Sardinien, Elba.

1e) **S. g. porosa** Chal. & Rib. 1909 *S. g. p.*, Chalande & Ribaut in: Arch. Zool. expér., ser. 5 *v.* 1 p. 263 | 1910 *S. g. p.*, Ribaut in: Arch. Zool. expér., ser. 5 *v.* 5 Notes et Rev. p. 42 (Fig. 55).

♂ mit 83 Beinpaaren. Länge 35 mm. Breite 1,2 mm, relativ gedrungen. Stigmenähnliche Seitengrübchen auf den Segmenten 32—38. Vorletztes Sternit mit Porenfeld. Die ersten 30 Vêntralporenfelder sind queroval, die anderen rund. Endbeinhüfte ventral mit 6 frei, vom Sternitrand entfernt mündenden Poren.

Algier, Chiffa.

2. **S. subterranea** (Leach) 1817 *Geophilus subterraneus*, Leach, Zool. Misc., *v.* 3 p. 44 | 1866 *Himantarium subterraneum*, Bergsoe & Meinert in: Naturh. Tidsskr., ser. 3 *v.* 4 p. 108 | 1870 *H. s.*, Meinert in: Naturh. Tidsskr., ser. 3 *v.* 7 p. 31 t. 2 f. 3—5 | 1909 *Haplophilus subterraneus*, Chalande & Ribaut in: Arch. Zool. expér., ser. 5 *v.* 1 p. 256 (Fig. 52, 56).

Ziemlich schlank. Länge ♂ 62 mm, ♀ 75 mm. Breite ♀ 2 mm. 71 (♂) bis 97 (♀) Beinpaare. Haupttergite sehr deutlich zweifurchig, Prätergite ungefurcht. Tergite im übrigen glatt, ebenso die Sternite. Vom 2. an haben die Sternite ein großes, querovales oder nierenförmiges Porenfeld, das zwischen

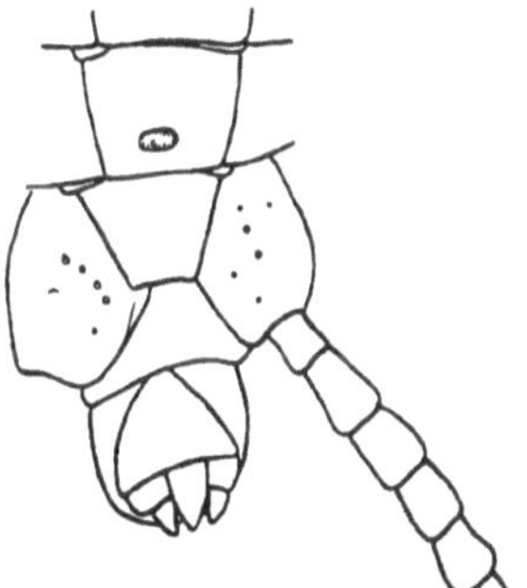

Fig. 55.
Stigmatogaster gracilis porosa Chal. & Rib. ♂
Hinterende, Ventralseite.

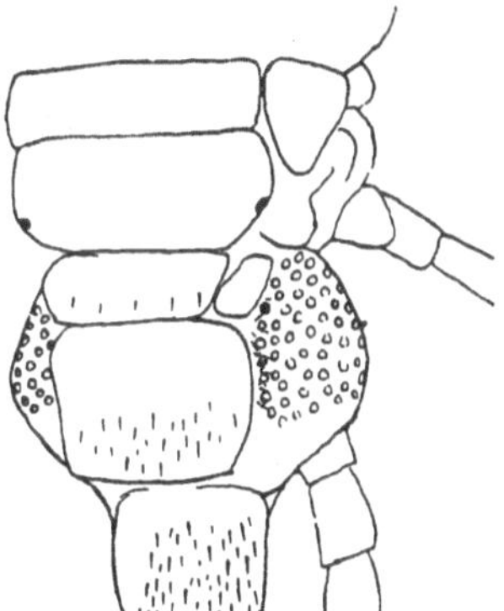

Fig. 56.
Stigmatogaster subterranea (Leach)
Hinterende, Ventralseite.

dem 36. und 58. Sternit aufhört; je nach den Varietäten haben (25) 30—49 der hinteren Segmente kein Porenfeld. Der Rumpf ist so gut wie nackt, nur die Genitalregion ist reichlicher beborstet, besonders das Genitaltergit des ♂ ist dicht beborstet. Letztes Stigmenpleurit völlig mit dem Tergit verschmolzen. Endbeinsegment mit Präpleurit; sein Tergit ist von den Hüften deutlich getrennt; die Hüfte ist neben dem Tergitrand breitgrubig eingedrückt. Hüfte auf der ganzen Fläche gleichmäßig mit kleinen Poren; Sternit trapezförmig. Auf den vorderen Segmenten nur primäre Präparatergite; weiterhin auch große sekundäre Präparatergite, während die primären recht undeutlich werden. Keine Hauptparatergite. Auf gewissen vorderen Segmenten finden sich meist ebensolche laterale stigmenähnliche Grübchen wie bei *S. gracilis*; sie beginnen auf dem 23.—28. Segment und sind auf etwa 7—12 Segmenten vorhanden. — Clypeus zerstreut beborstet; Labrum tief eingebuchtet und gezähnt; in der Mitte sind die Zähne tief, fast bis auf den Grund eingeschnitten, dabei etwas stumpf, seitlich sind sie kürzer, spitzer und medialwärts gerichtet. Telopodit der 1. Maxille deutlich zweigliedrig, mit Außentaster; Prätarsus der 2. Maxille schlank und spitz. Zahnblatt der Mandibel mit 6—7 Zähnen; 5—7 Kammblätter, die Zähne derselben enggestellt und spitz. Weibliche Gonopoden zweigliedrig.

Frankreich, Holland, Dänemark, Norddeutschland, Schweden, Irland, Elba.

2a) **S. s. s.** (Leach)

Die stigmenähnlichen Ventralgrübchen gut entwickelt; 71 (♂)—89 (♀) Beinpaare. 30—37 Segmente ohne Ventralporenfeld (selten nur 25 Segmente).

Verbreitung wie oben.

2b) **S. s. elongata** (Chal. & Rib.) 1908 *Stigmatogaster podopenes*, Attems in: Zool. Jahrb., Syst. *v.* 26 p. 188 | 1909 *Haplophilus subterraneus forma elongata*, Chalande & Ribaut in: Arch. Zool. expér., ser. 5 *v.* 1 p. 259.

Stigmenähnliche Ventralgrübchen auf den Segmenten 44—49, Zahl der Beinpaare 91 (♂)—97 (♀). 43—49 Segmente ohne Ventralporenfeld.

Zentralpyrenäen, Elba.

2c) **S. s. complanata** (Chal. & Rib.) 1909 *Haplophilus subterraneus* var. *c.*, Chalande & Ribaut in: Arch. Zool. expér., ser. 5 *v.* 1 p. 258.

Die lateralen stigmenähnlichen Grübchen der Ventralseite fehlen ganz oder es sind nur schwache Spuren davon vorhanden. 77 (♂)—87 (♀) Beinpaare.

Frankreich.

3. **S. dimidiata** (Mein.) 1870 *Himantarium dimidiatum*, Meinert in: Naturh. Tidsskr., ser. 3 *v.* 7 p. 30 | 1896 *Haplogaster d.*, Verhoeff in: Zool. Anz., *v.* 19 p. 76 | 1909 *Haplophilus dimidiatus*, Chalande & Ribaut in: Arch. Zool. expér., ser. 5 *v.* 1 p. 254 (Fig. 57).

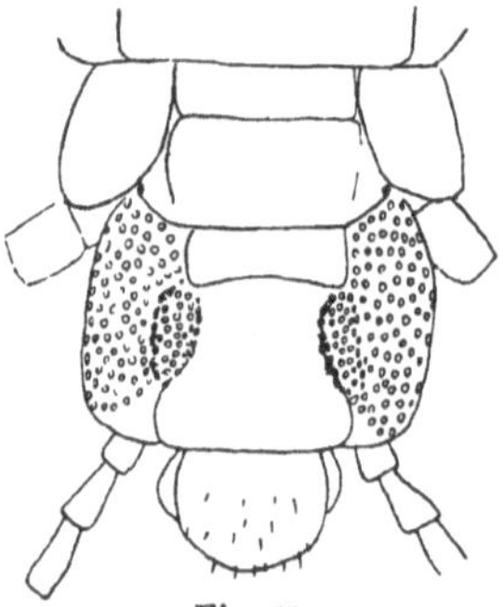

Fig. 57.
Stigmatogaster dimidiata (Mein.) ♀. Tenerifa. Hinterende, Dorsalseite.

Länge bis 120 mm. Breite 2,2 mm. Zahl der Beinpaare 111 (♂) bis 145 (♀), meist 133 bis 145. Haupttergite zweifurchig, Prätergite ungefurcht oder sehr undeutlich 2furchig, im übrigen glatt. Sternite vom 2. an mit einem kurzquerovalen kleinen Porenfeld, das zwischen 49. und 72. Segment aufhört. Stigmenähnliche Ventralgrübchen sind keine vorhanden. Vordere Segmente mit primärem Präparatergit, mittlere mit primärem und großem sekundärem; auf den hinteren Segmenten ist das primäre sehr reduziert, das sekundäre groß. Das letzte Stigmenpleurit ist entweder mit dem Tergit verschmolzen oder beide sind getrennt; manchmal sind beide Seiten eines Individuums diesbezüglich verschieden. Endbeinsegment ohne Präpleurit. Das

Tergit dieses Segmentes verschmilzt mit den Hüften, an der Verschmelzungsstelle eine tiefe breite Grube. Hüften auf der ganzen Fläche dicht mit Poren bedeckt. Genitaltergit fast rund, beim ♂ etwas dichter beborstet als beim ♀, aber viel weniger dicht als bei *S. subterranea*. Weibliche Gonopoden eingliedrig. Clypeus verstreut beborstet. Labrum tief rund eingebuchtet, der ganze Labralrand gezähnt, die mittleren Zähne breit und stumpf, die seitlichen spitz und medianwärts gerichtet. Prätarsus der 2. Maxille schlank und spitz. Mandibel Zahnblatt mit 4—7 Zähnen, 5—6 Kammblätter, die Zähne derselben eng gestellt, spitz. Mandibelstamm neben dem Zahnblatt vorspringend. Stigmen rund.

Portugal, Spanien, Canaren, Madeira, Südfrankreich, Marokko, Algier, Sizilien, Neapel.

3a) **S. d. angusta** (Latz.) 1886 *Himantarium dimidiatum* var. *angustum*, Latzel in: Bull. Soc. Rouen (1885), 2. sem. p. 173.

Kürzer und schlanker. Länge 28—85 mm. Breite 0,5—1,5 mm. 127—129 Beinpaare. 2.—59. Segment mit Ventralporenfeld.

Algier, Südfrankreich.

4. **S. neglecta** (Bröl.) 1926 *Haplophilus subterraneus neglectus*, Brölemann in: Bull. Soc. Toulouse, *v.* 54 p. 259.

♂ Länge 40 mm. Breite 1,2 mm. 87 Beinpaare. Labrum mit medianem Einschnitt, 5—6 Zähne jederseits. Mandibel mit 6 Kammblättern. Zahnblatt mit 7 Zähnen; der Stamm springt neben dem Zahnblatt vor. 2. bis vorletztes Sternit mit Ventralporenfeld, das bis zum 45. Segment groß und etwas queroval ist, sodann sehr klein und rund wird. Keine lateralen stigmenähnlichen Grübchen. Ein Präparatergit, keine Hauptparatergite. Letztes Stigmenpleurit mit dem Tergit verschmolzen. Endbeinsegment mit großen Präpleuriten. Sternit des Endbeinsegments trapezförmig, mit medianem Längseindruck. Endbeinhüften mit mäßig zahlreichen Poren, Endbeine dick.

Ostpyrenäen.

5. **S. sardous** (Verh.) 1901 *Haplophilus s.*, Verhoeff in: N. Acta Ac. Leop., *v.* 77 p. 411.

♂ 90 mm lang. 125 Beinpaare. Ventralporenfelder bis zum 58. Segment quer, doppelt so breit wie lang, nur lateral, zuweilen auch hinten scharf begrenzt. Sternit des Endbeinsegments äußerst schmal, mit einer tiefen Längsrinne. Kieferfüße ohne Chitinlinien. (? Einziger Himantariide ohne Chitinlinien.)

Sardinien.

6. **S. (?) audacior** (Chamb.) 1909 *Haplophilus a.*, Chamberlin in: Ann. ent. Soc. Amer., *v.* 2 p. 177 t. 26 f. 1—8.

Länge 102 mm. Breite 3 mm. 97 Beinpaare. Kopfschild breiter als lang (6 : 5,3), vorn breit abgerundet. Zahnblatt der Mandibel mit 7 mäßig langen, stumpfen Zähnen, 4 Kammblätter. 1. Maxille mit 2 Paar Außentastern. Klaue der 2. Maxille einfach. Die Kieferfüße erreichen den Stirnrand, ohne Chitinlinien. Vordere und hintere Tergite ungefurcht. Sternite glatt, Ventralporenfeld queroval, auf den vorderen und mittleren Segmenten scharf, auf den hinteren Segmenten undeutlich begrenzt. Erstes Stigma schmal elliptisch, senkrecht, die anderen kreisrund. Endbeinsternit hinten verschmälert; Hüften mit sehr zahlreichen kleinen Poren allseits.

Mc Kendrick, Idaho, Ver. Staaten von N.-Amerika.

Zu ungenau beschrieben, um sie mit Sicherheit einzureihen; das Fehlen der Kieferfuß-Chitinlinien sonst nur bei *S. sardous* bekannt.

7. **S. grenadae** (Chamb.) 1912 *Haplophilus g.*, Chamberlin in: Bull. Mus. Harvard, *v.* 54 p. 435 t. 3 f. 10—13.

Licht gelbbraun, Kopf und Kieferfüße blaß rotbraun. Länge 26 mm. 67 Beinpaare (♀). Kopfschild viel breiter als lang (4:3), zerstreut kurz beborstet, fast kreisrund. Die Kieferfüße erreichen den Stirnrand bei weitem nicht. Ventralporenfeld queroval, in der Mitte leicht eingeschnürt. Endbeinsternit hinten stark verschmälert, der Hinterrand gerade; Hüftporen dicht auf der ganzen Ventralseite; längs des Tergitrandes eine unregelmäßige Reihe; die übrige Dorsalseite und die Seiten der Hüfte porenlos.

Grenada, Misiones.

5. Gen. **Meinertophilus** Silv.

1897 *M.*, Silvestri in: Bull. Soc. ent. Ital., *v.* 29 p. 9 | 1909 *M.*, Chalande & Ribaut in: Arch. Zool. expér., ser. 5 *v.* 1 p. 236 | 1925 *M.*, Verhoeff in: Bronn, Kl. Ordn., *v.* 5II p. 552.

Labrum tief eingebuchtet, die ganze Bucht gezähnt, der mediane Einschnitt fast bis zum Grunde reichend: Mandibel mit 6—8 Kammblättern. Zahnblatt mit 6—8 Zähnen. Der Stamm springt neben dem Zahnblatt vor.

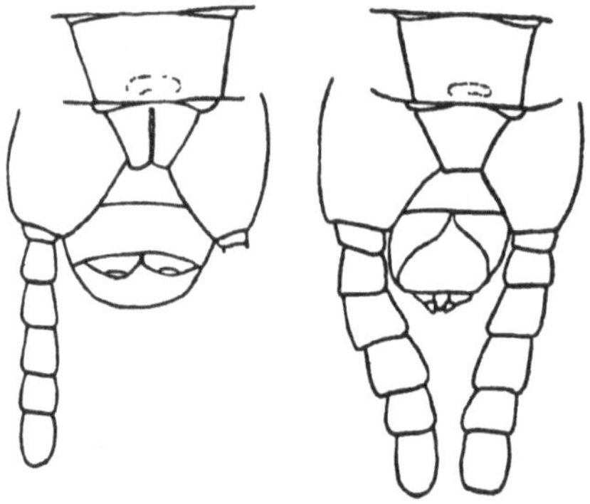

Fig. 58. **Meinertophilus superbus** (Mein.) Ventralseite, links ♀, rechts ♂.

Prätarsus der 2. Maxille schlank und spitz. Kieferfußhüften mit vollständigen Chitinlinien. Tergite doppelfurchig. Keine Hauptparatergite. Prätergit bedeutend schmäler als das Haupttergit, der fehlende Teil, entsprechend dem primären Präparatergit, nur schwach chitinisiert und zwischen Prätergit und Pleurit in die Tiefe versenkt, so daß kein deutliches Präparatergit sichtbar ist. Letztes Stigmenpleurit vom Tergit getrennt oder mit ihm verschmolzen. Endbeinsegment ohne Präpleurit. Die Ventralporenfelder sind entweder auf den meisten Segmenten vorhanden oder fehlen in der hinteren Körperhälfte. Ventrale, stigmenähnliche Grübchen können vorkommen. Hüftdrüsen der Endbeine gleichmäßig über die ganze Fläche verteilt.

Spanien, Sardinien, Sizilien, Riviera, Algier, Marokko.

Typus: *M. superbus* (Mein.).

2 Arten.

Übersicht der Arten:

a) Keine stigmenähnliche ventrale Seitengrübchen. 1. bis vorletztes Sternit mit Ventralporenfeld. Letztes Stigmenpleurit vom Tergit getrennt. Sternit des Endbeinsegments beim ♂ ungeteilt, beim ♀ längsgeteilt . 1. **M. superbus**

b) Einige Sternite mit stigmenähnlichen Seitengrübchen. Die Ventralporenfelder hören in der Mitte des Körpers auf. Letztes Stigmenpleurit mit dem Tergit verschmolzen. Sternit des Endbeinsegments bei ♂ und ♀ längsgeteilt: **2. M. arcis herculis**

1. **M. superbus** (Mein.) 1870 *Himantarium superbum*, Meinert in: Naturh. Tidsskr., ser. 3 *v.* 7 p. 28 | 1897 *Meinertophilus superbus*, Silvestri in: Bull. Soc. ent. Ital., *v.* 29 p. 9 | 1909 *M. s.*, Chalande & Ribaut in: Arch. Zool. expér., ser. 5 *v.* 1 p. 251 (Fig. 24, 58, 59).

Länge bis 145 mm. Breite (♀) bis 3,5 mm. Zahl der Beinpaare 95 (♂) bis 149 (♀). Mandibel mit 5—8 Kammblättern, deren Zähne fast parallelrandig und am Ende stumpf sind; Zahnblatt mit 7—8 Zähnen. Der Stamm springt neben dem Zahnblatt vor. Labrum tief eingebuchtet, der mediane Einschnitt reicht fast bis zum Grund, die mittleren Zähne breiter und stumpfer, die seitlichen medialwärts gerichtet und spitz. Telopodit der 1. Maxille zweigliedrig, mit Außentaster. Prätarsus der 2. Maxille etwas verbreitert, mäßig zugespitzt, mit 2 basalen Borsten. 2. bis vorletztes Sternit mit Ventralporenfeld, das vorn etwas nierenförmig, dann langgestreckt queroval ist, ungefähr 3mal so breit wie lang. Subcoxa ohne Poren. Letztes Stigmenpleurit vom Tergit getrennt. Sternit des Endbeinsegments trapezisch, beim ♂ einheitlich, beim ♀ durch eine Medianfurche geteilt. Tergit und Hüften des Endbeinsegments von einander getrennt. Vordere Stigmen oval, hintere rund. Weibliche Gonopoden zweigliedrig. Endbeine des ♂ etwas verdickt, dicht und kurz beborstet, beim ♀ fast nackt. Genitaltergit des ♂ sehr dicht und kurz beborstet, beim ♀ fast nackt.

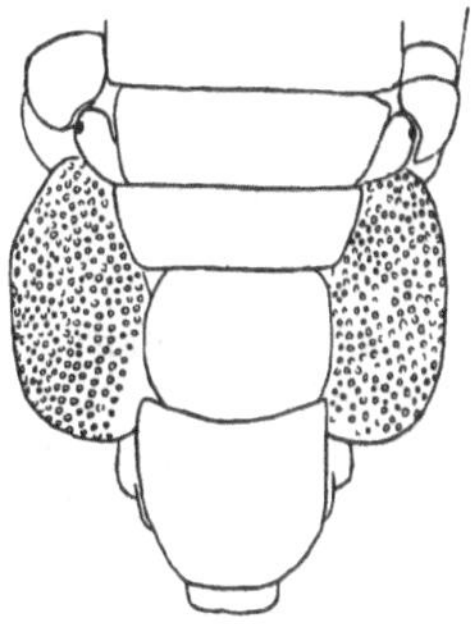

Fig. 59. **Meinertophilus superbus** (Mein.) ♀, Dorsalseite.

Spanien, Sardinien, Sizilien, Algier, Marokko.

2. **M. arcis herculis** (Bröl.) 1904 *Stigmatogaster a. h.*, Brölemann in: Bull. Mus. Monaco, nr. 15 p. 3 | 1909 *Meinertophilus a. h.*, Chalande & Ribaut in: Arch. Zool. expér., ser. 5 *v.* 1 p. 253.

Länge 72 mm. Breite 1,5 mm. ♂ 111—113 Beinpaare. Antennen endwärts nicht verjüngt. Tergite doppelfurchig. Sternite glatt, 2.—55, mit nierenförmigem Ventralporenfeld; 50. oder 54.—65. Segment mit seitlichen stigmenähnlichen Gruben. Letztes Stigmenpleurit mit dem Tergit verschmolzen. Primäre Präparatergite nur unvollständig vom Prätergit abgetrennt. Sternit des Endbeinsegment bei ♂ und ♀ median längsgeteilt. — Zahnblatt der Mandibel mit 6 Zähnen, der Stamm springt daneben vor. 6 Kammblätter. Alle Stigmen rund. Die vorderen 55 Beinpaare (soweit die Ventralporenfelder reichen) verdickt. Endbeine bei ♂ und ♀ schlank.

Mentone, Gorbiotal.

6. Gen. **Nesoporogaster** Verh.

1924 *N.*, Verhoeff in: Ent. Tidskr., *v.* 45 p. 99.

Kein Hauptparatergit; in der hinteren Körperhälfte ein Präparatergit (Par. Fig. 60). Die Ventralporenfelder verlieren sich schon vor der Körpermitte. Einige der mittleren Sternite (das letzte Sternit mit Ventralporenfeld und einige folgende) haben große hintere Quergruben (Fig. 61). Außerdem haben dieselben Segmente oder einige der letzten Segmente seitliche Spaltgruben (Fig. 62). Tergite doppelfurchig. Letztes Stigmenpleurit vom Tergit

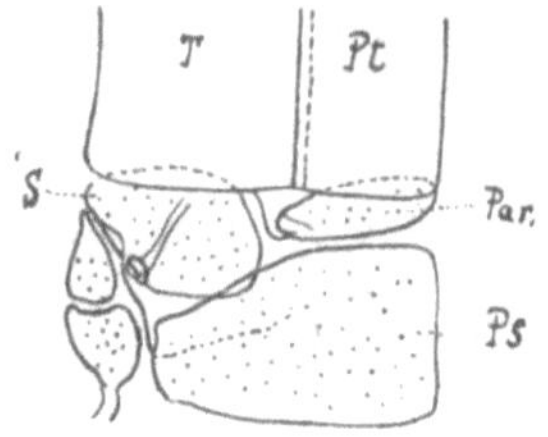

Fig. 60.
Nesoporogaster excavata Verh.
148. Segment. *T* = Tergit, *Pt* = Prätergit, *Ps* = Postscutellum, *Par.* = Präparatergit. *S* = Stigmenpleurit.

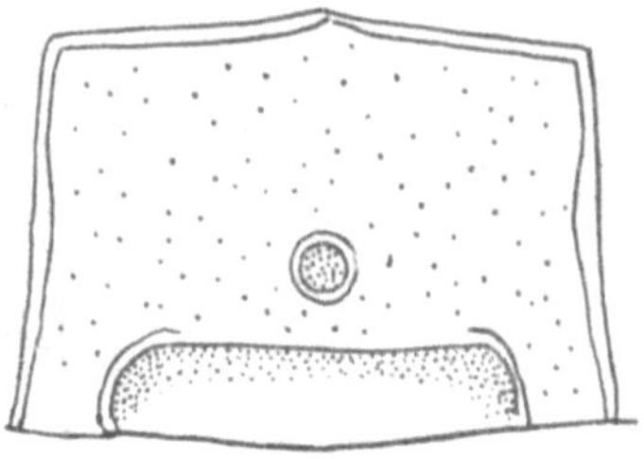

Fig. 61.
Nesoporogaster excavata Verh.
66. Sternit.

getrennt. Endbeinsegment ohne Präpleurit; Hüftporen auf die ganze Fläche gleichmäßig verteilt, mehr oder weniger auf das Haupttergit übergreifend. Labrum mit kurzem medianem Einschnitt. 1. Maxille mit kleinen Außentastern am Telopodit. Mandibel-Zahnblatt mit 5—6 Zähnen. 4—7 Kammblätter.

Südfrankreich, Balearen.

Typus: *N. excavata* Verh.

2 Arten.

Übersicht über die Arten:

a) 165 Beinpaare. Die großen unpaaren Quergruben auf dem 66.—71. Sternit. Die seitlichen Spaltgruben finden sich auf 9—13 Sterniten vor dem Endbeinsegment . . . . 1. **N. excavata**

b) 99—107 Beinpaare. Die unpaaren Quergruben beginnen auf dem 42. bis 49. Segment und sind auf 5—6 Segmenten vorhanden . . . 2. **N. souletina**

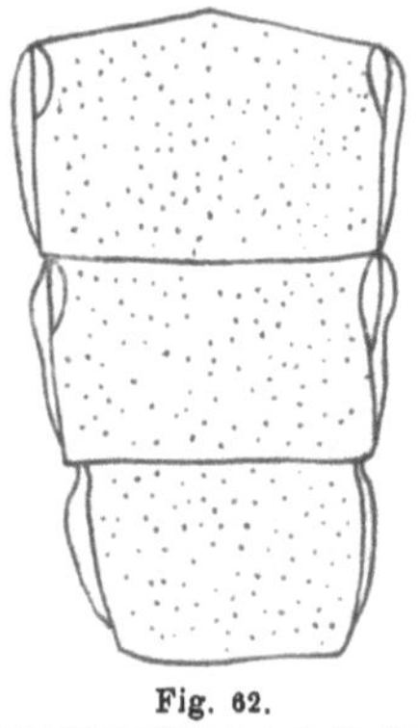

Fig. 62.
Nesoporogaster excavata Verh.
3 Sternite vor dem Endbeinsegment.

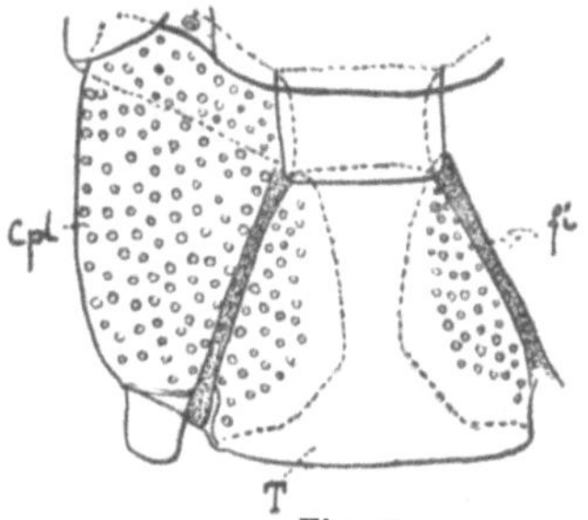

Fig. 63.
Nesoporogaster excavata Verh.
Hinterende, Dorsalseite.
T = Tergit, *Cpl* = Coxopleuren, *fi* = Rinne zwischen Tergit und Coxopleuren.

1. **N. excavata** Verh. 1924 *N. excavatum*, Verhoeff in: Ent. Tidskr., *v.* 45 p. 100 (Fig. 60—63).

Länge bis 114 mm. 165 Beinpaare. 3.—66. Sternit mit mittlerem, rundem Ventralporenfeld. 66.—71. Sternit mit großen, queren Gruben hinten, die $^1/_4$—$^1/_3$ der Länge und $^1/_2$—$^3/_5$ der Breite einnehmen; sie sind seitlich scharf und wulstig begrenzt. Diese Begrenzungsleiste wird vorn nach der Umbiegung bald undeutlich. 9—13 Sternite vor dem Endbeinsegment mit seitlichen Spaltgruben, die vorn viel breiter als hinten sind; außerdem vorn in der Ecke noch eine runde Grube. Die Poren der Endbeinhüfte setzen sich noch auf einen ziemlich breiten Seitenstreifen des Haupttergits fort (Fig. 63). Hinterste Stigmen rund, die anderen kurz oval. Beine sehr dick; Endbeine auch beim ♂ schlank und fast nackt, nur auf dem 3.—5. Telopoditglied unten fein und kurz beborstet. — Mittelbucht des Labrum sehr spärlich und schwach gezähnt, der mittlere Einschnitt kurz. Mandibelzahnblatt mit 6 Zähnen, der Stamm springt daneben vor. 4—5 Kammblätter.

Ibiza, Balearen.

2. **N. souletina** (Bröl.) 1907 *Haplophilus souletinus*, Brölemann in: Bull. Soc. ent. France, p. 223 | 1909 *H. s.*, Chalande & Ribaut in: Arch. Zool. expér., ser. 5 *v.* 1 p. 259.

Länge bis 88 mm. Breite bis 1,5 mm, sehr schlank, 99 (♂)—107 (♀) Beinpaare. Kopf rundlich, ohne Stirnfurche. Antennen kurz, nicht verdickt. Tergite glatt, schwach doppelfurchig. Sternite glatt, ein nierenförmiges Porenfeld beginnt auf dem 2. Segment und endet auf dem 42.—49. Segment. Das letzte Segment mit Ventralporenfeld und einige (5—6) der folgenden haben zwischen Sternit und Subcoxa, mehr auf letzterer seitliche Längsgruben, die aber nach vorn nicht in ein kreisrundes stigmenähnliches Grübchen übergehen; außerdem haben sie eine tiefe querovale Grube, die $^1/_4$ der Länge und $^2/_3$ der Sternitbreite erreicht. Der Vorderrand dieser Grube ist dunkel, scharf und wellig gezackt. Die Präparatergite, 1 Reihe, beginnen in der Körpermitte, alle Stigmen rund. Letztes Stigmenpleurit vom Tergit getrennt. Endbeintergit rundlich, bei ♂ und ♀ beborstet, Sternit trapezförmig. Endbeine auch beim ♂ schlank. — Labrum in der Mittelbucht mit 5 + 5 Zähnen. Mandibelzahnblatt mit 5 Zähnen, 7 Kammblätter. Die geschlossenen Kieferfüße erreichen bei weitem nicht den Stirnrand.

Südfrankreich, Basses Pyrénées.

7. Gen. **Thracophilus** Verh.

1926 *T.*, Verhoeff in: Zool. Anz., *v.* 69 p. 97.

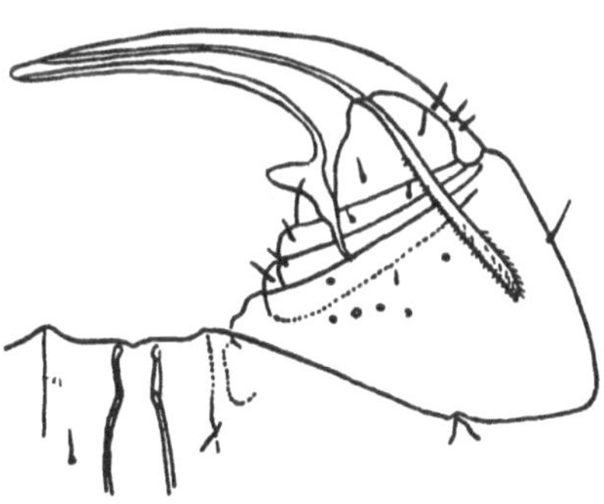

Fig. 64. **Thracophilus bulgaricus** Verh. Kieferfuß.

Keine Haupt- und keine Präparatergite. Die Coxaldrüsen der Endbeine münden versteckt in 2 Taschen, einer ventralen zwischen Sternit und Hüfte und einer dorsalen zwischen Tergit und Präpleurit. Endbeinsegment mit großen Präpleuriten. Tergite doppelfurchig. 1. bis vorletztes Sternit mit großem, querem, unscharf begrenztem Ventralporenfeld. Keine seitlichen oder unpaaren Ventralgruben. — Medianeinschnitt des Labrum bis zum Grunde reichend, die Mittelbucht gezähnt. Telopodit der 1. Maxille ungegliedert, Syncoxit der 2. Maxille mit winkliger Medianbucht, ohne Mediannaht; Prätarsus schwach löffelartig ausgehöhlt mit einer basalen Borste. Mandibel mit 7—8 Kammblättern; Zahnblatt mit 7 Zähnen, der Stamm daneben vorspringend. Tarsus der Kieferfüße mit großem Zahn (Fig. 64). Alle Stigmen rund bis kurzoval. Weibliche Gonopoden eingliedrig.

Bulgarien.

1 Art.

1. **T. bulgaricus** Verh. 1926 *T. b*, Verhoeff in: Zool. Anz., *v.* 69 p. 100 (Fig. 64).

♀ Länge 82 mm. 99 Beinpaare. Clypeus spärlich beborstet. Labrum mit 9 + 9 lateral schwächer werdenden Zähnen. Kopf etwas breiter als lang. Sternite rauh, spärlich beborstet. 1. bis vorletztes mit großem, sehr breitem Porenfeld, das ungefähr die halbe Sternitbreite einnimmt, aber nicht scharf begrenzt ist, auf den hinteren Segmenten seitlich sehr verschmälert, kurz zigarrenförmig. Tergit des Endbeinsegments außerordentlich groß, breiter als lang und breiter als das vorangehende Tergit. Sternit des Endbeinsegments doppelt so lang wie breit, vorwiegend parallelseitig, vorn dreieckig verengt, hinten wenig erweitert.

Südbulgarien bei Belowo.

2. Tribus **Bothriogastrini** Att.

1909 Tribus *B.* + *Mesocanthini*, Chalande & Ribaut in: Arch. Zool. expér., ser. 5 *v.* 1 p. 230 | 1925 *Bothriogastrinae* + *Mesocanthinae*, Verhoeff in: Bronn, Kl. Ordn., *v.* 5 II p. 548.

Hüften der 2. Maxille (Fig. 65) völlig verwachsen, median nicht eingekerbt, sondern eher etwas vorgewölbt, ganz ohne Spur einer Mediannaht. Telopodit der 1. Maxille ohne Außentaster. Tergite ohne Längsfurchen, gleich-

Fig. 65. **Bothriogaster signata graeca** Verh. Beide Maxillenpaare.

mäßig glatt. Präpleurit des Endbeinsegments groß. Labrum median nicht eingeschnitten. Endbeinhüften relativ klein, mit 1—2 Gruppen von Drüsen, die in eben so viele Gruben münden oder ganz ohne Drüsen. Keine Hauptparatergite. Primäre Präparatergite vorhanden.

3 Gattungen, 12 Arten, von denen 3 in 7 Unterarten zerfallen.

Übersicht über die Gattungen der Bothriogastrini:

1a) Endbeinhüfte ganz ohne Drüsenporen . . . . . . 10. Gen. **Mesocanthus**

1b) Endbeinhüfte mit 1—2 Porengruppen 2

2a) Endbeinhüfte mit einer dorsalen und einer ventralen Porengruppe. Die ganze Labralbucht gezähnelt. Gewisse Sternite mit rundem oder länglichem, hufeisenförmigem Eindruck vor dem Porenfeld. Längsdurchmesser der Stigmen quer zur Längsachse des Körpers. Hintere Sternite breiter als lang: 8. Gen. **Bothriogaster**

2b) Endbeinhüfte nur mit einer dorsalen Porengruppe. Labralbucht median ungezähnt. Alle Sternite ohne hufeisenförmige Gruben. Stigmen kurz-oval in der Längsrichtung. Hintere Sternite quadratisch: 9. Gen. **Polyporogaster**

8. Gen. **Bothriogaster** Ssel.

1879 *B.*, Sseliwanoff in: Zool. Anz., *v.* 2 p. 620 | 1896 *B.*, Verhoeff in: Arch. Naturg., *v.* 62I p. 8 | 1901 *B.*, Verhoeff in: N. Acta Ac. Leop., *v.* 77 p. 405 | 1903 *B.*, Attems in: Zool. Jahrb., Syst. *v.* 18 p. 180 | 1909 *B.*, Chalande & Ribaut in: Arch. Zool. expér., ser. 5 *v.* 1 p. 237 | 1925 *B.*, Verhoeff in: Bronn, Kl. Ordn., *v.* 5II p. 550 | 1925 *B.*, Verhoeff in: Zool. Anz., *v.* 64 p. 63 | 1926 *B.*, Attems in: Gadeau de Kerville, Voy. Syrie, *v.* 1 p. 235.

Labrum tief eingebuchtet, die ganze Bucht fein gezähnelt (Fig. 66). Zähne der 4—6 Mandibelkammblätter fein und eng; Zahnblatt mehr als halb so breit wie die ganze Mandibel, mit 14—15 Zähnen; der Stamm springt neben dem

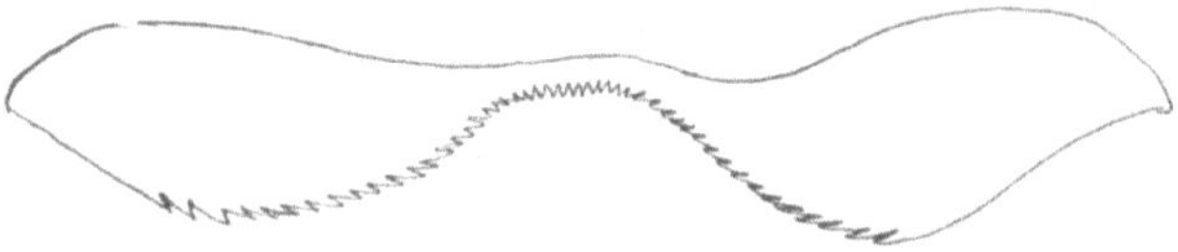

Fig. 66. **Bothriogaster signata thesei** Att. Labrum.

Zahnblatt nicht vor. Hüften der 1. Maxille fast bis zum Grunde getrennt, Telopodit ungegliedert, ohne Außentaster. Tergite glatt, ungefurcht, Sternite der hinteren Körperhälfte breiter als lang, 2. bis vorletztes mit Ventralporenfeld, die letzten Porenfelder größer als die vorangehenden. Keine Hauptparatergite, ein primäres Präparatergit, das unvollkommen vom Prätergit abgetrennt ist.

Fig. 67. **Bothriogaster signata graeca** Verh. Sternit.

getrennt ist. Letztes Stigmenpleurit vom Tergit getrennt. Eine Anzahl vorderer Sternite haben vor dem Ventralporenfeld unpaare, runde oder längliche hufeisenförmige Gruben (Fig. 67) und außerdem seitliche Spaltgruben zwischen Sternit und Subcoxa. Stigmen oval, quer zur Längsachse des Körpers gestellt oder rund. Endbeinsegment mit großem Präpleurit. Endbeinhüftdrüsen in 2 Gruben konzentriert, einer dorsalen neben Tergitrand und einer ventralen neben Sternitrand. ♀ Gonopoden undeutlich zweigliedrig. Keine Terminalporen. Die bisher beschriebenen Arten unterscheiden sich nur durch die unpaaren Sternitgruben und können auch als Subspecies einer Art betrachtet werden.

Östliche Mediterranländer.

3 Arten, von denen 2 in 6 Unterarten zerfallen, 3 zweifelhafte Arten.

Typus: *B. signata* Kessl.

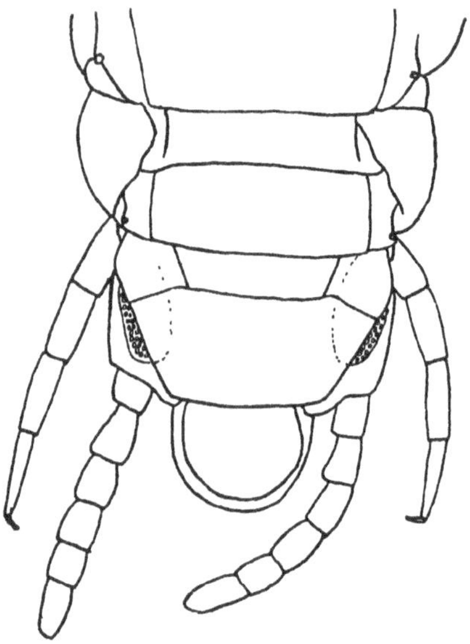

Fig. 68. **Bothriogaster signata graeca** ♂, Verh. Dorsalseite.

1. **B. signata** (Kessl.) 1874 *Geophilus signatus*, Kessler in: Trudy Russ. ent. Obschtsch. St. Peterb., *v.* 8 p. 39 | 1879 *Bothriogaster s.*, Sseliwanoff in: Zool. Anz., *v.* 2 p. 621 | 1884 *B. s.*, Sseliwanoff in: Horae Soc. ent. Ross., *v.* 18 p. 101 | 1909 *B. s.*, Chalande & Ribaut in: Arch. Zool. expér., ser. 5 *v.* 1 p. 263 | 1926 *B. s.*, Attems in: Gadeau de Kerville, Voy. Syrie, *v.* 1 p. 238 t. 27 f. 5, 6.

10—16 Segmente mit kreisrunden oder sehr wenig längeren unpaaren Sternitgruben. 85—125 Beinpaare. Die Sternitgruben sind hinten gleichmäßig gerundet, die innere scharf gezeichnete, dunkelgelbe Umrandung der Grube schließt vorn nicht zusammen, sondern die vordere Begrenzung der Grube ist blaß und seicht.

1a) **B. s. s.** Att. 1926 *B. s.* forma *genuina*, Attems in: Gadeau de Kerville, Voy. Syrie, *v.* 1 p. 238 t. 27 f. 5—6.

Die unpaaren Sternitgruben sind kreisrund, klein und finden sich auf den Segmenten 30, 41—42, 52*).

Turkestan, Griechenland (Tiryns, Olympia, Ladhà), Mazedonien, Taurus.

*) D. h.: sie beginnen auf dem 30.—41. Segment und hören auf dem 42. bis 52. Segment auf.

1b) **B. s. thesei** Att. 1902 *B. T.*, Attems in: SB. Ak. Wien, *v.* 111 p. 579 | 1926 *B. signata T.*, Attems in: Gadeau de Kerville, Voy. Syrie, *v.* 1 p. 239 (Fig. 66).

Unpaare Sternitgruben klein, kreisrund, ringsum geschlossen, vorn jedoch weniger tief eingedrückt. Ventralporenfeld bis etwa 40. Segment nierenförmig, dann nahezu kreisrund. 85 (♂)—93 (♀) Beinpaare. Gleichmäßig gelb, auch der Kopf nicht dunkler. Länge bis 90 mm; bleibt kleiner als die anderen Subspecies.

Kreta: Murnies und Nerokuri bei Canea, Lakki, Limbrosschlucht, Askiphu, Galos.

1c) **B. s. graeca** Verh. 1901 *B. affinis g.*, Verhoeff in: N. Acta Ac. Leop., *v.* 77 p. 410 | 1909 *B. signata georgica*, Chalande & Ribaut in: Arch. Zool. expér., ser. 5 *v.* 1 p. 270 | 1922 *B. s. g.*, Brolemann in: P. R. Soc. Edinb., *v.* 42 p. 54 | 1925 *B. graeca* + *graeca truncata*, Verhoeff in: Zool. Anz., *v.* 64 p. 66 | 1926 *B. signata g.*, Attems in: Gadeau de Kerville, Voy. Syrie, *v.* 1 p. 239 t. 27 f. 7, 8 (Fig. 65, 67, 68).

Unpaare Sternitgruben mäßig groß, nicht kreisrund, sondern ein wenig in die Länge gezogen, auf den Segmenten 38, 44—46, 55. Zahl der Beinpaare 101—125.

Mittelgriechenland und Peloponnes, Persien (Schiras), Mesopotamien (Amara am Tigris), Skutari.

1d) **B. s. megalocycla** Att. 1911 *B. s. m.*, Attems in: Bull. Soc. Rouen, *v.* 46 p. 62 | 1925 *B. m.*, Verhoeff in: Zool. Anz., *v.* 64 p. 66 mit den var. *m.* und *crumenifera* | 1926 *B. signata m.*, Attems in: Gadeau de Kerville, Voy. Syrie, *v.* 1 p. 239 t. 27 f. 9.

Unpaare Sternitgruben sehr groß, breiter als die zugehörigen Ventralporenfelder, kreisrund, auf den Segmenten 28, 37—42, 48, auf 10—16 Segmenten. Die letzten 3 Ventralporenfelder sehr groß, etwas breiter als lang, hinten fast geradlinig. Endbeinsternit mit tiefer medianer Längsfurche, der Hinterrand seicht eingebuchtet.

Syrien, Palästina (See Genezareth, Zahlé bei Jaffa), Anti-Taurus.

2. **B. egyptiaca** Att. 1896 *B. egyptiacus*, Attems in: Mt. Mus. Hamburg, *v.* 13 p. 25 | 1899 *B. tunetanum*, Verhoeff in: Zool. Anz., *v.* 22 p. 365 | 1901 *B. affinis phoenicea* + *a. judaica* + *a. tunetana*, Verhoeff in: N. Acta Ac. Leop., *v.* 77 p. 410 | 1908 *B. cyrenaica*, Verhoeff in: Zool. Jahrb., Syst. *v.* 26 p. 271 | 1909 *B. signata cyprica*, Chalande & Ribaut in: Arch. Zool. expér., ser. 5 *v.* 1 p. 269 | 1910 *B. egyptiaca*, Attems in: SB. Ak. Wien, *v.* 119ɪ p. 356 | 1925 *B. tunetana tunetana* + *t. media* + *t. cyrenaica* + *t. phoenicea* + *judaica genezarethana*, Verhoeff in: Zool. Anz., *v.* 64 p. 67—70 | 1926 *B. egyptiaca*, Attems in: Gadeau de Kerville, Voy. Syrie, *v.* 1 p. 246 t. 27 f. 1—4.

Unpaare Sternitgruben stark in die Länge gezogen, bis zu 3mal länger als breit, schmäler als die zugehörigen Ventralporenfelder, auf den Segmenten 31, 34—40, 43. Zahl der Beinpaare 93—129.

2a) **B. e. e.** Att.

Unpaare Sternitgruben hinten gleichmäßig gerundet und geschlossen.

Syrien, Palästina, Cypern, Ägypten, Tunis, Tripolis.

2b) **B. e. judaica** Verh. 1901 *B. affinis j.*, Verhoeff in: N. Acta Ac. Leop., *v.* 77 p. 410 | 1925 *B. j. (genuina)*, Verhoeff in: Zool. Anz., *v.* 64 p. 67.

Die Randleiste der unpaaren Sternitgruben ist hinten unterbrochen.

Jerusalem.

3. **B. porigera** Verh. 1901 *B. p.*, Verhoeff in: N. Acta Ac. Leop., *v.* 77 p. 409 | 1925 *B. p.*, Verhoeff in: Zool. Anz., *v.* 64 p. 65.

Eigentliche Sternitgruben sind nur auf dem 44. und 45. Sternit vorhanden; auf den 3 vorangehenden Sterniten eine schwächere Vertiefung ohne

Randwulst und Furche. Länge 67,5 mm; 127 Beinpaare. Die 3 letzten Ventralporenfelder sind bedeutend größer als alle anderen.

Jerusalem.

Ungenügend unterschiedene Arten:

B. affinis Ssel. 1879 *B. a.*, Sseliwanoff in: Zool. Anz., *v.* 2 p. 621 | 1884 *B. a.*, Sseliwanoff in: Horae Soc. ent. Ross., *v.* 18 p. 103 | 1896 *B. a.*, Verhoeff in: Arch. Naturg., *v.* 62I p. 3.

Kaukasus.

B. meinerti Ssel. 1879 *B. m.*, Sseliwanoff in: Zool. Anz., *v.* 2 p. 621.

Europäische Türkei.

Himantarium taeniatum Mein. 1886 *H. t.*, Meinert in: Vidensk. Meddel., *v.* 36—38 p. 149.

Vadi Ali, Egypten.

Gehört wahrscheinlich in diese Gattung.

9. Gen. **Polyporogaster** Verh.

1899 *P.*, Verhoeff in: Zool. Anz., *v.* 22 p. 364 | 1903 *P.*, Attems in: Zool. Jahrb., Syst. *v.* 18 p. 182 | 1909 *P.*, Chalande & Ribaut in: Arch. Zool. expér., ser. 5 *v.* 1 p. 237 | 1919 *P.*, Silvestri in: Rec. Ind. Mus., *v.* 16 p. 90 | 1925 *P.*, Verhoeff in: Bronn, Kl. Ordn., *v.* 5II p. 553.

Kopfschild etwas breiter als lang. Antennen kurz, endwärts verjüngt. Die Mittelbucht nimmt etwa $^2/_5$ der ganzen Labralbreite ein und ist in der Mitte ungezähnelt (Fig. 69). Zähnelung der 2—3 Mandibelkammblätter grob, fast so wie die des Zahnblattes, letzteres, mit etwa 12 Zähnen, springt über den Rand des Stammes etwas vor. Telopodit der 1. Maxille zweigliedrig, ohne

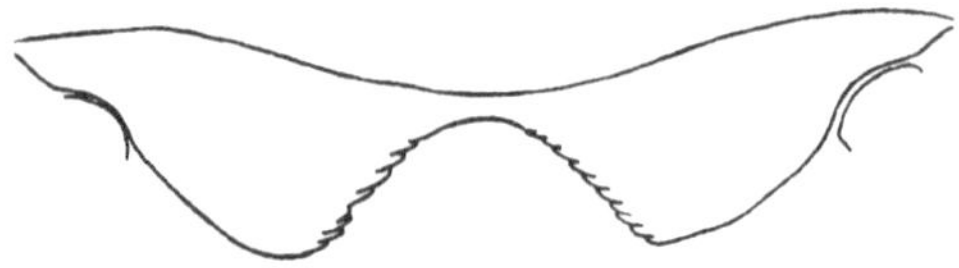

Fig. 69. **Polyporogaster tunetana** Verh. Labrum.

Außentaster. Prätarsus der 2. Maxille mit 2 starken basalen Borsten. Chitinlinien der Kieferfußhüften vollständig. — Tergite ungefurcht. Primäre Präparatergite in der hinteren Körperhälfte deutlich vom Prätergit abgetrennt. Letztes Stigmenpleurit vom Tergit getrennt. Sternite quadratisch. 1. bis vorletztes mit Ventralporenfeld. Stigmen sehr kurz-oval, fast rund, ihr Längsdurchmesser parallel der Längsachse des Körpers. Endbeinsegment mit großem Präpleurit. Die Poren der Endbeinhüfte münden in eine einzige Grube neben dem Tergit. ♀ Gonopoden zweigliedrig, das 2. Glied sehr groß.

Tunis, Vorderindien, Mergui Archipel.

Typus: *P. tunetana* Verh.

Die 5 Arten unterscheiden sich nur durch sehr geringfügige Merkmale und es ist fraglich, ob alle berechtigt sind.

Übersicht über die Arten:

1a) Das Ventralporenfeld nimmt $^3/_5$ der Sternitbreite ein . . . . 4. **P. indica**
1b) Das Ventralporenfeld nimmt höchstens die Hälfte der Sternitbreite ein . 2

2a) Endbeinsternit hinten nicht merklich verschmälert. Die geschlossenen Kieferfüße bleiben nicht weit vom Stirnrand entfernt oder erreichen ihn . . . 3

2b) Endbeinsternit hinten deutlich verschmälert; die geschlossenen Kieferfüße bleiben weit vom Stirnrand entfernt 4

3a) 85—95 Beinpaare. Ventralporenfeld etwa $^1/_3$ der Sternitbreite: 1. **P. tunetana**

3b) 79—81 Beinpaare. Ventralporenfeld etwa $^1/_2$ der Sternitbreite: 5. **P. geminata**

4a) 67—77 Beinpaare. Sternit des Endbeinsegments klein, fast trapezförmig, mit geradem Hinterrand . . . . 2. **P. insignis**

4b) 81—97 Beinpaare. Endbeinsternit groß, fast querrechteckig, der Hinterrand etwas eingebuchtet . . . . 3. **P. sinuata**

1. **P. tunetana** Verh. 1899 *P. tunetanum*, Verhoeff in: Zool. Anz., *v.* 22 p. 365 | 1909 *P. tunetana*, Chalande & Ribaut in: Arch. Zool. expér., ser. 5 *v.* 1 p. 272 (Fig. 69).

Länge bis 94 mm. 85 (♂)—95 (♀) Beinpaare. Das Ventralporenfeld des 2. bis vorletzten Sternits nimmt gut $^1/_3$ der Sternitbreite ein und ist quer-nierenförmig. Sternit des Endbeinsegments fast regelmäßig quer-rechteckig, hinten nicht verschmälert. Das Tergit des Endbeinsegments ist breiter als das vorangehende Tergit; sein Seitenrand bildet die Fortsetzung des Präpleuritseitenrandes. Sternite glatt. 2. Glied der ♀ Gonopoden ungefähr so lang wie das erste Glied. Die geschlossenen Kieferfüße bleiben nicht weit vom Stirnrand entfernt.

Tunis.

2. **P. insignis** (Mein.) ?1885 *Himantarium insigne*, Meinert in: P. Amer. phil. Soc., *v.* 23 p. 227 | 1887 *H. i.*, E. Haase in: Abh. Mus. Dresden, nr. 5 p. 113 | 1919 *Polyporogaster insignis*, Silvestri in: Rec. Ind. Mus., *v.* 16 p. 91 f. 28.

Länge 105 mm. Breite 4 mm. Zahl der Beinpaare 67—77. Die geschlossenen Kieferfüße bleiben weit vom Stirnrand entfernt. Die vorderen Ventralporenfelder sind klein, die der Körpermitte nehmen ungefähr $^1/_3$ der Sternitbreite ein. Sternit des Endbeinsegments trapezförmig, mit geradem Hinterrand. Endbeine des ♂ stark verdickt.

Vorder-Indien (Koolloo, Kaschmir, Bijnor).

3. **P. sinuata** Silv. 1919 *P. sinuatus*, Silvestri in: Rec. Ind. Mus., *v.* 16 p. 92 f. 29.

Länge 95 mm. Breite 2 mm. 81—97 Beinpaare. 1. Sternit mit einem kleinen Feld von etwa 25 Poren. Die anderen Sternite bis zum vorletzten mit einem queren Porenfeld, das $^1/_3$ der Breite einnimmt und hinten tief eingebuchtet ist. Sternit des Endbeinsegments kurz, breit, fast rechteckig, der Hinterrand seicht eingebuchtet.

Balutschistan.

4. **P. indica** (Mein.) 1885 *Himantarium indicum*, Meinert in: P. Amer. phil. Soc., *v.* 23 p. 228 | 1887 *H. i.*, E. Haase in: Abh. Mus. Dresden, nr. 5 p. 113 | 1919 *Polyporogaster indicus*, Silvestri in: Rec. Ind. Mus, *v.* 16 p. 93 f. 30.

Länge bis 85 mm. Breite 22 mm. 67 (♂)—83 Beinpaare. Die geschlossenen Kieferfüße erreichen den Stirnrand bei weitem nicht. Das Ventralporenfeld nimmt in der Mitte des Körpers ungefähr $^3/_5$ der Breite ein, ist in der queren Richtung ein schmales, hinten konkaves Band. Sternit des Endbeinsegments fast rechteckig, hinten wenig verschmälert.

Vorderindien, West-Himalaya.

5. **P. geminata** (Silv.) 1895 *Mesocanthus geminatus*, Silvestri in: Zool. Anz., *v.* 18 p. 179 | 1919 *Polyporogaster g.*, Silvestri in: Rec. Ind. Mus., *v.* 16 p. 90.

Länge 84 mm. Breite 2,5 mm. 79 (♂)—81 (♀) Beinpaare. Kopfschild fast zweimal so breit wie lang. Die geschlossenen Kieferfüße erreichen den Stirnrand. Das Ventralporenfeld nimmt die Hälfte der Sternitbreite ein. Sternit des Endbeinsegments sehr kurz, breit.

Transkaspien: Askabat.

10. Gen. **Mesocanthus** Mein.

1870 *M.*, Meinert in: Naturh. Tidsskr., ser. 3 *v.* 7 p. 34 | 1903 *M.*, Attems in: Zool. Jahrb., Syst. *v.* 18 p. 206 | 1908 *M.*, Verhoeff in: Bronn, Kl. Ordn., *v.* 5 II p. 294 | 1909 *M.*, Chalande & Ribaut in: Arch. Zool. expér., ser. 5 *v.* 1 p. 237 | 1919 *M.*, Silvestri in: Rec. Ind. Mus., *v.* 16 p. 94 | 1925 *M.*, Verhoeff in: Bronn, Kl. Ordn., *v.* 5 II p. 558.

Labrum median nicht eingeschnitten und der Mittelteil der Einbuchtung nicht gezähnelt. Mandibelzahnblatt breiter als die Hälfte des Stammes, Zahl der Zähne größer als das Doppelte der Kammblätterzahl; Zähne der Kammblätter von der Basis an verjüngt, Zähnelung grob; der Stamm springt neben dem Zahnblatt nicht vor. Telopodit der 1. Maxille ungegliedert, ohne Außentaster. — Tergite ohne Längsfurchen, gleichmäßig gewölbt. Sternite der hinteren Körperregion länger als breit; 1. oder 2. bis vorletztes Sternit mit Ventralporenfeld. Keine Hauptparatergite, ein primäres Präparatergit. Letztes Stigmenpleurit vom Tergit getrennt. Vordere Stigmen rund, die anderen kurz längsoval. Endbeinsegment mit großem Präpleurit. Endbeinhüften ohne Poren. Die Endbeine bei ♂ und ♀ verdickt, beim ♂ sehr stark, so daß die Glieder manchmal breiter als lang sind. ♀ Gonopoden zweigliedrig, das zweite Glied sehr groß.

Tunis, Erythraea, Indien.

Typus: *M. albus* Mein.

4 Arten mit 1 Unterart.

Übersicht über die Arten:

1a) 1. Sternit ohne Ventralporenfeld. Sternit des Endbeinsegments median längsgefurcht . . . . 1. **M. albus**
1b) 1. Sternit mit Porenfeld. Sternit des Endbeinsegments nicht gefurcht . 2
2a) Ventralporenfeld der mittleren Segmente nur wenig schmäler als das ganze Sternit, 81 Beinpaare . . . . 2. **M. perporosus**
2b) Das Ventralporenfeld der mittleren Segmente ist nur $^3/_5$ so breit wie das ganze Sternit 3
3a) 69—73 Beinpaare. Körper breiter . . . . 3. **M. discretus**
3b) 57—59 Beinpaare. Körper schlanker . . . . 4. **M. brevis**

1. **M. albus** Mein. 1870 *M. a.*, Meinert in: Naturh. Tidsskr., ser. 3 *v.* 7 p. 35 t. 3 f. 1—6 | 1909 *M. a.*, Chalande & Ribaut in: Arch. Zool. expér., ser. 5 *v.* 1 p. 274 f. 17, 26, 32 (Fig. 70).

Länge bis 64 mm. Breite 1,35 mm. Zahl der Beinpaare 71 (♂)—91 (♀), schlank, weiß oder blaßgelb, unbeborstet. Kopfschild viel breiter als lang, die Kieferfüße erreichen bei weitem nicht den Stirnrand. Labrum tief eingebuchtet, die Seiten der Bucht gezähnelt, die Mitte glatt. Zahnblatt der Mandibel mit etwa 15 Zähnen. 3—4 Kammblätter. — 1. Sternit ohne Ventralporenfeld; 2. bis vorletztes mit sehr verlängert querovalem Feld, das ungefähr 4 mal so breit wie lang ist, gut umgrenzt, seitlich von 2 gebogenen, auf den vorderen Segmenten vor dem Porenfeld im Spitzbogen sich vereinigenden Furchen begleitet, die Poren zahlreich. Sternit des Endbeinsegments dreieckig, median der Länge nach tief gefurcht. Endbeine des ♂ sehr stark verdickt, die Glieder breiter als lang.

Tunis.

1a) **M. a. minutus** Bröl. 1904 *M. a. m.*, Brölemann in: Bull. Soc. ent. Ital., *v.* 35 p. 116 | 1919 *M. a.* var. *m.*, Silvestri in: Rec. Ind. Mus., *v.* 16 p. 95 f. 31.

Sternit des Endbeinsegments trapezförmig, am Hinterrand winkelig eingebuchtet. Zahl der Beinpaare bei ♀ von Tunis 73—85, Exemplare von Indien 71—79. Da die typischen Exemplare des *M. albus* von Tunis 71—91 Beinpaare haben, ist die Zahl derselben bei *minutus* kein Unterscheidungsmerkmal gegenüber *albus*, denn bei den Himantariidae wurden schon innerhalb derselben Form Unterschiede von fast 60 Paaren festgestellt.

Erythraea, Vorderindien.

Fig. 70.
Mesocanthus albus Mein.
Ventralseite.

2. **M. perporosus** Silv. 1919 *M. p.*, Silvestri in: Rec. Ind. Mus., *v.* 16 p. 97 f. 33.

1. Sternit mit einem kleinen Porenfeld, die folgenden mit einem immer breiter werdenden Porenfeld, das in der Mitte des Körpers $^{11}/_{14}$ der Sternitbreite einnimmt. Sternit des Endbeinsegments kurz, breit, quer rechteckig. Die Endbeine des ♂ nicht sehr stark verdickt. Länge 70 mm. Breite 3,5 mm. 81 Beinpaare (♂).

West Himalaya (Simla).

3. **M. discretus** Silv. 1919 *M. d.*, Silvestri in: Rec. Ind. Mus., *v.* 16 p. 98 f. 34.

1. Sternit mit einem Porenfeld. Die Porenfelder haben ungefähr $^{3}/_{5}$ der Breite des ganzen Sternits und sind hinten eingebuchtet. Sternit des Endbeinsegments kurz, fast querrechteckig. Endbeine des ♂ ziemlich verdickt. Länge bis 42 mm, Breite 1,6 mm. ♂ und ♀ mit 69—73 Beinpaaren.

Vorderindien.

4. **M. brevis** Silv. 1919 *M. b.*, Silvestri in: Rec. Ind. Mus., *v.* 16 p. 95 f. 32.

1. Sternit mit kleinem, querem Porenfeld, die anderen mit einem Porenfeld, das etwa $^{3}/_{5}$ der Sternitbreite hat und vorn konvex, hinten eingebuchtet ist. Sternit des Endbeinsegments kurz, trapezförmig oder fast rechteckig. Endbeine des ♂ stark verdickt. Länge 35 mm, Breite 1 mm. 57 (♂)—59 (♀) Beinpaare.

Vorderindien.

Unsichere Gattungen der Himantariidae:

Gosiphilus Chamb.

1912 *G.*, Chamberlin in: Pomona, *v.* 4 p. 671.

Körper dorsoventral stark abgeplattet. Labrum in der Mitte tief eingeschnitten. Coxosternum der 1. Maxillen in der Mediane tief eingeschnitten aber die Coxen proximal zusammenhängend. Keine Paratergite. Endbeinsternit breit. Wenige Hüftporen, die meisten bedeckt. Keine Endbeinkralle.

Kalifornien, Texas, Nevada.

Übersicht der Arten:

1a) Etwa 181 Beinpaare . . . . 2. **G. bakeri**
1b) Weniger als 100 Beinpaare 2
2a) 55—61 Beinpaare . . . . 1. **G. minor**
2b) Etwa 81 Beinpaare . . . . 3. **G. laticeps**

1. **G. minor** Chamb. 1912 *G. m.*, Chamberlin in: Pomona, *v.* 4 p. 671.

55—61 Beinpaare. Kopfschild hinten am breitesten, fast dreieckig, viel breiter als lang (31:23). Basalschild sehr breit, nach hinten verschmälert. Antennen kurz, dick, an der Basis sich berührend. Kieferfußhüften viel breiter als lang. Die Chitinlinien kräftig, alle Glieder ungezähnt. Die Ungula erreichen nicht den Stirnrand. Ventralporenfeld scharf umschrieben, querelliptisch. Endbeinsternit sehr breit, fast quadratisch. Endbeine des ♂ keulig verdickt, die des ♀ schlank.

Kalifornien: Berkeley.

2. **G. bakeri** Chamb. 1912 *G. b.*, Chamberlin in: Pomona, *v.* 4 p. 672.

181 Beinpaare. Kopf hinten am breitesten, breiter als lang. Basalschild kurz, Kieferfüße ganz verdeckt, erreichen den Stirnrand nicht; Chitinlinien kräftig und vollständig. Ventralporenfeld fast oder ganz kreisrund, etwas hinter der Mitte des Sternits gelegen. Endbeinsternit breit, nach hinten mäßig verschmälert. 2 Endbeinhüftporen.

Kalifornien: Claremont.

3. **G. laticeps** (H. C. Wood) 1862 *Strigamia l.*, H. C. Wood in: J. Ac. Philad., ser. 2 *v.* 5 p. 49 | 1865 *S. l.*, H. C. Wood in: Tr. Amer. phil. Soc., ser. 2 *v.* 13 p. 186 | 1885 *Himantarium l.*, Meinert in: P. Amer. phil. Soc., *v.* 23 p. 230 | 1909 *Haplophilus l.*, Chamberlin in: Ann. ent. Soc. Amer., *v.* 2 p. 177 | 1912 *Gosiphilus l.*, Chamberlin in: Pomona, *v.* 4 p. 672.

Länge 76 mm. 81 Beinpaare. Kopf viel breiter als lang (4:3), glatt. Die Kieferfüße erreichen fast den Stirnrand. 2. bis vorletztes Sternit mit schmalem, querem Porenfeld. Endbeinsternit breit, trapezisch, 3 Hüftporen. Endbeine des ♂ stark verdickt.

Texas, Kalifornien, Nevada.

Gosothrix Chamb.

1923 *G.*, Chamberlin in: P. Calif. Ac., ser. 4 *v.* 12 p. 398.

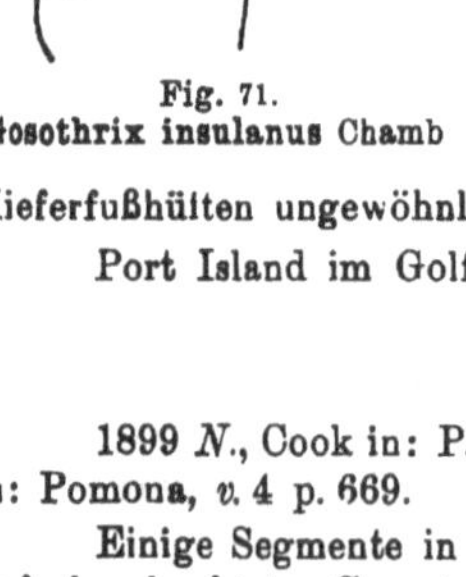

Fig. 71.
Gosothrix insulanus Chamb

Keine Paratergite, Tergite ungefurcht. Sternite ohne Poren. Chitinlinien der Kieferfüße vollständig. Endbeinsternit quadratisch. Die wenigen Hüftporen münden in einer Grube am Rande des Sternits. Endbeine mit Kralle. (Letzteres Merkmal läßt die Zugehörigkeit zur Familie *Himantariidae* unwahrscheinlich werden.)

G. insulanus Chamb. 1923 *G. i.*, Chamberlin in: P. Calif. Ac., ser. 4 *v.* 12 p. 398 f. 23, 24 (Fig. 71).

Länge 86 mm. 159 Beinpaare (♀). Antennen plattgedrückt, an der Basis sich berührend; endwärts verjüngt. Kopf klein, nach vorn verschmälert. Die Kieferfüße erreichen den Stirnrand oder überragen ihn ein wenig, Kieferfußhüften ungewöhnlich lang. Jede Endbeinhüfte mit 5—6 Poren.

Port Island im Golf von Kalifornien.

Nothobius Cook

1899 *N.*, Cook in: P. ent. Soc. Washington, *v.* 4 p. 303 | 1912 *Notobius*, Chamberlin in: Pomona, *v.* 4 p. 669.

Einige Segmente in der Körpermitte mit einer Reihe von Paratergiten. Labrum tief eingebuchtet. Coxosternum der 1. Maxille tief eingebuchtet, beinahe vollkommen geteilt, aber proximal noch zusammenhängend. Endbeinsternit breit; Hüftporen zahlreich, klein, längs dem Sternitrand. Alle Stigmen kreisrund. Endbeine mit Kralle.

Kalifornien.

Der Besitz einer Kralle an den Endbeinen würde diese Gattung von allen anderen *Himantariidae* unterscheiden. Die bisher gemachten Angaben lassen eine Entscheidung, ob die Gattung wirklich zu den *Himantariidae* gehört, nicht zu.

N. californicus Cook 1862 *Strigamia taeniopsis*, H. C. Wood in: J. Ac. Philad., ser. 2 *v.* 5 p. 48 | 1881 *Chomatobius mexicanus*, Sseliwanoff (nec Saussure) in: Mém. Ac. St.-Pétersb., *v.* 40 Beil. nr. 7 p. 24 t. II f. 9—16 | 1899 *Nothobius californicus*, Cook in: P. ent. Soc. Washington, *v.* 4 p. 303 | 1912 *Notobius teniopsis*, Chamberlin in: Pomona, *v.* 4 p. 669.

Cook gibt keine nähere Beschreibung. Die Identifizierung der Tiere, die Chamberlin untersuchte mit Cooks Namen ist daher willkürlich und unsicher, ebenso die Synonymie mit *taeniopsis* Wood, einem nomen nudum. Chamberlin gibt folgende Beschreibung: 129—149 Beinpaare. Kopf klein, breit, vorn abgerundet. Antennen flachgedrückt, kurz, endwärts verdünnt, Kieferfüße den Stirnrand nicht erreichend. Ventralporen in einem scharf umschriebenen kreisrunden bis querovalen Medianfeld. Endbeinsternit sehr breit; die zahlreichen kleinen Hüftporen zumeist längs des Sternitrandes angeordnet.

Kalifornien: Stanford, Claremont, Los Angeles, San Diego, Margarita Island.

Himantarium taeniopse Meinert (1885 *H. t.*, Meinert in: P. Amer. phil. Soc., *v.* 23 p. 229), eine unkenntliche Art, ist nicht mit obiger Art identisch, da Meinert angibt, daß die Endbeine keine Kralle haben.

Notiphilus C. L. Koch

1847 *N.*, C. L. Koch-Panzer, Krit. Revis., *v.* 3 p. 82, 180.

Unkenntlich.

N. taeniatus C. L. Koch 1847 *N. t.*, Koch-Panzer, Krit. Revis., *v.* 3 p. 180 | 1863 *N. t.*, C. L. Koch, Myr., *v.* 2 p. 59 f. 181.

Griechenland.

N. sanguineus C. L. Koch 1847 *N. s.*, Koch-Panzer, Krit. Revis., *v.* 3 p. 180 | 1863 *N. s.*, C. L. Koch, Myr., *v.* 2 p. 102 f. 225.

Griechenland.

Es ist nicht zu entscheiden, in welches Genus folgende Arten gehören, zu *Himantarium* wahrscheinlich nicht.

1886 **Himantarium caldarium,** Meinert in: Vidensk. Meddel., *v.* 36—38 p. 148.

Botanischer Garten in Kopenhagen.

1891 **Himantarium doriae,** Pocock in: Ann. Mus. Genova, *v.* 30 p. 427.

Moulmein, Birma.

1870 **Himantarium filum,** Meinert in: Naturh. Tidsskr., ser. 3 *v.* 7 p. 33.

Bona, Algier, Mengibar bei Madrid, Palermo.

1872 **Himantarium gervaisii,** Plateau in: Bull. Ac. Belgique, ser. 2 *v.* 33 p. 409.

Lund.

1890 **Himantarium gestri,** Pocock in: Ann. Mus. Genova, *v.* 29 p. 67.

1847 **Himantarium laevipes,** C. L. Koch-Panzer, Krit. Revis., *v.* 3 p. 179 | 1863 *H. l.*, C. L. Koch, Myr., *v.* 2 p. 83 f. 206.

Pola.

1889 **Himantarium meinerti,** Pocock in: J. Linn. Soc. London, *v.* 21 p. 289 | 1891 *H. m.*, Pocock in: Ann. Mus. Genova, *v.* 30 p. 426.

Sullivan Island, Mergui Archipel, Andamanen, Birma.

[1886 **Himantarium taeniatum,** Meinert in: Vidensk. Meddel., *v.* 36—38 p. 149. Ist wahrscheinlich ein *Bothriogaster*.]

Vadi Ali in Ägypten.

2. Fam. **Schendylidae**

1908 *S.*, Verhoeff in: Bronn, Kl. Ordn., *v.* 5 II p. 275 | 1909 Subfam. *Schendylinae*, Brölemann in: Arch. Zool. expér., ser. 5 *v.* 3 t. 8 | 1912 *Schendylidae*, Chamberlin in: Canad. Ent., *v.* 44 p. 65 | 1914 *S.*, Attems in: Arch. Naturg., *v.* 80 A 4 p. 113 | 1925 *S.*, Verhoeff in: Bronn, Kl. Ordn., *v.* 5 II p. 560 | 1928 *S.*, Attems in: Ann. S. Afr. Mus., *v.* 26 p. 127.

Labrum aus einem Stück bestehend, vom Clypeus deutlich getrennt. Mandibel mit einem, meist in mehrere Blöcke zerteiltem Zahnblatt und einfachem Besatz von Kammzähnen (Fig. 72). Hüften der 1. Maxille verwachsen,

Fig. 72. **Haploschendyla europaea** (Att.) Mandibel.

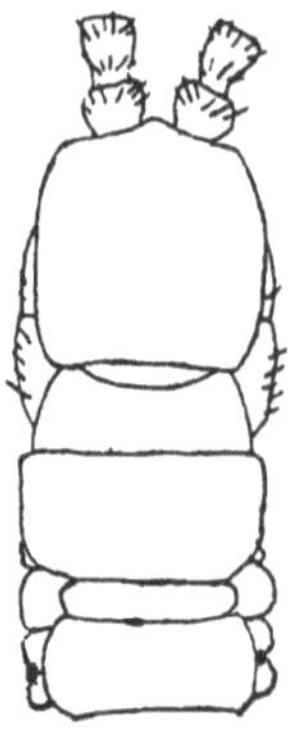

Fig. 73. **Mesoschendyla monopora** Att.

mit oder ohne Außentaster an Coxa und Telopodit. Hüften der 2. Maxille meist ganz verwachsen, selten Spuren einer Mediannaht oder eine deutliche Naht vorhanden; die Pleurite verbinden sich entweder durch eine Chitinverdickung mit der Basis des Coxosternum oder bleiben von ihr getrennt; in letzterem Falle können sie medial von der Drüsenmündung bis an den Mittelteil des Coxosternum-Basalrandes verlängert sein. Telopodit aus 3 zylindrischen Gliedern und Endkralle bestehend; letztere entweder einfach oder beborstet (d. h. mit vereinzelten Borsten besetzt, deren Basen sich nicht berühren) oder gekämmt (d. h. auf beiden Kanten mit dichtgedrängten Borsten besetzt). Kieferfüße mit oder ohne Chitinlinien; Pleurocoxalgrenze parallel mit dem Seitenrand, nur an der Basis ein kleines Stück nach innen biegend. Basalschild breit, bis an die Körperseiten reichend; von den Kieferfüßen ist dorsal meist wenig sichtbar; sie überragen sehr selten den Stirnrand. Antennen fadenförmig bis endwärts schwach verjüngt oder keulig verdickt. Kopf rundlich oder etwas länger als breit. Tergite doppelfurchig. Endbeinhüfte meist mit 2, aber auch mit 0,1 oder mehreren Poren; die Drüsen sind entweder heterogen oder homogen; die heterogenen Drüsen (Fig. 75) sind an der Oberfläche in Lappen geteilt; jeder Lappen hat einen eigenen Ausführungsgang; alle diese Ausführungsgänge münden in einen gemeinsamen Endausführungsgang, der sich durch den Porus nach außen öffnet; die homogenen Drüsen (Fig. 74) bilden eine einheitliche Masse, ohne oberflächliche Lappung, mit einem einzigen gemeinsamen Ausführungsgang, der durch den Porus nach außen mündet. Tarsus der Endbeine ein- oder zweigliedrig, ein Prätarsus

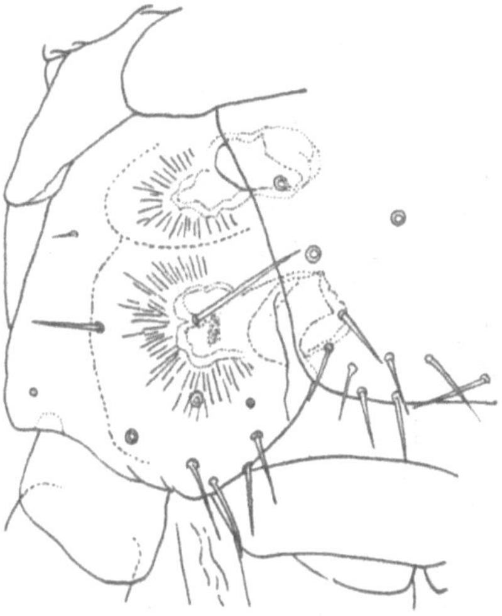

Fig. 74. **Schendylurus lesnei** Bröl. & Rib.
Homogene Coxaldrüsen.

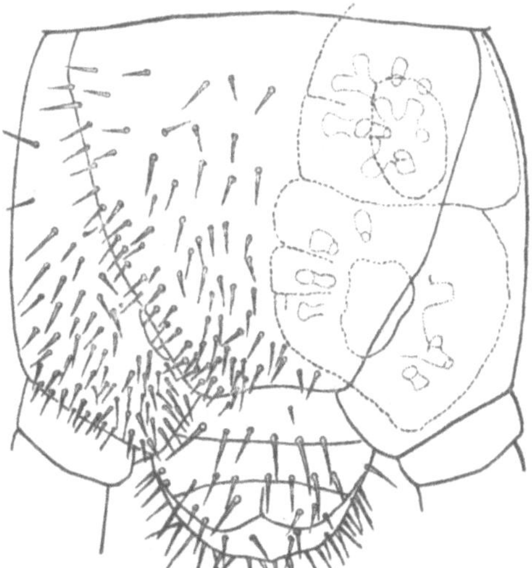

Fig. 75. **Litoschendyla insulana** (Bröl. & Rib.)
Heterogene Coxaldrüsen.

vorhanden und dann entweder krallenförmig (selten) oder ein kleiner meist undeutlich vom Tarsus abgesetzter Kegel, der einige Borsten trägt oder fehlend. Ventralporen vorhanden oder fehlend; das Porenfeld ist meist rundlich, oft scharf umgrenzt, seltener querbandförmig, manchmal in 2 Felder geteilt; kann auf dem 1. bis vorletzten Sternit vorhanden sein oder auf dem 1. oder einigen der ersten und letzten, oder auch auf einigen der mittleren Sternite fehlen, oder nur auf einer Anzahl von Segmenten der vorderen Körperhälfte vorhanden sein. Keine Paratergite.

2 Unterfamilien, 25 Gattungen, 87 Arten mit 2 Unterarten, 2 unsichere Gattungen und 18 unsichere Arten.

A. Subfam. **Schendylinae**

1895 Fam. *Schendylidae*, **Cook in: P. U. S. Mus., *v.* 18 p. 65, 70 | 1896 *S.*, Cook, Brandtia, nr. 8 p. 36 | 1903 Sectio *Schendylini*, Attems in: Zool. Jahrb., Syst. *v.* 18 p. 172, 185 | 1909 Trib. *S.*, Brölemann in: Arch. Zool. expér., ser. 5 *v.* 3 p. 313 | 1926 Trib. *S.*, Attems in: Kükenthal & Krumbach, Handb. Zool., *v.* 4 p. 352 | 1928 Subfam. *Schendylinae*, Attems in: Ann. S. Afr. Mus, *v.* 26 p. 128.**

Rumpf blaß, ohne dunkles Pigment. Antennen dünn, fadenförmig, ohne keulige Verdickung des Endes. Labrum kräftig entwickelt, tief eingebuchtet und meist reichlich gezähnt. Ventralporenfeld viel unscheinbarer, nicht so scharf umschrieben und nicht auf einer erhöhten Fläche gelegen. Endbeine zuweilen mit krallenförmigem Prätarsus.

Übersicht über die Gattungen:

1a) Endbeinhüfte mit 2, 1 oder 0 (meist 2) Poren 2
1b) Endbeinhüfte mit mehr als 2 bis vielen Poren 18
2a) Endbeinhüfte mit 1—2 Poren 3
2b) Endbeinhüfte ohne Poren 17
3a) Endbeinhüfte mit 2 Poren 4
3b) Endbeinhüfte mit einem Porus 15
4a) Ventralporen vorhanden 5
4b) Ventralporen fehlen 12
5a) Klaue der 2. Maxille nur ein rudimentäres Spitzchen: 9. Gen. **Schendylellus**
5b) Klaue der 2. Maxille gut entwickelt 6
6a) Endbeine mit kräftiger Kralle (Prätarsus) . . . . 13. Gen. **Nyctunguis**
6b) Endbeine ohne Kralle, höchstens mit undeutlichem Tuberkel 7
7a) Klaue der 2. Maxille einfach, unbewehrt oder mit vereinzelten, an der Basis sich nicht berührenden Borsten besetzt . . . 1. Gen. **Schendyla**
7b) Klaue der 2. Maxille auf beiden Kanten dicht gekämmt 8
8a) Mittelteil des Labrum glattrandig oder rundwellig gebuchtet ohne deutliche Zähne . . . . 11. Gen. **Litoschendyla**
8b) Mittelteil des Labrum kräftig gezähnt 9
9a) Pleurite der 2. Maxille mit dem Coxosternum verschmolzen 10
9b) Pleurite der 2. Maxille nicht mit dem Coxosternum verschmolzen . . 11
10a) Endbeinhüfte mit 2 heterogenen Drüsen . . 12. Gen. **Pleurcschendyla**
10b) Endbeinhüfte mit 2 homogenen Drüsen . . . . . 8. Gen. **Schendylurus**
11a) Endbeinhüftdrüsen heterogen. Tarsus der Endbeine zweigliedrig: 10. Gen. **Pectiniunguis**
11b) Endbeinhüftdrüsen homogen. Tarsus der Endbeine eingliedrig (Ausnahme beim ♀ von *N. melanostictus*) . . . . 6. Gen. **Nannophilus**
12a) Endbeine mit krallenförmigem Prätarsus. Kieferfüße mit feinen Chitinlinien. Klaue der 2. Maxille ohne Borsten. Tarsus der Endbeine zweigliedrig . . . . 14. Gen. **Sogodes**
12b) Endbeine ohne Kralle, eventuell mit kleinem beborstetem Tuberkel. Kieferfüße ohne Chitinlinien 13

13a) Endbeintelopodit 5gliedrig. Kralle der 2. Maxille auf beiden Kanten dicht gekämmt . . . . 7. Gen. **Nannopodellus**
13b) Endbeintelopodit 6gliedrig. Kralle der 2. Maxille ohne oder mit wenigen vereinzelten Borsten 14
14a) Mitte des Labrum tief eingebuchtet mit 1—7 breiten flachen Höckern, aber ohne eigentliche Zähne, nur die vorgewölbten Seiten gezähnt: 3. Gen. **Hydroschendyla**
14b) Mittelbucht des Labrum weniger tief aber kräftig gezähnt: 2. Gen. **Brachyschendyla**
15a) Klaue der 2. Maxille glatt. Ventralporen in einem Querband, das fast bis an die Seiten des Sternits reicht . . . . . . 18. Gen. **Plesioschendyla**
15b) Klaue der 2. Maxille auf beiden Kanten gekämmt. Ventralporenfeld rund oder kurz queroval 16
16a) Endbeine mit krallenförmigem Prätarsus . . . . . 15. Gen. **Mexiconyx**
16b) Endbeine ohne Kralle: 16. Gen. **Mesoschendyla**, 17. Gen. **Schendylops**
17a) Endbeine ohne Prätarsus . . . . 4. Gen. **Haploschendyla**
17b) Endbeine mit Endkralle . . . . 5. Gen. **Nesonyx**
18a) Endbeine mit krallenförmigem Prätarsus. Klaue der 2. Maxille gekämmt: 19. Gen. **Escaryus**
18b) Endbeine ohne Prätarsus. Klaue der 2. Maxille glatt: 20. Gen. **Sogolabis**

1. Gen. **Schendyla** Bergs. & Mein.

1866 *S.*, Bergsoe & Meinert in: Naturh. Tidsskr., ser. 3 *v.* 4 p. 103 | 1870 *S.*, Meinert in: Naturh. Tidsskr., ser. 3 *v.* 7 p. 54 | 1880 *S.*, Latzel, Myr. Österr.-Ung., *v.* 1 p. 196 | 1888 *S.*, Ant. Berlese, A. M. S., fasc. 46 nr. 6 | 1891 *S.*, Cook & Collins in: P. U. S. Mus., *v.* 13 p. 386 | 1903 *S.*, Attems in: Zool. Jahrb., Syst. *v.* 18 p. 186 | 1911 *S.*, Brölemann & Ribaut in: Bull. Soc. ent. France, p. 193 | 1912 *S.*, Brölemann & Ribaut in: N. Arch. Mus. Paris, ser. 5 *v.* 4 p. 142.

Labrum gezähnt in der Mittelbucht, die Basis der Zähne abgegrenzt. Zahnblatt der Mandibel einheitlich oder in Blöcke zerteilt. 1. Maxille meist mit Außentastern. Klaue der 2. Maxille unbewehrt oder mit einem oder mehreren Borsten auf der Kante; Pleurit innen nicht über die Drüsenmündung herein reichend. Ventralporen im vorderen Körperdrittel vorhanden, das Feld in der Regel lang gestreckt, öfters in mehrere Haufen zerteilt. Endbeinhüfte mit 2 homogenen Drüsen, Tarsus zweigliedrig, ohne Prätarsus oder ein solcher höchstens durch einen undeutlichen Tuberkel angedeutet.

Europa, Nordafrika, eine europäische Art auch in Nordamerika.

Typus: *S. nemorensis* C. L. Koch

2 Untergattungen, 7 Arten.

a) Subgen. **Schendyla** Bröl. & Rib.

1912 *S.*, Brölemann & Ribaut in: N. Arch. Mus. Paris, ser. 5 *v.* 4 p. 145.

Zahnblatt der Mandibel ungeteilt. Klaue der 2. Maxille unbewehrt.

Übersicht über die Arten:

1a) Ventralporenfeld unregelmäßig, nicht länger als breit, nach vorn nicht über die Mitte zwischen den großen Marginalborsten hinaus reichend. Der Kopfschild läßt einen Teil der Kieferfüße unbedeckt 2
1b) Ventralporenfeld stark in die Länge gestreckt, nach vorn über die Mitte zwischen den großen Marginalborsten hinausreichend. Der Kopfschild bedeckt ganz die Kieferfüße 3
2a) 2. Tarsus ungefähr halb so lang wie der erste Tarsus. Mittelbucht des Labrum mit etwa 15 Zähnen . . . . 1. **S. (S.) nemorensis**

2b) 2. Tarsus auf ein kleines rundes Knöpfchen reduziert. Mittelbucht des Labrum mit etwa 10 Zähnen . . . . 2. **S. (S.) walachica**
3a) 1. Maxille mit Außentastern. Tarsus der Kieferfüße mit einem schwachen Zahn. Ventralporenfeld vorn nicht gegabelt. 2. Tarsus $^1/_3$ so lang wie der 1. Tarsus . . . . 3. **S. (S.) peyerimhoffi**
3b) 1. Maxille ohne Außentaster. Tarsus der Kieferfüße mit einem längeren schlanken Zahn. Ventralporenfeld vorn gegabelt. 2. Tarsus $^3/_4$ so lang wie der erste . . . . 4. **S. (S.) dalmatica**

1. **S. (S.) nemorensis** (C. L. Koch) 1836 *Geophilus n.*, C. L. Koch, C. M. A., fasc. 9 t. 4 | 1847 *Poabius bistriatus*, C. L. Koch-Panzer, Krit. Revis., *v.* 3 p. 183 | 1863 *P. b.*, C. L. Koch, Myr., *v.* 2 p. 50 f. 172 | 1863 *Linotaenia nemorensis*, C. L. Koch, Myr., *v.* 2 p. 26 f. 148 | 1866 *Schendyla n.*, Bergsoe & Meinert in: Naturh. Tidsskr., ser. 3 *v.* 4 p. 105 | 1870 *S. n.*, Meinert in: Naturh. Tidsskr., ser. 3 *v.* 7 p. 56 | 1870 *Geophilus tyrolensis*, Meinert, ibid., p. 73 | 1880 *Schendyla nemorensis*, Latzel, Myr. Österr.-Ung., *v.* 1 p. 198 | 1881 *S. n.*, E. Haase in: Z. Ent. Breslau, ser. 2 *v.* 8 p. 86 | 1895 *S. n.*, Attems in: SB. Ak. Wien, *v.* 104 p. 169 | 1912 *S. n.*, Brölemann & Ribaut in: N. Arch. Mus. Paris, ser. 5 *v.* 4 p. 154 f. II t. 9 f. 159—166.

Blaßgelb. Kopf schwach bräunlich- oder rostgelb. Länge bis 28 mm. 39 (♂)—55 (♀) Beinpaare. Kopfschild so lang wie breit oder etwas länger, ohne Stirnfurche und Clypealarea. Labrum mit 15 Tuberkelzähnen in der Mittelbucht, die mittleren stumpf, lateral zu allmählich spitzer werdend; die Seitenteile mit 1—2 spitzen hakigen Zähnen. Zahnblatt der Mandibel ungeteilt mit 6—7 Zähnen. 1. Maxille mit Außentastern. Klaue der 2. Maxille ganz unbewehrt. Die geschlossenen Kieferfüße reichen fast bis zum Stirnrand, Tarsus ohne Zahn. Ungulum glatt, 2. bis 13. oder 15. Sternit mit Porenfeld; dieses langgestreckt mit etwa 25 Poren, manchmal in der Mitte eingeschnürt oder in 2 hintereinander liegende Haufen geteilt, einen runden hinteren und querovalen vorderen.

Endbeine in beiden Geschlechtern verdickt, beim ♂ stärker, dicht beborstet; 2. Tarsus sehr dünn, viel dünner als der 1. Tarsus, $^1/_3$—$^1/_2$ so lang wie dieser.

Europa, Nordafrika, Vereinigte Staaten von Nordamerika.

2. **S. (S.) walachica** Verh. 1900 *S. w.*, Verhoeff in: Zool. Anz., *v.* 23 p. 486 | 1912 *S. w.*, Brölemann & Ribaut in: N. Arch. Mus. Paris, ser. 5 *v.* 4 p. 155 f. 173—178.

Länge bis 14 mm. 33 (♂)—35 (♂♀) Beinpaare. Kopfschild etwas länger als breit, mit 4 Querreihen von Borsten, unpunktiert, ohne Clypealarea. Mittelbucht des Labrum mit etwa 10 Tuberkelzähnen, seitlich 1—2 spitze Zähne. Zahnblatt der Mandibel ungeteilt mit 7 oder 8 Zähnen. 1. Maxille mit 2 Paar Außentastern. Klaue der 2. Maxille unbewehrt. Ungulum der Kieferfüße glatt, alle Glieder ungezähnt. Tergite doppelfurchig. 2. bis 9. oder 11. Sternit mit Ventralporenfeld, das langgestreckt, in der Mitte meist eingeschnürt ist und aus wenigen höchstens etwa 18—20 Poren besteht. Endbeinsternit kurz, 2mal breiter als lang, hinten gerade oder schwach ausgerandet und beborstet. 2. Tarsus der Endbeine ein kleiner Knopf, breiter als lang, der eine Borste in einer Grube des Endes trägt.

Rumänien, Comana, Maçin, Dobrudja, Borladtal.

3. **S. (S.) peyerimhoffi** Bröl. & Rib. 1911 *S. p.*, Brölemann & Ribaut in: Bull. Soc. ent. France, p. 221 | 1912 *S. p.*, Brölemann & Ribaut in: N. Arch. Mus. Paris, ser. 5 *v.* 4 p. 153 f. 167—172.

Länge 9 mm. Breite 0,4 mm. 41 Beinpaare. Kopfschild so breit wie lang, bedeckt die Kieferfüße ganz mit Ausnahme eines Teiles der Pleurenbasis. Mittelbucht des Labrum mit 9 Tuberkelzähnen, die Seiten mit 2 spitzen dornigen Zähnen. Zahnblatt der Mandibel ungeteilt, mit 6 Zähnen. 1. Maxille mit Außentastern. Klaue der 2. Maxille unbewehrt. Tarsus der Kieferfüße mit einem schwachen Zahn, die anderen Glieder ungezähnt. Ungulum vermutlich gekerbt (nur ein defektes Individuum). Tergite doppelfurchig, Sternite 2—11 mit unregelmäßigem, in die Länge gestrecktem Porenfeld aus relativ wenigen Poren bestehend, z. B. 24 auf dem 4. Sternit. Endbeinsegment ohne Präpleurite, Sternit an der Basis ungefähr 2 mal so breit wie lang, trapezisch. 2. Tarsus $^1/_3$ so lang wie der 1. Tarsus. Beborstung der Endbeine (des juv.!) relativ kurz und spärlich.

Marokko: Larache.

4. **S. (S.) dalmatica** Att. 1904 *S. mediterranea d.*, Attems in: Arch. Naturg., *v.* 70I p. 180 t. 9 f. 2, 3 | 1912 *S. m. d.*, Brölemann & Ribaut in: N. Arch. Mus. Paris, ser. 5 *v.* 4 p. 147.

Blaßgelb, Kopf bräunlichgelb. Länge 10 mm. Breite 0,5 mm. 37 (♂) bis 39 (♀) Beinpaare. Kopfschild etwas länger als breit, hinten ein wenig breiter als vorn, vorn sehr stumpfwinklig; er bedeckt die Kieferfüße so, daß von denselben nur der basale Teil der Pleuren sichtbar ist. Labrum tief, fast rechtwinklig eingebuchtet, mit 8 mittelmäßig stumpfen Tuberkelzähnen und jederseits 4 spitzen, auseinandergerückten und einwärts gerichteten Zähnen. 1. Maxille ohne Außentaster.

Klaue der 2. Maxille lang, unbewehrt, am Ende leicht hakig gebogen. Ungulum der Kieferfüße glatt. Die Kieferfüße erreichen den Stirnrand bei weitem nicht; Vorderrand der Hüften eingekerbt. Tarsus mit relativ langem spitzem Zähnchen. Sternite viel länger als breit, mit 4 unregelmäßigen Querreihen von Borsten; 2.—9. Tergit mit langgestrecktem Porenfeld, das aus relativ wenigen Poren besteht, vorn gegabelt, im ganzen beiläufig Y-förmig ist. Beborstung relativ reichlich. Endbeine des ♂ stark verdickt, nur das 2. Tarsalglied viel schlanker, ohne Spur eines Prätarsus, 2. Tarsalglied auch kürzer als das erste, = 3:4.

Dalmatien, Castelnuovo, Ragusa.

b) Subgen. **Echinoschendyla** Bröl. & Rib.

1912 *E.*, Brölemann & Ribaut in: N. Arch. Mus. Paris, ser. 5 *v.* 4 p. 145.

Zahnblatt der Mandibel in mehrere Blöcke zerteilt. Klaue der 2. Maxille mit einer oder mehreren Borsten besetzt.

Übersicht über die Arten:

1a) Präfemur der Endbeine innen stark vorgebaucht, besonders beim ♂. Ungulum der Kieferfüße gekerbt . . . . 5. **S. (E.) mediterranea**

1b) Präfemur der Endbeine innen nicht stark vorgebaucht. Ungulum der Kieferfüße glatt 2

2a) 2. Tarsus wenigstens so lang wie der 1. Tarsus. Antennenglieder lang, 4. Glied Länge : Breite = 1,6 : 1. Die Mittelzähne des Labrum sind verschieden von den seitlichen, 10 jederseits, die lang ausgezogen sind. Stigmen oval. Länge bis 45 mm . . . . 6. **S. (E.) vizzavonae**

2b) 2. Tarsus viel kürzer als der erste. Antennenglieder weniger lang, das 4. Glied Länge : Breite = 1,3 : 1. Die mittleren Labralzähne gehen ganz allmählich in die kurz dreieckigen seitlichen Zähne über. Stigmen rund. Bis 27 mm lang . . . . 7. **S. (E.) zonalis**

5. **S. (E.) mediterranea** Silv. 1897 *S. m.*, Silvestri in: Bull. Soc. ent. Ital., *v.* 29 p. 10 | 1904 *S. m.*, Brölemann in: Bull. Mus. Monaco, nr. 15 p. 5 f. 5 | 1912 *S. m.*, Brölemann & Ribaut in: N. Arch. Mus. Paris, ser. 5 *v.* 4 p. 145 f. 151—158.

47—53 Beinpaare. Kopfschild etwas länger als breit. Mittelbucht des Labrum mit 18—27 Zähnen; die mittleren Zähne sind tuberkelförmig und gehen allmählich in die spitzdornigen seitlichen Zähne über. Mandibel-Zahnblatt in 3 Blöcke geteilt mit 8—10 Zähnen zu 3, 3, 3, oder 2, 3, 3, oder 3, 3, 4. 1. Maxille mit 2 Paar Außentastern. Klaue der 2. Maxille mit 1—2 kräftigen Borsten nahe der Basis. Ungulum der Kieferfüße gekerbt. 2. bis 13. oder 16. Sternit mit Ventralporen. Das Feld ist längsoval; meist (oder immer?) finden sich neben dem Vorderende dieses Feldes 2 kleine Porengruppen, die auch zu einem Querstreif verbunden sein können. Endbeinsternit an der Basis etwa $1\frac{1}{2}$ mal so breit wie lang, hinten eingebuchtet und dicht beborstet. Präfemur der Endbeine stark verdickt, besonders beim ♂ und unten-innen rundbuckelig vorgewölbt: Femur in schwächerem Maße buckelig. 2. Tarsus $\frac{1}{2}$—$\frac{1}{3}$ so lang wie der 1. Tarsus.

Sizilien, Sardinien, Monako, Banyuls sur Mer.

6. **S. (E.) vizzavonae** Lég. & Dub. 1903 *S. v.*, Léger & Duboscq in: Arch. Zool. expér., ser. 4 *v.* 1 p. 319 | 1912 *S. v.*, Brölemann & Ribaut in: N. Arch. Mus. Paris, ser. 5 *v.* 4 p. 148 f. 119—130.

49 (♂)—51 (♀) Beinpaare. Länge 45 mm. Kopfschild etwas länger als breit (6:5). Mittelbucht des Labrum mit 25 Tuberkelzähnen. Die Seiten mit 8—11 spitzen langausgezogenen Zähnen. Zahnblatt der Mandibel mit 9 Zähnen in 4 Blöcken: 3, 3, 2, 1. 1. Maxille mit 2 Paar Außentastern. Klaue der 2. Maxille mit 3—4 langen Dornen. Ungulum der Kieferfüße glatt, geschlossen den Stirnrand erreichend, Tarsus mit schwachem Zahnhöcker. Tergite doppelfurchig. 2.—14. oder 15. Sternit mit Ventralporen, die in einem unpaaren hinteren und zwei davor nebeneinander gelegenen kleineren Feldern angeordnet sind, die auf manchen Segmenten mehr oder weniger verschmelzen. Stigmen oval. Endbeinsternit trapezförmig, hinten eingebuchtet zweilappig und dicht und fein beborstet. 2. Tarsus ebenso lang oder länger als der erste, ohne Spur eines Prätarsus. Innenrand der Hüften aufgetrieben, fein und dicht beborstet.

Korsika.

7. **S. (E.) zonalis** Bröl. & Rib. 1904 *S. vizzavonae* (non Léger & Duboscq 1903), Brölemann in: Bull Mus. Monaco, nr. 15 p. 5 | 1911 *S. zonalis*, Brölemann & Ribaut in: Bull. Soc. ent. France, p. 221 | 1912 *S. z.*, Brölemann & Ribaut in: N. Arch. Mus. Paris, ser. 5 *v.* 4 p. 149 f. 131—150.

Länge bis 27 mm. 43 (♂) – 49 (♀) Beinpaare. Kopfschild etwas länger als breit, ohne Clypealarea. Die Mittelzähne des Labrum gehen ganz allmählich in die spitzeren, dreieckigen Seitenzähne über. Zahnblatt der Mandibel mit 7—9 Zähnen in 3 oder 4 Blöcken. 1. Maxille mit 2 Paar Außentastern. Klaue der 2. Maxille mit 1—3 Dornen. Die Kieferfüße erreichen nicht ganz oder gerade den Stirnrand. Tarsus ohne oder mit sehr schwachem, selten größerem Zahn, Ungulum glatt. Tergite doppelfurchig. 2. bis 12.—16. Sternit mit Ventralporen, die in 3 Gruppen angeordnet sind, einem unpaaren hinteren, kreisförmigen oder querovalen Feld und davor nebeneinander gelegenen Häufchen; alle 3 können mehr oder weniger bis vollständig miteinander verschmelzen. Stigmen rund. Endbeinsegment ohne Präpleurite; Sternit trapezförmig, breiter als lang, hinten geradlinig oder leicht eingebuchtet. Endbeine des ♂ nur wenig dicker als die des ♀; 1. Tarsus dünner als die Tibia; 2. Tarsus noch stärker verdünnt, $^2/_3$—$^4/_5$ so lang wie der erste. Prätarsus ein undeutlicher, eine Borste tragender Tuberkel.

Pyrenäen, französische Mittelmeerküste, Südfrankreich, Apenninen, Rumänien.

2. Gen. **Brachyschendyla** Bröl. & Rib.

1911 *B.*, Brölemann & Ribaut in: Bull. Soc. ent. France, p. 193 | 1912 *B.* + Subgen. *Microschendyla* + *Schizoschendyla*, Brölemann & Ribaut in: N. Arch. Mus. Paris, ser. 5 *v.* 4 p. 158; p. 160.

Labrum (Fig. 76) in der Mittelbucht mit stumpfen Tuberkelzähnen, an die sich seitlich spitze, mehr oder weniger hakig medianwärts gekrümmte Zähne anschließen. Zahnblatt der Mandibel ungeteilt oder in 2—5 Blöcke zerteilt. 1. Maxille mit Außentastern auf dem Telopodit, meist auch auf dem Syncoxit. Klaue der 2. Maxille ohne Borsten oder mit 1—2 Borsten auf der

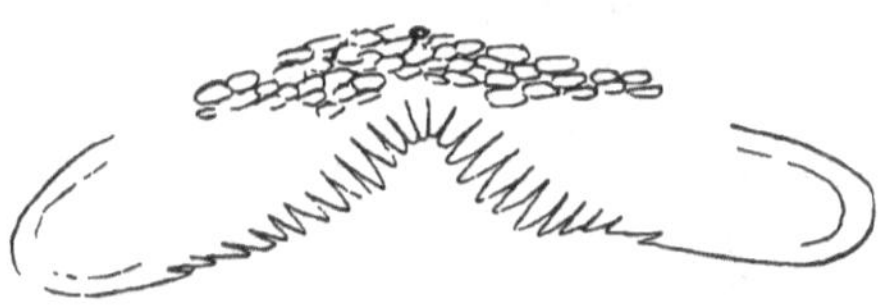

Fig. 76. **Brachyschendyla montana** (Att.) Labrum.

ventralen Kante; Pleurite nach innen nicht über die Drüsenmündung hereinreichend (Fig. 78). Ventralporen fehlen im allgemeinen, bei einer Art sind rudimentäre Ventralporenfelder auf einigen vorderen Segmenten vorhanden. Endbeinhüften mit 2 + 2 homogenen Drüsen. Tarsus zweigliedrig, der Prätarsus durch einen rudimentären, borstentragenden Kegel vertreten oder ganz fehlend.

Österreich, Jugoslavien, Italien, Frankreich.

Typus: *B. montana* Att.

6 Arten.

Übersicht über die Arten:

1a) Zahnblatt der Mandibel in mehrere Blöcke zerteilt. Präfemur der Kieferfüße ohne oder mit kleinem unbedeutendem Tuberkelzahn 2

1b) Zahnblatt der Mandibel ungeteilt 4

2a) 4.—9. oder 10. Sternit mit rudimentärem Porenfeld. 2. Tarsus kürzer als der 1. Tarsus der Endbeine. Klaue der 2. Maxille mit 1—2 Borsten. 43 bis 45 Beinpaare . . . . 3. **B. apenninorum**

2b) Ventralporen fehlen ganz 3

3a) 2. Tarsus der Endbeine so lang wie der 1. Tarsus. Kralle der 2. Maxille mit 1—2 Borsten. 51—57 Beinpaare . . . . 2. **B. monoeci**

3b) 2. Tarsus der Endbeine $^2/_3$ so lang wie der 1. Tarsus. Kralle der 2. Maxille ohne Borsten. 41 Beinpaare . . . . 4. **B. monodi**

4a) Klaue der 2. Maxille mit einer Borste (Fig. 77). Präfemur der Kieferfüße mit kleinem Tuberkelzahn. 43—47 Beinpaare . . . . 1. **B. montana**

4b) Klaue der 2. Maxille ohne Borsten. Präfemur der Kieferfüße mit langem spitzem, die Tibia überragendem Zahn. 37—39 Beinpaare 5

5a) Tarsus der Kieferfüße ohne Zahn. Ungulum gekerbt. Präfemur der Endbeine 3mal so lang wie der Trochanter, 2. Tarsus so lang wie der 1. Tarsus: 5. **B. armata**

5b) Tarsus der Kieferfüße mit langem spitzem Zahn. Ungulum glatt. Präfemur der Endbeine kaum länger als der Trochanter, 2. Tarsus $^1/_7$ so lang wie der 1. Tarsus . . . . 6. **B. dentata**

1. **B. montana** (Att.) 1895 *Schendyla m.*, Attems in: SB. Ak. Wien, *v.* 104 p. 170 | 1895 *S. m.*, Verhoeff in: Arch. Naturg., *v.* 61 I p. 355 | 1903 *S. m.*, Attems in: Zool. Jahrb., Syst. *v.* 18 p. 187 | 1912 *Brachyschendyla m.*, Brölemann & Ribaut in: N. Arch. Mus. Paris, ser. 5 *v.* 4 p. 164 (Fig. 76, 77).

Länge bis 27 mm. ♂ mit 43—47 Beinpaaren. Kopfschild merklich länger als breit (4,2 : 2,6). Basalschild trapezförmig, hinten bis an die Körperseiten reichend. Labrum (Fig. 76) mit etwa 10 Zähnen. 6 Zähne des Mandibelzahnblattes in einem Block. 1. Maxille ohne Außentaster auf dem Syncoxit, mit kurzen und breiten Außentastern auf dem Telopodit. Kralle der 2. Maxille (Fig. 77) mit einem Seitendorn auf der Mitte der Ventralkante. Die geschlossenen Kieferfüße überragen ein wenig den Stirnrand. Vorderrand der Hüften mit Mediankerbe, Präfemur mit Innenzähnchen, meist auch die anderen Telopoditglieder inkl. Tarsus. Die Borsten des Rumpfes recht stark und lang (viel stärker als bei der oft an denselben Orten lebenden *Schendyla* (*S.*) *nemorensis*). Sternit des Endbeinsegments trapezisch, länger als breit. Endbeine des ♀ schlank, des ♂ nur wenig verdickt, aber viel dichter beborstet, das 2. Tarsalglied nicht kürzer und dünner als die übrigen Glieder, bei den ostalpinen Tieren ohne oder mit nur ganz undeutlichem kleinem Prätarsus-Kegel, bei den französischen Tieren mit einem manchmal ziemlich großen beborsteten Kegel. Ventralporen fehlen.

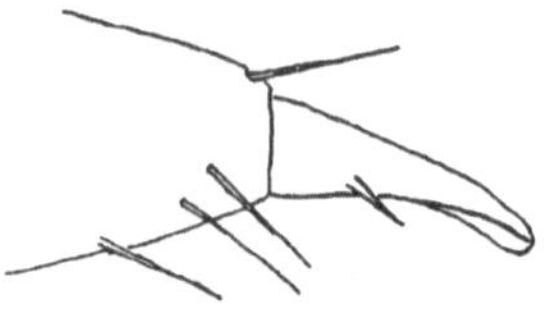

Fig. 77.
Brachyschendyla montana (Att.)
Klaue der 2. Maxille.

Österreich (Steiermark, Niederösterreich, Kärnten, Tirol), Kroatien, Bosnien, Italien, Sizilien, Frankreich, Tunis.

2. **B. monoeci** (Bröl.) 1904 *Schendyla montana monoeci*, Brölemann in: Bull. Mus. Monaco, nr. 15 p. 7 | 1912 *Brachyschendyla (Schizoschendyla) monoeci*, Brölemann & Ribaut in: N. Arch. Mus. Paris, ser. 5 *v.* 4 p. 162.

♂ Länge 17,5 mm. 51—57 Beinpaare. Kopfschild etwas länger als breit (4 : 3,5). Mittelbucht des Labrum mit 3—14 Tuberkelzähnen, außerdem jederseits ein spitzerer Zahn. 5—8 Zähne des Mandibelzahnblattes in 2 Blöcke geteilt (3,2—3,4—3,5—2,4). 1. Maxille mit 2 Paar abgerundeten Außentastern. Kralle der 2. Maxille mit 1—2 Borsten auf der Ventralkante. Präfemur und Tarsus der Kieferfüße mit einem Zähnchen. Ungulum innen glatt. Ventralporen fehlen ganz. Sternit des Endbeinsegments nach hinten nur wenig verschmälert. 2. Tarsus der Endbeine des ♀ ebenso lang wie der 1. Tarsus ohne oder mit einem kleinen borstentragenden Kegel.

Monako, französisches Litorale, Rumänien.

3. **B. apenninorum** Bröl. & Rib. 1911 *B. a.*, Brölemann & Ribaut in: Bull. Soc. ent. France, p. 222 | 1912 *B. (Schizoschendyla) a.*, Brölemann & Ribaut in: N. Arch. Mus. Paris, ser. 5 *v.* 4 p. 161.

Länge bis 24 mm. 43 (♂)—45 (♀) Beinpaare. Kopfschild etwas länger als breit (0,94 : 0,89). Labrum mit etwa 15 Zähnen, die mittleren tuberkelförmig, die seitlichen lang und spitz. Zahnblatt der Mandibel in 4 bis 5 Blöcke zerteilt, mit etwa 10 Zähnen. Der Stamm der Mandibel bildet einen spitzen Vorsprung, der das Ende des letzten Zahnes erreicht. 1. Maxille mit 2 Paar gut entwickelter, dreieckiger Außentaster. Kralle der 2. Maxille mit 1—2 Borsten an der Basis der Ventralkante.

Die geschlossenen Kieferfüße erreichen den Stirnrand, Tarsus mit einem rudimentären Zähnchen, Ungulum im mittleren Drittel gekerbt, Präfemur mit Tuberkelvorsprung. Sternite mit 4 langen Marginalborsten, im übrigen kurz beborstet. Sternit 4—9 oder 10 mit rudimentärem Porenfeld von 1—7 Poren. Sternit des Endbeinsegments breiter als lang, sein Hinterrand gerade. 2. Tarsus $^{1}/_{2}$—$^{2}/_{3}$ so lang und halb so dick wie der 1. Tarsus, mit einem undeutlich abgegrenzten, eine Borste tragenden Tuberkel (Prätarsus).

Italien: Borgotaro, Emilia.

4. **B. monodi** Bröl. 1924 *B. m.*, Brölemann in: Bull. Soc. Toulouse, *v.* 52 p. 18.

Länge 21,5 mm. Breite 0,7 mm. 41 Beinpaare. Kopfschild etwas länger als breit. Mittelbucht des Labrum mit 8 Tuberkelzähnen; jederseits 1—2 Dornen. Zahnblatt der Mandibel mit 5—6 Zähnen, in 2 Blöcken geteilt. Dorsalecke des Stammes nicht oder kaum vorspringend. Außentaster der 1. Maxille gut entwickelt. Kralle der 2. Maxille ohne Borsten. Tarsus der Kieferfüße ohne deutlichen Zahn, Ungulum innen glatt. Ventralporen fehlen ganz. Sternit des Endbeinsegments trapezisch, breiter als lang. 2. Tarsus ungefähr $^{2}/_{3}$ so lang wie der 1. Tarsus, ohne Prätarsus.

Bretagne, Ufer der Penzé, Finisterre.

5. **B. armata** (Bröl.) 1901 *Schendyla a.*, Brölemann in: Feuille Natural., ser. 4 *v.* 31 p. 261 | 1912 *Brachyschendyla (Microschendyla) a.*, Brölemann & Ribaut in: N. Arch. Mus. Paris, ser. 5 *v.* 4 p. 165 (Fig. 78).

37 Beinpaare. Mittelbucht des Labrum mit etwa 10 Tuberkelzähnen. Zahnblatt der Mandibel ungeteilt mit 6 Zähnen; der Stamm springt neben dem Zahnblatt nicht vor. Außentaster der 1. Maxille schwach. Kralle der 2. Maxille ohne Borsten. Präfemur der Kieferfüße mit einem sehr langen spitzen, hart dornartigen Zahn, dessen Spitze die Tibia etwas überragt. Ungulum innen gekerbt. Vorderrand der Hüften mit 2 Zähnchen. Die geschlossenen Kieferfüße überragen weit den Stirnrand. Sternite mit 4 Reihen von je 4 Borsten. Ventralporen fehlen ganz. Sternit des Endbeinsegments halb so lang wie an der Basis breit. 2. Tarsus der Endbeine wenigstens so lang wie der 1. Tarsus.

Fig. 78.
Brachyschendyla armata (Bröl.) 2. Maxille.

Litorale von Cannes bis Menton; Alpes maritimes, Monako.

6. **B. dentata** Bröl. & Rib. 1911 *B. d.*, Brölemann & Ribaut in: Bull. Soc. ent. France, p. 222 | 1912 *B. (Microschendyla) d.*, Brölemann & Ribaut in: N. Arch. Mus. Paris, ser. 5 *v.* 4 p. 166.

Länge 12 mm. Breite 0,46 mm. 39 Beinpaare (♀). Kopfschild länger als breit. Labrum mit 5 medianen abgerundeten Tuberkelzähnen, an die sich jederseits 3—5 spitze hakige Zähne anschließen. Zahnblatt der Mandibel ungeteilt, mit 4—6 Zähnen (auf demselben Individuum beiderseits verschieden). Stamm der Mandibel nicht vorspringend. 1. Maxille nur auf dem Telopodit mit Außentastern. Kralle der 2. Maxille ohne Borsten. Die Kieferfüße erreichen nicht den Stirnrand, Tarsus mit sehr starkem spitzem Zahn; Ungulum innen glatt; Präfemur mit langem Zahn, Vorderrand der Hüften mit 2 schwachen abgerundeten Vorsprüngen. Ventralporen fehlen. Sternite glatt, nur eine schmale hintere Zone weitmaschig gefeldert. Die 4 Marginalborsten vom 1. Sternit an gut entwickelt. Sternit des Endbeinsegments viel breiter als lang (1,7 : 1). Präfemur der Endbeine nur so lang wie der Trochanter; 2. Tarsus $^1/_7$ so lang wie der 1. Tarsus; an Stelle des Prätarsus ein undeutlich abgesetzter sehr abgeplatteter eine Borste tragender Tuberkel.

Frankreich: St. Béat, Haute Garonne.

3. Gen. **Hydroschendyla** Bröl. & Rib.

1911 *H.*, Brölemann & Ribaut in: Bull. Soc. ent. France, p. 193 | 1912 *H.*, Brölemann & Ribaut in: N. Arch. Mus. Paris, ser. 5 *v.* 4 p. 137.

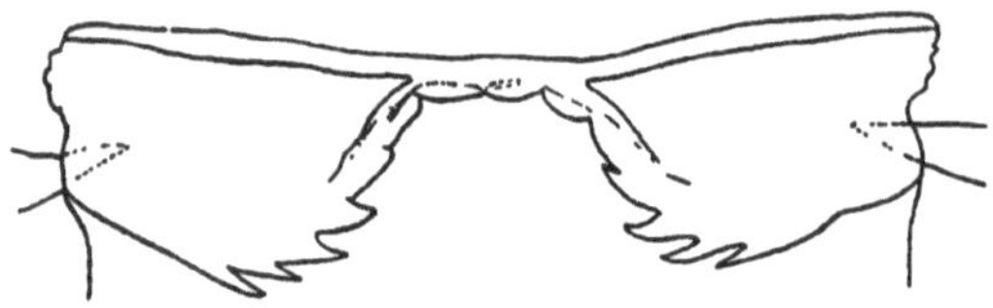

Fig. 79. **Hydroschendyla submarina** (Grube). Labrum.

Die mittleren Zähne des Labrum (Fig. 79) sehr kurz, breit und stumpf, nur die seitlichen spitz. Mandibelzahnblatt in 2—3 Blöcke zerteilt. 1. Maxille mit 2 Paar kurzer breiter Außentaster. Klaue der 2. Maxille gut entwickelt, auf beiden Kanten, seltener nur auf der ventralen Kante mit einigen Borsten besetzt (Fig. 80). Pleurit nicht über die Drüsenmündung hinausreichend. Kein Ventralporenfeld, nur im ersten Körperdrittel einige zerstreute Poren. Endbeinhüfte mit 2 + 2 homogenen Drüsen, Tarsus zweigliedrig, Prätarsus ein kleiner konischer Tuberkel mit oder ohne eine Borste.

Fig. 80. **Hydroschendyla submarina** (Grube). Klaue der 2. Maxille.

Küsten Englands, Frankreichs, Dänemarks, Schwedens und ? Italiens (Portici), Bermuda.

1 Art.

1. **H. submarina** (Grube) 1872 *Geophilus (Schendyla) submarinus*, Grube in Abh. Schles. Ges. (Jahresber. *v.* 49), p. 83, 127—129 t. 1 f. 5; t. 2 f. 1 | 1890 *S. submarina*, Pocock in: Nature, *v.* 41 nr. 1052 | 1890 *S. s.* var. *egregia*, Latzel in: Nature, *v.* 41 nr. 1049 | 1903 *S. s.*, Hennings in: Biol. Centralbl., *v.* 23 p. 721 | ? 1903 *S. s.*, Ant. Berlese, A. M. S., fasc. 97 nr. 5 | 1912 *Hydroschendyla s.*, Brölemann & Ribaut in: N. Arch. Mus. Paris, ser. 5 *v.* 4 p. 137 f. 110—118 | 1920 *H. s.*, Chamberlin in: Ann. ent. Soc. Amer., *v.* 13 p. 278 (Fig. 79, 80).

Länge bis 37 mm. 45 (♂)—53 (♀) Beinpaare. Kopfschild längsoval (1,25 : 1). Labrum mit sehr tiefer und schmaler Einbuchtung, die 2—7 sehr kurze, breite Vorwölbungen trägt, seitlich 3—6 spitze Zähne. Mandibelzahnblatt mit 8—12 Zähnen in 2—3 Blöcken, zu 3, 3, 6—3, 3, 5—3, 2, 6—3, 3, 4 bis 2, 3, 5—2, 4, 4—3, 3, 3—3, 7—4, 4. Klaue der 2. Maxille mit 1—5 Borsten auf der ventralen und 0—4 Borsten auf der dorsalen Kante. Die Kieferfüße erreichen den Stirnrand oder überragen ihn ein wenig. Ungulum mit einigen weitschichtig gestellten kleinen Kerben, die jede ein winziges Börstchen tragen, Tarsus ohne Zahn. Tergite doppelfurchig. Endbeinsegment ohne Präpleurit, Sternit breiter als lang (3 : 2) trapezförmig, beim ♀ gleichmäßig, beim ♂ hinten viel reichlicher beborstet. Endbeine sehr verdickt, bei ♂ und ♀

ungefähr gleich, dicht beborstet, besonders beim ♂, 2. Tarsus $^1/_4$ so lang und $^1/_3$ so breit wie der 1. Tarsus, Prätarsus ein deutlich abgesetzter Kegel, der meist eine Borste trägt. ♂ Gonopoden zweigliedrig, ♀ Gonopoden eingliedrig.

Küsten von England, Irland, Frankreich, Dänemark, Schweden. (Es ist wahrscheinlich, daß die von Portici angegebenen Tiere einer noch unbekannten anderen Art angehören.) Bermuda, unter Steinen in der Brandungszone.

4. Gen. **Haploschendyla** Verh.

1900 *Schendyla* subgen. *H.*, Verhoeff in: Zool. Anz., *v.* 23 p. 485 | 1911 *Haploschendyla*, Brölemann & Ribaut in: Bull. Soc. ent. France, p. 192 | 1912 *H.*, Brölemann & Ribaut in: N. Arch. Mus. Paris, ser. 5 *v.* 4 p. 133.

Die ganze Labralbucht gezähnt. Mandibelzahnblatt in 3 Blöcke zerteilt. 1. Maxille mit Außentastern, Telopodit zweigliedrig. Klaue der 2. Maxille gut entwickelt, auf beiden Kanten mit Borsten besetzt, die sich nicht berühren; die Pleurite reichen nicht über die Drüsenmündung hinaus. Ventralporen vorhanden. Endbeine ohne Coxalporen, Tarsus zweigliedrig, kein Prätarsus. ♂ Gonopoden zweigliedrig.

Algier, Tunis, Madeira, Sizilien, Korfu.

Typus: *H. barbarica* (Mein.).

3 Arten.

Übersicht über die Arten:

1a) Kopfschild grob punktiert. Tergite fein punktiert . . . 1. **H. barbarica**
1b) Kopfschild und Tergite nicht punktiert 2
2a) Kopfschild längsoval, viel länger als breit. Labrum mit etwa 29 Zähnen, die auch die vorgewölbten Seitenteile teilweise besetzen, so daß nur ein kleiner Teil des Labralrandes ungezähnt bleibt . . . . . 2. **H. europaea**
2b) Kopfschild nur wenig länger als breit, fast rechtwinklig. Labrum mit etwa 18 Zähnen, von denen jederseits 4 spitzhakige, die mehr als die Hälfte der vorgewölbten Seitenteile frei lassen . . . . 3. **H. bordei**

1. **H. barbarica** (Mein.) 1870 *Geophilus barbaricus*, Meinert in: Naturh. Tidsskr., ser. 3 *v.* 7 p. 71 | 1896 *Nannophilus b.*, Silvestri in: Natural. Sicil, n. ser. *v.* 1 p. 153 | 1900 *Schendyla (Haploschendyla) barbarica*, Verhoeff in: Zool. Anz., *v.* 23 p. 485 | 1912 *H. b.*, Brölemann & Ribaut in: N. Arch. Mus. Paris, ser. 5 *v.* 4 p. 135.

Ockergelb, Kopf braun. Länge bis 40 mm. Breite 1,2 mm. 47 (♂) bis 51 (♀) Beinpaare. Kopfschild länger als breit, mit groben, fast gereihten Punkten. Die geschlossenen Kieferfüße überragen ein wenig den Stirnrand; am Vorderrand der Hüften und am Tarsus ohne Zähne. Tergite deutlich zweifurchig, fein punktiert. Sternite fast nackt; die Ventralporenfelder sind bis zum 20. Sternit einheitlich, vom 21. an teilen sie sich in 2 immer kleiner werdende Felder. Vordere Sternite außerdem mit einem Mediangrübchen. Endbeinsternit nach hinten verschmälert.

Algier, Tunis, Madeira, Sizilien.

2. **H. europaea** (Att.) 1903 *Pectiniunguis europaeus*, Attems in: Zool. Jahrb., Syst. *v.* 18 p. 191 t. 13 f. 15—17 | 1912 *Haploschendyla europaea*, Brölemann & Ribaut in: N. Arch. Mus. Paris, ser. 5 *v.* 4 p. 135 (Fig. 81).

Braungelb, Kopf kastanienbraun. Länge bis 65 mm. 53—57 Beinpaare (♂). Kopfschild viel länger als breit, fast längsoval, ohne besondere

Punktierung. Zahnblatt der Mandibel in 3 Blöcke zu je 3 Zähnen geteilt. 1. Maxille mit 2 Paar Außentastern. Telopodit zweigliedrig. Vorderrand der Kieferfußhüften mit tiefer Mittelkerbe, Präfemur mit einem kleinen Zahn, die übrigen Glieder ungezähnt; die geschlossenen Kieferfüße überragen ein wenig den Stirnrand, Ungulum glatt. Labrum tief, fast winkelig eingebuchtet, mit etwa 29 Zähnen, von denen die mittleren stumpf sind; nach und nach werden sie spitzer; die seitlichen 10 jeder Seite sind fadenförmig ausgezogen. Tergite

Fig. 81. **Haploschendyla europaea** (Att.) Labrum.

doppelfurchig, unbeborstet. 2. bis etwa 25. Sternit mit einem querovalen Porenfeld vor dem Hinterrand, die folgenden Sternite ohne Porenfeld, in der Mitte ein seichtes Längsgrübchen. Vordere Sternite ungefähr quadratisch, hintere bedeutend länger als breit. Endbeinsternit sehr breit, nach hinten etwas verengt, aber der gerade Hinterrand ist immer noch viel breiter als das vorangehende Sternit. Endbeine des ♂ mäßig verdickt, dicht und kurz beborstet. Keine Terminalporen.

Korfu.

8. **H. bordei** Bröl. & Rib. 1911 *H. b.*, Brölemann & Ribaut in: Bull. Soc. ent. France, p. 221 | 1912 *H. b.*, Brölemann & Ribaut in: N. Arch. Mus. Paris, ser. 5 *v.* 4 p. 135 f. 100—109 (Fig. 82).

Länge ♀ juv. 12,5 mm. Breite 0,5 mm. 51 Beinpaare. Kopfschild etwas länger als breit (7 : 6) einen großen Teil der Kieferfüße bedeckend, mäßig beborstet. Mittelbucht des Labrum mit 10 Tuberkelzähnen, jederseits von diesen 4 kleine Hakenzähne. Zahnblatt der Mandibel mit 3 × 3 × 3 Zähnen. Außentaster der 1. Maxille gut entwickelt. Die Borstenzähne an der Klaue der 2. Maxille berühren sich auch an der Basis nicht und sind auf der Hälfte

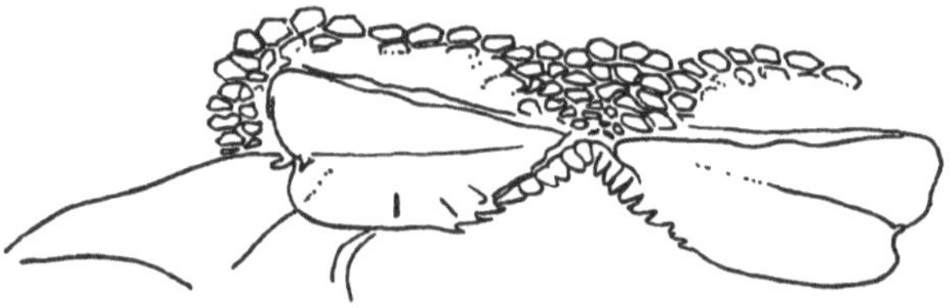

Fig. 82 **Haploschendyla bordei** Bröl. & Rib. Labrum.

der ganzen Klaue vorhanden. Tarsus der Kieferfüße ohne Zahn, Ungulum glatt. Tergite doppelfurchig, ohne deutliche Punktierung, spärlich beborstet. Sternite ohne Punktierung, die vorderen mit einem Mediangrübchen, das weiter hinten zu einer schwachen, unvollständigen Furche wird. 2.—18. Sternit mit querovalem Porenfeld. Borsten der Sternite lang, besonders hinten. Endbeinsegment ohne Präpleurite; Sternit kurz und breit, an der Basis mehr als 2 mal so breit wie lang, trapezisch, Hinterrand gerade.

Aberkan, Kabylie.

5. Gen. **Nesonyx** Chamb.

1923 *N.*, Chamberlin in: P. Calif. Ac., ser. 4 *v.* 12 p. 397.

Mittelbucht des Labrum gezähnt, ebenso die Seitenteile. Klaue der 2. Maxille auf beiden Kanten gekämmt. Tergite doppelfurchig. Vordere Sternite mit Ventralporen. Endbeinhüfte ohne Drüsen; eine normale Kralle (Prätarsus) vorhanden; (Tarsus vermutlich zweigliedrig; keine diesbezügliche Angabe).

Georges Island.

1 Art.

1. **N. flagellans** Chamb. 1923 *N. f.*, Chamberlin in: P. Calif. Ac., ser. 4 *v.* 12 p. 397 f. 21, 22.

Länge 26 mm. 55 Beinpaare (♂ und ♀). Kopf nur wenig länger als breit, vor der Mitte am breitesten. Die etwa 15 Zähne der Mittelbucht des Labrum lang und schlank-konisch, seitlich spitzer werdend; jederseits davon 4—5 spitze gebogene Zähne. Zahnblatt der Mandibel in 3 Blöcke geteilt, 3, 3, 3 (2). 1. Maxille mit langen schlanken mehr oder weniger dorsal gelegenen Außentastern. Kieferfußhüften ohne Chitinlinien; alle Glieder ungezähnt; die schlanken Ungula erreichen den Stirnrand nicht. Vordere Sternite mit einem kleinen, runden, eingedrückten Feld von wenigen Poren. Endbeinsternit sehr breit nach hinten stark verschmälert, am Hinterrand fein und kurz beborstet. Endbeine des ♂ mäßig verdickt, ventral dicht, fein und kurz beborstet, die des ♀ schlank und nur auf den proximalen Gliedern beborstet.

Georges Island, Kalifornien.

6. Gen. **Nannophilus** Cook

1893 *Pectiniunguis* subgen. *Nannopus*, Bollman in: Bull. U. S. Mus., *v.* 46 p. 167 | 1895 *Nannophilus*, Cook in: P. U. S. Mus., *v.* 18 p. 73 | 1903 *N.*, Attems in: Zool. Jahrb., Syst. *v.* 18 p. 194 | 1911 *N.*, Brölemann & Ribaut in: Bull. Soc. ent. France, p. 192 | 1912 *N.*, Brölemann & Ribaut in: N. Arch. Mus. Paris, ser. 5 *v.* 4 p. 128.

Labrum eingebuchtet, kräftig gezähnt, die Basis der Zähne abgegrenzt. Zahnblatt der Mandibel (Fig. 7) in Blöcke zerklüftet. Klaue der 2. Maxille gut entwickelt, auf beiden Kanten dicht gekämmt; die Pleurite mit dem Coxosternum verschmolzen, medialwärts nicht über die Drüsenmündung hinausragend. Ventralporen vorhanden. Endbeinhüften mit 2 homogenen Drüsen; Tarsus eingliedrig, ohne Prätarsus. Bei einer Art ist das Endbeintelopodit des ♂ viergliedrig, das des ♀ sechsgliedrig; das des ♀ hat also einen zweigliedrigen Tarsus.

Mediterranregion.

Typus: *N. eximius* (Mein.)

3 sichere und 5 unsichere Arten.

Übersicht über die Arten:

1a) ♂ mit viergliedrigem, ♀ mit sechsgliedrigem Endbeintelopodit; Körper mit reichlichem schwarzem Pigment . . . . 3. **N. melanostictus**

1b) Endbeintelopodit bei ♂ und ♀ sechsgliedrig. Körper ohne viel schwarzes Pigment 2

2a) 65—67 Beinpaare. Die Kieferfüße überragen den Stirnrand 2. Sternit mit einigen wenigen Ventralporen, die folgenden Sternite mit geschlossenem Porenfeld. 1. Maxille ohne Außentaster . . . . 1. **N. eximius**

2b) 55—57 Beinpaare. Die Kieferfüße erreichen den Stirnrand nicht. 2. Sternit ohne Ventralporen. 1. Maxille mit Außentastern . . . . . 2. **N. ariadnae**

1. **N. eximius** (Mein.) 1870 *Schendyla eximia*, Meinert in: Naturh. Tidsskr., ser. 3 *v.* 7 p. 57 | 1911 *Nannophilus eximius*, Attems in: Arch. Naturg., *v.* 77 Suppl. 2 p. 109 (Fig. 7, 83).

Gelb, Kopf braun. Länge bis 50 mm. 63—77 Beinpaare. Kopfschild so breit wie lang, ohne Stirnfurche, spärlich beborstet. Die Kieferfüße reichen geschlossen fast bis zum Stirnrand, ohne Zahnbildungen; Ungulum glatt. 1. Maxille ohne Außentaster. Pleurite und Syncoxit der 2. Maxille (Fig. 83) verwachsen; die beide verbindende Zone aus hellerem, weißem, und kleiner gefeldertem Chitin bestehend, Pleurite nicht über die Drüsenöffnung hinausreichend. Mandibelzahnblatt in 3 Blöcke zerteilt, 3, 3, 3 Zähne. Tergite doppelfurchig. 1. Sternit ohne Poren. 2. Sternit mit einigen wenigen undeutlichen Poren. 3.—22. mit rundem oder schwach querovalem Porenfeld in der Mitte. Die vorderen Sternite sind etwas breiter als lang, die hinteren viel länger als breit, der Übergang ein allmählicher. Endbeinsternit sehr groß, vorn weitschichtig und lang beborstet, hinten sehr dicht und kurz beborstet. Hüfte der Endbeine mit 2 Poren. Ventral reichlich beborstet; Trochanter und Präfemur ventral etwas weniger dicht beborstet, beide fast miteinander verwachsen. Tarsus eingliedrig, ohne Prätarsus. Im Innern der Telopoditglieder, besonders des Tarsus, dichtgedrängte Drüsen.

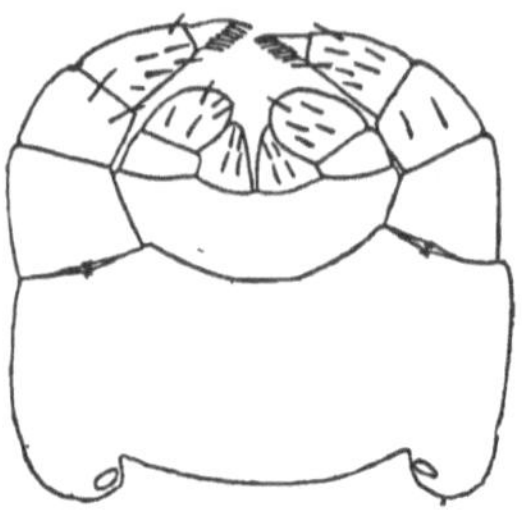

Fig. 83.
Nannophilus eximius (Mein.)
Beide Maxillenpaare.

Algier, Tunis, Madeira, Kanaren.

2. **N. ariadnae** Att. 1902 *N. a.*, Attems in: SB. Ak. Wien, *v.* 111 I p. 578 | 1912 *N. a.*, Brölemann & Ribaut in: N. Arch. Mus. Paris, ser. 5 *v.* 4 p. 180 (Fig. 84).

Blaßgelb. 57 Beinpaare. Kopfschild etwas länger als breit. Die ersten 6 Antennenglieder sehr spärlich, die folgenden reichlicher beborstet, die Borsten groß, kleine Börstchen fehlen diesen Gliedern. Labrum mit etwa 20 Zähnen, die lateralwärts allmählich spitzer werden. Zahnblatt der Mandibel in 3 Blöcke zerklüftet, 2, 2, 3 Zähne. 1. Maxille mit ganz rudimentären Außentastern auf dem Syncoxit und abgerundeten Außentastern auf dem zweigliedrigen Telopodit. Die Kieferfüße erreichen nicht den Stirnrand; Tarsus ohne Zahn, Ungulum glatt. Sternite länger als breit; 2.—9. mit einer kleinen schmalen Grube am Vorderrand. Prästernite vom 16. oder 17. Segment an ungeteilt. Sternite 3—16 oder 17 mit kreisrundem Porenfeld in der Mitte oder etwas davor. Endbeinsegment mit Präpleuriten. Sternit breiter als lang (1,6—1,8 : 1), nach hinten nur wenig verschmälert, Hinterrand gerade oder seicht eingebuchtet, hinten dicht beborstet. Endbeine des ♂ nur wenig verdickt, in beiden Geschlechtern ist das Telopodit fünfgliedrig ohne Prätarsus. ♂ Gonopoden eingliedrig.

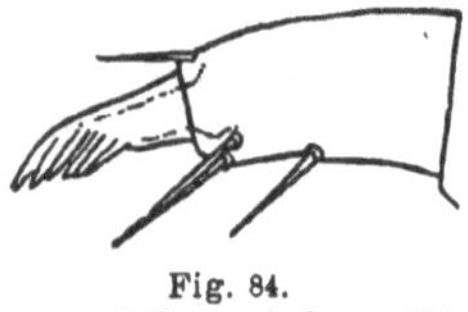

Fig. 84.
Nannophilus ariadnae Att.
Klaue der 2. Maxille.

Kreta, Algier.

3. **N. melanostictus** (Att.) 1911 *Pectiniunguis m.*, Attems in: Arch. Naturg., *v.* 77 Suppl. 2 p. 109 (Fig. 85—87).

Gelb mit schwarzer Zeichnung (Fig. 85), schwarzen Hautdrüsen in Gruppen auf den Seitenrändern der Tergite, auf den Pleuren und auf den Sterniten, und zwar auf den vorderen Sterniten 2 Gruppen in der Mediane hintereinander, auf den hinteren Sterniten eine Gruppe hinten. Außerdem schimmert das corpus adiposum schwarz durch, ein Strang auf jeder Seite

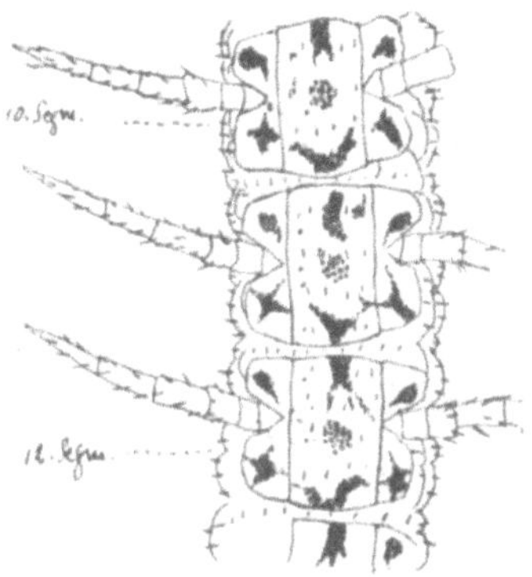

Fig. 85.
Nannophilus melanostictus (Att.), ♀
10.—12. Segment.

Fig. 86.
Nannophilus melanostictus (Att.), ♂

des Rückengefäßes. Kopf, Basalschild und Analsegment bleiben frei von schwarzem Pigment. Länge 37 mm. Breite 1 mm; 63—67 Beinpaare. Kopfschild etwas länger als breit, ohne Stirnfurche. Labrum mit 14 Zähnchen in der Bucht. Zahnblatt der Mandibel in 3 Blöcke geteilt, 3, 3, 3 Zähne. 1. Maxille mit 2 Paar kleinen, eng an die Unterseite angedrückten Außentastern. Die geschlossenen Kieferfüße erreichen den Stirnrand bei weitem nicht, ohne Zahnbildungen, Ungulum glatt. Alle Sternite viel länger als breit, die vorderen nicht ganz, die hinteren mehr als 2mal so lang wie breit, jedes mit 4 Querreihen von 4—5 kurzen Borsten. Ventralporenfelder vom 1. Sternit bis in die Nähe des Analendes reichend; das Feld der vorderen Segmente rund oder kurz queroval und in der Mitte des Sternits gelegen, auf den hinteren Segmenten näher zum Hinterrand. Endbeinsternit breit, trapezisch. Endbeinhüfte mit 2 Poren unter dem Sternit, Telopodit beim ♂ viergliedrig (Fig. 86), beim ♀ sechsgliedrig (Fig. 87). Endglied bei ♂ und ♀ sehr klein, ohne Prätarsus. ♂ Gonopoden zweigliedrig.

Fig. 87. **Nannophilus melanostictus** (Att.), ♀

Insel Gomera, Kanaren.

Zweifelhafte Arten:

N. (?) **bolivianus** Silv. 1897 *N. b.*, Silvestri in: Boll. Mus. Torino, *v.* 12 nr. 283 p. 2.

46 (sic!) Beinpaare. Endbeinhüften ohne Poren (gehört also nicht in diese Gattung). 1.—17. Sternit mit tiefer vorderer Furche und hinterem rundem Porenfeld, die übrigen Sternite mit durchgehender Medianfurche und einem runden Porenfeld jederseits hinten.

Bolivia: Caiza.

N. (?) **borellii** (Silv.) 1895 *Geophilus b.*, Silvestri in: Boll. Mus. Torino, *v.* 10 nr. 203 p. 2 | 1897 *Nannophilus b.*, Silvestri in: Boll. Mus. Torino, *v.* 12 nr. 283 p. 3.

47—56 (sic!) Beinpaare. Endbeinhüfte ohne Poren. Vordere Sternite mit einer kleinen, vorderen, fast kreisrunden, die mittleren mit einer langen tiefen Grube (Porenfeld?).

Paraguay: Rio Apa.

N. brasilianus Silv. 1897 *N. b.*, Silvestri in: Ann. Soc. ent. Belgique, *v.* 41 p. 346.

45 Beinpaare. Länge 30 mm. Die Sternite bis zum 15. mit knapp hinter der Mitte gelegenem kreisrundem Porenfeld, die anderen Sternite mit wenigen zerstreuten Poren. Endbeinhüfte mit 2 Poren.

Brasilien.

N. longitarsis (Silv.) 1895 *Geophilus l.*, Silvestri in: Boll. Mus. Torino, *v.* 10 nr. 203 p. 3 | 1897 *Nannophilus l.*, Silvestri in: Boll. Mus. Torino, *v.* 12 nr. 283 p. 3.

67 Beinpaare. Länge 45 mm. Vordere Sternite mit tiefer vorderer Grube, die hinteren mit langer Mediangrube. Endbeinhüfte mit 2 sehr großen Poren.

Zentral-Paraguay.

N. paraguayensis (Silv.) 1895 *Geophilus p.*, Silvestri in: Ann. Mus. Genova, *v.* 34 p. 768 | 1897 *Nannophilus p.*, Silvestri in: Boll. Mus. Torino, *v.* 12 nr. 283 p. 3.

41 (♀)—51 (♂) Beinpaare. Länge 20 mm. Sternite mit tiefer Medianfurche. Endbeinhüfte ohne Poren.

Paraguay: Rio Apa.

7. Gen. **Nannopodellus** Chamb.

1924 *N.*, Chamberlin in: Zool. N. York, *v.* 5 p. 140.

Labralbucht gezähnt (?), die Seiten mit schlankeren Zähnen. Zahnblatt der Mandibel in 3 Blöcke geteilt. Klaue der 2. Maxille auf beiden Kanten gekämmt (Fig. 88). Ungulum der Kieferfüße in der Mitte sägezähnig. Keine Ventralporen. Endbeinhüfte mit 2 homogenen Drüsen, Telopodit fünfgliedrig, ganz ohne Prätarsus. Endbeine des ♂ sehr stark verdickt.

Galapagos Inseln.

1 Art.

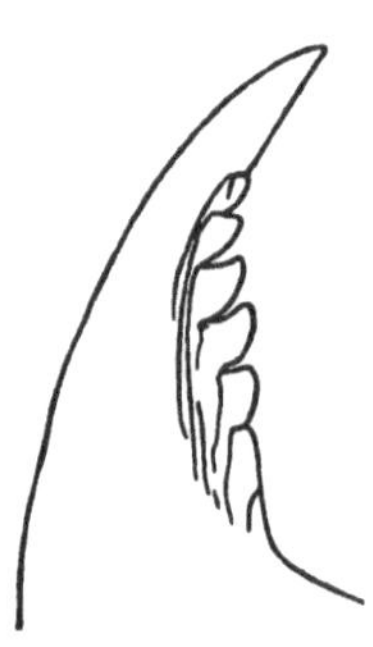

Fig. 88.
Nannopodellus purpurascens Chamb.
Klaue des Kieferfußes.

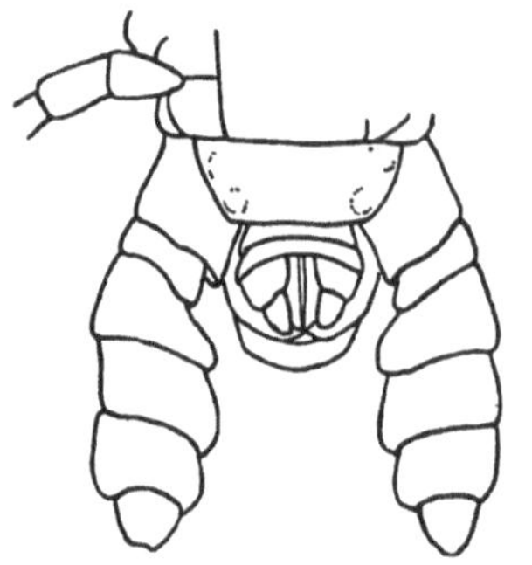

Fig. 89.
Nannopodellus purpurascens Chamb.
Ventralseite.

1. **N. purpurascens** Chamb. 1924 *N. p.*, Chamberlin in: Zool. N. York, *v.* 5 p. 140 t. 6 f. 1—4 (Fig. 88, 89).

Gelb mit zahlreichen purpurroten Flecken oben seitlich und unten, die sich mehr oder weniger zu Längsbinden vereinigen. Länge 16 mm. 53 Beinpaare (♂). Kopfschild länger als breit (8:7), in der Mitte am breitesten, vorn stumpfwinklig. Antennen 1,8 mal so lang wie der Kopf. Basalschild sehr kurz. Kieferfüße ohne Zahnbildungen, die Hüften ohne Chitinlinien; die in der Mitte sägezähnigen Ungula erreichen den Stirnrand nicht. Endbeinsternit sehr breit, bedeckt die Hüftporen (Fig. 89).

South Seymour, Galapagos Inseln.

8. Gen. **Schendylurus** Silv.

1907 *S.*, Silvestri in: Mt. Mus. Hamburg, *v.* 24 p. 245 | 1911 *S.*, Brölemann & Ribaut in: Bull. Soc. ent. France, p. 192 | 1912 *S.*, Brölemann & Ribaut in: N. Arch. Mus. Paris, ser. 5 *v.* 4 p. 113 | 1914 *S.*, Chamberlin in: Bull. Mus. Harvard, *v.* 58 p. 196 | 1928 *S.*, Attems in: Ann. S. Afr. Mus., *v.* 26 p. 132.

Labrum eingebuchtet, kräftig gezähnt, die Basis der Zähne abgegrenzt. Zahnblatt der Mandibel mehr oder weniger deutlich in Blöcke zerklüftet. Klaue der 2. Maxille gut ausgebildet, auf beiden Kanten gekämmt; Pleurite nicht mit dem Coxosternum lateral von der Drüsenöffnung verschmolzen,

Fig. 90. **Schendylurus polypus** Att. Labrum.

können medial von der Drüsenöffnung bis zum Mittelteil der Coxosternumbasis reichen. Ventralporen vorhanden. Endbeinhüfte mit 2 homogenen Drüsen; Tarsus zweigliedrig; Prätarsus fehlt oder ist nur durch einen kleinen, undeutlich vom 2. Tarsus abgesetzten Kegel vertreten.

Nordafrika, Kapland, Westafrika, Südamerika.

Typus: *S. australis* Silv.

14 sichere und 2 unsichere Arten.

Übersicht über die Arten:

1a) Prätarsus der Endbeine in Gestalt eines mehrere Borsten tragenden Kegels vorhanden. Ventralporenfeld rundlich, nur auf der vorderen Körperhälfte: 2

1b) Endbeine ganz ohne Prätarsus 4

2a) Die Pleurite der 2. Maxille reichen medial von der Drüsenöffnung bis an den mittleren Basalrand des Coxosternum. 47—51 Beinpaare (Dahomey): 12. **S. nitidus**

2b) Die Pleurite der 2. Maxille reichen nicht über die Drüsenöffnung hinaus und bleiben vom mittleren Coxosternumrand weit entfernt. 57—69 Beinpaare (Nordafrika) 3

3a) Die seitlichen Labralzähne ebenso lang und ebenso gestaltet wie die mittleren Zähne. Ventralporenfeld bis zum 30. Sternit. Endbeinsegment mit gut entwickeltem Präpleurit . . . . 14. **S. attemsii**

3b) Die seitlichen Labralzähne sind spitz, sehr verschieden von den mittleren. Ventralporenfeld bis zum 2. Sternit. Kein Endbeinpräpleurit: 13. **S. maroccanus**

4a) Ein geschlossenes Ventralporenfeld nur auf den Sterniten der vorderen Körperhälfte. Hintere Sternite ohne Poren oder nur mit zerstreuten Poren 5

4b) Ventralporenfeld auch auf den hinteren Segmenten vorhanden (Südamerika) 7

5a) Ventralporenfeld des 2.—13. Sternits in 3 Haufen geteilt. 41 Beinpaare (Südamerika) . . . . 3. **S. lüderwaldi**

5b) Alle Ventralporenfelder ungeteilt. 53 und mehr Beinpaare (Südafrika): 6

6a) ♀ und ♂ mit 53 Beinpaaren. 1. Maxille ohne Außentaster. 2. Tarsus der Endbeine des ♀ dick konisch, an der Basis so dick wie das Ende des 1. Tarsalgliedes . . . . 1. **S. australis**

6b) 69 (♂)—77 (♀) Beinpaare. 1. Maxille mit 2 Paar Außentastern. 2. Tarsus der Endbeine schlank walzig, an seiner Basis bedeutend schlanker als das Ende des 1. Tarsus . . . . 2. **S. polypus**

7a) 1. Sternit mit Porenfeld 8
7b) 1. Sternit ohne Porenfeld 9
8a) Alle Porenfelder ungeteilt. Clypeus mit einer Querreihe von 4 oder 6 Borsten hinter den Postantennalborsten . . . . 4. **S. labbanus**
8b) 1.—17. Porenfeld ungeteilt. 19.—42. Porenfeld geteilt, vom 43. an sind die Porenfelder wieder ungeteilt. Clypeus mit etwa 20 Borsten hinter den Postantennalborsten . . . . 5. **S. tropicus**
9a) Alle Porenfelder ungeteilt 10
9b) Die Porenfelder gewisser Segmente zweigeteilt 12
10a) Vorletztes Sternit ohne Porenfeld. Sternite ohne Vorsprung am Hinterrand und Grube am Vorderrand. 47 Beinpaare . . . . . 6. **S. lesnei**
10b) Vorletztes Sternit mit Porenfeld*). Einige vordere Sternite mit einem Vorsprung am Hinterrand und einer korrespondierenden Grube am Vorderrande 11
11a) Antennen 3mal so lang wie der Kopfschild. 2. Tarsus der Endbeine länger und schlanker als der 1. Tarsus. Die Kieferfüße erreichen den Stirnrand nicht. 37 Beinpaare . . . . 7. **S. perditus**
11b) Antennen doppelt oder weniger lang als der Kopfschild. 2. Tarsus so lang und dick wie der 1. Tarsus. Die geschlossenen Kieferfüße erreichen den Stirnrand. 47 Beinpaare . . . . 8. **S. bakeri**
12a) Labrum mit etwa 30 Tuberkelzähnen, Clypeus mit etwa 40 zumeist ungeordneten Borsten. 65 Beinpaare . . . . 10. **S. gounellei**
12b) Labrum mit etwa einem Dutzend Tuberkelzähnen. Clypeus mit etwa 25 in Querreihen stehenden Borsten. 51 Beinpaare . . . . 11. **S. verhoeffi**

1. **S. australis** Silv. 1907 *S. a.*, Silvestri in: Mt. Mus. Hamburg, *v.* 24 p. 246 f. 42—49 | 1912 *S. a.*, Brölemann & Ribaut in: N. Arch. Mus. Paris, ser. 5 *v.* 4 p. 122 f. 7, 8.

Ockergelb. Länge 35 mm. Breite 1,3 mm. ♂ und ♀ 53 Beinpaare. Kopfschild etwas länger als breit. Labrum mit etwa 20 Zähnchen, die mittleren kurz und stumpf, die seitlichen zugespitzt; Mittelbogen und Seitenteile des Labrum größtenteils durch einen Spalt getrennt. 1. Maxille ohne Außentaster.

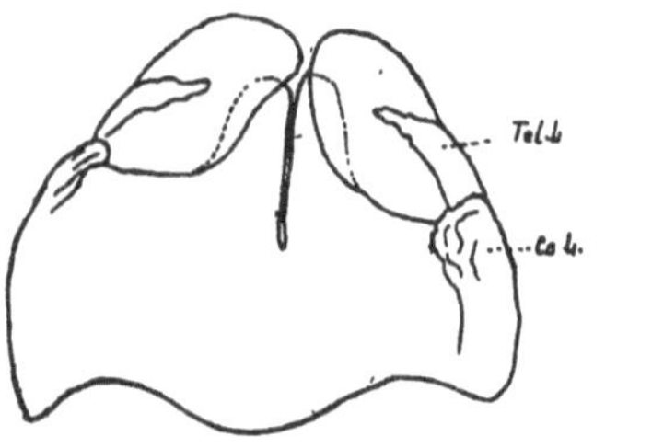

Fig. 91. **Schendylurus polypus** Att. 1. Maxille.

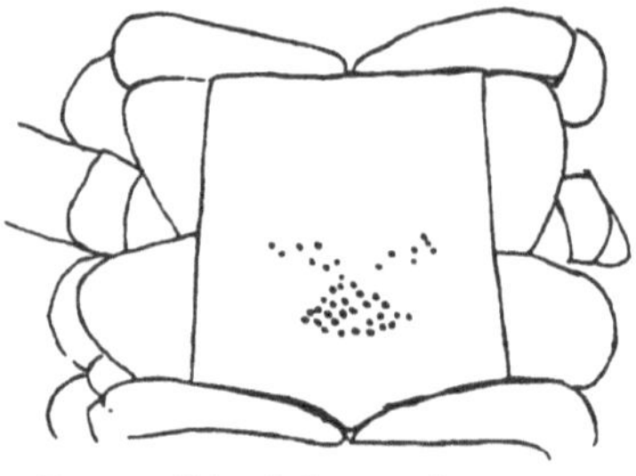

Fig. 92. **Schendylurus polypus** Att. 14. Sternit.

Zahnblatt der Mandibel mit 3, 3, 3 Zähnen. Die Kieferfüße erreichen den Stirnrand bei weitem nicht, ohne Zahnbildungen. 1.—21. Sternit mit dreieckigem Porenfeld, 22.—28. Sternit mit kleinerem Porenfeld, die übrigen mit wenigen zerstreuten Poren. 1.—21. Sternit mit ovalem Mediangrübchen. Endbeinsternit wenig länger als an der Basis breit, nach hinten wenig verschmälert, die 2 Hüftporen bedeckend. Endbeine bei ♂ und ♀ verdickt. Tarsus zweigliedrig, ohne Prätarsus, das 2. Tarsalglied an der Basis so dick wie das Ende des 1. Tarsus.

Port Elizabeth, Kapland.

*) Hierher: 9. *S. colombianus* Chamb.

2. **S. polypus** Att. 1928 *S. p.*, Attems in: Ann. S. Afr. Mus., *v.* 26 p. 184 t. 19 f. 468, 469 textf. 39—45 (Fig. 90—93).

Gelbbraun, schlank, 20 mm lang. 69 (♂)—77 (♀) Beinpaare. Kopfschild länger als breit. Zerstreut beborstet, ohne Stirnfurche. Clypeus mit sehr undeutlicher längsovaler Area, deren Felder nur um ein Geringes kleiner sind als die der Umgebung. Labrum mit 18 Zähnchen, die mittleren kurz, gerade und stumpf, die seitlichen gebogen und spitz (Fig. 90). Labrum und Clypeus ohne Spalten aneinander stoßend. Mandibel mit 8—9 Zähnen, das Zahnblatt sehr undeutlich in 3 Blöcke zerteilt. 1. Maxille mit 2 Paar Außentastern (Fig. 91). Kieferfüße den Stirnrand bei weitem nicht erreichend. Tergite doppelfurchig. Prästernite von der Körpermitte an ungeteilt. 2. bis 23. Sternit mit querelliptischem Porenfeld und zwei schmalen von der Mitte des Vorderrandes dieses Feldes ausgehenden schrägen Querstreifen von Poren (Fig. 92). Endbeinsternit sehr breit, etwa $1^1/_2$ mal so breit wie lang, hinten geradlinig, Tarsus zweigliedrig; 2. Tarsus des ♀ bedeutend schlanker als der 1. Tarsus, ohne Prätarsus (Fig. 93). Die 2 Hüftdrüsen liegen unter dem Sternit.

Fig. 93.
Schendylurus polypus Att.
Endbeintarsus.

Kapland (Triangle, Worcester, Pass at Avontuur, Swellendam).

3. **S. lüderwaldi** Bröl. & Rib. 1911 *S. l.*, Brölemann & Ribaut in: Bull. Soc. ent. France, p. 220 | 1912 *S. l.*, Brölemann & Ribaut in: N. Arch. Mus. Paris, ser. 5 *v.* 4 p. 117 f. 48—52.

Strohgelb, 41 Beinpaare. Kopfschild kaum länger als breit, ohne besondere Punktierung oder Beborstung. Mittelbucht des Labrum mit etwa 15 Tuberkelzähnen, Seitenteile mit 4—5 hakigen Zähnen. Zahnblatt der Mandibel mit 9—10 Zähnen, in 3 Blöcken, 3, 3, 3 oder 3, 3, 4. 1. Maxille mit 2 Paar Außentastern. Pleurite der 2. Maxille nicht mit dem Syncoxit verwachsen. Kieferfüße ohne Zahnbildungen, Ungulum glatt. Tergite doppelfurchig. 1.—13. Sternit mit Porenfeld, das auf dem 1. Sternit aus einem einzigen Porus besteht und auf dem 2.—13. Sternit in 3 geteilt ist. Endbeinsternit breit, trapezisch; Hinterrand konvex mit 2 Borstenreihen. Tarsus der Endbeine 2 gliedrig, an Stelle des Prätarsus eine bedornte Warze.

Campo Itatiaya bei Rio de Janeiro.

4. **S. labbanus** Chamb. 1921 *S. l.*, Chamberlin in: Occas. Papers Mus. Zool. Michigan, nr. 97 p. 22 t. 4 f. 20, 21.

Länge 12 mm. 59 Beinpaare. Kopfschild länger als breit (7:6), vor der Mitte am breitesten. Clypeus mit einer Querreihe von 3 + 3 Borsten hinter dem Paar der Postantennalborsten. Zwischen den Mittelborsten dieser Querreihe eine Area mit kleinerer polygonaler Felderung. Labralbucht tief, mit 13 Tuberkelzähnen, die Seiten mit 5—6 spitzen Zähnen. Zahnblatt der Mandibel in 3 Blöcke geteilt: 3, 3, 4. Coxalfortsatz der 1. Maxille viel dicker als das Telopodit, am Ende breit abgerundet; das Telopodit zugespitzt. Klaue der 2. Maxille gekämmt. Kieferfüße ohne Zahnbildungen. Erstes bis vorletztes Sternit mit kreisrundem ungeteiltem Porenfeld: Endbeinsternit nach hinten verschmälert, der Hinterrand eingebuchtet.

Britisch Guiana: Dunoon.

5. **S. tropicus** Bröl. & Rib. 1911 *S. t*, Brölemann & Ribaut in: Bull. Soc. ent. France, p. 220 | 1912 *S. t.*, Brölemann & Ribaut in: N. Arch. Mus. Paris, ser. 5 *v.* 4 p. 115 f. 40—47.

Länge 16 mm. Breite 0,7 mm. 47 Beinpaare (♀). Kopfschild etwas länger als breit. Keine Clypealarea, Clypeus mit zahlreichen, etwa 20 Borsten in 2 unregelmäßigen Reihen. Mittelbucht des Labrum mit 13—14 Tuberkelzähnen, die Seitenteile mit 5—6 spitzen, weit auseinander gerückten Hakenzähnen. Mandibelzahnblatt mit 10 Zähnen, zu 3, 3, 4. 1. Maxille mit Außentastern. Pleurite der 2. Maxillen nicht mit dem Syncoxit verwachsen. Kieferfüße ohne Zähne, Ungulum glatt. Tergite doppelfurchig. Sternite mit medianer Längsfurche. 1. bis vorletztes Sternit mit Porenfeld. Das Porenfeld des 19.—42. Sternits in der Mediane geteilt. Endbeinsegment mit Präpleuriten; Sternit sehr breit, nach hinten verschmälert; Tarsus zweigliedrig, ohne Prätarsus, Endbeine des ♀ schlank, die Länge der Glieder endwärts zunehmend.

Französisch Guyana, an der Mündung des Makury.

6. **S. lesnei** Bröl. & Rib. 1911 *S. l.*, Brölemann & Ribaut in: Bull. Soc. ent. France, p. 220 | 1912 *S. l.*, Brölemann & Ribaut in: N. Arch. Mus. Paris, ser. 5 *v.* 4 p. 118 f. III, 53—61.

Länge 12,5 mm. Breite 0,5 mm. 47 Beinpaare (♀). Kopfschild kaum etwas länger als breit. Hinter den Postantennalborsten 2 Reihen von Borsten: 3 + 3, 2 + 2, zwischen und hinter den mittleren Borsten der 2. Reihe ist eine Clypealarea vorhanden, der Übergang von den kleinen Maschen der Area zu den größeren Maschen der Umgebung ein allmählicher. Mittelbucht des Labrum mit 11 Tuberkelzähnen. Die Seitenteile mit 3 oder 4 sehr auseinandergerückten spitzen Hakenzähnen. Zahnblatt der Mandibel mit 8 Zähnen zu 3, 3, 2. 1. Maxille mit Außentastern. Kieferfüße ohne Zähne. Ungulum glatt. Tergite doppelfurchig. 2.—45. Sternit mit abgerundet dreieckigem oder fast kreisrundem, ungeteiltem Porenfeld, die Größe des Feldes nimmt bis zum 14. Sternit zu, dann wieder ab. Endbeinsegment ohne Präpleurite. Sternit breit, nach hinten stark verjüngt, bedeckt die 2 + 2 Hüftporen; Tarsus zweigliedrig, der 2. Tarsus sehr langborstig, die Glieder nehmen distalwärts an Länge zu.

Haut Carsévène.

7. **S. perditus** Chamb. 1914 *S. p.*, Chamberlin in: Bull. Mus. Harvard, *v.* 58 p. 198 t. 4 f. 1—4.

37 Beinpaare (♀). Kopfschild etwas länger als breit, ohne Stirnfurche. 8 Labralzähne, die seitlichen kleiner und spitzer als die medianen und medialwärts gekrümmt. 1. Maxille ohne Außentaster. Antennen $3^{1}/_{5}$ mal so lang wie der Kopfschild. Die geschlossenen Kieferfüße erreichen nicht ganz den Stirnrand. Ungulum glatt, alle Glieder ohne Zähne. Vordere Sternite mit einem ziemlich schmalen winkeligen Vorsprung am Hinterrand, der in eine Grube am Vorderrand des folgenden Sternits paßt. Alle Sternite mit kreuzförmigem Eindruck. 2. bis vorletztes Sternit mit ungeteiltem, kreisrundem Porenfeld. Endbeinsternit breit, trapezförmig, der Hinterrand in der Mitte winkelig eingebuchtet, bedeckt den vorderen Hüftporus ganz, den hinteren teilweise. Tarsus zweigliedrig, das 2. Glied länger und viel schlanker als das erste.

Independencia, Parahyba, Brasilien.

8. **S. bakeri** Chamb. 1914 *S. b.*, Chamberlin in: Bull. Mus. Harvard. *v.* 58 p. 196 t. 4 f. 5—8.

Länge 24 mm. 47 Beinpaare ♀. Kopfschild etwas länger als breit, ohne Stirnfurche. Antennen kurz, nicht ganz 2 mal so lang wie der Kopfschild. Die geschlossenen Kieferfüße erreichen den Stirnrand. Alle Glieder ungezähnt. Die ersten 14 oder 15 Sternite am Hinterrand mit winkeligem Vorsprung, der in eine Grube am Vorderrand des folgenden Sternits paßt. 2. bis vorletztes Sternit mit fast kreisrundem Porenfeld. Die meisten Sternite mit kreuzförmigem Eindruck. Endbeinsternit sehr breit, trapezförmig, hinten mäßig verschmälert, der Hinterrand seicht eingebuchtet, bedeckt fast ganz die 2 + 2 Hüftporen; Tarsus zweigliedrig, beide Glieder gleich lang und dick, schlanker als die Tibia. Kein Prätarsus.

Manaos, Amazonas.

9. **S. colombianus** Chamb. 1921 *S. c.*, Chamberlin in: Occas. Papers Mus. Zool. Michigan, nr. 97 p. 20 t. 4 f. 18, 19.

Länge 32 mm. 59 Beinpaare. Kopfschild länger als breit (9 : 8) mit 2 Längsfurchen vom Hinterrand bis ungefähr zur Mitte. Clypeus mit einem Paar Postantennalborsten, einer Querreihe von 3 + 3 Borsten und einem Paar Borsten nahe der Mitte; zwischen letzteren eine Area mit kleinerer polygonaler Felderung. Mittelbucht des Labrum mit 16 kräftigen Zähnchen, die Seiten mit je 4 spitzeren Zähnen. Klaue der 2. Maxille gekämmt. Kieferfüße ohne Zahnbildungen; die Ungula erreichen gerade den Stirnrand. Tergite doppelfurchig. Endbeintergit breiter als lang (5 : 3). Zweites bis vorletztes Sternit mit rundem, ungeteiltem Porenfeld. Endbeinsternit trapezisch, kurz und breit, breiter als lang (5 : 3). Hinterrand gerade. Von den 2 Hüftporen ist der vordere ganz, der hintere größtenteils bedeckt. Präfemur der Endbeine des ♂ dick, von da an nehmen die Glieder an Dicke ab. 2. Tarsus schlank, ohne Prätarsus.

Colombia: Fundacion.

10. **S. gounellei** (Bröl) 1903 *Schendyla g.*, Brölemann in: Ann. Soc. ent. France, *v.* 71 p. 685 t. 7 f. 24, 25 textf. 31, 32 | 1912 *Schendylurus g.*, Brölemann & Ribaut in: N. Arch. Mus. Paris, ser. 5 *v.* 4 p. 119 f. VI, 62—67.

Länge bis 70 mm. 63—65 Beinpaare (♀). Kopfschild so lang wie breit oder etwas breiter. Basalschild hinten schmäler als das folgende Tergit. Keine Clypealarea. Clypeus mit ca. 40 Borsten in unregelmäßigen Querreihen oder ganz ungeordnet. Mittelbucht des Labrum mit etwa 30 Tuberkelzähnen; die Seitenteile mit hakigen, weit auseinandergerückten Zähnen. Mandibelzahnblatt mit 14 Zähnen in 4 Blöcken (3, 2, 2, 7). 1. Maxille mit 2 Paar Außentastern. Die Kieferfüße überragen den Stirnrand, ohne Zähne. Tergite doppelfurchig und fein und schütter punktiert. Sternite mit Ausnahme des ersten und der zwei letzten mit Ventralporenfeld, das vorn ungeteilt ist, sich vom 23. oder 24. Sternit an in 2 Felder teilt, die sich auf dem etwa 59. Sternit wieder vereinigen. Außerdem noch einige Poren in 1—3 unregelmäßigen Querstreifen, die vom Vorderende des Porenfeldes ausgehen. Sternite breiter als lang, mit Mediangrübchen oder -furche, weitschichtig punktiert. Sternit des Endbeinsegments trapezförmig; Präpleurite vorhanden. Tarsus zweigliedrig. Kein Prätarsus. Die 2 + 2 großen Hüftporen teilweise freiliegend.

Sao Paolo und Rio de Janeiro.

11. **S. verhoeffi** Bröl. & Rib. 1911 *S. V.*, Brölemann & Ribaut in: Bull. Soc. ent. France, p. 221 | 1912 *S. v.*, Brölemann & Ribaut in: N. Arch. Mus. Paris, ser. 5 *v.* 4 p. 121 f. 68—78.

Länge 38 mm. Breite 1,5 mm. 51 Beinpaare. Kopfschild kaum länger als breit, Clypeus mit etwa 25 in Reihen stehenden Borsten, ohne Area. Mittelbucht des Labrum mit 12 Tuberkelzähnen, die Seitenteile mit je 4 weit auseinander gerückten spitzen, medialwärts gerichteten Zähnen. Zahnblatt der Mandibel mit 11 Zähnen in 3 Blöcken zu 2, 2, 7. 1. Maxille mit Außentastern. Kieferfüße ohne Zähne, Ungulum glatt. Tergite doppelfurchig. Sternite glatt, mit Medianfurche, die auf den vorderen Segmenten breit grubenartig ist; 2. bis 21. Sternit mit ungeteiltem, dreieckigem Porenfeld, vom 22. Sternit an ist das Feld in zwei geteilt, die letzten 3—4 Felder sind wieder ungeteilt. Endbeinsegment ohne Präpleurite; Sternit breit, vorn $1^1/_2$ mal so breit wie lang, hinten nicht eingebuchtet, dicht und kurz beborstet. Tarsus zweigliedrig, Endbeine des ♀ lang und schlank.

Bas Carsévène.

12. **S. nitidus** Bröl. 1926 *S. n.*, Brölemann in: Arch. Zool. expér., *v.* 65 p. 148 f. 168—171.

Gelb. Länge 15—17 mm. Breite 0,6 mm. 47—51 Beinpaare. Borsten schütter, aber relativ lang. Kopfschild länger als breit (6 : 4). Die Felderung des Clypeus in der Mitte etwas kleinmaschiger, aber ohne ausgesprochene Area. 2 Postantennalborsten und 4 Borsten in einer Reihe. Mittelbucht des Labrum mit stumpfen Zähnen; lateral werden die Zähne allmählich spitzer und hakig, im ganzen etwa 23—30 Zähne. Zahnblatt der Mandibel mit 6—8 Zähnen, die mehr oder weniger deutlich in 2 Blöcke zerfallen. 1. Maxille wie bei *S. maroccanus.* Pleurite der 2. Maxille groß; sie verwachsen medial von der Drüsenöffnung mit dem Mittelteil der Coxosternumbasis, wie bei *Pleuroschendyla.* 1. Telopoditglied an der Basis eingeschnürt. Vorderrand der Kieferfußhüften zwischen 2 stumpfen Läppchen median eingekerbt; die Telopoditglieder ungezähnt, Ungulum glatt. Große querovale Porenfelder vom 2. oder 3. bis 17. oder 19. Sternit. Endbeintergit und -sternit breiter als lang (3 : 2). Endbeinhüfte mit 2 homogenen Drüsen, der eine Porus liegt frei, der andere unter dem Sternitrand; Telopoditglieder lang, langborstig; an Stelle des Prätarsus ein kleiner 2 Borsten tragender, nicht deutlich vom 2. Tarsus abgesetzter Kegel.

Athièmé, Dahomey.

13. **S. maroccanus** (Att.) 1903 *Schendyla maroccana*, Attems in: Zool. Jahrb., Syst. *v.* 18 p. 189 t. 13 f. 19, 20 | 1912 *Schendylurus maroccanus*, Brölemann & Ribaut in: N. Arch. Mus. Paris, ser. 5 *v.* 4 p. 125 f. 1, 77—87.

Braungelb, Kopf rotbraun. Länge bis 60 mm. 61 (♂)—69 (♀) Beinpaare. Kopfschild länger als breit. Eine wenig scharf umgrenzte, polygonal gefelderte Clypealarea vorhanden. Labrum fast rechtwinklig eingebuchtet mit zirka 46 Zähnchen, die mittleren 4—6 stumpf, die seitlichen in lange medianwärts gekrümmte Haken ausgezogen, der Übergang allmählich. Zahnblatt der Mandibel mit 7—12 Zähnen, nur undeutlich in 2—5 Blöcke zerteilt. 1. Maxille mit 2 Paar breiter, runder, fein bestachelter Außentaster, Telopodit zweigliedrig. Pleurit der 2. Maxille zwar mit dem Syncoxit verwachsen, aber beide satt chitingelb, durch eine weiße, feiner gefelderte Zone gegeneinander abgesetzt. Das Pleurit nicht bis zur Drüsenmündung reichend. Die Kieferfüße überragen etwas den Stirnrand, Hüften mit tiefer Mediankerbe und dadurch gebildeten 2 Lappen. Präfemur mit längerem blassem Zahn, die anderen Glieder ohne Zahn. Ungulum glatt. Tergite doppelfurchig. 2.—19. oder 20. Sternit mit rundem Porenfeld vor dem Hinterrand, alle Sternite mit einem Längsgrübchen in der Mitte. Endbeinsegment ohne Präpleurit, Sternit trapezisch, vorn breiter als lang, die 2 Hüftporen liegen unter dem Sternit. Endbeine des ♂ verdickt, nur der zweigliedrige Tarsus schlank. Prätarsus ein kleiner, schwach abgesetzter, mehrere Borsten tragender Kegel.

Tetuan, Andjora, Marokko; Algier.

14. **S. attemsii** (Verh.) 1900 *Schendyla A.*, Verhoeff in: Zool. Anz., *v.* 23 p. 485 | 1912 *Schendylurus A.*, Brölemann & Ribaut in: N. Arch. Mus. Paris, ser. 5 *v.* 4 p. 123.

Länge bis 63 mm. Breite 1,50 mm. 57 (♂♀)—61 (♀) Beinpaare. Kopfschild kaum länger als breit. Eine ziemlich große, gefelderte Clypealarea vorhanden. Labrum mit 6—10 Tuberkelzähnen in der Mitte und 6—10 dreieckigen, spitzen Zähnen jederseits. Außentaster der 1. Maxille breit, kurz abgerundet. Pleurite der 2. Maxille vom Syncoxit getrennt, nicht bis zur Drüsenmündung reichend. Mandibelzahnblatt mit 9—10 Zähnen in 3—4 Blöcken. Präfemur der Kieferfüße mit oder ohne Zahnhöcker, Tarsus ohne Zahn, Ungulum glatt. Tergite doppelfurchig. Die Ventralporenfelder beginnen auf dem 2. und enden auf dem 30. Sternit, die vordersten 2—4 sind kreisrund, die anderen queroval oder nierenförmig. Vordere und mittlere Sternite großpunktiert. Mittlere Sternite mit länglichem Mediangrübchen. Endbeinsegment mit Präpleuriten, Sternit trapezförmig, so lang wie vorn breit; die 2 Hüftporen liegen unter dem Sternit. Endbeine mit 2gliedrigem Tarsus, beim ♂ stark verdickt, das 2. Tarsalglied schlank; Prätarsus konisch mit etwa 6 Borsten (Fig. 94). ♂ Gonopoden zweigliedrig.

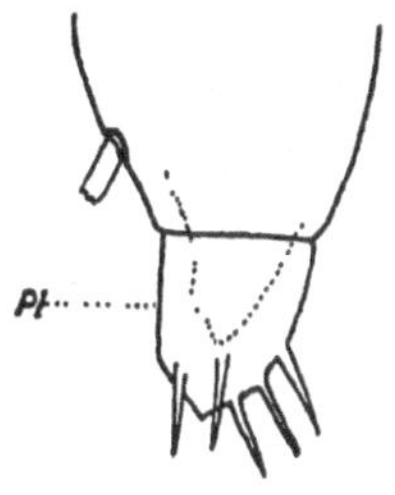

Fig. 94. Schendylurus attemsii (Verh.) *Pt* = Prätarsus des Endbeins.

Saida, Oran; Marokko.

Ungenügend beschriebene Arten:

S. (?) **paulista** (Bröl.) 1904 *Schendyla p.*, Brölemann in: Revista Mus. Paul., *v.* 6 p. 83 | 1912 *Schendylurus? p.*, Brölemann & Ribaut in: N. Arch. Mus. Paris, ser. 5 *v.* 4 p. 158.

Sao Paolo, Poco Grande.

S. integer Chamb. 1926 *S. i.*, Chamberlin in: P. biol. Soc. Washington, *v.* 39 p. 10.

Panama.

9. Gen. **Schendylellus** Chamb.

1920 *S.*, Chamberlin in: Psyche, *v.* 27 p. 65.

Mittelbucht des Labrum mit stark chitinisierten Zähnen, deren Basis abgegrenzt ist. Klaue der 2. Maxille nur ein rudimentäres Spitzchen. Ventralporen auf den meisten Segmenten vorhanden, in einem schmalen fast bis zu den Seiten reichenden Querband. Endbeinhüfte mit 2 homogenen Drüsen, die durch ebenso viele Poren münden.

Guatemala.

1 Art.

1. **S. hodites** Chamb. 1920 *S. h*, Chamberlin in: Psyche, *v.* 27 p. 65.

Länge 7,5 mm. 35 Beinpaare (♂). Kopfschild hinten am breitesten. Mittelbucht des Labrum mit 10 Zähnen. Die geschlossenen Kieferfüße überragen ein wenig den Stirnrand. Tarsus mit einem kleinen Zahn, die anderen Glieder ungezähnt. 1. bis vorletztes Sternit mit Porenfeld, das ein schmales Querband ist, das jederseits bis nahe an die Seiten reicht, in der Höhe der hinteren großen Marginalborsten; 1. und letztes Porenfeld nur aus wenigen Poren bestehend. Endbeinsternit breit, trapezförmig, die Hüftporen liegen unter dem Sternit. Endbeine des ♂ keulig verdickt.

Coban, Guatemala.

10. Gen. **Pectiniunguis** Bollm.

1890 *P.*, Bollman in: P. U. S. Mus., *v.* 12 p. 212 | 1891 *P.*, Cook & Collins in: P. U. S. Mus., *v.* 13 p. 388 | 1903 *P.*, Attems in: Zool. Jahrb., Syst. *v.* 18 p. 190 | 1909 *P.*, Brölemann in: Arch. Zool. expér., ser. 5 *v.* 3 p. 334 | 1911 *Adenoschendyla*, Brölemann & Ribaut in: Bull. Soc. ent. France, p. 192 | 1912 *A.*, Brölemann & Ribaut in: N. Arch. Mus. Paris, ser. 5 *v.* 4 p. 97, 104 | 1914 *A.*, Chamberlin in: Bull. Mus. Harvard, *v.* 58 p. 201 | 1923 *Pectiniunguis*, Chamberlin in: P. Calif. Ac., ser. 4 *v.* 12 p. 391.

Labrum tief eingebuchtet, gezähnt, die Basis der Zähne abgegrenzt (Fig. 95). Zahnblatt der Mandibel in 3(—4) Blöcke zerteilt. 1. Maxille mit 4 Außentastern. Klaue der 2. Maxille gut entwickelt, auf beiden Kanten

Fig 95. **Pectiniunguis geayi** (Bröl & Rib.) Labrum.

gekämmt (Fig. 96); des Pleurit reicht nach innen höchstens bis zur Drüsenmündung, niemals bis zum Hinterrand des Coxosternum; Pleurit und Coxosternum seitlich verschmolzen, Ventralporen auf den meisten Segmenten, bis zum vorletzten Sternit, vorhanden, das Porenfeld ungeteilt oder auf einigen Segmenten

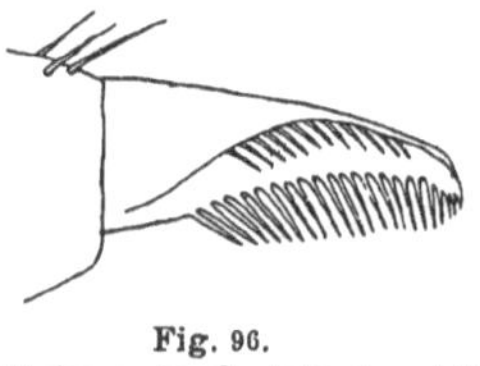

Fig. 96. **Pectiniunguis plusiodontus** Att. 2. Maxille, Kralle.

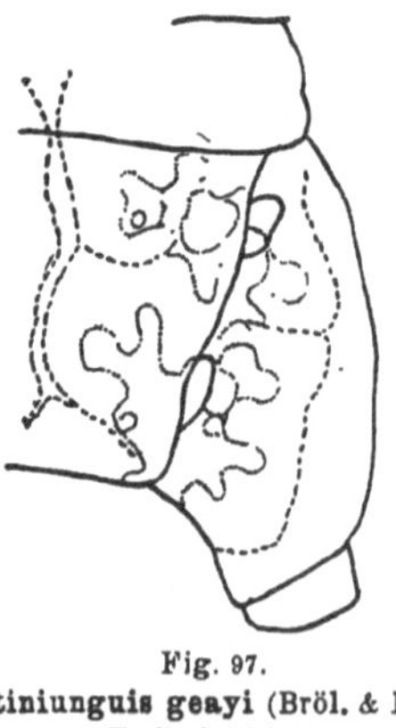

Fig. 97. **Pectiniunguis geayi** (Bröl. & Rib.) Endbeinhüfte.

geteilt. Endbeinhüften mit 2 + 2 heterogenen Drüsen (Fig. 97); Telopodit sechsgliedrig, ohne Prätarsus oder mit winzigem Rudiment eines solchen.

Kalifornien, Antillen, Südamerika.

Typus: *P. americanus* Bollm.

7 sichere Arten mit 1 Unterart, 4 unsichere Arten.

Übersicht über die Arten:

1 a) Auf einigen der hinteren Segmente fehlen die Ventralporen; auf diese Segmente folgen noch mehrere mit Porenfeld. Die Seitenteile des Labrum sind einander sehr genähert und jedes mit etwa 5 Zähnen besetzt. 1. Sternit ohne Ventralporen . . . . 5. **P. pauperatus**

1 b) Die Serie des Ventralporenfeldes ist bis zum vorletzten oder drittletzten Sternit nicht unterbrochen 2

2 a) Der letzte Block des Mandibelzahnblattes besteht aus 8 bis 9 Zähnen. (1. Sternit mit Ventralporenfeld) . . . . 4. **P. plusiodontus**

2 b) Der letzte Block des Mandibelzahnblattes besteht aus höchstens 3 Zähnen: 3

3 a) Alle Ventralporenfelder sind ungeteilt 4

3 b) Einige der mittleren oder hinteren Ventralporenfelder sind geteilt . . . 6

4 a) 65 Beinpaare. Endbeinsternit fast 2mal so breit wie lang. Rücken mit dunkler Doppelbinde . . . . 1. **P. americanus**

4 b) 53—55 Beinpaare. Endbeinsternit nicht breiter als lang. 1. Sternit ohne Ventralporenfeld 5

5 a) Die Kieferfüße erreichen nicht den Stirnrand. Clypeus mit 2 Reihen von je 6 Borsten (außer den 2 Paar Postantennal- und Prälabialborsten). Seitenteile des Labrum mit je 15 Zähnen. Präfemur bis Tibia der Endbeine des ♂ dichter beborstet als beim ♀. Endbeinsternit hinten geradlinig: 2. **P. geayi**

5 b) Die Kieferfüße überragen den Stirnrand. Clypeus mit einer Querreihe von 6 Borsten (außer den 2 Borstenpaaren). Seitenteile des Labrum mit je 7 bis 10 Zähnen. Endbeine bei ♂ und ♀ gleich beborstet. Endbeinsternit hinten abgerundet . . . . 3. **P. gaigei**

6 a) Kopfschild viel länger als breit, hinten breiter als vorn. 59 Beinpaare: 6. **P. parahybae**

6 b) Kopfschild nur wenig länger als breit, vorn am breitesten. 47—53 Beinpaare . . . . 7. **P. imperfossus**

1. **P. americanus** Bollm. 1890 *P. a.*, Bollman in: P. U. S. Mus., *v.* 12 p. 212 | 1891 *P. a.*, Cook & Collins in: P. U. S. Mus., *v.* 13 p. 389 | 1893 *P. a.*, Bollman in: Bull. U. S. Mus., *v.* 46 p. 113 | 1904 *P. a.*, Chamberlin in: P. Ac. Philad., *v.* 56 p. 653 | 1912 *P. a.*, Brölemann & Ribaut in: N. Arch. Mus. Paris, ser. 5 *v.* 4 p. 101 | 1912 *P. a.*, Chamberlin in: Pomona, *v.* 4 p. 668.

Gelbbraun mit einer Reihe median geteilter dunkler Rückenflecke vom 2. bis vorletzten Segment. Länge 50 mm. 65 Beinpaare (♂♀). Mittelzähne der Labrumbucht kurz und stumpf, die der vorgewölbten Seitenteile lang und schlank, eng nebeneinander stehend. Mandibelzahnblatt mit 3, 3, 2 Zähnen. Coxalfortsatz der 1. Maxille vom Syncoxit abgesetzt, aber lateral mit dem 1. Telopoditglied verwachsen; 2 Paar Außentaster vorhanden. Die Kieferfüße erreichen den Stirnrand, ohne Zähne. Ventralporenfeld queroval, näher dem Hinterrand gelegen, auf dem 15. Segment am größten, auf dem vorletzten Sternit nur mehr aus wenigen Poren bestehend. Endbeinsternit fast 2mal so breit wie lang (7:4), bedeckt die 2+2 Hüftporen; stark beborstet. Endbeine ohne Prätarsus, beim ♂ verdickt und dicht kurz beborstet. Tergite doppelfurchig.

Golf von Kalifornien, Pichilingue Bay.

2. **P. geayi** (Bröl. & Rib.) 1911 *Adenoschendyla g.*, Brölemann & Ribaut in: Bull. Soc. ent. France, p. 219 | 1912 *A. g.*, Brölemann & Ribaut in: N. Arch. Mus. Paris, ser. 5 *v.* 4 p. 108 f. 24—32 (Fig. 95, 97).

Länge 25 mm. Breite 0,7 mm. 53 (♂)—55 (♀) Beinpaare. Kopfschild länger als breit (4:3,5) Clypeus mit 12 Borsten in 2 Reihen hinter dem Paar Postantennalborsten; vor dem Labrum 2 Borsten. Mittelbucht des Labrum mit etwa 10 stumpfen Zähnen, jederseits davon etwa 15 spitze hakige

Zähne (Fig. 95). Zahnblatt der Mandibel mit 3 + 3 + 3 Zähnen. Außentaster der 1. Maxille groß. Präfemur der Kieferfüße mit einem kleinen Zähnchen, die anderen Glieder ungezähnt; die Klauen erreichen den Stirnrand nicht. 2. bis vorletztes Sternit mit fast kreisrundem, ungeteiltem Porenfeld; Sternite mit deutlichem Mittelgrübchen; auf den vorderen Segmenten vor diesem, auf den hinteren Segmenten hinter ihm eine Medianfurche. Tergite doppelfurchig. Endbeintergit länglich, hinten verschmälert und abgerundet. Endbeinsternit breit, etwas länger als an der Basis breit, der Hinterrand geradlinig. Endbeine lang; beim ♂ sind die 2 Tarsalglieder sehr lang, und Präfemur, Femur und Tibia sind ventral viel dichter beborstet als beim ♀.

Bas Carsévène.

3. **P. gaigei** (Chamb.) 1921 *Adenoschendyla g.*, Chamberlin in: Occas. Papers Mus. Zool. Michigan, nr. 97 p. 18 t. 2 f. 12—14; t. 3 f. 17.

Länge bis 45 mm. 53 (♂) oder 55 (♀) Beinpaare. Kopfschild länger als breit (12:11). Clypeus mit 2 Postantennalborsten, einer Querreihe von 6 Borsten und 2 Borsten vor dem Labrum. Mittelbucht des Labrum mit 10—14 Zähnen, die mittleren davon stumpf, die seitlichen nach und nach spitzer werdend und allmählich in die 7—10 spitzen Zähne jeder Seite übergehend. Präfemur der Kieferfüße mit einem kurzen, stumpfen Zahn, die anderen Glieder ungezähnt; die Klauen überragen den Stirnrand bis fast zum Ende des 1. Antennengliedes. Tergite doppelfurchig. 2. bis vorletztes Sternit mit kreisrundem, ungeteiltem Porenfeld. Endbeinsternit breit, nach hinten verschmälert, die Ecken abgerundet, der Hinterrand breit konvex. Endbeine bei ♂ und ♀ gleich dick und gleich beborstet.

Britisch Guiana, Dunoon, Labba Creek.

4. **P. plusiodontus** Att. 1903 *P. p.*, Attems in: Zool. Jahrb., Syst. *v.* 18 p. 193 t. 18 f. 18 | 1912 *Adenoschendyla plusiodonta*, Brölemann & Ribaut in: N. Arch. Mus. Paris, ser. 5 *v.* 4 p. 106 (Fig. 96, 98).

Einfarbig bräunlichgelb, Länge bis 33 mm. ♂ mit 45 und 47, ♀ mit 43 und 53 Beinpaaren. Kopfschild ungefähr so lang wie breit. Zahnblatt der Mandibel mit 3, 3, 8 – 9 Zähnen (Fig. 98). Die 2 Paar Außentaster der 1. Maxille schlank, spitz. Die Kieferfüße überragen den Stirnrand mit dem Ungulum, alle Glieder ohne Zähne. Mittelbucht des Labrum mit 14 stumpfen enggestellten Zähnen; jederseits davon 5 spitze auseinandergerückte Zähne. 1. bis vorletztes Sternit mit kleinem rundem Porenfeld. Vordere Sternite quadratisch, hintere länger als breit. Sternit des Endbeinsegments breit, am Hinterrand seicht ausgeschnitten; Hüfte distal polsterartig aufgetrieben und dicht beborstet, beim ♂ stärker als beim ♀. Prätarsus durch ein winziges Kegelchen angedeutet.

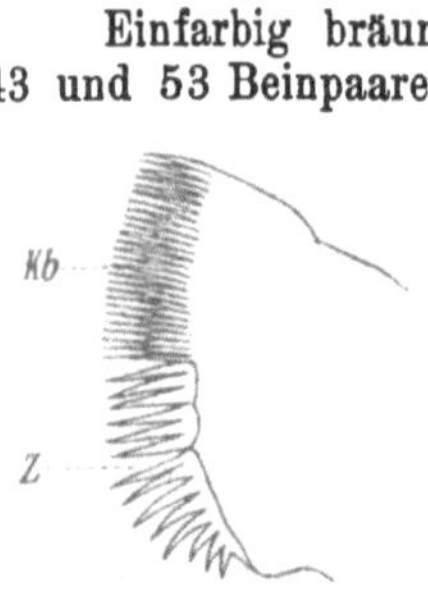

Fig. 98. **Pectiniunguis plusiodontus** Att. Mandibel.

Brasilien, Santa Catharina, Blumenau.

5. **P. pauperatus** Silv. 1907 *P. p.*, Silvestri in: Mt. Mus. Hamburg, *v.* 24 p. 247 | 1912 *Adenoschendyla pauperata*, Brölemann & Ribaut in: N. Arch. Mus. Paris, ser. 5 *v.* 4 p. 110.

Ockergelb, Länge 35 mm, Breite 1,2 mm. 53 Beinpaare (♀). Kopfschild nur wenig länger als breit (6,5:5). Mittelbucht des Labrum mit 11 stumpfen Zähnen, jederseits davon 5 Zähne. Außentaster der 1. Maxille gut entwickelt. Die geschlossenen Kieferfüße erreichen den Stirnrand ohne ihn zu überragen. Vorderrand der Hüften mit kleiner Mediankerbe, die Telopoditglieder ohne Zähne. 2. bis 15. Sternit mit querelliptischem Porenfeld, weiterhin wird das Porenfeld immer kleiner und fehlt auf dem 30. bis etwa 45. Sternit ganz; 46.—52. Sternit wieder mit elliptischem Porenfeld. Sternit des Endbeinsegments trapezförmig, die Endbeinglieder des ♀, besonders die 2 Tarsalglieder sehr lang und schlank.

In den botanischen Garten von Hamburg aus Westindien importiert.

6. **P. parahybae** (Chamb.) 1914 *Adenoschendyla p.*, Chamberlin in: Bull. Mus. Harvard, *v.* 58 p. 202.

Weißlichgelb, vorn etwas dunkler zitronengelb, Kopf rostbraun, die Kieferfüße etwas lichter braun als der Kopf. Länge 40 mm. 59 Beinpaare (♀). Kopfschild viel länger als breit (4:3), hinten am breitesten, vorn winklig. Antennen lang, mehr als 3mal so lang wie der Kopf. Die geschlossenen Kieferfüße erreichen gerade den Stirnrand; alle Glieder der Kieferfüße ungezähnt; die Hüften breiter als lang (7:5) mit seichter Mittelbucht. Tergite doppelfurchig. Die ersten 16 Sternite mit einem Vorsprung am Hinterrand, der in eine Grube des folgenden Sternits paßt. 1. bis vorletztes Sternit mit Ventralporenfeld, das bis zum 25. oder 26. Sternit ungeteilt und rund ist, weiterhin etwas unregelmäßig wird, mit der Tendenz, sich in 2 nebeneinander liegende Felder zu teilen. Endbeinsternit sehr breit, nach hinten verschmälert, die Ecken abgerundet, der Hinterrand jederseits eingekerbt; es ist dicht, fein und kurz beborstet, besonders hinten. Endbeinhüften ventral fein und kurz beborstet. Endbeine des ♀ viel länger als das vorangehende Paar, sehr schlank. Das 2. Tarsalglied länger als das erste, sehr schlank, mit kleiner membranöser Spitze, aber ohne Kralle.

Brasilien, Parahyba, Independencia.

7. **P. imperfossus** (Bröl.) 1902 *Schendyla imperfossa*, Brölemann in: Revista Mus. Paul., *v.* 5 p. 44 t. 1 f. 8—18 | 1912 *Adenoschendyla i.*, Brölemann & Ribaut in: N. Arch. Mus. Paris, ser. 5 *v.* 4 p. 107.

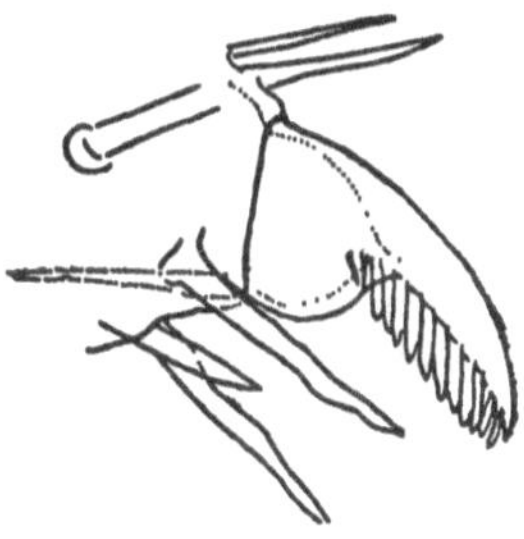

Fig. 99.
Pectiniunguis imperfossus v. bolbonyx (Bröl. & Rib.)
Klaue der 2. Maxille.

Ockergelb. Länge 38,5 mm, größte Breite 1,75 mm. 47 Beinpaare (♂). Kopfschild etwas länger als breit; im vorderen Drittel am breitesten. Mittelbucht des Labrum mit 16 bis 18 etwas stumpfen, dichtgedrängten Zähnen, lateral davon jederseits einige auseinander gerückte spitze Zähne. (1. Maxille ohne Außentaster (?).) Die geschlossenen Kieferfüße erreichen kaum den Stirnrand. 1. bis 19. Sternit mit großem, rundem Porenfeld, auf dem 20. und 21. Segment ist das Feld nierenförmig, auf den Segmenten 22—27 in zwei runde Felder geteilt, weiterhin wird das Feld etwas undeutlich und unregelmäßig. Sternit des Endbeinsegments sehr breit, hinten verschmälert und leicht eingebuchtet. Kein Prätarsus auf den Endbeinen.

Brasilien, ohne näheren Fundort.

7a) **P. i. var. bolbonyx** (Bröl. & Rib.) 1912 *Adenoschendyla imperfossa* var. *b.*, Brölemann & Ribaut in: N. Arch. Mus. Paris, ser. 5 *v.* 4 p. 107 f. 18—23 (Fig. 99).

Länge 31 mm. Breite 1 mm. 53 Beinpaare (♀). Zahnblatt der Mandibel mit 3 + 3 + 5 Zähnen. Außentaster der 1. Maxille konisch zugespitzt. Die

Basis der Klaue der 2. Maxille ist kugelig vorgewölbt(Fig. 99). Alle Glieder der Kieferfüße ohne Zähne. Ventralporenfeld vom 21. Sternit an in 2 geteilt, die letzten wieder ungeteilt.

Brasilien, Sao Paolo.

P. albemarlensis Chamb. 1913 *P. americanus* (non *P. a.*, Bollman 1890), Chamberlin in: Ent. News Philad., *v.* 24 p. 122 (ohne Beschreibung) | 1914 *P. albemarlensis*, Chamberlin in: Psyche, *v.* 21 p. 86 | 1923 *P. a.*, Chamberlin in: P. Calif. Ac., ser. 4 *v.* 12 p. 394 f. 3 | 1924 *P. a.*, Chamberlin in: Zool. N. York, *v.* 5 p. 140.

Auf dem Rücken eine dunkle Doppelbinde ähnlich wie bei *P. americanus*. 61—65 Beinpaare (♀). Länge bis 62 mm. Das Ventralporenfeld größer mit zahlreicheren Poren.

Galapagos Inseln: Albemarle Island.

P. fijensis (Chamb.) 1920 *Adenoschendyla f.*, Chamberlin in: Bull. Mus. Harvard, *v.* 64 p. 36.

Länge 50 mm. 59—63 Beinpaare. Kopfschild fast rechteckig, Länge, Breite = 16:9. Labrum mit 10 mittleren kräftigen und jederseits etwa 8 spitzeren Zähnen. Die Kieferfüße erreichen den Stirnrand nicht, ohne Zähne. Vordere Sternite mit Grube am Vorderrand und Vorsprung am Hinterrand. Ventralporenfeld klein, rund oder elliptisch (Verteilung?). Sternit des Endbeinsegments breit, hinten verschmälert und eingebuchtet. Endbeine ohne Prätarsus.

Fiji-Insel: Vanua Ava.

P. nesiotes Chamb. 1923 *P. n.*, Chamberlin in: P. Calif. Ac., ser. 4 *v.* 12 p. 391 f. 1.

Länge 46 mm. 59 Beinpaare (♂ und ♀). Kopf und Kieferfüße wie bei *P. americanus*. Clypeus mit einem Paar Postantennalborsten einer Querreihe von 5—6 Borsten und 2 Borsten vor der Mitte. Mittelbucht des Labrum mit 14 kräftigen Zähnen, jederseits davon 9—10 Zähne. Zahnblatt der Mandibel mit 3, 5, 2, 1 Zähnen. Tergite doppelfurchig. 2. bis vorvorletztes Sternit mit Ventralporen. Keine dunkle Rückenbinde.

San Esteban-Insel im Golf von Kalifornien.

P. amphibius Chamb. 1923 *P. a.*, Chamberlin in: P. Calif. Ac., ser. 4 *v.* 12 p. 392 f. 2.

Länge 65 mm. 61 (♂♀)—63 (♀) Beinpaare. Kopf und Kieferfüße wie bei *P. americanus*. Mittelbucht des Labrum tief, am Grunde fast geradlinig und hier mit 4—8 Zähnen. Zahnblatt der Mandibel mit 3, 3, 3 Zähnen. 1. bis vorletztes Sternit mit 20 oder mehr Ventralporen. Rücken ohne dunkle Längsbinde.

Danzante-Insel im Golf von Kalifornien, am Strand unterhalb der Hochwasserzone.

11. Gen. Litoschendyla Chamb.

1912 *Pectiniunguis* (non Bollman 1890), Brölemann & Ribaut in: N. Arch. Mus. Paris, ser. 5 *v.* 4 p. 98 | 1923 *Litoschendyla*, Chamberlin in: P. Calif. Ac., ser. 4 *v.* 12 p. 391.

In der Mittelbucht des Labrum nur niedrige runde Höcker, keine deutlichen Zähne, die Seitenteile spitz gezähnt (Fig. 100). Zahnblatt der Mandibel in 4 Blöcke zerteilt. Kralle der 2. Maxille gut entwickelt, auf beiden Kanten dicht gekämmt (Fig. 101); Pleurite nach innen nicht über die Drüsenöffnung hinausreichend (Fig. 102). 1. Maxille mit Außentastern. Ventralporen auf den meisten Segmenten vorhanden, das Feld ungeteilt: Endbeinhüfte mit 2 heterogenen Drüsen; Endbeintarsus zweigliedrig; Prätarsus ganz fehlend oder durch einen undeutlichen Tuberkel angedeutet. Keine Kralle.

Kolumbien, Kuba.

2 Arten.

Typus: *L. insulana* (Bröl. & Rib.).

Übersicht über die Arten:

a) **Mittelbucht des Labrum breiter mit 8 Höckern. Kopfschild länger als breit (5:4), die 4 letzten Sternite ohne Porenfeld . . . . 1. L. insulana**

b) **Mittelbucht des Labrum schmäler mit 4 Höckern. Kopfschild so breit wie lang. Nur das letzte Sternit ohne Porenfeld . . . . 2. L. chazaliei**

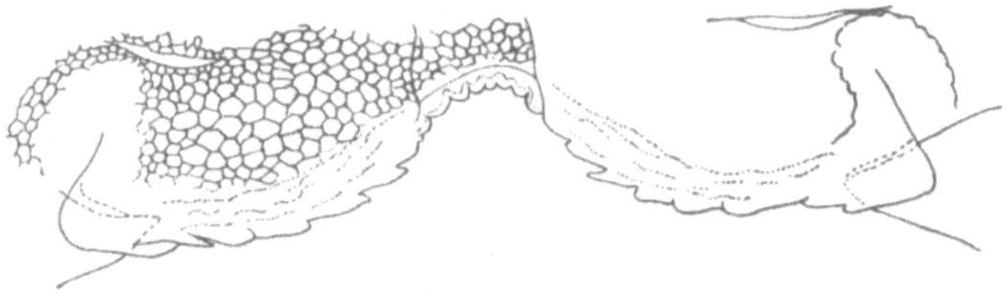

Fig. 100. **Litoschendyla insulana** (Bröl. & Rib.) Labrum.

1. **L. insulana** (Bröl. & Rib.) 1911 *Pectiniunguis insulanus*, Brölemann & Ribaut in: Bull. Soc. ent. France, p. 219 | 1912 *P. i.*, Brölemann & Ribaut in: N. Arch. Mus. Paris, ser. 5 *v.* 4 p. 102 f. 7—17 (Fig. 100).

Länge 57 mm. Breite 1,5 mm. 63 Beinpaare (♀). Kopfschild länger als breit. Mittelbucht des Labrum mit 8 runden Höckern, die vorgewölbten Seitenteile mit je 6 medialgerichteten kurzen Zähnen. Zahnblatt der Mandibel mit 3, 2, 2, 2 Zähnen. Coxalfortsatz der 1. Maxille vom Syncoxit abgesetzt,

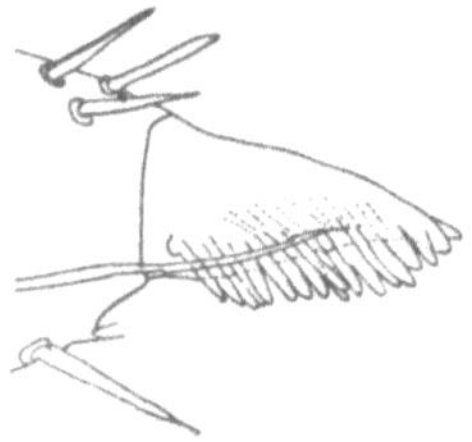

Fig. 101. **Litoschendyla chazaliei** (Bröl.) Klaue der 2. Maxille.

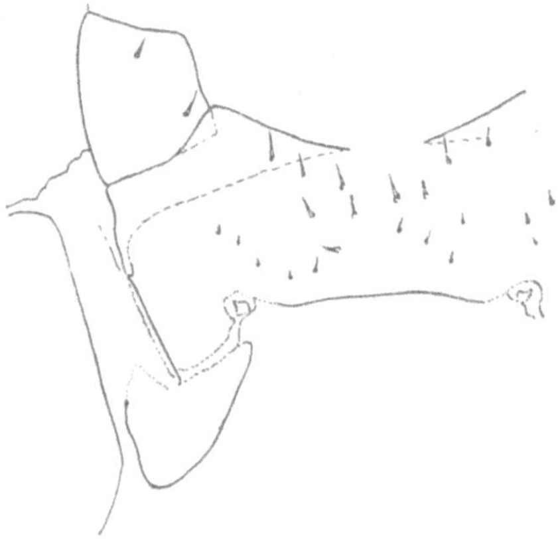

Fig. 102. **Litoschendyla chazaliei** (Bröl.) 2. Maxille.

nicht mit dem zweigliedrigen Telopodit verwachsen; 2 Paar Außentaster vorhanden. Die Kieferfüße erreichen den Stirnrand, ohne Zähne, Ungulum glatt. Tergite doppelfurchig, fast nackt, glatt, nur ein Streifen am Hinterrand fein gestrichelt. Sternite kaum etwas beborstet, nur die 4 Marginalborsten sind gut entwickelt, auch auf den hinteren Segmenten keine reiche Beborstung. 2. bis 59. Sternit mit Ventralporenfeld, also die letzten 4 ohne Feld, das Feld vorn queroval, dann ein Kreissegment mit der Convexität hinten. Endbeinsegment ohne Präpleurite; Sternit kaum breiter als lang (10:9). Endbeine des ♀ schlank, 2. Tarsus etwas länger als der 1. An Stelle des Prätarsus ein konischer, beborsteter, undeutlich abgesetzter Tuberkel.

Kuba.

2. **L. chazaliei** (Bröl.) 1900 *Schendyla americana* var. *c.*, Brölemann in: Mém. Soc. zool. France, *v.* 13 p. 90 t. 6 f. 1—7 | 1909 *Pectiniunguis c.*, Brölemann in: Arch. Zool. expér., ser. 5 *v.* 3 p. 335 | 1912 *P. c.*, Brölemann & Ribaut in: N. Arch. Mus. Paris, ser. 5 *v.* 4 p. 101 f. 1—6 (Fig. 101, 102).

Länge 59 mm. 65 Beinpaare. Kopfschild so lang wie breit. Die tiefe Mittelbucht des Labrum mit 4 runden Höckern, die Seitenteile mit je 10 Hakenzähnen. Zahnblatt der Mandibel mit 3, 2, 2, 1 Zähnen. Coxalfortsatz der 1. Maxille abgesetzt, nicht mit dem Telopodit verwachsen. Die Kieferfüße überragen nicht den Stirnrand; ohne Zähne. Tergite punktiert, runzlig, mit breitem Quereindruck, die Längsfurchen schwach. 2. bis vorletztes Sternit mit querovalem Porenfeld, das auf dem 16. Segment am größten ist. Endbeinsegment ohne Präpleurite; Sternit breit und kurz (1 : $^3/_4$); die Hüftporen liegen unter dem Sternit. Kein Prätarsus, beim ♂ sind die Endbeine dicht und kurz beborstet.

Gairaca, Santa Marta, Kolumbien.

12. Gen. **Pleuroschendyla** Bröl. & Rib.

1911 *P.*, Brölemann & Ribaut in: Bull. Soc. ent. France, p. 192 | 1912 *P.*, Brölemann & Ribaut in: N. Arch. Mus. Paris, ser. 5 *v.* 4 p. 110.

Mittelbucht des Labrum gezähnt, die Basis der Zähne abgegrenzt (Fig. 103). Zahnblatt der Mandibel in mehrere Blöcke zerteilt. Klaue der 2. Maxille gut entwickelt, auf beiden Kanten dicht gekämmt; Pleurite seitlich nicht mit dem Syncoxit verwachsen, nach innen über die Drüsenöffnung bis zum Hinterrand des Syncoxits reichend, mit dem sie verwachsen (Fig. 104). Ventralporenfeld auf den meisten Segmenten vorhanden, ungeteilt. Endbeinhüfte mit 2 heterogenen Drüsen, Tarsus zweigliedrig, Prätarsus nur durch einen kleinen Tuberkel, mit oder ohne Dorn, vertreten.

Westafrika, Haiti.

2 Arten.

Typus: *P. Chevalieri* Bröl. & Rib.

Übersicht über die Arten:

a) 63—67 Beinpaare, die Ventralporenfelder fehlen auf den 2 ersten und 3 letzten Segmenten. Endbeinhüfte mit einer konischen, dicht beborsteten Verlängerung, die fast bis zum Ende des Trochanter reicht. Endbeinsternit des ♂ eingebuchtet, das Endbeintergit des ♂ bedeckt die ganze Genito-analregion (Westafrika) . . . . 1. **P. chevalieri**

b) 55 Beinpaare. 1. bis vorletztes Sternit mit Ventralporenfeld. Endbeinhüfte ohne so starke Verlängerung, Sternit des ♂ hinten fast gerade, Tergit die Genitalregion nicht ganz bedeckend (Haiti) . . . . 2. **P. nesiotes**

1. **P. chevalieri** Bröl. & Rib. 1911 *P. c.*, Brölemann & Ribaut in: Bull. Soc. ent. France, p. 220 | 1912 *P. c.*, Brölemann & Ribaut in: N. Arch. Mus. Paris, ser. 5 *v.* 4 p. 111 f. IV, V, 33—39 (Fig. 103, 104).

Länge bis 47 mm. Breite 1,2 mm. 63 (♂)—67 (♀) Beinpaare. Kopfschild länger als breit, Antennen 3 mal so lang wie der Kopfschild. Keine Clypealarea. Mittelbucht des Labrum mit etwa 20 langen, spitzen Zähnen, Seitenteile mit etwa 20 sehr spitzen Zähnen. Zahnblatt der Mandibel mit 3, 3, 4 Zähnen. 1. Maxille am Syncoxit mit sehr kurzen Außentastern, am Telopodit ohne solche. Die Pleurite der 2. Maxille sind lateral nicht mit dem Syncoxit verwachsen, medial reichen sie über die Drüsenöffnung hinaus, bis zum Hinterrand des Syncoxits mit diesem verwachsend, so daß die Drüsenöffnung ganz umgeben ist. Die Kieferfüße überragen stark den Stirnrand, Präfemur mit stumpfen Zahnhöckern, Tarsus ohne Zahn, Ungulum glatt. Tergite doppelfurchig, glatt, fast nackt. Sternite glatt, die vorderen

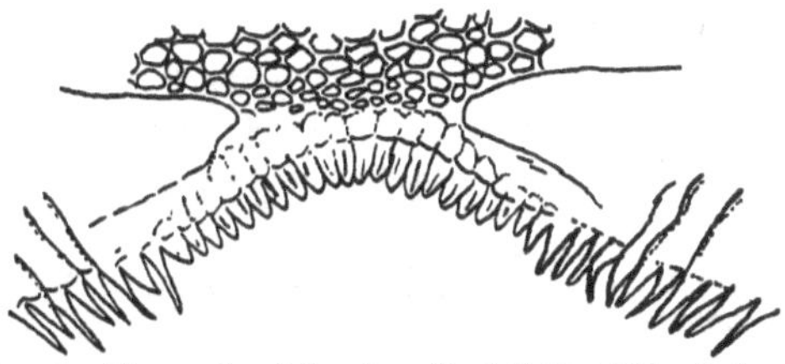

Fig. 103. **Pleuroschendyla chevalieri** Bröl. & Rib. Labrum.

sehr schütter, die hinteren sehr reichlich beborstet; mit Ausnahme der 2 ersten und 3 letzten mit Porenfeld, das bis zum etwa 30. Segment nierenförmig, dann oval und schließlich kreisrund ist. Endbeintergit beim ♂ sehr verlängert, die Genito-analregion bedeckend; Präpleurite vorhanden. Hüften der Endbeine bei ♂ und ♀ mit einer ventralen, dicht beborsteten Verlängerung, die fast bis zum Ende des Trochanter reicht; Endbeine des ♂ sehr schlank. 2. Tarsus so lang wie der erste. Endbeinsternit des ♂ hinten eingebuchtet.

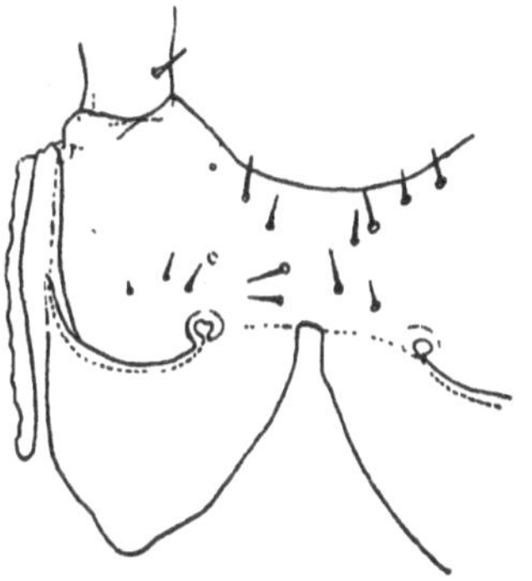

Fig. 104. **Pleuroschendyla chevalieri** Bröl. & Rib. 2. Maxille.

Bouroukrou, Elfenbeinküste, Westafrika.

2. **P. nesiotes** Chamb. 1918 *P. n.*, Chamberlin in: Bull. Mus. Harvard, *v.* 62 p. 159.

Länge 34 mm. 55 Beinpaare. Mittelbucht des Labrum mit 15 Zähnen. Kopfschild länger als breit (5:4). Präfemur der Kieferfüße nahe dem Ende mit einem kräftigen Zahn. Endbeinhüfte ohne so starke Verlängerung wie bei *P. chevalieri*, Endbeintergit zwar lang, aber die Genitalregion nicht ganz bedeckend, Sternit des ♂ hinten gerade oder fast gerade. Ventralporen auf dem 1. bis vorletzten Sternit.

Haiti: Diquini.

13. Gen. **Nyctunguis** Chamb.

1914 *N.*, Chamberlin in: Bull. Mus. Harvard, *v.* 58 p. 201 | 1923 *N.*, Chamberlin in: P. Calif. Ac., ser. 4 *v.* 12 p. 393 | 1926 *Schendylunguis*, Verhoeff in: Zool. Anz., *v.* 69 p. 101.

Fig. 105. **Nyctunguis dampfi** Verh. Labrum.

Mittelbucht des Labrum breit, mäßig tief, gezähnt (Fig. 105). 1. Maxille ohne Außentaster. Klaue der 2. Maxille mit einigen weitschichtig gestellten

Spitzchen besetzt. Eine Anzahl Sternite der vorderen Körperhälfte mit Ventralporen, das Porenfeld ungeteilt. Endbeinhüfte mit 2 homogenen Drüsen. Endbeintarsus zweigliedrig; ein starker, krallenförmiger Prätarsus vorhanden.

Mexiko, Kalifornien.

8 Arten.

Typus: *N. montereus* Chamb.

Die Arten mit Ausnahme von *N. dampfi* Verh. sind so mangelhaft beschrieben, daß sich keine Übersicht geben läßt. Insbesondere ist die Beschreibung der von Chamberlin als Typus bezeichneten Art, *N. montereus*, ganz unbrauchbar.

1. **N. dampfi** (Verh.) 1926 *Schendylunguis d.*, Verhoeff in: Zool. Anz., *v.* 69 p. 103 f. 9—14 (Fig. 105, 106).

Länge 23,5 mm. 43—45 Beinpaare (♀). Kopf $1^1/_2$ mal so lang wie breit. Clypeus vorn mit 2 Postantennalborsten und dahinter einer Querreihe von Borsten. Antennen endwärts etwas verjüngt, $1^1/_2$ mal so lang wie der Kopf. Labralbucht mit 14 kürzeren und derberen Zähnen in der Mitte und jederseits 4—5 längeren und blasseren Zähnen. Zahnblatt der Mandibel mit 8—9 Zähnen, von denen nur die 3 hintersten zu einem Block vereinigt sind. Der Coxalfortsatz der 1. Maxille hat einen deutlich abgesetzten Endzipfel; Telopodit unvollständig zweigliedrig (Fig. 106). Vorderrand der Kieferfußhüften median eingebuchtet, alle Telopoditglieder nur mit unbedeutenden Höckern, Ungulum glatt. Sternite zerstreut und ziemlich lang beborstet; 2. bis 13. Sternit mit Ventralporen; auf dem 2. Sternit nur ein Porus, die folgenden Felder rundlich, die weiteren länglich. Stigmen rund. Endbeinsternit trapezisch, die beiden Endbeintarsen ungefähr gleich groß. ♀ Gonopoden eingliedrig.

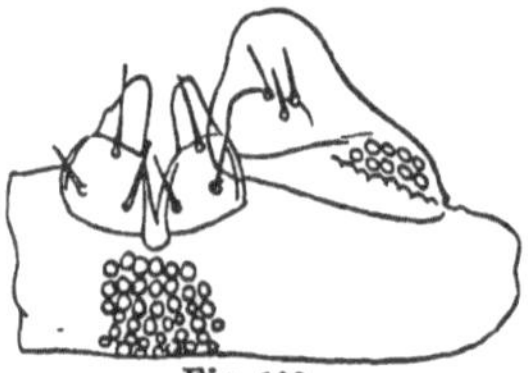

Fig. 106.
Nyctunguis dampfi (Verh.)
1. Maxille.

Mexiko: Desierto de l. Leones.

2. **N. montereus** (Chamb.) 1904 *Pectiniunguis m.*, Chamberlin in: P. Ac. Philad., *v.* 56 p. 653 | 1912 *P. m.*, Chamberlin in: Pomona, *v.* 4 p. 668 | 1914 *Nyctunguis m.*, Chamberlin in: Bull. Mus. Harvard, *v.* 58 p. 201 | 1923 *N. m.*, Chamberlin in: P. Calif. Ac., ser. 4 *v.* 12 p. 396 f. 15—16.

Länge 50 mm. 55—61 Beinpaare. Kopfschild länger als breit. Zahnblatt der Mandibel nach der Zeichnung mit 3 + 7 Zähnen. Mittelbucht des Labrum mit etwa einem Dutzend kräftiger Kegelzähne, die Seiten mit 3 bis 4 spitzen Zähnchen. Ventralporen und Endbeinsternit wie bei *Pectiniunguis americanus*.

Kalifornien: Pacific Grove, Bay of Monterey.

3. **N. heathii** (Chamb.) 1909 *Pectiniunguis h.*, Chamberlin in: Ann. ent. Soc. Amer., *v.* 2 p. 176 | 1912 *P. h.*, Chamberlin in: Pomona, *v.* 4 p. 668.

Länge 22 mm. 45—53 Beinpaare (♀). Kopfschild etwas länger als breit. Die Kieferfüße erreichen den Stirnrand, ohne Zähne. Die ersten 10 Sternite mit einem Fortsatz am Hinterrand, der in eine Grube am Vorderrand des folgenden Sternits paßt. Vordere Sternite mit rundem oder ovalem Porenfeld, die mittleren Sternite mit medianer Längsfurche. Endbeinsternit breit, hinten verschmälert, die Seiten in der Mitte eingekerbt, der Hinterrand seicht eingebuchtet. Endbeine mit kräftiger Klaue.

Cypress Point, Monterey County, Kalifornien.

4. **N. catalinae** (Chamb.) 1912 *Pectiniunguis heathii c*, Chamberlin in: Pomona, *v.* 4 p. 669 | 1923 *Nyctunguis c.*, Chamberlin in: P. Calif. Ac., ser. 4 *v.* 12 p. 396 f. 19, 20.

Gelblichweiß. Länge etwa 16 mm. 45—51 Beinpaare. Kopfschild vorn am breitesten, vorn abgerundet, hinten abgestutzt, so lang wie breit. Labralbucht mit einem Dutzend kräftiger etwas stumpfer Zähne, die Seiten mit 2 spitzen Zähnen; Zahnblatt der Mandibel in 3 Blöcke geteilt, 3, 3, 3—4. Kieferfüße den Stirnrand ein wenig überragend. Hüften mit Chitinlinien, alle Glieder ungezähnt. Endbeinsternit breit, nach hinten verschmälert. Endbeine des ♂ verdickt.

Kalifornien: Catalina Island, Claremont.

5. **N. mirus** Chamb. 1923 *N. m.*, Chamberlin in: P. Calif. Ac., ser. 4 *v.* 12 p. 393 f. 5, 10, 11.

Länge 38 mm. 59 Beinpaare (♀). Kopfschild ungefähr so lang wie breit. Die Kieferfüße erreichen den Stirnrand nicht, alle Glieder ungezähnt. Labralbucht mit 16 Zähnen, nur die seitlichen spitz; jederseits 4—5 spitze Zähne. Zahnblatt der Mandibel in 4 Blöcke geteilt, 3, 3, 5, 1. Ventralporenfeld groß, querelliptisch oder eckig. Endbeinsternit breit, trapezisch, breiter als lang.

Ensenada de Todos Santos, Süd-Kalifornien.

6. **N. danzantinus** Chamb. 1923 *N. d.*, Chamberlin in: P. Calif. Ac., ser. 4 *v.* 12 p. 395 f. 13, 14.

Länge 27 mm. 55 Beinpaare (♀). Kopf nur wenig länger als breit (15:14), vor der Mitte am breitesten. Die Kieferfüße reichen bis zum Ende des ersten Antennengliedes, alle Glieder der Kieferfüße ungezähnt. Labralbucht tief, mit 10 Zähnen, die Seiten mit je 4 Zähnen. Zahnblatt der Mandibel dreiteilig, 3, 3, 3. Endbeinsternit breit, trapezisch. Endbeine des ♀ lang, nicht verdickt.

Danzante Island im Golf von Kalifornien.

7. **N. libercolens** Chamb. 1923 *N. l.*, Chamberlin in: P. Calif. Ac., ser. 4 *v.* 12 p. 395 f. 9, 12.

Länge 30 mm. 47—49 Beinpaare. Gelb, oft mit dunkler, dorsaler, doppelter Längsbinde. Mittelbucht des Labrum relativ flach mit 14 bis 20 Zähnen, die Seiten mit 3—4 spitzen Zähnchen. Zahnblatt der Mandibel dreiteilig, mit 3, 3, 4 Zähnen. Die Kieferfüße erreichen den Stirnrand oder überragen ihn ein wenig. Ventralporenfeld der vorderen Sternite rund. Endbeinsternit breit, trapezisch. Endbeine des ♂ mäßig verdickt, die Tarsen, besonders der zweite, schlank, die Glieder ventral beborstet.

Kalifornien: Stanford, unter Eucalyptus-Rinde; Los Angeles.

8. **N. molinor** Chamb. 1925 *N. m.*, Chamberlin in: Pan-Pacif.-Ent. San Francisco, *v.* 2 p. 58.

Utah.

14. Gen. **Sogodes** Chamb.

1922 *S.*, Chamberlin in: P. U. S. Mus., *v.* 60 nr. 7 p. 11.

Labralbucht gezähnt. Klaue der 2. Maxille unbewehrt. Keine Ventralporen. Endbeinhüfte mit 2 homogenen Drüsen und 2 Poren, Tarsus zweigliedrig, Prätarsus krallenförmig.

Guatemala.

1 Art.

1. **S. difficilis** Chamb. 1922 *S. d.*, Chamberlin in: P. U. S. Mus., *v.* 60 nr. 7 p. 11 t. 2 f. 1, 2.

Blaßgelb. Länge 13 mm. 63 Beinpaare. Kopfschild etwas breiter als lang. Antennen kurz, fadenförmig. Die geschlossenen Kieferfüße erreichen den Stirnrand nicht; ohne Zähne, feine Chitinlinien vorhanden. Tergite doppelfurchig. Endbeinsternit breit, hinten verschmälert.

Guatemala: San Rafael.

15. Gen. **Mexiconyx** Chamb.

1922 *M.*, Chamberlin in: Psyche, *v.* 29 p. 9.

Labralzähne an ihrer Basis deutlich abgegrenzt. Zahnblatt der Mandibel nicht zerklüftet. Klaue der 2. Maxille gekämmt. Vordere Sternite mit ungeteiltem rundem Porenfeld. Endbeinhüfte mit einem Porus, Drüse homogen, ein krallenförmiger Prätarsus vorhanden (die Zahl der Tarsalglieder nicht angegeben, wahrscheinlich 2).

Mexiko.

1 Art.

1. **M. hidalgoensis** Chamb. 1922 *M. h.*, Chamberlin in: Psyche, *v.* 29 p. 9.

Länge 18 mm. 55 Beinpaare (♀). Kopfschild länger als breit. Labrum tief eingebuchtet, mit 22 Zähnen. Zahnblatt der Mandibel mit 6 oder 7 Zähnen. Die geschlossenen Kieferfüße überragen den Stirnrand bis zum Ende des 2. Antennengliedes, ohne Zahnbildungen. Vordere Sternite mit kreisrundem Porenfeld, mittlere und hintere Sternite ohne Porenfeld. Endbeinsternit breit. Endbeine des ♀ lang, spärlich beborstet.

Mexiko: Guerrero Mill, Hidalgo.

16. Gen. **Mesoschendyla** Att.

1909 *Schendyla* subgen. *M.*, Attems in: Denk. Ges. Jena, *v.* 14 p. 19 | 1911 *M.*, Brölemann & Ribaut in: Bull. Soc. ent. France, p. 192 | 1912 *M.*, Brölemann & Ribaut in: N. Arch. Mus. Paris, ser. 5 *v.* 4 p. 132.

Labrum tief eingebuchtet und gezähnt. Mandibelzahnblatt nicht oder nur undeutlich in Blöcke zerteilt. Klaue der 2. Maxille gut entwickelt, auf beiden Kanten dicht gekämmt. Ventralporen vorhanden, das runde oder ovale Feld ungeteilt (Fig. 107). Jede Endbeinhüfte nur mit einer homogenen Drüse; Tarsus zweigliedrig, ohne deutlichen Prätarsus. ♂ Gonopoden zweigliedrig, ♀ Gonopoden eingliedrig.

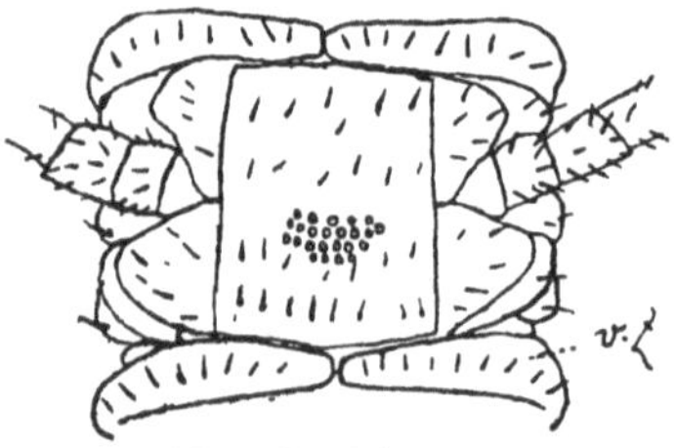

Fig. 107. **Mesoschendyla monopora** Att. *v. Z.* = Prästernit.

Südafrika, Java.

3 Arten.

Typus: *M. monopora* Att.

Übersicht über die Arten:

1 a) 2. bis vorletztes Sternit mit Ventralporenfeld. 83—85 Beinpaare. Endbeinsternit hinten tief eingebuchtet. 1.—5. Antennenglied nur mit 2 Quirlen längerer Borsten (Südafrika) . . . . 3. **M. caledonica**

1 b) Die Ventralporen hören auf dem 32. Sternit oder schon früher auf. 31 bis 63 Beinpaare. Endbeinsternit hinten nicht eingebuchtet 2

2a) 57—63 Beinpaare. Labrum mit etwa 23 Zähnchen. 2. bis 30. oder 32. Sternit mit Ventralporenfeld (Südafrika) . . . . 1. **M. monopora**
2b) 31 Beinpaare. Labrum mit 9 Zähnchen. 2. bis 11. Sternit mit Ventralporenfeld (Java) . . . . 2. **M. javanica**

1. **M. monopora** Att. 1909 *Schendyla (M.) m.*, Attems in: Denk. Ges. Jena, *v.* 14 p. 19 t. 1 f. 8—13 (Fig. 107, 108).

Blaßgelb, Kopf rötlich. Länge bis 40 mm. 57 (♂)—63 (♀) Beinpaare. Kopfschild kaum etwas länger als breit; vorn stumpfwinklig. Keine Stirnfurche. Antennen ziemlich lang; zwischen den 2 Quirlen längerer Borsten treten kleine Borsten schon vom 1. Glied an auf; die Dichte der Beborstung vergrößert sich vom 1. Glied an ganz allmählich. Clypeus zerstreut langborstig. Labrum tief eingebuchtet mit etwa 23 Zähnen, von denen die mittleren kurz und stumpf, die äußeren spitz und hakig einwärts gerichtet sind. 1. Maxille ohne Außentaster am Syncoxit, Telopodit zweigliedrig, mit auf die Unterseite geschlagenem breitem, glattem Außentaster. Mandibel mit 6—8 Zähnen (dasselbe Individuum auf beiden Seiten verschieden) auf dem Zahnblatt, das

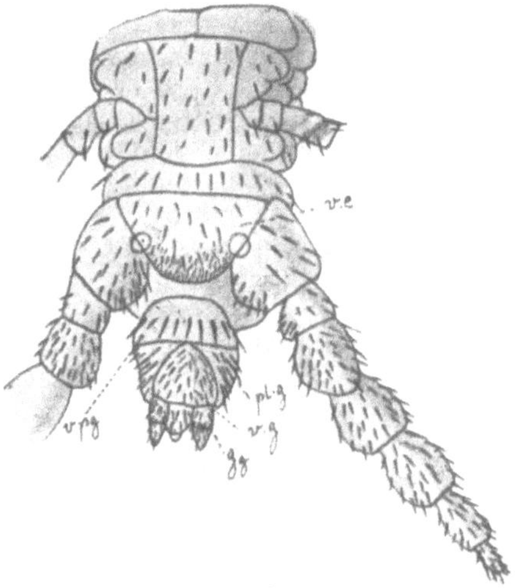

Fig. 108. **Mesoschendyla monopora Att.**, ♂
v. e = Sternit des Endbeinsegments, *vpg* = Sternit des Prägenitalsegments, *vg* = Sternit des Genitalsegments, *pl. g* = Pleurite des Genitalsegments, *Gg* = Gonopoden.

nicht deutlich in Blöcke zerteilt ist. Die Kieferfüße erreichen nicht ganz den Stirnrand, keine Zahnbildungen, Ungulum glatt. Kieferfußhüften und die Tergite, Sternite und Pleuren der ersten 16 Segmente auffallend grobmaschig gefeldert. Rücken fast unbeborstet, Ventralseite reichlich beborstet. Basalschild merklich kürzer als das folgende Tergit. Tergite doppelfurchig. Sternite länger als breit, 2.—30. oder 32. Sternit mit anfangs rundlichem, dann querovalem kleinem Porenfeld; Prästernite vom 16.—20. an ohne Mediannaht miteinander verschmolzen. Endbeinsternit fast 2 mal so breit wie lang (1,8 : 1), trapezisch, hinten breitbogig abgerundet, in der hinteren Hälfte dicht, fein und kurz beborstet (Fig. 108). Endbeine des ♂ stark verdickt und dicht beborstet; das 2. Tarsalglied viel schlanker als der 1. Tarsus; auch beim ♀ ist es merklich dünner. Keine Terminalporen.

Insel Possession südlich von Lüderitzbucht; Kamaggas, Klein Namaqualand.

2. **M. javanica** (Att.) 1907 *Schendyla j.*, Attems in: Mt. Mus. Hamburg, *v.* 24 p. 94 f. 6. 7 | 1912 *S. j.*, Brölemann & Ribaut in: N. Arch. Mus. Paris, ser. 5 *v.* 4 p. 157.

Blaßgelb, Kopf etwas dunkler. Länge 10 mm. Breite 0,5 mm. 31 Beinpaare. Kopfschild so lang wie breit. Labrum mit 9 Zähnchen, von denen die 5 mittleren kurz und stumpf, die 2 äußeren jeder Seite spitz sind. 1. Maxille ohne Außentaster. Die Kieferfüße überragen ein wenig den Stirnrand; Tarsus mit winzigem Höcker. Rumpf spärlich beborstet. Sternite mit 5 unregelmäßigen Querreihen von 3—4 Börstchen. Ventralporen vom 2.—11. Sternit, auf dem ersten und einigen der letzten dieser Segmente nur wenige Poren, die übrigen mit unregelmäßig querovalem in der Mitte gelegenem Porenfeld. Endbeinsternit trapezförmig; 2. Tarsus merklich dünner als der 1. Tarsus; ohne Prätarsus.

Java, Tjompea im Höhlenguano.

3. **M. caledonica** Att. 1928 *M. c.*, Attems in: Ann. S. Afr. Mus., *v.* 26 p. 129 t. 19 f. 457—460 textf. 85—88 (Fig. 109).

Gelbbraun, die vorderen Segmente dunkler rotbraun. Länge bis 65 mm. 83—85 Beinpaare (♂). Kopfschild etwas länger als breit, zerstreut punktiert und beborstet. Clypeus mit etwa 4 unregelmäßigen Querreihen langer Borsten. 1. bis 5. Antennenglied mit 2 Quirlen starker Borsten; auf dem 4. Glied beginnen dazwischen kleinere Borsten aufzutreten. Labrum tief eingebuchtet, die mittleren der etwa 23 Zähne kürzer und stumpfer, die seitlichen allmählich spitzer werdend, die äußersten ungefähr in der Mitte des vorgewölbten Seitenteils stehend. Zahnblatt der Mandibel undeutlich zerklüftet mit 3, 2 bis 3, 4 Zähnen. 1. Maxille mit 2 Paar zarthäutigen, unbespitzten Außentastern, die auf die Ventralseite geklappt sind. Gliederung des Telopodits etwas undeutlich. Coxalfortsatz und Telopoditendglied mit einigen wenigen starken Borsten. Die Kieferfüße erreichen den Stirnrand nicht, ohne Zahnbildung. Tergite doppelfurchig. Rumpf sehr fein und spärlich beborstet; die ersten 26—27 Sternite sehr auffallend grob polygonal gefeldert, 2. bis vorletztes Sternit mit kreisrundem bis kurz querovalem Porenfeld an der Grenze vom 2. und 3. Drittel; hintere Prästernite ganz ungeteilt. Endbeinsternit sehr breit, hinten ziemlich tief eingeschnitten, die hintere Hälfte dicht beborstet (Fig. 109). Endbeine verdickt, beim ♂ stärker als beim ♀, nur das Endglied bleibt schlankwalzig, es trägt bei ♂ und ♀ 2 winzige Dörnchen am Ende, während die anderen Borsten dieses Gliedes sehr lang sind.

Fig. 109.
Mesoschendyla caledonica Att., ♀ Ventralseite.

Kapland, Caledon, Venster Ravine, Zonder End Mts.

17. Gen. **Schendylops** Cook

1899 *S.*, Cook in: P. ent. Soc. Washington, *v.* 4 p. 305 | 1912 *S.*, Brölemann & Ribaut in: N. Arch. Mus. Paris, ser. 5 *v.* 4 p. 168.

Labrum in der ganzen Bucht kräftig gezähnt. Kralle der 2. Maxille auf beiden Kanten dicht gekämmt, Pleuren mit den Hüften verschmolzen.

Ventralporenfeld nach dem 21.—25. Segment in zwei geteilt. Endbeinhüfte mit einer Drüse und einem Porus; Tarsus zweigliedrig, das 2. Tarsalglied sehr kurz und dünn; kein Prätarsus.

Madagaskar.

1 Art.

1. **S. grandidieri** (Sauss. & Zhnt.) 1897 & 1902 *Schendyla g.*, Saussure & Zehntner in: Hist. Madag., *v.* 27 t. 12 f. 8; p. 332 | 1899 *Schendylops g.*, Cook in: P. ent. Soc. Washington, *v.* 4 p. 305 | 1912 *S. g.*, Brölemann & Ribaut in: N. Arch. Mus. Paris, ser. 5 *v.* 4 p. 169 f. 12—17.

Blaßgelb, Vorderende rötlich. Länge bis 35 mm. 55—57 Beinpaare (♀). Kopfschild länger als breit (29 : 23), vorn winkelig. Clypeus mit einem Dutzend unregelmäßig verteilter Borsten hinter den Postantennalborsten. Mittelbucht des Labrum mit 23 Zähnen, die 3 äußersten jeder Seite sind spitzer, die anderen stumpf, mit basaler Abgrenzung. Zahnblatt der Mandibel mit 8 Zähnen, undeutlich in 3 Blöcke geteilt. 1. Maxille mit gut entwickelten, auf die Dorsalseite geklappten Außentastern. Basalschild trapezisch; $2^1/_2$ mal so breit wie lang. Kieferfüße ungezähnt, Hüften kurz und breit. 1.—41. oder mehr Sternite mit Ventralporenfeld; es ist bis zum 21.—25. Segment ungeteilt und teilt sich dann in zwei. Die ungeteilten Felder haben etwa 111 Poren, jedes der paarigen Felder 13—20 Poren. Endbeine des ♀ verdickt, (♂ unbekannt) beborstet, das 2. Tarsalglied sehr klein, kurz und dünn, ohne Kralle.

Madagaskar.

18. Gen. **Plesioschendyla** Rib.

1923 *P.*, Ribaut in: N. Caledonia, *v.* 3I p. 72.

Mittelbucht des Labrum gezähnt, die Zähne an der Basis abgegrenzt. Mandibelzahnblatt ungeteilt (Fig. 110); das parenchymatöse Innere der Mandibel setzt sich in die meisten Zähne fort, so daß diese nicht solide Chitingebilde, wie bei den Schendylidae sonst immer, sind. Klaue der 2. Maxille glatt; Pleurite nicht über die Drüsenöffnungen hinausreichend. Ventralporen in der vorderen und hinteren Körperhälfte vorhanden. Endbeinhüfte mit einer homogenen Drüse; Tarsus zweigliedrig, ohne Prätarsus.

Neu Caledonien.

1 Art.

1. **P. confossa** Rib. 1923 *P. c.*, Ribaut in: N. Caledonia, *v.* 3I p. 73 f. 186—192 (Fig. 110, 111).

Länge bis 35 mm. 43 (♂)—55 (♀) Beinpaare. Blaßgelb mit schwarzbraunen Pigmentflecken, die eine Längsreihe in der Mitte des Bauches und eine zweite in der Rückenmitte bilden; letztere ist in der hinteren Körperhälfte geteilt; außerdem ein Fleck im Hintereck des Tergites und auf gewissen Skleriten der Pleuren. 1. und letztes Tergit ohne Flecken. Manchmal fehlen alle diese Flecken. Kopfschild länger als breit (1,2 : 1). Keine Stirnfurche. Mittelbucht des Labrum mit 6 oder 7 Zähnen, Seitenteile mit 5 oder 6 dreieckigen Zähnen. Zahnblatt der Mandibel mit 8 Zähnen. 1. Maxille nur auf dem Telopodit mit Außentastern. Kieferfüße ohne Zähne, Ungulum glatt. — Tergite runzelig, doppelfurchig. Alle Sternite außer dem Endbeinsternit mit Porenfeld, das auf den vorderen Segmenten ein ungeteilter Querstreifen ist, der beinahe die ganze Sternitbreite einnimmt. Vom etwa 18. Sternit an teilt sich das Porenfeld in der Mediane in 2 Felder, die sich manchmal auf dem vorletzten Sternit wieder vereinigen. Endbeinsegment mit Präpleuriten; Sternit doppelt so breit wie lang, trapezförmig (Fig. 111). Endbeine des ♂ sehr verdickt und dicht beborstet, die des ♀ schlank und spärlich beborstet. ♂ Gonopoden zweigliedrig, ♀ eingliedrig.

Neu Caledonien: Mont Ignambi, Mont Panié.

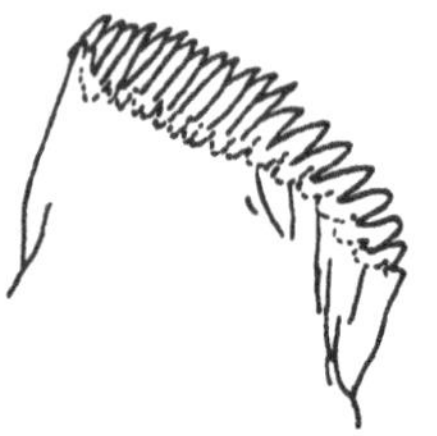

Fig. 110.
Plesioschendyla confossa Rib.
Mandibel.

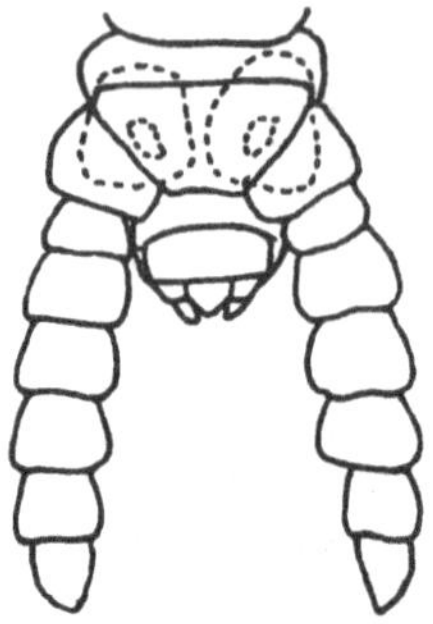

Fig 111.
Plesioschendyla confossa Rib., ♂
Ventralseite.

19. Gen. **Escaryus** Cook & Coll.

1891 *E.*, Cook & Collins in: P. U. S. Mus, *v.* 13 p. 391 | 1903 *E.*, Attems in: Zool. Jahrb., Syst. *v.* 18 p. 196 | 1927 *E.*, Attems in: Zool. Anz., *v.* 72 p. 302.

Kopfschild mehr oder weniger länger als breit, ohne Stirnfurche. Labrum tief eingebuchtet und gezähnt. Zahnblatt der Mandibel in 3 Blöcke geteilt. Syncoxit der 1. Maxille mit rudimentären oder gut ausgebildeten Außentastern,

Fig. 112.
Escaryus japonicus Att. Beide Maxillen.

Fig. 113 **Escaryus japonicus** Att., ♂
Ventralseite.

Telopodit zweigliedrig, meist mit langem Außentaster. Hüften der 2. Maxille ganz verwachsen. Klaue auf beiden Kanten gekämmt (Fig. 112). Hüften der Kieferfüße ohne Chitinlinien, der Vorderrand ungezähnt, Ungulum glatt. Tergite mit oder ohne Längsfurchen. Keine Ventralporen, vordere Sternite mit Mediangrübchen. Endbeinhüften mit zahlreichen, einzeln und frei auf dem größten

Teil der Fläche mündenden Poren (Fig. 113); Tarsen zweigliedrig, Prätarsus krallenförmig. Endbeine des ♂ stark verdickt. Gonopoden bei ♂ und ♀ groß, zweigliedrig.

Ostasien, Zentralasien, Nordamerika.

7 Arten, 1 Unterart.

Typus: *E. sibiricus* Cook

Übersicht über die Arten:

1 a) Prätarsus der Endbeine merklich kleiner als der der vorangehenden Beine. Keine Terminalporen (Asien) 2
1 b) Der Prätarsus der Endbeine ist ebenso groß wie der der vorangehenden Beine. Syncoxit der 1. Maxille ohne Außentaster 4
2 a) Syncoxit der 1. Maxille mit langen Außentastern; die lateralen Zähne des Labrum sind in lange, dünne Spitzen ausgezogen. Die geschlossenen Kieferfüße erreichen den Stirnrand. Felderung des Clypeus wie bei *japonicus*. Labrum seichter eingebuchtet . . . . 1. **E. sibiricus**
2 b) Syncoxit der 1. Maxille ohne Außentaster. Die lateralen Zähne des Labrum sind kurz 3
3 a) Auf dem Clypeus vor dem Labrum nur 2 ganz kleine runde Stellen ohne polygonale Felderung. Die Kieferfüße erreichen den Stirnrand bei weitem nicht. Labrum tiefer eingebuchtet . . . . 2. **E. retusidens**
3 b) Auf dem Clypeus vor dem Labrum 2 große querrechteckige ungefelderte Flächen, die nur durch einen schmalen gefelderten medianen Streifen getrennt sind. Die geschlossenen Kieferfüße erreichen den Stirnrand. Labrum weniger tief eingebuchtet . . . . 3. **E. japonicus**
4 a) Terminalporen fehlen. Endbeinsternit so lang wie breit, nach hinten deutlich verschmälert (Asien) . . . . 4. **E. latzeli**
4 b) Terminalporen vorhanden (Nordamerika) 5
5 a) Sternit der Endbeine so lang wie breit, nach hinten deutlich verschmälert. Endbeinhüfte mit 5—6 Poren . . . . 5. **E. albus**
5 b) Endbeinsternit schmal, nach hinten kaum verschmälert 6
6 a) Lichtgelbbraun. 41 Beinpaare . . . . 6. **E. phyllophilus**
6 b) Wachsweiß. 49 Beinpaare . . . . 7. **E. liber**

1. **E. sibiricus** Cook 1899 *E. s.*, Cook in: P. ent. Soc. Washington, *v.* 4 p. 304 | 1904 *E. s.*, Attems in: Zool. Jahrb., Syst. *v.* 20 p. 122 t. 8 f. 8 | 1927 *E. s.*, Attems in: Zool. Anz., *v.* 72 p. 302 f. 11 (Fig. 114).

Chitingelb, Vorderende nur wenig dunkler. Länge bis 65 mm. Breite bis 2,5 mm. Zahl der Beinpaare ♂ 49, ♀ 49 oder 51. Kopfschild nur sehr

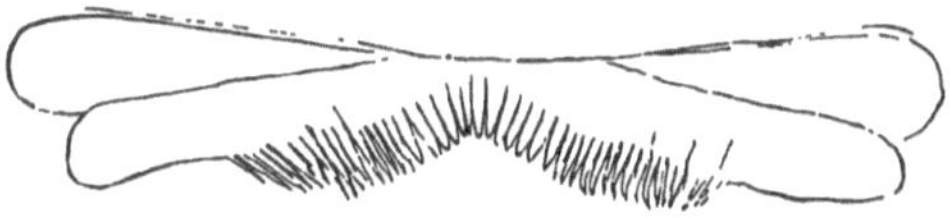

Fig. 114. **Escaryus sibiricus** Cook. Labrum.

wenig länger als breit, reichlich punktiert. Basalschild trapezisch, hinten etwas schmäler als das folgende Tergit; von den Kieferfüßen ist von oben ein großer Teil der Pleuren und der Telopodite sichtbar. Antennen endwärts etwas verdünnt. Labrummitte sehr seicht eingebuchtet; in der Mitte sind die Zähne kurz und stumpf, seitlich sind sie lang, fransenartig (Fig. 114). Zahnstück der Mandibel nicht deutlich in Blocks zerklüftet. 1. Maxille mit 2 Paar langer Außentaster; die Kieferfüße sind ziemlich dicht punktiert und beborstet; Präfemur mit schwachem Innenhöcker, alle anderen Glieder ohne

Zahnbildung; geschlossen erreichen sie den Stirnrand. Felderung des Clypeus wie bei *E. japonicus*. Tergite mit 2 sehr seichten Längsfurchen, zerstreut punktiert und beborstet.

Vordere Sternite breiter als lang, mittlere quadratisch, hintere länger als breit, auf dem 3.—14. bildet der Hinterrand einen kleinen Vorsprung, dem ein Eindruck am Vorderrand des folgenden Sternits entspricht; außerdem haben diese Sternite ein tiefes, ovales medianes Längsgrübchen.

Sternit des Endbeinsegments sehr lang und schmal, 2mal so lang wie breit, rechteckig. Hüfte sehr groß, unbeborstet; mit Ausnahme eines Teils der Dorsalseite dicht mit größeren Poren bedeckt. Prätarsus eine kleine Kralle, kleiner als die der Laufbeine. Endbeine des ♂ stark verdickt, dicht und kurz beborstet. Keine Terminalporen.

Wladiwostok.

2. **E. retusidens** Att. 1904 *E. r.*, Attems in: Zool. Jahrb., Syst. *v.* 20 p. 121 t. 8 f. 4—6 | 1927 *E. r.*, Attems in: Zool. Anz., *v.* 72 p. 303.

Gelb, Kopf braun. Länge bis 38 mm. Breite bis 1,2 mm. Zahl der Beinpaare ♂ 49—53, ♀ 51, 53. Kopfschild viel länger als breit, reichlich und relativ lang beborstet. Antennen endwärts etwas verdünnt, ziemlich lang. Clypeus fast ganz gleichmäßig polygonal gefeldert; vor dem Labrum nur 2 ganz kleine runde ungefelderte Stellen; hinter den Antennen und vor dem Labrum je ein Paar einander genäherter Borsten, dazwischen eine unregelmäßige Querreihe von etwa 6 Borsten, in den Ecken vorn 1 Paar Borsten. Labrum relativ schmal und tief eingebuchtet, alle, etwa 15 Zähne, kurz und kräftig. Syncoxit der 1. Maxille ohne deutlichen Außentaster, Telopodit mit fein bestacheltem Außentaster. Die Kieferfüße erreichen den Stirnrand bei weitem nicht; Vorderrand der Hüften tief eingekerbt.

Vordere Sternite quadratisch, mit tiefem längsovalem Mittelgrübchen, mit ganz schwacher, sehr undeutlicher Andeutung der *Carpophagus*-Bildung; hintere Sternite etwas länger als breit, alle fein und zerstreut beborstet.

Sternit des Endbeinsegments trapezisch, etwas länger als breit, beim ♂ hinten stärker verjüngt als beim ♀ und in der hinteren Hälfte dicht beborstet. Hüften mäßig aufgetrieben, ventral und seitlich mit zahlreichen, ungleich großen und unregelmäßig verteilten Poren, die am oberen Rande der Hüfte und neben dem Sternitrand am dichtesten stehen. Endkralle etwas kleiner als die der Laufbeine. Endbeine des ♂ ziemlich verdickt und reichlich beborstet.

Przewalsk.

2a) **E. r. var. oligopus** Att. 1904 *E. r.* var. *o.*, Attems in: Zool. Jahrb., Syst. *v.* 20 p. 122.

♂ mit 35, ♀ mit 35—41 Beinpaaren.

Karakol Tal, Kurmenty Paß, Aksu Tal, Zentralasien.

3. **E. japonicus** Att. 1927 *E. j.*, Attems in: Zool. Anz., *v.* 72 p. 299 f. 8—10 (Fig. 112, 113, 115).

Chitingelb. Kopf und Kieferfüße nur wenig dunkler. ♂ Länge 43 mm, 51 Beinpaare.

Kopfschild merklich länger als breit. Clypeus mit 2 großen, nur durch einen schmalen gefelderten Medianstreif getrennten, ungefelderten Flächen vor dem Labrum, auf dem Medianstreif 2 Borsten nebeneinander, vor den Flächen eine unregelmäßige Querreihe von Borsten, hinter den Antennen wieder ein Paar. Das Labrum ist mäßig tief eingebuchtet, der von den Zahnspitzen gebildete Bogen ist merklich seichter als bei *E. retusidens*, alle Zähne sind kurz und kräftig (Fig. 115). 1. Maxille ohne Außentaster am Syncoxit, außen nur fein und kurz bespitzt. 1. Telopoditglied mit langem, schlankem, fein bestacheltem Außentaster. 2. und 3. Telopoditglied der 2. Maxille reichlich beborstet (Fig. 112). Zahnstück der Mandibel in sehr undeutlicher Weise in drei Blocks zerklüftet. Die Kieferfüße erreichen geschlossen den Stirnrand; sie sind kräftig punktiert und kurz beborstet. Präfemur mit kleinem Innenzahn, die anderen Telopoditglieder innen nur ganz unmerklich höckerig. Basalschild hinten schmäler als das folgende Tergit. Tergite mit 2 seichten Längsfurchen,

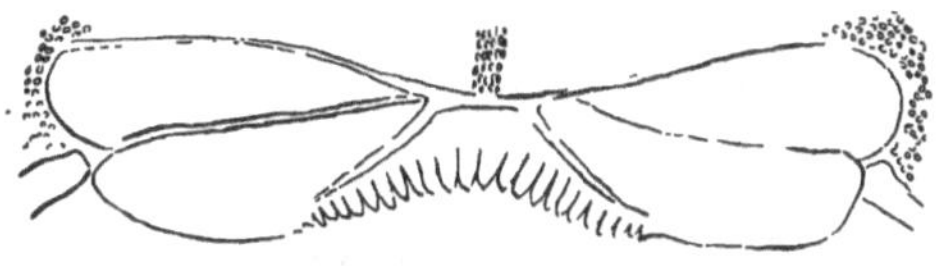

Fig. 115. **Escaryus japonicus** Att. Labrum.

zerstreut punktiert und beborstet. 2.—15. Sternit mit einem tiefen längsovalen Mediangrübchen, alle zerstreut beborstet. Sternit des Endbeinsegments sehr lang und schmal, ungefähr 2 mal so lang wie breit, hinten nur wenig verschmälert (♂). Endbeine des ♂ sehr dick, dicht und kurz beborstet, Hüfte mit zahlreichen Poren, die auf die ganze Fläche mit Ausnahme des distalen Teils der Dorsalseite verteilt sind. Endkralle merklich kleiner als die der vorangehenden Beine (Fig. 113).

Japan: Todohokhe, Hohando.

4. **E. latzeli** (Ssel.) 1881 *Geophilus L.*, Sseliwanoff in: Mém. Ac. St. Pétersb., *v.* 40 Beil. nr. 7 p. 7 | 1927 *Escaryus l.*, Attems in: Zool. Anz., *v.* 72 p. 301.

Ockergelb. Länge bis 25 mm. 43 Beinpaare (♂♀). Kopfschild merklich länger als breit. Clypeus gleichmäßig und ziemlich grobmaschig gefeldert, vor dem Labrum keine größeren ungefelderten Stellen. Labrum ziemlich tief eingebuchtet, die Zähne, auch die seitlichen, kurz und kräftig, nur ein kleines laterales Stück des Labrum zahnlos. 1. Maxille ohne Außentaster. Die Kieferfüße erreichen gerade den Stirnrand. Tergite ohne deutliche Längsfurchen, seitlich etwas aufgewölbt, fast unbeborstet. Sternite merklich länger als breit, relativ reichlich, aber fein und kurz beborstet. Sternit der Endbeine trapezisch, ungefähr so lang wie breit, Hüfte mit 12 und mehr kleinen Poren, die auf dem größten Teil der Ventralseite und lateral einige unter dem Sternitrand münden. Prätarsus so groß wie der der vorangehenden Beine. Keine Terminalporen.

Tian Schan.

5. **E. albus** Cook 1904 *E. a.*, Cook in: Harriman Alaska Exp., *v.* 8 p. 77 | 1927 *E. a.*, Attems in: Zool. Anz., *v.* 72 p. 303.

Größe, Habitus und Farbe wie bei *Schendyla nemorensis*. Länge 17 mm. Breite 0,7 mm. 45 Beinpaare (♀) wachsweiß. Endbeinsternit trapezförmig, ungefähr so breit wie lang. 5—6 ungleich große, unregelmäßig verteilte Hüftporen. Prätarsus der Endbeine von normaler Größe.

St. Paul, Pribilof Inseln.

6. **E. phyllophilus** Cook & Coll. 1891 *E. p.*, Cook & Collins in: P. U. S. Mus., *v.* 13 p. 392 t. 34 f. 9—11; t. 35 f. 12—15 | 1927 *E. p.*, Attems in: Zool. Anz., *v.* 72 p. 303.

Lichtgelbbraun. Länge 32 mm. Breite 1,3 mm. 41 Beinpaare (♀). Spärlich beborstet. Kopfschild ein wenig länger als breit (13:11), vorn abgerundet,

Hinterrand seicht eingebuchtet. Labrum tief eingebuchtet, mit etwa 15 kräftigen Zähnchen, die lateralen kurz. Zahnstück der Mandibel in 3 Blocks zerklüftet. Syncoxit der 1. Maxille ohne Außentaster, 1. Telopoditglied mit fein bestacheltem Außentaster. Die Kieferfüße erreichen den Stirnrand nicht; Vorderrand der Hüften ungezähnt; Präfemur, Femur und Tibia innen spitzzackig vortretend. Tarsus mit einem runden Höcker. Basalschild hinten schmäler als das folgende Tergit. Tergite ungefurcht. Vordere Sternite mit tiefem Mediangrübchen, das auf den mittleren Segmenten verschwindet, auf den hinteren wieder erscheint. Sternit des Endbeinsegments schmal, hinten wenig verschmälert abgerundet; Hüfte mit etwa 25 verschieden großen Poren. Endklaue groß. Terminalporen vorhanden.

Syracuse, New York.

7. **E. liber** Cook & Coll. 1891 *E. l.*, Cook & Collins in: P. U. S. Mus., *v.* 13 p. 394 t. 35 f. 16, 17 | 1927 *E. l.*, Attems in: Zool. Anz., *v.* 72 p. 303.

Wachsweiß. Länge 26 mm. Breite 0,9 mm. 49 Beinpaare (♀) spärlich beborstet. Kopfschild beträchtlich länger als breit (4 : 3), Hinterecken stark abgerundet. Antennen von mittlerer Länge: Labrum ähnlich wie bei *E. phyllophilus* mit ziemlich tiefer, aber relativ schmaler, mit etwa 13 kräftigen kurzen Zähnen besetzter Einbuchtung. Zahnstück der Mandibel in 3 Blocks zerklüftet. Syncoxit der 1. Maxille ohne Außentaster. Telopodit mit fein bestacheltem Außentaster. Die Kieferfüße erreichen den Stirnrand nicht; Vorderrand der Hüften schwach eingebuchtet, ungezähnt. Präfemur mit einem kleinen stumpfen oder ohne Zahn, die folgenden Glieder mit einem Zahn, der des Tarsus stumpf. Tergite ungefurcht. Vordere Sternite kurz, mit medianen Grübchen, die hinteren viel länger als breit.

Sternit des Endbeinsegments schmal, nach hinten kaum verschmälert, abgerundet. Hüfte mit etwa 17 ungleich großen Poren. Endkralle groß. Endbeine ein wenig länger als das vorangehende Paar. Kleine Terminalporen vorhanden.

Kirkville, Onondaga county, New York.

20. Gen. **Sogolabis** Chamb.

1920 *S.*, Chamberlin in: Psyche, *v.* 27 p. 63.

Labrum gezähnt. Klaue der 2. Maxille gut entwickelt, glatt. Die Pleurite reichen nach vorn bis zum Syncoxit. Kieferfüße mit Zahnbildungen. Keine Ventralporen. Endbeinhüfte mit mehreren Poren, Tarsus zweigliedrig, ohne Prätarsus.

Guatemala.

1 Art.

1. **S. scapheus** Chamb. 1920 *S. s.*, Chamberlin in: Psyche, *v.* 27 p. 64.

Länge 8 mm. 39 Beinpaare (♀). Kopfschild länger als breit (13 : 8). Keine Stirnfurche. Die geschlossenen Kieferfüße überragen den Stirnrand bis zum Ende des 1. Antennengliedes. Vorderrand der Kieferfußhüften mit 2 breiten, abgerundeten Zähnen, Präfemur mit stumpfem mäßig großem Zahn, Tarsus mit spitzem Zahn. Endbeinsternit mäßig breit, so breit wie lang, trapezisch, hinten geradlinig; Hüfte mit 5 Poren. Terminalporen vorhanden (! bei *Schendylidae* sonst nicht beobachtet).

Cuban, Guatemala.

Holitys Cook

1899 *H.*, Cook in: P. ent. Soc. Washington, *v.* 4 p. 304.

Endbeine mit Kralle. Ganz ungenügende Diagnose.

H. neomexicana Cook 1899 *H. n.*, Cook in: P. ent. Soc. Washington, *v.* 4 p. 304.

Neu Mexiko, Organ Mountains.

Ohne nähere Beschreibung.

Ctenophilus Cook

1895 *C.*, Cook in: P. U. S. Mus., *v.* 18 p. 71 | 1896 *C.*, Cook, Brandtia, p. 36 | 1899 *C.*, Cook in: P. ent. Soc. Washington, *v.* 4 p. 305.

Ungenügende Diagnosen.

C. africanus Cook 1895 *C. a.*, Cook in: P. U. S. Mus., *v.* 18 p. 71 (ohne Beschreibung) | 1896 *C. a.*, Cook, Brandtia, p. 37.

Liberia.

C. paurodus Cook 1896 *C. p.*, Cook, Brandtia, p. 38.

Bismarckburg, Togo.

C. simplex Cook 1896 *C. s.*, Cook, Brandtia, p. 38.

Liberia.

B. Subfam. Ballophilinae

1895 Fam. *Ballophilidae*, Cook in: P. U. S. Mus., *v.* 18 p. 69 | 1896 *B.*, Cook, Brandtia, p. 36 | 1903 Sectio *Ballophilini*, Attems in: Zool. Jahrb., Syst. *v.* 18 p. 172, 183 | 1908 Subfam. *Ballophilinae*, Verhoeff in: Bronn, Kl. Ordn., *v.* 5 II p. 276 | 1909 Trib. *Ballophilini*, Brölemann in: Arch. Zool. expér., ser. 5 *v.* 3 p. 312 | 1926 Trib. *B.*, Attems in: Kükenthal & Krumbach, Handb. Zool., *v.* 4 p. 353.

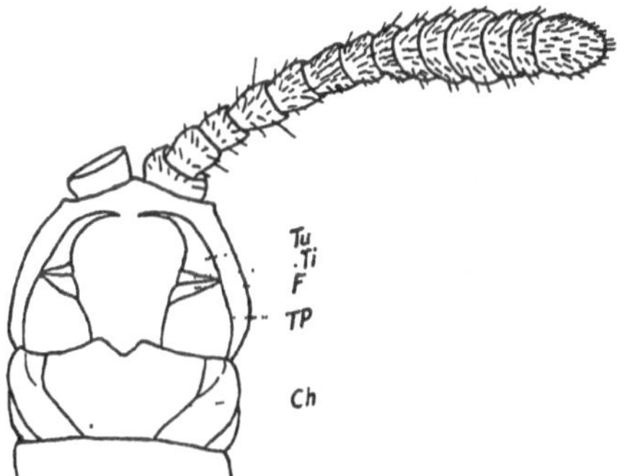

Fig. 116. **Ballophilus braunsi Silv.**
Ch = Chitinlinie, *TP* = Trochanteropräfemur, *F* = Femur, *Ti* = Tibia, *Tu* = Tarsungulum der Kieferfüße.

Körper mehr oder weniger dunkel pigmentiert, im Leben wohl immer, durch Liegen im Alkohol verblassen die Farben; die Bauchdrüsen scheinen als schwärzliche oder grüne Fleckenreihe durch. Vorderende hinter dem Kopfe mehr oder weniger deutlich halsartig verengt. Labrum sehr schwach entwickelt, wenig chitinisiert. Der Rand fast oder ganz gerade und glatt oder mit wenigen Fransen besetzt. Antennen keulig verdickt (Fig. 116). Ventralporenfeld scharf umschrieben, meist auf einer erhöhten glatten Fläche gelegen, meist ungeteilt (Fig. 117), nur bei *Diplethmus* in 2 kreisrunde Felder geteilt. Endbeine stark verdickt, Hüfte mit 2 großen Poren oder mit einer großen Grube, in die mehrere kleine Poren münden, Tarsus zweigliedrig, kein Prätarsus.

Übersicht über die Gattungen:

1a) Ventralporen in zwei kreisrunden, nebeneinander gelegenen Feldern. Antennen nur wenig keulig verdickt . . . . 25. Gen. **Diplethmus**
1b) Ventralporen in einem einzigen Feld. Antennen stark keulig verdickt . 2
2a) Kieferfüße ohne Chitinlinien . . . . 21. Gen. **Ballophilus**
2b) Kieferfüße mit Chitinlinien 3
3a) Endbeinhüfte mit einer großen Grube, in die mehrere kleine Poren münden: Tergite doppelfurchig . . . . 24. Gen. **Tanophilus**
3b) Endbeinhüfte mit 2 großen Poren. Tergite ungefurcht 4
4a) Das Ventralporenfeld ist querelliptisch oder biskuitförmig. Endbeinsternit trapezförmig, hinten wenig schmäler als vorn . . . 22. Gen. **Thalthybius**
4b) Ventralporenfeld kreisrund. Endbeinsternit nach hinten so stark verschmälert, daß es fast dreieckig ist . . . . 23. Gen. **Ityphilus**

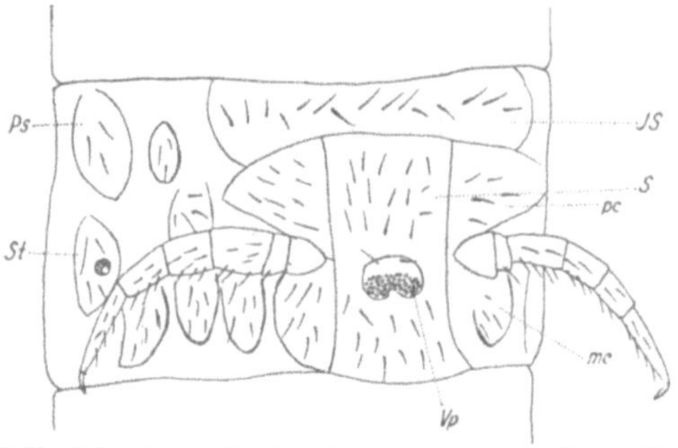

Fig. 117 **Ballophilus braunsi** Silv. Segment aus der vorderen Körperhälfte.
Ps = Präscutellum, *St* = Stigmentschild, *Vp* = Ventralporen, *mc* = Metacoxa, *pc* = Procoxa, *S* = Hauptsternit, *JS* = Prästernit.

21. Gen. Ballophilus Cook

1895 *B.*, Cook in: P. U. S. Mus., *v.* 18 p. 70 | 1896 *B.*, Cook, Brandtia, p. 36 | 1899 *B.*, Cook in: P. ent. Soc. Washington, *v.* 4 p. 306 | 1903 *B.*, Attems in: Zool. Jahrb., Syst. *v.* 18 p. 183.

Vorderer Teil des Rumpfes hinter dem Kopf leicht halsartig eingeschnürt. Antennen keulig durch Verdickung der 6 letzten Glieder. Labrum rudimentär, schwach chitinisiert, in der Mitte glatt, seitlich mit einigen Spitzchen oder Fransen (Fig. 118). 1. Maxille mit oder ohne Außentaster. Klaue der 2. Maxille dicht gekämmt. Kieferfüße ohne Chitinlinien, kurz, den Stirnrand bei weitem nicht erreichend, ohne Zahnbildungen, Ungulum glatt. Ventralporenfeld queroval oder biskuitförmig, auf einer etwas erhöhten, scharf umrandeten glatten Fläche liegend (Fig. 117). Endbeine sehr verdickt, Hüfte mit 1—2 großen Poren, Tarsus zweigliedrig, ohne Prätarsus.

Äthiopische Region (Ostafrika, Kapland, Liberia, Kamerun), Indo-Australien: Java, Neu Caledonien, Loyalty Inseln, Fiji Inseln u. Australien).

8 sichere, 3 unsichere Arten.

Typus: *B. clavicornis* Cook

Übersicht über die Arten:

1a) Endbeinhüfte mit 2 Poren 2
1b) Endbeinhüfte mit 1 Porus 6
2a) Terminalporen sind vorhanden . . . . 1. **B. clavicornis***)
2b) Terminalporen fehlen 3
3a) Die 2 letzten Sternite ohne Porenfeld 4
3b) Die 4 letzten Sternite ohne Porenfeld 5
4a) Endglied der Antenne zugespitzt, 2mal so lang wie breit; das Körperinnere scheint grünlich durch. 61—79 Beinpaare . . . . 5. **B. neocaledonicus**
4b) Endglied der Antenne abgerundet, so lang wie breit. Das Körperinnere nicht grün pigmentiert, nur die Ventraldrüsen bilden schwärzliche Flecken. 57—61 Beinpaare . . . . 6. **B. braunsi**
5a) Das Körperinnere ist grün pigmentiert. Das letzte Antennenglied ist $1^1/_2$mal so lang wie breit. Kopfschild länger als breit. 63—77 Beinpaare: 7. **B. rouxi**
5b) Das Körperinnere ist unpigmentiert. Das letzte Antennenglied ist so lang wie breit. Kopfschild so lang wie breit. 51—57 Beinpaare: 8. **B. alluaudi**
6a) 45—47 Beinpaare. Körper blaßgelb. Ventralporenfeld queroval, in der Mitte des Sternits gelegen . . . . 2. **B. kraepelini**
6b) 75 Beinpaare. Körper grünlich. Ventralporenfeld hinten geradlinig begrenzt, nahe dem Hinterrand des Sternits gelegen . . . . 3. **B. polypus**

Fig. 118. **Ballophilus braunsi** Silv., ♀. Labrum.

1. **B. clavicornis** Cook 1895 *B. c.*, Cook in: P. U. S. Mus., *v.* 18 p. 70 (nur der Name) | 1896 *B. c.*, Cook, Brandtia. p. 37.

Violett oder schwärzlich: 63—73 Beinpaare. Sternite doppelfurchig, runzelig und beborstet. Endbeinhüfte mit 2 großen Poren, unter dem beborsteten Sternit sich öffnend, letzteres breiter als lang. Endbeine dicht beborstet. Terminalporen vorhanden.

Liberia.

2. **B. kraepelini** Att. 1907 *B. k.*, Attems in: Mt. Mus. Hamburg, *v.* 24 p 92 f. 3, 4; t. 1 f. 2. 3.

Blaßgelb, Kopf bräunlichgelb. Länge 17 mm. 45 oder 47 Beinpaare. Kopfschild rundlich. Basalschild groß, so lang wie das folgende Tergit. Antennen kurz, keulig verdickt, die Glieder der basalen Hälfte mit Quirlen längerer Borsten, die anderen dicht und fein beborstet. Clypeus ohne jede Area, Labrum rudimentär. Zahnblatt der Mandibel mit 5 kräftigen, stumpfen Zähnen. 1. Maxille ohne deutliche Außentaster. Klaue der 2. Maxille dicht gekämmt. Kieferfüße ohne Zahn, den Stirnrand bei weitem nicht erreichend, Ungulum glatt. Sternite lang, mit 4 Längsreihen von je 5 starken Borsten; 2. bis fünftletztes Sternit mit querovalem Porenfeld, das in der Mitte des

*) Hierher wahrscheinlich auch 4. *B. australiae* Chamb.

Sternits liegt; caudalwärts werden sie kleiner und nähern sich dem Hinterrand. Endbeinsternit trapezisch, Hüfte mit einer großen Drüse, die durch einen Porus unter dem Sternitrand mündet. Endbeine verdickt, reichlich beborstet, der 2. Tarsus kegelig, ohne Prätarsus.

Java, Tjibodas, Depok, Pangerango.

3. **B. polypus** Att. 1907 *B. p.*, Attems in: Mt. Mus. Hamburg, *v.* 24 p. 93.

Blaßgrünlich, Kopf und Antennen bräunlichgelb. Länge 12 mm. 75 Beinpaare. 2. bis fünftletztes Sternit mit querem Porenfeld, das hinten geradlinig ist und nahe dem Hinterrand liegt, die Drüsen schimmern als kleine runde Päckchen durch. Borsten der Sternite länger und dicker als bei *B. kraepelini*; in allen übrigen Punkten mit diesem übereinstimmend.

Tjompea Wald.

4. **B. australiae** Chamb. 1920 *B. a.*, Chamberlin in: Bull. Mus. Harvard, *v.* 64 p. 37.

Lichtrotgelb. Länge 38 mm. 75 Beinpaare. Antennen keulig verdickt und etwas knieförmig gebogen. Kieferfüße ohne Zähne, den Stirnrand nicht erreichend. Tergite mit zahlreichen feinen Längsfurchen und einigermaßen runzelig. 2. bis drittletztes Sternit mit querovalem Porenfeld in der hinteren Hälfte des Sternits. Endbeinsternit trapezisch; Hüfte mit 2 Poren, die teilweise unter dem Sternit liegen. Endbeine stark verdickt, dicht und kurz beborstet.

Queensland, Kuranda.

5. **B. neocaledonicus** Rib. 1923 *B. n.*, Ribaut in: N. Caledonia, *v.* 31 p. 77 f. 193—197.

Hellbraun, das Körperinnere grünlich durchscheinend, vorn und hinten dunkler; Ventraldrüsen grün oder violett. Länge bis 41 mm. 61—79 Beinpaare. Kopfschild breiter als lang. Antennen keulig durch Verdickung der 6 letzten Glieder, das Endglied schlank kegelig zugespitzt. 2 mal so lang wie breit. Labrum, Mandibeln, 1. Maxille, Kieferfüße, Tergite, Pleuren und Endbeinsegment wie bei *B. alluaudi* Rib. Klaue der 2. Maxille tiefer gekämmt als bei diesem. Sternite mit Ausnahme des ersten und der zwei letzten mit querovalem Porenfeld, das auf einer von einem Wulst umgebenen Erhöhung liegt; außerhalb des Wulstes ist die Fläche etwas vertieft; auf der Erhöhung eine Anzahl, etwa 6, Borsten, die kürzer sind und dichter stehen als die übrigen Borsten.

Neu Caledonien: Tchalabel, Mont Panié, Ngoital, Mont Humboldt.

6. **B. braunsi** Silv. 1907 *B. b.*, Silvestri in: Mt. Mus. Hamburg, *v.* 24 p. 244 (Fig. 116—120).

Blaßgelb oder bräunlichgelb; die Ventraldrüsen scheinen als sternförmige schwärzliche Flecken durch. 57 (♂)—61 (♀) Beinpaare. Antennen keulig, das Endglied abgerundet (Fig. 116). Die Endkeule wird von den 6 letzten Gliedern gebildet. 2., 3., 4., 9., 13. Glied mit Sinneszapfen. Labrum in der Mitte glattrandig, seitlich mit 1 deutlichen und 1—2 ganz rudimentären Zähnchen (Fig. 118). Telopodit der 1. Maxille mit einem kleinen Außentaster. Klaue der 2. Maxille auf der dorsalen Kante mit einem breiten hyalinen, feingestreiften Saum, auf der ventralen Kante mit einem schmäleren gezackten Saum. Kieferfußhüften ohne Chitinlinien, alle Glieder ohne Zähne. Tergite ungefurcht, beborstet. Sternite etwa 2 mal so lang wie breit, reichlich beborstet; mit Ausnahme des ersten und der 2 letzten mit einem querovalen, erhabenen, von einem Ringwulst umgebenen Porenfeld (Fig. 117); das letzte Porenfeld des drittletzten Segments besteht nur aus wenigen Poren. Endbeinsternit trapezisch, reichlich lang und fein beborstet; Hüfte mit 2 großen Poren (Fig. 119); alle Endbeinglieder haben ventral außer den gewöhnlichen Borsten auch solche, die auf einer größeren knopfartigen Basis sitzen; die Hüfte hat 2, Trochanter 2, Präfemur 4, Femur 6, Tibia 8, Tarsen 5—6 solche Borsten (Fig. 120). Keine Terminalporen. ♂ und ♀ Gonopoden eingliedrig.

Kapland: Umgebung von Kapstadt, Tafelberg, Port Elizabeth usw. Natal: Howick.

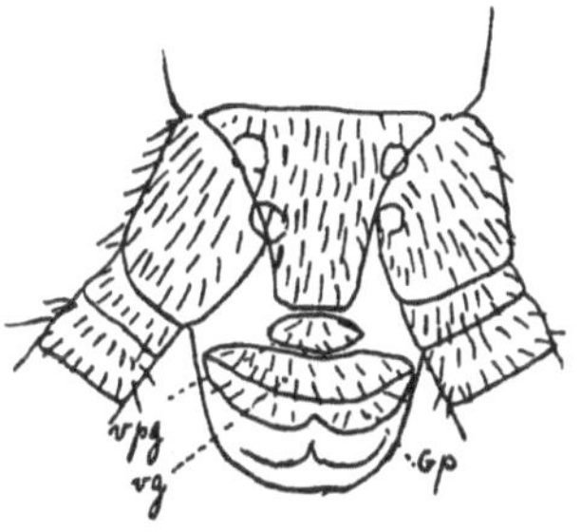

Fig. 119.
Ballophilus braunsi Silv., ♀
vpg = Sternit des Prägenitalsegments,
vg = Sternit des Genitalsegments,
Gp = Gonopoden.

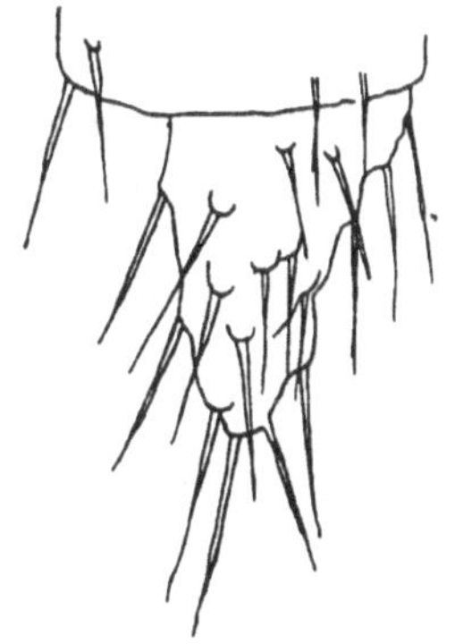

Fig. 120.
Ballophilus braunsi Silv., ♂. Endbein.

7. **B. rouxi** Rib. 1923 *B. r.*, Ribaut in: N. Caledonia, *v.* 3I p. 78 f. 198—202.

Hellbraun, das Körperinnere scheint grün durch. Länge 49 mm. 63—77 Beinpaare. Kopfschild etwas breiter als lang; Antennen nur schwach keulig. Labrum, Mandibel, 1. und 2. Maxille, Kieferfüße, Tergite, Pleuren und Endbeinsegment wie bei *B. neocaledonicus.* Sternite mit Ausnahme des ersten und der 4 letzten mit Porenfeld, das auf einer glatten, kaum umwallten Fläche liegt und einige von den anderen nicht verschiedene Borsten trägt; das Porenfeld ist queroval oder mehr oder weniger eingeschnürt, biskuitförmig. Keine Terminalporen.

Neu Caledonien: Tchalabel, Mont Panié, Koné, La Foa, Yaté, Noumea.

8. **B. alluaudi** Rib. 1914 *B. a.*, Ribaut in: Alluaud & Jeannel, Voy. Afr. Or., Chilop. p. 27.

Hellbraun bis gelbweiß: die Ventraldrüsen bilden eine Reihe violettbrauner Flecken. 51 (♂)—57 (♀) Beinpaare. Kopfschild so breit wie lang. Die 6 letzten Antennenglieder bilden eine Keule; ventral sind diese Glieder kürzer, aber viel dichter beborstet. Labrum rudimentär, geradlinig, mit einigen dreieckigen Spitzchen. Zahnblatt der Mandibel mit etwa 10 Zähnen. Telopodit der 1. Maxille mit dorsalwärts geklapptem Außentaster. Hüften der 2. Maxillen mit deutlicher Mediannaht; Klaue auf beiden Kanten in der ganzen Länge gekämmt. Die Kieferfüße erreichen bei weitem nicht den Stirnrand, ohne Zähne, Ungulum glatt. Tergite der vorderen Körperregion grob runzelig, die anderen mit runden, in 4 mehr oder weniger regelmäßigen Querreihen angeordneten Tuberkeln; Prästernite mit einem Querkiel, der sich dann in eine Reihe von Tuberkeln auflöst. Ventralporenfeld queroval, auf einer glatten Erhöhung liegend; erstes und die 4 letzten Sternite ohne Porenfeld. Endbeinsternit trapezisch, so lang wie an der Basis breit; Hüfte mit 2 halb unter dem Sternit liegenden Poren; zweiter Tarsus konisch, kürzer als der erste, ohne Prätarsus. ♂ Gonopoden eingliedrig. Keine Terminalporen.

Britisch Ostafrika: Küstenregion bei Shimoni, Wälder des Kenia, Kikuyu.

Ungenügend beschriebene Arten:

B. fijensis Chamb. 1920 *B. f.*, Chamberlin in: Bull. Mus. Harvard, *v.* 64 p. 37.

Braun, in den Seiten und ventral grünlich, die Porenfelder dunkelbraun oder schwärzlich. Länge bis 52 mm. 81—91 Beinpaare. Labrum mit wenigen Zähnchen. Größtenteils glattrandig. Zahnblatt der Mandibel mit 5 Zähnen.

Fiji Inseln: Nadarivata.

B. paucipes Chamb. 1920 *B. p.*, Chamberlin in: Bull. Mus. Harvard, *v.* 64 p. 38.

Dunkelbraun, das Innere grün pigmentiert; die Ventralporenfelder dunkler. Länge 16 mm. 55 Beinpaare. Endbeine sehr verdickt.

Fiji Inseln: Nadarivatu.

Die Beschreibungen der letztgenannten 2 Arten sind ganz ungenügend.

B. maculosus (Por.) 1894 *Geophilus m.*, Porat in: Bih. Svenska Ak., *v.* 20 nr. 5 p. 25 f. 2 | 1896 *Ballophilus m.*, Cook, Brandtia, p. 37.

Bonge, Kamerun.

22. Gen. **Thalthybius** Att.

1900 *T.*, Attems in: Zool. Jahrb., Syst. *v.* 13 p. 139 | 1903 *T.*, Attems in: Zool. Jahrb., Syst. *v.* 18 p. 183.

Die vorderen Rumpfsegmente etwas schmäler als der Kopf samt Kieferfüßen und die hinteren Segmente, wodurch eine leichte halsartige Verschmälerung entsteht. Kopf rundlich ohne Stirnfurche. Antennen keulig. 9. und 13. Antennenglied mit Sinneszapfen. Labrum rudimentär, ganz glatt oder mit wenigen Spitzchen oder Fransen besetzt. 1. Maxille ohne Außentaster, Telopodit zweigliedrig. Klaue der 2. Maxille dicht gekämmt. Kieferfußhüften mit vollständigen oder abgekürzten Chitinlinien, ohne Zahnbildungen; die Ungula bleiben weit vom Stirnrand entfernt. Tergite grob granuliert, ohne Längsfurchen. Die meisten Sternite mit großem, querovalem oder biskuitförmigem, durch dunkle Farbe auffallendem Porenfeld. Endbeinsternit groß, trapezisch, Hüfte mit 2 großen Poren. Tarsus zweigliedrig, kein Prätarsus. Terminalporen fehlen.

Seychellen, Marianen, Brasilien.

3 Arten.

Typus: *T. melanostigma* Att.

Übersicht über die Arten:

1a) Ungulum der Kieferfüße mit Sägezähnen, Chitinlinien abgekürzt: 3. **T. perrieri**

1b) Ungulum der Kieferfüße glattrandig, Chitinlinien vollständig 2

2a) 101 Beinpaare. Olivengrün. Syncoxit der 2. Maxille ohne Mediannaht: 1. **T. melanostigma**

2b) 67—79 Beinpaare. Blaßgelb. Syncoxit der 2. Maxille vorn mit Spuren einer Mediannaht . . . . 2. **T. microcephalus**

1. **T. melanostigma** Att. 1900 *T. m.*, Attems in: Zool. Jahrb., Syst. *v.* 13 p. 140 t. 15 f. 10—12.

Olivengrün, Vorderende heller; Ventralporenfeld grünschwarz bis schwarz. Länge bis 60 mm, 101 Beinpaare. Kopfschild rundlich, ohne Stirnfurche. Basale Glieder der Antennen hell gefärbt, der Endkolben schwärzlich; am distalen Rande des 9. und 13. Gliedes ähnliche freistehende Sinneszapfen wie in den Gruben des Endgliedes. Labrum sehr rudimentär. Zahnblatt der Mandibel mit 7 Zähnen. Klaue der 2. Maxille gekämmt. Syncoxit ohne Mediannaht. Die Kieferfüße bleiben weit vom Stirnrand entfernt, ohne Zahnbildungen, Ungulum glatt, die Chitinlinien vollständig. Tergite und Prätergite grob granuliert, ohne Längsfurchen, mäßig dicht beborstet. Sternite länger als breit; Porenfeld quer-biskuitförmig auf einer erhabenen, glatten querovalen Fläche in der hinteren Hälfte gelegen, durch ihre Farbe sehr auffallend. Beborstung der Sternite reichlich: 1. und die 2 letzten Sternite ohne Porenfeld. Endbeinsternit trapezförmig; Hüften mit 2 sehr großen, teilweise vom Sternit verdeckten Poren; 2. Tarsus kegelförmig, ohne Prätarsus. Keine Terminalporen.

Mahé.

2. **T. microcephalus** Bröl. 1909 *T. m.*, Brölemann in: Bull. Mus. Paris, *v.* 15 p. 417.

Länge 47 mm. Größte Breite 1,4 mm. 67(♂)—79(♀) Beinpaare. Blaßgelb. Labrum seicht eingebuchtet, die Seiten mit einigen Fransen besetzt. Zahnblatt der Mandibel mit 10 Zähnen. Syncoxit der 2. Maxille vorn mit Spuren einer kurzen Mediannaht, Klaue dicht gekämmt. Kieferfüße weit vom Stirnrand entfernt bleibend, ohne Zähne. Die Chitinlinien schwach, aber vollständig. Ungulum glatt. Tergite granuliert, ohne Längsfurchen. Sternite so lang oder länger als breit, runzelig. Porenfeld biskuitförmig auf einer erhabenen glatten Fläche in der hinteren Hälfte gelegen; 1. und die 2 letzten Sternite ohne Porenfeld. Endbeinsternit trapezisch, breit, hinten geradlinig. Endbeine stark verdickt, Hüfte mit 2 großen teilweise verdeckten Poren; 2. Tarsus kegelförmig. Kürzer als der 1. Tarsus, ohne Prätarsus. Keine Terminalporen.

Marianen.

3. **T. perrieri** Bröl. 1909 *T. P.*, Brölemann in: Bull. Mus. Paris, *v.* 15 p. 415.

Länge 17 mm. Breite 35. Segment: 0,6 mm. 61 Beinpaare (♂). Letztes Antennenglied so lang wie die 3 vorangehenden. Labrum ganz rudimentär, ohne Zähnchen oder Fransen. Zahnblatt der Mandibel mit 11 Zähnchen. 1. Maxille ohne Außentaster. Syncoxit der 2. Maxille ohne Mediannaht. Basalschild kurz, breiter als der Kopfschild und das folgende Tergit. Chitinlinien der Kieferfüße abgekürzt; das Ungulum mit 7 Sägezähnchen. Die Runzeln oder Tuberkeln der Tergite bilden 3, die der Prätergite einen Querkiel. Sternite im vorderen Drittel runzelig. Das Porenfeld ist queroval, und liegt auf einer glatten, jederseits von einer Furche begrenzten Erhöhung. Sternite mit 4 Querreihen langer Borsten. Sternit des Endbeinsegments trapezisch, breit, kurz und schütter beborstet. Die Glieder der Endbeine sind breiter als lang; der 2. Tarsus keglig, ohne Prätarsus oder mit einem winzigen Krallenrudiment ohne Sehne.

Haut Carsévène, Brasilien.

23. Gen. **Ityphilus** Cook

1899 *I.*, Cook in: P. ent. Soc. Washington, *v.* 4 p. 306.

Antennen stark keulig. Kieferfüße mit Chitinlinien, alle Glieder ohne Zähne. Ungulum glatt, den Stirnrand nicht erreichend. Ventralporenfeld kreisrund, ein wenig erhöht und nicht scharf umrandet. Endbeinsternit fast dreieckig. Endbeine sehr verdickt, Hüfte mit 2 großen Poren. Tarsus zweigliedrig, ohne Prätarsus.

Florida, Honduras.

3 Arten.

Typus: *I. lilacinus* Cook

Übersicht über die Arten:

1a) 49—55 Beinpaare . . . . 3. **I. guianensis**
1b) Mehr als 69 Beinpaare 2
2a) Kopfschild breiter als lang, zweites Tergit länger als der Basalschild: 1. **I. lilacinus**
2b) Kopfschild länger als breit. Zweites Tergit kürzer als der Basalschild: 2. **I. ceibanus**

1. **I. lilacinus** Cook 1899 *I. l.*, Cook in: P. ent. Soc. Washington, *v.* 4 p. 306 t. 5 f. 1a—e.

Blaßbraunrot oder lilafarben. Länge 30 mm. Breite 0,7 mm. 71 Beinpaare. Kopfschild breiter als lang, ohne Stirnfurche. Kieferfußhüften vorn breit eingebuchtet, Telopodit ohne Zähne. Tergite nicht gefurcht, uneben, lang beborstet; Sternite auch uneben und beborstet. Endbeinsternit nach hinten so stark verschmälert, daß es fast dreieckig ist, bedeckt die 2 großen Hüftporen. Endbeinglieder sehr kurz und breit, der 2. Tarsus keglig, auf allen Gliedern eine ventrale Längsreihe stärkerer Borsten.

Sugar Loaf Key, Florida.

2. **I. ceibanus** Chamb. 1922 *I. c.*, Chamberlin in: P. U. S. Mus., *v.* 60 nr. 7 p. 12 t. 3 f. 1.

Mehr als 69 Beinpaare (nur ein Exemplar ohne Hinterende bekannt). Kopfschild länger als breit, Antennen stärker keulig verdickt und mehr abgeflacht als bei *I. lilacinus*, das Endglied weniger zugespitzt. Länge 20 mm.

Honduras: La Ceiba.

3. **I. guianensis** Chamb. 1921 *I. g.*, Chamberlin in: Occas. Papers Mus. Zool. Michigan, nr. 97 p. 23 t. 5 f. 22—24.

Rotgelb. Länge 23 mm. 49—55 Beinpaare. Kopf etwas breiter als lang (19 : 18). Antennen stark keulig verdickt, die Endkeule besteht aus den 6 Endgliedern, von denen das erste an der Basis noch schlank ist. Clypeus mit 6 Borsten: eine Reihe von 2 + 2 und dahinter 2 Borsten in der Mediane hintereinander. Mandibel mit 11 Zähnen. Vorderrand der Kieferfußhüften breit und gleichmäßig eingebuchtet, Ungulum an der Basis sägezähnig. Tergite mit Querrunzeln oder Tuberkeln, die Borsten tragen. Erstes bis vorletztes Sternit mit rundem Porenfeld; die Borsten der Sternite sind in 4 Längsreihen zu 5 oder 6 Borsten angeordnet, Prästernite mit einer Querreihe von Borsten. Endbeinsternit lang, von der Mitte an nach hinten stark verschmälert. Endbeine des ♂ stark verdickt, reichlich beborstet, eine Reihe stärkerer Borsten auf der Ventralseite aller Glieder, wie bei *I. lilacinus*. Hinterer Hüftporus beträchtlich größer als der vordere.

Britisch Guiana, Dunoon.

24. Gen. **Tanophilus** Chamb.

1922 *T.*, Chamberlin in: P. U. S. Mus., *v.* 60 nr. 7 p. 12.

Antennen stark keulig verdickt und gekniet. Kieferfüße mit vollständigen Chitinlinien. Tergite längsgefurcht. Ventralporen in einem querovalen, scharf umrandeten erhöhten Feld. Endbeinhüfte mit einer Grube, in die mehrere kleine Poren münden; Tarsus zweigliedrig, ohne Prätarsus.

Honduras.

1 Art.

1. **T. hondurasanus** Chamb. 1922 *T. h.*, Chamberlin in: P. U. S. Mus., *v.* 60 nr. 7 p. 12 t. 2 f. 3, 4.

Länge 31 mm. 79 Beinpaare. Kopfschild länger als breit, ohne Stirnfurche. Basalschild hinten schmäler als vorn, 2 1/2 mal breiter als lang. Die Kieferfüße erreichen nicht den Stirnrand. Tergite tief doppelfurchig, in den Seiten etwas runzelig. Die Ventralporen beginnen auf dem 1. Sternit. Endbeinsternit trapezisch, bedeckt teilweise die großen Hüftgruben. Endbeine stark verdickt, der 2. Tarsus keglig, ohne Prätarsus.

Honduras, Cecilia.

25. Gen. **Diplethmus** Cook

1899 *D.*, Cook in: P. ent. Soc. Washington, *v.* 4 p. 306 | 1912 *D.*, Ribaut in: Mém. Soc. Neuchâtel, *v.* 5 p. 90.

Antennen fast fadenförmig, die Endglieder nur sehr wenig dicker; 9., 11., 12. und 13. Glied mit Sinneszapfen. Labrum schwach chitinisiert, mit einigen Fransen besetzt. Zahnblatt der Mandibel sehr groß. 1. Maxille mit Außentastern. Klaue der 2. Maxille auf beiden Kanten dicht gekämmt; Syncoxit ohne Spur einer Mediannaht. Kieferfüße kurz und breit, geschlossen den Stirnrand bei weitem nicht erreichend. Hüften mit vollständigen Chitinlinien; alle Glieder ohne Zähne; Pleuren ungewöhnlich weit lateral herausragend. Tergite grob granuliert ohne Längsfurchen. Sternite mit 2 kreisrunden Porenfeldern, die auf etwas erhöhten glatten Flächen nebeneinander liegen. Endbeinsternit trapezisch; Hüfte mit 2 Poren; Tarsus zweigliedrig, ohne Prätarsus. Endbeine sehr verdickt.

Mexiko, Columbien.

1 Art.

1. **D. mexicanus** Cook 1899 *D. m.*, Cook in: P. ent. Soc. Washington, *v.* 4 p. 306 | 1912 *D. m.*, Ribaut in: Mém. Soc. Neuchâtel, *v.* 5 p. 90.

Braun, das Innere grünblau durchscheinend. Länge bis 60 mm. Breite bis 1,5 mm. 77—79 Beinpaare (♀); Kopfschild halbelliptisch, so lang wie breit. Antennen 3 mal so lang wie der Kopf, die 6 Endglieder sehr dicht behaart, aber nur wenig dicker als die 8 Grundglieder, die Antennen daher nicht ausgesprochen keulig. 9., 11., 12. und 13. Glied mit einigen Dornen am Endrand, Sinneszapfen. Labrumrand membranös und farblos, mit einigen rudimentären Fransen besetzt. Zahnblatt der Mandibel mit etwa 15 Zähnen, von denen die 4—5 dorsalen einen dreieckigen farblosen Fortsatz haben. 1. Maxille am Syncoxit mit rudimentären, am Telopodit mit langem, fast bis zu seinem Ende reichendem Außentaster. Die Kieferfüße erreichen bei weitem nicht den Stirnrand, Ungulum glatt. Vordere und hintere Tergite ziemlich dicht beborstet, die mittleren fast nackt. Sternite mit 2 kreisrunden Porenfeldern, die hinter der Mitte liegen und voneinander weiter als vom Seitenrand entfernt sind. Sie liegen auf einer glatten Erhöhung. Endbeinsternit trapezförmig, breiter als lang. Die sehr verdickten Endbeine sind sehr dicht und kurz beborstet. ♀ Gonopoden zu einer in der Mitte eingebuchteten Platte verwachsen.

Mexiko, Columbien, Camelia bei Angelopolis, Centr. Cordilleren.

3. Fam. **Oryidae**

1895 *O.*, Cook in: P. U. S. Mus., *v.* 18 p. 65, 66 | 1896 *O.*, Cook, Brandtia, p. 33, 35 | 1903 *Oryinae*, Attems in: Zool. Jahrb., Syst. *v.* 18 p. 198 | 1908 Trib. *Oryini*, Verhoeff in: Bronn, Kl. Ordn., *v.* 5 II p. 277 | 1909 *O.*, Brölemann in: Arch. Zool. expér., ser. 5 *v.* 3 p. 309 | 1914 *Oryidae*, Attems in: Arch. Naturg., *v.* 80 A. 4 p. 115 | 1926 *O.*, Attems in: Kükenthal & Krumbach, Handb. Zool., *v.* 4 p. 353.

Kopfschild so breit oder breiter als lang, mit oder ohne Stirnfurche. Antennen kurz, endwärts mehr oder weniger verjüngt, an der Basis meist dorsoventral plattgedrückt, die Borsten alle winzig klein, auch die der proximalen Glieder, und ohne Anordnung zu Quirlen. Felderung der Körperoberfläche sehr kleinmaschig. Clypeus mit zahlreichen ungeordneten Borsten. Labrum ohne Abgrenzung in den Clypeus übergehend, der ganze Rand gezähnelt, meist seicht eingebuchtet, seltener gerade oder etwas nach hinten vorgewölbt. Mandibel mit mehreren Kammblättern, die bis zur Basis herab gezähnt sind, die Zähne untereinander ziemlich gleich groß (Fig. 121). 1. Maxille am Coxosternum mit oder ohne, am Telopodit stets mit Außentaster; die Hüften völlig verwachsen. Coxalfortsatz und Telopodit sehr breit und abgerundet, meist dicht, fein und kurz beborstet. Hüften der 2. Maxille völlig verwachsen, der Vorderrand flachbogig oder gerade, reichlich beborstet; Telopodit dreigliedrig, mit einfacher oder gekämmter Endkralle, alle drei Glieder dicht und gleichmäßig beborstet (Fig. 122). Kieferfüße breit und kurz, den Stirnrand meist nicht erreichend, nie ihn überragend, von der Dorsalseite ist meist nur wenig von den Kieferfüßen sichtbar, Hüften sehr breit, manchmal 3mal so breit wie lang, ohne Chitinlinien, alle Glieder ohne Zahnbildung. Basalschild breit, meist bis an die Körperseiten reichend, so daß dorsal von den Kieferfußpleuren nichts oder nur ein schmaler Streif sichtbar ist. Tergit des ersten Laufbeinsegments tief ventral herabreichend, so weit wie der Ventralrand des ersten Stigmenpleurits. Beborstung des Rumpfes stets sehr kurz und fein, so daß er oft fast nackt erscheint. Tergite meist doppelfurchig, meist sind 1 bis 3 Reihen von Paratergiten vorhanden (nur bei einer Gattung fehlen sie ganz) und zwar meist Haupt- und Präparatergite. Präscutellum und Stigmenpleurit meist getrennt, selten verschmolzen, ersteres größer. Sternite querrechteckig. Ventralporen stets vorhanden, meist in 2 breiten, in der Mitte unterbrochenen Querbändern, also

Fig. 121.
Orya barbarica (Gerv.)
Mandibel.

in 4 Haufen, oder in einem geschlossenen Viereck, dessen Mitte porenfrei ist, angeordnet. Endbeinhüfte bei der Mehrzahl klein und porenlos, bei *Trematorya* mit 2 Drüsengruppen. Tarsus ein- oder zweigliedrig, ein krallenförmiger Prätarsus nur bei *Trematorya* vorhanden.

2 Subfamilien, 10 Gattungen, 18 Arten, davon 1 mit 1 Unterart, 1 zweifelhafte Art.

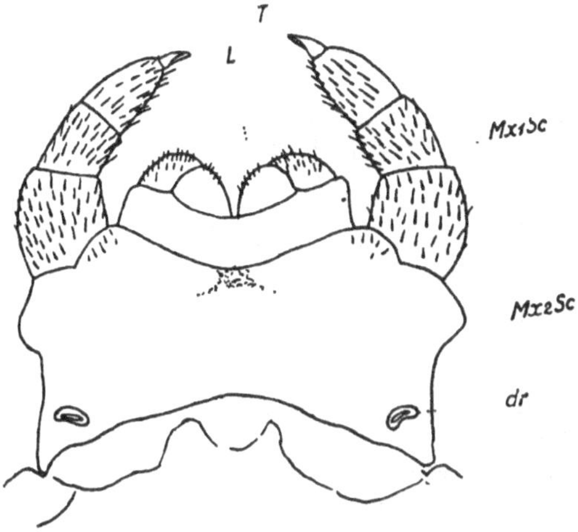

Fig. 122. **Orya barbarica** (Gerv.). Beide Maxillenpaare.
L = Coxalfortsatz, *T* = Telopodit der 1. Maxille, *Mx2Sc* = Syncoxit der 2. Maxille, *dr* = Drüsenmündung.

A. Subfam. **Oryinae**

1914 *O.*, Attems in: Arch. Naturg., *v.* 80 A. 4 p. 115.

Endbeinhüfte ohne Drüsen und Poren. Ein hutpilzförmiger Medianporus auf den Sterniten nicht vorhanden. Endbeine ohne Prätarsus.

Übersicht über die Gattungen:

1a) Tarsus der Endbeine zweigliedrig 2
1b) Tarsus der Endbeine eingliedrig 6
2a) Stigmenpleurit und Präscutellum verschmolzen. Klaue der 2. Maxille einfach . . . . 1. Gen. **Orya**
2b) Stigmenpleurit und Präscutellum wenigstens auf den mittleren und hinteren Segmenten getrennt 3
3a) Klaue der 2. Maxille einfach. 161 Beinpaare . . . . 4. Gen. **Heniorya**
3b) Klaue der 2. Maxille beborstet; höchstens 111 Beinpaare 4
4a) Eine Reihe von Paratergiten. ♀ Gonopoden zweigliedrig. Mandibel mit 4—5 Kammblättern . . . . 2. Gen. **Orphnaeus**
4b) 2—3 Reihen von Paratergiten. ♀ Gonopoden eingliedrig. Mandibel mit 7—8 Kammblättern 5
5a) Keine Stirnfurche. 2 Reihen von Paratergiten . . 3. Gen. **Aspidopleres**
5b) Eine Stirnfurche vorhanden. Gewisse Segmente mit 3 Reihen von Paratergiten . . . . 5. Gen. **Ctenorya**
6a) Paratergite fehlen ganz. Einige der vorderen Sternite mit 2 Quereindrücken und dichter Behaarung . . . . 6. Gen. **Diphtherogaster**
6b) 1—3 Reihen von Paratergiten, wenigstens auf einem Teil der Segmente vorhanden. Sternite ohne obige Auszeichnung 7

7a) Vordere Segmente ohne Paratergite. Klaue der 2. Maxille einfach: 8. Gen. **Titanophilus**
7b) Auch die vorderen Sternite mit Paratergiten. Klaue der 2. Maxille gekämmt 8
8a) Keine Stirnfurche. Ventralporen in einem geschlossenen Viereck: 7. Gen. **Notiphilides**
8b) Stirnfurche vorhanden. Ventralporen in 2 unterbrochenen Querbändern: 9. Gen. **Pentorya**

1. Gen. **Orya** Mein.

1870 *O.*, Meinert in: Naturh. Tidsskr., ser. 3 *v.* 7 p. 14 | 1902 *O.*, Saussure & Zehntner in: Hist. Madag., *v.* 27 p. 339 | 1903 *O.*, Attems in: Zool. Jahrb., Syst. *v.* 18 p. 199.

Kopfschild rundlich, mit Stirnfurche. Seiten des Kopfes am Übergang vom dorsalen Kopfschild in die ventralen Kopfpleurite zusammengedrückt, kantig zugeschärft. Clypeus gleichmäßig und sehr klein gefeldert, so wie die ganze Körperoberfläche. Antennen pfriemenförmig, basal plattgedrückt, alle Borsten sehr kurz und fein, die der basalen Glieder schütter, nicht in Quirle geordnet. Labrum eingebuchtet und in der ganzen Breite gezähnt. Mandibel mit mehreren Kammblättern, deren Zähne kurz sind (Fig. 121). Coxalfortsatz der ersten Maxillen mit oder ohne kurzen membranösen weißen Endlappen. Telopodit undeutlich gegliedert, mit kurzem weißem Endlappen; 2 Paar bestachelte Außentaster vorhanden. Kralle der 2. Maxille löffelförmig ausgehöhlt, ohne Borsten. Tergite doppelfurchig. Sternite querrechteckig, die Ventralporen in einem geschlossenen Viereck, dessen Mitte porenfrei ist. Prästernite nur auf den hinteren Segmenten sichtbar. Stigmenpleurit und Präscutellum verschmolzen (Fig. 22), Stigmen längsoval, letztes Stigmenpleurit vom Tergit getrennt; eine Reihe von Paratergiten, und zwar Haupt- und Präparatergit. Endbeinsegment mit Präpleuriten, Hüfte ohne Poren, Tarsus zweigliedrig, kein Prätarsus. Keine Terminalporen. ♂ und ♀ Gonopoden zweigliedrig.

Westlicher Teil der Mediterranregion, Nossi Bé.

2 Arten.

Typus: *O. barbarica* (Gerv.)

Übersicht über die Arten:

a) Mandibel mit 5—8 Kammblättern, am Innenrand keine Borsten. Die Kieferfüße erreichen den Stirnrand nicht. Coxalfortsatz der 1. Maxille mit kurzem weißem Endlappen. Vorderrand des Syncoxits der 2. Maxille ziemlich tief winkelig eingebuchtet. Seitenzähne des Labrum hakig medianwärts gekrümmt . . . . 1. **O. barbarica**
b) Mandibel mit 3 Kammblättern, am Innenrand eine Reihe von Borsten. Die Kieferfüße erreichen den Stirnrand. Coxalfortsatz der 1. Maxille ohne weißen Endlappen. Vorderrand des Syncoxits der 2. Maxille gerade mit kleinem medianem Vorsprung. Seitliche Labralzähne gerade (?) . 2. **O. voeltzkowi**

1. **O. barbarica** (Gerv.) 1835 *Geophilus barbaricus*, P. Gervais in: Mag. Zool., *v.* 5 cl. 9 t. 133 f. 3 | 1840 *G. b.*, H. Lucas in: Hist. An. artic., *v.* 3 p. 551 | 1841 *G. fusatus*, C. L. Koch in: M. Wagner, Reis. Algier, *v.* 3 p. 225 t. 11 | 1847 *Himantarium fusatum*, C. L. Koch in: Koch-Panzer, Krit. Revis., *v.* 3 p. 178 | 1863 *H. f.*, C. L. Koch, Myr., *v.* 2 p. 90 t. 105 f. 212; t. 106 f. 213 | 1870 *Orya barbarica*, Meinert in: Naturh. Tidsskr., ser. 3 *v.* 7 p. 16 t. 1 f. 1—12 | 1908 *O. b. tripolitana*, Verhoeff in: Zool. Jahrb., Syst. *v.* 26 p. 273 (Fig. 22, 34—36, 121—123).

Ockergelb, im Leben Vorder- und Hinterende weinfarben überlaufen. Länge bis 22 cm. 107—125 Beinpaare. Kopfschild seicht und fein eingestochen punktiert, so breit wie lang. Antennen kurz, bis zum Hinterrand des ersten beintragenden Segments reichend. Mitte des Clypeus etwas wulstig erhaben, vorderer Teil mit vielen sehr kleinen Borsten. Labrum ohne Abgrenzung in den Clypeus übergehend, der ganze Rand gezähnt, die mittleren Zähne kleiner und gerade, die seitlichen länger, sehr spitz, medialwärts gekrümmt. Mandibel mit 5—8 Kammblättern, jedes Blatt mit 11—12 kurzen, kräftigen, spitzen Zähnen, sonstige Borsten sind keine vorhanden. Coxalfortsätze der 1. Maxille deutlich abgesetzt, so wie das Telopodit mit kurzem weißem Endlappen, alle Borsten sehr klein (Fig. 123). Vorderrand des Syncoxits der 2. Maxille winkelig eingebuchtet. Tergite vom 3. an doppelfurchig, mit einer flachen Grube jederseits, leicht runzelig, die hintersten feinkörnig runzelig.

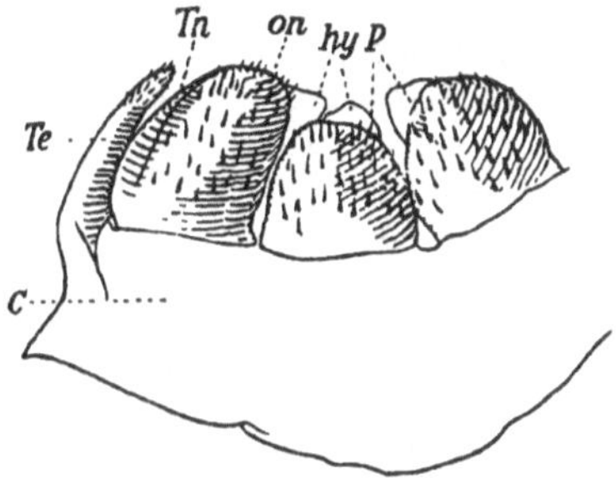

Fig. 123. **Orya barbarica** (Gerv.). 1. Maxille.
C = Coxit, *Te* = Außentaster des Coxits, *Tn* = Außentaster des Telopodits, *on* = Telopodit, *hy* = hyaline Lappen am Telopodit und *P* = Coxalfortsatz.

Sternite querrechteckig, die vorderen 2mal so breit wie lang. Die Ventralporen sind in einem geschlossenen Viereck angeordnet, dessen Mitte porenfrei ist. Auch die Subcoxa und das Stigmendoppelpleurit haben solche Poren. Die winzigen Börstchen der Sternite, Subcoxa, Pleuren und Tergite sind von einem schmalen weißen Hof ohne Felderung umgeben. Endbeintergit groß, quernierenförmig, nämlich hinten eingebuchtet; Sternit beim ♂ hinten breit abgerundet (Fig. 34), beim ♀ sehr kurz und breit, hinten gerade oder leicht eingebuchtet (Fig. 35); Prästernite median unter dem vorangehenden Sternit liegend. Endbeine des ♂ nur wenig dicker, spärlich beborstet.

Algier, Tunis, Marokko, Tripolis, Südliches Spanien.

2. **O. voeltzkowi** Sauss. & Zhnt. 1902 *O. V.*, Saussure & Zehntner in: Abh. Senckenb. Ges., *v.* 26 p. 434 f. 4, 5 | 1902 *O. V.*, Saussure & Zehntner in: Hist. Madag., *v.* 27 p. 340 t. 14 f. 16, 16a.

Ockergelb oder bräunlich, Kopf, Antennen und Beine gelb. Länge 90 mm. ♀ 129 Beinpaare. Kopfschild breiter als lang, dicht und sehr fein punktiert. Mandibel mit 3 Kammblättern, das innere mit 8—10 Zähnen, gefolgt von einer langen Reihe von geraden Borsten am Innenrand der Mandibel. Coxalfortsatz der 1. Maxille ohne weißen Endlappen, die Borsten etwas größer als bei *O. barbarica.* Die Kieferfüße erreichen den Stirnrand, Hüften 3mal so breit wie lang. Die ersten 4—5 und das letzte Tergit ungefurcht. Die anderen doppelfurchig, runzelig. Endbeinsternit des ♀ doppelt so breit wie lang.

Nossi Bé.

2. Gen. **Orphnaeus** Mein.

1870 *O.*, Meinert in: Naturh. Tidsskr., ser. 3 *v.* 7 p. 17 | 1870 *Chomatobius*, Humbert & Saussure in: Rev. Mag. Zool., ser. 2 *v.* 22 p. 205 | 1872 *C.*, Saussure & Humbert in: Miss. Mex., part. 6II p. 145 | 1885 *Orphnaeus*, Meinert in: P. Amer. phil. Soc., *v.* 23 p. 230 | 1902 *O.*, Saussure & Zehntner in: Hist. Madag, *v.* 27 p. 335 | 1903 *O.*, Attems in: Zool. Jahrb., Syst. *v.* 18 p. 200 | 1909 *O.*. Attems in: Denk. Ges. Jena, *v.* 14 p. 6.

Kopfschild ungefähr so lang wie breit, ohne Stirnfurche. Seiten des Kopfes nicht scharfkantig, der dorsale Teil geht in allmählicher Rundung in den ventralen Teil über. Clypeus gleichmäßig und sehr fein gefeldert, teilweise beborstet. Antennen kurz, endwärts etwas verjüngt, an der Basis plattgedrückt. Labrum seicht eingebuchtet, der ganze Rand dicht gezähnt, die seitlichen Zähne etwas hakig medianwärts gekrümmt. Mandibel mit 4 bis 5 Kammblättern mit kurzen, kräftigen, untereinander ziemlich gleichen Zähnen. 1. Maxille mit 2 Paar großer beschuppter Außentaster, Telopodit ungegliedert; Coxalfortsatz und Telopoditendglied ohne membranösen weißen Endlappen. Klaue der 2. Maxille an den Kanten beborstet. Tergite doppelfurchig. Ventralporen in einem geschlossenen Viereck oder in 4 Haufen. Gleiche Poren auch auf der Subcoxa. Eine Reihe von Paratergiten, die auf den vorderen Segmenten fehlen. Präscutellum und Stigmenpleurit getrennt, letzteres kleiner, Stigmen längsoval. Endbeinsegment mit Präpleuriten, letztes Stigmenpleurit vom Tergit getrennt. Endbeinhüfte ohne Poren, Tarsus zweigliedrig, ohne Prätarsus. ♀ Gonopoden zweigliedrig. Keine Terminalporen.

Alle tropischen Länder.

5 Arten, 1 Unterart und 1 unsichere Art.

Typus: *O. brevilabiatus* (Newp.)

Übersicht über die Arten:

1a) Endbeinsternit schmal. 127 Beinpaare . . . . 5. **O. mexicanus**
1b) Endbeinsternit kurz und breit. 67—113 Beinpaare 2
2a) Endbeinsternit hinten eingebuchtet. 113 Beinpaare . . . . 4. **O. bohlsi**
2b) Endbeinsternit hinten gerade. Bis 89 Beinpaare 3
3a) Ventralporen in einem geschlossenen Viereck; die Paratergite beginnen auf dem 10. Segment . . . . 3. **O. brasilianus**
3b) Ventralporen mit Ausnahme der vordersten Segmente mehr oder weniger deutlich in 4 Haufen angeordnet; die Paratergite beginnen erst nach dem 20. Segment 4
4a) Die Ventralporen sind bis zum vorletzten beintragenden Segment in reichlicher Anzahl in den 4 Haufen vorhanden . . . . . 1. **O. brevilabiatus**
4b) Die zwei vorderen Haufen der Ventralporen sind auf den Segmenten des hinteren Körperendes auf einzelne Poren reduziert . . . 2. **O. meruinus**

1. **O. brevilabiatus** (Newp.) 1845 *Geophilus b.*, Newport in: Tr. Linn. Soc London, *v.* 19 p. 436 | 1870 *Orphnaeus lividus*, Meinert in: Naturh. Tidsskr., ser. 3 *v.* 7 p. 19 | 1885 *Orya xanti*, Tömösváry in: Termész. Füzetek, *v.* 9 p. 64 | 1885 *Orphnaeus lividus*, Meinert in: P. Amer. phil. Soc., *v.* 23 p. 231 | 1887 *O. brevilabiatus*, E. Haase in: Abh. Mus. Dresden, nr. 5 p. 111 t. 6 f. 117 | 1896 *O. b.*, Pocock in: Biol. Centr.-Amer., Chilop. p. 40 t. 3 f. 14 | 1902 *O. fangaroka*, Saussure & Zehntner in: Abh. Senckenb. Ges., *v.* 26 p. 433 f. 2, 3 | 1902 *O. f.*, Saussure & Zehntner in: Hist. Madag., *v.* 27 p. 336 t. 14 f. 15.

Kopf und die ersten beiden Segmente lebhaft gelb, Rücken sehr blaßgelb mit einer breiten, durch eine feine Linie geteilten grünschwarzen Längsbinde, ähnlich wie bei *Chaetechelyne vesuviana* (durchscheinender Fettkörper); diese Binde reicht bis zum vorletzten beintragenden Segment. Länge bis 90 mm.

67 (♂)—81 (♀) Beinpaare. Kopfschild vorn keilförmig zugespitzt, so breit wie lang. Antennen ziemlich schlank, bis zum Hinterrand des 2. beintragenden Segments reichend, endwärts mäßig verjüngt. Tergite fast unbeborstet; Prätergite vom 2. beintragenden Segment an sichtbar. Sternite mit einem runden Mediangrübchen; die Ventralporen sind in 4 Haufen angeordnet; die zwei Haufen jeder Seite stoßen mehr oder weniger zusammen; in der Mediane bleibt zwischen den Haufen beider Seiten immer ein Zwischenraum; die vorderen Haufen haben auch in der hinteren Körperhälfte noch reichlich Poren. Erstes Sternit mit 2 Häufchen von nur sehr wenigen Poren nebeneinander. Endbeinsternit fast 2mal so breit wie lang, hinten schmaler als vorn, der Hinterrand gerade.

In fast allen tropischen Gegenden Afrikas, Indiens und Amerikas einer der oder der häufigste *Geophilide*.

2. **O. meruinus** Att. 1909 *O. m.*, Attems in: Ergeb. Schwed. Exp. Kilimandjaro, *v.* 19 p. 5 t. 1 f. 12, 13.

Schmutzig braungelb, Länge bis 65 mm. 67 (♂)—73 (♀) Beinpaare. Kopfschild vorn keilförmig, mit abgestumpfter Spitze. 1. Sternit mit 2 kleinen Häufchen von Ventralporen; vom 2. Sternit an sind die Ventralporen in zwei Querbändern angeordnet; das vordere dieser Querbänder hat vom etwa 7., das hintere vom 4. Segment an eine kleine Unterbrechung in der Mitte, so daß die Poren dann in 4 Haufen verteilt sind; seitlich sind die hintereinander gelegenen Haufen nicht verbunden. Die mediane Lücke in den Querbändern ist bis zum 14. Segment recht klein und etwas undeutlich. Ungefähr vom 25. Segment an werden die beiden vorderen Haufen sehr porenarm und bestehen bald nur aus vereinzelten Poren; auch die 2 hinteren Haufen werden caudalwärts porenärmer, bleiben aber bis zum vorletzten Sternit deutlich. Die eine Reihe der Paratergite tritt erst nach dem 21.—27. Segment auf. Im übrigen mit *O. brevilabiatus* übereinstimmend.

Meru, am Fluß Ngare na nyuki; Kilimandjaro, Kibonoto.

3. **O. brasilianus** (Humb. & Sauss.) 1870 *Chomatobius b.*, Humbert & Saussure in: Rev. Mag. Zool., ser. 2 *v.* 22 p. 205 | 1870 *Orphnaeus brasiliensis*, Meinert in: Naturh. Tidsskr., ser. 3 *v.* 7 p. 20 | 1872 *Chomatobius brasilianus*, Saussure & Humbert in: Miss. Mex., part. 6II p. 146 | 1885 *Orphnaeus brasiliensis*, Meinert in: P. Amer. phil. Soc., *v.* 23 p. 232 | 1903 *O. brasilianus*, Attems in: Zool. Jahrb., Syst. *v.* 18 p. 201.

Einfarbig gelb. 81—89 Beinpaare. Kopfschild kurz, vorn zugespitzt. Antennen bis zum Hinterrand des 2. Segments reichend. Prätergite vom 4. beintragenden Segment an sichtbar. Die Paratergite beginnen ganz allmählich und sind vom 10. Segment an deutlich. Vordere Sternite quer rechteckig, hintere quadratisch oder etwas länger als breit. Ventralporen in einem geschlossenen, die Mitte freilassenden Viereck angeordnet und vom ersten bis vorletzten Sternit vorhanden. Endbeinsternit breit, trapezförmig, hinten gerade abgeschnitten.

Rio de Janeiro, Panama, Nicaragua, Rio Negro.

3a) **O. b. var. nigropictus** Att. 1903 *O. b. n.*, Attems in: Zool. Jahrb., Syst. *v.* 18 p. 203 | 1914 *O. branneri*, Chamberlin in: Bull. Mus. Harvard, *v.* 58 p. 205.

♂ mit 73 und 75 Beinpaaren. Kopf, Basalschild, 1. Tergit, Genitalregion und Analsegment einfarbig rotgelb. Vom 3. Tergit an Grundfarbe gelb, in der Mitte ein großer schwarzgrüner Fleck, der vorn verbreitert ist und in seiner Mitte hinten einen gelben Fleck hat, der sich caudalwärts allmählich vergrößert und vom 23. Segment an den schwarzgrünen Fleck in 2 Streifen teilt. Seitenränder der Tergite und die Pleuralschilde schwarzgrün marmoriert. Paratergite gelb.

Venezuela; Brasilien: Rio Grande del Norte; Madagaskar; Natal.

4. **O. bohlsi** Att. 1903 *O. b.*, Attems in: Zool. Jahrb., Syst. *v.* 18 p. 203.

Einfarbig braungelb. Länge 88 mm. Breite 2,6 mm. 113 Beinpaare (♂). Kopfschild vorn sehr stumpfwinklig, fast abgerundet. Tergite doppelfurchig, lateral von den Furchen seicht gerunzelt. Die Ventralporen liegen in zwei breiten Querbändern hintereinander, die durch schmale seitliche Brücken verbunden sind, zwischen den Querbändern nur ein schmaler Raum. Die Paratergite beginnen erst auf dem 36. Segment. Sternite querrechteckig, die vorderen viel breiter als lang, erst die letzten 3 sind quadratisch. Prätergite vom 3. Segment an als schmaler beiderseits zugespitzter Streif sichtbar. Endbeinsternit breiter als lang, Hinterrand seicht eingebuchtet. Endbeine des ♂ mäßig verdickt, unterseits dicht beborstet.

Paraguay.

5. **O. mexicanus** (Sauss.) 1860 *Geophilus m.*, Saussure in: Mém. Soc. Genève, *v.* 15 p. 132 t. 7 f. 49 | 1872 *Chomatobius m.*, Saussure & Humbert in: Miss. Mex., part. 6 II p. 145 | 1896 *C. m.*, Pocock in: Biol. Centr.-Amer., Chilop. p. 40 t. 3 f. 13.

Rotgelb, Länge 60 mm. 127 Beinpaare. Kopfschild breiter als lang, fast dreieckig, hinten gerade. Endbeinsternit fast so lang wie breit, hinten verschmälert, der Hinterrand seicht eingebuchtet. Tergite runzelig, mit kleinen länglichen Buckeln.

Mexiko: Cordova; Texas, San Diego.

O. polypodus Silv. 1895 *O. p.*, Silvestri in: Ann. Mus. Genova, *v.* 34 p. 768.

Paraguay.

Ungenügende Beschreibung.

3. Gen. **Aspidopleres** Por.

1893 *Orphnaeus (A.)*, Porat in: Bih. Svenska Ak., *v.* 18 nr. 7 p. 14 | 1903 *A.*, Attems in: Zool. Jahrb., Syst. *v.* 18 p. 204.

Kopfschild ohne Stirnfurche, Antennen pfriemenförmig, Labrum median ohne Abgrenzung in den Clypeus übergehend, in der Mitte leicht nach hinten vorgewölbt, der ganzen Breite nach gezähnt. Mandibel mit mehreren Kammblättern. 1. Maxille mit 2 Paar Außentastern, Telopodit ungegliedert (Fig. 124). Kralle der 2. Maxille auf beiden Kanten beborstet. Die 2 Furchen der Tergite sehr seicht, mehr grubenartig. Präscutellum und Stigmenpleurit auf den vorderen Segmenten verschmolzen, erst weiter hinten getrennt, das Präscutellum größer. Stigmen längsoval, ganz am ventralen Rand des Scutellum gelegen. Je nach der Körperregion sind 1—2 Reihen von Paratergiten, Haupt- und Präparatergiten vorhanden (Fig. 125). Ventralporen in 4 Haufen angeordnet; gleiche Poren auch auf der Subcoxa, dem Stigmenpleurit und Präscutellum und einige auf dem Tergit. Endbeinhüfte ohne Poren. Tarsus zweigliedrig, ohne Prätarsus. ♀ Gonopoden eingliedrig.

Südafrika.

1 Art.

1. **A. intercalatus** Por. 1893 *Orphnaeus (A.) i.*, Porat in: Bih. Svenska Ak., *v.* 18 nr. 7 p. 15 | 1928 *O (A.) i.*, Attems in: Ann. S. Afr. Mus., *v.* 26 p. 120 t. 19 f. 461 bis 464 textf. 30—34 (Fig. 124—128).

Blaß bräunlichgelb, Länge bis 115 mm. Breite 3,2 mm. Riemenförmig, vorn kaum, hinten ziemlich rasch verschmälert. 95—105 Beinpaare. Kopfschild breiter als lang, vorn stumpfwinklig, glatt, nicht punktiert. Antennen an der Basis sehr dick, etwas plattgedrückt, endwärts stark verjüngt, sehr kurz, bis zum Hinterrand der Kieferfußhüften reichend, die ersten 6 Glieder dorsal und lateral spärlich beborstet, ventral kahl, die weiteren Glieder dicht beborstet, alle Borsten winzig. Clypeus reichlich, kurz und fein beborstet, in der Mediane kein Wulst. Labrum median etwas vorgewölbt, eng gezähnt, die mittleren Zähne stumpfer, die seitlichen spitz. Mandibel mit 7—8 Kammblättern, das erste mit etwa 12, die mittleren mit über 20 kurzen, kräftigen, untereinander ziemlich gleichen Zähnen (Fig. 127), Innenrand der Mandibel nicht beborstet. Coxalfortsatz der 1. Maxille nicht abgesetzt; 2 Paar breite, stumpfe, fast glatte Außentaster; die Spitzchen, die sie tragen, sind winzig, die Borsten des Coxalfortsatzes und Telopodits ziemlich zahlreich, sehr kurz, aber relativ kräftig. Alle Teile der 2. Maxille reichlich

Fig. 124.
Aspidopleres intercalatus Por., ♂
1. Maxille.
Col = Außentaster des Coxits,
Tel. L = Außentaster des Telopodits.

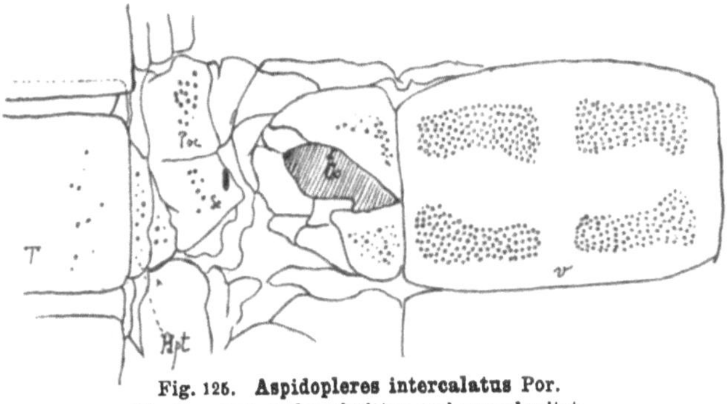

Fig. 125. **Aspidopleres intercalatus** Por.
Ein Segment, aufgeschnitten und ausgebreitet.
T = Tergit, *v* = Sternit, *Hpt* = Hauptparatergit, *Psc* = Präscutellum, *Sc* = Stigmenschild.

beborstet, Vorderrand des Syncoxits fast gerade, die Endkralle auf beiden Kanten beborstet. Die geschlossenen großen kräftigen Klauen der Kieferfüße erreichen den Stirnrand nicht. Tergite leicht runzelig, mit 2 seichten, mehr grubenartigen Furchen. Prätergite erst vom 5. Segment an sichtbar. Sternite quer-rechteckig; Ventralporen in 4 großen Haufen. Ebensolche Poren haben auch die Subcoxa, Pleurite und zerstreute auch die Tergite. Die Prästernite sind nur in der hinteren Körperhälfte sichtbar. Das Stigmenpleurit und Präscutellum der vorderen Segmente sind verschmolzen, erst vom 10. Segment getrennt. Vordere Segmente mit einer Reihe von Haupt- und Präparatergiten; vom 18. Segment tritt ein zweites Hauptparatergit, vom 40. Segment ein zweites Präparatergit auf; auf den hinteren Segmenten verliert sich erst das eine Präparatergit, dann das eine Hauptparatergit wieder. Endbeinsternit des ♀ breit und kurz, trapezisch, hinten geradlinig, unbeborstet (Fig. 128). Das ganze Hinterende des ♀ fast unbeborstet, Endbeine spärlich beborstet, die Borsten winzig. Prägenitalsternit beim ♀ nicht sichtbar.

Südafrika: Damaraland, Omaruru; Gr. Buschmannland, Nawies; Hereroland, Ababis.

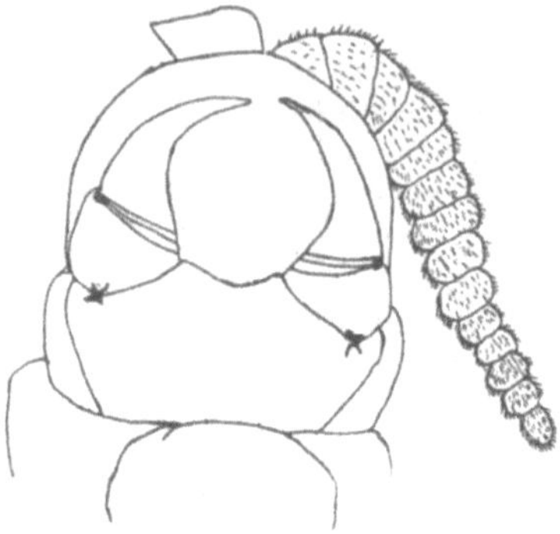

Fig. 126. **Aspidopleres intercalatus** Por., ♂

Fig. 127. **Aspidopleres intercalatus** Por. Ein Kammblatt der Mandibel.

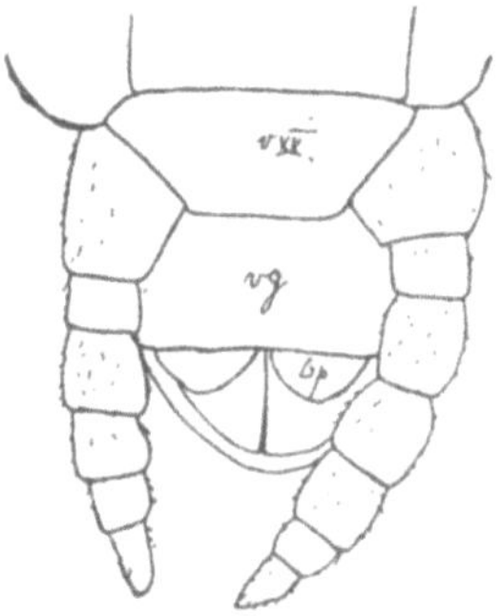

Fig. 128. **Aspidopleres intercalatus** Por., ♀ Ventralseite. *vXV* = Sternit des Endbeinsegments, *vg* = Genitalsternit, *Gp* = Gonopoden.

4. Gen. **Heniorya** Cook

1896 *H.*, Cook, Brandtia, p. 34.

2 Reihen von Paratergiten vorhanden. Das Stigmenpleurit viel kleiner als das Präscutellum. Endklaue der 2. Maxille nicht gekämmt. Keine Stirnfurche. Ventralporen auf den vorderen Segmenten in 2 Querfeldern. Tarsus der Endbeine zweigliedrig.

Brasilien.

Typus: *H. longissima* Cook, mit 161 Beinpaaren, im übrigen ohne jegliche Diagnose.

5. Gen. **Ctenorya** Cook

1896 *C.*, Cook, Brandtia, p. 34.

Kopfschild mit Stirnfurche. Endkralle der 2. Maxille gekämmt. Tergite doppelfurchig. Ventralporen in der vorderen Körperregion in einem geschlossenen Viereck, das sich auf den hinteren Segmenten auf 2 Haufen reduziert. Präscutellum und Stigmenpleurit getrennt, ersteres größer. 1 bis 3 Reihen von Haupt- und Präparatergiten. Endbeinhüfte ohne Poren, Tarsus zweigliedrig, ohne Prätarsus. ♀ Gonopoden eingliedrig. Keine Terminalporen.

Ostafrika.

1 Art.

Von Cook wird als Typus *C. jombene* Cook angegeben, ein nomen nudum ohne jegliche Beschreibung.

1. **C. sjöstedti** Att. 1909 *C. S.*, Attems in: Ergeb. Schwed. Exp. Kilimandjaro, *v.* 19 p. 7.

Schmutzig braungelb. Länge 95 mm. Breite 2,5 mm. 115 Beinpaare (♀). Kopfschild breiter als lang, vorn flachbogig. Antennen kurz, plattgedrückt, endwärts verdünnt, die Anfangsglieder spärlich, die Endglieder reichlich, alle kurz und fein beborstet. Clypeus beborstet. Vorderrand des Syncoxits der 2. Maxille tief bogig ausgerundet. Vordere Tergite mit seichter, breiter Mittelgrube, weiterhin 2 Längsfurchen, dazwischen eine seichtere Medianfurche; vordere Tergite glatt, hintere lederig gerunzelt; Tergite und Sternite unbeborstet. Ventralporen auf den vorderen Segmenten in einem geschlossenen Viereck; vom 40. Segment an tritt ein kleines Mittelgrübchen auf, das zu einer vom Vorder- bis Hinterrand durchlaufenden Längsfurche wird. Zugleich reduzieren sich die Poren nach und nach zu 2 durch die Furche getrennten Haufen des hinteren Streifen des Vierecks. Vordere Segmente mit einer Reihe von Haupt- und Präparatergiten; nach und nach treten erst eine zweite, dann eine dritte Reihe dazu, die im 45. Segment vollständig sind. Endbeinsternit kurz, sehr breit, hinten geradlinig. Endbeine des ♀ dünn, mäßig beborstet; 2. Tarsalglied lang, walzig, länger als der 1. Tarsus.

Ostafrika: Meru, am Flusse Ngare na nyuki.

6. Gen. **Diphtherogaster** Att.

1909 *D.*, Attems in: Denk. Ges. Jena, *v.* 14 p. 16.

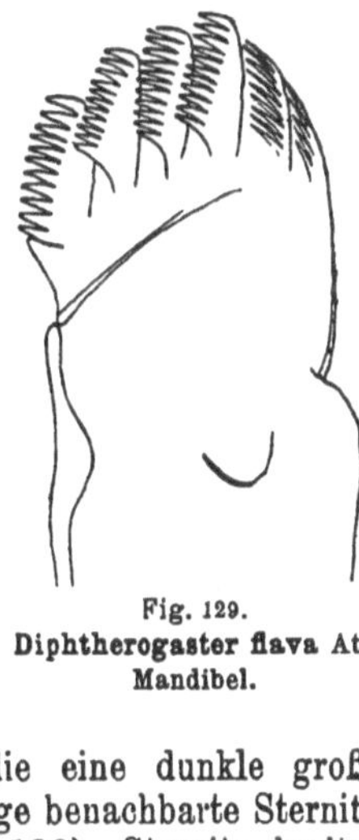

Fig. 129. Diphtherogaster flava Att. Mandibel.

Kopfschild mit Stirnfurche. Labrum eingebuchtet und gezähnt. Mandibel mit mehreren Kammblättern, deren Zähne ungefähr gleich groß sind (Fig. 129). 1. Maxille mit 2 Paar großer Außentaster, Telopodit undeutlich gegliedert (Fig. 130). Alle Glieder der 2. Maxille, inklusive Syncoxit, reichlich beborstet, die Borsten klein, Endklaue gekämmt (Fig. 131). Tergite doppelfurchig. Ventralporen in einem geschlossenen Viereck; einige Sternite der vorderen Körperhälfte längs des Hinterrandes mit zwei Quereindrücken, die eine dunkle großmaschige polygonale Felderung haben; diese und einige benachbarte Sternite auf dem größten Teil der Fläche dicht behaart (Fig. 132). Sternite breiter als lang. Keine Paratergite. Präscutellum und Stigmenpleurit getrennt, ersteres größer. Endbeinsternit klein, Hüfte ohne Poren (Fig. 134). Tarsus eingliedrig, ohne Prätarsus. Keine Terminalporen. ♀ Gonopoden zweigliedrig.

Südafrika.

1 Art.

Fig. 130.
Diphtherogaster flava Att. 1. Maxille.
t = Außentaster des Coxits, *t'* = Außentaster des Telopodits.

Fig. 131.
Diphtherogaster flava Att.
Klaue der 2. Maxille.

1. **D. flava** Att. 1909 *D. flavus*, Attems in: Denk. Ges. Jena, *v.* 14 p. 16 t. 1 f. 1—7 (Fig. 129—134).

Satt bräunlichgelb. Länge bis 112 mm. Zahl der Beinpaare ♂ 111—115, ♀ 127—133. Kopfschild breiter als lang (7 : 6), vorn stumpfwinklig, hinten fast gerade. Antennen kurz, endwärts etwas verdünnt, die ersten 4 Glieder fast nackt, vom 5. eine allmählich zunehmende, sehr feine und kurze Beborstung. Clypeus kurz und zerstreut beborstet. Seitliche Zähne des Labrum länger und kräftiger als die mittleren. Mandibel mit 6 Kammblättern, jedes mit etwa 12—13 Zähnen, der unterste Zahn ein wenig anders geformt, der distale etwas stärker als die anderen, die untereinander ziemlich gleich sind (Fig. 129).

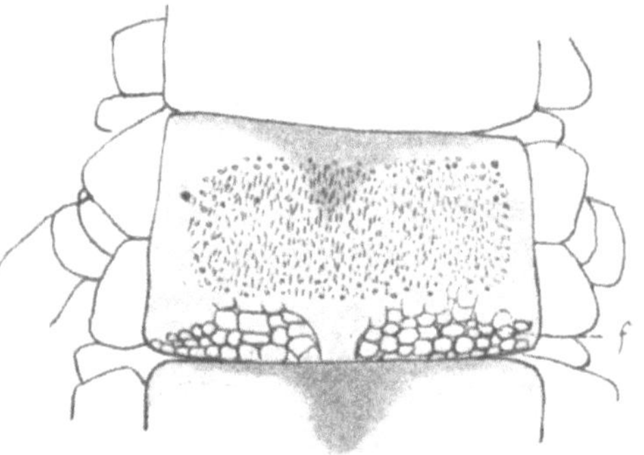

Fig. 132. **Diphtherogaster flava** Att. 34. Sternit.

Vorderrand der Mandibel unbeborstet, neben den hinteren Kammblättern einige seitliche Dörnchen. Außentaster der 1. Maxille abgerundet, kurz bestachelt oder beschuppt, Coxalfortsatz deutlich abgesetzt (Fig. 130). Vorderrand des Syncoxits der 2. Maxille flach winkelig, das Syncoxit reichlich beborstet, die Borsten sehr klein, die Telopoditglieder ebenfalls reichlich, aber stärker beborstet (Fig. 133), die Endkralle gekämmt (Fig. 131). Die Kieferfüße erreichen den Stirnrand bei weitem nicht. Tergite doppelfurchig, glatt, unbeborstet. Prästernite nur in der hinteren Körperhälfte die Hauptsternite trennend. Ventralporen auf dem 2. bis vorletzten beintragenden Segment in 2 relativ schmalen Querbändern, die seitlich mehr oder weniger verbunden sind. Auf einigen der vorderen Sternite ist ein breiter Streif am Hinterrand mit Ausnahme der Mitte eingedrückt, und dieser vertiefte Teil hat eine dunkelbraune Felderung (Fig. 132). Diese Felderung setzt sich auch auf die angrenzenden Segmente ohne Vertiefungen fort. Die Segmente mit den Vertiefungen und einige angrenzende sind im Bereiche des Porenvierecks sehr

Fig. 133. **Diphtherogaster flava** Att.
Beide Maxillenpaare.

dicht mit winzigen Haaren bedeckt. ♂ mit 111 Beinpaaren haben die Behaarung auf den Segmenten 32—41, die ♀ haben sie auf 8—12 Segmenten der Segmente 36—47. Der Vorderrand dieser behaarten Sternite ist dunkler gefärbt und das Dunkle setzt sich in der Mitte abgerundet dreieckig nach hinten fort.

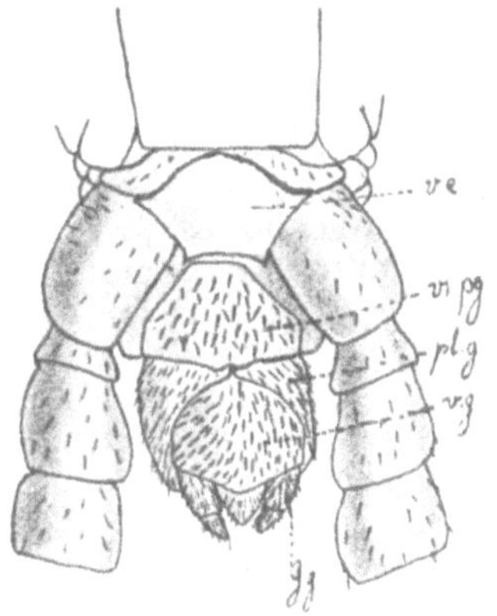

Fig. 134. **Diphtherogaster flava** Att., ♂
v. e = Sternit des Endbeinsegments, *v. pg* = Sternit des Prägenitalsegments,
plg = Pleurite des Genitalsegments, *vg* = Sternit des Genitalsegments,
Gg = Gonopoden.

Endbeinsternit (Fig. 134) klein, vorn schmäler als der Hinterrand des vorangehenden Sternits, nach hinten verschmälert, Hinterrand gerade, unbeborstet. Endbein des ♂ etwas dicker und reichlicher beborstet als beim ♀. Genitaltergit des ♂ reichlich beborstet, beim ♀ nackt. Prägenital- und Genitalsternit des ♂ groß und reichlich beborstet. Prägenitalsternit des ♀ eine sehr kleine, schmale Querspange, Genitalsternit des ♀ groß, bis an die Seiten reichend. Gonopoden bei ♂ und ♀ zweigliedrig.

Südafrika: Klein Namaland, Steinkopf.

7. Gen. **Notiphilides** Latz.

1880 *N.*, Latzel, Myr. Österr.-Ung., *v.* 1 p. 20 | 1880 *N.*, Latzel in: Zool. Anz., *v.* 3 p. 547 | 1885 *N.*, Meinert in: P. Amer. phil. Soc., *v.* 23 p. 233 | 1903 *N.*, Attems in: Zool. Jahrb., Syst. *v.* 18 p. 205.

Kopfschild breiter als lang, ohne Stirnfurche. Antennen kurz und dick. Labrum dicht gezähnt. Mandibel mit mehreren Kammblättern. 1. Maxille mit 2 Paar Außentastern. Kralle der 2. Maxille gekämmt. Kieferfußhüften sehr kurz und breit, die Krallen erreichen den Stirnrand nicht. Tergite ohne scharfe Längsfurchen, an deren Stelle seichte runde Gruben. Präscutellum und Stigmenpleurit nur durch eine sehr seichte Furche getrennt. Stigmen oval. 1—3 Reihen von Paratergiten vorhanden. Ventralporen in 2 lateral verbundenen Querbändern oder in einem Viereck. Sternite querrechteckig. Endbeinhüfte ohne Poren. Tarsus eingliedrig, ohne Prätarsus. ♀ Gonopoden zweigliedrig.

Süd- und Zentralamerika.

2 Arten.

Typus: *N. maximiliani* (Humb. & Sauss.)

Übersicht über die Arten:

a) 99 Beinpaare. Basalschild ungefähr so lang wie das folgende Tergit: 1. **N. maximiliani**

b) 151 Beinpaare. Basalschild halb so lang wie das folgende Tergit: 2. **N. grandis**

1. **N. maximiliani** (Humb. & Sauss.) 1870 *Notiphilus m.*, Humbert & Saussure in: Rev. Mag. Zool., ser. 2 *v.* 22 p. 205 | 1872 *N. m.*, Saussure & Humbert in: Miss. Mex., part. 6II p. 141 t. 4 f. 22 | 1885 *Notiphilides m.*, Meinert in: P. Amer. phil. Soc., *v.* 23 p. 233 | 1896 *N. m.*, Pocock in: Biol. Centr. Amer., Chilop. p. 40 t. 3 f. 15.

Braungelb. Länge bis 115 mm. 85 (♂)—99 (♀) Beinpaare. Kopfschild merklich breiter als lang, hinten am breitesten, vorn stumpfwinklig, sehr fein punktiert. Antennen bis zur Mitte des 1. beintragenden Segments reichend, Beborstung der Grundglieder sehr spärlich, allmählich dichter werdend, alle Borsten winzig klein. Basalschild breiter als das Tergit des 2. beintragenden Segments, ungefähr so lang wie das folgende (1.) Tergit. Prätergite vom 2. beintragenden Segment an sichtbar. Tergit des 1. beintragenden Segments tief in die Seiten herabreichend, bis zum Ventralrand des ersten Stigmenpleurits. Rumpf so gut wie nackt. Tergite an Stelle der Längsfurchen mit 2 flachen runden Grübchen, im übrigen flach-runzelig, uneben. 1 bis 3 Reihen von Paratergiten, auf den vordersten Segmenten nur ein großes, die ganze Länge des Segmentes einnehmendes Paratergit, weiterhin tritt zwischen diesem und dem hinteren Teil des Tergits ein kleines Schild auf, später ein kleines Schild vor diesem, in der vorderen Hälfte. Noch weiter caudal treten ventral vom großen Paratergit zwei kleine Schilde auf, einer vorn, einer hinten, die sich aber nicht berühren, so daß in der Mitte das große Paratergit an das Stigmendoppelpleurit stößt. Präscutellum und Stigmenpleurit sind nur durch eine äußerst feine, seichte Furche getrennt. Endbeintergit kurz, gut 2mal so breit wie lang, die Seiten nach hinten divergierend, hinten bogig abgerundet; kein Prätergit sichtbar, aber große Pleurite, zwei hintereinander. Sternit klein, trapezisch, vorn etwas schmäler als das vorangehende Sternit, breiter als lang, hinten gerade. Mandibel mit 6 Kammblättern, das erste mit 17 Zähnen, die Zähne aller Blätter fast gleich groß; Vorderrand ohne Borsten oder Zähnchen; hinter dem letzten Kammblatt stehen eine

Anzahl schlanker Kegelspitzen. Coxalfortsatz und Telopodit der 1. Maxille breit und kurz, fast rund, 2 Paar Außentaster. Vorderrand des Syncoxits der 2. Maxille gerade, die ganze Fläche reichlich beborstet, die Borsten winzig, Kralle gekämmt, die Telopoditglieder reichlich und gleichmäßig beborstet.

Mexiko, Guatemala, Trinidad, Venezuela, Kolumbien.

2. **N. grandis** Bröl. 1904 *N. g.*, Brölemann in: Revista Mus. Paul., *v.* 6 p. 71 t. 1 f. 8—11.

Olivengelb. Länge 135 mm. Breite 3,5 mm. 151 Beinpaare. Kopfschild viel breiter als lang (2,3 : 1,7), vorn winklig, nicht punktiert. Antennen sehr kurz, Labrum fast gerade, dicht und sehr fein gezähnt, die seitlichen Zähne etwas größer. Mandibel mit 6 Kammblättern. Klaue der 2. Maxille gekämmt. Hüften der Kieferfüße viel breiter als lang (2,3 : 0,8). Basalschild halb so lang wie das folgende Tergit, so breit wie der Kopfschild. Tergite mit ein Paar seichter seitlicher Grübchen, undeutlich, lederartig-runzelig. Die Tergite, Pleuren und Subcoxa haben ähnliche Poren wie die Sternite. Endbeinsternit trapezisch, 2mal so breit wie lang, Endbeine des ♀ nicht länger als das vorangehende Paar, nackt, wenig verdickt.

Venezuela: Manaos.

8. Gen. **Titanophilus** Chamb.

1915 *T.*, Chamberlin in: Bull. Mus. Harvard, *v.* 59 p. 502.

Keine Stirnfurche. Antennen abgeplattet, kurz, endwärts verdünnt. Labrum eingebuchtet, gezähnt, Mandibel mit mehreren Kammblättern.

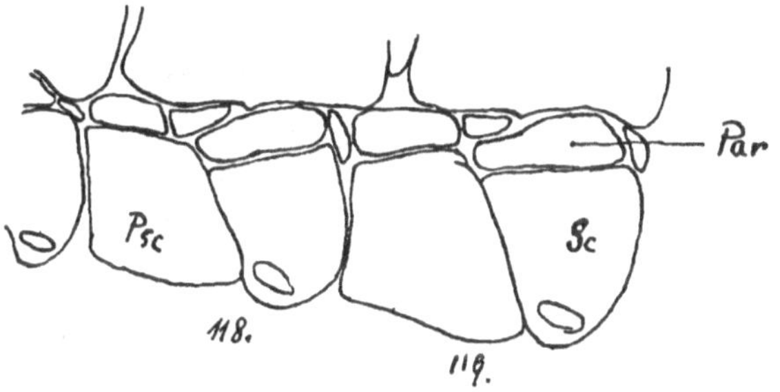

Fig. 135. **Titanophilus maximus** Chamb.
Pleuren des 118. und 119. Segments.
Psc = Präscutellum, *Sc* = Stigmenschild, *Par* = Paratergit.

1. Maxille mit Außentastern, Telopodit zweigliedrig, Coxalfortsatz abgesetzt. Klaue der 2. Maxille ausgehöhlt, nicht gekämmt. Tergite doppelfurchig. Präscutellum und Stigmenpleurit getrennt, ersteres größer (Fig. 135). Vordere Segmente ohne Paratergite; weiterhin treten erst eine, dann zwei Reihen von Paratergiten auf. Ventralporen in einem Viereck. Endbeinhüfte ohne Poren. Tarsus eingliedrig, ohne Prätarsus.

Haiti.

2 Arten.

Typus: *Titanophilus maximus* Chamb.

Übersicht über die Arten:

a) 169 Beinpaare. Die Kieferfüße erreichen den Stirnrand. Endbeinsternit 3mal so breit wie lang. Kopfschild vorn und hinten gleich breit: 1. **T. maximus**

b) 149 Beinpaare. Die Kieferfüße erreichen nicht den Stirnrand. Endbeinsternit 2mal so breit wie lang. Kopfschild herzförmig, hinten am breitesten: 2. **T. fratrellus**

1. **T. maximus** Chamb. 1915 *T. m.*, Chamberlin in: Bull. Mus. Harvard, *v.* 59 p. 503 t. 2 f. 1—4 (Fig. 135).

Gelb bis ockergelb, Kopf lichtgelb, Antennen und Beine gelb. Länge bis 200 mm. Breite bis 4 mm, 169 Beinpaare (♂). Kopf vorn und hinten gleich breit, seitlich convex, vorn abgestuft oder stumpfwinklig, hinten schwach konvex und jederseits eingedrückt, vorn und hinten eine kurze Medianfurche. Kopf 1,37mal so breit wie lang. Basalschild sehr kurz, 9mal so breit wie lang. Antennen mäßig lang. Die geschlossenen Kieferfüße erreichen den Stirnrand, ihre Hüften mit medianer Längsfurche in der hinteren Hälfte. Tergite mit Ausnahme einiger der vordersten und letzten mit 2 scharfen Längsfurchen und einer weniger scharfen Medianfurche, undeutlich fein-runzelig. Einige Sternite mit einer undeutlichen medianen Längsfurche, feinkörnig, rauh. Endbeinsternit kurz und sehr breit, trapezisch, vorn und hinten geradlinig, 3mal so breit wie lang. Endbeine des ♂ stark verdickt, die Borsten sehr kurz, spärlich.

Haiti: Grand Riviere.

2. **T. fratrellus** Chamb. 1915 *T. f.*, Chamberlin in: Bull. Mus. Harvard, *v.* 59 p. 505 t. 2 f. 5, 6 (Fig. 136).

Ockergelb, in der Mitte des Körpers olivenfarben, Kopf und Kieferfußsegment blaßbraun, Antennen- und Beine gelb. Länge 115 mm. Breite 2,6 mm. 149 Beinpaare (♂). Kopf fast herzförmig, hinten am breitesten, nur wenig breiter als lang (37 : 34), mit kurzer, tiefer Medianfurche in der Mitte. Basalschild sehr kurz. 6,5mal so breit wie lang. Antennen sehr kurz. Die geschlossenen Kieferfüße erreichen nicht den Stirnrand. Tergite mit 2 scharfen Längsfurchen und einer schwächeren Medianfurche, auf den ersten und letzten Segmenten sind diese Furchen schmäler oder undeutlich. Sternite ohne Besonderheiten. Endbeinsternit breit, aber relativ länger als bei *T. maximus*, nur 2mal so breit wie lang, nach hinten stark verschmälert, der Hinterrand eingebuchtet. Stigmen schräg, oval. Endbeine des ♂ sehr stark verdickt, dorsoventral abgeplattet, dicht und sehr fein beborstet.

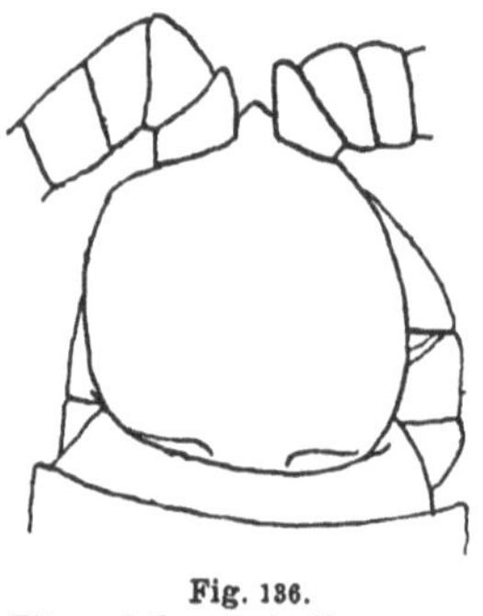

Fig. 136. **Titanophilus fratrellus** Chamb. Kopf. Dorsalseite.

Haiti: Petionville.

9. Gen. **Pentorya** Cook

1896 *P.*, Cook, Brandtia, p. 84.

Stirnfurche vorhanden. Labrum eingebuchtet und gezähnt. Mandibel mit mehreren Kammblättern. 1. Maxille mit 2 Paar Außentastern, Telopodit ungegliedert. Klaue der 2. Maxille gekämmt. Ventralporen in 2 unterbrochenen Querbändern. Auch die Subcoxa und Tergite haben solche Poren. 2 Reihen von Paratergiten. Präscutellum und Stigmenpleurit getrennt, in der Größe nicht sehr verschieden. Stigmen oval. Endbeinhüfte ohne Poren, Tarsus eingliedrig, ohne Prätarsus.

Kamerun, Südindien.

2 Arten.

Typus: *P. afra* Cook

1. **P. afra** Cook 1894 *Orphnaeus (Aspidopleres) fusatus*, Porat (nec C. L. Koch) in: Bih. Svenska Ak., *v.* 20 nr. 5 p. 18 | 1896 *Pentorya afra*, Cook, Brandtia, p. 34.

Rotgelb. Länge bis 100 mm. Breite 3 mm. 93 (♂)—101 Beinpaare. Unbeborstet. Tergite, wenigstens die mittleren mit 4 Furchen, die 2 medianen Furchen nahe beieinander. Kopfschild breiter als lang, vorn zugespitzt, mit Stirnfurche. Endbeinsternit breit, kurz.

Kamerun: Ekundu.

Ungenügend beschriebene Art.

2. **P. indica** Silv. 1919 *P. i.*, Silvestri in: Rec. Ind. Mus., *v.* 16 p. 88 f. 27 (Fig. 137, 138).

Blaßgelb. Länge 186 mm. Breite 5,5 mm. 141 Beinpaare. Kopfschild (Fig. 137) hinten etwas breiter als lang, fein und zerstreut punktiert. Antennen kurz, weniger als doppelt so lang wie der Kopf, abgeflacht und endwärts verdünnt. Die seitlichen Labralzähne kräftiger, spitzer und etwas weitschichtiger gestellt als die mittleren. Mandibel mit 9 Kammblättern; das erste zahnblattähnlich mit kürzeren, kräftigeren Zähnen, Vorderrand glatt. Klaue der 2. Maxille auf beiden Kanten gekämmt. Basalschild kurz. Die Kieferfüße erreichen den Stirnrand. Tergite mit einer Querreihe von 4 Porenhaufen. 2 Reihen von Paratergiten, die dorsale mit 2 Schilden (Haupt- und Präparatergit), die ventrale nur mit einem großen, die ganze Länge des Segments einnehmenden Schild (Fig. 138). Präscutellum und Stigmenpleurit mit zahlreichen Poren, Stigmen schräg, oval. 1. Sternit mit einem kleinen Porenfeld, die folgenden Sternite mit 2 unterbrochenen Porenquerbändern; das vordere ist in 4, das hintere in 2 Abschnitte geteilt. End-

Fig. 137. **Pentorya indica** Silv.

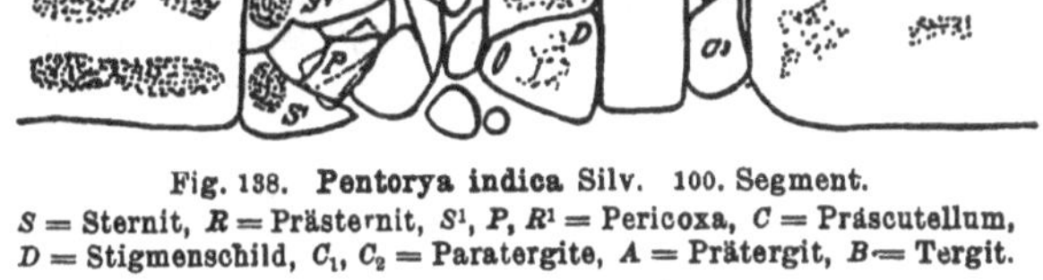

Fig. 138. **Pentorya indica** Silv. 100. Segment.
S = Sternit, R = Prästernit, S^1, P, R^1 = Pericoxa, C = Präscutellum, D = Stigmenschild, C_1, C_2 = Paratergite, A = Prätergit, B = Tergit.

beinsternit kurz, breit, nach hinten verschmälert, hinten gerade, Hüften klein. Die Endbeine des einzigen bekannten Exemplars verletzt, nur vermutungsweise als sechsgliedrig angenommen.

Süd-Indien: Ootacamund, Nilgiri Hills.

B. Subfam. **Trematoryinae** Bröl.

1909 Tribus *Trematoryini*, Brölemann in: Arch. Zool. expér., ser. 5 *v.* 3 p. 309 | 1914 *Trematoryinae*, Attems in: Arch. Naturg., *v.* 80 A. 4 p. 116.

Endbeinhüfte mit 2 Gruben, in die eine Anzahl Drüsen münden. Einige mittlere Sternite mit einem tiefen großen Medianporus, der die Form eines Hutpilzes im Längsschnitt hat. Endbeine mit krallenförmigem Prätarsus.

Einzige Gattung.

10. Gen. **Trematorya** Bröl.

1909 *T.*, Brölemann in: Arch. Zool. expér., ser. 5 *v.* 3 p. 333.

Der Kopfschild läßt von oben einen großen Teil der Kieferfüße sehen. Labrum fast geradlinig, gezähnt. Mandibel mit mehreren Kammblättern. Telopodit der 1. Maxille zweigliedrig, das erste Glied mit Außentaster, Coxosternum ohne Außentaster. Klaue der 2. Maxille einfach, nicht gekämmt, Kieferfußhüften kurz und breit, Tergite doppelfurchig. Ventralporen zahlreich, auf dem größten Teil der Fläche. Sternite mit Ausnahme einiger mittlerer mit einer medianen Längsfurche, der eine wulstige Verdickung auf der Innenseite entspricht. Die mittleren Sternite ohne diese Längsfurche haben einen eigentümlichen, wulstig eingefaßten Porus in der Mitte. Eine Reihe von 2 Paratergiten in der hinteren Körperhälfte. Endbeinsternit hinten breiter als vorn. Endbeinhüfte mit 2 Gruben, in die jede eine Anzahl Drüsen münden. Tarsus zweigliedrig, ein krallenförmiger Prätarsus vorhanden.

1. **T. sternalis** Bröl. 1909 *T. s.*, Brölemann in: Bull. Mus. Paris, *v.* 15 p. 425.

Länge 78 mm. Breite 1,4 mm. 117 Beinpaare (♂). Beborstung des Körpers äußerst kurz, mäßig dicht. Kopfschild ungefähr so lang wie breit, vorn geradlinig, hinten eingebuchtet. Antennen kurz, wenig dick und endwärts wenig verjüngt, die Borsten sehr kurz und dicht. Clypeus mit zahlreichen, ungeordneten Borsten. Labrum ohne Abgrenzung in den Clypeus übergehend, fast geradlinig, schwach gezähnelt. Mandibel mit 5 Kammblättern, deren Zähne kurz. Coxalfortsatz und Telopodit der 1. Maxille kurz, breit abgerundet, ersterer mit 4—5 Borsten, letzterer dicht beborstet, nur der Telopodit mit zugespitztem Außentaster. 2. Maxille dicht beborstet; Coxosternum mit Medianfurche aber völlig verwachsen. Vorderrand sehr stumpfwinklig eingebuchtet, Endkralle einfach. Hüften der Kieferfüße ungefähr $1^1/_2$ mal so breit wie lang, Ungulum glatt. Tergite zwischen den Längsfurchen glatt, lateral von ihnen uneben. Prätergite sehr kurz. Sternite querrechteckig, viel breiter als lang; alle außer den 26.—31. haben eine abgekürzte Längsfurche, der auf der Innenseite ein Wulst entspricht. 26.—31. Sternit in der Mitte mit einer stark chitinisierten trichterförmigen Grube, in deren Grund sich ein Porus mit noch stärker chitinisiertem Rand öffnet, der die Gestalt eines längsdurchschnittenen Hutpilzes hat; Drüsenmündungen in diesen Porus wurden nicht beobachtet. Ventralporen zahlreich, besonders dicht am Hinterrand. sehr klein; dazwischen zahlreiche sehr kurze Börstchen. Ähnliche Poren haben auch die angrenzenden Sklerite. Eine Reihe von 2 Paratergiten, Prä- und Hauptparatergit.

Endbeintergit breit, trapezisch; Prätergit kaum sichtbar; die Präpleurite vom Prätergit getrennt; Sternit vorn so breit wie das vorangehende Sternit. Die Seitenränder divergierend, hinten tief eingeschnitten, Hüfte mit 2 Drüsengruppen, die durch 2 Taschen ausmünden, eine unter dem Prästernit, die andere unter dem Sternitrand. Prätarsus krallenförmig. Keine Terminalporen.

Chile: Cerros de Valparaiso.

4. Fam. **Mecistocephalidae**

1895 *Dicellophilidae*, Cook in: P. U. S. Mus., *v.* 18 p. 61, 66, 73 | 1896 *D.*, Cook, Brandtia, p. 35 | 1901 *Mecistocephalinae*, Verhoeff in: N. Acta Ac. Leop., *v.* 77 p. 415 | 1903 *M.*, Attems in: Zool. Jahrb., Syst. *v.* 18 p. 166, 207 | 1908 *Mecistocephalidae*, Verhoeff in: Bronn, Kl. Ordn., *v.* 5 II p. 271 | 1909 *M.*, Brölemann in: Arch. Zool. expér., ser. 5 *v.* 3 p. 307 | 1914 *M.*, Attems in: Arch. Naturg., *v.* 80 A. 4 p. 130 | 1919 *Dicellophilinae*, Silvestri in: Rec. Ind. Mus., *v.* 16 p. 46 | 1926 *Mecistocephalidae*, Attems in: Kükenthal & Krumbach, Handb. Zool., *v.* 4 p. 355.

Meist große Formen. Körper vorn am breitesten, caudalwärts stark und allmählich verengt. Kopfschild stets länger als breit, oft zweimal so lang wie breit, Antennen pfriemenförmig. Clypeus (Fig. 139) in zwei Abteilungen geteilt, der Vorderclypeus mit polygonaler Felderung und meist mit einer

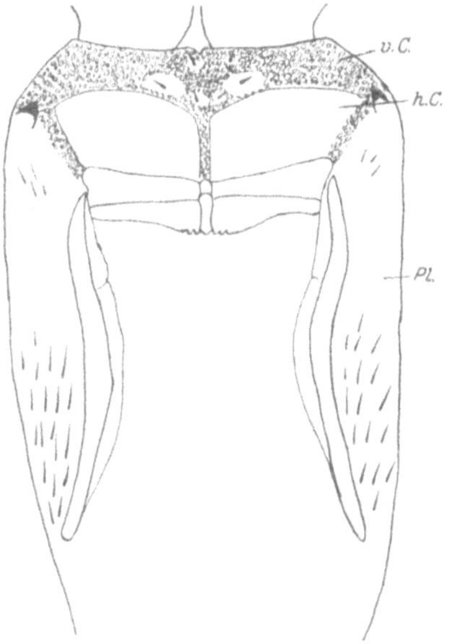

Fig. 139. **Mecistocephalus mikado** Att.
v. C = Vorderfeld des Clypeus, *h. C* = Hinterfeld des Clypeus, *Pl* = Kopfpleurite.

geringen Zahl von Borsten, der Hinterclypeus ohne Felderung, kann einheitlich oder durch einen medianen gefelderten Streifen, Fortsetzung der Felderung des Vorderclypeus, geteilt sein; er hat keine, wenige oder sehr viele Borsten. Labrum scharf vom Clypeus abgesetzt, dreiteilig, der Mittelteil immer sehr schmal im Vergleich mit den Seitenteilen, meist einfach keilförmig, sehr selten kurz-dreispitzig; die Seitenteile breit, durch eine dunkle schräge Querlinie geteilt; am Rande glatt oder teilweise bis ganz beborstet. Mandibel (Fig. 140) mit mehreren Kammblättern, das erste meist mit stärkeren Zähnen und zahnblattähnlich; die Kammblätter kurz mit untereinander gleichen Zähnen bis zur Basis oder lang und die Zähne der proximalen Hälfte sehr viel kleiner als die der distalen oder manchmal nur am Ende mit Zähnen. Hüften der 1. Maxillen meist getrennt bleibend, bei *Nodocephalus* und *Prolamnonyx* verwachsen die Hüften; der Coxalfortsatz und das Telopodit gehen in lange hyaline, am Ende abgerundete Lappen aus; keine Außentaster; beide Telopoditglieder verschmolzen. Die Hüften der 2. Maxillen sind verwachsen oder bleiben getrennt; die Drüsenöffnung liegt am Lateralrand; Telopodit meist groß, medianwärts gekrümmt und die Endlappen der ersten Maxillen bedeutend überragend, selten klein und nur so lang wie diese, dreigliedrig, mit oder ohne Endkralle. Die Kieferfüße groß, von der Dorsalseite zum großen Teil sichtbar, überragen den Stirnrand; Basalschild schmal zwischen den dorsal breit frei liegenden Pleuriten gelegen; die Pleurite haben medial eine scharfe rippenähnliche Kante, neben der eine Reihe borstentragender Grübchen

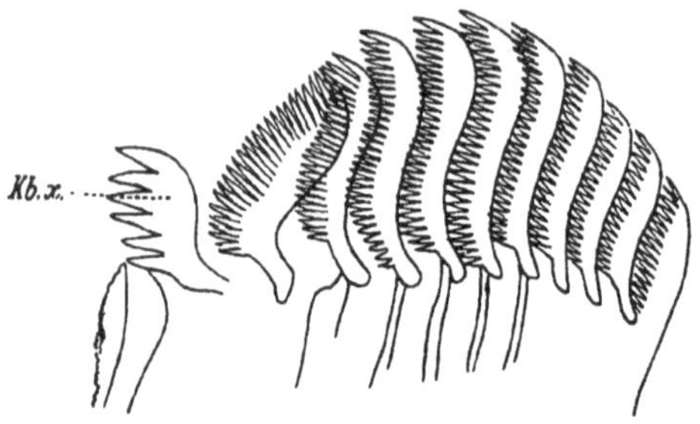

Fig. 140. **Mecistocephalus maxillaris** (Gerv.) Mandibel.
Kb.x = 1. Kammblatt.

steht; von dieser Kante medialwärts vertieft sich das Pleurit; vom Telopodit bleibt es durch einen auf die Dorsalseite heraufgreifenden dreieckigen Teil des Coxosternum getrennt. An der lateralen Übergangsstelle der (ventralen) Kopfpleurite in den dorsalen Kopfschild eine scharfkantige Naht; das Kopfpleurit bildet medial, neben dem Labrum, einen zackigen Vorsprung. Hüften vorn meist mit Mediankerbe und 2 Zähnen, Präfemur mit zwei, seltener nur einem Zahn, auch die übrigen Telopoditglieder oft mit einem Zahnhöcker. Keine Paratergite. Ventralporen fehlen. Eine Anzahl vorderer Sternite hat

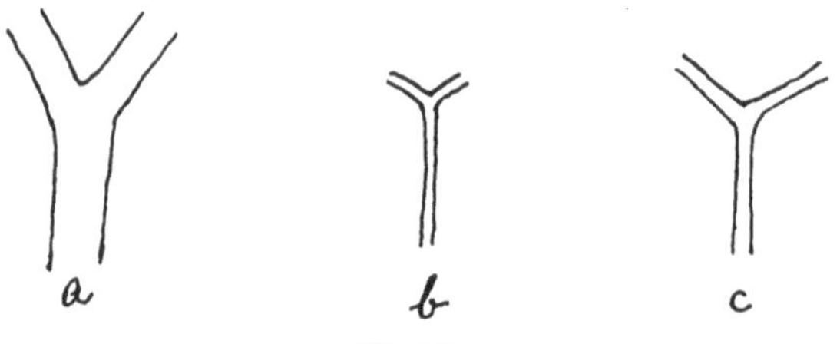

Fig. 141.
Sternitleisten von *a)* **Mecistocephalus punctifrons,** *b)* **M. insularis,** *c)* **M. cephalotes.**

eine nach dem Körperinneren vorspringende Medianleiste, die vorn oft gegabelt ist (Fig. 141) und sich caudalwärts auf eine Verlängerung des Sternits fortsetzt, welche Verlängerung nach oben biegt und sich unter das Vorderende des nachfolgenden Sternits schiebt. Endbeinhüfte mit mehreren, meist vielen, einzelnen und frei mündenden Poren, meist allseitig, seltener nur ventral und lateral; Endbeintarsus zweigliedrig, ohne Prätarsus. Terminalporen vorhanden. Segmentzahl für die einzelnen Arten fast stets konstant.

2 Subfamilien, 8 Gattungen, davon 1 mit 5 Untergattungen, 50 sichere Arten mit 5 Unterarten, 21 unsichere Arten.

A. Subfam. **Mecistocephalinae** Chamb.

1920 *M.*, Chamberlin in: Canad. Ent., *v.* 52 p. 184.

Hüften der 2. Maxille verwachsen, Telopodit der 2. Maxille meist mit Endkralle. Präfemur der Kieferfüße oft mit 2 Zähnen. Kopfschild oft 2 mal so lang wie breit.

Übersicht über die Genera:

1a) Die Endbeinhüften reichen seitlich über das Endbeinsegment nach vorn hinaus. Endbeinsegment ohne deutliche Prästernite. Basalschild mit scharfer medianer Längsfurche . . . . 5. Gen. **Megethmus**
1b) Die Endbeinhüften reichen nach vorn nicht wesentlich über das Endbeinsegment hinaus. Endbeinsegment mit Prästerniten. Basalschild ohne Längsfurche 2
2a) Kopfpleurite vorn mit einem starken Kegelzahn. Kieferfußpräfemur oft mit 2 Zähnen . . . . 1. Gen. **Mecistocephalus**
2b) Kopfpleurite ohne Kegelzahn. Kieferfußpräfemur nur mit einem Zahn . 3
3a) Hüften der ersten Maxillen verwachsen. Hinterclypeus durch einen gefelderten Medianstreifen geteilt . . . . 2. Gen. **Nodocephalus**
3b) Hüften der ersten Maxillen bleiben getrennt. Hinterclypeus median ungeteilt 4
4a) Seitenteile des Labrum eingebuchtet und beborstet. Hinterclypeus mit einem großen Feld von zahlreichen Borsten . . . . 3. Gen. **Dicellophilus**
4b) Seitenteile des Labrum gerade, unbeborstet. Hinterclypeus mit wenigen Borsten . . . . 4. Gen. **Tygarrup**

1. Gen. **Mecistocephalus** Newp.

1842 *M.*, Newport in: P. zool. Soc. London, *v.* 10 p. 178 | 1844 *M.*, Newport in: Tr. Linn. Soc. London, *v.* 19 p. 276 | 1895 *Lamnonyx,* Cook in: P. U. S. Mus., *v.* 18 p. 61 | 1903 *L*, Attems in: Zool. Jahrb., Syst. *v.* 18 p. 208 | 1908 *L.*, Verhoeff in: Bronn, Kl. Ordn., *v.* 5 II p. 273 | 1919 *L.*, Silvestri in: Rec. Ind. Mus., *v.* 16 p. 49 | 1920 *Mecistocephalus*, Chamberlin in: Canad. Ent., *v.* 52 p. 184 | 1926 *M.*, Attems in: Kükenthal & Krumbach, Handb. Zool., *v.* 4 p. 357.

Vorderclypeus meist gleichmäßig gefeldert, seltener mit kleinen glatten Inseln in der Umgebung der Borsten, meist mit 6 Borsten, eine vordere Reihe 2 × 2 und dahinter 2 nahe beisammen, manchmal auch zahlreichere Borsten. Hinterclypeus durch einen medianen gefelderten Streifen, Fortsetzung des Vorderclypeus, in 2 Hälften geteilt, ohne Borsten oder mit einigen Borsten nahe dem Vorderrand. Kopfpleurite mit vorderem Kegelzahn. Seitenteile des Labrum unbeborstet oder teilweise bis ganz mit einer Borstenreihe besetzt. Hüften der 1. Maxille getrennt, die Hüfte bildet lateral vom Telopodit eine deutliche, mehr oder weniger zackig vorragende Schulter. Hüften der 2. Maxille verwachsen, das Coxosternum in der Mitte lang; Telopodit meist groß, die hyalinen Endlappen der 1. Maxille weit überragend, selten klein; Kralle meist vorhanden. Präfemur der Kieferfüße meist mit 2 Zähnen, selten nur mit einem; Femur, Tibia und Tarsus meist mit einem Zahnhöcker. Ungulum glatt, Basalschild ohne Medianfurche. Kopfschild meist ungefähr 2 mal so lang wie breit, Stirnfurche vorhanden. Tergite doppelfurchig, ausgenommen die ersten 5—6, die meist ungefurcht sind, ebenso einige der letzten. ♀. Gonopoden zweigliedrig.

5 Untergattungen, 39 sichere Arten mit 5 Unterarten und 12 unsichere Arten.

Typus: *M. punctifrons* Newp.

Übersicht über die Subgenera von *Mecistocephalus*:

1a) Seitenteile des Labrum innen stark vorgezogen . . 5. Subgen. **Ectoptyx**
1b) Seitenteile des Labrum innen nicht oder nur sehr wenig vorgezogen . . 2
2a) Die Kammblätter der Mandibel, ausgenommen das erste, sind nur am Ende gezähnt . . . . 4. Subgen. **Dasyptyx**
2b) Die Kammblätter der Mandibel sind bis zum Grunde herab gezähnt . . 3
3a) Seitenteile des Labrum der ganzen Breite nach fein behaart. Die Zähne der Kammblätter sehr klein . . . . 3. Subgen. **Brachyptyx**
3b) Seitenteile des Labrum ganz unbehaart oder nur nahe dem medialen Ende behaart. Zähne der Kammblätter größer 4
4a) Labralrand ganz unbehaart . . . . 1. Subgen. **Mecistocephalus**
4b) Seitenteile des Labrum nahe dem Medialende behaart: 2. Subgen. **Pauroptyx**

a) Subgen. **Mecistocephalus** Chamb.

1920 *M.*, Chamberlin in: Canad. Ent., *v.* 52 p. 184.

Seitenteile des Labrum ganz unbeborstet. Die Kammblätter der Mandibel sind bis zur Basis herab gezähnt; die Zähne sind entweder in der ganzen Länge einer Lamelle annähernd gleich groß oder sie sind in der proximalen Hälfte sehr klein. Erstes Kammblatt mit wenigen, etwa 4—8 Zähnen.

Typus: *M. punctifrons* Newp.

Übersicht über die Arten:

1a) 45 Beinpaare 2
2a) Präfemur der Kieferfüße mit 2 Zähnen, Kopfschild fast 2mal so lang wie breit . . . . 1. **M. (M.) spissus**
2b) Präfemur der Kieferfüße mit 1 Zahn. Kopfschild relativ kurz, nur etwa $1^1/_2$mal so lang wie breit 3
3a) Endbeinsternit schmal, hinten wenig verschmälert, abgerundet: 2. **M. (M.) diversidens**
3b) Endbeinsternit breiter, hinten stark verschmälert, gerade abgestutzt: 3. **M. (M.) nannocornis**
1b) 47 Beinpaare 4
4a) Telopodit der 2. Maxille klein, nicht über die Endlappen der 1. Maxille hinausragend. Endbeinhüfte innen dicht beborstet: 4. **M. (M.) tahitiensis**
α) Endbeinhüfte mit zahlreichen Poren . . . . 4a) var. *tahitiensis*
β) Endbeinhüfte mit 7—11 Poren . . . . 4b) var. *minor*
4b) Telopodit der 2. Maxille normal groß, die Endlappen der 1. Maxille weit überragend; Endbeinhüfte innen nicht dichter beborstet als auf der übrigen Fläche . . . . 5. **M. (M.) angusticeps**
(Hierher auch: 6. *M. castaneiceps* Haase, 7. *M. mimeticus* Chamb.)
1c) 49 Beinpaare 5
5a) Sternitleiste vorn gegabelt 6
5b) Sternitleiste ungegabelt, höchstens ganz rudimentäre, kurze Äste vorhanden 12
6a) Die Gabel der Sternitleiste ist spitzwinklig . 8. **M. (M.) punctifrons**
6b) Die Sternitgabel ist recht- oder stumpfwinklig 7
7a) Vorderclypeus mit mehreren glatten Inseln, in denen je 1—2 Borsten stehen. Lateralteile des Labrum neben dem Medialende gekerbt. Zähne des ersten Kammblattes der Mandibel stumpf*) 8
7b) Vorderclypeus gleichmäßig gefeldert, ohne glatte Inseln. Lateralteile des Labrum glattrandig. Zähne des ersten Kammblattes spitz . . 9

---

*) Hierher wohl auch: *M. kurandanus* Chamb.

8a) Im Vorderclypeus 6 glatte Inseln mit je einer Borste. Kopfschild fast 2mal so lang wie breit (Japan) . . . . . . 9. **M. (M.) mikado**
8b) Im Vorderclypeus 5 glatte Inseln mit zusammen 8 Borsten. Kopfschild nur etwas über 1½mal so lang wie breit (Indien): 10. **M. (M.) nilgirinus**
9a) Die Zähne jedes Kammblattes sind an der Basis nicht viel kleiner als am Ende 10
9b) Die Zähne jedes Kammblattes sind in der proximalen Hälfte viel kleiner als in der distalen Hälfte, der Übergang ziemlich plötzlich: 11
10a) Der Gabelwinkel der Sternitleiste ist rechtwinklig; Kopfpleurite nur in der hinteren Hälfte beborstet; Vorderclypeus so lang oder länger als der Hinterclypeus . . . . 11. **M. (M.) insularis**
10b) Gabelwinkel der Sternitleiste sehr stumpf. Kopfpleurite bis zur Höhe des Labrum beborstet. Vorderclypeus kürzer als der Hinterclypeus: 12. **M. (M.) maxillaris**
(Hierher: 13. *M. nigriceps* Chamb.)
11a) Innenrand der Mandibel unter dem ersten Kammblatt glattrandig: 14. **M. (M.) cephalotes**
11b) Innenrand der Mandibel mit einigen Sägezähnchen . . . . { 15. **M. (M.) celebensis** / 16. **M. (M.) philippinus** }
12a) (5.) Endbeinhüfte mit zahlreichen Poren; 9 Kammblätter: 17. **M. (M.) rubriceps**
12b) Endbeinhüfte mit wenigen (15—20) Poren; 5—7 Kammblätter . . 13
13a) Mittelteil des Labrum kurz-dreizähnig; Vorderrand des Kopfschildes gerade, die Pleuritkegelzähne gerade . . . . . 18. **M. (M.) tridens**
13b) Mittelteil des Labrum einzähnig oder mit einer winzigen Mediankerbe 14
14a) Kopf vorn stumpfwinklig, Pleuritzähne des Kopfes hakig medialwärts gekrümmt . . . . 19. **M. (M.) monticolens**
14b) Kopf vorn gerade. Pleuritzähne des Kopfes gerade . . . . { 20. **M. (M.) modestus** / 21. **M. (M.) apator** }
1d) 51 Beinpaare 15
15a) Sternitleiste ypsilonförmig gegabelt . . . . { 22. **M. (M.) lifuensis** / 23. **M. (M.) evansi** }
15b) Sternitleiste undeutlich gegabelt . . . . . 24. **M. (M.) erythroceps**
1e) 57 Beinpaare . . . . 25. **M. (M.) diversisternus**
1f) 59 Beinpaare . . . . 26. **M. (M.) smithi**
1g) 63 Beinpaare . . . . 27. **M. (M.) japonicus**

1. **M. (M.) spissus** H. C. Wood 1862 *M. s.*, H. C. Wood in: J. Ac. Philad., ser. 2 *v.* 5 p. 48 | 1887 *M. s.*, E. Haase in: Abh. Mus. Dresden, nr. 5 p. 101 | 1904 *Lamnonyx s.*, Silvestri in: Fauna Haw., *v.* 3 p. 326 t. 11 f. 5—7 | 1919 *L. s.*, Silvestri in: Rec. Ind. Mus., *v.* 16 p. 75 f. 19 (Fig. 142).

Fig. 142.
Mecistocephalus spissus Wood.
Telopodit des Kieferfußes.

Rotgelb. Rückenmitte mehr oder weniger verdunkelt, Kopf und Kieferfußsegment rotbraun. Länge bis 70 mm. Breite vorn 2,5 mm. 45 Beinpaare. Kopfschild fast 2mal so lang wie breit, dicht punktiert, vorn gerade abgestutzt. Mittelteil des Labrum einzähnig. Mandibel mit 8 Kammblättern, das erste 7zähnig, ein mittleres 14zähnig, die Zähne an der Basis nur wenig kleiner. Kieferfußpräfemur mit 2 Zähnen, die anderen Glieder mit den gewöhnlichen Zähnen (Fig. 142). Sternitleiste vorn ungegabelt. Endbeinsternit trapezisch, vorn breit, nach hinten stärker verschmälert, der hintere Teil dicht und kurz beborstet; Hüftporen groß und klein, nicht sehr zahlreich. Erstes Beinpaar weniger als halb so lang wie das zweite.

Hawai-Inseln: Haleakala, Molokai, Kauai, Dahu.

2. **M. (M.) diversidens** (Silv.) 1891 *M. spissus*, Pocock (nec Wood) in: Ann. Mus. Genova, *v.* 30 p. 424 | 1919 *Lamnonyx diversidens*, Silvestri in: Rec. Ind. Mus., *v.* 16 p. 76 f. 20 (Fig. 143, 144).

Länge bis 55 mm. Breite vorn 2,8 mm. 45 Beinpaare. Kopfschild um $^2/_7$ länger als breit, spärlich und grob punktiert. Mittelteil des Labrum einzähnig; Mandibel mit 8—10 Kammblättern, das erste 6 zähnig, das mittlere

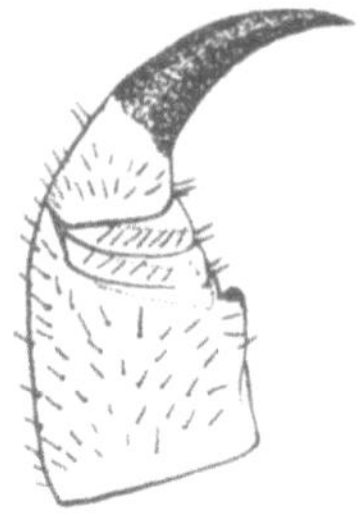

Fig. 143.
Mecistocephalus diversidens (Silv.)
Telopodit des Kieferfußes.

Fig. 144.
Mecistocephalus diversidens (Silv.)
10. Sternit.

mit 16 Zähnen, die basalwärts ein wenig kleiner werden. Präfemur der Kieferfüße (Fig. 143) mit einem einzigen, meist großen, distalen Zahn; Femur und Tarsus ohne Zahn. Tibia mit einem kleinen Zahnhöcker. Sternitleiste vorn nur mit dem Beginn einer Gabelung (Fig. 144). Endbeinsternit schmal, nach hinten wenig verschmälert, hinten abgerundet; Hüfte mit zahlreichen großen und einigen kleinen Poren. Erstes Beinpaar $^1/_3$ so lang wie das zweite.

Indien, Vorberge des Himalaya in Höhe von 3000—8000 Fuß, Kashmir, Grenze von Assam und Butan, Nepal.

3. **M. (M.) nannocornis** Chamb. 1920 *M. n.*, Chamberlin in: Canad. Ent., *v.* 52 p. 187.

45 Beinpaare. Kopfschild 1,4 mal so lang wie breit, grob und tief punktiert. Die vorderen seitlichen Kegelzähne sehr reduziert. Antennen sehr kurz, kaum den Hinterrand des 1. Tergits erreichend. Präfemur der Kieferfüße mit einem einzigen, distalen Zahn, die folgenden Telopoditglieder mit je einem Zahn. Sternitleiste vorn nicht gegabelt. Endbeinsternit nach hinten stark verschmälert, hinten gerade abgestutzt. Jede Hüfte mit etwa 30 mäßig großen Poren.

Philippinen, Luzon, Mt. Makiling.

4. **M. (M.) tahitiensis** H. C. Wood 1862 *M. t.*, H. C. Wood in: J. Ac. Philad., ser. 2 *v.* 5 p. 43 | 1887 *M. t.*, E. Haase in: Abh. Mus. Dresden, nr. 5 p. 101 t. 6 f. 108 | 1919 *Lamnonyx t.*, Silvestri in: Rec. Ind. Mus., *v.* 16 p. 74 f. 18 | 1925 *L. t. maior*, Verhoeff in: Ark. Zool., *v.* 17 nr. 3 p. 45, 47 (Fig. 145).

Kopf und Kieferfußsegment kastanienbraun, Rumpf gelb mit reichlichem, fein verteiltem dunklem Pigment. Länge bis 50 mm. Breite vorn 1,6 mm. 47 Beinpaare. Kopf fast 2 mal so lang wie breit, zerstreut grob punktiert. Die ersten 5 Antennenglieder mit 2 Reihen langer Borsten, auf dem 6. sind die Borsten schon vermehrt, die restlichen Glieder fein und kurz, aber nicht gerade dicht beborstet. Vorderclypeus größer als der Hinterclypeus, gleichmäßig polygonal gefeldert, mit 6 Borsten in der gewöhnlichen Anordnung: vorn 2×2, dahinter 2. Kopfpleurite mit 9—10 Borsten in der hinteren Hälfte.

Mittelteil des Labrum parallelrandig, die stumpfe Spitze nicht frei vortretend' die Seitenteile median in einen winzigen Schnabel ausgezogen. Mandibe mit 7 Kammblättern, das erste 5 zähnig, das mittlere 10—12 zähnig, die Zähne wenig verschieden. Außenschulter des Syncoxits der 1. Maxille schmal, endwärts nicht vortretend. Telopodit der 2. Maxille bedeutend kleiner als bei den anderen Arten, mit den Endborsten nicht über die hyalinen Lappen der 1. Maxille hinausragend, im ganzen mehr gerade, nur wenig medialwärts gebogen; Endglied mit wenigen, etwa 15, langen Borsten (Fig. 145).

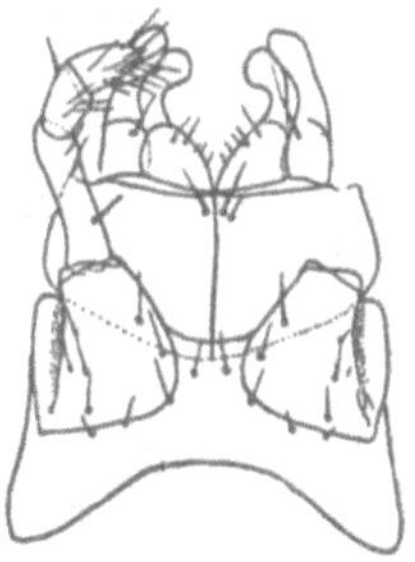

Fig. 145. M. tahitiensis Wood. Beide Maxillenpaare.

Kieferfußhüften reichlich und fein punktiert. Die Bezahnung der Kieferfüße wie gewöhnlich. Präfemur mit 2 Zähnen. Sternitleiste ungegabelt, höchstens auf den vorderen Segmenten ist die Andeutung einer Gabelung erkennbar. Endbeinsternit trapezisch, die hintere Hälfte dicht und kurz beborstet; ebenso beborstet ist ein Streif am Medialrand der Hüfte; letztere mit relativ wenigen, mittelgroßen und kleinen Poren, ventral auch bei großen Exemplaren nicht viel über 20 Poren. Erstes Beinpaar relativ nicht sehr klein, etwa bis zum Ende der Tibia des 2. Beinpaares reichend.

Viti Leon: Neu-Guinea, Sattelberg; Australien: Neu-Süd-Wales, SW-Australien, Queensland.

4a. **M. (M.) t. var. minor** Att. 1925 *Lamnonyx t.*, Verhoeff (nec Wood-Silvestri) in: Ark. Zool., *v.* 17 nr. 3 p. 45, 47.

Endbeinhüfte mit 7—11 großen Poren ventral und lateral. Basalschild ohne Grube. Bis 41 mm lang.

Australien: Cedar Creek, Blackal Range, Christmas Creek, Evelyne, Colosseum, Malanda, Bellenden Ker.

5. **M. (M.) angusticeps** (Rib.) 1914 *Lamnonyx a.*, Ribaut in: Alluaud & Jeannel, Voy. Afr. Or., Chilop. p. 23 t. 2 f. 25—37; t. 3 f. 28—33.

Kopf und Kieferfußsegment rotbraun, der Rest des Körpers gelb mit brauner Marmorierung auf dem Rücken und in den Seiten. 50 mm lang. 1,5 mm breit. 47 Beinpaare. Vorderclypeus wenigstens so groß wie der hintere, gleichmäßig gefeldert, mit wenigen Borsten. Kopfpleurite nur in der hinteren Hälfte beborstet. Kopfschild 1,7 mal so lang wie breit, mit einigen borstentragenden Grübchen, die medianen hinten in 2 parallele Reihen geordnet. Mandibel mit 7 Kammblättern, die mittleren mit 11—12 Zähnen, die untereinander an Größe fast gleich sind. Außenschulter der 1. Maxille endwärts nicht vorragend. Telopodit der 2. Maxille von normaler Größe, die Endlappen der 1. Maxille bedeutend überragend; die Klaue lang und schlank. Präfemur der Kieferfüße mit 2 Zähnen. Tergite doppelfurchig, glatt und fast nackt. Sternite beborstet, aber nicht punktiert, die Leiste nicht gegabelt. Endbeinsternit durch eine seitliche Einschnürung in 2 Abschnitte geteilt, der hintere Abschnitt dicht und kurz beborstet; Hüfte innen ohne dichte Beborstung.

Ostafrika, Grotte von Shimoni.

6. **M. (M.) castaneiceps** Haase 1887 *M. c.*, E. Haase in: Abh. Mus. Dresden, nr. 5 p. 102 t. 6 f. 109.

Länge 50 mm. Größte Breite 1,5 mm. 47 Beinpaare. Kopfschild über doppelt so lang wie breit, mit borstentragenden Grübchen. Präfemur der

Kieferfüße mit 2, die folgenden Glieder mit einem Zahnhöcker. Tergite etwas runzelig uneben, kurz und fein beborstet. Endbeinhüfte innen spärlich beborstet; 50—60 Hüftporen, sehr deutlich von einem braunen Ring umgeben, klein und sehr klein. Endbeinsternit ziemlich schmal, am Rande fein beborstet.

Insel Palo Edam bei Java.

Die Beschreibung ist ungenügend und es kann nur vermutet werden, daß die Art mit *M. tahitiensis* und *M. angusticeps* verwandt ist.

7. **M. (M.) mimeticus** Chamb. 1920 *M. m.*, Chamberlin in: Bull. Mus. Harvard., *v.* 64 p. 61.

Von den Salomon Inseln, mit 47 Beinpaaren. Beschreibung gänzlich ungenügend.

8. **M. (M.) punctifrons** Newp. 1842 *M. p.*, Newport in: P. zool. Soc. London, *v.* 10 p. 179 | 1845 *M. p.*, Newport in: Tr. Linn. Soc. London, *v.* 19 p. 429 t. 33 f. 17 | 1919 *Lamnonyx p.*, Silvestri in: Rec. Ind. Mus., *v.* 16 p. 51 f. 1.

Länge 80 mm. Breite vorn 2 mm. 49 Beinpaare. Kopfschild grob punktiert, hinten wenig verschmälert, Länge: Breite = 75:45. Mittelteil des Labrum einzähnig, Seitenteile glattrandig oder kaum etwas gewellt, innen abgerundet. Mandibel mit 9—10 Kammblättern, das erste 6—7 zähnig, das mittlere 20—30 zähnig, die Zähne proximal nach und nach etwas kleiner werdend, außen neben dem letzten Kammblatt 2 mehr oder weniger tief gegabelte Fortsätze, der Innenrand neben dem ersten Kammblatt glatt, etwas eckig vorgezogen. Kieferfußpräfemur mit 2 ziemlich gleich großen Zähnen; Femur, Tibia und Tarsus mit einem kleinen Zahnhöcker. Ungulum glatt. Die Chitinleiste der Sternite bildet vorn einen spitzen Winkel. Endbeinsternit trapezisch, Hinterrand leicht bogig vorgewölbt, die hintere Hälfte sehr dicht und kurz beborstet.

Indien: Madras; Trichinopolis; Rangamati, Bengalen.

2 Unterarten:

8a. **M. (M.) p. var. heteropus** Humb. 1865 *M. h.*, Humbert in: Mém. Soc. Genève, *v.* 18 p. 19 | 1919 *Lamnonyx punctifrons* var. *h*, Silvestri in: Rec. Ind. Mus., *v.* 16 p. 54 f. 9.

Kopfschild mit kleinen, spärlichen Punkten. Innenrand der Mandibel unterhalb des ersten Kammblattes fein gesägt.

Ceylon: Pattipola, Horton plains.

8b. **M. (M.) p. var. sulcicollis** Töm. 1883 *M. s.*, Tömösvary in: Termész. Füzetek, *v.* 6 p. 162 t. 8 f. 3—4 | 1919 *Lamnonyx punctifrons* var. *s.*, Silvestri in: Rec. Ind. Mus., *v.* 16 p. 55 f. 3.

Kopfschild und Kieferfüße etwas weniger breit als bei der *f. gen.* Innenrand der Mandibel unter dem 1. Kammblatt fein gesägt. Endbeinsternit hinten etwas weniger verschmälert. Länge 58 mm. Breite 2,6 mm.

Borneo: Irusau.

9. **M. (M.) mikado** Att. 1928 *M. m.*, Attems in: Zool. Anz., *v.* 75 p. 117 f. 4—7 (Fig. 139, 146).

Kopf und Kieferfußsegment dunkel braunrot, der Rest des Körpers gelb, mit reichlichem, fein verteiltem dunklem Pigment, besonders dorsal und in den Pleuren. Länge 60 mm. Breite vorn 2,7 mm. 49 Beinpaare. Kopfschild fast 2 mal so lang wie breit, vorn am breitesten und ziemlich gerade abgestutzt; reichlich und grob punktiert, die Grübchen hinten in der Mitte in zwei Längsreihen geordnet. Antennen in der basalen Hälfte lang und mäßig reichlich beborstet, die Borsten der Endhälfte dicht und fein, aber doch etwas länger als bei manchen anderen Arten. Vorderer Teil des Clypeus kürzer als der hintere, mit 6 Borsten; jede Borste steht in einem kleinen querovalen glatten Feld, die übrige Fläche ist gleichmäßig gefeldert. Mittelteil des Labrum fast parallelrandig, hinten dreieckig zugespitzt; Seitenteile nahe dem medianen Ende zweimal eingekerbt, wodurch kleine stumpfe Zähnchen gebildet werden. Kopfpleurite bis in die Höhe des Labrum beborstet, nicht gefeldert. Mandibel mit 8 wohl entwickelten und 2 kleinen Kammblättern, das erste mit 6 auffallend stumpfen Zähnen; die Zähne der anderen alle ungefähr gleich groß (Fig. 146). Kieferfüße mit der normalen Bezahnung, Präfemur mit 2 kräftigen schwarzen Zähnen usw.; Hüften reichlich fein punktiert, Basalschild dicht und sehr grob punktiert. Der ganze Rumpf reichlich kurz und fein beborstet. Tergite und Sternite, von den Grübchen dieser Borsten und den Doppelfurchen abgesehen, glatt und glänzend. Sternitleiste vorn gegabelt, der Winkel genau ein rechter. Endbeinsternit hinten schmäler, abgerundet, reichlich beborstet. Endbeinhüfte dicht beborstet, innen nicht anders als anderswo, mit zahlreichen, verschieden großen Poren. Erstes Beinpaar relativ lang, bis zum Ende der Tibia des zweiten Beinpaares reichend.

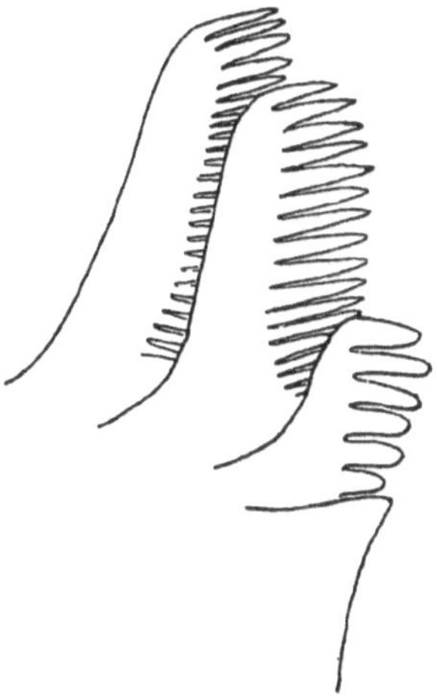

Fig. 146.
Mecistocephalus mikado Att.
1.—8. Kammblatt der Mandibel.

Japan: Takao, Anping, Yantempo.

10. **M. (M.) nilgirinus** Chamb. 1920 *M. n.*, Chamberlin in: Univ. Calif. Publ., *v.* 19 p. 389 t. 26.

Olivenbraun mit dichter schwarzer Sprenkelung. Kopf, Antennen und Kieferfüße kastanienbraun. Länge 86 mm. 49 Beinpaare. Kopf 1,66 mal so lang wie breit, also relativ breiter als bei verwandten Arten; am breitesten in der Höhe der Pleuritkegel, punktiert, die Grübchen teils größer und weniger zahlreich, teils kleiner und zahlreich. Die Seitenteile des Labrum überlagern beträchtlich den Medianteil; der Rand ist nahe dem Medianende gekerbt. Im gefelderten Vorderteil des Clypeus 5 glatte Inseln, eine mediane unpaare zwischen den Hälften der hinteren Clypealregion, die 2 Borsten trägt, und 2 laterale Paare, von denen die vordere Insel jeder Seite eine, die hintere größere 2 Borsten trägt. Mandibel mit 9 Kammblättern; das erste mit 7 Zähnen, die kräftiger sind als die der anderen Lamellen; eine mittlere Lamelle trägt etwa 23 Zähne, die alle nahezu gleich groß sind; das letzte Kammblatt trägt einige (4) divergierende schlanke Finger. Außenecken des Syncoxits der 1. Maxille zackig vorragend. Vorderrand der Kieferfußhüften mit 2 deutlichen Zähnen. Präfemur mit 2 Zähnen, die 2 Zwischenglieder mit einem kleinen Höckerzahn, Tarsus mit niedrigem Zahn. Sternitleiste gegabelt, der Winkel ein rechter oder ganz leicht stumpf, auf den hinteren Segmenten wird der Winkel etwas spitzer. Endbeinsternit trapezisch, der hintere Teil dicht, fein und kurz beborstet. Die Hüftporen klein oder sehr klein, letztere in der Überzahl.

Indien: Connoor.

11. **M. (M.) insularis** (H Luc.) 1863 *Geophilus i*, H. Lucas in: Maillard, Note Réunion, ed 2 t. 21 f. 1 | 1896 *Lamnonyx togensis*, Cook, Brandtia, p. 39 (pullus) | 1900 *Mecistocephalus punctifrons* var. *glabridorsalis*, Attems in: Zool. Jahrb., Syst. *v.* 13 p. 138 | 1914 *Lamnonyx p.*, Ribaut in: Alluaud & Jeannel, Voy. Afr. Or., Chilop. p. 17 t. 1 f. 9—12, t. 2 f. 13—15 | 1919 *L. insularis*, Silvestri in: Rec. Ind. Mus., *v.* 16 p. 55 f. 4.

Kopf und Kieferfußsegment dunkel rotbraun, scharf gegen den Rumpf abstechend, letzterer einfarbig chitingelb oder mehr oder weniger, oft stark durch grünlichschwarzes Pigment verdunkelt. Länge bis 135 mm. Breite bis 4 mm. 49 Beinpaare. Kopfschild fast 2 mal so lang wie breit, zerstreut grob punktiert, in der Mitte hinten 2 kurze grubige Furchen mit Punkten darin; Vorderrand ziemlich geradlinig. Vorderteil des Clypeus ungefähr so groß wie der hintere, gleichmäßig gefeldert, nur im Zwickel, der die beiden Hälften des hinteren Teiles trennt, eine dunklere Stelle. Kopfpleurite nur in der hinteren Hälfte mit einigen langen Borsten. Mittelteil des Labrum einzähnig, die Seitenteile ganz schwach eingebuchtet, innen ungefähr rechtwinklig. Mandibel mit etwa 10 Kammblättern, deren Zähne am Ende und am Grunde wenig verschieden sind; erstes Kammblatt mit 6—7 Zähnen, die mittleren mit etwa 20 Zähnen; der Mandibelrand neben dem ersten Kammblatt ist glattrandig und springt mit einem starken Zacken endwärts vor. Endglied der 2. Maxille eiförmig abgerundet. Die Kralle klein, aber deutlich. Präfemur der Kieferfüße mit 2 ungefähr gleich großen Zähnen. Die Chitinleiste der Sternite mit ungefähr rechtwinkliger Gabel. Endbeinsternit nach hinten wenig verschmälert, zungenförmig abgerundet, dicht beborstet. Poren der Endbeinhüfte sehr zahlreich, klein und sehr klein. 1. Beinpaar halb so lang wie das zweite.

Das ganze tropische Afrika und benachbarte Inseln (St. Thomé, Vista Alegre, Ribeira, Palma, Fernando Po, Annobon Réunion): Indien, Cochin. China.

11a. **M. (M.) i. var. orientalis** (Silv.) 1919 *Lamnonyx i.* var. *o.*, Silvestri in: Rec. Ind. Mus., *v.* 16 p. 59 f. 6, 7.

Unterscheidet sich von der Stammform durch das um ungefähr $^1/_4$ längere erste Beinpaar und die etwas größeren Poren der Endbeinhüfte. Die beigegebenen Zeichnungen lassen den letztgenannten Unterschied nicht erkennen.

Indien: Kavalai, Cochin, Kobo, Mergui Inseln, Andamanen, Sumatra.

12. **M. (M.) maxillaris** (Gerv.) 1837 *Geophilus m.*, P. Gervais in: Ann. Sci. nat., ser. 2 *v.* 7 p. 52 | 1847 *G. m.*, Gervais in: Walckenaer & Gervais, Hist Apt., *v.* 4 p. 309 | 1919 *Lamnonyx m.*, Silvestri in: Rec. Ind. Mus., *v.* 16 p 61 f. 9.

Ockergelb, Kopf rotbraun. Länge bis 75 mm. 49 Beinpaare. Kopfschild fast 2 mal so lang wie breit, hinten wenig verschmälert. Vorderclypeus kürzer als der hintere, gleichmäßig gefeldert, nur im Winkel zwischen den Hälften des hinteren Teiles eine dunklere Stelle. In der Umgebung der 6 Borsten keine glatten Inseln. Kopfpleurite bis in die Höhe des Labrum beborstet. Endhälfte der Antenne äußerst fein und kurz und recht dicht beborstet, die Grundhälfte wie gewöhnlich länger und spärlich beborstet. Mittelteil des Labrum einzähnig, die Seitenteile innen etwas vorgezogen. Kieferfußpräfemur mit 2 Zähnen, die anderen Glieder auch normal gezähnt. Mandibel mit 5—11 Kammblättern, die Zähne alle gleich groß, an der Basis gar nicht kleiner werdend, 1. Kammblatt mit 6 kräftigen, zugespitzten Zähnen. Sternite reichlich kurz beborstet; die Leiste vorn gegabelt, der Winkel weit offen, sehr stumpf. Endbeinsternit nach hinten nur wenig verschmälert, der Hinterrand breit abgerundet, die hintere Hälfte nicht dichter beborstet; ebenso ist die Endbeinhüfte innen nicht dichter beborstet; Poren sehr zahlreich und klein. Erstes Beinpaar wenig mehr als halb so lang wie das zweite.

Indien, Ceylon, Neu-Guinea, Philippinen, Samoa, Hawai. Südamerika: Cuba, Cuyaba, Brasilien. Westafrika: S. Paolo di Loanda, Angola, Lagos, Nigeria, Cap Verde-Inseln. In Warmhäuser Europas (Paris, Hamburg) eingeschleppt. Canaren.

13. **M. (M.) nigriceps** Chamb. 1920 *M. n.*, Chamberlin in: Bull. Mus. Harvard, *v.* 64 p. 58.

Gehört in die Nähe von *M. insularis* und *M. maxillaris*, doch enthält die Beschreibung nichts, wodurch man ihn von diesen Arten unterscheiden könnte.

Fiji-Inseln. Salomon Inseln.

14. **M. (M.) cephalotes** Mein. 1870 *M. c.*, Meinert in: Naturh. Tidsskr., ser. 3 *v.* 7 p. 100 | 1919 *Lamnonyx c.*, Silvestri in: Rec. Ind. Mus., *v.* 16 p. 60 f. 8 (Fig. 147).

Ockergelb. Kopf rotbraun. Länge bis 60 mm. Breite vorn 2,6 mm. 49 Beinpaare. Kopfschild $1\frac{1}{2}$ mal so lang wie breit, hinten wenig verschmälert, grob zerstreut punktiert, hinten mit 2 kurzen Furchen. Präfemur der Kieferfüße mit 2 Zähnen. Mittelteil des Labrum einzähnig. Mandibel mit 10 Kammblättern, das erste mit 7, die mittleren mit etwa 40 Zähnen, die Größe der Zähnchen nimmt basalwärts allmählich ab, so daß die basalen Zähnchen viel kleiner sind als die distalen. Der Medialrand der Mandibel ist am Ende glatt. Die Sternitgabel bildet einen stumpfen Winkel. Endbeinsternit trapezisch, hinten wenig verschmälert, kurz und sehr dicht beborstet; Hüftporen zahlreich, klein. Erstes Beinpaar etwa halb so lang wie das zweite. Sternite kurz und spärlich beborstet.

Java: Darjiling, Himalaya; Tan Moi, Tonking.

Fig. 147.
Mecistocephalus cephalotes Mein.
Mandibel.

Fig. 148.
Mecistocephalus celebensis Chamb.
1. Kammblatt der Mandibel.

15. **M. (M.) celebensis** Chamb. 1920 *M. c.*, Chamberlin in: Ann. nat. Hist., ser. 9 *v.* 6 p. 328 t. 9 f. 1—9 (Fig. 148).

Gelb oder lichtbraun mit dunklen Flecken, Kopf und Kieferfußsegment kastanienbraun. Länge bis 60 mm. Breite vorn 3 mm. 49 Beinpaare. Kopfschild $1\frac{3}{4}$ mal länger als breit, Vorderrand gerade. Die Seitenteile des Labrum sind seitlich eingebuchtet und eine Reihe von Haaren ist sichtbar. Mandibel mit 12 Kammblättern, von denen die 2 letzten sehr verkürzt und mehr membranös sind; erstes Kammblatt mit 7 gleichen Zähnen, die kräftiger sind als die der anderen Kammblätter, ein mittleres Kammblatt mit 37 bis 38 Zähnen; die Zähne der proximalen Hälfte sind von der Mitte an stark verkleinert. Präfemur der Kieferfüße mit 2 Zähnen, von denen der distale der größere ist. Sternitleiste vorn gegabelt, der Winkel stumpf, auf den hinteren Segmenten stärker, so daß beide Gabelarme fast in einer Linie liegen. 2. Beinpaar $2\,{}^2/_3$ mal so lang wie das erste. Poren der Endbeinhüfte zahlreich, klein.

Celebes: Bua Kraeng.

16. **M. (M.) philippinus** Chamb. 1920 *M. p.*, Chamberlin in: Ann. nat. Hist., ser. 9 *v.* 6 p. 329.

Fig. 149. **M. philippinus** Chamb. Ein Kammblatt der Mandibel.

Braun mit dichtem schwarzem Netzwerk, Kopf und Kieferfußsegment kastanienbraun. Länge 88 mm. Breite vorn 3,2 mm. 49 Beinpaare. Kopfschild 1,6 mal so lang wie breit, vorn ein wenig vorgewölbt; die vorderen seitlichen Kegel liegen weiter vorn als gewöhnlich. Seitenteile des Labrum geradlinig, seitlich keine Reihe von Haaren sichtbar. Mandibel mit 13 bis 14 Kammblättern, das erste mit 7 gleichen Zähnen; der Innenrand der Mandibel unterhalb des ersten Kammblattes mit 3—4 schwachen Sägezähnchen. Mittlere Kammblätter mit 43—45 Zähnchen; die proximalen Zähne jeder Lamelle sind zwar stark verkleinert, aber relativ größer als bei *M. celebensis* (Fig. 149). Präfemur der Kieferfüße mit 2 ziemlich spitzen Zähnen, von denen der distale viel stärker ist. Sternitleiste vorn gegabelt. Der Winkel ein stumpfer. Endbeinsternit trapezisch, die Seiten nach hinten mäßig konvergierend, erst nahe dem Hinterende plötzlich stark verengt; Hüfte mit zahlreichen kleinen Poren. Erstes Beinpaar halb so lang wie das zweite.

Philippinen, Luzon: Los Baños, Mt. Makeling.

17. **M. (M.) rubriceps** H. C. Wood 1862 *M. r.*, H. C. Wood in: J. Ac. Philad., ser. 2 *v.* 5 p. 42 | 1919 *Lamnonyx r.*, Silvestri in: Rec. Ind. Mus., *v.* 16 p. 66 f. 12.

M. tenuiculus Koch-Haase, der von Silvestri als Synonym von *M. rubriceps* aufgeführt wird, gehört in die Familie Geophilidae.

Ockergelb, die Rückenmitte etwas verdunkelt, Kopf rotbraun. Länge bis 50 mm, Breite vorn 2 mm. 49 Beinpaare, Kopfschild fast 2 mal so lang wie breit, spärlich und grob punktiert. Mittelteil des Labrum einzähnig. Mandibel mit 9 Kammblättern, das erste 6zähnig, die mittleren 23zähnig, die Größe der Zähne nimmt von der Spitze zur Basis nach und nach, im ganzen nur wenig, ab. Vorderrand der Kieferfußhüften mit seichter flacher Mittelkerbe, ohne Zähnchen, Präfemur mit 2 Zähnen. Sternitleiste vorn fast ungegabelt, die Arme kaum bemerkbar kurz. Endbeinsternit trapezisch, hinten dicht, sehr kurz beborstet; Hüfte mit zahlreichen, teils größeren, teils kleinen Poren, auf der Innenfläche sehr kurz beborstet. Erstes Beinpaar weniger als halb so lang wie das zweite.

Japan, Insel Bonin.

18. **M. (M.) tridens** Chamb. 1922 *M. t.*, Chamberlin in: Psyche, *v.* 29 p. 178.

Kopf und Kieferfußsegment kastanienbraun, der übrige Körper gelb. Länge 20 mm. 49 Beinpaare. Kopfschildlänge : Breite = 14 : 9 (im Text Chamberlins ist wohl irrtümlicherweise das Gegenteil (9 : 14) angegeben), vorn nahezu geradlinig. Mittelteil des Labrum schwach dreizähnig, die Medialenden der Seitenteile hinten etwas vorgezogen, ihre Spitzen in einer Linie mit der Spitze des Mittelteils. Kieferfüße mit den gewöhnlichen Zähnen, Präfemur mit 2 Zähnen. Sternitleisten vorn nicht gegabelt. Endbeinsternit trapezisch, nach hinten stark verschmälert. Hüftporen klein, in mittlerer Anzahl.

Honolulu.

19. **M. (M.) monticolens** Chamb. 1920 *M. m.*, Chamberlin in: Ann. nat. Hist., ser. 9 *v.* 6 p. 334 t. 12 f. 7—11 (Fig. 150).

Licht oder gelbbraun mit einigen dunklen Flecken, Kopf und Kieferfußsegment kastanienbraun. Länge 35 mm. 49 Beinpaare. Kopfschild hinten etwas mehr verschmälert als gewöhnlich, 18mal so lang wie breit, vorn stumpfwinklig. Die vorderen seitlichen Kegelzähne sind medialwärts gekrümmt. Mittelteile des Labrum mit einer winzigen Mediankerbe, die Seitenteile etwas überragend, letztere medial zackig zugespitzt. Zähne des Kieferfußvorderrandes außerordentlich klein, Präfemur mit den gewöhnlichen 2 Zähnen, von denen der distale der stärkere ist. Sternitleiste je nach den Segmenten vorn ungegabelt oder mit äußerst kurzen Gabelästen, die einen stumpfen Winkel bilden. Endbeinsternit hinten stark verschmälert, fast dreieckig, schmal abgerundet. Hüftporen relativ groß und in geringer Zahl, etwa 20.

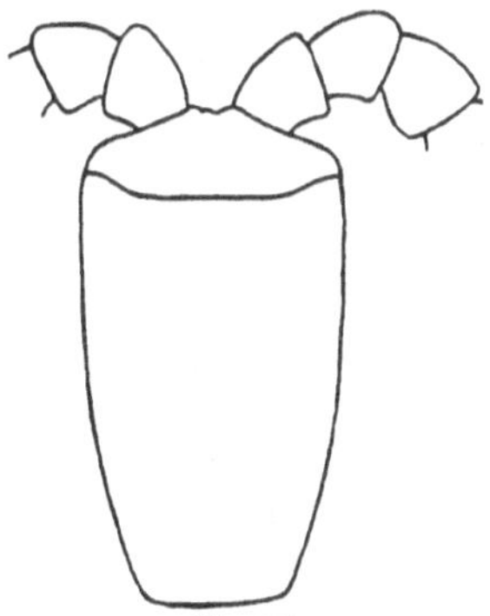

Fig. 150.
Mecistocephalus monticolens Chamb.

Java: Gede.

20. **M. (M.) modestus** (Silv.) 1919 *Lamnonyx m.*, Silvestri in: Rec. Ind. Mus., *v.* 16 p. 68 f. 18.

Gelb mit reichlichem dunklem, wolkig und fleckig fein verteiltem Pigment. Länge bis 35 mm. 49 Beinpaare. Kopfschild fast 2mal so lang wie breit, zerstreut und ziemlich seicht punktiert, vorn ziemlich gerade. Basale Hälfte der Antenne spärlich langborstig, distale Hälfte nicht gerade dicht beborstet, die Borsten relativ lang. Vorderer Teil des Clypeus größer als der hintere, gleichmäßig gefeldert mit 6 Borsten in der gewöhnlichen Stellung. Kopfpleurite in der hinteren Hälfte mit einigen langen Borsten. Mittelteil des Labrum fast parallelrandig, stumpf, die Seitenteile median in eine spitze Ecke ausgezogen, der Rand geradlinig. Mandibel mit 5–6 Kammblättern, ein mittleres siebenzähnig, die Zähne fast gleich. Sternitleiste vorn ungegabelt. Endbeinsternit trapezisch, die hintere Hälfte dicht und kurz beborstet. Hüfte innen sehr dicht und kurz, der übrige Teil spärlich beborstet, etwa 15—17 Hüftporen. Erstes Beinpaar weniger als halb so lang wie das zweite.

Neu-Guinea, Sattelberg; Java, Tjibodas.

21. **M. (M.) apator** Chamb. 1920 *M. a.*, Chamberlin in: Ann. nat. Hist., ser. 9 *v.* 6 p. 333 t. 12 f. 1—6 (Fig. 151).

Kopf und Kieferfußsegment schwärzlich, der Rest rötlichgelb. Länge 35 mm. 49 Beinpaare. Kopfschild vorn gerade abgestutzt, 1,85mal so lang wie breit. Die vorderen seitlichen Kegelzähne sind weniger einwärts gebogen als bei *M. monticolens*. Labrum ähnlich dem von *monticolens*, aber die Seitenteile medial abgerundet. Mandibel mit 7 Kammblättern, das erste mit 6 Zähnen, ein mittleres mit 12 langen, gleich großen Zähnen. Die Zähne am Vorderrand der Kieferfußhüfte etwas größer als bei *M. monticolens*, Präfemur mit 2 Zähnen, der distale größer. Tibia und Femur mit 1 Zahn. Tarsus ohne Zahn. Sternitleiste vorn ungegabelt. Endbeinsternit trapezisch, nach hinten stark verschmälert; Hüftporen von mittlerer Größe, etwa 25 auf jeder Hüfte.

Celebes: Bua Kraeng.

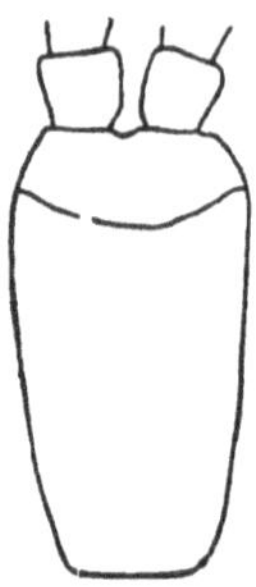

Fig. 151. **Mecistocephalus apator** Chamb.

22. **M. (M.) lifuensis** Poc. 1898 *M. l.*, Pocock in: Willey, Zool. Results, part 1 p. 63.

Länge 34 mm. 51 Beinpaare. Gelb, Kopf und Kieferfüße kastanienbraun. Kopfschild, Basalschild, Kieferfüße und 1. Tergit spärlich punktiert. Auf dem Kopfschild hinten 2 Gruben. Kieferfüße mit 5 Zähnen. Sternitleiste der vorderen Segmente Y-förmig. Endbeinsternit an der Basis breit, nach hinten dreieckig verschmälert; Hüfte mit 20 großen Poren.

Lifu, Loyalty-Inseln.

23. **M. (M.) evansi** Bröl. 1922 *M. e.*, Brölemann in: P. R. Soc. Edinb., *v.* 42 p. 55 f. 1—3.

Länge 38 mm. Breite 1,2 mm. 51 Beinpaare. Kopfschild rechtwinklig, wenigstens 2 mal so lang wie breit, vorn und hinten fast gleich breit, mit 2 paramedianen Furchen hinten und einigen tiefen Grübchen. Vorderclypeus etwas länger als der Hinterclypeus, gleichmäßig gefeldert, mit einer Querreihe von 4×4 Borsten. Mittelteil des Labrum oval, von den aneinander stoßenden Seitenteilen hinten bedeckt. Mandibel mit 8 Kammblättern, das erste 6—7 zähnig, die mittleren 14 zähnig. Außenschultern der 1. Maxille wagerecht, nicht zackig vorspringend. Kieferfüße mit großen und kleinen Punkten, Hüften ungezähnt, Bezahnung des Telopodits die gewöhnliche, Präfemur mit 2 Zähnen. Tergite vom zweiten bis vorletzten doppelfurchig. 2.—23. Sternit mit vorn gegabelter Leiste, der Winkel je weiter caudal um so stumpfer, zuletzt liegen die Äste fast in einer Linie. Endbeintergit parallelseitig, hinten abgerundet, Endbeinsternit kurz, halb so lang wie die Hüften, herzförmig, zerstreut beborstet; Hüftporen mäßig zahlreich, etwa 25 ventral und 10 lateral und dorsal.

Mesopotamien: Amara am Tigris.

24. **M. (M.) erythroceps** Chamb. 1920 *M. e.*, Chamberlin in: Bull. Mus. Harvard, *v.* 64 p. 60.

Länge 31 mm. 51 Beinpaare. Blaßgelb. Kopf und Kieferfüße rötlich. Kopfschild mit 2 kurzen Längsfurchen hinten, davor mit schwacher Punktierung. Medialecken der Seitenteile des Labrum abgerundet. Tergite vom ersten an doppelfurchig, glatt. Die vordere Gabelung der Sternitleiste undeutlich. Endbeinsternit breit, hinten abgerundet, Seiten des Endbeintergits etwas convex.

Fiji-Inseln: Nadarivatu, Levuka.

25. **M. (M.) diversisternus** (Silv.) 1919 *Lamnonyx d.*, Silvestri in: Rec. Ind. Mus., *v.* 16 p. 81 f. 23.

Länge 34 mm. Breite vorn 1,3 mm. 57 Beinpaare. Kopfschild fast 2 mal so lang wie breit, zerstreut und grob punktiert, hinten mit 2 punktierten Längsfurchen. Präfemur der Kieferfüße mit 2 Zähnen, die anderen Telopoditglieder mit je einem Zahnhöcker. Endbeinsternit trapezisch, hinten stark verschmälert; ein breiter Streif am Medialrand der Hüfte beborstet, Hüftporen klein und zahlreich. Erstes Beinpaar um $^1/_3$ kürzer als das zweite.

Japan: Kamatura.

26. **M. (M.) smithi** Poc. 1895 *M. s.*, Pocock in: Ann. nat. Hist., ser. 6 *v.* 15 p. 351 | 1919 *Lamnonyx s.*, Silvestri in: Rec. Ind. Mus., *v.* 16 p. 79 f. 22.

Länge bis 80 mm. 59 Beinpaare. Ockergelb, manchmal mit fein verteiltem schwarzem Pigment, Kopf und Kieferfüße braun. Kopfschild fast 2 mal so lang wie breit, spärlich und grob punktiert. Vorder- und Hinterclypeus ungefähr gleich groß, der vordere gleichmäßig gefeldert, mit einer größeren Zahl von Borsten, etwa 24, die auf der hinteren Hälfte des Vorderteils ohne erkennbare Ordnung verteilt sind, die Seiten freilassend. Mittelteil des Labrum schmal keilförmig, einzähnig, die Seitenteile sind medial in einen kleinen stumpfen Haken ausgezogen, in der Mitte ganz schwach vorgewölbt. Mandibel mit 7—8 Kammblättern, das erste mit 5 Zähnen; die Zähne der anderen Kammblätter sind alle groß, gleich lang, der Lappen am Ende der Reihe ist breit und langstachelig. Außenschulter der 1. Maxille abgerundet. Klaue der 2. Maxille gut ausgebildet. Kopfpleurite unbeborstet. Kieferfüße mit der normalen Bezahnung, auf dem Präfemur 2 kräftige Zähne. Der ganze Rumpf reichlich beborstet, die Borsten kurz und fein. Sternitleiste ungegabelt. Endbeinsternit sehr kurz, ungefähr 3 mal so breit wie lang, hinten sehr stumpfwinklig; die Endbeinhüften berühren sich fast in ihrer ganzen Länge, sie sind gleichmäßig und nicht dicht beborstet, mit zahlreichen, mittelgroßen Poren. Erstes Beinpaar relativ groß, reicht ungefähr bis zum Ende der Tibia des 2. Beinpaares.

China: Da-laen-Saen, Ningpo; Formosa: Kosempo; Japan: Kanagava.

27. **M. (M.) japonicus** Mein. 1886 *M. j.*, Meinert in: Vidensk. Meddel., (1884 bis 86) *v.* 36—38 p. 142 | 1887 *M. j.*, E. Haase in: Abh. Mus. Dresden, nr. 5 p. 105 t. 6 f. 112.

Ockergelb, Kopf und Kieferfußsegment kastanienbraun, Länge bis 70 mm. Breite vorn 2,5 mm. 63 Beinpaare. Kopfschild fast 2 mal so lang wie breit, vorn fast geradlinig begrenzt, nach hinten verschmälert, zerstreut und äußerst fein und seicht punktiert. Stirnfurche sehr deutlich. Vorderclypeus etwas länger als der Hinterclypeus, gefeldert, u. zw. hat die vordere Hälfte größere Maschen und keine Borsten, die hintere Hälfte des Vorderclypeus kleinere Maschen und zahlreiche, ohne erkennbare Ordnung verteilte Borsten. Kopfpleurite unbeborstet. Durch die zahlreichen Borsten des Clypeus nähert sich diese Art dem *M. Smithi* und der Gattung *Dicellophilus*. Proximale Hälfte der Antenne mit längeren und spärlichen Borsten, die distale Hälfte mit dichter, gleichmäßig relativ kräftiger Beborstung. Mittelteil des Labrum einzähnig mit ganz wenig frei vorragender Spitze; die Seitenteile sind medial abgerundet und in der Mitte leicht nach hinten vorgewölbt. Mandibel mit 9 Kammblättern, das erste mit 4 oder 5 Zähnen (dasselbe Individuum kann rechts und links verschiedene Zahlen haben); die Zähne der anderen Kammblätter sind in der distalen Hälfte ziemlich lang, in der basalen Hälfte sehr kurz, der Übergang ein sehr rascher; hinten ein zarter, lang beborsteter Lappen; Vorderrand des Stammes glatt, ohne Zähnelung. Außenschulter des Sternocoxits der 1. Maxille abgerundet. Basalschild mit flachem, undeutlichem Quereindruck. Hüften der Kieferfüße ganz unpunktiert, mit 2 kleinen Zähnchen vorn, Präfemur mit 2 kleinen Zähnchen, die anderen

Telopoditglieder mit nur schwachen Höckerchen; Tergite und Sternite mit zerstreuten winzigen Börstchen, fast nackt erscheinend, die Tergite vom etwa 6. an doppelfurchig, im übrigen glatt. Sternitleiste ungegabelt. Endbeinsternit nach hinten stark verschmälert, seine hintere Hälfte, besonders beim ♂, wie eingesunken. Hüfte mit zahlreichen, verschieden großen Poren, die größeren sind zumeist dunkel umrandet; Innenseite der Hüfte und Sternit nicht besonders dicht beborstet. Erstes Beinpaar ungefähr so lang wie das zweite ohne Tarsus.

Japan: Nangasaki. **Kanagava.**

Die folgenden Arten sind so unzureichend beschrieben, daß sie sich nicht in eine Tabelle einreihen lassen:

M. (M.) punctifrons var. **curvidens** Haase 1887 *M. p.* var. *c.*, E. Haase in: Abh. Mus. Dresden, nr. 5 p. 104 t. 6 f. 107.

Basalschild am Vorderende mit einem in der Mitte vorspringenden Wulst. Endbeine stark behaart, im Kopfplatteneindruck nur 4 Grübchen, Fühler kürzer, Kopf klein; am Ungulum der Kieferfüße (!nicht am Tarsus) ein scharfer, hakenartig gekrümmter Zahn.

Bohol.

Die angegebenen Merkmale lassen vermuten, daß es sich um eine neue Art, keineswegs jedenfalls um eine Varietät von *M. punctifrons* handelt, die *Mecistocephalus curvidens* heißen kann.

M. (M.) punctifrons furculigera (Verh.) 1925 *Lamnonyx p. f.*, Verhoeff in: Ark. Zool., *v.* 17 nr. 8 p. 46, 47.

Vorderclypeus ohne glattes Feld oder höchstens mit einem kleinen ovalen glatten Mittelfeld. Hinterclypeus ohne Poren. Außenecken am Coxosternum der 1. Maxillen nur schwach vorgezogen, abgerundet und nicht verdunkelt. Mittelglied am Telopodit der 2. Maxille am Ende nur mit 2—3 stärkeren Tastborsten. 49 Beinpaare.

Die angegebenen Merkmale sollen diese Form von einem „*punctifrons*“ aus Vorderindien mit 51 Beinpaaren unterscheiden; da dieser „*punctifrons*“ wohl nicht mit *punctifrons* im Sinne Silvestri usw. identisch ist, bleibt die Zugehörigkeit von *furculigera* unklar.

Cooktown in Queensland.

M. (M.) mater (Verh.) 1925 *Lamnonyx m.*, Verhoeff in: Ark. Zool., *v.* 17 nr. 8 p. 45.

Vorderclypeus größtenteils mit derber Mosaikstruktur, in einem rhombischen hinteren Mittelfeld aber ist sie teilweise erloschen, teilweise viel schwächer. Vorderecken am Coxosternum der vorderen Maxillen zahnartig vorragend und ungleich verdunkelt. Tergit des Kieferfußsegments vorn mit runder Mittelgrube. Sternitleisten vorn kurz gegabelt. Endbeinhüftporen sehr verschieden groß. 49 Beinpaare, bis 63 mm lang.

Queensland: Cedar Creek, Atherton.

M. (M.) gracilis (Verh.) 1925 *Lamnonyx g*, Verhoeff in: Ark. Zool., *v.* 17 nr. 8 p. 45.

Endbeinhüften scheinbar ohne Drüsenporen, es sind jedoch wenige sehr blasse große Poren vorhanden. Der ganze Vorderclypeus mit kräftiger Mosaikstruktur. Sternitleisten vorn lang gegabelt. Vorderecken des 1. Maxillen-Coxosternum hell und schwach dreieckig vortretend. Basalschild mit Medianfurche. 34—39 mm lang, sehr schmächtig. Zahl der Beinpaare?

Kimberley-District, Australien.

M. (M.) cephalotes var. **multispinata** (Silv.) 1919 *Lamnonyx c.* var. *m.*, Silvestri in: Rec. Ind. Mus., *v.* 16 p. 61 f. 6, 7.

Soll sich von *M. cephalotes* dadurch unterscheiden, daß die Kammblätter in ihrer proximalen Hälfte mit zahlreichen winzigen Dörnchen besetzt sind. Nach der Größe der Zähne der Kammblätter würde diese Varietät aber eher zu *M. insularis* oder *maxillaris* gehören.

Indien: Rotung.

M. (M.) kurandanus Chamb. 1920 *M. k.*, Chamberlin in: Bull. Mus. Harvard, *v.* 64 p. 60 | 1920 *M. k.*, Chamberlin in: Univ. Calif. Publ., *v.* 19 t. 27 f. 12.

Braun mit dunklen Flecken, Kopf und Kieferfußsegment kastanienbraun. Länge 84 mm, größte Breite 3,2 mm, 49 Beinpaare. Kopfschild 1,8mal so lang wie breit. Mittelteil des Labrum nach hinten stark verjüngt, so daß sich die Lateralteile unter seiner Spitze fast berühren; Seitenteile am Medialende deutlich creneliert, der mediale der 7—8 durch die Kerben gebildeten Vorragungen zahnartig. Mandibel mit 9 Kammblättern, die distalen Zähne länger als die proximalen, nur das erste Kammblatt mit 6 fast gleichen Zähnen.

Queensland: Kuranda.

M. (M.) nagasaunus Chamb. 1920 *M. n.*, Chamberlin in: Ann. nat. Hist., ser. 9 *v.* 6 p. 330.

Kopfschild 1,6mal so lang wie breit. Mittelteil des Labrum nicht von den Seitenteilen überdeckt, nach hinten mäßig verjüngt, das Ende dreieckig. Die Seitenteile haben abgerundete, durch eine ganz seichte Einbuchtung deutliche mediale Lappen an der Innenecke. Erstes Beinpaar ungefähr $^3/_5$ so lang wie das zweite. Endbeinsternit vorn breit, hinten stark verschmälert, fast dreieckig. 49 Beinpaare. Sternitgabel kurz, stumpfwinklig. Die angegebenen Merkmale lassen keinen deutlichen Unterschied von *M. maxillaris* erkennen.

Fiji-Insel Nagasau.

M. (M.) medius Chamb. 1920 *M. m.*, Chamberlin in: Ann. nat. Hist., ser. 9 *v.* 6 p. 332 t. 11 f. 5—11.

Gelb oder licht rostgelb, Kopf und Kieferfußsegment kastanienbraun. Das Hinterende des einzigen untersuchten Exemplars fehlte, Segmentzahl und Länge daher unbekannt. Kopfschild 1,68mal so lang wie breit, vorn am breitesten, hier breit abgerundet. Mittelteil des Labrum breit lanzettförmig, Seitenteile in der Mitte etwas nach hinten vorgewölbt. Mandibel mit 7 Kammblättern, das erste mit 5 Zähnen, ein mittleres Kammblatt mit zirka 15 Zähnen, alle lang. Die proximalen etwas weiter auseinanderstehend. Klaue der 2. Maxille sehr klein. Präfemur der Kieferfüße mit 2 Zähnen, Femur ohne Zahn, Tibia und Tarsus mit je einem Zahn. Ungulum ungewöhnlich schlank. Sternitleiste vorn gegabelt, der Winkel stumpf.

Salomon-Insel Ngi.

M. (M.) angustior Chamb. 1920 *M. a.*, Chamberlin in: Bull. Mus. Harvard, *v.* 64 p. 59.

Kopfschild vorn schmäler als sonst, daher caudalwärts weniger verschmälert, vorn unpunktiert, hinten spärlich punktiert. Die Doppelfurchen beginnen bereits auf dem Basalschild. 49 Beinpaare. Länge 27 mm.

Tahiti.

M. (M.) simplex Chamb. 1920 *M. s.*, Chamberlin in: Bull. Mus. Harvard, *v.* 64 p. 61.

Queensland, Cairns.

M. (M.) leonensis (Cook) 1896 *Lamnonyx l.*, Cook, Brandtia, p. 39.

Sierra Leone, Monrovia.

M. (M.) parvus Chamb. 1914 *M. p.*, Chamberlin in: Psyche, *v.* 21 p. 85 | 1920 *M. p.*, Chamberlin in: Canad. Ent., *v.* 52 p. 185.

Clipperton Island.

b) Subgen. **Pauroptyx** Chamb.

1920 *P.*, Chamberlin in: Canad. Ent., *v.* 52 p. 188.

Seitenteile des Labrum nur nahe dem Medialende fein behaart, im übrigen nackt (Fig. 152). Kammblätter der Mandibel bis zur Basis herab gezähnt. Die Größe der Zähne nimmt von der Spitze zur Basis allmählich ab. Erstes Kammblatt mit relativ zahlreichen Zähnen.

Fig. 152.
Mecistocephalus (P.) superior.
Labralrand.

2 Arten und eine Unterart.

Typus: *M. himalayanus* Chamb.

Übersicht über die Arten:

1a) Der Mittelteil des Labrum überragt die Seitenteile: **29. M. (P.) himalayanus**

1b) Der Mittelteil des Labrum ragt nicht über die Seitenteile vor 2

2a) Endbeinsternit hinten weniger stark verschmälert. Mandibel mit 14 Kammblättern, das erste 11zähnig . . . . **28. M. (P.) superior**

2b) Endbeinsternit hinten plötzlich zu einem Lappen verschmälert. Mandibel mit 9 Kammblättern, das erste 16zähnig . **28a. M. (P.) superior pallidus**

28. **M. (P.) superior** (Silv.) 1919 *Lamnonyx s.*, Silvestri in: Rec. Ind. Mus., *v.* 16 p. 63 f. 10 | 1920 *Pauroptyx s.*, Chamberlin in: Canad. Ent., *v.* 52 p. 186 (Fig. 152, 153).

Fig. 153.
Mecistocephalus (P.) superior.
Ein Kammblatt der Mandibel.

Gelb, dorsal mit reichlicher, ventral mit spärlicher dunkler Marmorierung, Kopf ziegelrot. Länge 110 mm, Breite vorn 4,5 mm. 49 Beinpaare. Kopfschild ungefähr $1^{3}/_{4}$ mal so lang wie breit, zerstreut grob punktiert. Mittelteil des Labrum einfach abgestumpft, die Seitenteile innen scharfeckig, die mediale Hälfte des Randes fein gefranst. Mandibel mit 14 Kammblättern, das erste 11zähnig, das mittlere 55zähnig, die Größe der Zähne nimmt von der Spitze zur Basis allmählich ab (Fig. 153), Vorderrand der Mandibel fein gesägt. Kieferfüße mit der gewöhnlichen Bezahnung, Präfemur mit 2 Zähnen. Sternitleiste vorn gegabelt, der Winkel etwas stumpf. Endbeinsternit trapezisch, hinten sehr dicht und sehr kurz beborstet; ebenso beborstet ist ein ziemlich breiter Streif am Medialrand der Hüfte; Hüftporen klein, sehr zahlreich. Erstes Beinpaar ungefähr halb so lang wie das zweite.

Nechal, W.-Ghats, Koyna Valley, Saharadistrikt, Palgad, Ratnagiridistrikt, Indien.

28a. **M. (P.) superior pallidus** (Silv.) 1919 *Lamnonyx s. pallida*, Silvestri in: Rec. Ind. Mus., *v.* 16 p. 65 f. 11 | 1920 *Pauroptyx pallidus*, Chamberlin in: Canad. Ent., *v.* 52 p. 186.

Blaßgelb oder ockergelb. Kopf ziegelrot. Länge bis 45 mm, Breite vorn 1,7 mm. 49 Beinpaare. Mandibel mit 9 Kammblättern, das erste länger als bei *M. superior* und mit 16 Zähnen, das mittlere mit ungefähr 37 Zähnen. Endbeinsternit nach hinten verschmälert und vor dem Ende plötzlich verengt, einen abgerundeten Endlappen bildend; der hintere Teil schon vor diesem Endlappen und der Innenrand der Hüfte sehr dicht und kurz beborstet. Im übrigen mit *superior* übereinstimmend.

Indien: Distrikte von Singbhoom, Manbhum, Satara, Angul, Cochin.

29 **M. (P.) himalayanus** (Chamb.) 1920 *Pauroptyx h.*, Chamberlin in: Canad. Ent, *v.* 52 p. 188.

Gelb bis lichtbraun, Kopf und Kieferfußsegment kastanienbraun. Länge 60 mm, Breite vorn 1,8 mm. 49 Beinpaare. Kopfschild fast 2 mal so lang wie breit. Mittelteil des Labrum die Seitenteile überragend; Seitenteile median in einen langen spitzen Zahn ausgezogen. Mandibel mit 9 Kammblättern, das erste mit 10 Zähnen. Innenrand der Mandibel gesägt. Ein mittleres Kammblatt mit etwa 38 Zähnen.

Indien, Himalaya, Koolloo bei Amballa.

Wird wohl besser als Subspecies von *superior* aufgefaßt, resp. der Priorität nach *superior* als Subspecies von *himalayanus*.

c) Subgen. **Brachyptyx** Chamb.

1920 *Brachyptyx*, Chamberlin in: Canad. Ent., *v.* 52 p. 186.

Seitenteile des Labrum in ihrer ganzen Breite beborstet; Kammblätter der Mandibel bis zur Basis herab gezähnt, die Zähne der proximalen Hälfte winzig klein, die der distalen Hälfte größer, erstes Kammblatt sehr klein, mit wenigen Zähnen.

Nur 1 Art.

30. **M. (B.) mirandus** Poc. 1895 *M. m.*, Pocock in: Ann. nat. Hist., ser. 6 *v.* 15 p. 352 | 1919 *Lamnonyx m.*, Silvestri in: Rec. Ind. Mus., *v.* 16 p. 78 f. 21 | 1920 *Brachyptyx m.*, Chamberlin in: Canad. Ent., *v.* 52 p. 184 (Fig. 154, 155).

Ockergelb. Kopf ziegelrot. Länge bis 99 mm. 65 Beinpaare. Kopfschild 2 mal so lang wie breit, sehr spärlich und fein punktiert, hinten mit 2 kurzen punktierten Furchen. Mittelteil des Labrum einfach keilig, die Seitenteile median zahnartig zugespitzt, am ganzen Rand mit sehr kurzen Borsten besetzt. Mandibel mit 15 Kammblättern, das erste sehr klein,

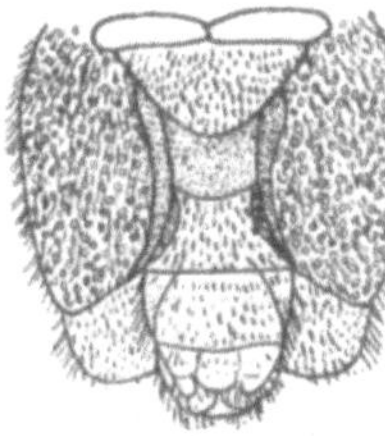

Fig. 154.
Mecistocephalus (B.) mirandus Poc.
Ventralseite.

Fig. 155.
Mecistocephalus (B.) mirandus Poç.
Mandibel.

fünfzähnig, die mittleren mit etwa 35 Zähnen (Fig. 155). Die Zähne der Kieferfüße in der normalen Anzahl, kurz und stumpf. Endbeinsternit trapezisch; der hintere Teil sowie ein schmaler Streif am Medialrand der Hüfte dicht und fein beborstet. Hüftporen zahlreich und klein (Fig. 154). Erstes Beinpaar um etwa $^1/_3$ kürzer als das zweite.

China: Great Loo-Choo; Formosa: Kankan.

d) Subgen. **Dasyptyx** Chamb.

1920 *D.*, Chamberlin in: Bull. Mus. Harvard, *v.* 64 p. 63.

Seitenteile des Labrum am ganzen Rande fein beborstet. Die Kammblätter der Mandibel haben einen langen Stiel, der keine Zähnchen, sondern nur eine Reihe kleiner Cilien trägt, und sind nur am Ende gezähnt (Fig. 156). Erstes Kammblatt mit 4—7 Zähnen.

4 Arten.

Typus: *M. solomonensis* Chamb.

Übersicht über die Arten:

1 a) 51 Beinpaare . . . . **31. M. (D.) gigas**
1 b) 49 Beinpaare 2
2 a) Unter den zahlreichen kleinen Poren der Endbeinhüfte ein besonders großer Porus . . . . **32. M. (D.) subgigas**
2 b) Die Poren der Endbeinhüfte nur wenig an Größe verschieden, kein einzelner besonders groß 3
3 a) Kopfschild fast 2mal so lang wie breit; 12—15 Kammblätter der Mandibel, die 2 Zähne am Präfemur der Kieferfüße hakig gekrümmt: **33. M. (D.) uncifer**
3 b) Kopfschild, nur etwa $1^1/_2$mal so lang wie breit, 23—26 Kammblätter der Mandibel, die Präfemurzähne sind nicht hakig . **34. M. (D.) solomonensis**

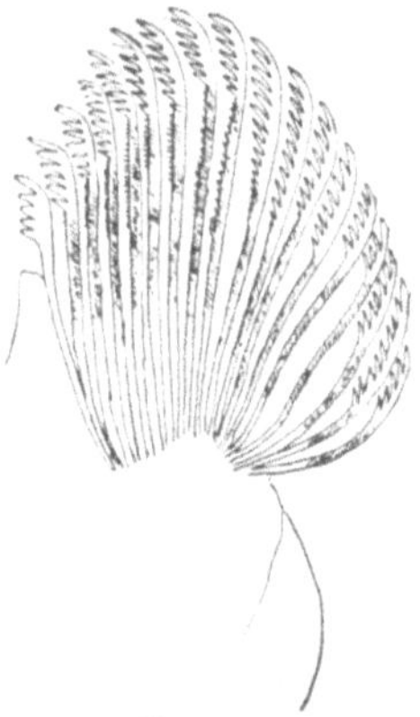

Fig 156.
Mecistocephalus (D.) gigas Haase.
Mandibel.

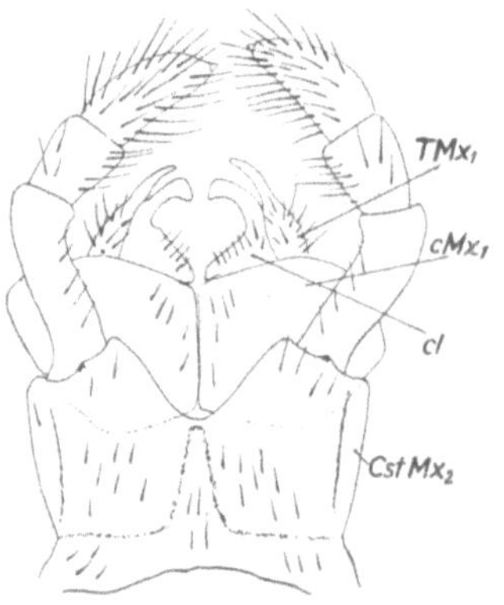

Fig. 157
Mecistocephalus (D.) gigas Haase.
Beide Maxillenpaare.

Fig. 157: CMx_1 = Coxit der 1. Maxille, cl = Coxalfortsatz desselben, TMx_1 = Telopodit der 1. Maxille, $CstMx_2$ = Coxosternum der 2. Maxille.

31. **M. (D.) gigas** Haase 1887 *M. g.*, E. Haase in: Abh. Mus. Dresden, nr. 5 p. 105 t. 6 f. 111 | 1919 *Lamnonyx g.*, Silvestri in: Rec. Ind. Mus., *v.* 16 p. 69 f. 14 | 1920 *Dasyptyx g.*, Chamberlin in: Bull. Mus. Harvard, *v.* 64 p. 64 (Fig. 156, 157).

Kopf und Kieferfußsegment dunkel braunrot, der Rumpf gelb mit reichlichem, sehr fein verteiltem dunklem Pigment. Länge bis 105 mm, 51 Beinpaare. Kopfschild fast 2mal so lang wie breit, zerstreut punktiert. Vorderclypeus etwas kürzer als der Hinterclypeus, in beiden stehen je 4 Borsten in nicht ganz konstanter Anordnung, die des Vorderclypeus in einer kleinen glatten Insel inmitten der polygonalen Felderung. Kopfpleurite bis über das Vorderende der dunklen Innenleiste hinaus beborstet, der vordere Kegel schlank und spitz. Grundglieder der Antennen mit langen schütteren Borsten, die nur am Ende der Glieder zu einem Quirl angeordnet sind; Endhälfte der Antenne dicht, fein und kurz beborstet. Mittelteil des Labrum mit etwas konkaven Seiten, das Ende dreieckig oder dreispitzig mit sehr verkürzten Seitenspitzen. Außenschulter der 1. Maxille mit einem rechtwinkligen Zacken endwärts vorragend. Telopodit der 2. Maxille sehr groß, ganz bedeutend die

Endlappen der 1. Maxille überragend, das Endglied dick, von der Mitte an konisch zugespitzt, mit kurzer dicker, konischer Kralle, ringsum lang beborstet (Fig. 157). Mandibel mit 21—27 Kammblättern, das erste mit 4—5 Zähnen. Kieferfüße mit den gewöhnlichen Zähnen, 2 am Präfemur usw. Die Hüften sehr zerstreut punktiert. Tergite und Sternite zerstreut beborstet, die Borsten winzig klein. Sternitleiste vorn gegabelt, der Winkel der Gabeläste ungefähr ein rechter. Endbeinsternit trapezisch, die hintere Hälfte dicht und kurz beborstet; ein schmaler Streif am Innenrand der Hüfte ebenso beborstet; die Hüftporen zahlreich, verschieden groß. Erstes Beinpaar um etwa $^1/_8$ kürzer als das zweite.

Neu-Guinea: Berg am Sepikstrom, Fife-Bay; W.-Ceram: Honitelae.

32. **M. (D.) subgigas** (Silv.) 1919 *Lamnonyx s.*, Silvestri in: Rec. Ind. Mus., *v.* 16 p. 70 f. 15 | 1920 *Dasyptyx s.*, Chamberlin in: Bull. Mus. Harvard, *v.* 64 p. 64.

Gelb mit dunklem Pigment, Kopf ziegelrot. Länge bis 60 mm, Breite vorn 2,5 mm. 49 Beinpaare. Kopfschild fast 2mal so lang wie breit, grob und sehr spärlich punktiert. Mittelteil des Labrum keilförmig zugespitzt. Mandibel mit 15—20 Kammblättern, das erste 6—7zähnig. Kieferfüße mit der gewöhnlichen Bezahnung, 2 auf dem Präfemur. Sternitleiste vorn gegabelt, der Winkel stumpf. Endbeinsternit lang, trapezisch, der hintere Teil dichter beborstet, Hüfte mit zahlreichen kleinen und einem großen Porus, der Medialrand ebenso dicht beborstet wie das Sternit hinten.

Neu-Guinea: Simbang, Sattelberg.

33. **M. (D.) uncifer** (Silv.) 1919 *Lamnonyx u.*, Silvestri in: Rec. Ind. Mus., *v.* 16 p. 72 f. 17 | 1920 *Dasyptyx u.*, Chamberlin in: Bull. Mus. Harvard, *v.* 64 p. 64.

Gelb, dorsal stark verdunkelt, Kopf rotbraun. Länge bis 65 mm, Breite vorn 2,6 mm. 49 Beinpaare. Kopfschild fast 2mal so lang wie breit, mit wenigen Punkten. Labrum, Mandibeln und Maxillen wie bei *M. subgigas*. Die 2 Zähne am Präfemur der Kieferfüße sind hakig basalwärts gekrümmt, auch der Zahn der Tibia ist hakig; Ungulum stark gekrümmt. Sternitleiste gegabelt, der Winkel ein rechter oder etwas stumpf. Endbeinsternit lang, trapezisch, die hintere Hälfte dicht und sehr kurz beborstet; Hüfte mit zahlreichen kleinen und größeren Poren, aber kein einzelner besonders großer Porus.

Neu-Guinea: Moroka.

34. **M. (D.) solomonensis** (Chamb.) 1920 *D. s.*, Chamberlin in: Bull. Mus. Harvard, *v.* 64 p. 64.

Braun, Kopf und Kieferfußsegment kastanienbraun. 49 Beinpaare. Kopfschild nur 1,53mal so lang wie breit. Mandibel mit 23—26 Kammblättern; die Randborsten derselben sind so lang oder länger als der Stiel eines Kammblattes dick ist; die Zähne am Ende der Kammblätter sind länger, weniger zahlreich und die proximalen sind relativ größer als bei *M. gigas*, *subgigas* und *uncifer*. Die Zähne der Kieferfüße sind kurz und nicht hakig, Ungulum nur mäßig gebogen. Endbeinhüfte ohne einzelne besonders große Poren.

Salomon-Inseln: Ngi, Wainoni-Bay, Tulagi, Fulakora.

e) Subgen. **Ectoptyx** Chamb.

1920 *E.*, Chamberlin in: Bull. Mus. Harvard, *v.* 64 p. 65.

Seitenteile des Labrum am Medialeck spitz und weit nach hinten vorspringend; ihre laterale Hälfte auf der Dorsalseite mit einer dichten Reihe von Borsten besetzt. 1. Kammblatt der Mandibel mit zahlreichen (18 und mehr) Zähnen; Kammblätter bis zur Basis herab gezähnt.

5 Arten.

Typus: *M. labasanus* Chamb.

Fiji-Inseln.

Übersicht über die Arten:

1a) Vorderclypeus mit einer glatten Stelle in der polygonalen Felderung. Die Zähne des ersten Kammblattes der Mandibel nehmen basalwärts stark an Größe ab 2
1b) Vorderclypeus ohne glatten Fleck; die Zähne des ersten Kammblattes der Mandibel nehmen basalwärts nicht oder nur wenig an Größe ab . . . 3
2a) Mandibel mit 13—14 Kammblättern . . . . . . { 35. **M. (E.) labasanus** / 36. **M. (E.) turucanus** }
2b) Mandibel mit 19 Kammblättern . . . . 37. **M. (E.) kabasanus**
3a) 11 Kammblätter. Innenrand der Mandibel unter dem 1. Kammblatt fein gesägt . . . . 38. **M. (E.) somonus**
3b) 16 oder 17 Kammblätter. Innenrand der Mandibel glatt: 39. **M. (E.) siaronus**

35. **M. (E.) labasanus** Chamb. 1920 *E. l.*, Chamberlin in: Bull. Mus. Harvard, *v.* 64 p. 65.

Bräunlich, Tergite mit einem dichten schwarzen Netzwerk, das manchmal ein breites medianes Längsband bildet; Sternite und Pleuren mit schwächerer dunkler Pigmentierung; Kopf und Kieferfußsegment kastanienbraun. Länge 55 mm. 49 Beinpaare. Kopfschild etwa 1,6mal so lang wie breit, vorn abgestutzt oder sehr stumpfwinklig, mit medianer Kerbe. Vorderclypeus länger als der Hinterclypeus, mit kleinem medianem glattem Fleck. Mittelteil des Labrum breit keilförmig, weniger als 2mal so lang wie die größte Breite. Mandibel mit 14 Kammblättern, das erste mit 18—20 Zähnen, deren Größe von der Spitze zur Basis allmählich abnimmt; die mittleren Lamellen mit etwa 37 Zähnen. Außenschulter der 1. Maxille spitz nach vorn ausgezogen. Kieferfüße mit der gewöhnlichen Bezahnung; der distale Zahn des Präfemur ist bedeutend größer als der proximale. Sternitleiste gegabelt, der Winkel stumpf. Endbeinsternit nach hinten stark verschmälert, vor dem Ende jederseits eingedrückt. Hüftporen sehr zahlreich, klein.

Fiji-Inseln: Labasa, Nagasu, Suene.

36. **M. (E.) turucanus** Chamb. 1920 *E. t.*, Chamberlin in: Bull. Mus. Harvard, *v.* 64 p. 67.

Färbung wie bei *M. labasanus*. Länge 45 mm. 49 Beinpaare. Kopfschild nur 1,4mal so lang wie breit. Mittelteil des Labrum keilförmig, $1^1/_2$ oder weniger so lang wie an der breitesten Stelle. Mandibel mit 13 Kammblättern, das erste mit 19 Zähnen, die nicht stärker sind als die der anderen Lamellen und deren Größe basalwärts allmählich abnimmt. Mittlere Kammblätter mit etwa 18 Zähnen. Außenschulter der 1. Maxille vorspringend. Kieferfüße wie bei *M. labasanus*. Sternitleiste gegabelt, stumpfwinklig.

Fiji-Insel: Turuca.

Dürfte besser als Subspezies von *M. labasanus* eingereiht werden.

37. **M. (E.) kabasanus** Chamb. 1920 *E. k.*, Chamberlin in: Bull. Mus. Harvard, *v.* 64 p. 66.

Färbung wie bei *M. labasanus*. Länge 75 mm, Breite vorn 3 mm. 49 Beinpaare. Kopf wie bei *labasanus*. Mittelteil des Labrum nur $1^1/_2$mal so lang wie die größte Breite. Mandibel mit 19 Kammblättern, das erste mit 23 Zähnen, deren Größe basalwärts abnimmt, die mittleren mit etwa 55 Zähnen, von denen die distalen lang, die proximalen verkürzt sind. Vorderrand der Mandibel glatt. Außenschulter der 1. Maxille stärker vortretend als bei *M. labasanus*. Die Zähne des Kieferfußpräfemur niedriger und breiter als bei *M. labasanus*. Sternitleiste vorn stumpfwinklig gegabelt. Endbeinsternit hinten etwas weniger verschmälert. Hüftporen sehr zahlreich und klein.

Fiji-Insel: Kabasa Lau.

38. **M. (E.) somonus** Chamb. 1920 *E. s.*, Chamberlin in: Bull. Mus. Harvard, *v.* 64 p. 68.

Färbung wie bei *M. labasanus*. Länge 48 mm. 49 Beinpaare. Kopfschild 1,6mal so lang wie breit. Vorderclypeus ohne glatte Stellen. Mittelteil des Labrum mit konvexen Seiten, 2,3mal so lang wie die größte Breite. Mandibel mit 11 Kammblättern, die letzten reduzierten mit einbegriffen, das erste mit 19 Zähnen, die alle gleich lang sind, Vorderrand des Mandibelstammes fein gesägt. Außenschulter der 1. Maxille kaum vortretend, fast rechtwinklig. Kieferfüße mit den gewöhnlichen Zähnen. Sternitleiste zwar stumpfwinklig gegabelt, die Gabeläste aber kurz und seicht, manchmal schwer sichtbar. Hüftporen klein und zahlreich.

Fiji-Insel: Somo Somo.

39. **M. (E.) siaronus** Chamb. 1920 *E. s.*, Chamberlin in: Bull. Mus. Harvard, *v.* 64 p. 68.

Färbung wie bei *M. labasanus*. Länge 90 mm. 49 Beinpaare. Kopfschild 1,75mal so lang wie breit; Vorderclypeus ohne glatte Stelle. Mittelteil des Labrum fast 3mal so lang wie die größte Breite. Mandibel mit 16 oder 17 Kammblättern, das erste mit 19 Zähnen, die basalwärts wenig an Größe abnehmen, eine mittlere Lamelle mit etwa 42 Zähnen. Innenrand der Mandibel unter dem 1. Kammblatt glatt. Kieferfüße mit den gewöhnlichen Zähnen; der distale Zahn des Präfemur ist nicht so groß wie bei *M. labasanus*. Sternitleiste gegabelt, die Gabeläste lang, stumpfwinklig. Hüftporen sehr zahlreich und klein. Endbeinsternit wie bei *M. labasanus*.

Fiji-Insel: Viti Levu, Saiaro.

2. Gen. Nodocephalus Att.

1928 *N.*, Attems in: Zool. Anz., *v.* 75 p. 115.

Vorderclypeus viel größer als der Hinterclypeus, gleichmäßig gefeldert, mit wenigen Borsten, darunter 2 Postantennalborsten. Hinterclypeus durch einen schmalen gefelderten Medianstreifen, Fortsetzung des gefelderten Vorderclypeus in zwei Hälften geteilt, ohne Borsten (Fig. 158). Kopfpleurite ohne vordere Kegelzähne. Seitenteile des Labrum unbeborstet. Hüften der 1. Maxille ganz verwachsen, ohne Mediannaht; das Syncoxit bildet lateral von den Telopoditen keine deutlichen Schultern. Hüften der 2. Maxille ganz verwachsen, Telopodit klein, fast gerade und von den Endlappen der 1. Maxille überragt, ohne Kralle (Fig. 159). Kieferfußpräfemur mit einem distalen Zahn. Basalschild ohne Medianfurche. Tergite doppelfurchig.

1 Art.

Typus: *N. edentulus* (Att.).

1. **N. edentulus** (Att.) 1904 *Mecistocephalus e.*, Attems in: Zool. Jahrb., Syst. *v.* 20 p. 119 t. 8 f. 7—12 | 1928 *Nodocephalus e.*, Attems in: Zool. Anz., *v.* 75 p. 116 f. 1, 2 (Fig. 158, 159).

Blaßgelb, Kopf dunkel (wahrscheinlich juv.), 41 Beinpaare. Kopfschild sehr spärlich beborstet, vorn bedeutend breiter als hinten, Vorderrand fast gerade. Antennen kurz. Vorderclypeus wenigstens 2mal so lang wie der Hinterclypeus, gleichmäßig gefeldert, mit wenigen Borsten, darunter 2 Postantennalborsten; Hinterclypeus durch einen gefelderten Medianstreifen in zwei Hälften getrennt. Kopfpleurite unbeborstet, die laterale Hälfte gefeldert, die mediale Hälfte ungefeldert. Mittelteil des Labrum kurz und breit, hinten kurzkonisch; die Seitenteile geradlinig, innen zahnartig einwärts ragend, unbeborstet. Die Hüften der 1. Maxille sind völlig zu einem Syncoxit verwachsen, ohne Spur einer Mediannaht, die Coxalfortsätze sind nicht gegen das Syncoxit abgesetzt; sie tragen am Medialrand eine Anzahl spitzer Dörnchen und geben wie bei *Dicellophilus* usw. in abgerundete hyaline Lappen über.

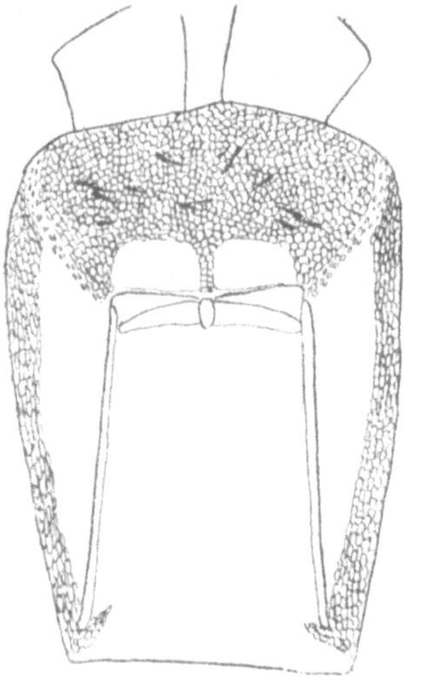

Fig. 158.
Nodocephalus edentulus (Att.)

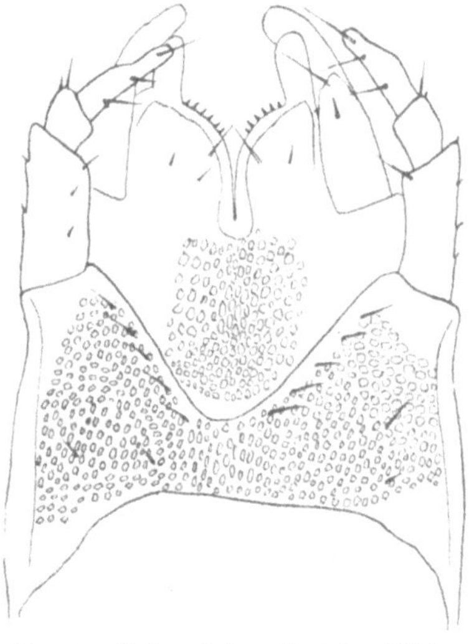

Fig. 159. **Nodocephalus edentulus** (Att.)
Beide Maxillenpaare.

Der Lateralrand der Hüfte liegt nur sehr wenig weiter lateral als der Lateralrand des Telopodit, daher keine deutliche Schulter; Telopodit ungegliedert, mit einem ähnlichen, nur etwas längeren hyalinen Lappen wie der Coxalfortsatz. Das Telopodit der 2. Maxille ist bedeutend kleiner als bei den meisten *Mecistocephalidae*, nur leicht medianwärts gekrümmt und von den Endlappen der 1. Maxille überragt; das Endglied (3. Glied) trägt auf der Medialseite zwei Borsten, nahe dem Ende eine Borste, und hat keine Endkralle. Kieferfußhüften mit 2 stumpfen braunen Zähnen, Präfemur mit einem großen, geraden, spitzen Zahn am Ende, Tarsus mit einem spitzen Zahn, die Zwischenglieder ungezähnt. Ungulum ganz fein gekerbt, mit einer Borste in jeder Kerbe. Beborstung des Rumpfes vorn mäßig, hinten reichlicher. Sternite länger als breit; Prästernite vom 13. Segment an median ungeteilt. Endbeinsternit vorn breit, die konvexen Seiten konvergieren zu einer abgestumpften Spitze. Hüfte ventral und lateral mit zahlreichen kleinen Poren, dorsal keine.

Przewalsk.

3. Gen. **Dicellophilus** Cook

1880 *Mecistocephalus*, Latzel, Myr. Österr.-Ung., *v.* 1 p. 160 | 1895 *Dicellophilus*, Cook in: P. U. S. Mus., *v.* 18 p. 61 | 1903 *Mecistocephalus*, Attems in: Zool. Jahrb., Syst. *v.* 18 p. 208 | 1908 *M.*, Verhoeff in: Bronn, Kl. Ordn., *v.* 5 II p. 272 | 1919 *Dicellophilus*, Silvestri in: Rec. Ind. Mus., *v.* 16 p. 47, 81.

Vorderclypeus sehr kurz, gleichmäßig gefeldert, seitlich mit einigen Borsten. Hinterclypeus sehr groß, median ungeteilt, mit großem Feld von sehr zahlreichen Borsten (Fig. 161). Kopfpleurite ohne vordere Kegelzähne. Seitenteile des Labrum eingebuchtet, längsgefurcht, am Rande dicht beborstet. Mandibel mit wenigen kurzen Kammblättern, deren Zähne untereinander fast gleich sind; Außenseite der Mandibel dicht pelzig beborstet (Fig. 162). Hüften der ersten Maxillen getrennt, lateral vom Telopodit eine ziemlich breite Schulter bildend. Hüften der 2. Maxillen verwachsen, der mediane Teil des Coxosternum kurz, Telopodit groß, mit Kralle. Präfemur der Kieferfüße mit einem distalen Zahn; Basalschild ohne Medianfurche. Kopfschild relativ kurz und breit, nur 1,27 mal so lang wie breit, mit Stirnfurche. Tergite doppelfurchig. ♂♀ Gonopoden zweigliedrig. Terminalporen vorhanden. Sternitleiste vorn ungegabelt.

Europa, Nordamerika, Japan.

2 Arten.

Typus: *D. limatus* (Wood)

Übersicht über die Arten:

a) 45 Beinpaare . . . . 1. **D. limatus**
b) 43 Beinpaare . . . . 2. **D. carniolensis**

1. **D. limatus** (H. C. Wood) 1862 *Mecistocephalus l.*, H. C. Wood in: J. Ac. Philad., ser. 2 *v.* 5 p. 12 | 1865 *M. l.*, H. C. Wood in: Tr. Amer. phil. Soc., ser. 2 *v.* 13 p. 177 | 1885 *M. breviceps*, Meinert in: P. Amer. phil. Soc., *v.* 23 p. 214 | 1895 *Dicellophilus limatus*, Cook in: P. U. S. Mus.. *v.* 18 p. 61 | 1912 *Mecistocephalus l.*, Chamberlin in: Pomona, *v.* 4 p. 653 | 1920 *Dicellophilus l.*, Chamberlin in: Canad. Ent., *v.* 52 p. 186.

Länge 60 mm und mehr, Breite vorn bis 3 mm. 45 Beinpaare. Orangerot oder gelb, Tergite besonders in der vorderen Körperhälfte oft mit schmaler dunkler Einfassung des Hinterrandes, Kopf und Antennen dunkelrot oder kastanienbraun. Antennen lang, endwärts verjüngt. Kieferfußtelopodit mit einem Zahn auf Präfemur, Femur, Tibia und Tarsus, die des Präfemur und Tarsus die größten. Endbeinsternit dreieckig; Endbeinhüften mit zahlreichen Poren, einer größer als die anderen.

Kalifornien: Mill Valley, Sausalito, Berkeley, Stanford, Claremont.

2. **D. carniolensis** (C. L. Koch) 1847 *Clinopodes c.*, C. L. Koch-Panzer. Krit. Revis., *v.* 3 p. 185 | 1870 *Mecistocephalus c.*, Meinert in: Naturh. Tidsskr., ser. 3 *v.* 7 p. 94 | 1880 *M. c.*, Latzel. Myr. Österr.-Ung., *v.* 1 p. 162 t. 6 f. 53—54; t. 7 f. 55—62 | 1886 *Geophilus austriacus*, Meinert in: Vidensk. Meddel., *v.* 36—38 p. 144 | 1889 *Mecistocephalus carniolensis*, Daday, Myr. Regni Hungar., p. 90 | 1898 *Geophilus apfelbecki*, Verhoeff in: Arch. Naturg., *v.* 64 I p. 348 t. 8 f. 7—9 | 1904 *Mecistocephalus anomalus*, Chamberlin in: P. Ac. Philad., *v.* 56 p. 655 | 1912 *M. a.*, Chamberlin in: Pomona, *v.* 4 p. 653 | 1918 *M. carniolensis*, Verhoeff in: Bronn, Kl. Ordn., *v.* 5 II p. 517, 492 | 1919 *Dicellophilus anomalus*, Silvestri in: Rec. Ind. Mus., *v.* 16 p. 83 f. 24 (Fig. 160 bis 163).

Rostgelb bis roströtlich. Kopf und Kieferfußsegment bräunlich. Länge bis 60 mm, Breite bis 2,3 mm. 43 Beinpaare. Kopfschild 1,27 mal so lang wie breit, vor dem Labrum am breitesten, nach hinten merklich verschmälert. Antennen $2^1/_2$ mal so lang wie der Kopf, pfriemenförmig, grob punktiert, die Grübchen teilweise in Längsreihen. Vorderclypeus kurz, in den Seiten länger als in der Mitte, seitlich mit einer Gruppe von einigen, etwa 5, Borsten. Hinterclypeus sehr groß, median nicht geteilt, mit einem großen Feld von zahlreichen dicht stehenden starken Borsten und dazwischen zahlreiche kleine Poren; dieses Feld ist heller, durchsichtiger als der übrige Clypeus, hinter dem Feld ein mäßig breiter, dunkelgelb gefärbter, unbeborsteter Streif (Fig. 161). Kopfpleurite relativ breit, zerstreut beborstet, die Borsten sehr klein, vorn in der ganzen Breite gefeldert, nach hinten wird der gefelderte Lateralstreif immer schmäler. Mittelteil des Labrum schmal, vielmals länger als breit. Die Spitze ein wenig frei vorragend, Seitenteile medial in einen dunkel gefärbten Zahn ausgezogen. Der Hinterrand eingebuchtet und dicht beborstet. Mandibel mit 3—5 Kammblättern, die Zähne aller fast gleich groß, das erste kaum von den anderen verschieden. Die Kammblätter sind kurz, bis zur Basis herab gezähnt; der Stamm unter dem ersten Kammblatt in einen großen, spitzen, hellen Zahn vorspringend, glattrandig; die ganze Außenseite dicht pelzig beborstet. Kieferfüße grob punktiert. Vorderrand der Hüften mit seichter Mediankerbe und 2 runden Höckern. Präfemur mit einem distalen schwarzen Zahn, Femur und Tibia mit schwarzem Zahnhöcker, Tarsus ohne Zahn, Ungulum seicht rund gekerbt. Beborstung des Rumpfes spärlich und fein. Sternitleiste vorn ungegabelt. Endbeinsternit (Fig. 163) nach hinten stark verschmälert, wenig mehr als halb so lang wie die Hüften; Tergit 2mal so lang wie das vorangehende Tergit, parallelseitig, hinten gerade abgestuft; Hüften aufgetrieben, dicht und gleichmäßig auch dorsal mit ver-

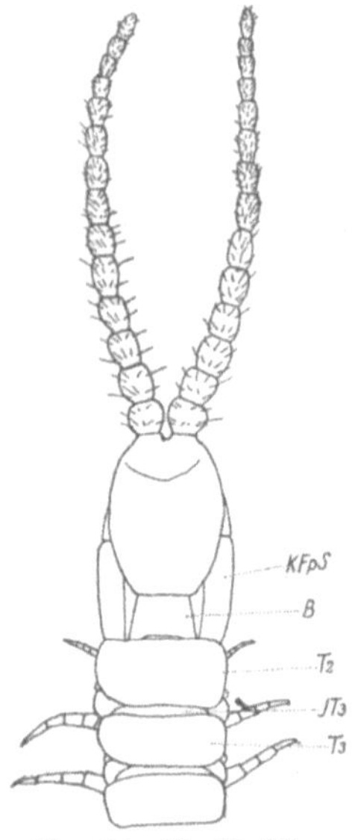

Fig. 160. Dicellophilus carniolensis (Koch). Dorsalseite.
KFpS = Kieferfußpräfemur, *B* = Basalschild, T_2 = Tergit des 1. Laufbeinsegments (= 2 Rumpfsegment), JT_3 = Prätergit des 2. Laufbeinsegments, T_3 = Tergit des letzteren.

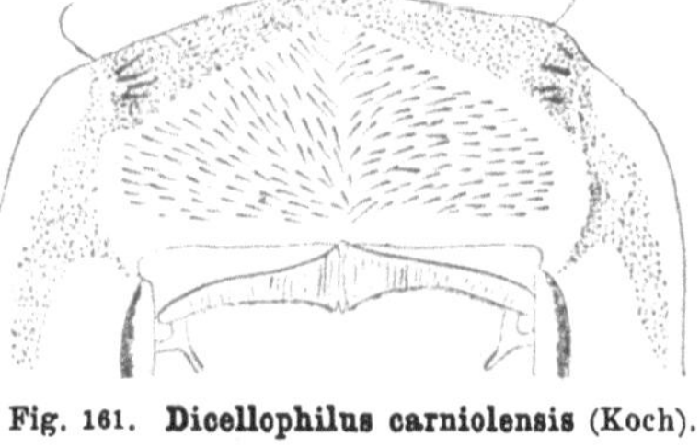

Fig. 161. **Dicellophilus carniolensis** (Koch).

schieden großen Poren bedeckt, ein Porus in der Mitte der Ventralseite bedeutend größer als die anderen. Erstes Beinpaar relativ nur wenig kleiner als das zweite.

Österreichische Alpenländer, Südtirol, Lombardei, Jugoslavien, Oberungarn, Siebenbürgen, Dobrudscha; Vereinigte Staaten (Oregon) Kalifornien; Japan.

Fig. 162. **Dicellophilus carniolensis** (Koch). Mandibel.

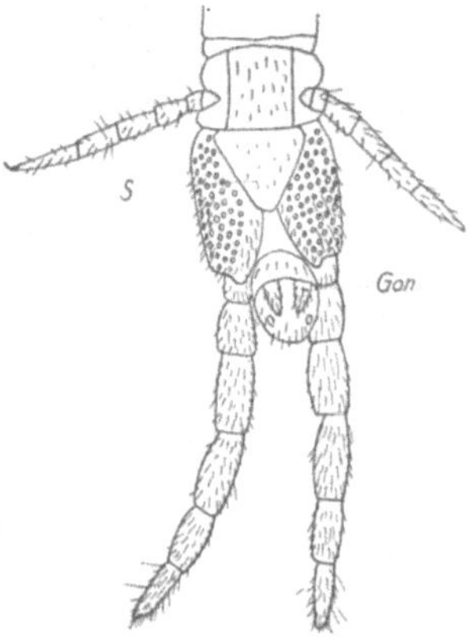

Fig. 163. **Dicellophilus carniolensis** (Koch). Ventralseite.

Fig. 163: *S* = Sternit des Endbeinsegments, *Gon* = Gonopoden.

4. Gen. **Tygarrup** Chamb.

1914 *T.*, Chamberlin in: Bull. Mus. Harvard, *v.* 58 p. 210.

Vorderclypeus sehr kurz, durch eine kleine verdickte glatte Medianstelle in zwei seitliche Hälften getrennt, seitlich mit einigen Borsten. Hinterclypeus sehr groß, median ungeteilt, mit wenigen Borsten. Kopfpleurite ohne vordere Kegelzähne. Seitenteile des Labrum geradlinig und unbeborstet. Hüften der 1. Maxille getrennt. Hüften der 2. Maxille verwachsen, der Medianteil des Coxosternum kurz, Telopodit groß mit deutlicher Endkralle. Kieferfußpräfemur mit einem distalen Zahn, Basalschild ohne mediane Längsfurche. Kopfschild länger als breit, aber merklich weniger als 2mal so lang. Stirnfurche vorhanden. Tergite doppelfurchig.

Britisch Guiana, Java.

2 Arten.

Typus: *T. intermedius* Chamb.

Übersicht über die Arten:

a) Sternitleiste vorn gegabelt. Mittelteil des Labrum lang und schmal, Endbeinhüfte mit 2 großen und vielen kleinen Poren (Zahl der Beinpaare?): 1. **T. intermedius**

b) Sternitleiste vorn ungegabelt. Mittelteil des Labrum sehr kurz und breit. Endbeinhüfte mit wenigen großen Poren. 45 Beinpaare . . 2. **T. javanicus**

1. **T. intermedius** Chamb. 1914 *T. i.*, Chamberlin in: Bull. Mus. Harvard, *v.* 58 p. 212.

Gelblich; auf jeder Seite einer blassen medianen Längslinie ein dunklerer Streifen. Kopf und Kieferfußsegment blaß rostrot. Länge 18 mm. Zahl der Beinpaare nicht angegeben. Kopfschild länger als breit, 10 : 7,3, mit zerstreuten kleinen Borsten, Vorderrand fast gerade, nach hinten verschmälert. Mittelteil des Labrum sehr schmal, parallelseitig, hinten spitzzähnig. Antennen ungefähr $2^1/_2$ mal so lang wie der Kopf. Kieferfüße bis zum Ende des ersten Antennengliedes reichend, Tarsus mit abgerundetem Höcker, Tibia und Femur unbewehrt, Vorderrand der Hüften mit 2 kegeligen Zähnen. Sternite bis etwa zum 21. mit Chitinleiste, die vorn gegabelt ist. Endbeinsternit dreieckig, mit konvexen Seiten, hinten schmal abgestutzt. Endbeinhüfte mit zwei großen, teilweise vom Sternit bedeckten und mit mäßig zahlreichen kleinen Poren ventral und lateral. Erstes Beinpaar ungefähr $^2/_3$ so lang wie das zweite.

Britisch Guiana (in Washington auf Pflanzen aus Br. Guiana gefunden).

2. **T. javanicus** Att. 1907 *Mecistocephalus spissus*, Attems (nec Wood) in: Mt. Mus. Hamburg, *v.* 24 p. 95 f. 8, 9.

Blaßgelb, der Fettkörper schimmert als unterbrochene grünschwarze Längsbinde durch; Kopf und Kieferfußsegment licht kastanienbraun. Länge bis 20 mm, Breite nicht ganz 1 mm. 45 Beinpaare. Kopfschild länger als breit, 10 : 7,3, vor dem Labrum am breitesten, nach hinten merklich verschmälert. Vorderrand geradlinig, zerstreut beborstet, Stirnfurche sehr deutlich. Vorderclypeus durch eine abgerundet-dreieckige verdickte glatte Stelle in 2 Hälften geteilt, jede Hälfte gleichmäßig gefeldert mit einigen Borsten ganz seitlich. Der Vorderclypeus ist nur sehr kurz, seitlich etwas länger, da die Grenze zwischen Vorder- und Hinterclypeus von der verdickten Medianstelle jederseits schräg nach hinten-außen zieht. Hinterclypeus sehr groß, mit einer geringen Anzahl von Borsten. Kopfpleurite nur vorn gefeldert, unbeborstet. Mittelteil des Labrum kurz und breit in einen kurzen Kegel endigend, dessen Spitze ein wenig frei vorsteht; Seitenteile innen zackig einwärtsragend, der Rand gerade, unbeborstet. Mandibel mit 6 wohl entwickelten Kammblättern, dahinter noch 2 rudimentäre mit wenigen Spitzen; erstes mit 5 großen starken, zugespitzten Zähnen, die viel stärker sind als die Zähne der anderen Kammblätter; der Stammrand springt unter dem ersten Kammblatt in einen großen spitzen Zacken vor, ist aber sonst glattrandig; die Zähne der übrigen Kammblätter sind ungefähr gleich groß. Kieferfüße zerstreut beborstet. Vorderrand der Hüften mit Mediankerbe und 2 Zähnen. Präfemur mit kleinem distalem Zahn, Tarsus mit kleinem Höcker, die anderen Glieder unbewehrt. Sternitleiste vorn nicht gegabelt. Endbeinsternit zungenförmig, hinten verschmälert und bogig abgerundet. Hüfte mit wenigen großen Poren. (Die untersuchten Exemplare scheinen noch jung zu sein.) 2 große Terminalporen.

Java: Buitenzorg, Tjibodas, Tjompea.

5. Gen. **Megethmus** Cook

1895 *M.*, Cook in: P. U. S. Mus., *v.* 18 p. 61 | 1919 *M.*, Silvestri in: Rec. Ind. Mus., *v.* 16 p. 47.

Die Endbeinhüften reichen seitlich über das Endsegment hinaus (Fig. 164). Poren sehr zahlreich, allseitig verteilt. Seitenteile des Labrum unbeborstet. 1. und 2. Maxille unbekannt. Präfemur der Kieferfüße mit zwei Zähnen. Basalschild mit scharfer Medianfurche. Tergite doppelfurchig. Sternitleiste vorn gegabelt. ♀ Gonopoden ungegliedert.

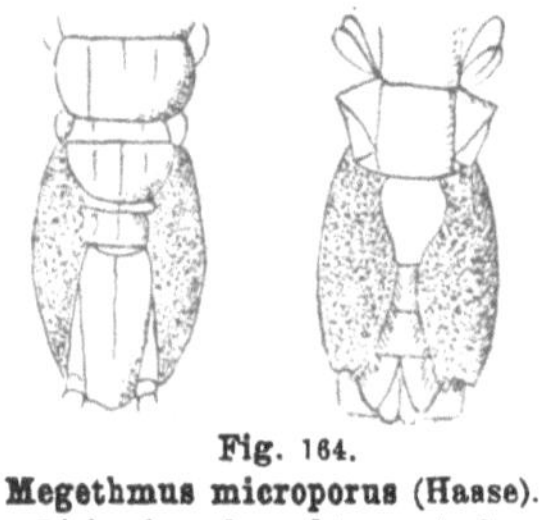

Fig. 164.
Megethmus microporus (Haase).
Links dorsal, rechts ventral.

Philippinen.

2 Arten.

Typus: *M. microporus* (Haase)

Übersicht über die Arten:

a) 101 Beinpaare. Kieferfußhüften vorn mit 2 kleinen Zähnen: Endbeinhüften seitlich bis zum Vorderrand des vorangehenden Tergits übergreifend. Tergite vom 6. doppelfurchig. Antennen kurz, nicht viel länger als der Kopf: 1. **M. microporus**

b) 97 Beinpaare. Kieferfußhüften vorn ungezähnt: Endbeinhüfte nur bis zum letzten Stigma übergreifend. Tergite vom 1. doppelfurchig. Antennen lang: 2. **M. pluripes**

1. **M. microporus** (Haase) 1887 *Mecistocephalus m.*, E. Haase in: Abh. Mus. Dresden, nr. 5 p. 106 t 6 f. 115 | 1895 *Megethmus m*, Cook in: P. U. S. Mus., *v.* 18 p. 61 (Fig. 164)

Rostbräunlich, hinten verdunkelt, Kopf rot- bis kastanienbraun, vorn aufgehellt, Antennen rostrot. Bauch und Beine etwas heller als der Rücken. Länge 125 mm, Breite vorn 3 mm. 101 Beinpaare. Kopfschild fast 3mal so lang wie breit, sehr zerstreut punktiert, hinten 2 scharfe, kurze, punktierte Längseindrücke. Antennen nicht viel länger als der Kopf. Basalschild mit scharfem Längseindruck, fast glatt. Kieferfußhüften mit 2 kleinen Zähnen, Präfemur mit 2 kräftigen Zähnen, Femur und Tarsus mit kleinem Zahnhöcker. Tergite vom 6. an doppelfurchig, in der Mediane ein Grübchen. Sternite etwas uneben, grob gerunzelt, Endbeinsteinit kurz, nach hinten stark verschmälert, am Rande kurz und dicht beborstet. Endbeinhüften bis zum Vorderrand des Tergits des vorletzten beintragenden Segments seitlich übergreifend, Poren sehr zahlreich. Innenrand der Hüfte beim ♀ (♂ unbekannt) dicht beborstet. ♀ Gonopoden ungegliedert. Terminalporen klein.

Philippinen: Luzon.

2 **M. pluripes** Chamb. 1920 *M. p.*, Chamberlin in: Canad. Ent., *v.* 52 p. 187.

Rotgelb, Kopf und Kieferfußsegment rot oder leicht kastanienbraun. Länge 75 mm. 97 Beinpaare. Kopfschild 2mal so lang wie breit, hinten mit 2 kurzen Längseindrücken. Antennen lang. Mandibel mit 9 Kammblättern, das erste 3zähnig, ein mittleres 20zähnig. Mittelteil des Labrum keilförmig, die Seitenteile glattrandig. Basalschild mit scharfer Medianfurche. Kieferfußhüften zerstreut punktiert, vorn ungezähnt, Präfemur mit 2 kräftigen schwarzen Zähnen, der distale weitaus kräftiger, Femur und Tibia mit abgerundetem, Tarsus mit undeutlichem Zahnhöcker. Tergite vom ersten an doppelfurchig. Steinitleiste vorn gegabelt, von der Körpermitte an ist der Winkel sehr stumpf. Endbeinhüften seitlich nur bis zum letzten Stigma übergreifend, Hüftporen sehr zahlreich.

Philippinen: Mt. Banahao

B. Subfam. Arrupinae

1912 Fam. *Arrupidae*, Chamberlin in: Pomona, *v.* 4 p. 654 | 1920 *A.*, Chamberlin in: Psyche, *v.* 27 p. 141 | 1920 *A.*, Chamberlin in: Canad. Ent., *v.* 52 p. 184.

Hüften der 2. Maxillen getrennt; 2. Maxille stets ohne Endkralle. Präfemur der Kieferfüße mit einem distalen Zahn. Kopfpleurite vorn ohne Kegelzahn. 41 Beinpaare. Kopfschild höchstens $1\frac{1}{2}$mal so lang wie breit.

Übersicht über die Gattungen:

1a) Seitenteile des Labrum beborstet . . . . 7. Gen. **Anarrup**

1b) Seitenteile des Labrum unbeborstet 2

2a) Hüften der 1. Maxille getrennt, Mandibel mit 2 Kammblättern: 6. Gen. **Arrup**

2b) Hüften der 1. Maxille verwachsen, Mandibel mit 7—8 Kammblättern: 8. Gen. **Prolamnonyx**

6. Gen. **Arrup** Chamb.

1912 *A.*, Chamberlin in: Pomona, *v.* 4 p. 654.

Hinterclypeus kurz, mit wenigen Borsten. Mandibel mit 2 Kammblättern. Seitenteile des Labrum unbeborstet. Hüften der 1. Maxille nicht verwachsen. Endbeinhüfte mit wenigen kleinen Poren.

Kalifornien.

1 Art.

1. **A. pylorus** Chamb. 1912 *A. p.*, Chamberlin in: Pomona, *v.* 4 p. 654.

Rotgelb, Kopf licht rötlichbraun. Länge 22 mm. 41 Beinpaare. Kopfschild vorn am breitesten; vorn stumpfwinklig; Antennen kurz, dick. Basalschild sehr kurz, etwas mehr als $^1/_7$ so lang wie der Kopf, 4,8mal so breit wie lang. Alle Stigmen kreisrund. Endbeinsternit breit, dreieckig; Hüfte mit 3 bis 4 kleinen am Sternitrand gelegenen Poren. Endbeine des ♂ verdickt.

Kalifornien: Sausalito und Berkeley.

7. Gen. **Anarrup** Chamb.

1920 *A.*, Chamberlin in: Psyche, *v.* 27 p. 144.

Vorderclypeus kurz, Hinterclypeus median ungeteilt, mit zahlreichen Borsten in seinem vorderen Teil. Seitenteile des Labrum beborstet. Der Mittelteil schmal. Mandibel mit einer größeren Zahl von Kammblättern. Sternitleiste vorn gegabelt. Endbeinhüfte mit zahlreichen kleinen Poren.

Celebes.

1 Art.

1. **A. nesiotes** Chamb. 1920 *A. n.*, Chamberlin in: Psyche, *v.* 27 p. 145.

Lichtbraun, Kopf, Kieferfußsegment und die ersten 2 Tergite kastanienbraun. Länge bis 60 mm. 41 Beinpaare. Kopfschild 1,44mal so lang wie breit, bei der Stirnfurche am breitesten, hinten halbkreisförmig abgerundet. Der ungefelderte Hinterclypeus reicht in der Mitte bis zum Vorderrand; sein vorderer Abschnitt mit zahlreichen Borsten. Mittelteil des Labrum sehr schmal, von den Seitenteilen teilweise überlagert, letztere medial abgerundet, ihr Rand glatt, unbeborstet. Mandibel mit 10 Kammblättern, die 4 Zähne des ersten viel stärker als die Zähne der anderen, die mittleren Lamellen mit etwa 40 Zähnen, die distalen sehr lang, die proximalen jeder Lamelle sehr kurz, Innenrand unter dem ersten Kammblatt fein gesägt. Außenschulter der 1. Maxille stark abgerundet; Endglied der 2. Maxille dicht beborstet. Kieferfußhüften mit 2 breiten abgerundeten Zähnen, Präfemur bis Tarsus mit je einem runden Zahnhöcker. Sternitleiste spitzwinklig gegabelt. Endbeinsternit nach hinten stark verschmälert, der Hinterrand schmal, die Seiten etwas konvex. Hüftporen zahlreich, klein.

Süd-Celebes: Bua Kraeng.

8. Gen. **Prolamnonyx** Silv.

1919 *P.*, Silvestri in: Rec. Ind. Mus., *v.* 16 p. 84.

Seitenteile des Labrum unbeborstet. Mandibel mit 7—8 Kammblättern, die Zähne bis zur Basis und untereinander ungefähr gleich groß. Hüften der 1. Maxillen verwachsen. Endbeinhüfte mit mäßig vielen bis zahlreichen Poren.

Japan: Formosa.

2 Arten.

Typus: *P. holstii* (Poc.)

Übersicht über die Arten:

a) Endbeinhüfte mit 20—25 großen Poren ventral und lateral; Endbeinsternit breiter . . . . 1. **P. holstii**

b) Endbeinhüfte mit zahlreichen Poren allseits auch dorsal, die Poren verschieden groß. Endbeinsternit schmal . . . . 2. **P. sauteri**

1. **P. holstii** (Poc.) 1895 *Geophilus? h.*, Pocock in: Ann. nat. Hist., ser. 6 *v.* 15 p. 352 t. 11 f. 1, 1a | 1919 *Prolamnonyx h.*. Silvestri in: Rec. Ind. Mus., *v.* 16 p. 85 f. 25 (Fig. 165).

Ockergelb, Kopf rötlich. Länge jugendlicher Exemplare etwa 20 mm. 41 Beinpaare. Kopfschild zerstreut punktiert, hinten mit 2 flachen Längsfurchen. Mittelteil des Labrum breit keilförmig. Mandibel mit 7 Kammblättern, das erste 5zähnig, das mittlere 14zähnig, die Zähne eines Blattes fast gleich groß. Kieferfußhüften mit 2 gut ausgebildeten spitzen Zähnen, Präfemur mit einem großen Zahn am Ende, Femur und Tibia ohne Zahn, Tarsus mit Zahnhöcker. Sternite zerstreut und kurz beborstet; Sternitleiste ungegabelt. Endbeinsternit nach hinten verschmälert und abgerundet, der hintere Teil mit kurzen, aber nicht viel dichter stehenden Borsten als auf der übrigen Fläche; Hüfte mit 20—25 großen Poren ventral und lateral. Erstes Beinpaar um $^1/_4$ kürzer als das zweite.

Japan: Ashinogu, Kamatura.

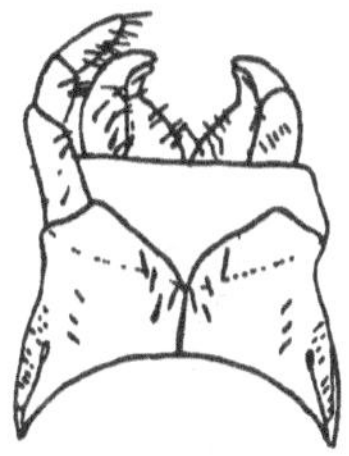

Fig. 165.
Prolamnonyx holstii (Poc.)
Beide Maxillenpaare.

2. **P. sauteri** Silv. 1919 *P. s.*, Silvestri in: Rec. Ind. Mus., *v.* 16 p. 87 f. 26.

Ockergelb, auch der Kopf, Länge 47 mm. Breite vorn 2 mm. 41 Beinpaare. Kopfschild ungefähr um $^2/_7$ länger als breit, zerstreut und grob punktiert, hinten mit 2 seichten punktierten Furchen. Mittelteil des Labrum beim einzigen untersuchten Exemplar ohne Zahn, die Seitenteile fast gerade, nackt. Mandibel mit 8 Kammblättern, das erste 6zähnig, das mittlere 14zähnig, die Zähne ziemlich gleich groß. Kieferfußhüften dicht punktiert, die Zähne sehr klein, Präfemur mit einem distalen Zahn, Femur, Tibia und Tarsus ohne Zahn. Endbeinsternit lang, nach hinten mäßig verschmälert, der Hinterrand abgerundet, die Borsten hinten dichter und kürzer. Hüftporen zahlreich, allerseits verteilt, von verschiedener Größe. Hüfte beim ♂ am Innenrand dicht kurz beborstet. Erstes Beinpaar etwa $^1/_4$ kürzer als das zweite.

Formosa: Kosempo.

Die generische Zugehörigkeit der folgenden Arten ist unsicher:

1887 **Mecistocephalus foveatus,** Mc Neill in: P. U. S. Mus., *v.* 10 p. 333.
Bloomington, Indiana.

1862 **M. fulvus,** H. C. Wood in: J. Ac. Philad., ser. 2 *v.* 5 p. 41 | 1865 *M. f.*, H. C. Wood in: Tr. Amer. phil. Soc., ser. 2 *v.* 13 p. 176.
Philadelphia.

1884 **M. guineensis,** Karsch in: SB. Ges. Marburg, *v.* 2 p. 55.
St. Thomé.

1885 **M. heros,** Meinert in: P. Amer. phil. Soc., *v.* 23 p. 214.
St. Mauritius, N. Pike.

1887 **M. strigosus,** Mc Neill in: P. U. S. Mus., *v.* 10 p. 332.
Bloomington, Indiana.

1887 **M. umbraticus,** Mc Neill in: P. U. S. Mus., *v.* 10 p. 332.
Bloomington, Indiana.

1842 **M. punctilabium,** Newport in: P. zool. Soc. London, *v.* 10 p. 179 | 1844 *M. p.*, Newport in: Ann. nat. Hist, *v.* 13 p. 100 | 1845 *M. p.*, Newport in: Tr. Linn. Soc. London, *v.* 19 p. 433 | 1847 *Geophilus p.*, Gervais in: Walckenaer & Gervais, Hist. Apt., *v.* 4 p. 309.

Korfu.

1842 **M. guildingii,** Newport in: P. zool. Soc. London, *v.* 10 p. 179 | 1845 *M. G.*, Newport in: Tr. Linn. Soc. London, *v.* 19 p. 429 | 1847 *Geophilus G.*, Gervais in: Walckenaer & Gervais, Hist. Apt., *v.* 4 p. 311 | 1870 *Mecistocephalus G.*, Meinert in: Naturh. Tidsskr., ser. 3 *v.* 7 p. 96 | 1895 *M. G.*, Latzel in: Mt. Mus. Hamburg, *v.* 12 p. 101.

St. Vincent, Jamaika, Kuba, St. Croix, Hamburg.

1881 **M. Meinerti,** Sseliwanoff in: Mém. Ac. St. Pétersb., *v.* 40 Beil. nr. 7 p. 9 | 1884 *M. M.*, Sseliwanoff in: Horae Soc. ent. Ross., *v.* 18 p. 73.

Taschkent.

5. Fam. **Geophilidae**

1895 *G.* + *Dignathodontidae,* Cook in: P. U. S. Mus., *v.* 18 p. 66, 71, 72 | 1896 *G.*, ex p. Cook, Brandtia, p. 85 | 1903 *Pectinifoliinae,* Attems in: Zool. Jahrb., Syst. *v.* 18 p. 166, 214 | 1908 Subfam. *Geophilinae,* Verhoeff in: Bronn, Kl. Ordn., *v.* 5II p. 274 | 1912 *Geophilidae,* Chamberlin in: Canad. Ent., *v.* 44 p. 65 | 1912 *G.*, Chamberlin in: Bull. Mus. Harvard, *v.* 54 p. 410 | 1914 *G.*, Attems in: Arch. Naturg., *v.* 80 A. 4 p. 124 | 1925 *G.*, Verhoeff in: Bronn, Kl. Ordn., *v.* 5II p. 571 | 1926 *G.*, Attems in: Kükenthal & Krumbach, Handb. Zool, *v.* 4 p. 357.

Labrum (Fig. 166) aus 3 Stücken bestehend, die gezähnt, gefranst oder glatt sind, manchmal zum Teil oder ganz verkümmert. Mandibel mit einfachem Besatz von Kammzähnen (Fig. 167). Hüften der 1. Maxille verwachsen, die 2 Telopoditglieder meist getrennt, seltener verwachsen. Hüften der 2. Maxille entweder ganz verwachsen, auf breiter Strecke oder nur durch eine schmale Brücke verbunden oder in einer Mediannaht zusammenstoßend. Von der Drüsenöffnung zieht bei einer Subfamilie eine lange Chitinleiste basalwärts. Auf dem Clypeus finden sich zuweilen 1—2 Areae, helle rundliche Stellen, deren Struktur sich durch feine Felderung von der Umgebung unterscheidet. Antennen fadenförmig, mittellang bis lang, selten endwärts

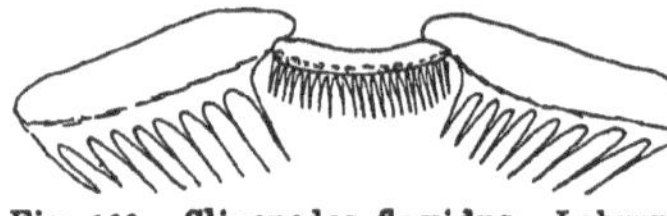

Fig. 166. **Clinopodes flavidus.** Labrum

ein wenig verdickt. Ventralporen in verschiedener Anordnung, in einem unscharf begrenzten Querband vor dem Hinterrand, vor dem sich manchmal noch 2 Felder finden. oder in 1—2 rundlichen, mehr oder weniger scharf begrenzten Feldern, oder ganz fehlend. Paratergite fehlen stets (Fig. 168). Endbeinhüfte meist mit Poren in verschiedener Anordnung, einzeln und frei oder unter dem Sternitrand mündend, oder in Gruppen vereinigt in Gruben mündend; Tarsus ein- oder zweigliedrig; meist ein Prätarsus vorhanden, der meist krallenförmig ist, seltener zylindrisch, beborstet, den anderen Gliedern ähnlich, so daß dann die Endbeine achtgliedrig genannt werden (sie sind es auch bei Vorhandensein eines krallenförmigen Prätarsus, nur wird letzterer in den systematischen Beschreibungen meist nicht als den übrigen Gliedern gleichwertig gezählt).

5 Unterfamilien, 61 Gattungen, 245 sichere Arten mit 20 Unterarten, 105 unsichere Arten.

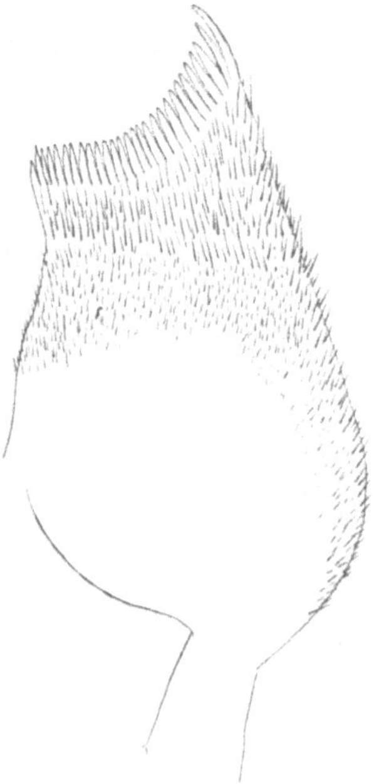

Fig. 167. **Chaetechelyne vesuviana.** Mandibel.

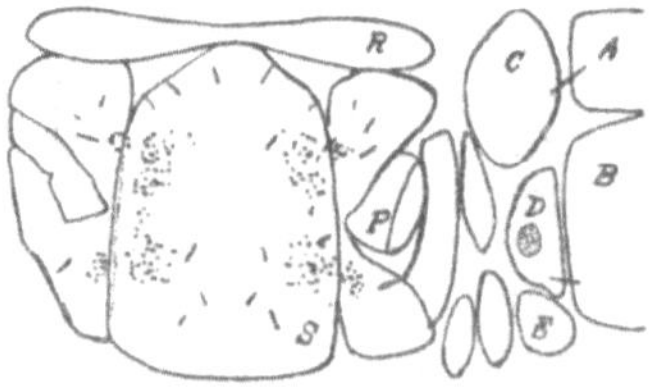

Fig. 168. **Geoporophilus angustus** Silv.
A = Prätergit, *B* = Tergit, *R* = Prästernit, *S* = Sternit, *C* = Präscutellum,
D = Stigmenschild, *P* = Coxa.

Übersicht über die Subfamilien:

1 a) Trochanteropräfemur und Femur der Kieferfüße verwachsen, so daß das Telopodit dreigliedrig erscheint. Labrum verkümmert. Telopodit der 2. Maxille entweder mit 3 Gliedern oder die Glieder verwachsen mehr oder weniger, so daß es im Extrem ungegliedert ist, immer ohne Endkralle: E **Aphilodontinae**

1 b) Trochanteropräfemur und Femur der Kieferfüße bleiben getrennt, das Telopodit erscheint viergliedrig 2

2 a) Es sind 1 oder 2 Clypealareae vorhanden; die Pleurocoxalgrenze verläuft parallel mit dem Seitenrande des Kopfes; Kieferfüße von oben zum großen Teil sichtbar, groß und stark, das Vorderende meist *Mecistocephalus* ähnlich: 3

3 a) Neben der Drüsenöffnung in der Hüfte der 2. Maxille eine lange, verstärkte Chitinleiste . . . . D. **Chilenophilinae**

3 b) Die Drüsenöffnung der 2. Maxille ist von einem verdickten Halbring umgeben, aber es ist keine lange Leiste vorhanden: C. **Pachymerinae**

2b) Keine Clypealareae, die Pleurocoxalnaht verläuft schräg zum Seitenrand: Die Kieferfüße überragen den Stirnrand meist nicht, bleiben oft weit von ihm entfernt 4

4a) Labrum nicht in eine obere und untere Lamelle geteilt, die Zähne oder Fransen des Labralrandes sind kaudalwärts gerichtet. Körper vorn nicht oder nur sehr wenig verschmälert, Kopf groß, so breit wie die Körpermitte . . . . A. **Geophilinae**

4b) Labrum in eine obere und untere Lamelle geteilt, die obere bildet das Mittelstück, dessen Zähne nach vorn gerichtet sind, die untere Lamelle bildet die Seitenteile oder ist rudimentär. Körper vorn stark verjüngt, Kopf sehr klein . . . . B. **Dignathodontinae**

A. Subfam. **Geophilinae**

1909 Subtribus *Geophilina*, Brölemann in: Arch. Zool. expér., ser. 5 *v.* 3 t. 8 | 1914 Tribus *Geophilini* ex p., Attems in: Arch. Naturg., *v.* 80 A. 4 p. 125 | 1926 Subfam. *Geophilinae*, Attems in: Kükenthal & Krumbach, Handb. Zool., *v.* 4 p. 361.

Kopfschild meist etwas länger als breit, mit oder ohne Stirnfurche. Keine Clypealarea. Labrum mit einem kleineren, meist gezähnten oder gefransten Mittelteil und größeren, fast stets gefransten Seitenteilen (bei *Simophilus* ungefranst), selten mehr oder weniger reduziert. Telopodit der 1. Maxille fast stets zweigliedrig; bei *Erithophilus* verwächst das 1. Telopoditglied mit dem Syncoxit; bei *Apogeophilus* und *Dinogeophilus* verwachsen beide Telopoditglieder. Außentaster vorhanden oder fehlend. Die Hüften der 2. Maxille verwachsen meist völlig. Nur bei *Insigniporus* und *Pachymerellus* bleibt die Mediannaht sichtbar. Die Hüften sind kurz und haben keine lange Coxalleiste. Telopodit dreigliedrig, außerdem meist mit krallenförmigem Prätarsus, der selten anders gestaltet ist (*Orinophilus, Geoperingueyia*). Kieferfüße mit oder ohne Chitinlinien, sie überragen den Stirnrand meist nicht, oft bleiben die Spitzen sogar weit vom Stirnrand entfernt; Präfemur und Femur bleiben getrennt. Die Pleurocoxalgrenze verläuft schräg zum Seitenrand. Tergite meist doppelfurchig. Ventralporen vorhanden oder fehlend; in ersterem Falle meist in einem unscharf begrenzten queren Feld vor dem Hinterrand, seltener in scharf umgrenztem Medianfeld. Tarsus der Endbeine meist zweigliedrig, seltener eingliedrig, Prätarsus, wenn vorhanden, meist krallenförmig, selten (bei *Nannocrix* und *Arenophilus*) walzlich und beborstet.

23 Gattungen, 95 sichere Arten mit 17 Unterarten, 10 unsichere Arten.

Übersicht über die Gattungen:

1a) Tarsus der Endbeine zweigliedrig 2

2a) Der Prätarsus der Endbeine ist ein stiftförmiges, walzliches, manchmal beborstetes Glied, so daß die Endbeine achtgliedrig erscheinen . . . 3

3a) Terminalporen vorhanden. Chitinlinien der Kieferfüße fehlend oder sehr undeutlich . . . . 23. Gen. **Arenophilus**

3b) Keine Terminalporen. Chitinlinien sehr kräftig: 22. Gen. **Nannocrix**

2b) Der Prätarsus der Endbeine ist krallenförmig oder fehlt 4

4a) Sternite mit Tuberkeln oder Stacheln 5

5a) Sternite mit runden Tuberkeln, einige vordere mit Gruben am Vorderrand (wie bei *Geophilus carpophagus*): 16. Gen. **Chalandea**

5b) Sternite mit kurzen Spitzkegeln, alle ohne *carpophagus*-Gruben: 17. Gen. **Eurygeophilus**

4b) Sternite glatt, ohne Tuberkeln oder Stacheln 6

6a) Die 2 Tarsalglieder der Endbeine sind auffallend dünner als die noch dicke Tibia (Tergite ungefurcht) 7

7 a) 1. Telopoditglied der 1. Maxille mit dem Syncoxit verwachsen. Beide Tarsalglieder der Endbeine gleich dünn:
14. Gen. **Erithophilus**

7 b) 1. Telopoditglied der 1. Maxille deutlich vom Syncoxit getrennt. 1. Tarsalglied der Endbeine dicker als das 2.:
15. Gen. **Leptophilus**

6 b) Tarsen der Endbeine nicht auffallend dünner als die Tibia . . 8

8 a) Die Mediannaht in den Hüften der 2. Maxille bleibt erhalten 9

9 a) Ventralporen in 1 bis 2 runden Feldern. Klaue der 2. Maxille einfach. Die Endbeinhüftporen münden in 2 Gruppen in 2 Gruben: . . 13. Gen. **Insigniporus**

9 b) Ventralporen fehlen. Klaue der 2. Maxille geteilt. Die Endbeinhüftporen münden einzeln ventral, lateral und dorsal . . . . 12. Gen. **Pachymerellus**

8 b) Syncoxit der 2. Maxille ohne Mediannaht 10

10 a) Ein Ventralporenfeld fehlt 11

11 a) Ventralporen fehlen ganz:
4. Gen. **Brachygeophilus**

11 b) Es sind vereinzelte über die ganze Fläche verstreute Ventralporen vorhanden (kein geschlossenes Feld) . . . . 5. Gen. **Galliophilus**

10 b) Ein geschlossenes Ventralporenfeld vorhanden . . . 12

12 a) Der Prätarsus der 2. Maxille hat die Gestalt eines borstentragenden Zäpfchens: 3. Gen. **Orinophilus**

12 b) Prätarsus der 2. Maxille krallenförmig 13

13 a) Mittelteil des Labrum mit kurzen, kräftigen Zähnen: 14

14 a) Die Endbeinhüftporen münden in eine Grube nahe dem Vordereck des Sternits:
2. Gen. **Nesogeophilus**

14 b) Die Endbeinhüftporen münden einzeln direkt nach außen 15

15 a) Klaue der 2. Maxille in mehrere Spitzen zerschlitzt; Ungulum der Kieferfüße hell gefärbt, Endbeinsternit und die 3 vorangehenden Sternite dicht beborstet . . . 18. Gen. **Australiophilus**

15 b) Klaue der 2. Maxille einfach. Ungulum der Kieferfüße dunkel gefärbt, scharf abstechend. Hintere Sternite nicht dicht pelzig beborstet 16

16 a) Kieferfüße mit Chitinlinien. Prästernite ungeteilt. Tergite doppelfurchig, beide Telopoditglieder der 1. Maxille deutlich getrennt: 1. Gen. **Geophilus**

16 b) Kieferfüße ohne Chitinlinien; Prästernite median geteilt 17

17 a) Tergite ungefurcht. Telopoditglieder der 1. Maxille unvollkommen getrennt . 6. Gen. **Purcellinus**

17 b) Tergite doppelfurchig. Telopoditglieder der ersten Maxille deutlich getrennt: 7. Gen. **Mesogeophilus**

13 b) Mittelteil des Labrum gefranst 18

18 a) Kieferfüße ohne Chitinlinien. Klaue der 2. Maxille gekämmt . . . . . . 11. Gen. **Geoporophilus**

18 b) Chitinlinien vorhanden. Klaue der 2. Maxille einfach 19

19 a) Die Endbeinhüftporen münden in 1—2 Gruben oder Taschen . . . . . . 10. Gen. **Clinopodes**

19 b) Die Endbeinhüftporen münden einzeln direkt nach außen 20

20 a) Seitenteile des Labrum ungefranst. Endbeinhüfte mit wenig (2—6) Poren . 8. Gen. **Simophilus**

20 b) Seitenteile des Labrum gefranst. Zahlreiche über die ganze Fläche verteilte Endbeinhüftporen: 9. Gen. **Pleurogeophilus**

1 b) Tarsus der Endbeine eingliedrig 21

21 a) 2. Maxille an Stelle des Prätarsus mit einer Borste auf einem kleinen Sockel. Telopoditglieder der 1. Maxille nicht mit einander verwachsen: 19. Gen. **Geoperingueyia**

21 b) 2. Maxille mit normalem, krallenförmigem Prätarsus. Beide Telopoditglieder der 1. Maxille mit einander verwachsen 22

22 a) Tarsus der Endbeine mehr als doppelt so groß wie die Tibia. Tarsus der Kieferfüße ohne Zahn. Tergite und Sternite glatt: 20. Gen. **Apogeophilus**

22 b) Tarsus der Endbeine ungefähr so groß wie die Tibia; Tarsungulum der Kieferfüße mit 2 großen Zähnen außer dem Ungulum. Hintere Tergite und Sternite mit Wärzchen: 21. Gen. **Dinogeophilus**

1. Gen. **Geophilus** Leach

1815 *G.*, Leach in: Tr. Linn. Soc. London, *v.* 11 p. 384 | 1817 *G.*, Leach, Zool. Misc., *v.* 3 p.43 | 1842 *G.* (subgen. *Necrophloeophagus*), Newport in: P. zool. Soc. London, *v.* 10 p. 178 | 1844 & 1845 *Arthronomalus*, Newport in: Tr. Linn. Soc. London, *v.* 19 p. 276, 430 | 1847 *Geophilus*, C. L. Koch in: Koch-Panzer, Krit. Revis., *v.* 3 p. 85, 186 | 1866 *G.*, Bergsoe & Meinert in: Naturh. Tidsskr., ser. 3 *v.* 4 p. 86 | 1866 *Scnipaeus*, Bergsoe & Meinert in: Naturh. Tidsskr., ser. 3 *v.* 4 p. 95 | 1870 *Geophilus*, Meinert in: Naturh. Tidsskr., ser. 3 *v.* 7 p. 58 | 1872 *G.*, Saussure & Humbert in: Miss. Mex., part. 6 II p. 140 | 1880 *G.*, Latzel, Myr. Österr.-Ung., *v.* 1 p. 165 | 1885 *G.*, Meinert in: P. Amer. phil. Soc., *v.* 23 p. 215 | 1903 *G.*, Attems in: Zool. Jahrb., Syst. *v.* 18 p. 216 | 1909 *G.*, Brölemann in: Arch. Zool. expér., ser. 5 *v.* 3 p. 330 | 1926 *G.*, Attems in: Kükenthal & Krumbach, Handb. Zool., *v.* 4 p. 362.

Mittelteil des Labrum gezähnt. Seitenteile gefranst. 1. Maxille meist mit, seltener ohne Außentaster. Telopodit zweigliedrig. Hüften der 2. Maxille ganz verwachsen. Endkralle einfach. Kieferfüße mit Chitinlinien. Präfemur innen ohne Zahn, Pleurocoxalgrenze schräg zum Außenrand ziehend. Basalschild ziemlich breit.

Ventralporen vorhanden. Tergite zweifurchig. Sternite glatt.

Hüfte der Endbeine mit einzeln mündenden, freien oder vom Sternit bedeckten Poren. Prätarsus krallenförmig oder fehlend. Tarsus nicht auffallend dünner als die Tibia.

45 Arten mit 6 Unterarten und 8 unsichere Arten.

Typus: *G. carpophagus* Leach

Übersicht über die Arten außer nr. 41—45:

1 a) Alle Sternite ohne vordere Gruben (ohne *carpophagus*-Bildung) . . 2

1 b) Eine Anzahl vorderer Sternite haben eine vordere Grube und einen Vorsprung am Hinterrand 22

2 a) Rücken mit doppelter dunkler Längsbinde . . . . 40. **G. rubens**

2 b) Rücken ohne dunkle Längsbinde 3

3 a) Endbeine ohne Prätarsus (Kralle) 4

3 b) Endbeine mit krallenförmigem Prätarsus 6

4a) Die Ventralporen liegen auf den vorderen Segmenten in einem vertieften Feld im hinteren Teil des Sternits, das median bis zum Vorder- und Hinterrand und seitlich bis an den Rand reicht. Hinterrand der Sternite bis zum 22. mit einem Vorsprung, der das folgende Sternit berührt oder darüber greift (N.-Amerika) . . . . 37. **G. atopus**
4b) Ventralporen in einem einfachen Feld im hinteren Teil des Sternits (Europa) 5
5a) 73 Beinpaare. Vorderrand der Kieferfußhüften mit 2 Zähnen. Keine Terminalporen. Endbeinhüfte mit etwa 20 Poren . . . . 38. **G. duponti**
5b) 57—61 Beinpaare. Vorderrand der Kieferfußhüften ungezähnt. Terminalporen vorhanden. Endbeinhüfte mit 3—4 Poren . . . . 39. **G. gracilis**
6a) 2.—15. Sternit mit einem vorderen und hinteren Querband von Ventralporen. 39 Beinpaare . . . . 35. **G. cispadanus**
6b) Ventralporen auf den vorderen Sterniten in einem vertieften Medianfeld, auf den folgenden in einem medianen Längsband und einem schmalen Band vor dem Hinterrand, noch weiter hinten bedecken sie fast die ganze Sternitfläche. 49—51 Beinpaare . . . . 36. **G. atopodon**
6c) Ventralporen in einem querbandförmigen, ovalen oder runden Medianfeld, das auf den hinteren Segmenten oft in 2 runde nebeneinander liegende Häufchen aufgelöst ist 7
7a) Endbeinhüfte mit einem einzigen großen Porus 8
7b) Endbeinhüfte mit 3 oder mehr Poren 9
8a) Die Kieferfüße erreichen den Stirnrand. Chitinlinien abgekürzt: 32. **G. zograffi**
8b) Die Kieferfüße erreichen den Stirnrand bei weitem nicht. Chitinlinien vollständig . . . . { 33. **G. aragonicus** / 34. **G. romanus** }
9a) Vordere Sternite ohne Ventralporen; solche sind nur auf den hinteren Segmenten vorhanden . . . . { 24. **G. bosniensis** / 25. **G. unguiculatus** }
9b) Vordere Sternite mit Ventralporen 10
10a) Ungulum der Kieferfüße innen fein gekerbt 11
10b) Ungulum innen glatt 12
11a) Ventralporen noch auf dem vorletzten Sternit vorhanden: 19. **G. longicornis**
11b) Hintere Sternite ohne Ventralporen . . . 20a) **G. pygmaeus styricus**
12a) Ventralporenfeld auf dem ersten bis vorletzten Sternit einheitlich, rund, oval oder dreieckig 13
12b) Ventralporenfeld der mittleren und hinteren Sternite in 2 Haufen geteilt oder ganz fehlend 16
13a) Die Kieferfüße erreichen nicht den Stirnrand, Tarsus ohne Zahn; Kopfschild so lang wie breit. 59 Beinpaare (Italien) . . 22. **G. sorrentinus**
13b) Die Kieferfüße überragen weit den Stirnrand. Kopfschild viel länger als breit 14
14a) Kieferfußtarsus ohne Zahn. Ventralporenfeld breit (Italien): 26. **G. vinciguerrae**
14b) Kieferfußtarsus mit einem Zahn. Ventralporenfeld oval oder dreieckig: 15
15a) 47 Beinpaare. Endbeinsternit breit, Hüfte mit 6 Poren (Venezuela): 27. **G. tropicus**
15b) 73—75 Beinpaare. Endbeinsternit ziemlich schmal, Hüfte mit 18—21 Poren (Nordamerika) . . . . 28. **G. nealotus**
16a) Endbeinsternit schmal (Nordamerika) 17
16b) Endbeinsternit breit (Europa, China) 18
17a) Kopfschild ohne Stirnfurche, Terminalporen fehlen. 73 Beinpaare: 29. **G. nasintus**
17b) Stirnfurche und Terminalporen vorhanden. 61 Beinpaare: 30. **G. legiferens**

18a) Eine *carpophagus*-Bildung ist nur durch dunklere Färbung des Vorderrandes gewisser vorderer Sternite angedeutet (China): 31. **G. infossulatus**
18b) Vorderrand der Sternite nicht dunkler gefärbt (keine Spur von *carpophagus*-Bildung; Europa) **19**
19a) Chitinlinien vollständig. Die Kieferfüße erreichen den Stirnrand bei weitem nicht. 1. Maxille ohne Außentaster oder höchstens mit rudimentärem Taster auf dem Telopodit (Bosnien-Herzegovina) **20**
19b) Chitinlinien abgekürzt; die Kieferfüße erreichen den Stirnrand oder überragen ihn **21**
20a) Das Ventralporenfeld ist mit Ausnahme einiger der ersten und letzten bedeutend länger als breit. Telopodit der 1. Maxille ohne Außentaster. 49—55 Beinpaare . . . . 23. **G. cribelliger**
20b) Ventralporenfeld ungefähr so lang wie breit. Telopodit der 1. Maxille mit rudimentärem Außentaster. 61—65 Beinpaare:
23a) **G. cribelliger antecribellatus**
21a) Telopodit der 1. Maxille mit kleinem Außentaster. 41—45 Beinpaare. Endbeinhüfte mit 4—5 Poren . . . . 20. **G. pygmaeus**
21b) 1. Maxille ganz ohne Außentaster. 39 Beinpaare. Endbeinhüfte mit 3 Poren . . . . 21. **G. pusillifrater**
22a) (1) Chitinlinien vollständig **23**
22b) Chitinlinien abgekürzt **24**
23a) Vorderrand der Kieferfußhüften ungezähnt. Das Ventralporenfeld ist querelliptisch, viel schmäler als das Sternit. Endbeinhüfte mit 12—18 in einem Hufeisen längs des Sternites und am oberen und vorderen Rande der Hüfte angeordneten Poren. Bis 69 Beinpaare . . . . 9. **G. electricus**
23b) Vorderrand der Kieferfußhüften mit 2 auffallend langen Zähnen. Das Ventralporenfeld der vorderen Segmente ist ein in querer Richtung schmales Band, das fast die Seiten des Sternits erreicht. Endbeinhüfte mit 2 Gruppen von wenigen, unter dem Sternitrand liegenden Poren. 79 Beinpaare:
10. **G. macrodontus**
24a) Ungulum der Kieferfüße innen glatt **25**
24b) Ungulum der Kieferfüße fein gekerbt (Frankreich, England) **32**
25a) Endbeine ohne Kralle (Prätarsus) . . . . 11. **G. virginiensis**
25b) Endbeine mit krallenförmigem Prätarsus*) **26**
26a) Ventralporen noch auf dem vorletzten Sternit vorhanden **27**
26b) Nur die vorderen Segmente bis etwa zum 20. haben Ventralporen . . **28**
27a) Die Breite der vorderen Sternitgruben beträgt etwa $^1/_3$ der Sternitbreite. Ventralporen der vorderen Segmente in einem schmalen Band, das fast die Seiten des Sternits erreicht . . . . 1. **G. carpophagus**
27b) Die vorderen Sternitgruben sind fast so breit wie das Sternit. Ventralporenfeld elliptisch, viel schmäler als das Sternit . . . 2. **G. proximus**
28a) 37 Beinpaare . . . . 3. **G. pauropus**
28b) 43 und mehr Beinpaare**) **29**
29a) Das Ventralporenfeld ist von feinen Linien in Form eines Rhombus eingefaßt . . . . 4. **G. kobelti**
29b) Ventralporenfeld ohne diese Einfassung **30**
30a) 43 Beinpaare. Körperlänge bis 16 mm . . . . 5. **G. nesiotes**
30b) 53—57 Beinpaare. Körperlänge 26 und mehr mm **31**
31a) Terminalporen vorhanden. Endbeinhüfte mit 15—21 Poren (Schweiz, Vorarlberg) . . . . 6. **G. studeri**
31b) Keine Terminalporen. Endbeinhüfte mit 7—8 Poren (Rußland):
7. **G. ganonotus**
32a) (24) Endbeinhüfte dorsal und ventral mit Poren . . . 15. **G. algarum**
32b) Endbeinhüfte nur ventral mit Poren **33**

*) Hierher auch: 12. *G. atopleurus* Chamb., 13. *G. louisianae* Bröl., 14. *G. luridus* Mein., von denen die Verteilung der Ventralporen unbekannt ist.
**) Hierher auch: 8. *G. commutatus* Att.

33a) Endbeinhüfte mit 9—15 Poren . . . . 16. **G. chalandei**
33b) Endbeinhüfte mit 3—4 (5) Poren **34**
34a) Endbeinkralle rudimentär, Mittelteil des Labrum mit 4—5 Zähnen: 17. **G. fucorum**
34b) Endbeinkralle gut ausgebildet. Mittelteil des Labrum mit 2 Zähnen: 18. **G. osquidatum**

1. **G. carpophagus** Leach 1815 *G. c.*, Leach in: Tr. Linn. Soc. London, *v.* 11 p. 385 | 1866 *Scnipaeus sodalis*, Bergsoe & Meinert in: Naturh. Tidsskr., ser. 3 *v.* 4 p. 97 | 1870 *Geophilus s.*, Meinert in: Naturh. Tidsskr., ser. 3 *v.* 7 p. 64 t. 4 f. 2—9 | 1880 *G. condylogaster*, Latzel, Myr. Österr.-Ung., *v.* 1 p. 178 | 1881 *G. sodalis*, E. Haase in: Z. Ent. Breslau, ser. 2 *v.* 8 p. 77 | 1888 *G. condylogaster*, Ant. Berlese, A. M. S., fasc. 46 nr. 7 | 1889 *G. sodalis*, Porat in: Ent. Tidsskr, *v.* 10 p. 46 | 1895 *G. s.*, Latzel in: Mt. Mus. Hamburg, *v.* 12 p. 102 | 1900 *G. carpophagus*, Brölemann in: Mém. Soc. zool. France, *v.* 13 p. 437 | 1903 *G. c.*, Attems in: Zool. Jahrb., Syst. *v.* 18 p. 225 (Fig. 169).

Bräunlichgelb oder grünlichgrau, Kopf, Kieferfüße und Hinterende rötlichgelb, vom 2. oder 3. Segment zieht eine dunkle Binde über den Rücken.

Länge ♂ 40, ♀ 54 mm, Breite ♀ 2,5 mm. Zahl der Beinpaare ♂ 49—53, ♀ 51—61.

Kopfschild fast so breit wie lang. Stirnfurche vorhanden. Antennen kurz. Clypeus polygonal gefeldert. Die Felder werden nach vorn zu immer kleiner, Zahl der Borsten gering; Mittelteil des Labrum mit 5 kräftigen, spitzen Zähnen. Die Seitenteile in der medianen Hälfte oder etwas darüber lang gefranst, die Fransen an der Basis sich berührend und spitz auslaufend, der laterale Teil glatt (Fig. 169). 1. Maxille mit 2 Paar langer, schlanker, fein bestachelter Außentaster. Die geschlossenen Kieferfüße erreichen nicht ganz oder knapp den Stirnrand. Chitinlinien abgekürzt. Vorderrand der Hüften ungezähnt, nur der Tarsus manchmal mit einem schwachen Basalzahn. Ungulum kurz, kräftig, innen glatt. Basalschild breit, hinten so breit wie das folgende Tergit.

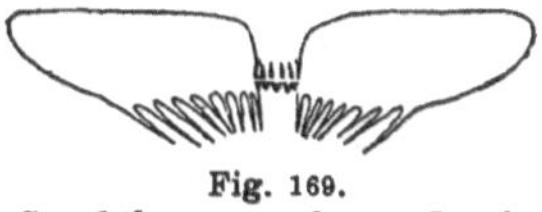

Fig. 169.
Geophilus carpophagus Leach.
Labrum.

Tergite zweifurchig, mit 1—2 Längsgrübchen zwischen den Furchen. Beborstung spärlich.

Vordere Sternite etwas breiter als lang, hintere länger als breit, vordere mit einem schwachen medianen Längsgrübchen und schwach punktiert. Am Hinterrand des 1.—16. Sternits ein Zäpfchen, das im Vergleiche mit *G. proximus* groß, breit und abgerundet ist. 4. oder 5. bis 14. oder 16. Sternit mit schmalen Vordergruben, die ungefähr $^1/_3$ der Sternitbreite einnehmen. Ventralporen auf dem 1. bis vorletzten beintragenden Segment; auf den vorderen etwa 20 Segmenten ist das Feld ein schmales Querband, das fast bis an die Seiten des Sternits reicht; dann zerteilt es sich in 2 rundliche, anfangs noch durch einzelne Poren verbundene Haufen. Subcoxa auch mit Poren versehen. Prästernite im Bereich der Vordergruben und Hinterzapfen durch diese getrennt, auf den hinteren Segmenten bleibt kaum eine Spur der Mediannaht übrig.

Sternit des Endbeinsegments breit, nach hinten stark verschmälert und abgerundet; Hüfte mit 4—12, zumeist unter dem Sternitrand liegenden Poren, mäßig aufgetrieben, fein beborstet. Endkralle vorhanden. Endbeine des ♂ ziemlich verdickt.

Terminalporen vorhanden. Gonopoden des ♂ zweigliedrig.

Von Skandinavien durch Westeuropa (Dänemark, Belgien, Holland, Norddeutschland, Irland, Mitteldeutschland) bis Frankreich und Portugal, Ligurien, Monaco, Ober- und Mittelitalien, Sardinien, Corsika, Elba, Istrien, Korfu, Algier, Kanaren.

2. **G. proximus** C. L. Koch 1847 *G. p.*, C. L. Koch-Panzer, Krit. Revis., *v.* 3 p. 186 | 1880 *G. p.*, Latzel, Myr. Österr.-Ung., *v.* 1 p. 184 | 1895 *G. insculptus*, Attems in: SB. Ak. Wien, *v.* 104 p. 163 | 1909 *G. pyrenaicus*, Chalande in: Feuille Natural., ser. 4 *v.* 39 p. 89 (Fig. 170, 171).

Hellgelb, Kopf und Kieferfüße ein wenig dunkler.

Länge bei ♂ bis 25, bei ♀ bis 35 mm, Breite 1,0—1,3 mm, schlank. 43 (♂)—63 (♀) Beinpaare. Mittelteil des Labrum mit 4—5 kräftigen, sehr spitzen Zähnen. Kopfschild nur wenig länger als breit. Keine Stirnfurche. Basalschild breit. Außentaster am Syncoxit der 1. Maxille breit, blattförmig, gefranst. Die Kieferfüße erreichen geschlossen den Stirnrand nicht ganz oder überragen ihn. Hüften vorn ungezähnt, Chitinlinien abgekürzt, Tarsungulum mit kleinem Basalzahn (Fig. 170). Sternite mit einem Mittelgrübchen und 2 seitlichen flachen Furchen (dreifurchig). Außerdem haben einige vordere Sternite eine Quergrube am Vorderrand, die fast so breit ist wie das Sternit.

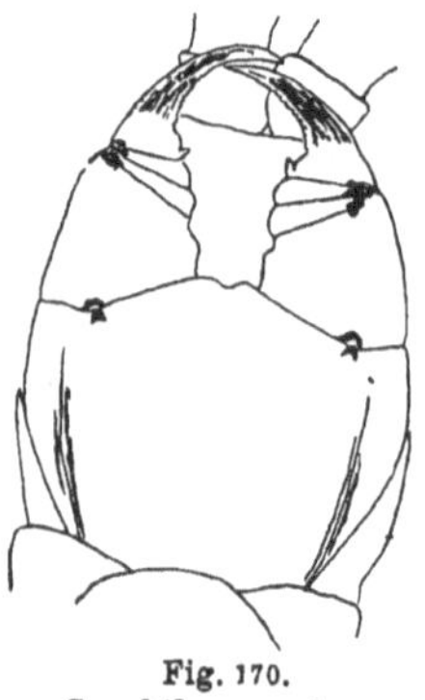

Fig. 170.
Geophilus proximus C. L. Koch.
(Tetuan) Kieferfüße.

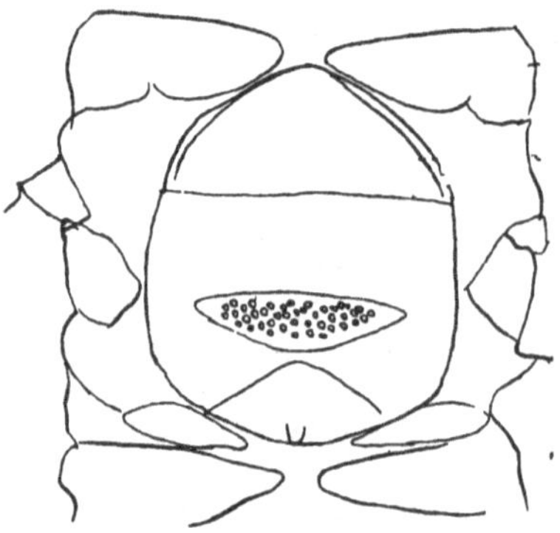

Fig. 171.
Geophilus proximus C. L Koch.
14. Segment.

Dieser Teil des Sternits ist durch eine feine Querfurche abgetrennt. Am Hinterrand ein stumpfer Zapfen, der ebenfalls durch Furchen abgesetzt ist (Fig. 171). Ventralporen der vorderen Segmente in einem queren Feld, das halb so breit ist wie das Sternit, vorn geradlinig begrenzt, hinten leicht konvex. Die einzelnen Poren sind groß. Die Fläche zwischen den Poren ist glatt, zum Unterschied von der polygonalen Felderung der übrigen Sternitfläche, die in der Mediane hinter dem Porenfeld bis zum Zapfenbereich in einem schmalen Streif längs des Hinterrandes des Porenfeldes und in den Seiten grobmaschiger ist. Die Gruben und Zapfen beginnen auf dem 1.—6. und enden auf dem 15.—20. Segment. Ungefähr auf dem 22. Segment teilt sich das Porenfeld in 2 kleine Haufen, die einzelnen Poren sind kleiner und wenig auffällig, bleiben jedoch bis zum vorletzten Segment sichtbar.

Endbeinsegment: Sternit breit, hinten verschmälert. Hüfte mit 4—8 großen Poren, die in einem Streif neben und unter dem Sternitrand münden; meist ein großer Porus weiter entfernt auf der Unterseite. Endkralle vorhanden. Endbeine des ♂ mäßig verdickt.

Analporen vorhanden. Subcoxa ohne Poren.

Großer Teil Europas (Deutschland, Österreich, Dänemark, Skandinavien, Schweiz, Oberitalien, Frankreich, Monaco, Serbien, Bosnien, Rußland), Sibirien, Marokko.

3. **G. pauropus** Att. 1927 *G. p.*, Attems in: Zool. Anz., *v.* 72 p. 291.

Blaß gelblichweiß, Kopf und Kieferfüße nur wenig dunkler.

Länge 11 mm. 37 Beinpaare.

Kopfschild etwas länger als breit, mit 5 Querreihen von Borsten, keine Stirnfurche. Antennen von mittlerer Länge. Basalschild breit, bis an die Seiten des Körpers reichend. Die Kieferfüße erreichen geschlossen den Stirnrand nicht ganz; Chitinlinien abgekürzt. Tarsungulum mit blassem Basalzahn, Hüften vorn ungezähnt.

Antennenglieder 1—3 mit 2, die Glieder 4 bis etwa 8 oder 9 mit 3 Quirlen von Borsten, die aber etwas undeutlich sind, weil dazwischen auch andere Borsten stehen.

Sternite spärlich an den Rändern und auf der Fläche beborstet. Die vorderen Sternite bis 12. Segment haben *carpophagus*-Bildung. Die vordere Grube ist fast so breit wie das Sternit. Das 2. bis 15. Sternit hat ein auf den ersten Segmenten rundliches, dann querovales Porenfeld.

Die Prästernite stoßen in der vorderen Körperhälfte als spitze Zwickel aneinander, in der hinteren Körperhälfte sind sie median gerade so breit wie lateral, doch bleibt die Mediannaht erhalten.

Endbeinsegment: Sternit breit, trapezisch, unten gerade abgestutzt, mit scharfen Hinterecken. Hüfte mit 6 großen, teils frei auf der Ventralseite, teils unter dem Sternitrand liegenden Poren. Endkralle kräftig. Analporen vorhanden.

Velebitgebirge (bei Stirovača), Südkroatien.

4. **G. kobelti** Att. 1903 *G. K.*, Attems in: Zool. Jahrb., Syst. *v.* 18 p. 238.

Gelb, Kopf nicht merklich dunkler.

Länge 26—30 mm. 47 Beinpaare (♀).

Kopfschild nur wenig länger als breit, hinten und vorn gerade, Seitenränder etwas konvex; keine Stirnfurche. Basalschild breit, hinten so breit wie das folgende Tergit, nach vorn verschmälert. Kieferfüße von oben teilweise sichtbar; ihre Klauen überragen ein wenig den Stirnrand. Chitinlinien abgekürzt. Tarsungulum mit winzigem Basalzahn. Klaue innen glatt.

Vordere Sternite quadratisch. Die hinteren etwas länger als breit, zerstreut punktiert und beborstet. Die Prästernite bleiben überall median getrennt. Ventralporen auf dem 1.—17. Segment in einem querovalen Haufen, der von, einen Rhombus bildenden feinen Linien eingefaßt ist; die seitlichen Zwickel des Rhombus bleiben frei von Poren. 1.—14. Segment mit *carpophagus*-Bildung, tiefer Grube am Vorderrand, die fast so breit ist wie das Sternit, und stumpfwinkligem Vorsprung am Hinterrand, der die Prästernite trennt.

Endbeinsegment: Sternit vorn sehr breit, hinten stark verschmälert und abgerundet. Hüfte mit 8—10 Poren, die unter dem Sternitrand münden.

Endkralle vorhanden.

Analporen vorhanden.

Rio de Janeiro.

5. **G. nesiotes** Att. 1902 *G. pygmaeus* (non *G. p.*, Latzel 1880), Attems in: SB. Ak. Wien, *v.* 111 I p. 572 | 1903 *G. nesiotes*, Attems in: Zool. Jahrb., Syst. *v.* 18 p. 220.

Blaßgelblich. Kopf kaum ein wenig dunkler gelb.

Länge des größten Exemplars 16 mm. Zahl der Beinpaare ♂ 41, ♀ 43.

Kopfschild so lang wie breit, Vorder- und Hinterrand gerade, die Seiten vorn etwas zusammengezogen. Stirn durch einen breiten, hellen Streif abgesetzt, aber ohne eigentliche Furche. Beborstung des Kopfschildes wie die des Rückens sehr spärlich. Antennen in der proximalen Hälfte mit Quirlen von Borsten. Die distale Hälfte etwas reichlicher, aber immer noch nicht dicht beborstet. Mittelteil des Labrum mit 5 Zähnchen, Seitenteile in der medianen Hälfte mit einigen längeren Fransen, in der lateralen Hälfte glatt. 1. Maxille ohne Außentaster, Telopodit zweigliedrig, das Endglied mit einer starken Borste und einigen winzigen Spitzchen, Coxalfortsatz ohne Borsten. Endkralle der 2. Maxille winzig; am Ende des 3. Telopoditgliedes 3 größere Borsten, am Außenrand ein winziges Börstchen; am Außenrand des 1. und 2. Telopoditgliedes je 2 solche winzige Börstchen. Clypeus mit gleichmäßiger und im Verhältnis zur Größe des Tieres großmaschiger polygonaler Felderung, vorn 2 Borstenpaare, sonst keine Borsten. Die Kieferfüße erreichen den Stirnrand nicht ganz; Vorderrand der Hüften nicht eingebuchtet, ungezähnt. Chitinlinien abgekürzt. Tarsus mit kleinem Basalzahn; Ungulum nur im mittleren Teil äußerst undeutlich, kaum merklich gekerbt. Basalschild hinten so breit wie das folgende Tergit. Prästernite der hinteren Körperhälfte ohne Mediannaht, mit einer Querreihe kleiner Börstchen.

2. bis etwa 18. Sternit mit Porenfeld, das anfangs ein gestrecktes Queroval, dann mehr rund ist und zuletzt biskuitförmig wird, ohne aber in 2 Haufen zu zerfallen; vom 18.—20. Sternit verliert es sich ganz. 5.—15. Sternit mit *carpophagus*-Bildung; die Vordergrube ist dunkel gefärbt und nimmt ungefähr $^{2}/_{3}$ der Sternitbreite ein, der Vorsprung am Hinterrand ist breit stumpfwinklig, das Ganze ist dem kleinen schlanken Körper entsprechend wenig auffällig. Sternite mit 4 Borsten, eine in jeder Ecke. Die vorderen Sternite sind quadratisch, die hinteren bedeutend länger als breit. Endbeinhüfte mit 4 großen Poren längs des Sternitrandes. Endkralle vorhanden. Terminalporen vorhanden.

Kreta, Murnies.

5a. **G. n. var. pellekana** Att. 1903 *G. n. p*, Attems in: Zool. Jahrb., Syst. *v.* 18 p. 220.

Unterscheidet sich durch das Fehlen der Terminalporen. 45 Beinpaare. Länge 15 mm.

Korfu, Pelleka.

6. **G. studeri** Rothenb. 1899 *G. S.*, Rothenbühler in: Rev. Suisse Zool., *v.* 6 p. 206 | 1901 *G. S.*, Verhoeff in: N. Acta. Ac. Leop., *v.* 77 p. 422 | 1902 *G. S.*, Faes in: Rev. Suisse Zool., *v.* 10 p. 47.

Länge bis 35 mm. 53—57 Beinpaare.

Kopfschild kaum etwas länger als breit, keine Stirnfurche. Antennen sehr lang (4 mm bei 30 mm Körperlänge). Außentaster des 1. Maxillenpaares breit, dreieckig. Die Kieferfüße überragen geschlossen den Stirnrand nur wenig. Chitinlinien abgekürzt, Tarsungulum mit einem kleinen, stumpfen Basalzahn. Klaue innen glatt.

Sternite der vorderen Segmente mit einem tiefen Längsgrübchen, das auf den hinteren Segmenten in eine Längsfurche übergeht. Die Ventralporen sind in einem dreieckigen Feld gelegen, dessen stumpfe Spitze hinten ist; sie reichen nur bis zum 18. Sternit und das Feld ist vom 14. Segment an hinten schon recht abgerundet. 6. oder 7. bis 14. Sternit mit queren oder nierenförmigen Gruben am Vorderrand, die so breit sind wie die Drüsenfelder; am Hinterrand dieser Sternite ein kurzes Zäpfchen, das die Prästernite des folgenden Segments trennt.

Endbeinsegment: Sternit breit, Seitenränder gerade, nach hinten konvergierend. Hüften mit 15—21 ungleich großen Poren in unregelmäßiger Lagerung: einige sind vom Sternit verdeckt. Endkralle vorhanden.

Analporen vorhanden.

Schweiz (Bremgartenwald, Jura, Wallis), Vorarlberg (Gaschurn, Schruns).

7. **G. ganonotus** Att. 1901 *G. g.*, Attems in: Zichy, Dritte Asiat. Forschr., *v.* 2 p. 282 t. 9 f. 1—4.

Gelb, Kopf und Kieferfüße rotbraun.

Länge 26—27 mm, Breite 1 mm. 53—57 Beinpaare. Körper erst nahe dem Hinterende sich verschmälernd; spärlich beborstet.

Kopfschild etwas länger als breit, Vorder- und Hinterrand gerade, keine Stirnfurche, Antennen ziemlich lang. Die Kieferfüße erreichen geschlossen den Stirnrand nicht ganz, Hüften vorn ungezähnt. Chitinlinien abgekürzt. Tarsungulum mit kleinem braunem Basalhöcker, Klaue innen glatt. Basalschild breit.

Die ersten 16 Sternite haben ein flaches, undeutliches Mediangrübchen und je eine Furche neben den Seitenrändern, vom 17. Segment an ist nur ein tieferes Mittelgrübchen vorhanden. 4.—17. Sternit mit einer dunkler gefärbten Grube vorn und einem schwachen winkeligen Vorsprung hinten, der die Prästernite des folgenden Segmentes trennt. Ventralporen nur auf den ersten 20 Segmenten vorhanden, auf den vordersten Segmenten in einem rundlichen medianen Haufen nahe dem Hinterrand, auf den folgenden Segmenten in einem rhombischen Feld. Endbeinsegment: Sternit sehr breit, hinten verschmälert und abgerundet; Hüfte mit 7—8 Poren, die in 2 unregelmäßigen Reihen am Rande des Sternits und teilweise unter ihnen münden; die hintersten Poren sind die größten. Endkralle vorhanden.

Keine Analporen.

Saratow, Perm.

8. **G. commutatus** Att. 1909 *G. proximus* (non C. L. Koch 1847), Chalande in: Feuille Natural., ser. 4 *v.* 39 p. 91.

Mittelteil des Labrum mit einem einzigen Zahn, die Fransen der Seitenteile berühren sich mit ihren Basen nicht, und sind von der Mitte an plötzlich verengt.

Ventralporen auf dem 1.—17. Segment, das Feld des 1. und 2. Segments ist queroval, auf den folgenden Segmenten bis zum 16. rhombisch, ungefähr halb so breit wie das Sternit, auf dem 17. Segment nur 4—5 Poren, vom 18. Segment an keine Poren mehr.

Ein Streif in der Mediane und an den Rändern des Sternits sowie die Umgebung des Porenfeldes hat stärkere polygonale Felderung als der Rest der Fläche.

Die Endbeinhüftporen liegen in einem Streifen unter dem Seitenrand des Sternits.

Die Beschreibung genügt nicht zur Aufnahme in die Übersichtstabelle.

Frankreich.

9. **G. electricus** (L.) 1758 *Scolopendra electrica*, Linné, Syst. Nat., ed. 10 p. 638 | 1761 *S. e.*, Linné, Fauna Suec., ed. 2 p. 501 | 1835 *Geophilus electricus*, C. L. Koch, C. M. A., fasc. 3 t. 4 | 1863 *G. e.*, C. L. Koch, Myr., *v.* 2 p. 110 f. 232 | 1866 *G. e.*, Bergsoe & Meinert in: Naturh. Tidsskr., ser. 3 *v.* 4 p. 90 | 1870 *G. e.*, Meinert in: Naturh. Tidsskr., ser. 3 *v.* 7 p. 84 | 1880 *G. sudeticus*, E. Haase in: Zool. Anz., *v.* 3 p. 68 | 1880 *G. electricus*,

Latzel, Myr. Österr.-Ung., *v.* 1 p. 187 | 1881 *G. e.*, E. Haase in: Z. Ent. Breslau, ser. 2 *v.* 8 p. 79 | 1890 *G. e.*, Ant. Berlese, A. M. S., fasc. 57 nr. 4 | 1895 *G. e.*, Attems in: SB. Ak. Wien, *v.* 104 p. 167 t. 1 f. 8 | 1903 *G. e.*, Attems in: Zool. Jahrb., Syst. *v.* 18 p. 224 t. 15 f. 42—44 (Fig. 172).

Hell ockergelb, Kopf und Kieferfüße nur wenig dunkler.

Länge 40—45 mm, Breite 1,3—1,5 mm. Zahl der Beinpaare ♂ 63—69, ♀ 67—71. Kopf klein. Kopfschild etwas länger als breit, ohne Stirnfurche. Antennen kurz. Die Kieferfüße erreichen geschlossen kaum den Stirnrand, Chitinlinien vollständig und kräftig ausgeprägt, Tarsungulum mit einem winzigen Basalzähnchen, die anderen Glieder, besonders auch der Vorderrand der Hüften, ungezähnt. Ungulum innen glatt. 1. Maxille mit 2 Paar schlanker, fein bestachelter Außentaster. Mittelteil des Labrum schmal mit 3—5 kräftigen Zähnen, Seitenteile in ihrer ganzen Breite gefranst, die Basen der Fransen berühren sich, die einzelne Franse gleichmäßig verjüngt und in eine feine Spitze auslaufend. Clypeus gleichmäßig polygonal gefeldert, mit einer großen Zahl von Borsten, die teilweise in Reihen stehen (2, 2, 6—8. usw.).

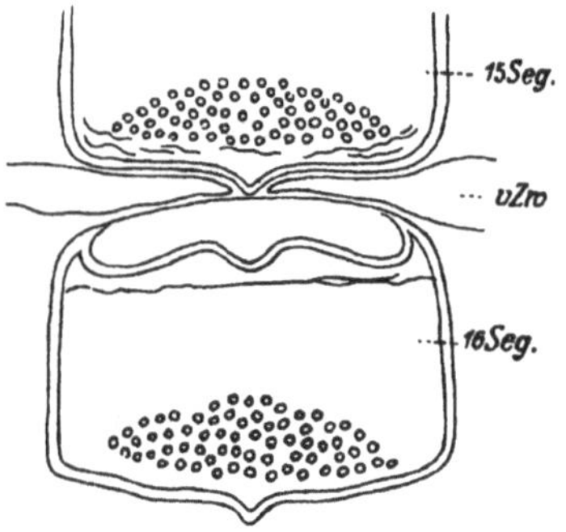

Fig. 172. **Geophilus electricus** (L.) 15. und 16. Sternit.
vZw = Prästernit des 16. Segments.

Vordere Sternite so lang wie breit, die hinteren merklich länger als breit; 1. Sternit mit einem kleinen rundlichen Feld von 7—8 Poren; die folgenden Sternite mit einem querelliptischen Feld nahe dem Hinterrand, das sich vom etwa 24. Segment an in 2 nebeneinanderliegende Haufen teilt, die sich auf den letzten 2—3 Segmenten vor dem Endbeinsegment wieder zu einem medianen Feld vereinigen. Die Gruben am Vorderrand beginnen auf dem 5. Segment, deutlich vom etwa 9. Segment an und reichen bis zum 24. Segment, auf den letzten derselben wieder schmäler werdend. Die Zäpfchen am Hinterrand beginnen auf dem 1. Segment und sind am stärksten auf den Segmenten mit den größten Vordergruben (Fig. 172). Prästernite vorn nur klein und schmal, hinten längere Streifen, die Mediannaht bleibt überall sichtbar.

Sternit des Endbeinsegments breit und kurz, Hinterecken abgerundet. Hüften am inneren, vorderen und oberen Rand mit großen, rotbraunen Poren, die eine Art Hufeisen bilden, außerdem ein hinterer, etwas isolierter großer Porus.

Endbeine des ♂ merklich verdickt und dichter beborstet. Endkralle kräftig. 2 große, gelbbraune Terminalporen vorhanden.

In Europa weit verbreitet, aber nirgends sehr häufig, von Skandinavien über Mitteleuropa bis Rumänien, Südkroatien, Südtirol, auch in den Alpenländern Schweiz, Österreich.

Die var. *alpestris* Verh. [1895 Verhoeff in: Arch. Naturg., *v.* 61 I p. 349 | 1899 Rothenbühler in: Rev. Suisse Zool., *v.* 6 p. 209 | 1902 Faes in: Rev. Suisse Zool., *v.* 10 p. 48] ist offenbar dasselbe, jedenfalls sind keinerlei Unterschiede von der f. gen. angegeben.

9a. **G. e. joyeuxi** Bröl. 1903 *G. e. J.*, Brölemann in: Arch. Zool. expér., ser. 4 *v.* 1 p. 319.

Es ist zweifelhaft, ob diese Form aus Korsika wirklich zu *electricus* gehört. Chitinlinien?

10. **G. macrodontus** Att. 1907 *G. m.*, Attems in: Ark. Zool., *v.* 3 nr. 25 p. 8 t. 1 f. 1—4.

Chitingelb, Kopf lichtbraun.

Länge 25 mm, Breite 0,6 mm, sehr schlank. 79 Beinpaare (♀). Der ganze Körper nur sehr spärlich und kurz beborstet.

Kopfschild etwas länger als breit, keine Stirnfurche. Antennen mäßig lang. Basalschild breit und so lang wie die folgenden Tergite. — 1. Maxille mit 2 Paar Außentaster, die des Syncoxits klein, des Telopodits größer. Endkralle der 2. Maxille kräftig. Die Kieferfüße erreichen geschlossen den Stirnrand nicht. Vorderrand der Hüften mit 2 auffallend langen, schlanken, aber stumpfen Zähnen, Chitinlinien vollständig. Ungulum kurz und kräftig, innen glatt, Tarsus mit kleinem Basalzahn, die anderen Telopoditglieder ungezähnt.

Sternite des 10.—18. beintragenden Segments mit einer dunkelgefärbten Vordergrube. Der Hinterrand dieser Sternite ist wohl etwas lebhafter gefärbt, bildet aber keinen Zapfen. 1. bis vorletztes Sternit mit einem Porenfeld; auf den vorderen und mittleren Segmenten ist es ein schmales, fast die Seiten erreichendes Querband in der Nähe des Hinterrandes; auf den hintersten Segmenten wird es zu einem runden Haufen.

Sternit des Endbeinsegments breit, trapezisch, hinten nur wenig schmäler als vorn, mit geradem Hinterrand. Endbeine des ♀ verdickt (♂ unbekannt). Hüfte mit 2 Gruppen von wenigen Poren, die unter dem Sternitrand liegen. Alle Glieder kurz und schütter beborstet, vor dem Ende des Gliedes ein Quirl längerer Borsten. Kein Prätarsus.

Terminalporen vorhanden.

Krim, Aluschta.

11. **G. virginiensis** Bröl. 1889 *G. v.*, Bollman in: P. U. S. Mus., *v.* 11 p. 346 | 1893 *G. v.*, Bollman in: Bull. U. S. Mus, *v.* 46 p. 98 | 1896 *G. v.*, Brölemann in: Ann. Soc. ent. France, *v.* 65 p. 54.

Orangegelb, Kopf dunkler.

♂ 40 mm lang, vorn und hinten verschmälert, in der Mitte 1,8 mm breit. 49 Beinpaare.

Kopfschild länger als breit, Vorder- und Hinterrand geradlinig, Seitenränder leicht konvex; Stirnfurche in den Seiten deutlich, in der Mitte etwas verwischt. Nahe dem Hinterrand 2 kurze parallele Furchen, die Fläche punktiert. Antennen lang.

Die Kieferfüße erreichen geschlossen nicht den Stirnrand, sie sind eingestochen punktiert. Chitinlinien abgekürzt. Hüfte vorn ungezähnt, in den hinteren 2 Dritteln eine Medianfurche, Tarsungulum mit einer dunklen Verdickung. Basalschild rhombisch, punktiert.

Sternite 3—15 mit einem Fortsatz am Hinterrand, der einer Grube am Vorderrand des folgenden Segments entspricht; außerdem mit 3 Längsfurchen, die seitlichen Furchen werden in der hinteren Körperhälfte etwas undeutlich.

Endbeinsegment: Sternit breit, rhombisch, hinten gerade abgeschnitten. Hüfte mit 14 ziemlich großen Poren in unregelmäßigen Reihen auf der Unterseite. Endbein des ♂ stark verdickt behaart, das Endglied konisch, schlank; kein Prätarsus nach Brölemann. (Bollman gibt an *„claw large“*).

Stigmen rund. Analporen nicht sichtbar.

Nord-Carolina; Natural Bridge, Va., N.-Amerika.

Die Identität der Brölemannschen Art mit der von Bollman ist zweifelhaft; vorstehende Beschreibung ist die von Brölemann.

12. **G. atopleurus** Chamb. 1909 *G. a.*, Chamberlin in: Ann. ent. Soc. Amer. *v.* 2 p. 181 t. 24 f. 1, 2, 3.

Licht- bis olivenbraun, Kopf und Kieferfüße orangefarben.

Länge 39 mm, Breite 1,4 mm. 55 Beinpaare (♀).

Kopfschild nur wenig länger als breit. Stirnfurche vorhanden. Vom Hinterrand gehen zwei divergierende Furchen ab. Die Kieferfüße erreichen geschlossen fast oder ganz den Stirnrand; sie sind punktiert; Tarsungulum mit undeutlichem oder ohne Basalzahn, die anderen Glieder ungezähnt. Chitinlinien abgekürzt; Basalschild breit, nach vorn verschmälert.

Die 2 Längsfurchen der Tergite scharf, hier und da eine undeutliche Medianfurche. 2.—16. Sternit mit einem Vorsprung am Hinterrand, der einer Grube am Vorderrand des folgenden Segments entspricht. Ventralporen in einem Querband etwas vor dem Hinterrand. Sternite mit einer medianen Längsfurche, die auf den vorderen Segmenten kurz ist und auf den hinteren Segmenten über die ganze Länge reicht.

Sternit des Endbeinsegments breit; die gerundeten Seiten gehen im Bogen in den abgerundeten Hinterrand über. Hüfte mit etwa 18 Poren längs des Randes des Sternits, teilweise unter ihm, längs des Vorderrandes, und 4—5 auch dorsal; ventral ein eigentümlicher Chitinfleck, dessen Lage dem isolierten hintersten Porus anderer Arten entspricht. Prätarsus eine große Kralle. Analporen deutlich.

Raleigh, Nord-Carolina.

13. **G. louisianae** Bröl. 1896 *G. l.*, Brölemann in: Ann. Soc. ent. France, *v.* 65 p. 55.

Olivenbräunlich, mit einer ununterbrochenen Längslinie auf dem Rücken, die besonders hinten deutlich ist.

♀ Länge bis 46 mm, Breite 1,8 mm. 55 Beinpaare.

Kopfschild ungefähr so breit wie lang, Vorderrand breit und schwach gebogen, Hinterrand schwach konkav. Stirnfurche sichtbar. Hinten 2 kurze nach vorn divergierende Furchen, die ganze Fläche reichlich punktiert. Antennen kurz.

Die geschlossenen Kieferfüße erreichen den Stirnrand; sie sind mäßig dicht punktiert. Chitinlinien kurz. Hüfte vorn ungezähnt. Tarsungulum mit stumpfem Basalzahn. Kralle innen glatt. Basalschild breit, rhombisch. Die Kieferfüße sind von oben teilweise sichtbar.

Sternite 3—12 mit einem Fortsatz am Hinterrand und einer entsprechenden Grube am Vorderrand. Die Ventralporen sind in einem Querband vor dem Hinterrand angeordnet. Eine kurze Medianfurche und jederseits eine undeutliche Randfurche.

Endbeinsegment: Sternit breit, rhombisch. Hüfte mit 5 Poren, 4 in einer Gruppe unter dem Sternit mündend und einer frei, mehr hinten. Eine Endkralle vorhanden.

Louisiana.

14. **G. luridus** Mein. 1870 *G. l.*, Meinert in: Naturh. Tidsskr., ser 3 *v.* 7 p. 69.

Blaßgelb, Kopf und Kieferfüße braun.

Länge 25 mm, Breite 1,1 mm. 53 Beinpaare (♂).

Kopfschild so breit wie lang, fast glatt. Stirnfurche vorhanden. Die geschlossenen Kieferfüße überragen den Stirnrand; Chitinlinien abgekürzt, alle Glieder ohne Zahnbildungen. Basalschild sehr breit. Antennen ziemlich kurz.

Tergite deutlich zweifurchig, in der Mitte mit 2 undeutlichen Gruben.

Vordere Sternite punktiert, gefurcht, mit einem großen Ventralporenfeld hinten und mit Chitinfortsätzen vorn und hinten (*carpophagus*-Bildung?). Die mittleren Sternite undeutlich quer eingedrückt und gefurcht, die hinteren gefurcht.

Sternit des Endbeinsegments breit, die geraden Seitenränder nach hinten mäßig konvergierend. Hüfte mit 3 kleinen bedeckten Poren. Prätarsus eine kleine Kralle. Endbeine des ♂ verdickt, mäßig beborstet.

Granada.

15. **G. algarum** Bröl. 1909 *G. a.*, Brölemann in: Bull. Mus. Paris, *v.* 15 p. 356.

Blaßgelb, der Kopf braun.

Länge 35 mm, Breite 0,7—0,8 mm, schlank, erst nahe dem Hinterende verschmälert. 55—57 Beinpaare.

Kopfschild etwas länger als breit, hinten gerade abgestutzt, seitlich konvex. Die Stirnfurche unsichtbar, ohne merkliche Punktierung und Beborstung. Mittelteil des Labrum mit 2 in eine Franse ausgezogenen Zähnchen. Seitenteile mit je 5—6 Fransen. 1. Maxille mit 2 Paar Außentastern, die des Syncoxits sind sehr schlank kurz zugespitzt. Basalschild sehr breit, vorn schmäler als hinten. Chitinlinien der Kieferfüße fast vollständig. Vorderrand der Hüften ungezähnt, Tarsungulum mit winzigem Basalzahn. Kralle innen gekerbt. Antennen mäßig lang.

1. bis vorletztes Sternit mit Porenfeld; im vorderen Körperdrittel ist das Porenfeld dreieckig, mit der Spitze hinten, dann teilt es sich in 2 Haufen. Sternite 2—17 mit 3 breiten und tiefen Furchen und mit *carpophagus*-Bildung; die vordere Grube nimmt $^2/_3$ der Sternitbreite ein; der hintere Vorsprung ist kaum angedeutet.

Endbeinsegment, Sternit kurz, an der Basis doppelt so breit wie lang, nach hinten stark verschmälert, hinten abgestutzt. Prästernit sehr breit, ungeteilt. Hüfte mit 4 Poren: 2 großen ventral nahe dem Hintereck des Sternits, einem großen dorsalen, unter dem Vordereck des Tergits und einem am Anfang der Hüfte. Endkralle gut ausgebildet. 2 Analporen.

Frankreich (Ile Chausey, Manche; Piriac, Loire inf.), England (Lancashire).

16. **G. chalandei** Bröl. 1909 *G. C.*, Brölemann in: Feuille Natural., *v.* 39 p. 208.

Gelb, die 2 hinteren Drittel des Körpers etwas gebräunt, Kopf braun.

Länge 44 mm, Breite 1,25 mm. 61 Beinpaare.

Kopfschild ungefähr so breit wie lang, der Vorderrand schwach eingebuchtet, der Hinterrand gerade oder seicht konkav. Stirnfurche undeutlich. Ohne deutliche Punktierung, spärlich beborstet. Antennen ziemlich lang.

Mittelteil des Labrum mit 3 kräftigen Zähnen; Seitenteile mit 13—14 Fransen. 1. Maxille mit 2 Paar beborsteter Außentaster. Basalschild hinten fast so breit wie das folgende Tergit, nach vorn stark verschmälert. Vorderrand der Kieferfußhüften ungezähnt, die Chitinlinien fein, fast vollständig. Keine deutliche Punktierung. Die Kieferfüße erreichen nicht die Basis der Antennen. Tarsungulum mit einem winzigen Basalzahn, die Kralle innen gekerbt.

4.—16. oder 17. Sternit mit *carpophagus*-Bildung; die vordere Grube nimmt $^2/_8$ der Sternitbreite ein, sie ist hinten von einer schmalen Zone mit starker polygonaler Felderung begrenzt. Der hintere Vorsprung ist schlank und kurz. Die Ventralporen sind auf dem 1. bis vorletzten Sternit vorhanden; das Porenfeld der vorderen Sternite bis etwa 17. ist dreieckig, mit der Spitze hinten, dann löst es sich in 2 Haufen auf.

Endbeinsegment: Sternit an der Basis breiter als lang, nach hinten verschmälert, abgestutzt. Sein Prästernit ungeteilt. Hüfte mit 14 oder 15 Poren auf der Ventralseite, von denen 5 oder 6 unter dem Sternitrand liegen. Endkralle lang und schlank.

2 Analporen.

Basses Pyrénées (Vallée Ossau).

17. **G. fucorum** Bröl. 1909 *G. f.*, Brölemann in: Bull. Mus. Paris, *v.* 15 p. 359.

Länge 29 mm, Breite 0,7 mm. 49—55 Beinpaare.

Antennen lang; Mittelteil des Labrum mit 5 Zähnchen. Außentaster des Syncoxits der 1. Maxille in Form einer breiten, abgestutzten Knospe, der Außentaster des Telopodits von normaler Gestalt.

Chitinlinien der Kieferfüße vollständig; Vorderrand der Hüften seicht eingebuchtet, ungezähnt.

Vordere Sternite mit *carpophagus*-Bildung. Die vordere Grube ist nur halb so breit wie das Sternit. Vordere und hintere Zone des Sternits polygonal gefeldert, dazwischen äußerst fein wellig längsgestreift. Ventralporen auf dem ersten bis vorletzten beintragenden Segment.

Endbeinsegment: Sternit sehr kurz, an der Basis zweimal so breit wie lang, nach hinten nur wenig verschmälert, hinten geradlinig. Hüfte mit 3 Poren, 2 sehr großen unter dem Stirnrand und einem sehr kleinen frei liegenden. Endbeine des ♂ ein wenig verdickt. Die Endkralle winzig klein.

In allen nicht erwähnten Punkten mit *G. algarum* Bröl. übereinstimmend.

Cannes, Croisette, Côte des iles de Lévins.

17a. **G. f. seurati** Bröl. 1924 *G. f. S.*, Brölemann in: Bull. Soc. Toulouse, *v.* 52 p. 17.

Unterscheidet sich von *G. fucorum* durch die Zahl und Verteilung der Endbeinhüftporen: 4 fast gleich große in einer Linie unter dem Sternitrand, manchmal ein 5. kleiner vorn. Zahl der Beinpaare ♂ 55—57, ♀ 59.

La Perouse. Baie d' Alger.

18. **G. osquidatum** Bröl. 1909 *G. o.*, Brölemann in: Feuille Natural., ser. 4 *v.* 39 p. 209.

Länge 16—27 mm, Breite 0,7—0,75 mm. 51—57 Beinpaare.

Gelb, Kopf fahlgelb.

Kopfschild etwas länger als breit, Hinterrand gerade, Seiten konvex, punktiert, Antennen lang. Mittelteil des Labrum mit 2 Zähnen. Seitenteile lang gefranst, jede Franse am Ende mit einem Büschel kleiner Spitzchen. 1. Maxille mit 2 Paar Außentastern. Telopodit zweigliedrig. Endkralle der 2. Maxille lang und gerade. Basalschild breit, nach vorn verschmälert, so lang wie das folgende Tergit. Vorderrand der Kieferfußhüften nicht eingebuchtet, ohne Zahnhöcker, die Chitinlinien fast vollständig. Tarsungulum mit kleinem Basalzahn. Ungulum lang, schlank, innen gekerbt.

Tergite zweifurchig,

Sternite vom 1. bis vorletzten mit einer medianen Längsfurche und einem Porenfeld; dieses ist bis etwa 16. Segment dreieckig und teilt sich dann in 2 Häufchen von wenigen Poren, Sternit (4) 5—14 (15) auf dem größten Teil der Fläche glatt, nur am Rande mit grober polygonaler Felderung; außerdem mit *carpophagus*-Bildung, die vordere Grube nimmt etwa $^2/_3$ der Sternitbreite ein, der Hinterrandzapfen ist aber wenig entwickelt.

Sternit des Endbeinsegments kurz und breit, hinten verschmälert und abgestutzt. Hüfte mit 3 großen Poren am Rande des Sternits, teilweise von ihm bedeckt. Endkralle schwach. Endbeine des ♂ ein wenig verdickt und ventral kurz und dicht beborstet.

Hautes et Basses Pyrénées.

19. **G. longicornis** Leach 1815 *G. l.*, Leach in: Tr. Linn. Soc. London, *v.* 11 p. 386 | 1817 *G. l*, Leach, Zool. Misc., *v.* 3 p. 45 t. 140 f. 3—6 | 1835 *G. l.*, C. L. Koch, C. M. A., fasc. 3 t. 4 | 1842 *Necrophloeophagus l*, Newport in: P. zool. Soc. London, *v.* 10 p. 180 | 1845 *Arthronomalus l.*, Newport in: Tr. Linn. Soc. London, *v.* 19 p. 430 | 1847 *Geophilus l.*, P. Gervais in: Walckenaer & Gervais, Hist. Apt., *v.* 4 p. 313 | 1856 *Arthronomalus l.*, Newport, Cat. Brit. Mus. Myr, p. 83 | 1863 *Geophilus l.*, C. L. Koch, Myr., *v.* 1 p. 27 t. 23 | 1866 *G. l.*, Bergsoe & Meinert in: Naturh. Tidsskr., ser. 3 *v.* 4 p. 91 | 1870 *G. l.*, Meinert in: Naturh. Tidsskr., ser. 3 *v.* 7 p 83 | 1871 *G. flavus*, Stuxberg in: Öfv. Ak. Förh., *v.* 28 p. 508 | 1880 *G. longicornis*, Latzel, Myr. Österr.-Ung., *v.* 1 p. 179 | 1881 *G. l.*, E. Haase in: Z. Ent. Breslau, ser. 2 *v.* 8 p. 82 | 1887 *G. l.*, Ant. Berlese, A. M. S., fasc. 44 nr. 7 | 1889 *G. l*, Daday, Myr. Regni Hungar., p. 87 | 1898 *G. l.*, Verhoeff in: Arch. Naturg., *v.* 64 I p. 345 | 1899 *G. l.*, Rothenbühler in: Rev. Suisse Zool., *v.* 6 p. 208.

Ockergelb bis rostgelb, Kopf und Kieferfüße bräunlich, Kieferfußungula schwarz. Länge ♂ 15—30, ♀ 20—40, Zahl der Beinpaare ♂ 49—53, ♀ 51—55.

Kopf ziemlich groß. Kopfschild länger als breit, spärlich aber grob und zum Teil gereiht punktiert, ohne Stirnfurche, Antennen dünn, langgliedrig, bis zu $^1/_5$ der Körperlänge erreichend, also lang bis sehr lang, die ersten etwa 8 Glieder mit schütteren Borstenquirlen; die 6—7 distalen Glieder dichter und kürzer beborstet, die Quirle undeutlich. — Mittelteil des Labrum mit 4 schlanken Zähnchen, Seitenteile gefranst. 1. Maxille mit 2 Paar fein bestachelter Außentaster, Coxalfortsatz mit einer Borste, Telopodit zweigliedrig, Endglied mit mehreren großen Borsten. 2. und 3. Glied des Telopodits der 2. Maxille beborstet, Endkralle schlank, gerade. Clypeus gleichmäßig polygonal gefeldert. Kieferfußhüften ziemlich grob punktiert. Vorderrand ausgerandet, zahnlos, Chitinlinien abgekürzt. Präfemur lang, innen schwach höckerig, Tarsus mit Basalzahn. Ungulum fein gekerbt; die Kieferfüße überragen weit den Stirnrand. Basalschild breit.

Tergite zweifurchig. Prästernite alle mit Mediannaht.

Sternite mit tiefem medianem Längsgrübchen. Die Ventralporen beginnen auf dem 1. Sternit, das Porenfeld ist bis zum 16. oder 17. Sternit ungeteilt, querbandförmig, ungefähr $^2/_3$ der Sternitbreite einnehmend; dann zerteilt es sich in 2 kleine runde Häufchen, die immer unscheinbarer werden, aber noch auf dem Sternit vor dem Endbeinsegment vorhanden sind. Sternit des Endbeinsegments breit, trapezisch. Hüfte mit 6—12 zum Teil bedeckten Poren. Endkralle gut ausgebildet. Terminalporen vorhanden.

Ganz Europa von Skandinavien bis Portugal, Spanien, Frankreich, Italien, Sardinien, Sizilien; Rumänien, Südcroatien, Syrien, Tunis.

19a. **G. l. var. austriaca** Latz. 1880 *G. l.* var. *austriacus*, Latzel, Myr. Österr.-Ung., *v.* 1 p. 182 | 1896 *G. flavus* var. *punica*, Silvestri in: Natural. Sicil., n. ser. *v.* 1 p. 155.

Unterscheidet sich durch die Zahl der Beinpaare: ♂ 43—47, ♀ 45—49.

Böhmen, Mähren, Schlesien, österreichische Alpenländer, Oberungarn, Tatra, Südungarn, Krain, Küstenland, Südtirol, Tunis.

20. **G. pygmaeus** Latz. 1880 *G. p.*, Latzel, Myr. Österr.-Ung., *v.* 1 p. 182 | 1881 *G. p.*, E. Haase in: Z. Ent. Breslau, ser. 2 *v.* 8 p. 83 | 1889 *G. p.*, Daday, Myr. Regni Hungar., p. 87 | 1895 *G. p.*, Attems in: SB. Ak. Wien, *v.* 104 p. 165 | 1895 *G. p.*, Verhoeff in: Arch. Naturg., *v.* 61 I p. 353 | 1898 *G. pusillus pygmaeus*, Verhoeff in: Arch. Naturg., *v.* 64 I p. 346.

Blaßgelb, Kopf und Kieferfüße bräunlich rostgelb.

Länge ♂ 9 mm, ♀ 10—15 mm. Breite 0,6—0,8 mm, schlank; ♂ mit 41—45 Beinpaaren. Kopfschild wenig länger als breit (3 : 2,7), zerstreut punktiert, ohne Frontalfurche, vorn deutlich verschmälert, ohne Einbuchtung zwischen den Antennen. Die Seiten deutlich konvex, Hinterrand gerade. Antennen relativ schütter beborstet, auch die Glieder der distalen Hälfte. Mittelteil des Labrum mit 2 kräftigen gelben Zähnchen, Seitenteile langgefranst. Syncoxit der 1. Maxille ohne Außentaster, Telopodit mit kleinem, zugespitztem Außentaster. Klaue der 2. Maxille einfach, ganz gerade, 3. Glied des Telopodits mit einer größeren Zahl von Borsten. Vorderrand der Kieferfußhüften nur sehr seicht eingebuchtet, ohne Zahnhöcker. Chitinlinien abgekürzt. Tarsungulum mit kräftigem, spitzem, etwas gekrümmtem Basalzahn. Ungulum innen glatt.

Tergite deutlich zweifurchig. Die Kieferfüße erreichen den Stirnrand oder überragen ihn wenig.

Sternite merklich länger als breit, die vordersten sehr dicht und fein punktiert, fast alle mit Mittelgrübchen. Ventralporen vom 2.—13. Sternit in einem querovalen Feld, das ungefähr halb so breit ist wie das ganze Sternit und keine polygonale Felderung hat. Die übrige Fläche um das Porenfeld ist ziemlich gleichmäßig gefeldert.

Sternit des Endbeinsegments breit, Hüfte mit 4—5 Poren, von denen die 2 medianen unter dem Rande des Sternits liegen. Endkralle deutlich. Endbeine des ♂ dicker und stärker beborstet als beim ♀.

Terminalporen vorhanden.

Kärnten, Krain, Südsteiermark (Bachern bei Marburg, Cilli), Küstenland (Tarnowaner Wald), Ungarn (Comitate Zemplén, Szilagy, Somogy, Tolna, Zagrab).

20a. **G. p. styricus** Verh. 1895 *G. p. s.*, Verhoeff in: Arch. Naturg., *v.* 61 I p. 353 | 1898 *G. pusillus s.*, Verhoeff in: Arch. Naturg., *v.* 64 I p. 346.

Unterscheidet sich durch die größere Zahl der Beinpaare, 51, und dadurch, daß das Kieferfußungulum innen fein gekerbt-gesägt ist.

Graz, Steiermark.

Dürfte *Geophilus longicornis* Leach sein.

21. **G. pusillifrater** Verh. 1898 *G. pusillus pusillifrater*, Verhoeff in: Arch. Naturg., *v.* 64 I p. 348.

Blaßgelb, Kopf nur wenig dunkler, rötlichgelb.

♂ 11,5 mm lang. 39 Beinpaare.

Kopfschild merklich länger als breit (2,5:1,8) mit ziemlich großmaschiger polygonaler Felderung, ohne Stirnfurche, Vorderrand mit seichter Einbuchtung zwischen den Antennen, Hinterrand gerade, die Seiten fast parallel, nur sehr schwach konvex, daher der Kopfschild vorn und hinten gleich breit. Antennen lang, 1.—13. Glied mit 2 Quirlen dünner, mäßig langer Borsten, die distale Hälfte daher relativ schütter beborstet, das Endglied gleichmäßig beborstet. Die Kieferfüße reichen bis zum Ende des 1. Antennengliedes, überragen somit den Stirnrand bedeutend. Chitinlinien abgekürzt. Vorderrand der Hüften mit kleiner Kerbe, aber ungezähnt, Tarsus mit deutlichem, spitzem Basalzahn, die anderen Telopoditglieder ungezähnt. Ungulum innen glatt, Basalschild hinten ein wenig schmäler als das folgende Tergit. 1. Maxille ohne Außentaster.

Nur die 12 vordersten Sternite mit einem queren Porenfeld vor dem Hinterrand. Sternit des Endbeinsegments sehr breit, Hüfte mit 2 großen und 1 kleinen Porus. Endkralle deutlich. Terminalporen vorhanden.

Herzegovina: Mostar Blato, Doljankatal bei Jablanica.

22. **G. sorrentinus** Att. 1903 *G. s.*, Attems in: Zool. Jahrb., Syst. *v.* 18 p. 228.

Gelblichweiß, Kopf gelb.

Länge 22 mm. 59 Beinpaare (♀).

Kopfschild so lang wie breit. Keine Stirnfurche. Antennen kurz.

Die Kieferfüße erreichen geschlossen den Stirnrand nicht. Chitinlinien vollständig, alle Glieder ohne Zahnbildungen, Ungulum innen glatt.

Sternite zweifurchig. Ventralporen in einem runden Haufen vor dem Hinterrand des 1. bis vorletzten Sternits.

Sternit des Endbeinsegments breit, die Seitenränder parallel, Hinterecken abgerundet. Hüfte mit etwa 15 Poren, die längs des Vorderrandes und neben dem Rande des Sternits in nicht scharf geschiedenen Gruppen münden. Endkralle kräftig. Terminalporen vorhanden.

Monte Faito auf der sorrentinischen Halbinsel.

23. **G. cribelliger** Verh. 1898 *G. c.*, Verhoeff in: Arch. Naturg., *v.* 64 I p. 346 t. 8 f. 1—8 | 1901 *G. c.*, Verhoeff in: N. Acta Ac. Leop., *v.* 77 p. 460.

Gelblichweiß, Kopf nur sehr wenig dunkler, gelblich.

Länge ♂ 14, ♀ 18,5 mm. 49—55 Beinpaare.

Kopfschild so lang oder wenig länger als breit, von der Mitte nach vorn ein wenig verschmälert, Antennen kurz und dick, auch in der distalen Hälfte relativ spärlich beborstet.

1. Maxille ohne Außentaster, Endkralle der 2. Maxille blaß. Die Kieferfüße erreichen geschlossen den Stirnrand bei weitem nicht; Chitinlinien vollständig, Vorderrand der Hüften seicht eingebuchtet, alle Glieder, auch der Tarsus, ohne Zahnbildung, Ungulum innen glatt.

1. bis etwa 24. Sternit mit großem Porenfeld, das ausgesprochen langgestreckt ist, bedeutend länger als breit, nur einige der ersten und letzten Felder mehr rundlich. Hintere Sternite vor dem Hinterrand mit wenigen blassen Poren.

Sternit des Endbeinsegments sehr breit, Hüften mit einer Gruppe von 8—11 Poren vorn und 1—2 Einzelporen hinten. Endkralle kräftig. Endbein des ♂ verdickt und ventral reichlich beborstet.

Terminalporen vorhanden.

Bosnien-Herzegovina: Trebević, Plasa bei Jablanica, Radoboljetal bei Trebinje, Žepče.

. **23a. G. c. antecribellatus** Verh. 1898 *G. c. a.*, Verhoeff in: Arch. Naturg., *v.* 64 I p. 347 t. 8 f. 4—6 | 1901 *G. c. a.*, Verhoeff in: N. Acta Ac. Leop., *v.* 77 p. 460 | 1903 *G. c. a.*, Attems in: Zool. Jahrb., Syst *v.* 18 p. 229.

Weißgelb, Kopf bräunlich. Länge bis 31 mm. 61—65 Beinpaare.

Kopfschild etwas länger als breit, ohne Stirnfurche. 1. Maxille mit rudimentärem Außentaster auf dem 1. Telopoditglied, Syncoxit ohne Außentaster. Kieferfüße wie bei *G. cribelliger*.

Die Ventralporen beginnen auf dem 1. Sternit, anfangs ist das Feld dreieckig, dann mehr trapezisch, vorn abgestuft, nicht länger als breit; auf dem 25.—27. Sternit zerteilt es sich in 2 kleine Häufchen, die in der hinteren Körperhälfte recht unscheinbar sind und erst auf den letzten Segmenten vor dem Endbeinsegment wieder größer werden; das letzte Porenfeld ist wieder ungeteilt.

Prästernite überall mit Mediannaht.

Sternit des Endbeinsegments breit; Hüfte vorn mit einer Gruppe von Poren, dahinter ein größerer Einzelporus. Endkralle vorhanden.

Terminalporen fehlen.

Bosnien-Herzegovina: Trebević, Bosnaquelle, Jezero, Prenj, Plasa, Trebinje, Konjsko. — Dalmatien: Ragusa. — Westungarn: Simontornya.

24. **G. bosniensis** Verh. 1895 *G. b.*, Verhoeff in: Arch. Naturg., *v.* 61 p. 352.

30 mm lang. 75 Beinpaare (♀).

Der ganze Körper inkl. Beine reichlich und stark beborstet.

Kopfschild so lang wie breit oder nur sehr wenig länger. Antennen mäßig lang. Mittelteil des Labrum mit feinen Grannen. 1. Maxille mit Außentastern (1 oder 2 Paare?). Endklaue der 2. Maxille kräftig, spitz. Kieferfußhüften mit sehr langen Borsten.

Ungulum fein gekerbt. Chitinlinien deutlich (abgekürzt oder vollständig?).

Vorderrand der Hüften ohne Zähnchen; Basalzahn des Tarsungulum rudimentär.

Den meisten Segmenten fehlen Ventralporen. Auf 4 (oder 5—6) Segmenten vor dem Endbeinsegment kommen große Porenfelder vor, die die Gestalt eines gleichseitigen Dreieckes haben, mit der Spitze nach vorn; auf den beiden vorletzten Sterniten sind sie am größten und nehmen die hinteren $^{2}/_{3}$ der Länge ein. Prästernite mit Mediannaht.

Endbeinhüfte mit 14—15 Poren von verschiedener Größe, teils frei, teils unter dem Sternit. Prätarsus winzig. Endbeine des ♀ außer den zerstreuten, langen Borsten ziemlich dicht, kurz behaart. Terminalporen deutlich.

Sarajevo.

25 **G. unguiculatus** Daday 1890 *G. u.*, Daday in: Termész. Füzetek, *v.* 12 p. 145 t. 5 f. 32, 33.

Braungelb, Kopf und Kieferfüße dunkler.

Länge 38 mm, Breite 1,8 mm. 65 Beinpaare.

Kopfschild länger als breit, keine Stirnfurche, Antennen kurz.

Die Kieferfüße erreichen geschlossen den Stirnrand nicht, Chitinlinien abgekürzt, sehr schwach; alle Glieder ohne Zahnbildung.

Mittlere und hintere Sternite mit einem runden, vor der Mitte gelegenen Porenfeld.

Endbeinsegment: Sternit breit, fast quadratisch. Hüfte mit 8—10 Poren. Endkralle kräftig. Analporen sehr klein. Stigmen klein, fast rund.

Patras.

26. **G. vinciguerrae** Silv. 1895 *G. V.*, Silvestri in: Boll. Soc. Rom. zool., *v.* 3 p. 194.

Blaßgelb. Länge 30—42 mm, Breite 1,2—1,5 mm. Zahl der Beinpaare ♂ 50(!! sic nach Silvestri)—51. ♀ 49—53.

Kopfschild viel länger als breit, Antennen sehr lang.

Die Kieferfüße überragen geschlossen kaum den Stirnrand; Chitinlinien abgekürzt, alle Glieder ohne Zahnbildungen.

Vordere Sternite mit einem breiten Ventralporenfeld. Sternit des Endbeinsegments trapezförmig, Hüfte mit 6—7 Poren. Endkralle ziemlich klein.

Rom, S. Agnese.

27. **G. tropicus** Bröl. 1898 *G. t.*, Brölemann in: Ann. Soc. ent. France, *v.* 67 p. 254 t. 20 f. 7—10.

♀ Länge 14 mm. (juv.?) 47 Beinpaare.

Kopfschild viel länger als breit, rechteckig mit abgerundeten Ecken, spärlich beborstet und punktiert. Die Stirnfurche undeutlich. Kieferfüße von oben zum großen Teil sichtbar. Chitinlinien sehr fein. Vorderrand der Hüften seicht eingeschnitten. Tarsungulum mit spitzem Basalzahn. Geschlossen reichen die Kieferfüße bis zum Ende des ersten Antennengliedes. Basalschild hinten merklich schmäler als das folgende Tergit, rhombisch, vorn schmal.

Die Ventralporen in einem ovalen Längsfeld; eine mediane Längsfurche vorhanden.

Endbeinsegment: Sternit breit, nach hinten verschmälert, die Hinterecken abgerundet. Hüfte mit 6 großen, zum größten Teil unter dem Sternit mündenden Poren. Endkralle vorhanden.

Das Prätergit ist nicht sichtbar.

Venezuela (Caracas).

28. **G. nealotus** Chamb. 1902 *G. n.*, Chamberlin in: Amer. Natural., *v.* 36 p. 474.

Gelb oder lichtbraun, Kopf kastanienbraun.

♂ Länge 55 mm, Breite 1,6 mm, mit 73 Beinpaaren. ♀ 75 Beinpaare.

Kopfschild viel länger als breit (5:3,8), hinten gerade abgeschnitten; zwei seitliche und eine mediane Furche. Basalschild breit, fast so breit wie das folgende Tergit.

Die Kieferfüße reichen geschlossen fast bis zum Ende des 1. Antennengliedes. Vorderrand der Hüften breit ausgerandet, ungezähnt. Tarsungulum mit einem kleinen, stumpfen Basalzahn.

Sternite mit einer medianen Längsfurche, mit einer oder gewöhnlich zwei Querfurchen, die jederseits in mehrere nach der Mitte zu divergierende Linien zerteilt sein können. Porenfeld oval oder dreieckig, im hinteren Teil des Sternits gelegen.

Endbeinsegment: Sternit ziemlich schmal, nach hinten verschmälert. Hüfte mit 18—21 Poren, von denen die medianen unter dem Sternit liegen. Endklaue lang. Analporen mäßig groß.

Die vorderen Stigmen sehr groß, vertikal-oval, die folgenden rund: die Größe nimmt kaudalwärts immer mehr ab.

Salt Lake City, Utah.

29. **G. nasintus** Chamb. 1909 *G. n.*, Chamberlin in: Ann. ent. Soc Amer., *v.* 2 p. 183 t. 24 f. 7, 8, 9 | 1912 *G. n.*, Chamberlin in: Pomona, *v.* 4 p. 657.

Lichtgelb oder grau, Kopf und Kieferfüße dunkler.

Länge 42 mm. 73 Beinpaare, Körper nach hinten stark verschmälert.

Kopfschild länger als breit, ohne Stirnfurche, hinten seitlich ziemlich dicht punktiert. Die Kieferfüße erreichen den Stirnrand, alle Glieder ohne Zahnbildung.

Sternite mit einer Längsfurche; Ventralporen in einem Querband nahe dem Hinterrand.

Sternit des Endbeinsegments schmal, hinten verschmälert und gerade abgestutzt. 16—18 Hüftporen ventral und lateral, einzeln mündend, einige unter dem Sternitrand, einer etwas isoliert. Prätarsus krallenförmig.

Keine Analporen.

Südkalifornien.

30. **G. legiferens** Chamb. 1909 *G. l.*, Chamberlin in: Ann. ent. Soc. Amer., *v.* 2 p. 182 t. 24 f. 4, 5, 6.

Blaß orangefarben, Kopf und Kieferfüße hell kastanienbraun, die Rückenmitte verdunkelt.

Länge 38 mm, Breite 1,2 mm. 61 Beinpaare.

Kopfschild länger als breit, 4:3. Stirnfurche vorhanden, Antennen von mittlerer Länge. Die Kieferfüße erreichen geschlossen den Stirnrand, mit abgekürzten Chitinlinien, reichlich punktiert, Tarsungulum mit kleinem Basalzahn, die anderen Glieder ungezähnt.

Sternite gleichmäßig punktiert; Ventralporen auf den vorderen Sterniten in geringer Zahl in einem kleinen Medianfeld gerade vor dem Hinterrand. Vordere Sternite in der Mitte eingedrückt mit einer medialen Längsfurche.

Sternit des Endbeinsegments schmal, nach hinten verjüngt, der Hinterrand gerade; Hüfte mit etwa 25 Poren ventral, lateral und einige auch dorsal, einzeln mündend, einige unter dem Rande des Sternits und Tergits. Der hinterste Porus etwas von den anderen abgerückt, aber nicht merklich vergrößert. Prätarsus krallenförmig.

Analporen vorhanden.

Washington.

31. **G. infossulatus** Att. 1901 *G. i.*, Attems in: Zichy, Dritte Asiat. Forschr., *v.* 2 p. 283 t. 9 f. 5—7.

Lichtgelb, Kopf und Kieferfüße lichtkastanienbraun.

Länge 28 mm, Breite 1 mm. 53 Beinpaare.

Kopfschild länger als breit, Vorderrand gerade. Keine Stirnfurche, an den Rändern einige Borsten. Antennen ziemlich lang. Die Kieferfüße erreichen fast den Stirnrand; Chitinlinien fast vollständig, kurz vor dem Gelenkhöcker abbrechend. Hüften vorn ungezähnt, Tarsungulum mit kleinem, braunem Basalhöcker, Kralle innen glatt. Basalschild breit, vorn schmäler. Behaarung des Rumpfes kurz und spärlich.

Sternite fast quadratisch, am Hinderrand des 1.—16. Sternits ein kleines Zäpfchen, Sternite 2—17 vorn dunkelkastanienbraun gefärbt, aber ohne auffällige Einsenkung. In der Mitte des Sternits ein seichtes Grübchen, das nach vorn und hinten in eine kleine Furche ausgeht. Die Ventralporen sind in einem Querband vor dem Hinterrand angeordnet und fehlen auf den hinteren Segmenten.

Endbeinsegment: Sternit sehr breit, breiter als lang, hinten verschmälert. Hüfte mit 4—5 sehr großen Poren, die zum Teil vom Sternit bedeckt sind. Endkralle groß. Endbeine des ♂ ziemlich dick und reichlich behaart.

Keine Analporen.

Kalgan, China.

32. **G. zograffi** Bröl. 1900 *G. Z.*, Brölemann in: Mém. Soc. zool. France, *v.* 13 p. 438 t. 11 f. 1—5.

Länge 20 mm, Breite 0,8 mm. 47 Beinpaare (♂), rotgelb. Antennen mäßig lang. Kopfschild etwas länger als breit. Telopodit der 1. Maxille mit Außentaster. Kieferfußhüften breit, mit abgekürzten Chitinlinien, die Krallen erreichen gerade den Stirnrand, alle Glieder ohne Zähne. Basalschild sehr breit und kurz. Tergite doppelfurchig. Sternite mit einer deutlichen Medianfurche in der vorderen Hälfte. Porenfeld ein breites in der Mitte eingeschnürtes Band. Endbeinsternit breit, nach hinten stark verschmälert. Hüfte mit einer großen Grube, in die eine große Zahl von Drüsen einmündet. Endbeine mit Kralle.

Canaria: S. Bartolomé de Tirajana.

33. **G. aragonicus** Daday 1890 *G. a.*, Daday in: Termész. Füzetek. *v.* 12 p. 145 t. 5 f. 28, 29, 30, 34 | 1908 *G. a.*, Attems in: Zool. Jahrb., Syst. *v.* 26 p. 189.

Gelblich, das vordere Drittel des Körpers etwas dunkler, Kopf und Kieferfüße bräunlich.

Länge bis 45 mm, Breite 2 mm. 61 Beinpaare (♂ und ♀).

Kopfschild merklich länger als breit, keine Stirnfurche. Antennen kurz. Telopodit der 1. Maxille mit einem kleinen, kurz behaarten Tasterlappen. Klaue der 2. Maxille klein, einfach. Die Kieferfüße erreichen den Stirnrand bei weitem nicht. Hüften mit vollständigen, sehr kräftigen Chitinlinien, alle Glieder ohne Zahnbildung. Endkralle innen glatt. Zähne des Labrum ungewöhnlich kräftig. Basalschild breit.

Der ganze Körper sehr spärlich behaart, die Sternite nur mit winzigen Härchen in den Ecken. Analsegment mit einigen kurzen Börstchen. Sternite der vorderen Körperhälfte deutlich breiter als lang, in der hinteren ungefähr quadratisch. Die Ventralporen stehen auf dem 1. bis 27. Segment in einem längsovalen, hinten etwas breiteren Feld, das vom Hinterrand bis zur Mitte reicht. Auf den Segmenten 58 und 59 bilden die Poren ein schmales Querband vor dem Hinterrand. (Segmente 28—57?) Intercalarsternite auf den vorderen Segmenten sehr klein, hinten groß und die Sternite ganz trennend.

Endbeinsegment: Sternit sehr breit, hinten gerade abgeschnitten, Seitenränder etwas konvergierend. Jede Hüfte mit einem unter dem Rande des Sternits liegenden Porus. Endkralle groß. Endbeine des ♂ verdickt.

Keine Analporen.

Aragonien, Elba.

34. **G. romanus** Silv. 1895 *G. r.*, Silvestri in: Boll. Soc. Rom. zool., *v.* 3 p. 194.

Gelb, Kopfschild bräunlich.

Länge 9—16 mm, Breite 0,5 mm. ♂ mit 45—47, ♀ mit 49 Beinpaaren.

Kopfschild ein wenig länger als breit, Antennen kurz. Die Kieferfüße erreichen den Stirnrand bei weitem nicht, Chitinlinien vollständig, alle Glieder ohne Zahnbildung.

Vordere Sternite mit einem mittleren Porenfeld, die übrigen mit je 2 Grübchen.

Endbeinsegment: Sternit breit; jede Hüfte mit einem großen Porus. Endkralle groß.

Stigmen rund, die vorderen groß.

Rom.

35. **G. cispadanus** Silv. 1896 *G. c.*, Silvestri in: Boll. Mus. Torino, *v.* 12 nr. 233 p. 4.

Gelb, Kopf und Mundteile rotbraun.

Länge 13 mm, Breite 0,9 mm. 39 Beinpaare. Körper vorn weniger, hinten stark verjüngt, reichlich beborstet.

Kopfschild länger als breit, Antennen lang. Kieferfußhüfte vorn ungezähnt, die Chitinlinien abgekürzt; das Tarsungulum mit kräftigem Basalzähnchen, überragt ein wenig den Stirnrand.

2. bis ungefähr 15. Sternit mit einem vorderen Querband und einem hinteren etwas gebogenen Band von Poren und einer medianen Längsfurche, die anderen Sternite mit einer mittleren und 2 seitlichen Längsfurchen.

Endbeinhüften mit 5 Poren, 3 großen und 2 kleinen. Endkralle kräftig, Sternit kurz und breit. Keine Analporen.

Lombardei: Oriolo bei Voghera.

36. **G. atopodon** Chamb. 1903 *G. a.*, Chamberlin in: P. Ac. Philad., *v.* 55 p. 37.

Lichtbraun. Länge 25 mm, Breite 1,2 mm. 49—51 Beinpaare.

Kopfschild viel länger als breit (2,5:1,9), vorn breiter als hinten; Stirnfurche vorhanden, hinter der Stirnfurche 2 paramediane Längsfurchen und eine tiefe Furche neben jedem Seitenrand. Antennen kurz, die proximalen Glieder lang und schütter, die distalen 7 Glieder dicht und kurz beborstet. — Die Kieferfüße erreichen geschlossen kaum das Ende des 1. Antennengliedes. Hüften breiter als lang, ohne Zahnhöcker. (Chitinlinien?) Präfemur mit einem kräftigen Zahn, Tarsungulum mit mäßig großem abgestutztem Basalzahn.

Tergite im allgemeinen ungefurcht, einige mittlere undeutlich zweifurchig.

Vordere Sternite mit Medianfurche, einige mittlere mit einer ovalen medianen Area, die seitlich durch halbmondförmige Eindrücke begrenzt ist. Ventralporen zahlreich, auf den vordersten Sterniten in einem vertieften medianen Feld, auf den folgenden in einem medianen Längsband und einem schmäleren Band vor dem Hinterrand; noch weiter hinten bedecken sie fast die ganze Oberfläche mit Ausnahme einer medianen Area.

Sternit des Endbeinsegments breiter als lang; Hüfte mit 10—16 Poren, die meisten am Rande des Sternits, einige davon auch unter dem Sternit; 4—5 am Rande des Tergits. Endkralle lang.

Beulah, Neu-Mexico.

37. **G. atopus** Chamb. 1902 *G. a.*, Chamberlin in: Amer. Natural., *v.* 36 p. 476.

Vorn lichtbraun, der Kopf etwas dunkler, hinten gelblich.

♂ Länge 29 mm, Breite 0,7 mm. 69 Beinpaare.

Kopfschild viel länger als breit (5:4), vorn und hinten gerade abgestutzt, mit 2 seitlichen Furchen und einer feinen diskontinuierlichen Medianlinie. Antennen kurz. Die Kieferfüße reichen geschlossen bis zur Mitte des 1. Antennengliedes. Vorderrand der Hüften seicht ausgeschnitten, ungezähnt. Präfemur und Tarsungulum mit einem blassen, stumpfen Zahn.

Vordere Sternite mit einem vertieften Feld im hinteren Teil. Die großen Ventralporen sind in diesem Feld angeordnet und reichen längs der Mittellinie nach vorn und hinten und seitlich bis zum Seitenrand. Weiter hinten sind die Poren auf ein Querband beschränkt. Hinterrand der vorderen Sternite bis ungefähr 20. Segment mit einem Vorsprung, der das folgende Sternit erreicht oder etwas überragt. Die Prästernite sind hier nur seitlich sichtbar.

Endbeinsegment: Sternit viel breiter als lang (1,85:1), die Seitenränder konvex, nach hinten konvergierend. Hüfte mit ungefähr 12 Poren, die zum Teil vom Sternit bedeckt sind. Endbeine des ♂ sehr verdickt, dichter und kürzer beborstet als die anderen Beine. Kein deutlicher Prätarsus.

Die vorderen Stigmen fast rund, die folgenden rund. Die Größe nimmt kaudalwärts stark ab.

Salt Lake City, Utah.

38. **G. duponti** Silv. 1897 *G. D.*, Silvestri in: Ann. Soc. ent. Belgique, *v.* 41 p. 345.

Gelb, Kopf rostfarben. Länge 55 mm, Breite 2 mm. 73 Beinpaare.

Kopfschild so lang wie breit, spärlich punktiert, Antennen lang. Die Kieferfüße erreichen ungefähr den Stirnrand; Vorderrand der Hüften mit 2 Zähnen.

Basalschild breit, trapezförmig.

Tergite undeutlich gefurcht und grob punktiert.

Sternite spärlich und grob punktiert, mit einer Medianfurche; die vorderen bis zum 28. mit einem hinteren Längsfeld von Poren.

Sternit des Endbeinsegments breit, trapezisch. Hüfte mit 20 teilweise bedeckten Poren; kein Prätarsus. Keine Terminalporen.

Sydney.

39. **G. gracilis** Mein. 1870 *G. g.*, Meinert in: Naturh. Tidsskr., ser. 3 *v.* 7 p. 82.

Gelb, Kopf und Mundteile braun.

♀ 22 mm lang, 0,6 mm breit. 57—61 Beinpaare. Sehr schlank. Beborstung spärlich.

Kopfschild länger als breit. Keine Stirnfurche. Antennen lang. Kieferfußhüfte vorn ungezähnt, die Chitinlinien abgekürzt. Tarsungulum mit einem sehr kleinen oder ohne Basalzahn, geschlossen den Stirnrand erreichend oder ein wenig überragend.

Basalschild breit.

Vordere Sternite dreifurchig, die mittleren und hinteren mit einer einzigen medianen Furche. Sternit des Endbeinsegments breit, hinten verschmälert.

Endbeinhüfte mit 3—4 größtenteils vom Sternit bedeckten Poren. Endbeine sehr lang, ohne Prätarsus, beim ♀ spärlich und lang beborstet.

2 Analporen deutlich. Stigmen groß, rund.

Algier (Bona). Normandie.

40. **G. rubens** Say 1821 *G. r.*, Say in: J. Ac. Philad., *v.* 2 p. 113 | 1862 *G. levis* + *G. cephalicus*, H. C. Wood in: J. Ac. Philad., ser. 2 *v.* 5 p. 44 | 1865 *G. c.*, H. C. Wood in: Tr. Amer. phil. Soc., ser. 2 *v.* 13 p. 178 | 1865 *G. laevis*, H. C. Wood in: Tr. Amer. phil. Soc., ser. 2 *v.* 13 p. 180 | 1885 *G. cephalicus*, Meinert in: P. Amer. phil. Soc., *v.* 23 p. 216 | 1893 *G. rubens*, Bollman in: Bull. U. S. Mus., *v.* 46 p. 148.

Gelb oder rötlich, mit einem breiten dunklen Doppelband auf dem Rücken, das vom Kopf oder 1. Rumpfsegment bis zum vorletzten Segment reicht; Kopf und Kieferfüße bräunlich.

Länge ♂ 37 mm, ♀ 47 mm. Zahl der Beinpaare ♂ 49, ♀ 51—53.

Kopfschild ungefähr so lang wie breit, fast oval, glatt; Stirnfurche vorhanden, Tergite zweifurchig und mit 2 Längsgrübchen.

Sternite mit einer Medianfurche; in den vorderen Ecken ein rundes, in den hinteren Ecken ein queres Porenfeld.

Die geschlossenen Kieferfüße überragen weit den Stirnrand; Hüften ohne Chitinlinien; der Basalzahn ein winziges Höckerchen.

Sternit des Endbeinsegments sehr breit, hinten stark verjüngt und abgerundet; die Hüfte mit 2 schrägen, halbbedeckten Gruben, in die die Poren münden. Endbeine nur wenig länger als das vorangehende Paar, beim ♀ wenig, beim ♂ stark verdickt, beim ♀ spärlich, beim ♂ dicht beborstet; die Endkralle kräftig.

Vereinigte Staaten von Nordamerika: New York, Iowa, Illinois, Michigan, Virginia, Nord Carolina usw.

Die Mundteile sind nicht bekannt, gehört vielleicht gar nicht in die Gattung *Geophilus*.

Die folgenden 5 Arten lassen sich in der Tabelle nicht unterbringen:

41. **G. arenarius** Mein. 1870 *G. a.*, Meinert in: Naturh. Tidsskr., ser. 3 *v.* 7 p. 78 | 1889 *G. a.*, Daday, Myr. Regni Hungar., p. 86.

Länge 34—35 mm. Zahl der Beinpaare ♂ 55, ♀ 55—59.

Gelb, mäßig schlank, spärlich beborstet.

Kopfschild so lang wie breit, derb aber spärlich punktiert, keine Stirnfurche, hinten 2 Längsfurchen. Antennen ziemlich kurz. Die Kieferfüße überragen den Stirnrand; sie sind spärlich und derb punktiert. Chitinlinien vollständig aber schwach; Tarsungulum mit winzigem Basalzahn, die anderen Glieder ungezähnt. Basalschild sehr breit. Tergite dicht punktiert, deutlich zweifurchig, in der Mitte 2 undeutliche Grübchen.

Sternite dicht punktiert, die vorderen mit einem Grübchen vor der Mitte, die mittleren und hinteren mit einer etwas undeutlichen Furche. Über die Ventralporen ist nichts bekannt.

Sternit des Endbeinsegments breit; Hüfte mit 8—9 zum größten Teil bedeckten Poren. Prätarsus krallenförmig, beim ♂ winzig klein; Endbeine des ♂ verdickt und dicht beborstet, des ♀ schlank und spärlich beborstet.

2 große Terminalporen vorhanden.

Algier (Bona), Ungarn: Komitate Torda, Fiume, Zemplén, Szilagy, Temes.

42. **G. glyptus** Chamb. 1902 *G. g.*, Chamberlin in: Amer. Natural., *v.* 36 p. 477.

Gelb oder lichtbräunlich, Kopf und Mundteile kastanienbraun. Länge 43 mm, Breite 1,3 mm. ♂ mit 67, ♀ mit 69 Beinpaaren. Körper kräftig, hinten stark verjüngt; Vorderende spärlich beborstet. Kopfschild etwas länger als breit; Antennen kurz.

Kieferfußhüfte vorn ungezähnt. Die Tarsungula erreichen geschlossen fast oder ganz das Ende des 1. Antennengliedes; ein kleiner stumpfer Basalzahn vorhanden.

Sternite mit einer Medianfurche, das der Endbeine breit (Ventralporen?), Endbeinhüfte mit 12 Poren, die frei münden oder zum Teil vom Sternit bedeckt sind. Endbeine lang, mäßig oder stark verdickt, mit kleiner oder sehr kleiner Kralle. Stigmen rund, die ersten zwei sehr groß.

2 Analporen vorhanden.

Salt Lake City, Utah.

43. **G. hispanicus** Mein. 1870 *G. h.*, Meinert in: Naturh. Tidsskr., ser. 3 *v.* 7 p. 70.

Gelb, Kopf und Kieferfüße braun.

Länge ♂ 33 mm, ♀ 51 mm. Breite ♀ 1,2 mm. Zahl der Beinpaare ♂ 57—61, ♀ 61—65. Kopfschild viel breiter als lang, spärlich punktiert, ohne Stirnfurche. Die Kieferfüße überragen geschlossen den Stirnrand bedeutend; sie sind spärlich punktiert. Chitinlinien etwas abgekürzt; Tarsungulum mit kleinem Basalzahn, die anderen Glieder ungezähnt. Basalschild breit. Antennen sehr lang.

Tergite deutlich zweifurchig, spärlich und kurz beborstet.

Sternite mit einer medianen Grube oder Furche, die vorderen deutlich punktiert. (Ventralporen?)

Sternit des Endbeinsegments breit, die geraden Seitenränder nach hinten konvergierend, Hüfte mit 20 und mehr Poren, die in eine lange schräge Grube münden, die teilweise vom Sternitrand bedeckt ist. Prätarsus eine winzige Kralle. Endbeine des ♀ schlank, schütter beborstet, des ♂ etwas dicker und reichlicher beborstet. Analporen fehlen.

Sevilla, Granada.

44. **G. madeirae** Latz. 1895 *G. M.*, Latzel in: Mt. Mus. Hamburg, *v.* 12 p. 115.

Länge 19 mm, Breite 0,8 mm. ♀ 45 Beinpaare.

Keine Stirnfurche, Chitinlinien der Kieferfußhüfte kaum abgekürzt. Die vorderen ungefähr 20 Sternite mit einer breiten und tiefen Grube vorn und mehr oder weniger deutlich dreifurchig, die anderen Sternite mit einer Mittelfurche (Ventralporen?).

Endbeinhüfte mit 2 großen, verdeckten Poren. Endbeine des ♀ schlank, beborstet, mit kleiner Endklaue.

Keine Analporen.

Stigmen rund, die vorderen größer als die sehr kleinen hinteren.

Madeira.

45. **G. shoshoneus** Chamb. 1925 *G. s.*, Chamberlin in: Pan-Pacif. Ent. San Francisco, *v.* 2 p. 59.

Utah.

Ungenügend beschriebene Arten:

G. alpinus Mein. 1870 *G. a.*, Meinert in: Naturh. Tidsskr., ser. 3 *v.* 7 p. 76.

Tübingen.

G. flavus (Newp.) 1845 *Arthronomalus f.*, Newport in: Tr. Linn. Soc. London, *v.* 19 p. 433 | 1847 *Geophilus f.*, P. Gervais in: Walckenaer & Gervais, Hist. Apt., *v.* 4 p. 312.

England, Gloucester.

G. humuli Newp. 1845 *G. h.*, Newport in: Tr. Linn. Soc. London, *v.* 19 p. 435 | 1847 *G. h.*, P. Gervais in: Walckenaer & Gervais, Hist. Apt., *v.* 4 p. 319.

England, Kent.

G. impressus C. L. Koch 1847 *G. i.*, C. L. Koch in: Koch-Panzer, Krit. Revis., *v.* 3 p. 187 | 1863 *G. i.*, C. L. Koch, Myr., *v.* 2 p. 60 f. 182.

Pola.

G. palustris C. L. Koch 1863 *G. p.*, C. L. Koch, Myr., *v.* 2 p. 71 f. 194.

Regensburg.

G. punctiventris (Newp.) 1844 *Necrophloeophagus p.*, Newport in: Ann. nat. Hist., *v.* 13 p. 101 | 1845 *N. p.*, Newport in: Tr. Linn. Soc. London, *v.* 19 p. 432 | 1847 *Geophilus p.*, P. Gervais in: Walckenaer & Gervais, Hist. Apt., *v.* 4 p. 315.

Sizilien.

G. similis (Newp.) 1845 *Arthronomalus s.*, Newport in: Tr. Linn. Soc. London, *v.* 19 p. 432 | 1847 *Geophilus s.*, Gervais in: Walckenaer & Gervais, Hist. Apt., *v.* 4 p. 315.

England, Kent.

G. simplex Gerv. 1835 *G. s.*, P. Gervais in: Mag. Zool., *v.* 5 Cl. 9 p. 9 t. 133.

Meudon bei Paris.

2. Gen. **Nesogeophilus** Verh.

1924 *Geophilus* Subgen. *N.*, Verhoeff in: Nat. Hist. Juan Fernandez, *v.* 3 p. 413.

Kopfschild höchstens so lang wie breit. Basalschild breit. Die Kieferfüße erreichen den Stirnrand meist nicht, reichen höchstens bis zu ihm; von oben ist wenig von den Kieferfüßen zu sehen.

Mittelteil des Labrum gezähnt, Seitenteile gefranst. 1. Maxille mit oder ohne Außentaster; Telopodit zweigliedrig. Hüften der 2. Maxille ganz verwachsen, Klaue einfach. Chitinlinien der Kieferfüße vollständig.

Tergite zweifurchig.

Ventralporen vorhanden.

Die Drüsen der Endbeinhüfte münden in eine Grube, die sich durch einen Spalt neben dem Sternitrand öffnet; außerdem kann noch ein hinterer großer Einzelporus vorhanden sein. Tarsus zweigliedrig, Prätarsus krallenförmig.

Terminalporen vorhanden oder fehlend.

Neu-Seeland, Australien, Südamerika (Juan Fernandez); Europa (Siebenbürgen, Istrien).

6 Arten.

Typus: *N. laticollis* (Att.)

Übersicht über die Arten:

1 a) Syncoxit der 1. Maxille ohne Außentaster. Telopodit höchstens mit winzigem Außentaster, meist ohne solchen. Porenfeld der vorderen Sternite sehr groß, viel breiter als lang, oft einen erheblichen Teil des ganzen Sternits (bis zu $^1/_2$) einnehmend, Endbeinhüfte ohne großen hinteren Einzelporus (Indo-australisch und neotropisch) 2

2 a) 9.—18. Sternit mit einer dunkelgelb gefärbten Grube am Vorderrand: **2. N. bäckströmi**

2 b) alle Sternite ohne Vordergruben 3

3 a) Klaue der 2. Maxille ebenso lang wie das 2. Telopoditglied, Kieferfußtarsus ohne Zahn . . . . **3. N. xylophagus**

3 b) Klaue der 2. Maxille halb so lang wie das 2. Telopoditglied, Kieferfußtarsus mit kleinem Zahn 4

4 a) Das Ventralporenfeld teilt sich erst in der hinteren Körperhälfte in 2 Felder. Keine Terminalporen. Telopodit der 1. Maxille ohne Außentaster . . . . **1. N. laticollis**

4 b) Das Ventralporenfeld teilt sich vom 15. Segment an. Terminalporen vorhanden. Telopodit der 1. Maxille mit winzigem Außentaster: **4. N. hartmeyeri**

1 b) Syncoxit der 1. Maxille mit 2 Paar gut entwickelter Außentaster. Porenfeld der Sternite rundlich oder dreieckig. Endbeinhüfte mit großem, hinterem Einzelporus (Europa) 5

5 a) Hinterende des Körpers ungewöhnlich stark beborstet. Terminalporen fehlen. 49 Beinpaare (Istrien) . . . . **5. N. palpiger**

5 b) Hinterende nicht mehr beborstet als sonst. Terminalporen vorhanden. 55—73 Beinpaare (Siebenbürgen) . . . . **6. N. ormanyensis**

1. **N. laticollis** (Att.) 1903 *Geophilus l.*, Attems in: Zool. Jahrb., Syst. *v.* 18 p. 239.

Einfarbig gelb. Länge 29—32 mm, ziemlich dick, in der Mitte am breitesten; Zahl der Beinpaare ♂ 51, ♀ 55.

Kopfschild nur wenig länger als breit, vorn abgerundet. Keine Stirnfurche. 1. Maxille ohne Außentaster, Coxalfortsatz nicht deutlich abgesetzt. Kieferfüße nur am Tarsus mit einem winzigen Zahn, Ungulum schlank, innen glatt, geschlossen erreichen die Ungula gerade den Stirnrand.

Ventralporen auf dem 1. bis vorletzten beintragenden Segment; Porenfeld sehr groß, fast die ganze hintere Hälfte des Sternits einnehmend; auf den hinteren Segmenten in 2 immer noch große Felder geteilt; erst die letzten 3 Felder sind wieder einheitlich. Keine Gruben am Vorderrand.

Sternit des Endbeinsegments breit, trapezisch, die Hüftdrüsen münden rosettenförmig angeordnet in eine Grube, die sich durch einen Längsspalt neben dem Seitenrande des Sternits öffnet; hinten kein Einzelporus.

Keine Terminalporen. ♂ Gonopoden lang, zweigliedrig.

Juan Fernandez.

2. **N. bäckströmi** Verh. 1924 *Geophilus (N.) b.*, Verhoeff in: Nat. Hist. Juan Fernandez, *v.* 3 p. 414 f. 16, 17 (Fig. 173).

21—30 mm lang. 53—57 Beinpaare.

Mittelteil des Labrum 3—8zähnig, die Seitenteile gefranst. 1. Maxille ohne Außentaster.

9.—18. Sternit mit fuchsig-gelben Quergruben am Vorderrand, die kurz sind und fast die ganze Breite des Sternits einnehmen; auf dem 12. bis 15. Sternit am stärksten ausgebildet (Fig. 173); der korrespondierende Hinterrand höckerig vorragend.

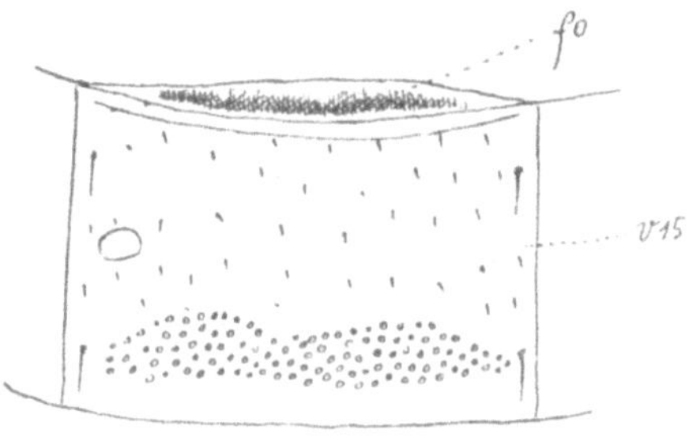

Fig. 173. **Nesogeophilus bäckströmi** Verh. 15. Segment.
Fo = Vordere Grube.

Die Ventralporen bilden quere Felder, die $^1/_3$—$^1/_2$ der Hinterhälfte einnehmen, auf den vorderen Segmenten sind sie in der Mitte verschmälert, vom 17. an sind sie in 2 laterale Haufen zerteilt, die immer porenärmer werden, aber noch auf dem vorletzten Sternit vorhanden sind.

Endbeinhüften mit 8—15 Poren. Sternit viel breiter als lang.

Juan Fernandez.

3. **N. xylophagus** (Att.) 1903 *Geophilus x.*, Attems in: Zool. Jahrb., Syst. *v.* 18 p. 237.

Braungelb.

Länge 30 mm, Breite 1,3 mm. ♂ mit 61 Beinpaaren.

Kopfschild ziemlich klein, vorn verschmälert und abgerundet, hinten eingebuchtet, also fast herzförmig. Basalschild breit, von den Kieferfüßen ist von oben wenig zu sehen.

1. Maxille ohne Außentaster, Telopodit der 2. Maxille nur sehr spärlich beborstet, die Endkralle ebenso lang wie das 2. Glied. Coxosternum der Kieferfüße kurz und breit, vorn ausgeschnitten, ungezähnt, die Chitinlinien vollständig. Tarsungulum ohne Basalzahn; die Klauen erreichen geschlossen den Stirnrand nicht, sie sind innen glatt.

Sternite ungefähr quadratisch, die vorderen bis etwa 20. Segment sogar etwas länger als breit und am Hinterrande stumpfwinklig vorstehend, so daß die Prästernite des folgenden Segmentes getrennt werden. Deutliche Vorderrandgruben sind jedoch keine vorhanden. In der vorderen Hälfte des Sternits eine Längsfurche; die Ventralporen beginnen auf dem 1. Segment; sie sind in einem großen Feld angeordnet, das fast die ganze hintere Hälfte des Sternits einnimmt und nahezu bis an den Seitenrand reicht; vom etwa 24. Segment an ist dieses Feld durch eine schmale mediane Lücke in 2 Felder geteilt; so bleibt es bis zum vorletzten Segment.

Endbeinsegment: Sternit vorn sehr breit, nach hinten stark verschmälert. Die zahlreichen Hüftporen münden in eine Grube, die sich neben dem Seitenrande des Sternits öffnet. Endkralle klein.

Die Mediannaht der Prästernite überall erhalten, d. h. die Prästernite sind nicht verschmolzen.

Keine Analporen.

Neu-Seeland.

4. **N. hartmeyeri** (Att.) 1911 *Geophilus H.*, Attems in: Fauna S.W.-Austral., v. 3 p. 158 f. 11, 12 (Fig. 174).

Weißlichgelb, Kopfschild licht zitronengelb, bei größeren Exemplaren ist der Vorder- und Hinterrand des 9.—18. Sternits etwas dunkler gelb.

Länge 24 mm. 43—59 Beinpaare.

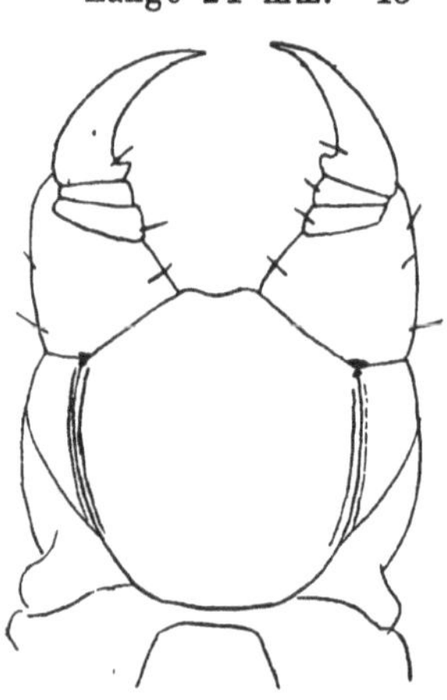

Fig. 174. **Nesogeophilus hartmeyeri** (Att.)

Kopfschild ein wenig breiter als lang, keine Stirnfurche, Antennen lang und schlank, in der proximalen Hälfte mit spärlichen langen, in der distalen Hälfte mit dichtstehenden, kurzen Borsten. Kopfschild und Clypeus mit ziemlich großmaschiger Felderung. Mittelteil des Labrum klein, gezähnt, Seitenteile in ihrer medialen Hälfte gefranst, in der lateralen glatt. Syncoxit der 1. Maxille ohne Außentaster. Telopodit zweigliedrig, mit winzigem, fein behaartem Außentaster. Hüften der 2. Maxille ganz verwachsen, Endkralle kurz, gerade, einfach. Die Kieferfüße reichen geschlossen nicht ganz bis zum Stirnrand, Chitinlinien vollständig, Tarsungulum mit kleinem, stumpfem Basalzahn, Ungulum innen glatt (Fig. 174).

Tergite spärlich. Ventralseite reichlich beborstet, 1. bis vorletztes beintragendes Segment mit Ventralporen; sie stehen anfangs in einem ziemlich breiten Band vor dem Hinterrand; auf dem etwa 15. Segment beginnt es sich in 2 Haufen aufzulösen, die auf den letzten Segmenten wieder verschmelzen.

Sternit des Endbeinsegments breit, trapezisch; Hüfte mit etwa 24 Poren, die alle in eine große runde Grube münden, die halb unter dem Sternit liegt. Ein kleines Feld am Ende der Hüfte und die ganzen Glieder 2—7 ventral beim ♂ dicht behaart, zugleich sind die Endbeine des ♂ merklich verdickt. Endkralle vorhanden. Terminalporen vorhanden.

SW-Australien: Denham, Eradu, Albany.

5. **N. palpiger** (Att.) 1903 *Geophilus p.*, Attems in: Zool. Jahrb., Syst. *v.* 18 p. 231.

Weißlich, Kopf lichtgelb.

Länge 17 mm, in der Mitte am breitesten, vorn und hinten nur wenig verjüngt. 49 Beinpaare.

Kopfschild fast viereckig, so lang wie breit, Antennen kurz, leicht keulig. Die ersten 5 Glieder mit Quirlen langer Borsten, die Endglieder dicht, kurz behaart. 1. Maxille mit 2 Paar kleiner, schlanker, bespitzter Außentaster. Telopodit zweigliedrig. Kralle der 2. Maxille kräftig, einfach. Kieferfüße geschlossen den Stirnrand bei weitem nicht erreichend. Chitinlinien vollständig, alle Glieder ohne Zahnbildungen, Ungulum innen glatt.

Vordere Sternite quadratisch, hintere länger als breit, spärlich beborstet, ohne besondere Skulptur. Ventralporenfeld vom ersten Sternit an, rund, nahe dem Hinterrand, die zugehörige Drüsenmasse langgestreckt; vom 19. Sternit an teilt sich das runde Porenfeld in 2 nebeneinander liegende runde Felder.

Genitalregion und Analsegment sowie die verdickten Endbeine des ♂ reichlich beborstet. Endbeinhüften wenig aufgetrieben, mit wenigen aber kräftigen Borsten; am oberen Rand münden 10—12 Poren in eine Grube; ein großer Einzelporus unter der Mitte des Sternitseitenrandes. 2. Tarsalglied klein, kegelförmig. Prätarsus kräftig, krallenförmig.

Keine Analporen. ♂ Gonopoden eingliedrig.

Podgorje, Istrien.

6. **N. ormanyensis** (Att.) 1903 *Geophilus o.*, Attems in: Zool. Jahrb., Syst. *v.* 18 p. 230.

Weißlichgelb, auch der Kopf lichtgelb, die Stirnregion etwas heller.

Länge 20 mm, schlank. Zahl der Beinpaare ♂ 55, ♀ 73.

Kopf so breit wie lang, keine Stirnfurche. 1. Maxille mit 2 Paar Außentastern, beide kurz, mäßig breit, zugespitzt; Telopodit zweigliedrig. Die Kieferfüße erreichen den Stirnrand bei weitem nicht, Chitinlinien vollständig und sehr breit, alle Glieder ohne Zahnbildungen, Ungulum innen glatt.

1.—21. Sternit mit abgerundet dreieckigem bis rundem Porenfeld nahe dem Hinterrand; die vordersten sind mehr dreieckig, kaudalwärts runden sie sich ab. Vom 22. bis viertletzten Sternit zwei kleine Häufchen von wenigen Poren nebeneinander. Drittletztes und vorletztes Sternit wieder mit einem runden Porenfeld. Die vorderen Sternite ungefähr quadratisch, die hinteren länger als breit.

Sternit des Endbeinsegments sehr breit, hinten kaum verschmälert. Hüfte mit einem Büschel von mehreren Poren in der Nähe des Vorderecks des Sternits; in der Nähe des Hinterecks ein einzelner großer Porus. Prätarsus krallenförmig. Alle Prästernite mit medianer Naht.

Terminalporen vorhanden. ♂ Gonopoden zweigliedrig.

Ormanyer Wald im Szamostal, etwa 40 km nördlich von Klausenburg, im toten Buchenlaub.

3. Gen. **Orinophilus** Cook

1895 *Orinomus*, Attems in: SB. Ak. Wien, *v.* 104 p. 166 | 1895 *Orinophilus*, Cook in: P. U. S. Mus., *v.* 18 p. 72 | 1926 *O.*, Attems in: Kükenthal & Krumbach, Handb. Zool., *v.* 4 p. 362.

Kopfschild so lang wie breit. Keine Stirnfurche.

Labrummittelteil mit mehreren Tuberkelzähnen, die seitlichen in Fransen ausgezogen, Seitenteile mit mehreren langen Fransen. 1. Maxille ohne Außentaster, Telopodit zweigliedrig. Prätarsus der 2. Maxille in Form eines borstentragenden Zäpfchens (Fig. 175). Chitinlinien der Kieferfüße abgekürzt. Die Kieferfüße erreichen geschlossen den Stirnrand. Basalschild breit.

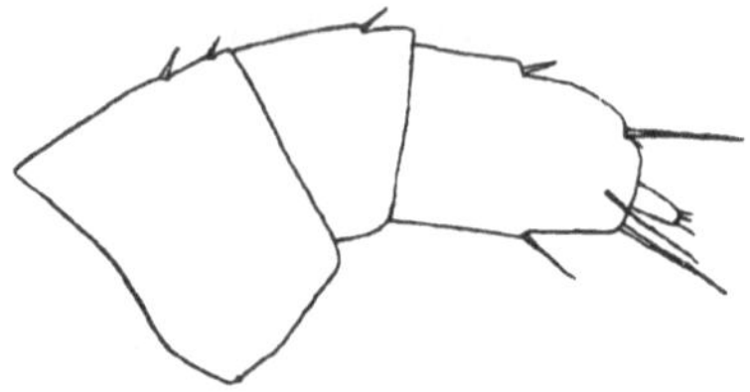

Fig. 175. **Orinophilus oligopus** (Att.) 2. Maxille.

Die 2 Längsfurchen der Tergite sehr seicht und undeutlich.

Ventralporen vorhanden. Gewisse vordere Sternite mit *carpophagus*-Bildung.

Sternit des Endbeinsegments breit, Hüfte mit einer Anzahl Poren am Rande des Sternits. Tarsus zweigliedrig. Prätarsus krallenförmig.

Analporen fehlen.

2 sichere Arten mit 2 Unterarten, 1 unsichere Art.

Typus *O. oligopus* Att.

1. **O. oligopus** (Att.) 1895 *Orinomus o.*, Attems in: SB. Ak. Wien, *v.* 104 p. 167 (Fig. 175).

Lichtgelb, Kopf bräunlichgelb, ziemlich breit, glatt und glänzend, spärlich beborstet.

Länge 12 mm, Breite 0,16 mm. 37 Beinpaare.

Kopfschild mittelgroß, beinahe kreisrund, Fühler recht kurz. Mittelteil des Labrum mit 3 Zähnen, die Seitenteile kurz gefranst. Vorderrand der Kieferfußhüften mit sehr seichter Mittelkerbe, ohne Höcker, Tarsungulum mit einem kleinen Basalzahn, Ungulum sehr fein gekerbt.

4.—11. Sternit mit dunkelgelber Quergrube am Vorderrand. Ventralporen in einem querovalen Feld vor dem Hinterrande.

Stigmen groß, rund.

Endbeinhüften mit 7 großen Poren, von denen die hintersten die größten sind. Genitalregion stark beborstet. ♂ Gonopoden zweigliedrig Endbeine des ♂ mäßig verdickt.

Hochschwab, Berg in Obersteiermark.

2. **O. gavoyi** (Chal.) 1910 *Geophilus G.*, Chalande in: Bull. Soc. Toulouse, *v.* 43 p. 87.

Diese Art ist offenbar der erstgenannten sehr ähnlich, von der sie sich nur in folgenden Punkten unterscheidet:

Mittelteil des Labrum mit 9 Tuberkelzähnen, deren laterale in eine Franse ausgezogen sind.

Ventralporenfeld queroval, vom 1. bis 17. oder 18. Sternit, manchmal in 2 Felder geteilt noch bis zum 23. Sternit.

Zahl der Beinpaare ♂ 39—55, ♀ 41—57.

Frankreich: Haute Garonne (Luchon, Saint Béat) Ariège (Ax).

Wird in 2 Unterarten geteilt.

2a. **O. g. gavoyi**, Chal.

39—45 Beinpaare. Ventralporenfeld auf den Sterniten 1—17 oder 18. Vordere Gruben auf den Sterniten 3—4 bis 14—15.

2b. **O. g. elongatus**, Chal.

49—57 Beinpaare. Ventralporenfeld auf den Sterniten 1 bis 22—23. Vordere Gruben auf den Sterniten 3—4 bis 18.

O. platensis Silv. 1898 *O. p.*, Silvestri in: Comun. Mus. Buenos Aires, *v.* 1 nr. 2 p. 39.

Las Talas bei La Plata.

Ungenügend beschrieben.

Länge 9 mm. 31—33 Beinpaare (♀). Kopf länger als breit, Basalschild trapezisch. Die Kieferfüße überragen das erste Antennenglied, Vorderrand der Hüften ohne Zähne, Tarsus mit 1 großen Zahn, Präfemur mit 2 Zähnen. Mittelteil des Labrum mit undeutlichen Tuberkelzähnen. Die Seitenteile gefranst, 2. Maxille mit einem sehr großen Zahn(?). Die mittleren Sternite gefurcht und mit kleinem, hinterem Porenfeld. Endbeinhüfte mit 2 Poren. Keine Terminalporen. Endbeine bei ♂ und ♀ verdickt, mit großer Endkralle.

Die Zugehörigkeit zu *Orinophilus* ist unwahrscheinlich.

4. Gen. **Brachygeophilus** Bröl.

1909 *B.*, Brölemann in: Arch. Zool. expér., ser. 5 *v.* 3 p. 338.

Kopfschild so lang wie breit oder wenig länger. Basalschild breit. Mittelteil des Labrum mit mehreren Zähnchen. Die Seitenteile gefranst. 1. Maxille mit Außentastern auf dem Syncoxit allein oder auch auf dem Telopodit. Chitinlinien der Kieferfüße vorhanden oder fehlend. Tergite doppelfurchig. Ventralporen fehlen. Vordere Sternite mit oder ohne *carpophagus*-Bildung. Endbeintarsus zweigliedrig, Prätarsus meist vorhanden. Hüfte mit 2 großen Poren oder mit vorderem Drüsenbüschel und hinterem Einzelporus oder mit einer Anzahl Einzelporen.

Europa von Skandinavien-Irland bis Riviera-Pyrenäen, Balearen, Sizilien, Marokko, Krim, Cilicien. Kalifornien.

7 Arten, 1 Unterart.

Typus: *B. truncorum* (Bergs. & Mein.)

Übersicht über die Arten (außer nr. 7):

1a) Einige vordere Sternite mit *carpophagus*-Bildung. Keine Chitinlinien auf den Kieferfüßen. 1. Maxille mit 2 Paar Außentastern 2
- 2a) Mittelteil des Labrum 5zähnig. Endbeinhüfte mit 2 Poren: 1. **B. truncorum**
- 2b) Mittelteil des Labrum 2zähnig. Endbeinhüfte mit 4 Poren: 1a) **B. truncorum ribauti**

1b) Alle Sternite ohne Vordergruben (*carpophagus*-Bildung) 3

3a) Kieferfüße mit Chitinlinien 1. Maxille mit 1—2 Paar Außentaster . 4
4a) 33 Beinpaare. Endbeinhüfte mit 2 Poren. 1. Maxille mit 1 Paar Außentaster . . . . 2. **B. richardi**
4b) 67—81 Beinpaare. Endbeinhüfte mit einer größeren Zahl von Poren 5
5a) 67—71 Beinpaare. 1. Maxille mit 1 Paar Außentaster (auf dem Syncoxit). Vorderrand der Kieferfußhüften mit 2 deutlichen Höckern. Ungulum der Kieferfüße innen gesägt-gekerbt. Keine Terminalporen . . . . 3. **B. conjungens**
5b) 77—81 Beinpaare. 1. Maxille mit 2 Paar Außentaster, auch auf dem Telopodit wohlentwickelte. Kieferfüße ganz ohne Zahnbildung. Ungulum innen glatt. Terminalporen vorhanden . . . . 4. **B. strictus**
3b) Kieferfüße ohne Chitinlinien (1. Maxille?)
6a) 65 Beinpaare. Endbeine mit Endkralle. Stirnfurche vorhanden: 5. **B. claremontus**
6b) 87 Beinpaare. Endbeine ohne Prätarsus. Stirnfurche fehlt: 6. **B. isantus**

1. **B. truncorum** (Bergs. & Mein.) 1866 *Geophilus t.*, Bergsoe & Meinert in: Naturh. Tidsskr., ser. 3 *v.* 4 p. 94 | 1870 *G. t.*, Meinert in: Naturh. Tidsskr., ser. 3 *v.* 7 p. 80 | 1881 *G. t.*, E. Haase in: Z. Ent. Breslau, ser. 2 *v.* 8 p. 80 | 1895 *G. t.*, Latzel in: Mt. Mus. Hamburg. *v.* 12 p. 102 | 1909 *Brachygeophilus t.*, Brölemann in: Arch. Zool. expér., ser. 5 *v.* 3 p. 338.

Gelb, Kopf und Kieferfüße braun.

Länge ♂ 15 mm, ♀ 18 mm, Breite 0,7 mm. ♂ mit 37—39, ♀ mit 37—41 Beinpaaren, schlank.

Kieferfüße den Stirnrand kaum erreichend. Hüften vorn ungezähnt und ohne Chitinlinien. Tarsungulum mit sehr kleinem Basalzahn. Mittelteil des Labrum mit 5 Zähnen. Kopfschild ungefähr so lang wie breit, seicht punktiert. Tergite mit 4—6, Prätergite mit 2 Reihen kurzer Börstchen. 4.—12. Sternit mit *carpophagus*-Bildung. Alle ohne Ventralporen. Die polygonale Felderung ist auf zwei breite Querbänder beschränkt.

Endbeinhüften mit 2 (selten 3) sehr großen, ganz oder halb unter dem Sternit liegenden Drüsenporen. Sternit hinten verschmälert.

Dänemark, Schweden, Norwegen, Norddeutschland, Hessen, Schlesien, Holland, Frankreich von Normandie bis Ostpyrenäen, Irland, Sizilien, Marokko.

1a. **B. t. ribauti** (Bröl.) 1908 *Geophilus t. R.*, Brölemann in: Bull. Soc. Toulouse, *v.* 41 p. 62.

Unterscheidet sich von *B. truncorum* durch die geringere Zahl der Zähne auf dem Mittelteil des Labrum (2—3), dagegen durch die größere Zahl (4) der Endbeinhüftporen.

1. Maxille mit 2 Paar kleiner, bestachelter Außentaster.

Hautes Pyrenées (Fabian, Couplan, Pio), Ibiza.

2. **B. richardi** (Bröl.) 1904 *Geophilus R.*, Brölemann in: Bull. Mus. Monaco, nr. 15 p. 9.

♀ 8—8,5 mm lang, 0,5—0,7 mm breit, gedrungen, vorn und hinten verschmälert. 33 Beinpaare.

Kopfschild fast so breit wie lang, ohne Stirnfurche. Mittelteil des Labrum mit 4 Zähnen, die inneren kurz und stumpf, die lateralen länger und spitz; Seitenteile gefranst. 1. Maxille mit einem Paar Außentaster. Vorderrand der Kieferfußhüften ungezähnt, die Chitinlinien abgekürzt, Tarsungulum mit kleinem Basalzahn, Ungulum innen glatt. Sternite ohne *carpophagus*-Bildung. 5.—8. Sternit mit einem querrechteckigen glatten, nicht polygonal gefelderten Feld, das 7 Paar Borsten trägt. Vordere Sternite mit 3 Längsfurchen oder -Gruben.

Endbeinsegment: Sternit breiter als lang, hinten verschmälert, Hüfte mit 2 großen teilweise bedeckten Poren.

2 Analporen vorhanden.

Monaco.

3. **B. conjungens** (Verh.) 1898 *Geophilus c.*, Verhoeff in: Arch. Naturg., *v.* 64 I p. 350 t. 8 f. 13—15.

♂ 32 mm lang, 67 Beinpaare. ♀ 55 mm lang, 71 Beinpaare.

Kopfschild so lang wie breit, Mittelteil des Labrum schwach gezähnelt, 1. Maxille nur auf dem Syncoxit mit einem Paar Außentaster.

Vorderrand der Kieferfußhüften mit 2 deutlichen Höckern, Chitinlinien gut ausgeprägt. Tarsungulum mit schwachem Basalhöcker, Ungulum innen gesägt-gekerbt.

Endbeinhüfte vorn mit einem länglichen Büschel von Drüsen unter den Seiten des queren Sternits, hinten mit einem Einzelporus. Endbeine des ♀ sehr schlank, mit deutlichem Prätarsus, die des ♂ verdickt. Oben spärlich, unten dicht beborstet, mit winzigem Prätarsus.

Analporen fehlen.

Cilicien, **Jalta**.

4. **B. strictus** (Latz.) 1880 *Geophilus s.*, Latzel, Myr. Österr.-Ung., *v.* 1 p. 174.

Rostgelb, Kopf und Kieferfüße kastanienbraun.

Länge des größten ♀ 60 mm. Zahl der Beinpaare ♂ 77—79, ♀ 81, sehr schlank. Kopfschild etwas länger als breit, vorn etwas verschmälert, Vorder- und Hinterrand gerade. Keine Stirnfurche. Antennenglieder der proximalen Hälfte mit Quirlen längerer Borsten und dazwischen mit zahlreicheren sehr kleinen Börstchen. Die distale Hälfte gleichmäßig und mäßig dicht kurz beborstet. Die Quirle an der Basis nur undeutlich. Basalschild hinten ungefähr so breit wie das folgende Tergit, trapezisch. Clypeus gleichmäßig und eher kleinmaschig polygonal gefeldert, mit einer gebogenen Borstenreihe und einigen weiteren Borsten. Mittelteil des Labrum mit einer größeren Zahl sehr kleiner Zähnchen. Die Seitenteile in ihrer medianen Hälfte gefranst. 1. Maxille mit 2 Paar gut ausgebildeter Außentaster, die des Syncoxits breitlappig, die des 1. Telopoditgliedes etwas schlanker aber auch stumpf, beide fein bestachelt. Telopodit deutlich zweigliedrig, Distalglied mit etwa 1 Dutzend starker Borsten. Coxalfortsatz etwas kürzer als der Außentaster des Telopodits, mit einigen Borsten. 2. Maxille sowohl am Syncoxitrand wie an allen 3 Telopoditgliedern beborstet. Das Endglied am reichlichsten, Prätarsus eine kräftige gerade Kralle. Die Kieferfüße erreichen geschlossen den Stirnrand. Chitinlinien etwas abgekürzt, alle Glieder ganz ohne Zahnbildung.

Vordere Sternite mit tiefem Mediangrübchen, alle mit Querreihen von Börstchen und außerdem mit zahlreichen winzigen Haarspitzen.

Sternit des Endbeinsegments breit, beim ♂ trapezisch, hinten weniger verschmälert als beim ♀, wo es hinten abgerundet ist. Hüfte beim ♂ mit einer Anzahl Poren, die zumeist unter dem Sternitrand münden; beim ♀ mit etwa 10 stark braungefärbten Poren von ziemlich gleicher Größe, die auf der Ventralseite einzeln und zumeist frei münden; der hinterste Porus nur wenig größer. Endbeine des ♂ merklich verdickt und reichlicher behaart, mit einer winzigen oder ohne Kralle, beim ♀ mit einer sehr kleinen aber deutlichen Kralle.

Terminalporen vorhanden.

Küstenland (Pinguente), Dalmatien (Zara).

5. **B. claremontus** (Chamb.) 1909 *Geophilus c.*, Chamberlin in: Ann. ent. Soc. Amer., *v.* 2 p. 184 t. 25 f. 7, 8, 9.

Länge 40 mm, Breite 1,2 mm, 65 Beinpaare.

Kopfschild länger als breit (2,7 : 2) mit größeren und kleinen Punkten. Vom Hinterrand zwei divergierende Furchen, Stirnfurche vorhanden. Die Kieferfüße reichen geschlossen bis zur Mitte des 2. Antennengliedes. Hüften mit Medianfurche, der Vorderrand ausgerandet, ungezähnt. Keine Chitinlinien (nach der Zeichnung). Alle Telopoditglieder mit einem Zähnchen innen. Basalschild hinten schmäler als das folgende Tergit.

Tergite tief zweifurchig, punktiert.

Sternit des Endbeinsegments von mittlerer Breite, Seiten- und Hinterrand etwas konvex. Etwa 15 Hüftporen auf der Ventralseite, die medianen unter dem Sternitrand, der hinterste etwas isoliert von den anderen.

Claremont, Kalifornien.

6. **B. isantus** (Chamb.) 1909 *Geophilus i.*, Chamberlin in: Ann. ent. Soc. Amer., *v.* 2 p. 185 t. 26 f. 7, 8, 9.

Rostgelb, Kopf und Kieferfüße dunkler, das Hinterende bräunlich.

Länge 40 mm, Breite 1,1 mm, 87 Beinpaare.

Kopfschild viel länger als breit, ohne Stirnfurche.

Die geschlossenen Kieferfüße überragen ein wenig den Stirnrand, keine Chitinlinien; die Telopoditglieder innen jedes mit einem Zähnchen.

Vordere Sternite mit einer Medianfurche.

Sternit des Endbeinsegments länger als breit. Hüfte mit 7 Einzelporen, von denen 3 unter dem Sternitrand liegen. Tarsus zweigliedrig. Kein Prätarsus.

Los Angeles, Kalifornien.

7. **B. tenebrosus** (Mein.) 1886 *Geophilus t.*, Meinert in: Vidensk. Meddel., *v.* 36—38 p. 146.

Gelb, Kopf und Kieferfüße kastanienbraun.

Länge 40 mm, Breite 1 mm. Zahl der Beinpaare ♂ 55, ♀ 57—59.

Kopfschild länger als breit (10 : 7), ohne Stirnfurche. Antennen lang. Die geschlossenen Kieferfüße überragen das erste Antennenglied; Vorderrand der Hüften mit spitzen Zähnchen; Tarsungulum mit großem Basalzahn, Präfemur mit 2 Höckern. (Chitinlinien?)

Tergite zweifurchig, mit einem undeutlichen Mediangrübchen.

Sternite deutlich gefurcht.

Sternit des Endbeinsegments breit, hinten wenig verschmälert, eingebuchtet; Hüfte mit wenigen, zum Teil bedeckten Poren von ungleicher Größe. Eine kräftige Endkralle vorhanden.

Keine Analporen.

Riacho del Oro.

Läßt sich wegen der fehlenden Angaben über die Chitinlinien nicht in die Tabelle aufnehmen.

5. Gen. **Galliophilus** Rib. & Bröl.

1927 *G.*, Brölemann in: Bull. Soc. Toulouse, *v.* 56 p. 107.

Mittelteil des Labrum kleiner als die Seitenteile, mit Tuberkelzähnen, die Seitenteile gefranst. Mandibel ohne ventrale beborstete Verlängerung. 1. Maxille mit zweigliedrigem Telopodit und 2 Paar Außentastern. Endkralle der 2. Maxille normal. Pleurocoxalgrenze des Kieferfußsegments sehr wenig schräg. Sternite ohne *carpophagus*-Bildung, mit wenigen, vereinzelt über die ganze Fläche verstreuten Poren. Endbeinhüfte mit einzeln und frei mündenden Poren, Endbeintarsus zweigliedrig. Kein Prätarsus.

Zentral-Pyrenäen.

1 Art.

1. **G. beatensis** Rib. & Bröl. 1927 *G. b.*, Brölemann in: Bull. Soc. Toulouse, *v.* 56 p. 104 f. 6—13.

Länge 51 mm, Breite 1 mm. 85 Beinpaare, sehr schlank, schwach beborstet. Kopf ein wenig breiter als lang, fast viereckig. Clypeus mit 3 Borstenpaaren hintereinander. Seitenteile des Labrum mit 6—8 Fransen. Die Außentaster der 1. Maxille ziemlich lang, dick, papillös. Kieferfüße mit vollständigen Chitinlinien, Tarsus mit kleinem Höcker, Ungulum innen gekerbt, den Stirnrand nicht überragend. Basalschild trapezisch, hinten breit. Tergite doppelfurchig. Prätergit des Endbeinsegments mit den Pleuriten verwachsen und breiter als das vorangehende Tergit. 11. Sternit mit 14—16 zerstreuten Poren, hauptsächlich am Umkreis verteilt (die anderen Sternite?). Endbeinsternit kurz, fast halbkreisförmig. 2 große Terminalporen. Endbeinhüfte mit etwa 18 ziemlich großen Poren, die einzeln ventral und lateral münden. Endbeine des ♀ (♂ unbekannt) lang, spärlich langborstig, aber ventral dicht mit winzigen Härchen besetzt.

Saint Béat, Haute Garonne, Pyrenäen.

6. Gen. **Purcellinus** Att.

1926 *P.*, Attems in: Kükenthal & Krumbach, Handb. Zool., *v.* 4 p. 362 | 1928 *P.*, Attems in: Ann. S. Afr. Mus., *v.* 26 p. 148.

Kopfschild länger als breit, ohne Stirnfurche. Mittelteil des Labrum kräftig gezähnt, die Seitenteile langgefranst. Syncoxit der 1. Maxille ohne Tasterlappen. Telopodit mit winzigem Außentaster, beide Telopoditglieder etwas undeutlich geschieden. Hüften der 2. Maxille ganz verwachsen, innen und außen ohne Fortsatz, Endkralle der 2. Maxille einfach (Fig. 176). Kieferfüße den Stirnrand überragend, ohne Chitinlinien. Basalschild breit. Die Kieferfüße sind von oben zum großen Teil sichtbar.

Fig. 176.
Purcellinus robustus Att.
2. Maxille.

Tergite ungefurcht. Ventralporen in einem Querband vor dem Hinterrand. Prästernite median geteilt. Endbeinhüfte mit zahlreichen, frei mündenden Poren. Tarsus zweigliedrig, Prätarsus krallenförmig. Analporen vorhanden.

Südafrika.

1 Art.

1. **P. robustus** Att. 1928 *P. r.*, Attems in: Ann. S. Afr. Mus., *v.* 26 p. 149 t. 19 f. 480; t. 20 f. 483—486 textf. 52 (Fig. 176).

Größere Individuen braungelb, kleinere blaßgelb, Kopf nicht wesentlich dunkler.

Länge bis 28 mm. Gestalt sehr plump. ♂ und ♀ mit 39—41 Beinpaaren. Kopfschild viel länger als breit, eingestochen punktiert. Antennen fadenförmig, endwärts etwas verjüngt, die ersten 6 Glieder mit 2 Quirlen längerer Borsten und dazwischen kürzeren Borsten.

Mittelteil des Labrum mit 3 kurzen dreieckigen Zähnen, es trennt die Seitenteile. Die langen Fransen der letzteren mit breiter Basis sind relativ weit voneinander entfernt.

Kieferfüße zerstreut und seicht punktiert, Vorderrand der Hüften mit 2 kleinen braunen Zähnchen, Tarsungulum mit kleinem Basalzahn. Sternite mit tiefer medianer Längsfurche und 2 Tastbrosten jederseits. Ventralporen auf dem 1. Sternit in einem kleinen runden Medianfeld, weiterhin in einem schmalen Querband vor dem Hinterrand, das sich nach und nach in 2 kleine Häufchen teilt. Prästernite und Prätergite mit je einer Querreihe kurzer Borsten.

Sternit des Endbeinsegments schmal, nach hinten stark verjüngt, Hüfte mit zahlreichen Poren unten und seitlich, der obere und hintere Teil bleibt porenfrei. Endbeine des ♂ stark verdickt und auf der Unterseite des 1. bis 5. Gliedes dicht behaart, 6. Glied schon etwas weniger, 7. Glied nur schütter beborstet. Beim ♀ haben alle Endbeinglieder nur schüttere Borsten.

Kapland.

7. Gen. **Mesogeophilus** Verh.

1901 *Geophilus* subg. *M.*, Verhoeff in: Zool. Anz., *v.* 24 p. 681 | 1920 *Zelanophilus*, Chamberlin in: Bull. Mus. Harvard, *v.* 64 p. 50.

Mittelteil des Labrum mit kräftigen Zähnchen, die Seitenteile gefranst. 1. Maxille mit oder ohne Außentaster, Syncoxit gleichmäßig chitinisiert auch in der Mitte, Telopodit zweigliedrig. Hüften der 2. Maxille ganz verwachsen. Klaue nicht gekämmt. Kieferfüße ohne Chitinlinien. Basalschild breit.

Tergite doppelfurchig oder nur mit einer Medianfurche.

Ventralporen in einem schmalen Querband vor dem Hinterrand.

Endbeinhüfte mit einzeln und meist frei mündenden Poren. Tarsus zweigliedrig. Prätarsus krallenförmig. Sternit schmal.

Südtirol, Neu-Seeland.

3 Arten.

Typus: *M. baldensis* Verh.

Übersicht über die Arten:

1 a) 1. Maxille mit 2 Paar gut ausgebildeter Außentaster. Die Poren der Endbeinhüfte münden nur auf der Ventralseite. 43 Beinpaare (Südtirol): 1. **M. baldensis**

1 b) 1. Maxille ohne Außentaster. Die Endbeinhüfte hat ventral und dorsal Poren. 69 Beinpaare (Neu-Seeland) 2

2 a) Mittelteil des Labrum mit 9 Zähnen. Tergite mit einer Medianfurche zwischen den gewöhnlichen 2 Furchen . . . . 2. **M. wheeleri**

2 b) Mittelteil des Labrum mit 3 Zähnen. Tergite ohne Medianfurche: 3. **M. kapiti**

1. **M. baldensis** Verh. 1901 *Geophilus (M.) b.*, Verhoeff in: Zool. Anz., *v.* 24 p. 682.

11 mm lang, 1 mm breit. 43 Beinpaare, gelb.

Mittelteil des Labrum mit 4 kräftigen Zähnen, seitlich davon mit einigen feineren Fransen. 1. Maxille mit 2 Paar schlanker Außentaster. Kieferfüße mit auffallend schlanken Klauen, alle Glieder ohne Zahnbildungen. Die Sinneskegel des Endgliedes der Antenne sind nicht in Gruben versenkt.

Tergite nur mit einer Mittelfurche. Beborstung des Körpers spärlich und sehr kurz.

Vordere Sternite mit einem schmalen Querband von Poren, das bis an die Seiten reicht; vom 19. Sternit an teilt sich dieses Feld in 2 Querhaufen, die bis zum vorletzten Sternit wohl entwickelt bleiben. 3.—21. Sternit mit einer sehr schmalen Grube vorn und einem Höcker hinten.

Sternite des Endbeinsegments dreieckig, so daß die Hüften sich hinter ihm fast berühren. Jede Hüfte mit 9 verschieden großen Poren, die auf der Ventralfläche und mit Ausnahme der 2 vordersten frei münden.

Terminalporen vorhanden.

Mori am Nordostabhang des Monte Baldo, Südtirol.

2. **M. wheeleri** (Chamb.) 1920 *Zelanophilus W.*, Chamberlin in: Bull. Mus. Harvard, *v.* 64 p. 50.

Rostfarben, Kopf und Kieferfüße dunkler, Hinterende braunrot.

Länge 60 mm. 69 Beinpaare.

Kopfschild breit, nur wenig länger als breit, Stirnfurche deutlich, Antennen lang, endwärts verjüngt.

Die Kieferfüße reichen geschlossen nur wenig über den Stirnrand hinaus. Präfemur mit einem stumpfen Zahn am distalen Innenrand; kein Basalzahn.

Tergite mit einer feinen Medianfurche zwischen den gewöhnlichen 2 Furchen.

Neu-Seeland: Wellington, Plummerton.

3. **M. kapiti** (Archey) 1922 *Zelanophilus k.*, Archey in: Rec. Canterbury Mus., *v.* 2 p. 73 t. 13 f. 1—1b.

Gelb. Länge 38 mm. 69 Beinpaare.

Kopfschild breit, nur wenig breiter als lang, Vorder- und Hinterrand gerade, die Seiten konvex. Stirnfurche deutlich.

Die Kieferfüße erreichen beinahe den Stirnrand, am Präfemur mit einem Tuberkel, im übrigen ungezähnt.

Mittelteil des Labrum klein, dreizähnig.

Tergite ohne Medianfurche, zwischen den gewöhnlichen 2 Furchen. Ventralporen in einem Querband auf den ersten 27 Segmenten. Endbeinhüfte mit 18 dorsalen und 19 ventralen Poren.

Kapiti Island bei Neuseeland.

8. Gen. **Simophilus** Silv.

1896 *S.*, Silvestri in: Natural. Sicil., n. ser. *v.* 1 p. 154.

Mittelteil des Labrum langgefranst, von den Seitenteilen deutlich getrennt, Seitenteile ungefranst (Fig. 177). 1. Maxille ohne oder mit ganz rudimentären Außentastern, Telopodit zweigliedrig. Hüften der 2. Maxille breit verwachsen, Endkralle einfach. Kieferfüße mit vollständigen Chitinlinien, den Stirnrand nicht überragend. Basalschild breit, bis an die Körperseiten reichend. Keine Stirnfurche. Kopfschild so lang oder etwas länger als breit.

Ventralporen auf den vorderen Segmenten in einem scharf umschriebenen runden oder rhombischen, mehr in die Länge als Breite gestrecktem Mittelfeld, das sich auf den hinteren Segmenten in 2 Haufen auflösen kann.

Endbeinsternit breit, Hüfte mit 2 oder mehreren großen Einzelporen oder mit 2 Gruppen von mehreren Poren.

Tarsus zweigliedrig, Prätarsus krallenförmig.

Algier, Tunis, Ljubeten (Berg in Albanien).

3 Arten.

Typus: *S. frenum* (Mein.)

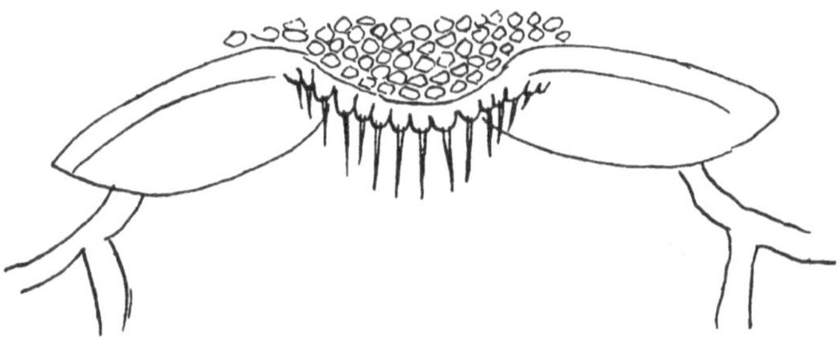

Fig. 177. **Simophilus albanensis** Att. Labrum.

Übersicht über die Arten:

1a) Endbeinhüften mit 2—6 Einzelporen 2
  2a) ♂ mit 77—89 (♀ bis 93) Beinpaaren. Endbeinhüfte mit 5—6 Poren. Analporen vorhanden, Vorderrand der Kieferfußhüfte mit 2 kleinen Zähnchen . . . . 1. **S. frenum**
  2b) ♂ mit 61 Beinpaaren. Endbeinhüfte mit 2 Poren, keine Analporen. Vorderrand der Kieferfußhüfte ohne Zahnhöcker . . 2. **S. albanensis**
1b) Endbeinhüfte mit 2 Porengruppen. Die vordere mit 5—6, die hintere mit 3 Poren . . . . 3. **S. palaestinus**

1. **S. frenum** (Mein.) 1870 *Geophilus f.*, Meinert in: Naturh. Tidsskr., ser. 3 *v.* 7 p. 74 | 1896 *Simophilus f.*, Silvestri in: Natural. Sicil., n. ser. *v.* 1 p. 154.

Gelb bis ockergelb, Kopf und Kieferfüße bräunlich, spärlich beborstet.

Länge ♂ 36 mm, ♀ 48 mm. Zahl der Beinpaare ♂ 77—89, ♀ 79—93. Schlank. Kopfschild so lang wie breit, sehr spärlich punktiert. Antennen kurz. Kieferfüße derb und spärlich punktiert, den Stirnrand erreichend, Vorderrand der Hüften mit 2 winzigen Zähnchen. Tarsungulum ohne Basalzahn.

Ventralporenfeld der vorderen Segmente groß, rund; auf den mittleren Segmenten 2—3 etwas undeutlichere Porenfelder. Stigmen groß, rund.

Hüfte der Endbeine mit 5—6 Poren, Endbeine des ♀ schlank und spärlich beborstet, des ♂ dicker und stärker beborstet.

Analporen vorhanden.

Algier (Bona), Tunis (Ain Draham, Babouch, Tabarka).

2. **S. albanensis** Att. 1928 *S. a.*, Attems in: Zool. Jahrb., Syst. *v.* 75 p. 65 (Fig. 177).

Gelb, Kopf nicht merklich dunkler.

Länge 12 mm, ziemlich schlank. ♂ 61 Beinpaare.

Kopfschild etwas länger als breit, nach vorn verschmälert und abgerundet, ohne Stirnfurche. Sehr zerstreut kurz beborstet. Die Borsten stehen auf den Gliedern der proximalen Antennenhälfte in 2 nicht ganz regelmäßigen Quirlen, und sind nicht viel länger als die Borsten der distalen Hälfte, die relativ spärlich sind. Lamina basalis bis an die Seiten des Körpers reichend, nach vorn nur wenig verschmälert und lang, so lang wie das folgende Tergit.

Mittelteil des Labrum groß, so breit wie einer der Seitenteile, nach hinten vorgewölbt und mit 14 Zähnen besetzt, die in eine lange Franse ausgehen, also gefranst. Seitenteile ungefranst (Fig. 177). 1. Maxille mit sehr undeutlichen rudimentären Läppchen auf dem Syncoxit, die in eine kleine Borste ausgehen. Telopodit deutlich zweigliedrig, das Grundglied mit einer kleinen Borste außen an Stelle des Außentasters. Hüften der 2. Maxille breit verwachsen. Kralle einfach. Die Kieferfüße erreichen geschlossen den Stirnrand bei weitem nicht, alle Glieder ohne Zahnbildung. Ungulum innen glatt. Chitinlinien vollständig.

Auf dem vertieften Teil des grobmaschig gefelderten Clypeus stehen 1 + 1 Borsten, auf dem Rande des höher liegenden Teiles stehen jederseits eine und in der Mitte eine Borste.

Sternite grob polygonal gefeldert, jederseits 2 kleine Börstchen; der Hinterrand springt auf den vorderen Sterniten bis etwa 19. winklig vor. 1. Sternit mit 6 Poren in einem runden Feld. 2. bis etwa 26. Sternit mit erst allmählich größer, dann wieder kleiner werdendem rundem bis länglichem Porenfeld; weiterhin nur mehr wenige Poren; auf dem vorletzten Sternit ein kleines Feld von einigen Poren. Prästernite der hinteren Körperhälfte ungeteilt.

Sternit des Endbeinsegments sehr breit, hinten geradlinig. Hüfte mit 2 großen Poren.

Keine Analporen.

Ljubeten, Berg in Albanien, oberster Buchenwald.

3. **S. palaestinus** (Verh.) 1925 *Geophilus p.*, Verhoeff in: Zool. Anz., *v.* 64 p. 72.

25 mm lang. 69 Beinpaare.

Mittelteil des Labrum mit 4—5 Zähnchen, 1. Maxille am Syncoxit mit schwachen Außentastern, Telopodit ohne solche. 1. Sternit ohne Poren. 2. Sternit mit 1—2 undeutlichen, 3. mit 12—13, 4. mit 18 Poren, die folgenden bis zum 22. mit allmählich größerer Porenzahl, Porenfeld länglich, wenig länger als breit, vom 23. Sternit an zerfällt das Porenfeld in 2 seitliche Häufchen, die hinter der Rumpfmitte schwach und undeutlich werden. Endbeinhüfte mit 2 versteckten Porengruppen, die vordere mit 5—6, die hintere mit 3 Poren.

Chuldah bei Jaffa.

9. Gen. **Pleurogeophilus** Verh.

1901 *Geophilus* subgen. *P.*, Verhoeff in: N. Acta Ac. Leop., *v.* 77 p. 417 | 1903 *G. (P.)*, Attems in: Zool. Jahrb., Syst. *v.* 18 p. 241 | 1909 *P.*, Brölemann in: Arch. Zool. expér., ser. 5 *v.* 3 p. 339.

Mittelteil und Seitenteile des Labrum gefranst, Grenze zwischen Mittelteil und Seitenteilen ganz deutlich (Fig. 178). 1. Maxille mit 1—2 Paar Außentastern. Hüften der 2. Maxille ganz verwachsen. Endkralle einfach. Die Kieferfüße mit vollständigen oder abgekürzten Chitinlinien: Die Grenze zwischen Hüften und Pleuren der Kieferfüße verläuft sehr schräg von hinten unten nach vorn oben; Präfemur ungezähnt. Basalschild sehr breit, bis an die Körperseiten reichend. Kopfschild so lang wie breit oder länger. Tergite zweifurchig. Ventralporen in einem Querband oder runden Feld, auf den hinteren Segmenten manchmal in 2 Feldern nebeneinander; selten ganz fehlend. Endbeinhüfte mit zahlreichen frei mündenden Poren ventral, lateral und meist auch dorsal, Sternit schmal. Tarsus zweigliedrig. Prätarsus krallenförmig gut ausgebildet, rudimentär oder ganz fehlend.

Südosteuropa, Westungarn, Südtirol, Lombardei, Mediterrangebiet, Japan, Kaffaland, Ver. Staaten von Nordamerika (Nord Carolina).

7 sichere und 1 unsichere Art.

Typus: *P. mediterraneus* (Mein.)

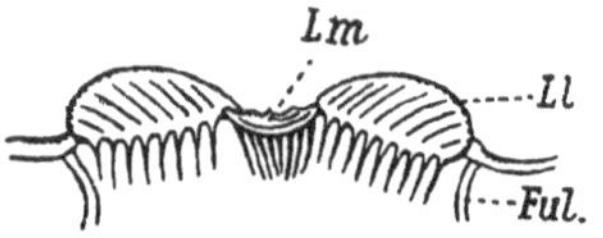

Fig. 178.
Pleurogeophilus mediterraneus (Mein.) Labrum.
Lm = Mittelteil, *Ll* = Seitenteile, *Ful* = Fulcren.

Übersicht über die Arten:

1a) Ventralporen fehlen . . . . 4. **P. hercegovinensis**
1b) Ventralporen vorhanden 2
2a) Chitinlinien der Kieferfüße abgekürzt 3
3a) Das Ventralporenfeld ist auf den vordersten etwa 22 Sterniten ein queres Band, dann in 2 Felder geteilt, auf den letzten Segmenten wieder ungeteilt. Die vorderen etwa 20 Sternite mit einem Vorsprung am Hinterrand. Endbeine mit Kralle. 85 Beinpaare . . . . . 5. **P. procerus**
3b) Das Ventralporenfeld ist rund, kann auf den hinteren Segmenten in 2 runde Felder geteilt sein. Endbeine ohne Kralle 4
4a) 47 Beinpaare. Länge 16 mm, Breite 0,9 mm. Ventralporenfeld kreisrund. Die Kieferfüße reichen bis an das Ende des 1. Antennengliedes. Vorderrand der Kieferfußhüfte ohne Höcker . . . 6. **P. cyclareatus**
4b) 91 Beinpaare. Länge 84 mm, Breite 1,7 mm. Ventralporenfeld auf den Segmenten 15—30 und 86—90 dreieckig; auf den Segmenten 31—85 zwei kleine runde Felder nebeneinander. Die Kieferfüße erreichen kaum den Stirnrand; Vorderrand der Hüften mit 2 Höckern: 7. **P. vetustus**
2b) Chitinlinien vollständig 5
5a) Kopfschild merklich länger als breit; Endbeinkralle lang und schlank (Nord Carolina) . . . . 3. **P. lanius**
5b) Kopfschild so lang wie breit oder breiter als lang. Endbeinkralle rudimentär oder fehlend (SO-Europa, Mediterrangebiet) 6
6a) 57—69 Beinpaare. Kieferfußhüfte vorn mit 2 sehr niedrigen Höckern. Ungulum mit kleinem Basalzahn. Endbeine mit rudimentärer Kralle: 1. **P. mediterraneus**
6b) 81 Beinpaare. Kieferfußhüften mit 2 kräftigen dunklen Zähnchen. Ungulum ohne Basalzahn. Endbeine ohne Prätarsus: 2. **P. gorizensis**

1. **P. mediterraneus** (Mein.) 1870 *Geophilus m.*, Meinert in: Naturh. Tidsskr., ser. 3 *v.* 7 p. 87 | 1880 *G. m.*, Latzel, Myr. Österr.-Ung., *v.* 1 p. 169 | 1890 *G. aleator*, Pocock in: Ann. Mus. Genova, *v.* 29 p. 61 | 1903 *G. (Pleurogeophilus) mediterraneus*, Attems in: Zool. Jahrb., Syst. *v.* 18 p. 242 t. 15 f. 48—51 | 1904 *G. m.*, Brölemann in: Bull. Mus. Monaco, nr. 15 p. 9 (Fig. 178—180).

Ockergelb, Kopf und Kieferfüße ein wenig dunkler. Länge ♂ 35 mm, ♀ bis 60 mm, Breite 1,2—2 mm. Zahl der Beinpaare 63 (♂) bis 69 (♀).

Kopfschild so lang wie breit, spärlich punktiert, ohne Stirnfurche. Antennen kurz. Alle 3 Teile des Labrum lang und kräftig gefranst, der Mittelteil groß, gut halb so groß wie einer der Seitenteile. 1. Maxille mit 2 Paar Außentastern, die des Telopodits breit, unbestachelt; beide Telopoditglieder getrennt. Endkralle der 2. Maxille groß, gerade und spitz. Vorderrand der Kieferfüße mit 2 stumpfen sehr niedrigen Höckern; die Chitinlinien vollständig, Tarsungulum mit winzigem Basalzahn, die anderen Glieder ungezähnt. Geschlossen überragen die Kieferfüße den Stirnrand, Basalschild breit, hinten bis an den Seitenrand reichend (Fig. 179).

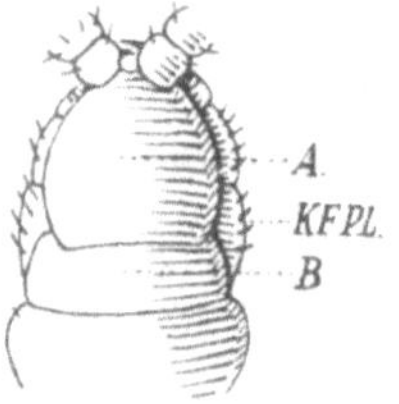

Fig. 179.
Pleurogeophilus mediterraneus (Mein.)

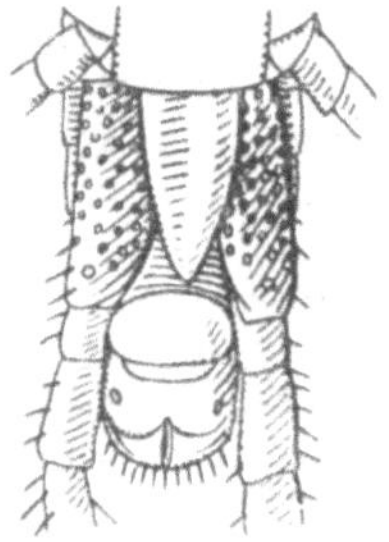

Fig. 180.
Pleurogeophilus mediterraneus (Mein.)

A = Kopfschild, *B* = Basalschild, *KFPL* = Kieferfußpleuren.

Ventralporenfeld rund, hinter der Mitte des Sternits ein kleines Längsgrübchen.

Sternit des Endbeinsegments (Fig. 180) sehr schmal, hinten verschmälert und abgestumpft, fast dreieckig. Hüften mit zahlreichen, einzeln und zumeist frei mündenden Poren unten seitlich und oben, ein besonders großer Porus steht ganz hinten ventral. Prätarsus ganz rudimentär. Analporen groß.

Südtirol, Lombardei, Ligurien, Monaco, Palma di Mallorca, Baranya in Westungarn, Algier (Bona), Kaukasus.

2. **P. gorizensis** (Latz.) 1880 *Geophilus g.*, Latzel, Myr. Österr.-Ung., *v.* 1 p. 170.

Rostgelb, Kopf bräunlich-rostgelb; spärlich beborstet.

Länge 67,5 mm, Breite vorn 2,1 mm, hinten 1 mm. 81 Beinpaare (♀).

Kopfschild so lang wie breit oder fast etwas breiter, spärlich punktiert, Antennen kurz, keine deutliche Stirnfurche. Vorderrand der Kieferfußhüften mit 2 genäherten, abgestumpften, kräftigen schwarzen Zähnchen; Chitinlinien vollständig. Klauen ohne Basalzahn, geschlossen den Stirnrand ein wenig überragend. Basalschild breit.

Die vordersten 25 Sternite dicht und fast grob eingestochen punktiert, die übrigen mehr oder weniger glatt, alle mit 3 furchenähnlichen Längsgrübchen. Auf den vorderen Sterniten stehen die Ventralporen in einem Querband, auf den hinteren in einem rundlichen Feld vor dem Hinterrand.

Sternit des Endbeinsegments lang und schmal, Hüften auf der ganzen Fläche mit zahlreichen, ziemlich großen Poren. Kein Prätarsus.

Analporen groß.

Tarnowaner Gebirge 1270 m, Görz.

3. **P. lanius** (Bröl.) 1896 *Geophilus l.*, Brölemann in: Ann. Soc. ent. France, *v.* 65 p. 51.

Fahlrot, 46 mm lang, hinter dem Kopf am breitesten 1,9 mm. 57 Beinpaare (♀). Kopfschild viel länger als breit (6,8:5,4), Hinterrand gerade,

Stirnfurche fehlt, auf der Fläche grobe, in Reihen geordnete Punkte; vom Hinterrand gehen 2 divergierende Furchen ab.

Die Kieferfüße überragen bedeutend den Stirnrand; Hüften breiter als lang, dicht punktiert, mit einer feinen Medianfurche, der Vorderrand fast gerade. Chitinlinien vollständig; Tarsungulum ohne oder mit winzigem Basalzahn. Ungulum glatt.

Vordere Sternite mit medianer Grube, die auf den hinteren Segmenten zu einer Furche wird, außerdem 2 schwache Längsfurchen, jederseits eine. Ventralporen in einem Querband vor dem Hinterrand.

Sternit des Endbeinsegments schmal, nach hinten verschmälert und abgerundet. Hüfte mit 12—16 großen Poren unten und seitlich. Prätarsus eine lange und schlanke Kralle.

Nord-Carolina.

4. **P. hercegovinensis** Verh. 1901 *P. h.*, Verhoeff in: N. Acta Ac. Leop., *v.* 77 p. 419.

Länge 43 mm. 63 + X Beinpaare (wahrscheinlich 65, das einzige Exemplar war unvollständig). Erinnert an *P. mediterraneus.*

Mittelteil und Seitenteile des Labrum gefranst. 1. Maxille mit 2 Paar Außentastern, die des Telopodits sind am Ende plötzlich verschmälert. Kralle der 2. Maxille kräftig und spitz. Ungulum der Kieferfüße gesägt. Vorderrand der Kieferfußhüften ohne Höcker. Die Pleuren des Kieferfußsegments reichen bis zur Hälfte des Kopfes.

Vordere Sternite nur sehr schwach punktiert, ihre Mittelgruben größer und viel tiefer als bei *mediterraneus* (die Beschreibung enthält Widersprüche, denn es heißt weiter unten: „Ohne deutliche Grube"). Keine Ventralporenfelder (an anderer Stelle heißt es: „Ventralplatten nur vorn mit zerstreuten Drüsenporen"). Subcoxa mit Drüsenporen.

Eichenwald bei Konjsko, Südhercegovina.

5. **P. procerus** (L. Koch) 1878 *Geophilus p.*, L. Koch in: Verh. Ges. Wien, *v.* 27 p. 793 | 1887 *G. p.*, E. Haase in: Abh. Mus. Dresden, nr. 5 p. 109 | 1903 *G. (Pleurogeophilus) p.*, Attems in: Zool. Jahrb., Syst. *v.* 18 p. 243.

Braungelb, Antennen und Beine etwas heller.

Länge 72 mm, Breite 2 mm. 85 Beinpaare.

Kopfschild klein, wenig länger als breit, vorn verschmälert, eingestochen punktiert und beborstet; keine Stirnfurche. Basalschild sehr breit, hinten bis an die Seiten des Körpers reichend, vorn etwas verschmälert. Kieferfüße ohne Zahnbildungen; Chitinlinien abgekürzt; dunkelbraun. Die Grenze zwischen Hüften und Pleuren verläuft schräg von unten — hinten nach oben — außen.

Tergite vom ersten an zweifurchig.

Die ersten 20 Sternite mit einem Zäpfchen in der Mitte des Hinterrandes, dem aber keine Grube am Vorderrand des folgenden Segments entspricht. Vordere Sternite mit seichter Mittelgrube. Ventralporen auf den vorderen Segmenten in einem Querband vor dem Hinterrand; in der Gegend des 22. Segments zerteilt es sich in 2 Haufen, die auf den letzten Segmenten wieder zusammenschließen. Subcoxa reichlich mit Poren versehen.

Sternit des Endbeinsegments kurz und schmal, abgerundet dreieckig. Hüfte mit zahlreichen einzeln und zum größten Teil auch frei mündenden Poren auf der ganzen Fläche. Endbeine ventral sehr dicht und kurz behaart.

Prätarsus krallenförmig, Tarsus zweigliedrig.

Japan.

6. **P. cyclareatus** Att. 1909 *Geophilus (P.) c.*, Attems in: Zool. Jahrb., Syst. *v.* 27 p. 401 f. 1; t. 1 f. 8.

Gelb, Kopf nur wenig dunkler. Länge 16 mm, Breite 0,9 mm. 47 Beinpaare. Kopfschild länger als breit, Ungulum der Kieferfüße bis an das Ende des 1. Antennengliedes reichend, basale $^2/_3$ innen stumpf kerbzähnig, Tarsus mit kleinem Zahn, alle anderen Glieder ungezähnt, Chitinlinien etwas abgekürzt; Basalschild breit. Kopf und Tergite der vorderen Körperhälfte lang beborstet, hintere Hälfte kurz und zerstreut beborstet. Sternite so lang oder länger als breit, vom 6. an runden sich die Hinterecken immer mehr ab. Vom 2. an mit rundem Porenfeld, vom 11. Sternit nimmt die Größe des Porenfeldes bis zur Körpermitte allmählich ab, dann wieder zu; es ist kreisrund. Endbeinsternit klein, rechteckig, länger als breit, hinten gerade, Endbeinhüfte mit zahlreichen Poren ventral, lateral und dorsal. Keine Endkralle. Terminalporen vorhanden.

Buka Wari, Kaffa (Ostafrika).

7. **P. vetustus** Silv. 1907 *P. v.*, Silvestri in: Mt. Mus. Hamburg, *v.* 24 p. 249.

Ockergelb, der Kopf dunkler.

Länge 84 mm, Breite 1,7 mm. 91 Beinpaare (♀). Körper nach hinten nur wenig verschmälert.

Kopfschild nur wenig länger als breit, spärlich beborstet; Basalschild breit, vorn nur wenig verschmälert. Antennen lang, endwärts etwas verjüngt. 1. Maxille mit einem Paar Außentaster.

Die Kieferfüße erreichen geschlossen fast den Stirnrand, Chitinlinien abgekürzt; Vorderrand der Hüften breit, mit 2 kleinen abgerundeten schwarzen Höckern, die anderen Glieder unbewehrt, Ungulum gekerbt.

Tergite schütter mehrreihig kurz beborstet.

Sternite reichlich und kurz beborstet. 1. Sternit mit 3—4 Poren, 2. bis etwa 15. Sternit mit querem Porenfeld nahe dem Hinterrand, 15. bis 30. Sternit mit dreieckigem Porenfeld, dessen Spitze nach vorn gerichtet ist, 31.—85. Sternit mit 2 kleinen rundlichen Feldern in der hinteren Hälfte. 86.—90. Sternit mit großem dreieckigem Porenfeld. Subcoxa mit Poren.

Sternit des Endbeinsegments ziemlich schmal trapezförmig. Hüfte mit wenig zahlreichen einzeln und frei unten, seitlich und oben mündenden Poren.

Kein Prätarsus.

Phaleron, Piraeus.

Möglicherweise gehört auch folgende Art in diese Gattung.

Geophilus provocator Poc. 1891 *G. p.*, Pocock in: Ann. nat. Hist., ser. 6 *v.* 8 p. 225 t. 12 f. 10, a, b.

Ockergelb. Kopf und Kieferfüße blaß kastanienbraun.

Länge 59 mm. 69 Beinpaare.

Kopfschild etwas länger als breit, Stirnfurche undeutlich. Antennen von mittlerer Länge, endwärts verjüngt.

Kieferfüße ohne Chitinlinien, Präfemur mit einem stumpfen Zahn, die anderen Glieder ungezähnt. Sie erreichen den Stirnrand nicht. Hüften breiter als lang, punktiert, vorn eingebuchtet.

Tergite zweifurchig.

Sternite der vorderen Körperhälfte mit einem Querband von Ventralporen vor dem Hinterrand.

Sternit des Endbeinsegments breit, nach hinten stark verschmälert. Hüfte mit 10 Poren ventral und 7 Poren dorsal. Endbeine des ♂ verdickt, beborstet. Prätarsus krallenförmig. Tarsus zweigliedrig.

Analporen unsichtbar.

Wellington, Neu-Seeland.

10. Gen. **Clinopodes** C. L. Koch

1847 *C.*, C. L. Koch in: Koch-Panzer, Krit. Revis., *v.* 3 p. 184 | 1909 *C.*, Brölemann in: Arch. Zool. expér., ser. 5 *v.* 3 p. 339 | 1914 *C.*, Attems in: Arch. Naturg., *v.* 80 A. 4 p. 126 | 1926 *C.*, Attems in: Kükenthal & Krumbach, Handb. Zool., *v.* 4 p. 362.

Kopf klein, ungefähr so lang wie breit, keine Stirnfurche. Basalschild breit, hinten so breit wie das folgende Tergit, nach vorn nur wenig verschmälert. Labrum (Fig. 166) nur undeutlich in 3 Teile geteilt, der Mittelteil ebenso lang gefranst wie die Seitenteile, manchmal mit 1—2 kürzeren Zähnen in der Mitte. 1. Maxille mit 2 Paar fein bestachelter Außentaster. Telopodit zweigliedrig. Hüften der 2. Maxille ganz verwachsen, ohne Mediannaht, Endkralle kräftig, einfach. Kieferfußhüften mit vollständigen Chitinlinien; die geschlossenen Ungula reichen bis etwa zum Stirnrand oder bleiben davon entfernt.

Ventralporen der vorderen Segmente in einem Querband oder in einem scharf umschriebenen rundlichen oder trapezförmigen Mittelfeld, auf den mittleren Segmenten in 2 kleineren Haufen, auf den letzten Segmenten oft wieder in einem einheitlichen, manchmal sehr großen Feld. Vordergruben können vorkommen.

Sternit des Endbeinsegments breit; Endbeinhüfte mit zahlreichen Poren, die in eine oder mehrere Gruben am Rande des Sternits münden. Tarsus zweigliedrig. Prätarsus krallenförmig oder fehlend.

Terminalporen vorhanden.

Europa von Norddeutschland bis Süden, ganze Mediterranregion, Rußland.

4 Arten mit 7 Unterarten.

Typus: *C. flavidus* C. L. Koch

Übersicht über die Arten:

1a) Ein Prätarsus fehlt. (Ventralporen der vorderen Segmente in einem schmalen Querbande vor dem Hinterrande. Gewisse vordere Sternite mit Vordergruben) . . . . **1. C. flavidus: 2**

2a) Die letzten 7—8 Segmente vor dem Endbeinsegment mit schmalem Querband von Poren 3

3a) Alle Sternite sehr spärlich beborstet oder fast ganz nackt . . 4

4a) Vordere Sternite bis etwa zur 25. eingestochen punktiert: 1a) **C. flavidus flavidus**

4b) Alle Sternite glatt, die 6—8 vordersten am Vorder- und Hinterrande mit je einer Querreihe von stärkeren Börstchen. (53 bis 55 Beinpaare) . . . . 1b) **C. flavidus styriacus**

3b) 1.—7. Sternit dicht beborstet und dabei unpunktiert. 8.—18. Sternit eingestochen punktiert. (63 Beinpaare): 1c) **C. flavidus polytrichus**

2b) Die letzten 5—8 Sternite vor dem Endbeinsegment mit sehr großem, bis über die Mitte nach vorn reichendem Porenfeld. Vordere Sternite fast glatt, mit 2 Querreihen von Börstchen: 1d) **C. flavidus escherichii**

1 b) Ein krallenförmiger Prätarsus ist vorhanden 5

5 a) Einige vordere Sternite mit einer Grube am Vorderrand. Ventralporenfeld der vorderen Segmente querelliptisch viel breiter als lang, seitlich zugespitzt. (In der Strandzone bei Portici und Aegina) . . . . 4. **C. poseidonis**

5 b) Keine Grube am Vorderrand der Sternite. Ventralporenfeld der vorderen Segmente rundlich oder trapezisch, eher länger als breit 6

6 a) 1. Maxille mit 2 Paar Außentaster 7

7 a) Die 3 Sternite vor dem vorletzten Sternit mit einheitlichem Ventralporenfeld. 1. Sternit mit 25—28 Poren:

4 a) 63—79 Beinpaare . . . . 2. **C. linearis**

4 b) 55—57 Beinpaare . . 2 a) **C. linearis abbreviatus**

7 b) Die 3 Sternite vor dem vorletzten Sternit mit 2 Gruppen von Poren; 1. Sternit mit 0—7 Poren: 2 b) **C. linearis naxius**

6 b) 1. Maxille ohne oder nur mit schwachen Resten von Außentastern. Die letzten Sternite mit 2 Porenhäufchen: 3. **C. asiae minoris**

1. **C. flavidus** C. L. Koch 1847 *C. f.*, C. L. Koch in: Koch-Panzer, Krit. Revis., *v.* 3 p. 184 | 1847 *Poabius nitens*, C. L. Koch, ibid., p. 182 | 1863 *Clinopodes flavidus*, C. L. Koch, Myr., *v.* 1 p. 105 f. 94 | 1870 *Geophilus montanus*, Meinert in: Naturh. Tidsskr., ser. 3 *v.* 7 p. 75 | 1880 *G. flavidus*, Latzel, Myr. Österr.-Ung., *v.* 1 p. 175 | 1881 *G. f.*, E. Haase in: Z. Ent. Breslau, ser. 2 *v.* 8 p. 78 | 1883 *G. f.*, Ant. Berlese, A. M. S., fasc. 4 nr. 9 | 1889 *G. f.*, Daday, Myr. Regni Hungar., p. 87 | 1895 *G. f.*, Verhoeff in: Arch. Naturg., *v.* 61 I p. 351 | 1896 *G. f.*, Verhoeff in: Arch. Naturg., *v.* 62 I p. 2 t. 1 f. 2, 3 | 1898 *G. f.*, Verhoeff in: Arch. Naturg., *v.* 64 I p. 342 (Fig. 18, 166).

Endbeine ohne Prätarsus. Ventralporen der vorderen Segmente in einem schmalen Querband vor dem Hinterrande; auf den mittleren Segmenten teilt es sich in 2 Häufchen, die sich auf den letzten Segmenten wieder zu einem Querband oder großen runden Feld vereinigen. Gewisse vordere Segmente mit Vordergruben. 1. Maxille mit 2 Paar kleiner, bestachelter Außentaster. Die Kieferfüße erreichen den Stirnrand, ihre Hüften meist mit 2 wohlentwickelten Zähnchen.

Ost- und Südost-Europa, Ostmediterran-Länder.

1 a. **C. f. flavidus** Att. 1895 *Geophilus flavidus*, Attems in: SB. Ak. Wien, *v.* 104 p. 162 | 1901 *G. f.*, Verhoeff in: N. Acta Ac. Leop., *v.* 77 p. 461 a | 1902 *G. f.*, Attems in: SB. Ak. Wien, *v.* 111 p. 572 | 1903 *G. f. f.* gen., Attems in: Zool. Jahrb., Syst. *v.* 18 p. 222 | 1909 *Clinopodes f.*, Brölemann in: Arch. Zool. expér., ser. 5 *v.* 3 p. 340.

Hellgelb. Kopf und Kieferfüße rostgelb oder bräunlich. Länge bis 65 mm. Breite bis 2,5 mm. Zahl der Beinpaare ♂ 59 bis 73, ♀ 61 bis 75.

Kopfschild so lang wie breit, Stirnteil nur durch hellere Färbung, aber nicht durch eine Furche abgesetzt. Antennen kurz. Kieferfußhüften eingestochen punktiert, am Vorderrand 2 kräftige dunkle Zähnchen, Chitinlinien vollständig. Basalzahn stumpf. Klauen innen glatt; bis zum Stirnrand oder nur wenig darüber hinaus reichend. Basalschild hinten so breit wie das folgende Tergit. Das Labrum ist etwas undeutlich in 3 Teile geteilt, das Mittelteil ist relativ breit, ein wenig vorgewölbt, alle 3 Teile mit Fransen besetzt. Auf dem Clypeus vorn eine Gruppe zerstreuter Borsten. Die Außentaster der 1. Maxille ziemlich lang und schlank.

Die Ventralporen stehen auf den vorderen Segmenten in einem schmalen Querband, das fast bis an die Sternitseiten reicht; ungefähr auf dem 27. Segment zerteilt es sich in 2 kleine quere Feldchen, die immer porenärmer und unscheinbarer werden; auf den letzten etwa 7—8 Segmenten vor dem Endbeinsegment vereinigen sie sich wieder zu einem schmalen Querband. Die vorderen Sternite sind kräftig eingestochen punktiert, dabei fast unbeborstet. 10.—20. Sternit mit sehr seichter, aber durch die dunkle Färbung auffallender Quergrube am Vorderrand. Am Hinterrand dieser Sternite ein korrespondierender Vorsprung. Endbeinhüfte mit zahlreichen Poren, die in 1 bis 3 Gruben am Rande des Sternits münden; einzelne Poren münden auch außerhalb der Gruben und ein Einzelporus öfters weiter von den anderen entfernt. Kein Prätarsus. Endbeine des ♂ merklich verdickt. Sternit breit. Terminalporen vorhanden.

Im ganzen Ostmediterrangebiet von Italien bis Rußland und Zentralasien gemein; auch in den östlichen Voralpen, Sudetenländern, Karpathenländern.

C. f. f. var. carinthiaca (Latz.) 1880 *Geophilus f.* var. *carinthiacus*, Latzel, Myr. Österr.-Ung., *v.* 1 p. 178 | 1895 *G. f.* var. *carinthiaca*, Attems in: SB. Ak. Wien, *v.* 104 p. 162.

♀ mit 55—57 Beinpaaren. Kieferfußhüftzähne sehr klein. Punktierung der Sternite etwas schwächer.

Kärnten; Monte Maggiore bei Abbazia; Foča, Radovina.

1b. **C. f. styriacus** (Att.) 1895 *Geophilus f.* var. *styriaca*, Attems in: SB. Ak. Wien, *v.* 104 p. 163 | 1903 *G. f. styricus*, Attems in: Zool. Jahrb., Syst. *v.* 18 p. 222.

53—55 Beinpaare. Alle Sternite unpunktiert, die ersten 6—8 mit je einer Querreihe stärkerer Börstchen am Vorder- und Hinterrand. 7. bis 15. Sternit mit einer flachen, dunkelbraungelb gefärbten Vordergrube.

Bachern bei Marburg (Südsteiermark).

1c. **C. f. polytrichus** (Att.) 1903 *Geophilus f. p.*, Attems in: Zool. Jahrb., Syst. *v.* 18 p. 223, 233.

1.—7. Sternit glatt und dicht beborstet; 8.—18. Sternit eingestochen punktiert, das 8. schwach beborstet, das 9. mit einzelnen Borsten, von dem 10. an unbeborstet. 9.—17. Sternit mit Vordergruben. Die hintersten Ventralporenfelder schmale Querbänder wie bei *C. flavidus f.*

Korfu; Rumänien: Comana Vlasca; Val du Merlad, Moldau; Bukarest; Macin; Dobrudscha.

1d. **C. f. escherichii** (Verh.) 1896 *Geophilus f. E.*, Verhoeff in: Arch. Naturg., *v.* 62I p. 2 t. 1 f. 1 | 1898 *G. f. E.*, Verhoeff in: Arch. Naturg., *v.* 64I p. 343 | 1901 *G. f. E.*, Attems in: Zichy, Dritte Asiat. Forschr, *v.* 2 p. 285 t. 9 f. 11—12 | 1903 *G. f. E.*, Attems in: Zool. Jahrb., Syst. *v.* 18 p. 223.

Vordere Sternite fast glatt, unpunktiert. Ventralporenfeld der 7 bis 8 Segmente vor dem Endbeinsegment sehr groß, nach vorn bis über die Mitte reichend. 63—71 Beinpaare.

Albanien, Dalmatien, Montenegro, Korfu, Südkroatien (Velebit, Vrbovsko), Krain (Reifnitz), Dobrudscha, Naxos, Larisa. Pera, Skutari, Anatolien, Kaukasus (Tiflis), Krim, Syrien, Erdschias Dagh.

C. f. e. var trebevicensis (Verh.) 1898 *Geophilus f. t.*, Verhoeff in: Arch. Naturg., *v.* 64I p. 350 | 1901 *G. f. t.*, Verhoeff in: N. Acta. Ac. Leop., *v.* 77 p. 454, 460, 462a | 1903 *G. f. t.*, Attems in: Zool. Jahrb., Syst. *v.* 18 p. 223.

Zahl der Beinpaare ♂ 51—57, ♀ 55—59. Länge bis 31 mm.

Vordere Sternite fast glatt oder zerstreut punktiert. 5—6 Sternite vor dem Endbeinsegment mit großem, dreieckigem Porenfeld.

Bosnien, Herzegovina, Südkroatien (Velebitgebirge, Vrbovsko, Delnice, Plitvica), Gottschee (Reifnitz, Ainöd), Albanien (Ljubeten, Mirditenland), Korfu, Monte Baldo in Venetien.

2. **C. linearis** (C. L. Koch) 1835 *Geophilus l.*, C. L. Koch, C. M. A., fasc. 3 t. 1 | 1837 *G. brevicornis*, C. L. Koch, C. M. A., fasc. 9 t. 3 | 1847 *Stenotaenia linearis*, C. L. Koch in: Panzer, Krit. Revis., *v.* 3 p. 85, 187 | 1863 *S. l.*, C. L. Koch, Myr., *v.* 1 p. 120 f. 108 | 1866 *Scnipaeus foveolatus*, Bergsoe & Meinert in: Naturh. Tidsskr., ser. 3 *v.* 4 p. 96 | 1870 *Geophilus f.*, Meinert in: Naturh. Tidsskr., ser. 3 *v.* 7 p. 66 | 1876 *Stenotaenia linearis*, Latzel in: Jahrb. Mus. Kärnten, *v.* 12 p. 98 | 1880 *Geophilus l.*, Latzel, Myr. Österr.-Ung., *v.* 1 p. 189 | 1883 *G. simplex*, Ant. Berlese, A. M. S., fasc. 4 nr. 10 | 1889 *G. linearis*, Daday, Myr. Regni Hungar., p. 86 | 1898 *G. l.*, Verhoeff in: Arch. Naturg., *v.* 64 I p. 344 | 1924 *G. (Onychopodogaster) l.*, Verhoeff in: Nat. Hist. Juan Fernandez, *v.* 3 p. 413 | 1925 *G. l.*, Verhoeff in: Zool. Anz., *v.* 64 p. 74.

Blaßgelb bis ockergelb, sehr spärlich kurz beborstet, Kopf und Kieferfüße schwach bräunlichgelb, Kopfspitze und Antennen heller.

Länge ♂ bis 42, ♀ bis 50 mm. Größte Breite 1,8 mm, sehr schlank. Zahl der Beinpaare 63 (♂)—79 (♀).

Kopfschild ziemlich klein, breiter als lang. Stirnfurche nicht immer deutlich, Antennen sehr kurz. Labrum nur undeutlich in 3 Teile geteilt, der Mittelteil ist schmal und ein wenig nach hinten herausgewölbt; er trägt in der Mitte 2 schlanke Zähnchen und ist im übrigen gerade so lang gefranst wie die Seitenteile. Clypeus mit einer Gruppe von Borsten vorn in der Mitte und je einer Gruppe in den Seiten vorn und 2 Borsten hinter der Mittelgruppe. 1. Maxille mit 2 Paar sehr kleiner, bestachelter Außentaster, das Endglied des zweigliedrigen Telopodits mit mehreren starken Borsten. Kieferfußhüften vorn ungezähnt, Chitinlinien vollständig. Kein Basalzahn. Ungulum innen glatt, den Stirnrand nicht erreichend. Die Sternite der vorderen Körperhälfte springen vorn und hinten stumpfwinklig vor; ihre Fläche ist in sehr auffälliger Weise rundlich-polygonal gefeldert; ebenso die Prästernite und die Subcoxa. Ventralporen in einem trapezförmigen oder stumpf kegelförmigen oder rundlichen Feld, vom 1. bis 26.—31. Segment, dann teilt es sich in 2 Felder, die sich erst auf den letzten 4 Segmenten vor dem Endbeinsegment vereinigen.

Endbeinhüfte mit zahlreichen Poren, die undeutlich in Gruppen geschieden sind, die vordersten münden in eine größere Grube, die sich teilweise in das vorangehende Segment hineinschiebt, außerdem Poren längs des Sternitrandes. Sternit so lang wie breit, hinten kaum verschmälert. Endkralle vorhanden. Terminalporen vorhanden.

Von Norddeutschland, Dänemark bis Südfrankreich, Ligurien, Italien, Korsika, Sizilien, Südtirol, Südkroatien, Rumänien, nirgends in großer Zahl.

2a. **C. l. abbreviatus** (Verh.) 1925 *Geophilus l. a.*, Verhoeff in: Zool. Anz., *v.* 64 p. 74.

55—57 Beinpaare. Ventralporenfeld nur bis zum 24. einheitlich, auf den letzten 4 Segmenten vor dem Endbeinsegment wieder einheitlich, die vorderen einheitlichen Porenfelder vorn nicht eingebuchtet. 1. Maxille mit langen Außentastern.

Corpo di Cava, Sorrentinische Halbinsel; Ferrania, Ligurien.

2b. **C. l. naxius** (Verh.) 1901 *Geophilus n.*, Verhoeff in: N. Acta Ac. Leop., *v.* 77 p. 420 | 1902 *G. graecus*, Verhoeff in: Zool. Anz., *v.* 25 p. 560 | 1909 *G. (Onychopodogaster) naxius*, Brölemann in: Feuille Natural., *v.* 39 p. 212 | 1925 *Geophilus linearis n.*, Verhoeff in: Zool. Anz., *v.* 64 p. 73.

77—85 Beinpaare. Sternit vor dem Endbeinsegment mit wenigen zerstreuten Poren, die 3 vorhergehenden Sternite mit 2 Gruppen von Poren.

1. Sternit nur mit 0—7, 2. Sternit mit 10—25, 3. Sternit mit 22—23 Poren. Porenfeld im vorderen Rumpfdrittel länglich, vorn abgerundet, hinten abgestutzt, vom 26.—33. an bis zum vorvorletzten Sternit in 2 Häufchen.

Naxos, Insel Syra, Monaco, Umgebung von Jaffa, See Genezareth.

3. **C. asiae minoris** (Verh.) 1898 *Geophilus linearis a. m.*, Verhoeff in: Arch. Naturg., *v.* 64 I p. 344, 349 | 1925 *G. a. m.*, Verhoeff in: Zool. Anz., *v.* 64 p. 73.

♀ bis 47 mm lang. ♂ mit 75, ♀ mit 77—79 Beinpaaren.

Außentaster der 1. Maxille bis auf schwache Reste fehlend. 1. Sternit mit 4, 2. Sternit mit 24 Poren, weiterhin werden die Porenfelder größer, quer trapezisch, vorn gerundet, vom 15. oder 16. Sternit an ist das Porenfeld vorn einschneidend eingebuchtet, auf dem 34. Sternit teilt sich das Feld in 2 Häuflein, die auch auf den hinteren Segmenten relativ porenreich bleiben. Nur auf den letzten 2 Segmenten vor dem Endbeinsegment sind nur wenige Poren.

Endbeinhüfte mit 2 Drüsenbüscheln; das vordere das größere. Endbeine des ♂ verdickt, unten dicht und kurz beborstet.

Terminalporen vorhanden.

Cilicien, Kleinasien.

4. **C. poseidonis** (Verh.) 1901 *Geophilus P.*, Verhoeff in: N. Acta Ac. Leop., *v.* 77 p. 421 | 1903 *G. p.*, Ant. Berlese, A. M. S., fasc. 97 nr. 4 | 1909 *G.* (*Onychopodogaster*) *P.*, Brölemann in: Feuille Natural., *v.* 39 p. 212 | 1924 *G. p.*, Verhoeff in: Ent. Tidskr., *v.* 45 p. 109.

Blaßgelb. Länge bis 30 mm. Zahl der Beinpaare ♂ 51—53, ♀ 53—55.

Kopfschild so lang wie breit. 1. Maxille mit Außentastern. Kieferfußhüften vorn ungezähnt. Chitinlinien deutlich. Präfemur ohne Zahn, Basalzahn klein, Ungulum glatt, die Kieferfüße überragen den Stirnrand nicht.

Vordere Segmente mit querem Ventralporenfeld vor dem Hinterrand, das vom 22.—23. Segment an in getrennte Häuflein zerfällt, die bis zum vorletzten Sternit vorhanden sind, vom 7.—11. an findet sich bis zum 20. oder 21. Sternit vorn eine sehr schmale Grube. Subcoxa auch mit Poren.

Sternit des Endbeinsegments breit, hinten abgestutzt. Jederseits führt ein Längsspalt in eine Tasche der Hüfte, in welcher eine große Zahl von Drüsen in dicht geschlossenem Bündel münden. Endkralle vorhanden. Endbeine des ♀ dünn, des ♂ deutlich verdickt und unten dichter beborstet.

Terminalporen vorhanden.

Insel Aegina und Portici bei Neapel, unter Steinen und Seegras in der Strandzone.

11. Gen. **Geoporophilus** Silv.

1919 *G.*, Silvestri in: Rec. Ind. Mus., *v.* 16 p. 105.

Kopfschild ohne Stirnfurche, die Kieferfüße bedeckend, Antennen endwärts verjüngt.

Mittelteil des Labrum ziemlich groß, die Seitenteile trennend, mit längeren Kammzähnen, Seitenteile gefranst. 1. Maxille mit 2 Paar Außentastern und zweigliedrigem Telopodit. Hüften der 2. Maxille ganz verwachsen, alle Glieder ohne besondere Fortsätze. Die Endkralle gekämmt. Kieferfüße ohne Chitinlinien, geschlossen vom Stirnrand entfernt bleibend. Basalschild trapezisch, hinten so breit wie das folgende Tergit.

Tergite doppelfurchig.

Ventralporen vorhanden; vordere Prästernite zweiteilig, die weiteren einheitlich. Präscutellum größer als der Stigmenschild.

Hüften der Endbeine ringsum mit zahlreichen einzeln und frei mündenden Poren. Präfemur, Femur und Tibia unterseits dicht von Poren durchbohrt. (Die Endglieder des einzigen bisher bekannten Exemplars fehlten).

Analporen vorhanden.

Sumatra.

1 Art.

1. **G. angustus** Silv. 1919 *G. a.*, Silvestri in: Rec. Ind. Mus., *v.* 16 p. 107 f. 39, 1—12 (Fig. 168).

Ockergelb. Länge 55 mm, Breite 0,8 mm. 107 Beinpaare, schlank, vorn nicht, hinten wenig verschmälert.

Kopfschild fast quadratisch, Vorderrand der Kieferfußhüften mit zwei Zähnchen, die anderen Glieder ohne Zahnbildungen. Ungulum auf der Unterseite fein gekerbt.

2. bis 45. Sternit mit 2 seitlichen, langgestreckten Porenfeldern, die durch vereinzelte Poren verbunden sein können; auf der Pro- und Metacoxa je ein kleines Porenfeld. Auf den Sterniten 45—88 verschwinden nach und nach die vorderen Poren der lateralen Felder und das Porenfeld der Procoxa wird größer. Die letzten Sternite haben ein Porenquerband vor dem Hinterrand, das fast bis an die Seiten reicht, und die Procoxa ein ziemlich großes, die Metacoxa ein kleines Porenfeld.

Sumatra: Indragiri.

12. Gen. **Pachymerellus** Chamb.

1920 *P.*, Chamberlin in: Bull. Mus. Harvard, *v.* 64 p. 51.

Kopf und Kieferfüße ähnlich wie bei *Geophilus*. Clypeus mit stark ausgeprägter polygonaler Felderung.

Mittelteil des Labrum groß, stärker chitinisiert als die Seitenteile, mit zahlreichen langen Zähnen. Seitenteile dicht gekämmt. Syncoxit der 1. Maxille in der Mitte membranös, mit Außentastern, Telopodit zweigliedrig, ohne Außentaster. Hüften der 2. Maxille in einer Mediannaht zusammenstoßend.

Endkralle gekämmt. Chitinlinien der Kieferfüße gut entwickelt.

Ventralporen fehlen.

Endbeinhüfte mit zahlreichen Poren, die einzeln und frei oben unten und seitlich münden. Prätarsus krallenförmig.

Analporen vorhanden.

Tasmanien.

1 Art.

1. **P. zygethus** Chamb. 1920 *P. z.*, Chamberlin in: Bull. Mus. Harvard, *v.* 64 p. 52.

Gelb mit einem Stich ins rostfarbene.

Länge 35 mm. 55 Beinpaare. Vorn am breitesten.

Kopfschild hinten am breitesten, hier eingebuchtet, vorn konvex; ohne Stirnfurche. Antennen sehr kurz. Basalschild breit; die kräftigen Kieferfüße überragen kaum den Stirnrand. Chitinlinien abgekürzt. Vorderrand der Hüften, Präfemur und Tarsungulum mit einem Zähnchen.

Sternite vom 2. an mit einer medianen Grube, die bis zum 9. oder 10. Segment an Größe und Tiefe zunimmt und dann wieder abnimmt.

Sternit des Endbeinsegments klein, trapezisch, kürzer als breit.

Tasmania.

13. Gen. **Insigniporus** Att.

1903 *I.*, Attems in: Zool. Jahrb., Syst. *v.* 18 p. 269.

Mittelteil des Labrum groß, in der Mitte 3 kürzere stumpfe Zähnchen, jederseits eine Anzahl langer Fransen tragend, Seitenteile am ganzen Rande lang gefranst (Fig. 181). 1. Maxille mit 2 Paar langer, schlanker, bespitzter

Fig. 181. **Insigniporus sturanyi** Att.

Außentaster, Coxalfortsatz deutlich abgesetzt, Telopodit zweigliedrig. Die Mediannaht zwischen den Hüften der 2. Maxille bleibt erhalten, Kralle einfach (Fig. 182). Kieferfüße mit tiefen, vollständigen Chitinlinien. Basalschild sehr breit.

Furchung der Tergite undeutlich.

Ventralporen auf den vorderen Segmenten in einem rundlichen, auffallenden, scharf umgrenzten, medianen Feld, das sich weiter hinten in 2 nebeneinander liegende runde Felder teilt.

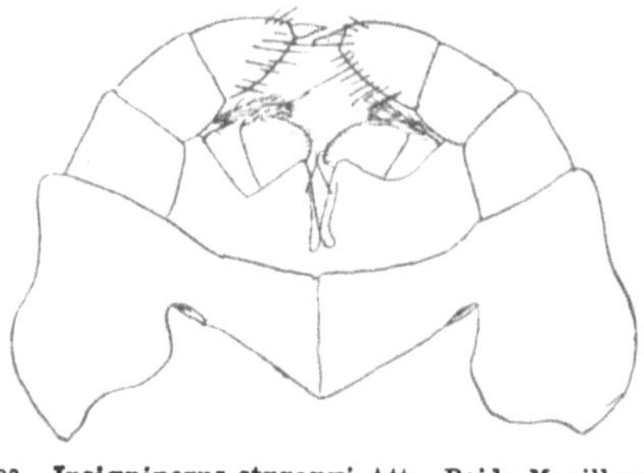

Fig. 182. **Insigniporus sturanyi** Att. Beide Maxillenpaare.

Sternit des Endbeinsegments außerordentlich breit, quer rechteckig; Hüfte mit 2 neben dem Rande des Sternits befindlichen Gruben, in welche die Poren münden. Tarsus zweigliedrig, Prätarsus krallenförmig.

Mazedonien.

1 Art.

1. **I. sturanyi** Att. 1903 *I. s.*, Attems in: Zool. Jahrb., Syst. *v.* 18 p. 270 t. 13 f. 21, 22 | 1909 *I. s.*, Attems in: Denk. Ges. Jena, *v.* 14 p. 36 t. 2 f. 4 (Fig. 181, 182).

Gelb. Länge 70 mm, Breite 1,7 mm. 115 Beinpaare.

Kopf klein, ungefähr so lang wie breit, vorn etwas verschmälert; gleichmäßig polygonal gefeldert, Clypeus ebenso und am Vorderrand eine Zone von Borsten tragend, die in mehreren unregelmäßigen Reihen stehen.

Vorderrand der Kieferfußhüften nur seicht eingebuchtet, ohne Zahnhöcker. Die vollständigen Chitinlinien fallen durch ihre braune Farbe auf. Die Krallen erreichen den Stirnrand bei weitem nicht, Ungulum innen glatt, alle Glieder ohne Zahnbildung, Grenze zwischen Pleuren und Hüfte scharf, erstere kommen in Kontakt mit dem Präfemur. Von oben ist von den Kieferfüßen nur wenig zu sehen.

Ventralporen vom 2. Sternit an in einem rundlichen oder querbiskuitförmigen Feld hinter der Mitte. Vom etwa 48. Sternit an zerteilt sich das Feld in 2 runde Haufen, die auf den letzten Segmenten wieder näher aneinander rücken und auf dem vorletzten Sternit ein einheitliches Querband bilden. Sternit des Endbeinsegments sehr breit und kurz, viel breiter als lang, hinten gerade abgeschnitten, die Seiten konvex. Hüfte mit 2 Gruppen von Poren; die vorderen viel zahlreicheren Poren münden in eine Grube nahe dem Vordereck des Sternits, die hintere Grube liegt neben dem Seitenrande des Sternits.

Keine Analporen.

Gjevgjelü am Wardar.

14. Gen. **Erithophilus** Cook

1899 *E.*, Cook in: P. ent. Soc. Washington, *v.* 4 p. 308.

Kopfschild länger als breit, die Kieferfüße zum Teil unbedeckt lassend, ohne Stirnfurche. Basalschild breit, vorn etwas verschmälert.

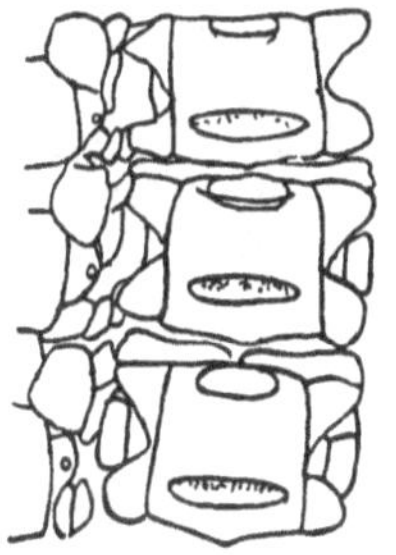

Fig. 183.
Erithophilus neopus Cook.

Fig. 184.
Erithophilus neopus Cook.

Mittelteil des Labrum gezähnt. Hüften der 1. Maxille untereinander und mit dem 1. Telopoditglied verwachsen, innerer Coxalfortsatz nicht abgesetzt, keine Außentaster. Klaue der 2. Maxille einfach. Kieferfüße mit Chitinlinien, Tarsungulum ohne Basalzahn, auch die anderen Glieder ohne Zahnbildung. Tergite zweifurchig.

Ventralporen vorhanden. Einige vordere Sternite auch mit einer Quergrube am Vorderrand (Fig. 183). Subcoxa ohne Poren.

Sternit des Endbeinsegments breiter als lang. Die Hüfte mit Porengruppen, die in 2 Gruben unter dem Sternitrand münden. Tarsus der Endbeine zweigliedrig, beide Glieder sehr schlank, auffallend dünner als die Tibia. Prätarsus krallenförmig. Präfemur und Femur auf der Ventralseite mit einem glatten, von zahlreichen Poren durchbohrten Feld.

Florida.

1 Art.

1. **E. neopus** Cook 1899 *E. n.*, Cook in: P. ent. Soc. Washington, *v.* 4 p. 309 t. 4 f. 1a—d (Fig. 183, 184).

Wachsweiß, der Kopf dunkler.

Länge 13 mm, Breite 0,5 mm. ♂ mit 45—47, ♀ mit bis 51 Beinpaaren. Die Ventralporen sind auf den vorderen Segmenten in einem scharfumschriebenen queren Feld ohne polygonale Felderung angeordnet, weiter hinten werden die Poren immer undeutlicher und verschwinden schließlich ganz. Die Quergrube am Vorderrand ist auf den Sterniten 9 bis 13 oder 14 vorhanden, querelliptisch, stark chitinisiert und scharf begrenzt, mit kleinmaschiger Felderung.

Endbeine bis inklusive Tibia in beiden Geschlechtern stark verdickt.

Sugar Loaf Key, Florida.

15. Gen. Leptophilus Chamb.

1915 *L.*, Chamberlin in: Bull. Mus. Harvard, *v.* 59 p. 528.

Kopfschild ohne Stirnfurche. Basalschild sehr breit, nach vorn nur mäßig verschmälert; die Kieferfüße zum Teil von oben sichtbar. Mittelteil des Labrum kräftig gezähnt, Seitenteile gefranst. Hüften der 2. Maxille nur durch eine schwache membranöse Brücke verbunden. Die Endklaue einfach. Telopodit der 1. Maxille zweigliedrig; innerer Coxalfortsatz nicht abgesetzt. Kieferfüße klein, geschlossen den Stirnrand nicht erreichend, ohne Zahnbildung. Chitinlinien vollständig und kräftig ausgebildet.

Ventralporen in einem Querband vor der Mitte, einige vordere Segmente mit *carpophagus*-Bildung.

Hüfte der Endbeine mit wenigen unter dem Sternitrand liegenden Poren; Tarsus zweigliedrig, das erste Glied merklich schlanker als die Tibia und das zweite Glied wieder merklich schlanker als das erste. Prätarsus krallenförmig. Tergite doppelfurchig.

West-Indien.

1 Art.

1. **L. caribeanus** Chamb. 1915 *L. c.*, Chamberlin in: Bull. Mus. Harvard, *v.* 59 p. 529.

Gelb, Kopf im hinteren Teil dunkler. Länge 30 mm. Zahl der Beinpaare 60 (sic! nach Chamberlin), schlank, hinten nur wenig verschmälert.

Kopfschild so lang wie breit, vorn abgestutzt, hinten bogig und hier am breitesten, die Seiten konvex. Antennen lang und schlank, fadenförmig.

Hinterrand der vorderen Sternite winkelig vorspringend entsprechend einer Grube am Vorderrand des folgenden Sternits; diese Grube wird auf den Segmenten 12 - 20 scharf umschrieben, groß, querelliptisch und stark chitinisiert. Das querbandförmige Ventralporenfeld teilt sich auf den hinteren Segmenten in der Mitte.

Letztes Tergit sehr breit, nach hinten stark verschmälert und abgerundet. Endbeine des ♂ stark verdickt mit schütteren, mäßig langen Borsten.

Swan Island.

16. Gen. Chalandea Bröl.

1909 *C.*, Brölemann in: Arch. Zool. expér., ser. 5 *v.* 3 p. 338.

Kopfschild etwas breiter als lang, Basalschild sehr breit, so breit wie das folgende Tergit, vorn nur sehr wenig verschmälert, dabei kurz. Labrum und 1. Maxille wie bei *Geophilus*. Coxosternum der 2. Maxille in der Mitte nur eine schmale Brücke bildend. Kieferfußhüften viel breiter als lang, mit vollständigen Chitinlinien. Ungulum lang, säbelklingenartig komprimiert.

Sternite mit runden Tuberkeln auf einem vertieften Mittelfeld; einige vordere mit *carpophagus*-Bildung. Ventralporen vorhanden, in einem nicht scharf begrenzten Querband.

Endbeinhüfte mit mehreren einzeln mündenden Poren, Tarsus zweigliedrig, Prätarsus vorhanden.

Tergite ohne die 2 gewöhnlichen Längsfurchen.

Körper auffallend dick in dorsoventraler Richtung.

Westliche Mediterrangegenden.

1 Art.

1. **C. pinguis** (Bröl.) 1898 *Geophilus p.*, Brölemann in: Feuille Natural., ser. 3 *v.* 28 nr. 331 p. 1 (Fig. 185).

Ockergelb, Körper kurz und breit, vorn stark, hinten wenig verjüngt. Zahl der Beinpaare 35 (♂) bis 47 (♀).

Kopf sehr klein, rundlich, etwas breiter als lang, ohne Stirnfurche. Antennen lang. Kieferfußhüften vorn unbewehrt, unpunktiert, mit einer medianen Längsfurche und vollständigen Chitinlinien. Tarsungulum ohne Basalzahn, Ungula innen glatt, geschlossen erreichen sie den Stirnrand nicht. Tergite reichlich und kurz beborstet, ohne die gewöhnlichen 2 Längsfurchen, in den Seiten etwas buckelig aufgetrieben, ebenso die Prätergite. Sternite spärlich beborstet. 10.—19. mit *carpophagus*-Bildung.

Fig. 185. Chalandea pinguis (Bröl.)

Endbeinsegment: Sternit schmal, rhombisch. Hüfte mit 6—7 einzeln und teils frei, teils unter dem Sternitrand mündenden Poren. Endbeine des ♂ stark verdickt und dicht beborstet.

Pyrenäen. (Ahusquy, St. Béat) Haute Garonne. Corsica (Vizzavona).

17. Gen. **Eurygeophilus** Verh.

1899 *Geophilus* subg. *E.*, Verhoeff in: Zool. Anz.. *v.* 22 p. 366 | 1901 *G. (E.)*, Verhoeff in: N. Acta Ac. Leop., *v.* 77 p. 418 | 1903 *G. (E.)*, Attems in: Zool. Jahrb., Syst. *v.* 18 p. 240 | 1926 *E.*, Attems in: Kükenthal & Krumbach, Handb. Zool., *v.* 4 p. 362.

Körper auffallend breit.

Kopfschild so lang wie breit, ohne Stirnfurche, Antennen schlank, kurz. Mittelteil des Labrum kräftig gezähnt, Seitenteile lang gefranst. 1. Maxille mit 2 Paar langer, schlanker, fein bestachelter Tasterlappen. Hüften der 2. Maxille schmal verbunden. Die Endkralle kräftig, einfach. Kieferfüße: Chitinlinien abgekürzt, ohne Zahnbildung, Ungulum lang, schlank, säbelklingenförmig zusammengedrückt, Sammelbläschen der Giftdrüse aus 2 Abschnitten bestehend, einem distalen knotigen und einem proximalen länglichen.

Tergite ungefurcht.

Die Borsten der Sternite, besonders der vorderen, werden teilweise zu kurzen dicken Spitzkegelchen; ähnliche finden sich auch auf den Grundgliedern der Beine. Ventralporen vorhanden in einem Streif nahe dem Hinterrand.

Sternit des Endbeinsegments breiter als lang; Hüfte mit einer größeren Zahl von Poren am oberen Rand und am Rande des Sternits, die meisten bedeckt. Tarsus zweigliedrig, Prätarsus beim ♀ normal krallenförmig, beim ♂, bei dem die Endbeine sehr stark verdickt sind, stark reduziert.

Analporen vorhanden.

Gonopoden des ♂ zweigliedrig.

Pyrenäen, Portugal.

1 Art mit 1 Unterart.

1. **E. multistiliger** Verh. 1899 *Geophilus (E.) m.*, Verhoeff in: Zool. Anz., *v.* 22 p. 367.

32 mm lang, $1^3/_4$ mm breit. 51 Beinpaare. ♀ Labrum mit 5 Zähnen. Die Spitzkegeln der Sternite finden sich auf fast allen Segmenten; sie lassen Vorder- und Hinterrand und meist auch einen Mittelstreifen frei. Vor dem Hinterrand steht ein querer Haufen zerstreuter Ventralporen, der meist aber in zwei seitliche Häufchen zerfällt.

Endkrallen der Beine sehr kräftig.

Hüftdrüsen der Endbeine von verschiedener Größe, meist recht groß. Endbeine des ♀ nicht verdickt. ♂ unbekannt.

Coimbra, Portugal.

1a. **E. m. velmanyensis** Bröl. 1926 *E. m. v.*, Brölemann in: Bull. Soc. Toulouse, *v.* 54 p. 260 f. 28—34.

♂ Länge 28 mm, Breite 1,5 mm. 55 Beinpaare. ♀ Länge 20 mm, Breite 1,1 mm. 57 Beinpaare. Labrum mit 8 Zähnen, kammförmig.

Mittelteil der Sternite schwach rundwarzig, die ersten 13 Sternite haben eine seichte mediane Längsfurche. Ventralporen auf dem 1. bis vorletzten beintragenden Segment, in einem sehr schmalen Querband von 2, höchstens 3 Porenreihen, das bis an die Seiten reicht, und sich auf den hinteren Segmenten in der Mitte teilt. Die Spitzkegel werden auf den hinteren Segmenten weniger zahlreich und gehen etwa auf dem 25. Segment in die gewöhnlichen Borsten über.

Velmanya, Ost-Pyrenäen.

18. Gen. **Australiophilus** Verh.

1925 *A.*, Verhoeff in: Ark. Zool., *v.* 17 A. nr. 3 p. 51.

Mittelteil des Labrum gezähnt, die Seitenteile gefranst. Erste Antennenglieder dicht aneinander stoßend und ineinander greifend. 1. Maxille ohne Außentaster. Hüften der 2. Maxille ganz verwachsen, die Kralle in mehrere borstenartige Spitzen zerschlitzt. Kieferfüße mit abgekürzten Chitinlinien, ohne Zahnbildungen, das Ungulum hell gefärbt. Basalschild trapezisch, sehr breit. Ventralporenfeld auf den meisten Segmenten vorhanden, auf den vorderen einheitlich queroval, weiterhin in zwei geteilt. Endbeinsternit und die 3 vorangehenden Sternite dicht pelzig beborstet. Endbeinsternit breit, Endbeinhüfte mit zahlreichen, größtenteils frei mündenden Poren allseitig, Tarsus zweigliedrig, Kralle vorhanden. Terminalporen vorhanden.

Australien.

1 Art.

1. **A. longissimus** Verh. 1925 *A. l.*, Verhoeff in: Ark. Zool., *v.* 17 A. nr. 3 p. 52 t. 2 f. 31—35.

Länge 72 mm. 117 Beinpaare (♂), einfarbig fuchsig. Kopf und Tergite zerstreut und mäßig kräftig punktiert. Kopf wenig länger als breit. Mittelteil des Labrum achtzähnig. 1. Maxille auffallend kurz und breit. Hüften und Telopodite der 2. Maxille ohne Fortsätze. Seiten des Clypeus leicht Sförmig geschwungen, in der Vorderhälfte jederseits ein größeres Feld, in dem die sonst dichte, feine Zellstruktur verwischt ist, vorn jederseits 8—9 Borsten. Ventralporenfeld auf dem 1.—37. Sternit einheitlich, queroval, auf dem 38.—113. Sternit in zwei Felder zerlegt, 114. bis letztes (Endbein-)Sternit ohne Porenfeld, aber dicht beborstet. Endbeine des ♂ verdickt.

Queensland, Herberton.

19. Gen. **Geoperingueyia** Att.

1926 *G.*, Attems in: Kükenthal & Krumbach, Handb. Zool., *v.* 4 p. 362 | 1928 *G.*, Attems in: Ann. S. Afr. Mus, *v.* 26 p. 150.

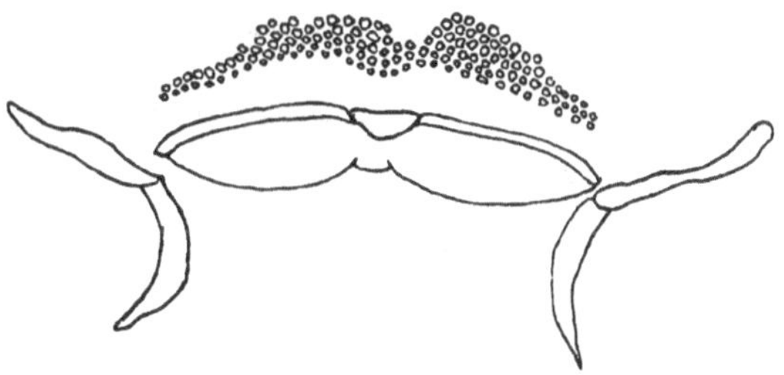

Fig. 186. **Geoperingueyia conjungens** Att. Labrum.

Kopfschild wenig länger als breit, ohne Stirnfurche. Antennen fadenförmig. Basalschild breit, bis an die Körperseiten reichend.

Mittelteil des Labrum vorgewölbt, der freie Rand ungezähnt; die Seitenteile glatt, ungefranst (Fig. 186). 1. Maxille ohne Außentaster, beide Telopoditglieder getrennt. Hüften der 2. Maxille (Fig. 187) zu einem Syncoxit ver-

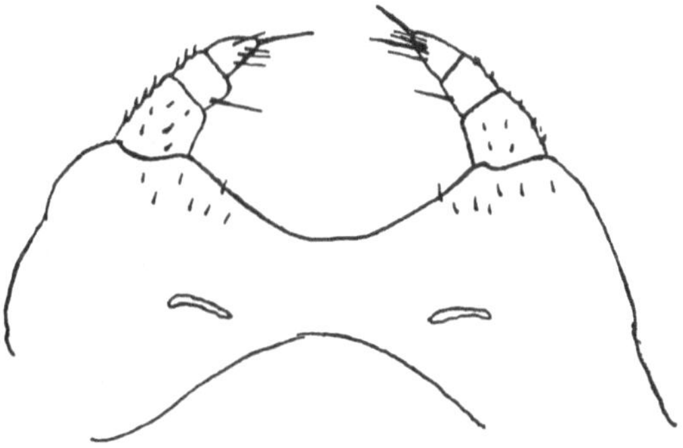

Fig. 187. **Geoperingueyia conjungens** Att. 2. Maxille.

wachsen, ohne Mediannaht. Das dritte Telopoditglied trägt an Stelle der Kralle eine lange, auf einem scheibenförmigen Sockel sitzende Borste (Fig. 188). Kieferfüße ohne Chitinlinien, Telopodit normal viergliedrig.

Tergite ungefurcht. Prästernite vom ersten an geteilt.

Ventralporen sehr unscheinbar, in einem unscharf begrenzten Querband vor dem Hinterrand und in einem kleinen Querfeld vorn. Endbeine mit eingliedrigem Tarsus; die des ♂ stark verdickt und ohne Prätarsus, die des ♀ dünn und mit krallenförmigem Prätarsus. Hüfte mit zahlreichen einzeln mündenden Poren. Terminalporen vorhanden.

Kapland.

1 Art.

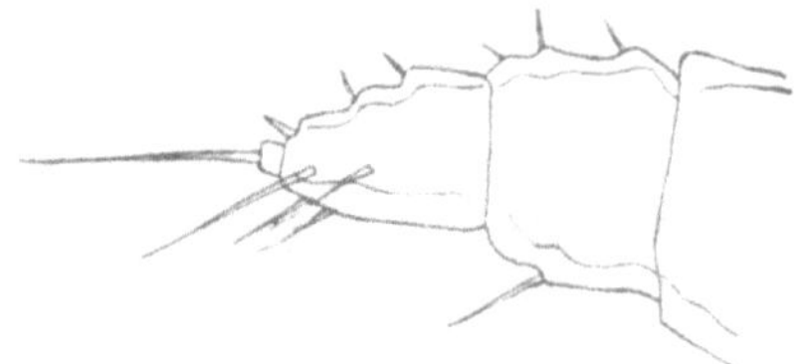

Fig. 188. **Geoperingueyia conjungens** Att. Telopodit der 2. Maxille.

1. **G. conjungens** Att. 1928 *G. c.*, Attems in: Ann. S. Afr. Mus., *v.* 26 p. 150 t. 19 f. 472—476.

Licht bräunlichgelb, Kopf kastanienbraun.

Länge bis 53 mm, in der Mitte am breitesten, vorn und hinten ziemlich gleichmäßig verschmälert. Zahl der Beinpaare bei ♂ 55—67, bei ♀ 69.

Fig. 189. **Geoperingueyia conjungens** Att. Kieferfüße.

Kopfschild etwas länger als breit, vorn breit gerade abgestutzt, reichlich und kurz behaart. Grundglieder der Antennen mit schütter und zumeist in Quirlen stehenden Borsten, die Endglieder kürzer und dichter beborstet. Clypeus gleichmäßig polygonal gefeldert und mit einer größeren Zahl starker Borsten. Die Kieferfüße bleiben geschlossen noch ein gutes Stück vom Stirnrand entfernt; Vorderrand der Hüften eingebuchtet, ohne Spur einer Zahnbildung; Präfemur, Femur und Tibia mit je einem großen Innenzahn. Tarsungulum ohne Basalzahn, mit einfachem Ungulum. Tergite ziemlich reichlich, sehr kurz und fein behaart. Vordere Sternite etwas länger als breit, die hinteren ungefähr quadratisch, alle ganz unbeborstet. Endbeine des ♂ stark verdickt, etwas keulig. Tarsus fast zweimal so lang wie die Tibia, ohne Prätarsus; alle Glieder reichlich und kurz beborstet, beim ♀ sind die Endbeine recht dünn und haben einen krallenförmigen Prätarsus. Die zahlreichen Hüftporen münden einzeln gleichmäßig verteilt unten und seitlich. Sternit beim ♂ fast quadratisch, hinten ganz gerade abgestutzt, die Seiten etwas eingebuchtet, beim ♀ hinten deutlich verschmälert.

Stigmen kreisrund; Präscutellum sehr groß, mehrmals größer als das kleine Scutellum.

Grahamstown, Krantzkop, Kapland.

20. Gen. **Apogeophilus** Silv.

1905 *A.*, Silvestri in: Zool. Jahrb., Suppl. 6 p. 766.

Kopfschild ungefähr so lang wie breit, klein. Antennen lang, endwärts etwas verdickt.

Mittelteil des Labrum mit kurzen runden Tuberkelzähnen, die Seitenteile glatt, ungefranst. Hüften der 1. Maxille ganz verwachsen, der Coxalfortsatz nicht abgesetzt, beide Telopoditglieder verschmolzen; keine Außentaster. Hüften der 2. Maxille verwachsen, ohne Fortsätze, die Endkralle groß, einfach. Die Kieferfüße erreichen geschlossen den Stirnrand nicht; sie haben keine Chitinlinien und keine Zahnbildungen. Klaue innen glatt.

Basalschild breit; fast so breit wie das folgende Tergit.

Ventralporen vorhanden.

Tarsus der Endbeine eingliedrig, mehr als doppelt so groß wie die Tibia, kein Prätarsus; Hüfte mit 1 großen halbbedeckten Porus. Sternit kurz, breittrapezisch.

Chile, Argentinien.

2 Arten.

Typus *A. claviger* Silv.

1. **A. claviger** Silv. 1905 *A. c.*, Silvestri in: Zool. Jahrb., Suppl. 6 p. 766 t. 37 f. 61—66.

Gelblich, spärlich und kurz beborstet. Länge 10 mm, Breite 0,5 mm. 51 Beinpaare. Kopfschild fast quadratisch.

Ventralporen groß, aber wenig zahlreich, auf den vorderen Segmenten in der Mitte und seitlich, auf den hinteren Segmenten seitlich vor dem Hinterrande.

Chile (Santiago).

2. **A. bonariensis** Silv. 1910 *A. b.*, Silvestri in: Boll. Laborat. Zool. Portici, *v.* 4 p. 62 f. 15.

Im Widerspruch mit der Genus-Diagnose hat diese Art einen zweigliedrigen Endbeintarsus, kann also nicht zur Gattung *Apogeophilus* gehören, doch ist eine Einreihung in eine andere Gattung nicht möglich, da über mehrere Punkte, insbesondere die Mundteile, nichts bekannt ist. Unterschiede von *A. claviger* wären ferner die Zahl der Endbeinhüftporen (4) und der Besitz eines winzigen Basalzahns am Tarsungulum der Kieferfüße.

Länge 16 mm, Breite 0,46 mm. ♂ mit 55, ♀ mit 59 Beinpaaren.

Die Felderung der Sternite 2 bis etwa 21 ist sehr ausgeprägt und auf einem großen rundlichen Mittelfeld engmaschiger als an den Rändern. Die Ventralporen sind in drei kleinen nebeneinander vor dem Hinterrand gelegenen Feldchen angeordnet und nicht zahlreich: 2 + 4 — 5 + 2.

Argentinien, Buenos Aires.

21. Gen. **Dinogeophilus** Silv.

1909 *D.*, Silvestri in: Atti Acc. Lincei, Rend. ser. 5 *v.* 18I p. 269 | 1910 *D.*, Silvestri in: Boll. Laborat. Zool. Portici, *v.* 4 p. 63.

Fig. 190. **Dinogeophilus pauropus.**

Kopfschild ungefähr so lang wie breit. 1. Maxille mit kleinem Außentaster am Telopodit, der, nach der Zeichnung des Autors zu schließen, ungegliedert ist. Hüften der 2. Maxille ganz verwachsen, nur das dritte Telopoditglied mit einigen Borsten, Prätarsus krallenförmig. Die Kieferfüße haben nach der Zeichnung (im Text nichts erwähnt) keine Chitinlinien, auf dem Ungulum vor der eigentlichen Endspitze zwei kräftige Zähne (Fig. 190).

Ventralporen in einem länglichen Medianfeld.

Einige hintere Tergite und Sternite haben am Hinterrand eine Zone von Wärzchen (Fig. 191).

Tarsus der Endbeine eingliedrig, kein Prätarsus. Hüfte mit einem unter dem Sternitrand verdeckten Porus.

Uruguay.

1 Art.

1. **D. pauropus** Silv. 1909 *D. p.*, Silvestri in: Atti Acc. Lincei, Rend. ser. 5 *v.* 18 I p. 270 (Fig. 190, 191).

Kopfschild spärlich und kurz beborstet. Endglied der Antenne jederseits mit 3 langen, einander genäherten, anliegenden Sinneszäpfchen. Die Kieferfüße überragen den Stirnrand kaum. Vorderrand der Hüften unbewehrt. Tarsungulum mit einem kleinen Basalzahn und 2 kräftigen Zähnen auf der Hohlseite des Ungulum vor der Endspitze. 2.—6. Sternit mit wenigen Ventralporen in einem schmalen längsovalen Mittelfeld, die anderen Segmente ohne Ventralporen. 26. bis 30. Sternit mit einer breiten hinteren etwas verdickten und mit kleinen Wärzchen besetzten Zone. Die Tergite dieser Segmente haben hinten seitlich jederseits zwei kleine Felder solcher Wärzchen. Sternit des Endbeinsegments sehr kurz und breit, an der Basis mehr als doppelt so breit wie lang, Hüfte mit einem einzigen, großen, verdeckten Porus. Der eingliedrige Tarsus ungefähr so groß wie die Tibia.

Länge des Körpers 5,5 mm, Breite 0,26 mm. 31 Beinpaare.

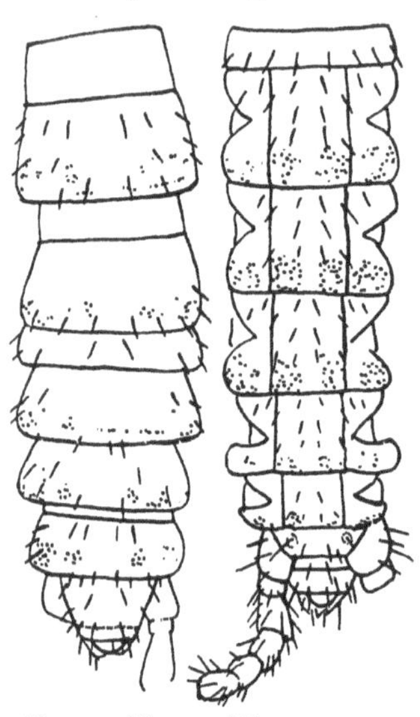

Fig. 191. **Dinogeophilus pauropus.**

Uruguay (Salto).

22. Gen. **Nannocrix** Chamb.

1918 *N.*, Chamberlin in: Ann. ent. Soc. Amer., *v.* 11 p. 376.

Kopfschild so lang wie breit, ohne Stirnfurche.

Seitenteile des Labrum langgefranst. Mittelteil?. 1. Maxille mit 2 Paar Außentastern, Telopodit zweigliedrig. Hüften der 2. Maxille ganz verwachsen, alle Telopoditglieder ohne besondere Fortsätze, die Endkralle einfach. Chitinlinien der Kieferfüße vollständig, die Krallen erreichen geschlossen den Stirnrand nicht.

Tergite zweifurchig.

Ventralporen in einem hinteren Querband und auf den vorderen Segmenten außerdem in 2 vorderen runden Haufen.

Endbeinhüften mit wenigen Poren unter dem Rande des Sternits; Tarsus zweigliedrig, der Prätarsus hat die Gestalt eines kleinen Gliedes.

Keine Analporen.

Nordamerika.

1 Art.

1. **N. porethus** Chamb. 1918 *N. p.*, Chamberlin in: Ann. ent. Soc. Amer., *v.* 11 p. 376.

Gelb, Kopf und zuweilen auch das Hinterende bräunlich.

Länge bis 45 mm. 61—63 Beinpaare, Körper vorn wenig, hinten stärker verschmälert.

Kopfschild spärlich beborstet, vorn stumpfwinklig, Hinterrand eingebuchtet, die Seiten konvex. Basalschild trapezisch. Antennen ziemlich kurz, endwärts verjüngt, die Grundglieder spärlich beborstet.

Vorderrand der Kieferfußhüften winkelig eingebuchtet, alle Glieder ohne Zahnbildung.

Sternit des Endbeinsegments sehr breit, die Seitenränder konvex und nach hinten konvergierend, Hinterrand gerade.

Creston, Louisiana, Ver. Staaten.

23. Gen. **Arenophilus** Chamb.

1912 *A.*, Chamberlin in: Bull. Mus. Harvard, *v.* 54 p. 416.

Kopfschild länger als breit, ohne Stirnfurche, mit 2 Längsfurchen im hinteren Teil.

Mittelteil des Labrum mit mehreren spitzen Zähnchen. Seitenteile lang gefranst, Hüften der 1. Maxille ganz verwachsen; dieses Syncoxit und das Telopodit mit großen Außentastern. Alle Glieder der 2. Maxille ohne Fortsatz. Kieferfußhüften ohne oder mit abgekürzten Chitinlinien; die Klauen überragen geschlossen den Stirnrand merklich. Basalzahn vorhanden.

Tergite doppelfurchig.

Die Ventralporen sind in einem geschlossenen Querband oder in einem runden oder länglichen Mittelfeld vor dem Hinterrand angeordnet.

Sternit des Endbeinsegments breit. Tarsus der Endbeine zweigliedrig, der Prätarsus hat die Form eines kleinen, beborsteten, cylindrischen Gliedes, so daß die Endbeine achtgliedrig erscheinen. Die Coxaldrüsen münden gruppenweise in je 2 Gruben auf jeder Hüfte, die zum Teil von dem Sternit bedeckt sind.

Analporen vorhanden.

Vereinigte Staaten von Nordamerika.

3 Arten.

Typus *A. unaster* (Chamb.)

Übersicht über die Arten.

1a. Das Ventralporenfeld ist länglich, lanzettförmig, mit der Spitze vorn: **1. A. unaster**

1b) Das Ventralporenfeld ist anders gestaltet 2

2a) Das Ventralporenfeld ist ein queres Band, das die Seiten des Sternits fast oder ganz erreicht . . . . **2. A. bipuncticeps**

2b) Das Ventralporenfeld ist fast oder ganz kreisrund . **3. A. watsingus**

1. **A. unaster** (Chamb.) 1909 *Geophilus attenuatus u.*, Chamberlin in: Ann. ent. Soc. Amer., *v.* 2 p. 179 | 1912 *Arenophilus u.*, Chamberlin in: Bull. Mus. Harvard, *v.* 54 p. 417.

Hellgelb, Kopf dunkler, kastanienbraun.

Länge 44 mm, Breite 1,4 mm. 63 Beinpaare.

Kopfschild etwas länger als breit, vor dem Hinterrand zwei divergierende Längsfurchen. Beborstung spärlich und kurz, kaum punktiert. Basalschild

$2^1/_2$ mal so breit wie lang. Antennen kurz, distalwärts stark verjüngt. Alle Glieder kurz und dünn beborstet. Die Kieferfüße überragen geschlossen das Ende des 1. Antennengliedes. Basalzahn des Tarsungulum spitz. Hüften mit medianer Längsfurche glatt. Die Ventralporen sind in einem medianen lanzettförmigen oder ovalen Längsfeld angeordnet, das vom Hinterrand bis zur Mitte oder darüber hinaus reicht und auf den vorderen Segmenten schärfer, auf den hinteren undeutlicher abgegrenzt ist.

Sternit des Endbeinsegments breit, nach hinten verschmälert.

Nordamerika: Texas, Louisiana.

2. **A. bipuncticeps** (H. C. Wood) 1862 *Geophilus b.*, H. C. Wood in: J. Ac. Philad., ser. 2 *v.* 5 p. 45 | 1865 *G. b.*, H. C. Wood in: Tr. Amer. phil. Soc., ser. 2 *v.* 13 p. 186 | ?1870 *Geophilus latro*, Meinert in: Naturh. Tidsskr., ser. 3 *v.* 7 p. 79 | 1885 *G. georgianus*, Meinert in: P. Amer. phil. Soc., *v.* 23 p. 219 | 1912 *Arenophilus bipuncticeps*, Chamberlin in: Canad. Ent., *v.* 44 p. 66 | 1912 *A. b.*, Chamberlin in: Bull. Mus. Harvard, *v.* 54 p. 417 | 1912 *A. b.*, Chamberlin in: Pomona, *v.* 4 p. 658.

Gelb oder ockergelb, Kopf und Kieferfüße braun.

Länge 34 mm, Breite 0,6 mm, schlank. ♀ mit 61 Beinpaaren.

Kopfschild viel länger als breit, vor dem Hinterrand 2 Längsfurchen; spärlich und kurz beborstet. Antennen lang. Kieferfüße grob und dicht punktiert, den Stirnrand weit überragend, Chitinlinien abgekürzt. Basalzahn des Tarsungulum klein. Tergite schwach punktiert, mit 2 seichten Längsgrübchen zwischen den Längsfurchen.

Sternite schwach punktiert, die vorderen mit einem Mediangrübchen. Ventralporen in einem Querband angeordnet, das fast bis an die Seiten des Sternits reicht und hinten stumpfwinklig vorspringt, so daß das Querband im ganzen mehr oder weniger dreieckig ist. Endbeinhüfte mit 2 großen Gruben am Rande des Sternits.

Vereinigte Staaten von Nordamerika: Alaska, Mississippi, Tennessee, Illinois, Georgia, Florida, Iowa, Nebraska, Wisconsin, Kalifornien.

3. **A. watsingus** Chamb. 1912 *A. w.*, Chamberlin in: Bull. Mus. Harvard, *v.* 54 p. 418.

Gelb, Kopf und Kieferfüße licht rotbraun.

♂ Länge 27 mm, Breite 0,9 mm, mit 33—59 Beinpaaren. ♀ mit 53 bis 63 Beinpaaren, vorn wenig, hinten stark verjüngt, im ganzen spärlich beborstet.

Kopfschild viel länger als breit, hinten mit 2 langen, divergierenden Längsfurchen, sehr spärlich beborstet.

Mittelteil des Labrum mit mehreren (5—6) kurzen spitzen Zähnchen, Seitenteile lang gefranst. Außentaster der 1. Maxille groß, membranös.

Antennen lang bis sehr lang, die Grundglieder mit Quirlen langer Borsten, die Endglieder kurz und dicht beborstet. Die Kieferfüße erreichen geschlossen nicht ganz das Ende des 1. Antennengliedes, Basalzahn des Tarsungulum klein und stumpf. Chitinlinien sehr schwach und undeutlich. Vorderrand der Hüften seicht eingebuchtet, unbewehrt.

Ventralporen in einem ziemlich großen, runden oder mehr eckigen Mittelfeld vor dem Hinterrand; vor dem Porenfeld eine mediane Längsfurche, die von einigen Querlinien gekreuzt wird.

Sternit des Endbeinsegments breit, hinten wenig schmäler. Endbeine verdickt, beim ♂ viel stärker als beim ♀, und beim ♂ ist der beborstete, cylindrische Prätarsus viel schlanker als das 2. Tarsalglied.

Nordamerika: Alaska, Mississippi, Virginia, Georgia, Nord- und Südcarolina, Kentucky.

B. Subfam. Dignathodontinae

1895 Fam. *Dignathodontidae,* Cook in: P. U. S. Mus., *v.* 18 p. 71 | 1909 Tribus *Heniini,* Brölemann in: Arch. Zool. expér., ser. 5 *v.* 3 p. 326 | 1914 Trib. *Dignathodontini,* Attems in: Arch. Naturg., *v.* 80 A. 4 p. 126 | 1918 Fam. *Scolioplanidae,* Verhoeff in: Bronn, Kl. Ordn., *v.* 5 II p. 519 | 1926 *Dignathodontinae,* Attems in: Kükenthal & Krumbach, Handb. Zool., *v.* 4 p. 361, 362.

Körper sowohl nach vorn als nach hinten verschmälert mit kleinem bis sehr kleinem Kopf, der rundlich, ungefähr so lang wie breit oder sogar breiter als lang ist. Basalschild breit, ganz bis an die Seiten des Körpers reichend, nach vorn nicht merklich verschmälert, manchmal sogar vorn verbreitert. Kieferfüße klein, meist nicht bis zum Stirnrand reichend; von oben ist nur ein kleiner Teil der Pleuren sichtbar, mit oder ohne Chitinlinien.

Mittelteil des Labrum groß, am Rande gezähnt oder gefranst, oder ganz verkümmert. Die Seitenteile klein, ungefranst, manchmal verkümmert.

1. Maxille meist ohne Außentaster, (solche kommen vor bei *Pagotaenia* und ganz rudimentäre nur auf dem Telopodit bei *Chaetechelyne* und *Diplochora*).

Hüften der 2. Maxille meist völlig und breit verschmolzen; bei *Diplochora* sind sie nur durch eine schmale basale Brücke verbunden.

Ventralporen vorhanden (und zwar entweder in einem, median meist unterbrochenen Querband vor dem Hinterrand oder in einem scharf umschriebenen Medianfeld) oder fehlend.

7 Gattungen, 41 sichere Arten mit 2 Unterarten, 8 unsichere Arten.

Übersicht über die Gattungen.

1a) Die Poren der Endbeinhüften münden einzeln an der Oberfläche, Kieferfüße ohne Chitinlinien 2

2a) Mittelteil des Labrum fehlend; Hüften der 2. Maxille nur durch eine schmale basale Brücke verbunden. Die Endbeinhüftporen stehen in einem Streif neben dem Sternitrand. Tarsus der Kieferfüße mit einem Zähnchen . . . . 25. **Gen. Diplochora**

2b) Mittelteil des Labrum groß, gefranst oder gezähnt. Hüften der 2. Maxille ganz verwachsen 3

3a) Tarsus der Kieferfüße mit kräftigem Zahn. Die Endbeinhüftporen sind auf den größten Teil der Ventralseite verteilt:
24. **Gen. Scolioplanes**

3b) Tarsus der Kieferfüße ohne Zahn. Die Endbeinhüftporen stehen in 1—2 Reihen neben dem Sternitrand . . . . . . 26. **Gen. Agathothus**

1b) Die Endbeinhüftporen sind zu 1—2 Gruppen vereinigt und münden nicht an der Oberfläche, sondern in tiefe Gruben. Kieferfüße mit Chitinlinien . 4

4a) Tarsus der Endbeine eingliedrig . . . . 27. **Gen. Henia**

4b) Tarsus der Endbeine zweigliedrig 5

5a) Das Labrum besteht aus einer undeutlich geteilten und eingebuchteten Platte, deren nach vorn gerichteter freier Rand mit langen zurückgekrümmten Borsten besetzt ist. Ventralporen in einem scharf umschriebenen Medianfeld . . . . 28. **Gen. Chaetechelyne**

5b) Labrum aus einem großen Mittelteil und gut entwickelten querspangenförmigen Seitenteilen bestehend. Ventralporen in einem hinteren Querband oder fehlend 6

6a) Ungulum der Kieferfüße innen mit 2 Zähnchen. Ventralporen fehlen. Endklaue der 2. Maxille winzig, Tergite blasig-runzelig. 1. Maxille ohne Außentaster . . . . 29. **Gen. Dignathodon**

6b) Ungulum der Kieferfüße ohne Zähnchen innen. Ventralporen vorhanden. Endklaue der 2. Maxille groß. Tergite glatt. 1. Maxille mit Außentastern . . . . 30. **Gen. Pagotaenia**

24. Gen. **Scolioplanes** Bergs. & Mein.

1844/45 *Geophilus*, Newport (non Leach 1815) in: Tr. Linn. Soc. London, *v.* 19 p. 276, 434 | 1847 *Linotaenia* (part.), C. L. Koch in: Koch-Panzer, Krit. Revis., *v.* 3 p. 86, 188 | 1865 *Strigamia*, H. C. Wood (non Gray 1843) in: Tr. Amer. phil. Soc., ser. 2 *v.* 13 p. 181 | 1866 *Scolioplanes*, Bergsoe & Meinert in: Naturh. Tidsskr., ser. 3 *v.* 4 p. 98 | 1870 *S.*, Meinert in: Naturh. Tidsskr., ser. 3 *v.* 7 p. 48 | 1880 *S.*, Latzel, Myr. Österr.-Ung., *v.* 1 p. 191 | 1881 *S.*, E. Haase in: Z. Ent. Breslau, ser. 2 *v.* 8 p. 87 | 1885 *S.*, Meinert in: P. Amer. phil. Soc., *v.* 23 p. 221 | 1895 *Tomotaenia*, Cook in: Amer. Natural., *v.* 29 p. 866 | 1903 *Scolioplanes*, Attems in: Zool. Jahrb., Syst. *v.* 18 p. 266.

Körper vorn und hinten verschmälert, Kopf klein, Kopfschild so breit oder breiter als lang, das Vorderende ist im 3. Rumpfsegment am schmalsten. Basalschild breit, wenigstens so breit wie der Kopf und das folgende Tergit. Antennen fadenförmig, meist kurz.

Mittelteil des Labrum sehr groß, an dem nach vorn gerichteten freien Rand gezähnelt. Seitenteile schmal, ohne Fransen (Fig. 192). 1. Maxille ohne Außentaster. Telopodit meist zweigliedrig. Kieferfüße ohne Chitinlinien, Vorderrand der Hüften eingebuchtet, ungezähnt. Tarsus mit meist sehr großem, spitzem Zahn, Ungulum schlank, spitz, nicht ausgehöhlt. Die geschlossenen Kieferfüße erreichen meist nicht den Stirnrand, sehr selten ragen sie darüber hinaus.

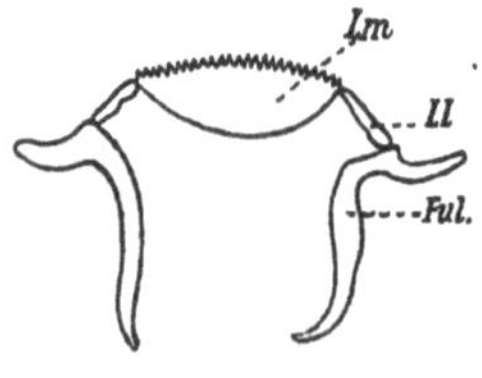

Fig. 192. Scolioplanes acuminatus (Leach). Labrum (vgl. Fig. 178).

Tergite ungefurcht oder nur ganz undeutlich zweifurchig. Ventralporen in einem breiten, median meist durch eine schmale Furche geteilten Querband vor dem Hinterrand, selten außerdem ein vorderes rundes Porenfeld.

Endbeinhüfte mit einer größeren Zahl von Poren, die stets einzeln und meist auch frei auf die Ventralseite münden, meist auf den größeren Teil der Fläche verteilt, seltener in Schrägreihen am Sternitrand, oder gar ganz unter dem Sternit.

Tarsus zweigliedrig, ein krallenförmiger Prätarsus fast stets vorhanden, beim ♂ manchmal recht rudimentär. Endbeine des ♀ eher kleiner als die vorangehenden, beim ♂ kurz aber sehr stark verdickt.

Europa, Nordamerika.

Ein großer Teil der nordamerikanischen Arten (nr. 7—21) ist sehr ungenügend beschrieben, weswegen sich keine Übersicht über alle Arten geben läßt.

21 sichere und 7 unsichere Arten.

Übersicht über die palaearktischen Arten (Nr. 1—6).

1 a) Die Kieferfüße überragen den Stirnrand . . . . . . 6. **S. sacolinensis**

1 b) Die Kieferfüße reichen höchstens bis zum Stirnrand, meist erreichen sie ihn nicht 2

2 a) Sternit des Endbeinsegments schmal, nach hinten sehr merklich verschmälert, fast dreieckig 3

3 a) Borsten der Beine spärlich, dünn und kurz (Fig. 193), Zahn des Kieferfußtarsus stärker (Fig. 194). Sternite spärlich behaart (Europa) 4

4 a) Sternite mit 2 flachen, runden Einsenkungen, die durch eine feine, manchmal auf einem flachen Kiel gelegene mediane Längsfurche getrennt werden. Bauch weißlich. ♂ mit 45—57, ♀ mit 47—59 Beinpaaren . . . . 1. **S. crassipes**

4 b) Sternite mit einem medianen runden Grübchen. Bauch rötlich. ♂ mit 38-45, ♀ mit 33—47 Beinpaaren . . 2. **S. acuminatus**

3 b) Borsten der Beine lang und groß (Fig. 195), Zahn des Kieferfußtarsus kleiner (Fig. 196), Sternite auf der ganzen Fläche gleichmäßig und reichlich behaart mit einem schmalen Längsgrübchen. 39—51 Beinpaare (Japan) . . . . 3. **S. hirsutipes**

2 b) Sternit des Endbeinsegments breit, wenigstens so breit wie lang . . 5

5 a) 59—63 Beinpaare, keine Stirnfurche. Sternite mit scharfer vollständiger Medianfurche. Die Kieferfüße erreichen fast den Stirnrand (Japan) . . . . 4. **S. alokosternum**

5 b) 47—51 Beinpaare. Eine undeutliche helle Stirnlinie vorhanden. Sternite mit einem runden Mittelgrübchen. Die Kieferfüße bleiben weit vom Stirnrand entfernt (NW. Europäische Meeresküsten) . . . . 5. **S. maritimus**

1. **S. crassipes** (C. L. Koch) 1835 *Geophilus c.*, C. L. Koch; C. M. A., fasc. 3 t. 3 | 1838 *G. subtilis*, C. L. Koch, C. M. A., fasc. 22 t. 2 | 1845 *G. breviceps*, Newport in: Tr. Linn. Soc. London, *v.* 19 p. 435 | 1847 *G. b.*, P. Gervais in: Walckenaer & Gervais, Hist. Apt., *v.* 4 p. 318 | 1856 *G. b.*, Newport, Cat. Brit. Mus. Myr., p. 87 | 1863 *Linotaenia crassipes*, C. L. Koch, Myr., *v.* 2 p. 101 f. 223 | 1863 *L. subtilis*, C. L. Koch, Myr., *v.* 1 p. 133 f. 123 | 1863 *Stenotaenia acuminata*, C. L. Koch, Myr., *v.* 2 p. 102 f. 224 | 1866 *Scolioplanes crassipes*, Bergsoe & Meinert in: Naturh. Tidsskr., ser. 3 *v.* 4 p. 102 | 1870 *S. c.*, Meinert in: Naturh. Tidsskr., ser. 3 *v.* 7 p. 50 | 1880 *S. c.*, Latzel, Myr. Österr.-Ung., *v.* 1 p. 194 | 1881 *S. c.*, E. Haase in: Z. Ent. Breslau, ser. 2 *v.* 8 p. 89 | 1888 *S. c.*, Ant. Berlese, A. M. S., fasc. 46 nr. 2 | 1889 *S. c.*, Daday, Myr. Regni Hungar., p. 89 | 1895 *S. variabilis c.*, Verhoeff in: Arch. Naturg., *v.* 61 I p. 354 | 1901 *S. acuminatus c.*, Verhoeff in: N. Acta Ac. Leop., *v.* 77 p. 459 (Fig. 193).

Rostgelb bis rotgelb. Sternite weißlich, Kopf und Kieferfüße nicht wesentlich dunkler.

Länge ♂ bis 40, ♀ bis 56 mm. Größte Breite 2,0—2,6 mm. Zahl der Beinpaare ♂ 45—57, ♀ 47—59, vorn und hinten verschmälert, das Vorderende im 3. Rumpfsegment, (= 2. beintragendes Seg.) am schmalsten.

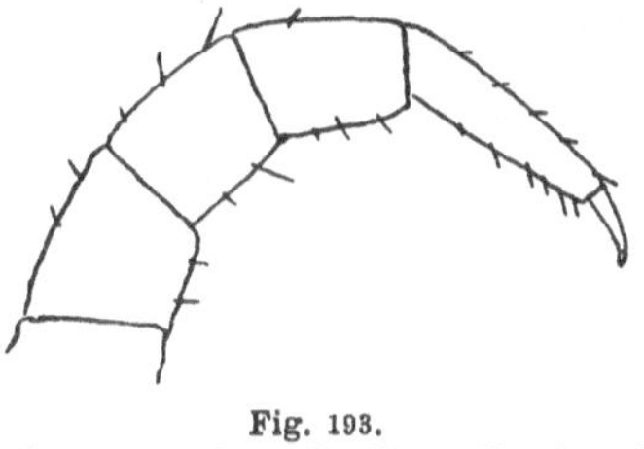

Fig. 193.
Scolioplanes crassipes (Koch), ♀, (Graz) 10. Bein.

Kopfschild eher etwas breiter als lang, die Stirnregion durch eine etwas undeutliche helle Linie abgesetzt. Antennen kurz, dünn, die ersten 6 Glieder schütterer beborstet, mit 2 undeutlichen Quirlen etwas stärkerer aber kurzer Borsten, dazwischen auch kleinere Borsten, die 8 Endglieder dicht und fein kurz beborstet.

Basalschild breit, fast etwas breiter als der Kopf, von den Kieferfüßen ist von oben nur ein kleiner Teil der Pleuren und des Telopodits sichtbar. Basalschild und folgende Tergite ungefähr gleich lang.

Kieferfüße den Stirnrand nicht erreichend; Vorderrand der Hüften eingebuchtet, ungezähnt; Tarsus mit großem, spitzem Basalzahn, Ungulum lang, schlank, innen glatt. Tergite ungefurcht. Sternite mit zwei flachen runden Einsenkungen, die durch eine feine, manchmal auf einem kleinen erhabenen Kiel gelegene mediane Längsfurche getrennt sind.

Sternit des Endbeinsegments lang, schmal, hinten verschmälert. Hüften meist mit zahlreichen, selten mit wenigen, bis 7, ungleich großen einzeln und zumeist auch frei mündenden Poren, die auf der Ventralseite mit Ausnahme des hinteren, äußeren Teiles münden. Endbeine beim ♀ schlank und dünn, wie die Laufbeine; beim ♂ sehr verdickt und stark beborstet, der Prätarsus sehr klein.

Terminalporen vorhanden.

Ganz Europa von Skandinavien bis Portugal-Italien-Albanien, Kaukasus.

2. **S. acuminatus** (Leach) 1815 *Geophilus a.*, Leach in: Tr. Linn. Soc. London, *v.* 11 p. 386 | 1817 *G. a.*, Leach, Zool. Misc., *v.* 3 p. 45 | 1847 *Linotaenia rosulans,* C. L. Koch in: Koch-Panzer, Krit. Revis., *v.* 3 p. 188 | 1847 *Geophilus sanguineus*, P. Gervais in: Walckenaer & Gervais, Hist. Apt., *v.* 4 p. 316 | 1856 *G. acuminatus*, Newport, Cat. Brit. Mus. Myr., p. 86 | 1863 *Linotaenia rosulans*, C. L. Koch, Myr., *v.* 1 p. 81 f. 70 | 1866 *Scolioplanes acuminatus*, Bergsoe & Meinert in: Naturh. Tidsskr., ser. 3 *v.* 4 p. 101 | 1870 *S. a.*, Meinert in: Naturh. Tidsskr, ser. 3 *v.* 7 p. 51 | 1880 *S. a.*, Latzel, Myr. Österr.-Ung., *v.* 1 p. 192 | 1881 *S. a.*, E Haase in: Z. Ent. Breslau, ser 2 *v.* 8 p. 88 | 1887 *S. a.*, Ant. Berlese, A. M S., fasc. 44 nr. 8 | 1889 *S. a.*, Daday, Myr. Regni Hungar., p. 89 | 1895 *S. variabilis a.*, Verhoeff in: Arch. Naturg., *v.* 61 I p. 354 | 1895 *S. a.*, Attems in: SB. Ak. Wien, *v.* 104 p. 169 | 1903 *S. a.*, Attems in: Zool. Jahrb., Syst. *v.* 18 p. 266 t. 13 f. 23 | 1909 *S. a.*, Attems in: Ark. Zool., *v.* 5 nr. 3 p. 25 (Fig. 192, 194).

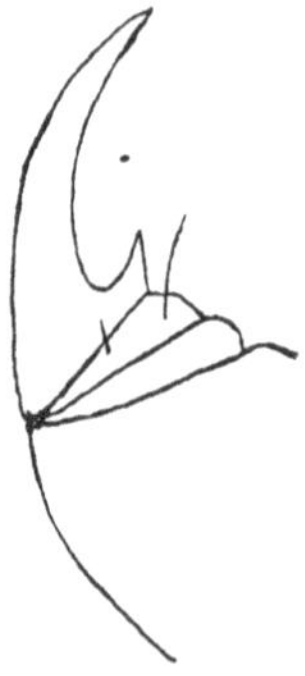

Fig. 194. **Scolioplanes acuminatus** (Leach). Kieferfuß.

Gleicht bis auf einige wenige Unterschiede dem *S. crassipes*, mit dem er schon als Subspecies vereinigt wurde. In manchen Gegenden, z. B. Ostalpen, sind beide Formen leicht auseinanderzuhalten, für die Gesamtheit der Individuen ist das schwieriger.

Rostgelb bis rostbraun, manchmal der ganze Körper intensiv rot, oder nur der Kopf. 7—8 der vordersten und einige der letzten Segmente sind schön rot, die anderen Segmente mehr gelblich oder bräunlich. Bauchseite rötlich.

Länge ♂ bis 25, ♀ bis 34 mm. Größte Breite 1,1—1,7 mm. Zahl der Beinpaare ♂ 33—45, gewöhnlich 39, ♀ 33—47, gewöhnlich 41—43.

Sternite mit tiefem, medianem Längsgrübchen oder abgekürzter Furche, außerdem rechts und links Seitengrübchen.

Europa von Norddeutschland bis Südfrankreich, Oberitalien, Bosnien, Rumänien, England, Behring-Insel, Alaska, St. Paul Island.

3. **S. hirsutipes** Att. 1927 *S. h.*, Attems in: Zool. Anz., *v.* 72 p. 293 f. 1, 3 (Fig. 195, 196).

Bräunlichgelb.

Länge bis 30 mm. Zahl der Beinpaare ♂ 39—45, ♀ 41—51.

Kopfschild so lang wie breit. Die Stirnregion durch eine helle Linie abgegrenzt. Basalschild und die folgenden Tergite gleich lang. Die geschlossenen Kieferfüße erreichen den Stirnrand nicht; der Basalzahn des Tarsus ist merklich kleiner als bei *S. acuminatus* und *crassipes.* Kopfschild, Tergite und Sternite relativ reichlich beborstet, auf den Sterniten sind die Borsten nicht deutlich in Reihen geordnet.

Tergite ungefurcht, Sternite mit ziemlich tiefem, schmalem, medianem Längsgrübchen. Ventralporen in einem breiten, median unterbrochenen Querband in der hinteren Hälfte. Subcoxa auch mit Poren.

Sternit des Endbeinsegments schmal, merklich länger als breit.

Hüfte mit zahlreichen, etwa 15 Poren, die einzeln und frei auf der Ventralseite münden; eine kleine Kralle in beiden Geschlechtern vorhanden. Endbeine des ♂ sehr verdickt.

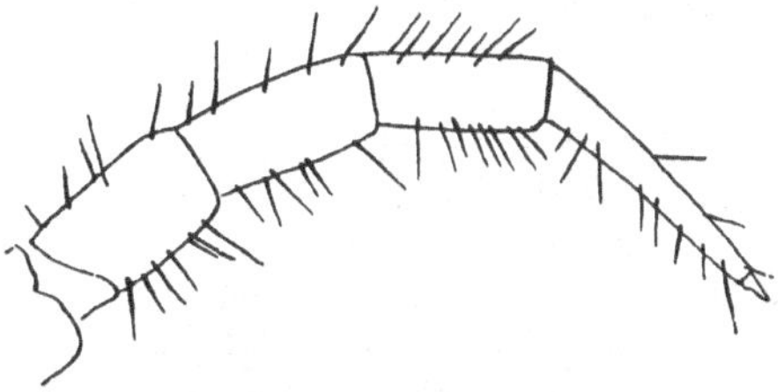

Fig. 195. Scolioplanes hirsutipes Att., ♀. 10. Bein.

Laufbeine relativ lang und kräftig beborstet, merklich stärker beborstet als bei *S. acuminatus-crassipes* (Fig. 195).

Terminalporen vorhanden.

Japan: Kanagava, Yamanaka (Suruga), Bukenji, Negishi.

4. **S. alokosternum** Att. 1927 *S. a.*, Attems in: Zool. Anz., *v.* 72 p. 294.

Farbe gleichmäßig chitingelb, das Vorderende nicht merklich dunkler. Länge 40 mm. 57—63 Beinpaare. Kopfschild so lang wie breit, keine Stirnfurche, auch keine helle Linie. Basalschild so lang und hinten so breit wie das folgende Tergit, nach vorn deutlich etwas verschmälert: die folgenden Tergite sind kürzer als diese 2 ersten. Die Kieferfüße erreichen fast den Stirnrand; sie sind spärlich und fein beborstet; Tarsalzahn groß und spitz. Tergite ungefurcht, mit 2 Querreihen winziger, schwer sichtbarer Borsten. Sternite mit scharfer medianer Längsfurche, die ein kleines Stück vom Vorderrand beginnt und bis zum Hinterrand zieht; das breite Porenfeld in der hinteren Hälfte wird dadurch in 2 geteilt. Auf dem 1. Sternit ist die Längsfurche etwas undeutlich, auf dem letzten fehlt sie. Sternite fast nackt, nur sehr spärlich beborstet.

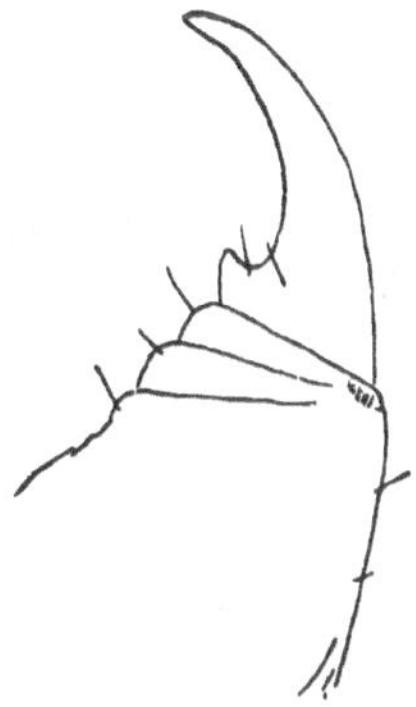

Fig. 196. Scolioplanes hirsutipes Att., ♀ Kieferfuß.

Sternit des Endbeinsegments so lang wie breit, hinten zungenförmig abgerundet. Endbeinhüfte mit zahlreichen Poren, die auf der Ventralseite einzeln und frei münden; nur der latero-distale Teil der Hüfte bleibt porenfrei und ist auch beim ♂ nur spärlich und kurz beborstet. Endbeine des ♂ stark verdickt, unten dicht und kurz beborstet, beim ♀ sind die Endbeine kleiner als die vorangehenden Paare; in beiden Geschlechtern eine winzige Endkralle.

Terminalporen vorhanden.

Japan: Yamanaka, Suruga; Bukenji.

5. **S. maritimus** (Leach) 1817 *Geophilus m.*, Leach, Zool. Misc., *v.* 3 p. 44 t. 140 f. 1, 2 | 1866 *Scolioplanes m.*, Bergsoe & Meinert in: Naturh. Tidsskr., ser. 3 *v.* 4 p. 100 | 1870 *S. m.*, Meinert in: Naturh. Tidsskr., ser. 3 *v.* 7 p. 52 | 1889 *S. m.*, Porat in: Ent. Tidskr., *v.* 10 p. 138 | 1903 *S. m.*, Hennings in: Biol. Centralbl., *v.* 23 p. 721.

Blasser gelb als *S. acuminatus* und *S. crassipes*.

Länge bis 35 mm. 47—51 Beinpaare.

Kopfschild so lang wie breit. Stirn durch eine etwas undeutliche weiße Linie abgesetzt. Die Kieferfüße erreichen den Stirnrand bei weitem nicht. Der Zahn des Tarsus ist spitz aber relativ etwas kleiner als bei *S. crassipes*.

Basalschild und folgende Tergite gleich lang.

Sternite mit einem runden Mittelgrübchen; die der vorderen Körperhälfte haben etwas stärkere aber nicht zahlreichere Borsten als bei *S. acuminatus* und *crassipes*. Ventralporen wie bei letzteren Arten.

Sternit des Endbeinsegments breit, trapezförmig. Hüften bei kleineren Exemplaren mit weniger zahlreichen, bei größeren Individuen mit ebensoviel Poren wie bei *S. acuminatus-crassipes* und in der gleichen Verteilung, der porenfreie latero-distale Teil der Hüfte ist beim ♂ stark beborstet. Endbeine des ♂ stark verdickt und ventral dicht kurz beborstet; eine kleine Endkralle vorhanden. Terminalporen vorhanden.

Schweden, Norwegen, Dänemark, Helgoland, England, Irland, Frankreich, überall am Meeresstrand.

6. **S. sacolinensis** Mein. 1870 *S. s.*, Meinert in: Naturh. Tidsskr., ser. 3 *v.* 7 p. 53 | 1884 *S. s.*, Selivanoff in: Horae Soc. ent. Ross., *v.* 18 p. 93.

Olivenbraun. Länge 34 mm, Breite 1,4 mm. Kräftig, vorn und hinten verschmälert. 47 Beinpaare (♀).

Kopfschild breiter als lang, die Kieferfüße überragen etwas den Stirnrand. Tergite leicht runzelig, undeutlich zweifurchig. Sternite außer dem letzten mit einer Querfurche, die vorderen außerdem mit einer Längsfurche.

Sternit des Endbeinsegments länglich, hinten verschmälert. Hüfte mit 15 fast in Reihen geordneten Poren. Endbeine des ♀ kürzer als die anderen.

Laufbeine spärlich mit langen, steifen Borsten.

Insel Sachalin: Sartung.

Folgende Arten sind in russischer Sprache beschrieben:

S. pusillus Ssel. 1881 *S. p.*, Sseliwanoff in: Mém. Ac. St.-Pétersb., *v.* 40 Beil. nr. 7 p. 18 | 1884 *S. p.*, Selivanoff in: Horae Soc. ent. Ross., *v.* 18 p. 93.

Rjasan.

S. sibiricus Ssel. 1881 *S. s.*, Sseliwanoff in: Mém. Ac. St.-Pétersb., *v.* 40 Beil. nr. 7 p. 16 | 1884 *S. s.*, Selivanoff in: Horae Soc. ent. Ross., *v.* 18 p. 94.

Jablotschnu Chrebet.

S. sulcatus Ssel. 1881 *S. s.*, Sseliwanoff in: Mém. Ac. St.-Pétersb., *v.* 40 Beil. nr. 7 p. 17 | 1884 *S. s.*, Selivanoff in: Horae Soc. ent. Ross., *v.* 18 p. 95.

Nikolajewsk am Amur.

Übersicht über die Nordamerikanischen Arten (Nr. 7—21).

1a) 65—91 Beinpaare 2
  2a) Rücken mit 2 undeutlichen, schwärzlichen Längsbinden: 7. **S. cephalicus**
  2b) Rücken ohne schwarze Längsbinden 3
  3a) Kopf satt rotbraun mit kleinen, weißen Fleckchen 4
    4a) Kieferfußhüften dicht weiß punktiert. 81 Beinpaare: 8. **S. epilepticus**
    4b) Kieferfußhüften einfarbig. 77 Beinpaare . . 9. **S. maculaticeps**
  3b) Kopf ohne weiße Punktierung 5
    5a) Basalschild mit vollständiger Längsfurche. Endbeinsternit kurz und breit. Endbeinhüftporen in Schrägreihen unter dem Sternitrand. Eine Stirnfurche undeutlich . . . . 10. **S. imperialis**

5b) Basalschild ohne Längsfurche. Die Poren der Endbeinhüfte wenigstens teilweise freiliegend 6
6a) Sternit des Endbeinsegments schmal 7
7a) Ventralporen auf jedem Sternit in 7 Feldern, einem mittleren und 6 in 2 seitlichen Reihen zu 3. Keine Stirnfurche: 11. **S. parviceps**
7b) Ventralporen in einem medial geteilten Querband vor dem Hinterrand. Eine Stirnfurche vorhanden . { 12. **S. bidens** 13. **S. laticeps**
6b) Sternit des Endbeinsegments breit . . . . { 14. **S. rubellianus** 15. **S. exul** 16. **S. laevipes**
1b) 37—59 Beinpaare 8
8a) Außer den gewöhnlichen 2 Porenfeldern vor dem Hinterrand ist noch ein medianes Porenfeld im vorderen Teil des Sternits vorhanden. 43—47 Beinpaare . . . . . . 17. **S. micropus**
8b) Es sind nur die gewöhnlichen Porenfelder vor dem Hinterrand vorhanden 9
9a) 47—59 Beinpaare . . . . 18. **S. fulvus**
9b) 37—43 Beinpaare 10
10a) Kopfschild ohne Medianfurche . . 19. **S. chionophilus**
10b) Kopfschild mit Medianfurche 11
11a) Sternit des Endbeinsegments schmal, Tergite mit stellenweise undeutlicher Längsfurche . . . 20. **S. branneri**
11b) Sternit des Endbeinsegments breiter als lang. Tergite ungefurcht . . . . 21. **S. miuropus**

7. **S. cephalicus** (H. C. Wood) 1862 *Strigamia cephalica*, H. C. Wood in: J. Ac. Philad., ser. 2 *v.* 5 p. 49 | 1865 *S. c.*, H. C. Wood in: Tr. Amer. phil. Soc., ser. 2 *v.* 13 p. 187.

Schmutzig hellbraun, mit 2 undeutlichen schwärzlichen Binden auf dem Rücken, die vorn erlöschen. Kopf breit, vorn dreieckig, nicht punktiert. Antennen sehr kurz, dick. Basalschild hinten leicht verbreitert.

Kieferfüße nicht punktiert, Hüften mit einer Längsfurche, Vorderrand seicht eingebuchtet. 75 Beinpaare.

Kalifornien.

8. **S. epilepticus** (H. C. Wood) 1862 *Strigamia epileptica*, H. C. Wood in: J. Ac. Philad., ser. 2 *v.* 5 p. 49 | 1865 *S. e.*, H. C. Wood in: Tr. Amer. phil. Soc., ser. 2 *v.* 13 p. 188.

Rücken dunkelorangefarben, Kopf mit kleinen weißen Flecken; Bauch hellorange, Kieferfüße mit dichten, kleinen weißen Flecken.

Länge $5^1/_2$ Zoll. 81 Beinpaare.

Antennen lang, fadenförmig. Sternite mit einer Medianfurche, Tergite ungefurcht.

Oregon: Puget's Sound.

9. **S. maculaticeps** (H. C. Wood) 1862 *Strigamia m.*, H. C. Wood in: J. Ac. Philad., ser. 2 *v.* 5 p. 48 | 1865 *S. m.*, H. C. Wood in: Tr. Amer. phil. Soc., ser. 2 *v.* 13 p. 186.

Schmutzig orangefarben; Kopf dunkelrot mit kleinen weißen Flecken. 77 Beinpaare. Länge $2^1/_2$ Zoll, kräftig.

Antennen lang. Kieferfüße nicht punktiert, Vorderrand der Hüften seicht eingebuchtet, eine mediane Längsfurche. Tergite glatt, ungefurcht. Sternite mit einem Paar unregelmäßig ovaler Quereindrücke.

Ober-Colorado.

10. **S. imperialis** Bröl. 1896 *S. i.*, Brölemann in: Ann. Soc. ent. France, *v.* 65 p. 60 t. 6 f. 14—16.

Olivenbraun, das Vorderende mehr rötlich.

Länge bis 68 mm, Breite bis 2,8 mm. 83 Beinpaare (♀).

Kopfschild viel breiter als lang (1:0,85). Hinterrand gerade, breiter als der Vorderrand. Stirnfurche schwach sichtbar. Fläche spärlich punktiert. Antennen kurz. Die geschlossenen Kieferfüße erreichen den Stirnrand. Hüften dicht punktiert, mit Medianfurche, Vorderrand seicht eingebuchtet. Tarsalzahn kräftig, Basalschild sehr kurz. 4 mal so breit wie lang, mit einer vollständigen Medianfurche.

Tergite ungefurcht. Sternite mit einer medianen Längsfurche, jederseits von ihr ein breites Grübchen. Ventralporen in einem seitlich verschmälerten Querband, das auf den mittleren und hinteren Segmenten durch einen Kiel in 2 Dreiecke geteilt wird.

Sternit des Endbeinsegments breit und kurz, die konvexen Seitenränder nach hinten konvergierend, hinten abgerundet. Hüfte mit 2 unregelmäßigen Reihen kleiner Poren, die vom Sternitrand bedeckt sind. Endbeine des ♀ kaum so lang wie die vorangehenden, nicht verdickt (♂ unbekannt).

Washington.

11. **S. parviceps** (H. C. Wood) 1862 *Strigamia p.*, H. C. Wood in: J. Ac. Philad., ser. 2 *v.* 5 p. 49 | 1865 *S. p.*, H. C. Wood in: Tr. Amer. phil. Soc., ser. 2 *v.* 13 p. 187 | 1881 *S. p.*, Sseliwanoff in: Mém. Ac. St.-Pétersb., *v.* 40 Beil. nr. 7 p. 12 t. 1 f. 1—8 | 1885 *Scolioplanes p.*, Meinert in: P. Amer. phil. Soc., *v.* 23 p. 225 | 1895 *Tomotaenia p.*, Cook in: Amer. Natural., *v.* 29 p. 866 | 1896 *Scolioplanes p.*, Cook in: Amer. Natural., *v.* 30 p. 240.

Dunkel orangefarben.

Länge 47 mm, Breite 1,7 mm. 71—75 Beinpaare.

Kopfschild so lang wie breit, glatt, unpunktiert, ohne Stirnfurche. Antennen lang. Die geschlossenen Kieferfüße erreichen fast den Stirnrand. Vorderrand der Hüften rechtwinklig eingeschnitten, Tarsalzahn groß, spitz, Basalschild 2—3 mal so breit wie lang. Sternite außer erstem und letztem mit 7 Porenfeldern, von denen ein mittleres rundes und 6 in 2 seitlichen Reihen.

Sternit des Endbeinsegments schmal, nach hinten stark verschmälert, Hüfte mit etwa 13 in undeutlichen Reihen angeordneter Poren ungleicher Größe. Endklaue klein.

Kalifornien.

12. **S. bidens** (H. C. Wood) 1862 *Strigamia b.*, H. C. Wood in: J. Ac. Philad., ser. 2 *v.* 5 p. 47 | 1865 *S. b.*, H. C. Wood in: Tr. Amer. phil. Soc., ser. 2 *v.* 13 p. 183 | 1896 *Scolioplanes b.*, Brölemann in: Ann. Soc. ent. France, *v.* 65 p. 58 t. 6 f. 10—13 | 1912 *Linotaenia b.*, Chamberlin in: Bull. Mus. Harvard, *v.* 54 p. 426.

Orangefarben. Länge bis 64 mm, Breite in der Mitte 1,9 mm. Zahl der Beinpaare 73 (♂)—79 (♀).

Kopfschild breiter als lang (1:0,9), hinten breiter als vorn, mit Stirnfurche, hinter ihr eine Querreihe grober Punkte. Antennen sehr kurz. Die Kieferfüße erreichen kaum oder nicht den Stirnrand, Hüften punktiert, am Grunde mit kurzer Medianfurche. Vorderrand seicht eingebuchtet. Tarsuszahn kräftig, stumpf. Basalschild so lang oder länger als das folgende Tergit, punktiert. 1. Tergit länger als die folgenden, zerstreut punktiert.

Sternite des vorderen Körperdrittels mit vollständiger Längsfurche, die in der Mitte am breitesten ist, auf den folgenden Segmenten verkürzt und verbreitert sich die Furche, und das Ventralporenfeld teilt sich in 2 querovale Felder. Sternit des Endbeinsegments sehr schmal, hinten verschmälert. Hüfte mit zahlreichen (28—30) kleinen Poren. Endkralle vorhanden. Endbeine des ♂ stark verdickt.

Nord-Carolina.

13. **S. laticeps** (H. C. Wood) 1862 *Strigamia l.*, H. C. Wood in: J. Ac. Philad., ser. 2 *v.* 5 p. 49 | 1865 *S. l.*, H. C. Wood in: Tr. Amer. phil. Soc., ser. 2 *v.* 13 p. 186.

Licht orangefarben. Länge 3 Zoll. 81 Beinpaare.

Kopf breit, nicht punktiert, Antennen kurz, dick. Hüften der Kieferfüße ohne Medianfurche. Sternite mit einem ovalen Quereindruck (Porenfeld?). Sternit des Endbeinsegments tief gefurcht, hinten stark eingebuchtet, die Hinterecken fast spitz.

Texas.

14. **S. rubellianus** (Chamb.) 1904 *Linotaenia rubelliana*, Chamberlin in: P. Ac. Philad., *v.* 56 p. 656.

Hellrot. Länge 60—82 mm, Breite bis 2,2 mm. 71—75 Beinpaare.

Kopfschild vorn verschmälert und abgerundet, hinten abgestutzt. Stirnfurche deutlich. Basalschild 2mal so breit wie lang, ohne Medianfurche. Antennen kurz. Die geschlossenen Kieferfüße erreichen fast den Stirnrand, Vorderrand der Hüften tief eingebuchtet, Tarsalzahn groß, spitz.

Alle Sternite mit Medianfurche.

Sternit des Endbeinsegments sehr breit, die Seiten konvex und nach hinten stark konvergierend. Die Hüftporen sind in Reihen längs und unter dem Sternitrand angeordnet. Endkralle vorhanden.

Kalifornien: Pacific Grove und Palo Alto.

15. **S. exul** Mein. 1885 *S. e.*, Meinert in: P. Amer. phil. Soc., *v.* 23 p. 224.

Gelb. Länge 45 mm, Breite 2,2 mm. 65 Beinpaare (♂). Spärlich und sehr kurz beborstet.

Kopfschild so lang wie breit, mit Stirnfurche; Hinterrand gerade. Die geschlossenen Kieferfüße erreichen fast den Stirnrand; Tarsuszahn groß, spitz. Basalschild mehr als 3mal so breit wie lang. Antennen lang.

Vordere Sternite mit tiefer Furche in der Mitte, zwei undeutlicheren seitlichen Gruben und zwei großen Porenfeldern vor dem Hinterrand; die mittleren und hinteren Sternite sind in der Mitte ± deutlich gefurcht und haben ein sehr großes queres Porenfeld vor dem Hinterrand.

Sternit des Endbeinsegments kurz, quer mit geraden stark konvergierenden Seiten; Hüfte kurz und dicht beborstet, mit 10 großen teilweise bedeckten Poren. Endkralle undeutlich.

Nord-Amerika?

16. **S. laevipes** (H. C. Wood) 1862 *Strigamia l.*, H. C. Wood in: J. Ac. Philad., ser. 2 *v.* 5 p. 48 | 1865 *S. l.*, H. C. Wood in: Tr. Amer. phil. Soc., ser. 2 *v.* 13 p. 184.

Orangefarben oder rot. 67—91 Beinpaare, kräftig, 90 mm lang.

Kopf breit, spärlich beborstet. Tarsuszahn der Kieferfüße groß, spitz. Sternit des Endbeinsegments breit, hinten stark verschmälert. Endbeine des ♂ stark verdickt, Hüfte mit 2 großen und zahlreichen kleinen Poren neben und unter dem Sternitrand, Klaue der Endbeine lang.

Georgia. Kalifornien, Oroville, Pacific Grove, Berkeley, Stanford, Santa Barbara, Claremont.

17. **S. micropus** (Chamb.) 1902 *Linotaenia m.*, Chamberlin in: Amer. Natural., *v.* 36 p. 479.

Rostgelb. Länge 21 mm, Breite 1,2 mm. Zahl der Beinpaare ♂ 43—47, ♀ 47, beborstet, das ♀ dichter als das ♂.

Kopfschild so lang wie breit, Hinterrand stumpfwinklig vorspringend, vom Basalschild überdeckt. Basalschild 3mal so breit wie lang. Antennen sehr kurz, dick. Die geschlossenen Kieferfüße erreichen den Stirnrand bei weitem nicht; Tarsuszahn lang und kräftig. Tergite ungefurcht.

Sternite mit einer Medianfurche, die kaudalwärts undeutlich wird; vor dem Hinterrand zwei durch die Medianfurche getrennte Porenfelder und, ausgenommen die ersten paar Sternite, ein großes medianes Porenfeld im vorderen Teil, das sich besonders auf den hinteren Segmenten in eine schmale Zunge nach hinten verlängert.

Sternit des Endbeinsegments breit, die konvexen Seiten stark nach hinten konvergierend. Hüfte mit 7—11 kleinen Poren in schrägen Reihen.

Pole Canyon, Utah.

18. **S. fulvus** (Sager) 1856 *Strigamia fulva*, Sager in: P. Ac. Philad., *v.* 8 p. 109 | 1862 *S. bothriopus*, H. C. Wood in: J. Ac. Philad., ser. 2 *v.* 5 p. 46 | 1865 *S. fulva* + *S. b*, H. C. Wood in: Tr. Amer. phil. Soc., ser. 2 *v.* 13 p. 182 | 1885 *Scolioplanes b.*, Meinert in: P. Amer. phil. Soc., *v.* 23 p. 222 | 1912 *Linotaenia fulva*, Chamberlin in: Bull. Mus. Harvard, *v.* 54 p. 423.

Orangegelb, glänzend, Kopf und Kieferfüße bräunlich.

Länge bis 35 mm. Zahl der Beinpaare ♂ 47—55, ♀ 51—59. Die Tiere der südlichen Staaten haben im allgemeinen eine höhere Beinpaarzahl als die der nördlichen Staaten.

Kopfschild etwas breiter als lang (10 : 9), lang und spärlich beborstet, mit Stirnfurche. Antennen lang. Die Kieferfüße bleiben weit vom Stirnrand entfernt, Tarsuszahn groß und spitz. Tergite glatt. Sternite mit undeutlichem Mediangrübchen und 2 großen Porenfeldern vor dem Hinterrand.

Sternit des Endbeinsegments schmal, die konvexen Seiten nach hinten konvergierend; Hüfte lang und spärlich beborstet, mit 13—16 großen und kleinen Poren. Eine kleine Endkralle vorhanden.

Georgia, Süd-Carolina, Nord-Carolina, Tennessee, Virginia, Kentucky, Massachusetts.

19. **S. chionophilus** (H. C. Wood) 1862 *Strigamia chionophila*, H. C. Wood in: J. Ac. Philad., ser. 2 *v.* 5 p. 50 | 1865 *S. c.*, H. C. Wood in: Tr. Amer. phil. Soc., ser. 2 *v.* 13 p. 189 | 1885 *Scolioplanes chionophilus*, Meinert in: P. Amer. phil. Soc, *v.* 23 p. 223 | 1923 *Linotaenia chionophila*, Chamberlin in: N. Amer. Fauna, *v.* 46 p. 242.

Orangefarben, Kopf und Kieferfüße braun.

Länge bis 25 mm, Breite bis 1,3 mm. Zahl der Beinpaare ♂ (37—)41, ♀ 39—43, spärlich und kurz beborstet.

Kopfschild viel breiter als lang (5 : 4), mit Stirnfurche. Hinterrand gerade, den Basalschild ± überdeckend. Basalschild mehr als 3mal so breit wie lang (10 : 3). Antennen kurz. Die Kieferfüße erreichen den Stirnrand nicht, Tarsuszahn groß, spitz. Tergite glatt; Sternite mit 3 Grübchen nebeneinander. Sternit des Endbeinsegments dreieckig, Hüfte mit 9—13 großen Poren in schrägen Reihen. Endkralle beim ♀ kürzer, beim ♂ lang.

Massachusetts, Nord-Carolina, Kentucky, Wisconsin. Gemein in Alaska und auf den benachbarten Inseln. St. Paul Island.

Wird von manchen Autoren mit *S. acuminatus* (nr. 2) identifiziert.

20. **S. branneri** (Bollm.) 1888 *Linotaenia b.*, Bollman in: Ent. Amer., *v.* 4 p. 4 | 1893 *L. b.*, Bollman in: Bull. U. S. Mus., *v.* 46 p. 76 | 1912 *L. b.*, Chamberlin in: Bull. Mus. Harvard, *v.* 54 p. 425.

Rotbraun. Länge bis 27 mm. Breite bis 1,2 mm. Zahl der Beinpaare ♂ 41, ♀ 41—43.

Kopfschild vorn relativ breit, Hinterrand gerade oder schwach ausgebogen, vom Basalschild etwas überdeckt, mit einer Medianfurche über die ganze Länge. Länge : Breite = 6 : 5. Antennen mäßig lang. Die geschlossenen Kieferfüße erreichen den Stirnrand; Tarsuszahn groß.

Tergite mit einer stellenweise undeutlichen Längsfurche.

Ventralporen in einem breiten Querstreif vor dem Hinterrand, der sich auf den hinteren Segmenten in 2 Felder teilt.

Sternit des Endbeinsegments schmal, nach hinten verschmälert; Hüfte mit etwa 16 großen und kleinen Poren auf der Ventralseite. Endbeine des ♂ stark verdickt, dicht, fein und mäßig lang beborstet.

Georgia, Süd- und Nord-Carolina, Tennessee, Virginia, Arkansas.

21. **S. miuropus** (Chamb.) 1902 *Linotaenia m.*, Chamberlin in: Amer. Natural., *v.* 36 p. 478.

Rostgelb. Länge bis 17 mm, Breite 0,9 mm. Zahl der Beinpaare ♂ 37—39, ♀ 41, mäßig dicht und kurz beborstet.

Kopfschild breiter als lang, Hinterrand gerade vom Basalschild bedeckt, mit einer Medianfurche und der Stirnfurche.

Tergite ungefurcht. Sternite mit deutlicher Medianfurche.

Sternit des Endbeinsegments breiter als lang (6,7 : 5,7), die konvexen Seiten nach hinten konvergierend; Hüfte mit 5—7 Poren. Endbeine des ♂ verdickt, dicht und kurz beborstet.

Logan Canyon, Utah.

Ungenügend beschriebene Arten:

S. longicornis Mein. 1885 *S. l.*, Meinert in: P. Amer. phil. Soc., *v.* 23 p. 226 | 1896 *S. l.*, Cook in: Amer. Natural., *v.* 30 p. 241.

Fundort unbekannt.

S. ruber Bollm. 1887 *S. r.*, Bollman in: Amer. Natural., *v.* 21 p. 82 | 1888 *S. r.*, Bollman in: Ann. N. York Ac., *v.* 4 p. 110 | 1893 *S. r.*, Bollman in: Bull. U. S. Mus., *v.* 46 p. 132.

Bloomington, Indiana, Nord-Amerika.

S. robustus Mein. 1885 *S. r.*, Meinert in: P. Amer. phil. Soc., *v.* 23 p. 224 | 1888 *Linotaenia robusta,* Bollman in: Ent. Amer., *v.* 4 p. 4 | 1893 *L. r.*, Bollman in: Bull. U. S. Mus., *v.* 46 p. 76.

Nordamerika (ohne näheren Fundort).

S. walkeri (H. C. Wood) 1865 *Strigamia w.*, H. C. Wood in: Tr. Amer. phil. Soc., ser. 2 *v.* 13 p. 184.

West-Pennsylvanien.

25. Gen. **Diplochora** Att.

1903 *D.*, Attems in: Zool. Jahrb., Syst. *v.* 18 p. 281.

Kopfschild breiter als lang, Antennen schlank. Mittelteil des Labrum ganz reduziert, die Seitenteile sind schmale Spangen ohne Fransen, Fulcren gut entwickelt (Fig. 197). Mandibel außen nicht beborstet. Syncoxit der 1. Maxille ohne Außentaster; beide Telopoditglieder verschmolzen mit dem Rudiment eines Außentasters; Coxalfortsatz nicht abgesetzt. Hüften der 2. Maxille nur durch eine schmale Brücke verbunden. Endkralle einfach, normal. Kieferfüße ohne Chitinlinien, Tarsus mit großem Zahn, Ungulum innen glatt, unterseits

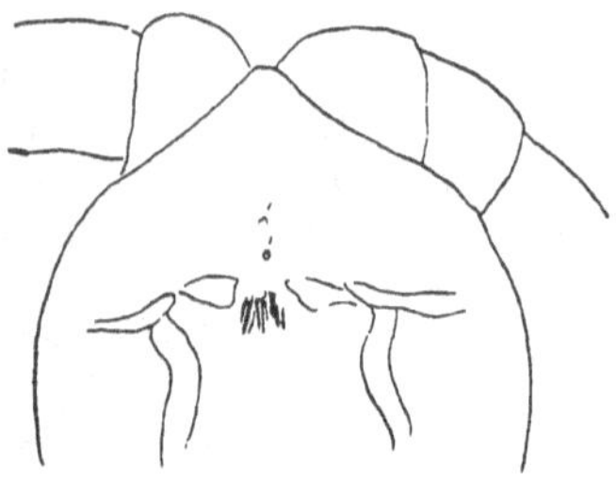

Fig. 197. **Diplochora fusata** Att.

nicht ausgehöhlt, den Stirnrand nicht erreichend. Basalschild groß, breit, bis an die Körperseiten reichend und so lang wie das folgende Tergit. Tergite glatt, ungefurcht. Ventralporen in 2 Feldern vor dem Hinterrand. Endbeinhüfte mit einer größeren Zahl von Poren, die in einem Streifen neben dem Sternitrand einzeln münden. Tarsus zweigliedrig, Prätarsus krallenförmig. Keine Terminalporen.

Mexico.

1. Art.

1. **D. fusata** Att. 1903 *D. f.*, Attems in: Zool. Jahrb., Syst. *v.* 18 p. 281 t. 18 f. 24, 25 (Fig. 197, 198).

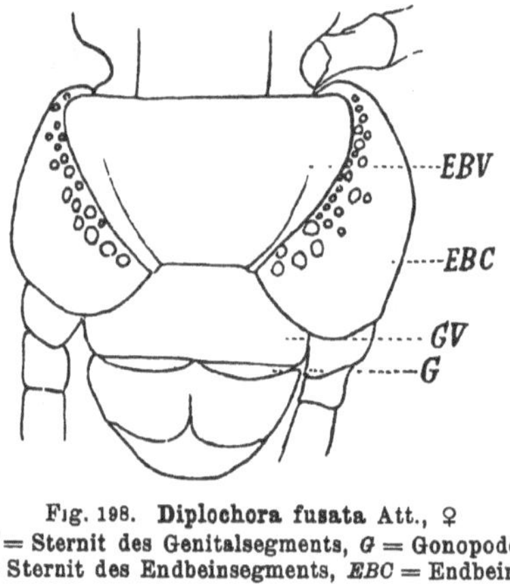

Fig. 198. **Diplochora fusata** Att., ♀
GV = Sternit des Genitalsegments, *G* = Gonopoden.
EBV = Sternit des Endbeinsegments, *EBC* = Endbeinhüfte.

Braungelb, Länge 75 mm. Größte Breite 3 mm in der Mitte, vorn stärker als hinten verschmälert. 75 Beinpaare (♀), fast unbeborstet; die Borsten des Rückens sind winzig, sehr kurz und fein, Beine spärlich, fein und kurz beborstet.

Kopfschild zwar ohne scharfe Stirnfurche, die entsprechende Stelle aber durch kleinmaschige Felderung von der nicht gefelderten Umgebung verschieden; reichlich punktiert. Alle Antennenglieder gleichmäßig, kurz und fein beborstet, die proximalen schütterer als die distalen, aber ohne Quirle starker Borsten. Vorderrand der Kieferfußhüften schmal und ziemlich tief eingebuchtet, zahnlos.

Sternite mit 2 großen, querovalen, etwas vertieften Porenfeldern vor dem Hinterrand, die durch ein schmales medianes Leistchen getrennt sind, davor eine tiefe Längsgrube, im übrigen runzelig uneben aber glänzend.

Sternit des Endbeinsegments (Fig. 198 *EBV*) sehr breit, vorn so breit wie das ganze vorangehende Segment samt Pleuren, hinten so breit wie das vorangehende Sternit. Hüfte groß, die etwa 30 Poren münden in einem etwas vertieften Streif neben dem Rande des Sternits, einzeln und die meisten auch frei. Telopodit der ♀ Endbeine schlank (♂ unbekannt).

Ventanas, West-Mexico.

26. Gen. **Agathothus** Bollm.

1893 *A.*, Bollman in: Bull. U. S. Mus., *v.* 46 p. 166 | 1912 *A.*, Chamberlin in: Bull. Mus. Harvard, *v.* 54 p. 428.

Kopfschild breiter als lang, mit Stirnfurche; Antennen fadenförmig. Mittelteil des Labrum sehr groß, gefranst, überdeckt die medialen Enden der Seitenteile; letztere glatt oder schwach gekerbt. Syncoxit der 1. Maxille ohne Außentaster, Telopodit zweigliedrig, ohne Außentaster, Coxalfortsatz nicht abgesetzt. Hüften der 2. Maxille ganz verwachsen. Endkralle klein, einfach. Kieferfüße ohne Chitinlinien, alle Glieder ohne Zahnbildungen, Vorderrand der Hüften eingebuchtet, Ungulum unterseits ausgehöhlt. Basalschild breit. Tergite ungefurcht. Ventralporen in einem Querband vor dem Hinterrand. Sternit des Endbeinsegments sehr breit; Hüfte mit einzeln in 1—2 Reihen neben dem Sternitrand mündenden Poren. Tarsus zweigliedrig. Prätarsus krallenförmig. Terminalporen vorhanden.

Nordamerika.

1 Art.

1. **A. gracilis** (Bollm.) 1888 *Scolioplanes g.*, Bollman in: Ann. N. York Ac., *v.* 4 p. 110 | 1893 *S. g.*, Bollman in: Bull. U. S. Mus., *v.* 46 p. 84 | 1893 *Agathothus g.*, Bollman in: Bull. U. S. Mus., *v.* 46 p. 166 | 1912 *A. g.*, Chamberlin in: Bull. Mus. Harvard, *v.* 54 p. 429.

Orangegelb, Kopf und Kieferfüße bräunlich.

Länge ♀ bis 53,5 mm, Breite 1,4 mm. Zahl der Beinpaare ♂ 77—81, ♀ 81—83, nach vorn allmählich, nach hinten plötzlicher verschmälert; spärlich und kurz beborstet.

Letztes Antennenglied viel länger als die 2 vorangehenden zusammen. Alle Glieder kurz beborstet, die proximalen schütterer. Die geschlossenen Kieferfüße erreichen fast den Stirnrand.

Sternite mit medianer Längsfurche.

Sternit des Endbeinsegments sehr breit, vorn und hinten geradlinig, die Seiten nach hinten stark konvergierend. Hüften groß, mit wenigen, mittelgroßen oder großen Poren, die in 1—2 Reihen nahe dem Sternitrand, teilweise unter ihm münden. Endbeine des ♀ deutlich dicker und länger als das vorangehende Paar, die des ♂ stark verdickt, keulig, das 2. Tarsalglied kurz konisch, dicht und fein beborstet.

Ost-Tennessee.

27. Gen. **Henia** C. L. Koch

1847 *H.*, C. L. Koch in: Koch-Panzer, Krit. Revis., *v.* 3 p. 83, 181 | 1870 *Scotophilus*, Meinert (non Leach 1821) in: Naturh. Tidsskr., ser. 3 *v.* 7 p. 40 | 1880 *S.*, Latzel, Myr. Österr.-Ung., *v.* 1 p. 204 | 1881 *S.*, E. Haase in: Z. Ent. Breslau, ser. 2 *v.* 8 p. 90 | 1891 *Henia*, Pocock in: Ann. nat. Hist., ser. 6 *v.* 8 p. 215 | 1902 *H.*, Attems in: SB. Ak. Wien, *v.* 111 I p. 576 | 1903 *H.*, Attems in: Zool. Jahrb., Syst. *v.* 18 p. 273.

Kopf klein, meist breiter als lang, höchstens so lang wie breit, hinten am breitesten, nach vorn verschmälert und abgerundet, meist ohne Stirnfurche. Antennen meist kurz, fadenförmig, die Sinneszäpfchen des Endgliedes in einer langen Grube. Mittelteil des Labrum groß, gezähnt. Mandibel außen nicht beborstet. 1. Maxille ohne Außentaster, beide Telopoditglieder verschmolzen. Hüften der 2. Maxille ganz miteinander verwachsen. Endkralle kräftig. Kieferfüße klein, den Stirnrand bei weitem nicht erreichend, von oben ist nur ein kleiner Teil der Pleuren sichtbar; Vorderrand der Hüften meist eingebuchtet, Chitinlinien vollständig, Innenrand des Präfemur und Tarsus ohne Zahn, Ungulum innen glatt. Basalschild sehr breit, vorn am breitesten.

Tergite ± deutlich 2—3 furchig oder ungefurcht.

Sternite vom 1. oder 2. bis vorletzten mit kreisrundem, länglichem oder etwas querovalem medianem, scharf umgrenztem Porenfeld.

Endbeinhüfte ohne Poren oder mit einer tiefen vorderen Grube, in die eine Anzahl Poren münden, zuweilen außerdem mit hinterem Einzelporus. Tarsus eingliedrig, kein Prätarsus. Endbeine des ♂ sehr stark verdickt. Keine Terminalporen.

Mediterrangebiet, von den Kanaren bis Kaukasus, eine Art in Mitteleuropa bis nach Schlesien hinauf verbreitet.

10 sichere Arten und 1 Unterart, 1 unsichere Art.

Typus: *H. devia* C. L. Koch

Übersicht über die Arten.

1a) Hüfte der Endbeine ohne Poren:
- 2a) 103 Beinpaare, neben dem Ventralporenfeld keine Furchen: 2. **H. athenarum**
- 2b) 143—153 Beinpaare, neben dem Ventralporenfeld starke Furchen: 1. **H. devia**

1b) Endbeinhüfte mit einer tiefen Grube, in die eine Anzahl Poren münden, manchmal außerdem weiter hinten ein Einzelporus 3
- 3a) 1. Sternit mit Porenfeld, das Porenfeld aller Segmente mäßig oder sehr lang gestreckt, Endbeinhüfte mit einem hinteren Einzelporus . . . 4
  - 4a) Tergite mit 4 kurzen Längswülsten . . . . 3. **H. africana**
  - 4b) Tergite ohne Längswülste 5
  - 5a) Rücken einfarbig gelb. 67—97 Beinpaare. Ventralporenfeld etwas breiter . . . . 4. **H. bicarinata**
  - 5b) Rücken der Erwachsenen mit 2—4 dunklen Längsbinden. 53—63 Beinpaare, Ventralporenfeld sehr schmal . . . 5. **H. pulchella**
- 3b) Ventralporenfeld fast oder ganz kreisrund, fehlt auf dem 1. Sternit . 6
  - 6a) Vorderrand der Kieferfußhüften tief eingebuchtet, zwischen 2 spitzkegelförmigen, den Präfemora anliegenden Zacken. Endbeinhüfte ohne Einzelporus . . . . 6. **H. biconica**
  - 6b) Vorderrand der Kieferfußhüfte ohne solche Kegel 7
  - 7a) 49 Beinpaare (♀), Körper sehr reichlich beborstet; neben dem Ventralporenfeld keine Furchen. Endbeinhüfte ohne Einzelporus: 7. **H. crinita**
  - 7b) 67 und mehr Beinpaare, Körper mäßig oder sehr schwach beborstet 8

8 a) Neben dem Ventralporenfeld keine Furchen, die Fläche gleichmäßig körnig rauh, 103 Beinpaare. Endbeinhüfte ohne Einzelporus: 8. **H. idomenei**
8 b) Zu jeder Seite des Ventralporenfeldes eine Längsfurche . . . 9
9 a) 127—145 Beinpaare. Vordere Tergite dreifurchig, hintere zweifurchig. Endbeinhüfte mit Einzelporus . . . . . . 9. **H. minor**
9 b) 71—85 (99) Beinpaare. Tergite glatt. Endbeinhüfte ohne Einzelporus . . . . 10. **H. illyrica**

1. **H. devia** C. L. Koch 1847 *H. d.*, C. L. Koch in: Koch-Panzer. Krit. Revis., *v.* 3 p. 181 | 1863 *H. d*, C. L. Koch, Myr., *v.* 1 p. 54 t. 24 | 1902 *H. d.*, Attems in: SB. Ak. Wien, *v.* 111 I p. 574.

Gelb, Kopf kaum etwas dunkler, Stirn hellgelb.

Länge 115 mm. 143—153 (♀) Beinpaare; unbeborstet.

Kopfschild breiter als lang, seitlich abgerundet, Stirn durch hellere Farbe, aber nicht durch eine Furche abgesetzt.

Sternite bedeutend breiter als lang; 2. bis vorletztes Sternit mit einem rundlichen oder schwach biskuitförmigen, d. h. rechts und links leicht eingeschnürten Porenfeld in der Mitte, das zu beiden Seiten von einer kräftigen, vom Vorder- bis zum Hinterrand reichenden Furche begleitet wird; die übrige Fläche aller Sternite ist grubig und körnig rauh.

Sternit des Endbeinsegments breit, hinten abgerundet, in der Mediane seicht eingedrückt. Hüfte klein, glatt, ohne Poren. Endbeine des ♀ kurz, endwärts kolbig verdickt, dorsoventral abgeplattet, fein beborstet.

Keine Terminalporen.

Griechenland, Olympia, Zante, Kreta, Homalos.

2. **H. athenarum** Poc. 1891 *H. a.*, Pocock in: Ann. nat. Hist., ser. 6 *v.* 8 p. 215.

Ockergelb, Kopf und Kieferfüße dunkler.

Länge 70 mm. 103 Beinpaare, kräftig, vorn mehr als hinten verschmälert. Kopfschild breiter als lang, hinten breiter als vorn, keine Stirnfurche.

2. bis vorletztes Sternit mit medianem, kreisförmigem Porenfeld, die vorderen Sternite granuliert, die anderen nicht oder nur ganz undeutlich granuliert; alle ohne Furchen und Kiele.

Tergit des Endbeinsegments breiter als lang, die Endbeinhüften fast bedeckend. Hüften klein, glatt und porenlos. Sternit breiter als lang, in der Mitte eingedrückt, nach hinten verschmälert.

Athen.

3. **H. africana** Verh. 1908 *H. a.*, Verhoeff in: Zool. Jahrb., Syst. *v.* 26 p. 272.

Gelblich. Länge 50 mm. 99 Beinpaare.

Tergite mit 4 kurzen Längswülsten.

Sternite mit länglichem in der Mitte meist etwas eingeschnürtem, von Kanten begrenztem Porenfeld, zu dessen Seiten sich flach vertiefte Nebenfelder befinden; vordere Sternite spärlich beborstet. Die Porenfelder nehmen $^1/_3$ oder wenig mehr der Sternitlänge ein. Endbeinhüfte mit einer vorderen Drüsengruppe, die gemeinsam in eine große Grube münden und einem hinteren Einzelporus seitlich vom Sternitrand.

Dernah, Cyrenaica.

4. **H. bicarinata** (Mein.) 1870 *Scotophilus bicarinatus*, Meinert in: Naturh. Tidsskr., ser. 3 *v.* 7 p. 41 | 1880 *S. b.*, Latzel, Myr. Österr.-Ung., *v.* 1 p. 207 | 1889 *S. b.*, Daday, Myr. Regni Hungár., p. 85 | 1900 *S. b.*, Brölemann in: Mém. Soc. zool. France, *v.* 13 p. 439.

Blaßgelb, Kopf und vorderste Segmente rötlichgelb.

Länge ♀ bis 50 mm. Zahl der Beinpaare beim ♂ 67—97, gewöhnlich 69—73; schlank, glänzend; die winzigen Borsten spärlich.

Kopf sehr klein, Kopfschild breiter als lang, ohne Stirnfurche, Antennen kurz. Die geschlossenen Kieferfüße reichen nicht bis zum Stirnrand. Hüften sehr breit und kurz, Vorderrand eingebuchtet, zahnlos, mit schwachen Chitinlinien.

Tergite fein runzelig uneben, die vorderen dreifurchig. Sternite etwas runzelig, 1. bis vorletztes mit einem langgezogenen Porenfeld, das länger als breit, beiderseits kielartig gerandet ist; jederseits vom Feld ein Längsgrübchen oder eine breite Furche.

Sternit des Endbeinsegments kurz und breit, fast quadratisch. Hüfte mit einer Gruppe von Poren, die in einem Querspalt am Vorderrand münden und mit einem hinteren teilweise vom Sternitrand bedeckten Einzelporus. Endbeine des ♂ sehr dick, keulenförmig, stark beborstet.

Mediterrangebiet (Algier, Tunis, Kanaren, Portugal, Madeira, Riviera, Italien, Sizilien, Korsika, Istrien, Dalmatien), Bosnien, Westungarn (Simontornya), Mittelungarn (Pest), Südungarn, Kaukasus (Lenkoran).

5. **H. pulchella** (Mein.) 1870 *Scotophilus pulchellus*, Meinert in: Naturh. Tidsskr., ser. 3 *v.* 7 p. 42 | 1902 *Henia pulchella*, Attems in: SB. Ak. Wien, *v.* 111 p. 573.

Junge Tiere einfarbig gelb, bei älteren ist der Rücken dunkel längsgestreift, indem 2—4 durch feine helle Linien getrennte dunkle Bänder auftreten. Länge ♀ bis 32 mm. Zahl der Beinpaare 53 (♂)—63 (♀).

Kopfschild etwas breiter als lang, mit Stirnfurche; Kieferfüße klein, schmal, so daß sie seitlich vom Basalschild ganz bedeckt sind und kurz, so daß sie den Stirnrand lange nicht erreichen. Vorderrand der Hüften eingebuchtet, ungezähnt.

Tergite dreifurchig. Vordere Sternite länger als breit, die hinteren nahezu quadratisch; 1. bis vorletztes Sternit mit einem sehr langgestreckten auf manchen Segmenten etwas biskuitförmig eingeschnürten Porenfeld, das in einer Entfernung rechts und links von einer Furche begleitet wird.

Sternit des Endbeinsegments breit, nach hinten verschmälert, die Ecken abgerundet. Hüfte mit einer Gruppe kleinerer Poren am vorderen Rand und einem größeren Einzelporus weiter hinten, der halb vom Sternit bedeckt ist. Keine Terminalporen.

Algier, Tunis, Sizilien, Kreta, Korfu, Dalmatien (Ragusa).

6. **H. biconica** Att. 1903 *H. b.*, Attems in: Zool. Jahrb., Syst. *v.* 18 p. 278.

Gleichmäßig gelb. Länge bis 75 mm, Breite 2,5 mm. Zahl der Beinpaare ♂ 91, ♀ 95—105. Sehr schwach, spärlich und kurz beborstet.

Kopfschild klein, breiter als lang, hinten am breitesten, ohne Stirnfurche. Basalschild breit, vorn seitlich etwas vorgezogen und vorn am breitesten, kürzer als das folgende Tergit. Die Kieferfüße erreichen den Stirnrand bei weitem nicht; Vorderrand der Hüften tief eingebuchtet zwischen 2 kegelförmigen Höckern (Fig. 199), die sich eng an den Medialrand der Präfemora anlegen und den Endrand der Hüften, an dem die Präfemora sich ansetzen, überragen. Chitinlinien gut ausgeprägt.

Tergite mit 2 sehr seichten, etwas undeutlichen Furchen. Sternite ziemlich grob punktiert und schwach körnig rauh, 2. bis vorletztes mit kreisrundem oder ein wenig querovalem, in der Mitte oder auf den hinteren Segmenten, etwas hinter der Mitte gelegenem Porenfeld; rechts und links eine undeutliche manchmal ganz verwischte Längsfurche von der Länge des Porenfeldes. Subcoxa mit Poren.

Sternit des Endbeinsegments breit, hinten verschmälert, der Hinterrand seicht eingebuchtet. Hüfte mit einer sehr tiefen, großen Grube, in deren Boden etwa 20 ungleich große Poren münden, kein hinterer Einzelporus. Endbeine des ♂ ungemein dick. Keine Terminalporen.

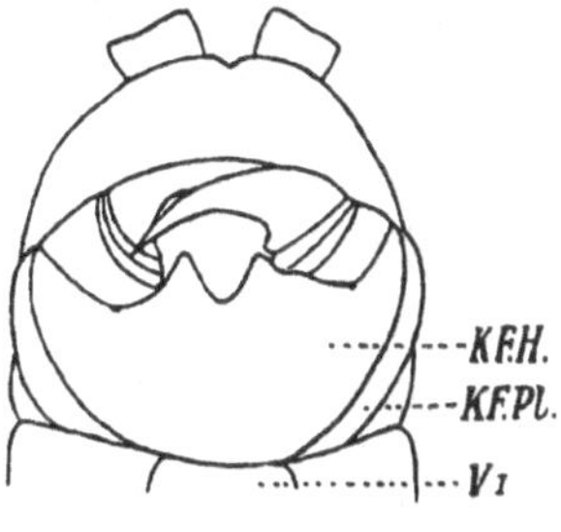

Fig 199. **Henia biconica** Att.
KFH = Kieferfußhüfte,
KFPl = Kieferfußpleure,
V_1 = Sternit des ersten Laufbeinsegments

Hellas.

7. **H. crinita** Att. 1903 *H. c.*, Attems in: Zool. Jahrb., Syst. *v.* 18 p. 277.

Lichtgelb, Kopf nicht merklich dunkler.

Länge 16 mm, recht breit, vorn nur wenig, hinten kaum verschmälert. 47 und 49 Beinpaare (♀). Reichlich beborstet, mit Ausnahme der Genitalregion.

Kopfschild hinten am breitesten, hier ungefähr so breit wie lang, vorn abgerundet. Antennen mäßig lang, endwärts leicht verdickt. Vorderrand der Kieferfußhüften ohne Mittelkerbe, ungezähnt; Chitinlinien sehr seicht.

Sternite quadratisch, 2. bis vorletztes mit kreisrundem Porenfeld, das auf den vorderen Segmenten genau in der Mitte, auf den hinteren Segmenten in der hinteren Hälfte des Sternits liegt; im übrigen sind die Sternite nicht skulpturiert. Sternit des Endbeinsegments breit, hinten stark verschmälert und gerade abgeschnitten. Hüfte mit tiefer Grube, in die etwa 12 Poren münden.

Istrien: Podgorje; Bosnien: Nemila.

8. **H. idomenei** Att. 1902 *H. I.*, Attems in: SB. Ak. Wien, *v.* 111 p. 575.

Schmutziggelb. Die ersten etwa 20 Segmente bräunlich, der Kopf nicht dunkler. Länge 90 mm. Breite 2 mm. 103 Beinpaare (♀). Schwach beborstet.

Kopfschild breiter als lang, Stirnregion heller aber ohne Stirnfurche. Vorderrand der Kieferfußhüften ungezähnt.

Tergite der vorderen Körperhälfte ganz glatt und ungefurcht, die der hinteren Körperhälfte ein wenig körnig rauh.

Sternite körnig rauh; 2. bis vorletztes mit kreisrundem, medianem Porenfeld, neben demselben keine Furchen.

Sternit des Endbeinsegments auch körnig rauh, breit, in der Mitte nicht eingedrückt; Prästernit groß und median geteilt; die vorangehenden Prästernite haben keine Mediannaht. Endbeinhüfte mit einer Grube, in die einige braun gefärbte Poren münden; distal von der Grube ist die Hüfte plötzlich angeschwollen. Kein Einzelporus.

Kreta: Homalos.

9. **H. minor** L. Koch 1867 *H. m.*, L. Koch in: Verh. Ges. Wien, *v.* 17 p. 897 | 1901 *Scotophilus graecus*, Verhoeff in: N. Acta Ac. Leop., *v.* 77 p. 423 | 1903 *Henia minor*, Attems in: Zool. Jahrb., Syst. *v.* 18 p. 276.

Rücken und Antennen rotbraun, Bauch licht braungelb. Länge bis 150 mm, Breite bis 3,5 mm. 127—145 Beinpaare, fast unbeborstet.

Kopfschild etwas breiter als lang, ohne Stirnfurche, Antennen kurz.

Vorderrand der Kieferfußhüften ungezähnt, Chitinlinien dunkelbraun.

Tergite mit 2 breiten, etwas abgekürzten Längsfurchen, die vorderen mit einer dritten, medianen, runzelig unebenen.

Sternite bedeutend breiter als lang, seicht runzelig und fein eingestochen punktiert; 2. bis vorletztes mit kreisrundem oder seitlich leicht eingeschnürtem, schwach biskuitförmigem Porenfeld; rechts und links eine tiefe Furche vom Vorderrand, die den Hinterrand nicht ganz erreicht; auf der vorderen Körperhälfte sind die Furchen gebogen, auf der hinteren divergieren sie nach hinten. Sternit des Endbeinsegments mäßig groß, nach hinten verschmälert und abgerundet. Hüfte am vorderen Rande mit tiefer querer Grube, in die die Poren münden; neben der Mitte des Sternitrandes ein Einzelporus. Hüfte spärlich beborstet, die Telopoditglieder dicht und kurz beborstet.

Korfu, Tinos, Peloponnes, Mittelgriechenland, Valona, Janina (Epirus), Kephalonia; Ladha, Taygetos.

10. **H. illyrica** (Mein.) 1870 *Scotophilus illyricus,* Meinert in: Naturh. Tidsskr., ser. 3 *v.* 7 p. 43 | 1880 *S. i.*, Latzel, Myr. Österr.-Ung., *v.* 1 p. 205 | 1881 *S. i.*, E. Haase in: Z. Ent. Breslau, ser. 2 *v.* 8 p. 91 | 1889 *S. i.*, Daday, Myr. Regni Hungar., p. 85 | 1902 *Henia illyrica,* Attems in: SB. Ak. Wien, *v.* 111 p. 577 | 1903 *H. i.*, Attems in: Zool. Jahrb., Syst. *v.* 18 p. 274.

Blaßgelb bis hell rostgelb. Kopf und Kieferfüße ein wenig dunkler.

Länge bis 46 mm. Größte Breite in der hinteren Körperhälfte bis 2,2 mm. 71(♂)—85(♀) Beinpaare, schlank.

Kopfschild breiter als lang, ohne Stirnfurche. Antennen kurz. Vorderrand der Kieferfußhüfte eingebuchtet, ungezähnt.

Tergite glatt. Sternite breiter als lang, grubig und körnig uneben, 2. bis vorletztes mit kreisrundem Porenfeld: neben demselben jederseits eine bogige Längsfurche.

Sternit des Endbeinsegments breit, trapezförmig; Hüfte am Vorderrand mit tiefer querer Grube, in die die Poren münden.

Attika, Peloponnes, Kaukasus, Rumänien, Siebenbürgen, Albanien, Montenegro, Bosnien, Dalmatien, Istrien, Krain, Südsteiermark, Südungarn, Westungarn, Oberungarn, Niederösterreich, Schlesien.

10a. **H. i. var. levigata** Att. 1905 *H. i.* var. *l.*, Attems in: Ann. Hofmus. Wien, *v.* 2 p. 164.

Die Furchen neben dem Ventralporenfeld sind undeutlich, 89 (♂) bis 99 (♀) Beinpaare.

Erdschias Dagh, Kleinasien.

H. taurica (Sel.) 1884 *Scotophilus tauricus,* Selivanoff in: Horae Soc. ent. Ross., *v.* 18 p. 97.

Krim.

(Beschreibung in russischer Sprache.)

28. Gen. **Chaetechelyne** Mein.

1870 *C.*, Meinert in: Naturh. Tidsskr., ser. 3 *v.* 7 p. 44 | 1880 *C.*, Latzel, Myr. Österr.-Ung., *v.* 1 p. 200 | 1903 *C.*, Attems in: Zool. Jahrb., Syst. *v.* 18 p. 279.

Körper nach vorn mehr als nach hinten verschmälert. Kopf klein, ungefähr so lang wie breit, ohne Stirnfurche. Antennen fadenförmig bis leicht keulig, die Sinneszäpfchen des Endgliedes stehen in einer langen aber seichten Grube. Das Labrum besteht aus einer größeren, in der Mitte eingebuchteten und in der Medianlinie undeutlich geteilten Platte, die an dem nach vorn gerichteten freien Rand mit langen zurückgekrümmten Borsten besetzt und im übrigen sehr fein und kurz behaart ist (Fig. 200). Mandibel (Fig. 167) endwärts zu etwas verschmälert, so daß der Rand mit den Kammzähnen relativ kurz ist, die Zähne sind lang und schlank; außen ist die Mandibel dicht beborstet. Das einheitliche Syncoxit der 1. Maxille ohne Außentaster; beide Telopoditglieder sehr undeutlich getrennt, das proximale mit

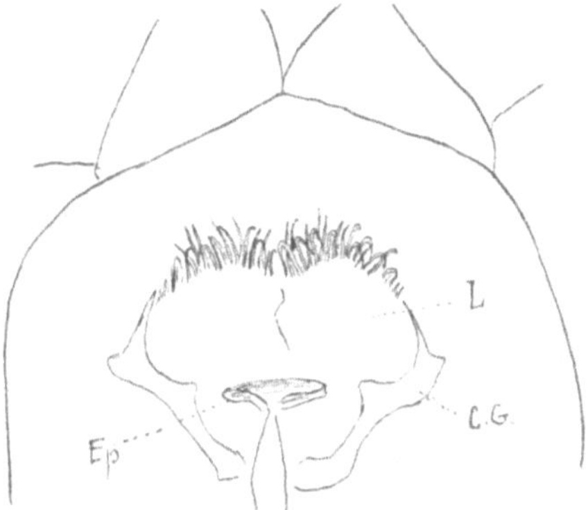

Fig. 200. **Chaetechelyne vesuviana** Newp.
L = Labrum, *CG* = commandibulares Gerüst.

dem undeutlichen Rudiment eines bestachelten Läppchens, das Endglied am Endrand mit einer Reihe kleiner Börstchen. Hüften der 2. Maxille ganz verwachsen; der Prätarsus ist durch einen winzigen Cylinder, der ein noch kleineres Stiftchen trägt, vertreten. Die Kieferfüße erreichen den Stirnrand meist nicht (bei *C. brevis* sollen sie ihn „kaum überragen"); alle Glieder ohne Zahnbildungen, Hüften am Vorderrand tief eingebuchtet, mit vollständigen Chitinlinien, Ungulum innen glatt, Basalschild sehr breit, bis an die Körperseiten reichend und ungefähr parallelrandig, kurz, erscheint nur als schmale Querspange.

Tergite undeutlich zweifurchig.

Ventralporen vom 1. oder 2. bis vorletzten Sternit in einem scharf umschriebenen Mittelfeld, das rund oder oval und zwar quer- oder längsoval oder faßförmig ist.

Endbeinhüfte mit einer vorderen Gruppe von Poren, die in eine tiefe Grube münden, meist auch mit einem Einzelporus neben dem Sternitseitenrand. Tarsus zweigliedrig, eine Endkralle vorhanden oder fehlend. Endbeine des ♂ immer sehr verdickt, fast keulenförmig, und unterseits dicht und kurz beborstet; die des ♀ so schlank wie die vorangehenden Paare oder auch verdickt.

Terminalporen vorhanden oder fehlend.

Mediterranregion, ganz Frankreich und Italien.

6 Arten, 1 Unterart.

Typus: *C. vesuviana* (Newp.)

Übersicht über die Arten:

1a) Ventralporenfeld überall kreisrund 2
 2a) 59 Beinpaare. Rücken blaßgelb mit einer grünschwarzen, durch eine feine helle Medianlinie geteilten Längsbinde. Sternite grubig uneben, spärlich beborstet . . . . 3. C. **circula**
 2b) 69—83 Beinpaare. Rücken fast einfarbig gelb. Die dunklen Längsbinden nur in undeutlichen Spuren vorhanden. Sternite glatt: 4. C. **flavescens**

1b) Porenfeld auf den hinteren oder auf allen Segmenten queroval, nie längsoval 3
 3a) 43 Beinpaare. Alle Ventralporenfelder queroval . . . . 5. C. **brevis**
 3b) 61—83 Beinpaare. Die vorderen Porenfelder rundlich, die hinteren queroval oder faßförmig 4
 4a) Rücken und Seiten mit reichlichem, grünschwarzem Pigment. Länge bis 52 mm. ♂ mit 77 oder weniger Beinpaaren. Die Glieder in der proximalen Hälfte der Antenne sind zylindrisch. Endbeine mit kleiner Endkralle . . . . 1. C. **vesuviana**
 4b) Strohgelb. Länge etwa 70 mm. ♂ mit 83 Beinpaaren. Alle Antennenglieder sind rundlich, die ganze Antenne daher perlschnurförmig. Endbeine ohne deutliche Kralle . . . . 2. C. **valida**

1c) Ventralporenfeld auf den vorderen Segmenten längsoval, auf den hinteren rundlich oder quadratisch, nirgends queroval 5
 5a) ♂ mit 55—59 Beinpaaren (♀ 57—61). Kralle der Endbeine undeutlich; Terminalporen fehlen. Ventralporenfeld mäßig längsoval: 6. C. **montana**
 5b) ♂ mit 45—47 Beinpaaren. Kralle der Endbeine deutlich. Terminalporen vorhanden. Ventralporenfeld sehr langgestreckt: 6a) C. **montana oblongecribellata**

1. C. **vesuviana** (Newp.) 1845 *Geophilus vesuvianus*, Newport in: Tr. Linn. Soc. London, *v.* 19 p. 435 | 1847 *G. v.*, P. Gervais in: Walckenaer & Gervais, Hist. Apt., *v.* 4 p. 319 | 1856 *G. v.*, Newport, Cat. Brit. Mus. Myr., p. 87 | 1870 *Chaetechelyne vesuviana*, Meinert in: Naturh. Tidsskr., ser. 3 *v.* 7 p. 46 | 1876 *Geophilus Canestrinii*, Fedrizzi in: Atti Soc. Veneto-Trent., *v.* 5 p. 96 | 1880 *Chaetechelyne vesuviana*, Latzel, Myr. Österr.-Ung., *v.* 1 p. 201 | 1888 *C. v.*, Ant. Berlese, A. M. S., fasc. 46 nr. 1 | 1889 *C. v.*, Daday, Myr. Regni Hungar., p. 84 | 1898 *C. v.*, Brölemann in: Feuille Natural, *v.* 28 p. 201 | 1902 *C. v.*, Faes in: Rev. Suisse Zool., *v.* 10 p. 51 | 1903 *C. v.*, Brölemann in: Léger & Dubosq in: Arch. Zool. expér., ser. 4 *v.* 1 p. 312 | 1924 *C. v.*, Verhoeff in: Ent. Tidskr., *v.* 45 p. 109 (Fig. 167, 200).

Vorderende rötlichgelb, auf dem Rücken vom 3. Segment an ein breites grünlichschwarzes durch eine feine weiße Medianlinie geteiltes Längsband, das bis zum drittletzten Segment reicht.

Länge bis 52 mm, Breite bis 2,5 mm, gedrungen, nach vorn stark verschmälert, spärlich kurz beborstet. Zahl der Beinpaare ♂ 61—77, ♀ 63—79.

Die Glieder der proximalen Hälfte der Antenne sind zylindrisch.

Die Kieferfüße reichen nicht bis zum Stirnrand.

Längsfurchen der Tergite abgekürzt und etwas undeutlich.

1. bis vorletztes Sternit mit großem Porenfeld, das auf den vorderen Segmenten rund, auf den mittleren und hinteren Segmenten queroval oder querfaßförmig ist. Rechts und links vom Porenfeld ein Längskiel und lateral davon körnig rauh.

Sternit des Endbeinsegments breit, fast regelmäßig sechseckig, die Hinterecken abgerundet. Hüfte mit einer vorderen Gruppe von Poren, die in eine Quergrube münden und einem Einzelporus neben dem Sternitrand. Eine kleine Endkralle vorhanden. Endbeine des ♀ ebenso lang und dick wie die vorangehenden Beine; die des ♂ sehr dick und dicht und kurz beborstet. Terminalporen vorhanden.

Mediterrangebiet, von Südfrankreich bis Istrien und kroatisches Litorale, auch in Tunis, Algier, Sizilien, Korsika, Sardinien, Elba; in Frankreich bis Normandie, Italien bis Lombardei—Südtirol. Ungarn, Siebenbürgen.

2. **C. valida** Att. 1927 *C. v.*, Attems in: Abh. Senckenb. Ges., *v.* 39 p. 241.

Strohgelb, nur auf den letzten Segmenten sind sehr spärliche Spuren von dunklen Rückenbinden zu sehen.

Länge 68 mm, Breite 1,8 mm. 83 Beinpaare (♂).

Antennen lang und dünn, perlschnurförmig, alle Glieder rund.

1. bis vorletztes Sternit mit Ventralporenfeld, das auf den vorderen Segmenten rundlich oder quadratisch mit abgerundeten Ecken ist; am Ende des ersten Körperdrittels ist es quergestreckt, hinten ausgesprochen queroval. Vorn ist es scharf eingedrückt. Im hinteren Teil des Körpers vor dem Feld eine Furche, die nach außen zu einen stumpfen Winkel bildet, die übrige Fläche des Sternits schwach körnig uneben.

Tergite seicht doppelfurchig.

Sternit des Endbeinsegments abgerundet, mit scharfem medianem Eindruck, die Ränder beborstet. Die Hüftporen münden in eine tiefe Grube am vorderen Hüftrand. Keine Endkralle vorhanden.

Rep. Andorra: San Julia de Loria.

3. **C. circula** Att. 1903 *C. c.*, Attems in: Zool. Jahrb., Syst. *v.* 18 p. 280.

Kopf und Hinterende intensiv gelb, Rücken blaßgelb mit einer grünschwarzen in der Mitte durch eine feine helle Linie geteilten Längsbinde vom Vorderrand des 2. bis zum Hinterrand des drittletzten Segments.

Länge 22 mm, Breite 1 mm. 59 Beinpaare (♂).

Sternite grubig uneben, spärlich beborstet. 1. bis vorletztes Sternit mit kreisrundem in der Mitte gelegenem Porenfeld.

Sternit des Endbeinsegments breit, trapezförmig. Hüfte mit einer Gruppe kleinerer Poren nahe dem Vordereck des Sternits, und einem größeren Porus unter der Mitte des Seitenrandes des Sternits. 2. Tarsalglied spitzkegelig, trägt eine deutliche Kralle. Keine Terminalporen.

Tunis: Medjez el Bab.

4. **C. flavescens** Att. 1927 *C. f.*, Attems in: Abh. Senckenb. Ges., *v.* 39 p. 240.

Fast einfarbig gelb; am Vorder- und Hinterende des Körpers sind die 2 dunklen grünschwarzen Längsbinden anderer Arten gerade nur angedeutet.

Länge bis 34 mm. 69—83 Beinpaare (♀).

2. bis vorletztes Sternit mit kreisrundem Porenfeld, rechts und links von demselben eine scharfe Furche, beide Furchen konvergieren nach vorn ein wenig. Im übrigen sind die Sternite glatt und unbeborstet.

Tergite doppelfurchig.

Endbeine des ♀ sehr dick (♂ unbekannt) mit Endkralle.

Spanien: Flix, Prov. Tarragona, Pobla de Segur, Prov. Lérida.

5. **C. brevis** Silv. 1896 *C. b.*, Silvestri in: Boll. Mus. Torino, *v.* 12 nr. 233 p. 5.

Gelb. Länge 12 mm, Breite 0,8 mm, schlank. 43 Beinpaare (♂).

Die Kieferfüße überragen kaum den Stirnrand.

1. bis vorletztes Sternit mit querovalem Porenfeld.

Sternit des Endbeinsegments kurz, nicht sehr breit, die Ecken abgerundet. Hüfte mit einem einzigen sehr großen Porus (wohl die Mündung einer Grube mit mehreren Poren). Eine kleine Endkralle vorhanden.

Oriolo bei Voghera, Südlombardei.

6. **C. montana** Mein. 1870 *C. m.*, Meinert in: Naturh. Tidsskr., ser. 3 *v.* 7 p. 47 | 1880 *C. m.*, Latzel, Myr. Österr.-Ung., *v.* 1 p. 203.

Gelb. Rücken mit einer schwächeren dunklen Längsbinde, die auf dem vorletzten Segment endet. Antennen und Hinterende meist rötlichgelb.

Länge bis 30 mm, Breite bis 1,4 mm. Zahl der Beinpaare 55—61.

Vordere Tergite ziemlich deutlich dreifurchig.

Ventralporenfeld der vorderen Segmente ± längsoval, auf den anderen Segmenten fast quadratisch mit abgerundeten Ecken.

Sternit des Endbeinsegments sehr breit, nach hinten stark verschmälert, Hinterrand gerade. Die Hüftporen münden in eine tiefe Grube neben dem Sternitrand. Kein hinterer Einzelporus. Endbeine des ♂ sehr verdickt, leicht keulig, die Endkralle winzig, recht undeutlich.

Keine Terminalporen.

Südtirol, Istrien, Lombardei, kroatisches Litorale (Zengg), Korsika, Korfu, Patras, Sardinien.

6a. **C. m. oblongecribellata** Verh. 1898 *C. m. o.*, Verhoeff in: Arch. Naturg., *v.* 64 I p. 351.

Ventralporenfeld sehr langgestreckt, 2—3 mal so lang wie breit. ♂ mit 45—47 Beinpaaren. Hüfte der Endbeine mit einer vorderen Gruppe kleinerer Poren am Vorderrand der Hüfte und einem großen Einzelporus neben der Mitte des Sternitrandes. Endkralle deutlich.

Terminalporen vorhanden.

Südtirol, Monaco, Monte Gargano, Monte Argentario.

29. Gen. **Dignathodon** Mein.

1870 *D.*, Meinert in: Naturh. Tidsskr., ser. 3 *v.* 7 p. 36 | 1880 *D.*, Latzel, Myr. Österr.-Ung., *v.* 1 p. 208 | 1903 *D.*, Attems in: Zool. Jahrb., Syst. *v.* 18 p. 272.

Kopf sehr klein, breiter als lang, mit Stirnfurche, der Körper in der vorderen Hälfte fast fadenförmig dünn. Antennen ein wenig keulig, das Endglied ohne Grube, die Sinneszäpfchen stehen frei an der Oberfläche. Mittelteil des Labrum mit wenigen aber kräftigen Zähnchen, Seitenteile gut entwickelt, ungefranst. 1. Maxille ohne Außentaster, beide Telopoditglieder verschmolzen. Coxalfortsatz nicht abgesetzt. Klaue der 2. Maxille winzig. Kieferfüße mit Chitinlinien. Ungulum vor der Endspitze mit 2 ± langen, schlanken Zähnen (Fig. 201). Basalschild breit, bis an die Seiten des Körpers reichend, so lang wie das folgende Tergit.

Tergite ungefurcht, körnig rauh. Ventralporen fehlen.

Die Hüftdrüsen der Endbeine münden in Gruppen vereinigt in Gruben am vorderen Rande der Hüfte und neben dem Sternitrand. Tarsus zweigliedrig, das 2. Glied sehr klein, eine sehr kleine Endkralle (Prätarsus) ist vorhanden oder fehlt. Endbeine in beiden Geschlechtern sehr verdickt.

Südeuropa.

1 Art.

1. **D. microcephalum** (H. Luc.) 1846 *Geophilus microcephalus,* H. Lucas in: Rev. zool., *v.* 9 p. 288 | 1847 *G. m.,* P. Gervais in: Walckenaer & Gervais, Hist. Apt., *v.* 4 p. 326 | 1849 *G. m.,* H. Lucas in: Expl. Algérie, Zool. *v.* 1 p. 349 | 1870 *Dignathodon microcephalum,* Meinert in: Naturh. Tidsskr., ser. 3 *v.* 7 p. 38 | 1880 *D. m.,* Latzel, Myr. Österr.-Ung., *v.* 1 p. 209 | 1884 *D. m.,* Selivanoff in: Horae Soc. ent. Ross., *v.* 18 p. 99 | 1888 *D. m.,* Ant. Berlese, A. M. S., fasc. 46 nr. 5 | 1889 *D. m.,* Daday, Myr. Regni Hungar., p. 83.

Hellgelb oder rotgelb, Kopf und Kieferfüße rostrot. Länge bis 60 mm, Breite bis 1,2 mm. Zahl der Beinpaare ♂ 67—85, ♀ 68—89.

Das dünne Vorderende ist ziemlich reichlich aber kurz beborstet, das Hinterende ist nur spärlich beborstet. Vorderrand der Kieferfußhüften tief eingebuchtet, ungezähnt, Chitinlinien vollständig, breit, die Klauen reichen bei weitem nicht bis zum Stirnrand.

Tergite mit Ausnahme des nur fein punktierten ziemlich breiten Saums am Hinterrand blasig- oder körnig-runzelig, keine Längsfurchen; manchmal besonders auf der vorderen Körperhälfte ein schwacher, glatter, hinten abgekürzter Mediankiel.

Sternite länger als breit, fein polygonal gefeldert, mit Medianfurche, die mittleren und hinteren außerdem mit 2 seitlichen Furchen. Sternit des Endbeinsegments groß, trapezförmig.

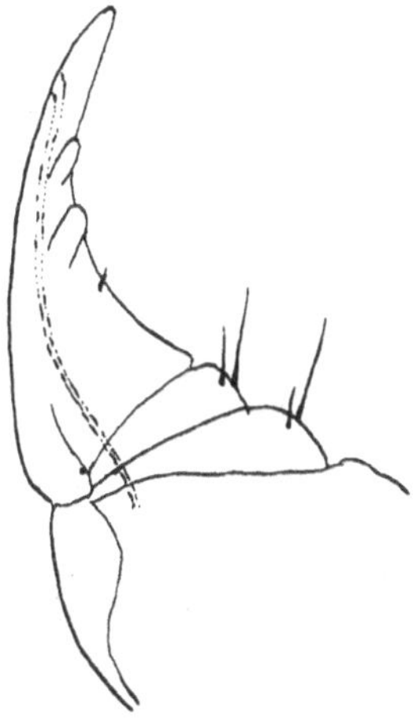

Fig. 201.
Dignathodon microcephalum (Luc.)
Kieferfuß.

Mediterrangebiet von Spanien bis Krim; von da bis nach Wien, Siebenbürgen, Südtirol vorgedrungen.

30. Gen. **Pagotaenia** Chamb.

1915 *P.,* Chamberlin in: Bull. Mus. Harvard, *v.* 59 p. 508 t. 3 f. 4, 5.

Körper sowohl nach vorn als nach hinten verschmälert, Kopf sehr klein, ohne eigentliche Stirnfurche, an deren Stelle nur eine helle Linie. Antennen fadenförmig. Mittelteil des Labrum sehr groß, die kleinen Seitenteile teilweise überdeckend, vorgewölbt und am Rande dicht gefranst. Syncoxit der 1. Maxille mit Außentastern, Telopodit zweigliedrig, ohne Außentaster, Coxalfortsatz deutlich abgesetzt. Hüften der 2. Maxille ganz verwachsen, Endklaue groß, einfach. Kieferfüße klein, seitlich ganz unter dem Kopfschild verborgen, den Stirnrand etwas überragend; mit Chitinlinien, ohne Zahnbildungen. Basalschild breit.

Tergite ungefurcht. Ventralporen in einem gewöhnlich median geteilten Querband vor dem Hinterrand. Endbeinhüfte mit 2 Drüsengruppen, die sich in 2 Gruben neben dem Sternitrand öffnen. Tarsus zweigliedrig. Kein Prätarsus. Keine Terminalporen.

Mexiko.

1 Art.

1. **P. lestes** Chamb. 1915 *P. l.,* Chamberlin in: Bull. Mus. Harvard, *v.* 59 p. 509 t. 3 f. 4, 5.

Rücken licht grünlich-braun, Kopf und Kieferfüße kastanienbraun. Länge 26 mm. 43 Beinpaare (♂). Der ganze Körper reichlich und kurz beborstet.

Kopfschild etwas breiter als lang, hinten mit Medianfurche, reichlich kurz beborstet. Antennen sehr kurz, fadenförmig. Die geschlossenen Kieferfüße reichen bis zum Ende des 1. Antennengliedes, Chitinlinien vorn abgekürzt.

Vordere Sternite am Hinterrand eingedrückt und mit einem medianen winkligen Vorsprung, der auf einen korrespondierenden Fortsatz am Vorderrand des folgenden Sternits paßt. Ventralporen sehr zahlreich, die Porenfelder sind jederseits außen am breitesten.

Sternit des Endbeinsegments sehr breit, nach hinten stark verschmälert. Telopodit der Endbeine des ♂ stark verdickt, etwas kürzer als das vorangehende Paar, dicht und fein beborstet.

Mexiko: Hidalgo, Guerrero Mill.

C. Subfam. **Pachymerinae**

1926 *P.*, Attems in: Kükenthal & Krumbach, Handb. Zool., *v.* 4 p. 361, 363.

Kopfschild (Fig. 202) beträchtlich länger als breit, meist ohne Stirnfurche; meist eine, selten 2 fein punktierte oder polygonal gefelderte Clypealareae vorhanden. Basalschild vorn schmal, trapezisch; von den Kieferfüßen ist ein großer Teil von oben sichtbar. Labrum bei *Achilophilus* verkümmert, bei den anderen Gattungen gut entwickelt. Mittelteil glatt oder kurz gezähnt,

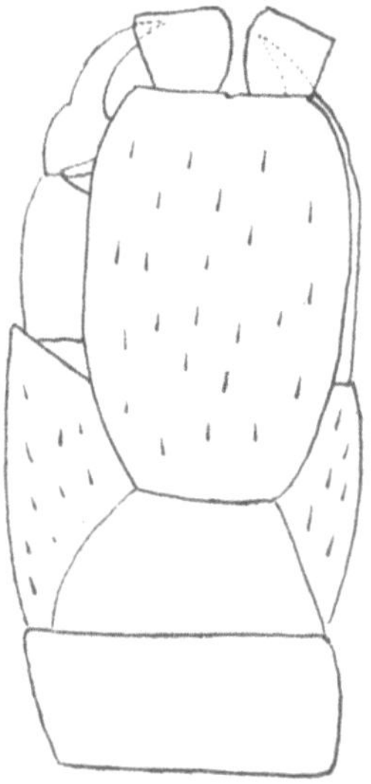

Fig. 202.
Pachymerium ferrugineum
C. L. Koch

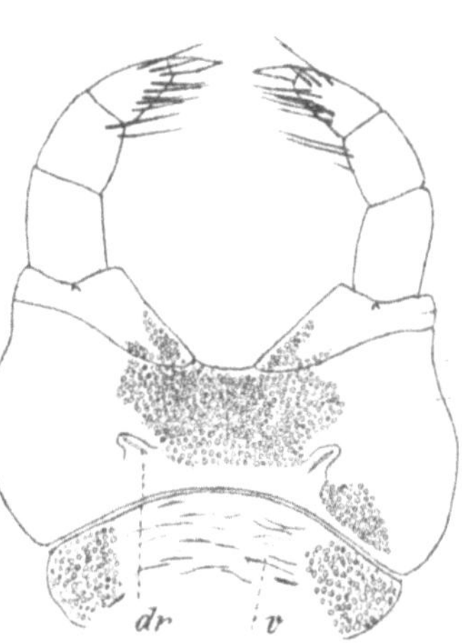

Fig. 203.
Pachymerium ferrugineum C. L. Koch.
2. Maxille.

manchmal von den median zusammentretenden, immer gefransten Seitenteilen verdrängt. 1. Maxille mit 1—2 Paar oder ohne Außentaster, Telopodit meist zweigliedrig, Hüften der 2. Maxille bei *Pachymerium* (Fig. 203) und *Tasmanophilus* breit und ohne Mediannaht verwachsen, bei den anderen Gattungen bleibt die Mediannaht erhalten (Fig. 204). Die Drüsenöffnung ist von einer medial offenen, verdickten Umwallung umgeben, es findet sich jedoch keine lange Coxalleiste. Die großen Kieferfüße überragen den Stirnrand meist beträchtlich; die Pleurocoxalgrenze verläuft parallel dem Seitenrand; Hüften nur bei einigen Pachymerium mit Chitinlinien, sonst ohne solche. Tergite meist deutlich doppelfurchig. Ventralporen vorhanden oder fehlend. Tarsus der Endbeine meist zwei- selten eingliedrig, ein krallenförmiger Prätarsus vorhanden oder fehlend.

11 Gattungen, 46 sichere und 10 unsichere Arten, 1 Unterart.

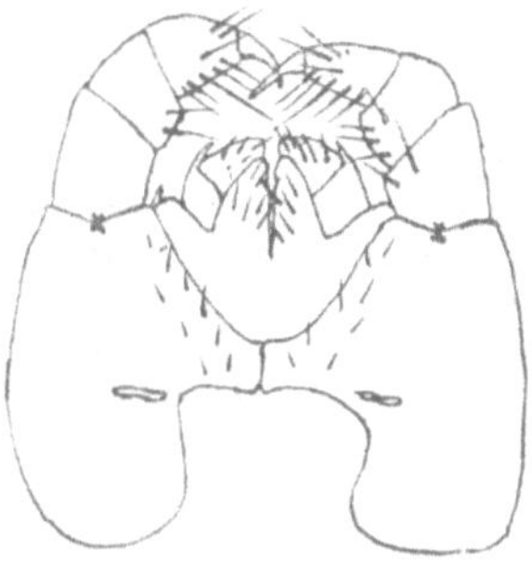

Fig. 204. **Eurytion trichopus** Att.
Beide Maxillenpaare.

Übersicht über die Gattungen:

1 a) Labrum verkümmert (nur die Fulcren vorhanden). Endbeinhüfte mit einem einzigen großen Porus . . . . 40. Gen. **Achilophilus**

1 b) Labrum gut entwickelt. Endbeinhüfte mit 2 oder mehr Poren 2

2 a) Endbeintarsus eingliedrig, dabei ein krallenförmiger Prätarsus vorhanden: 3

2 b) Endbeintarsus zweigliedrig 4

3 a) Telopodit der 2. Maxille aus 3 zylindrischen beborsteten Gliedern und dem krallenförmigen Prätarsus bestehend (wie gewöhnlich bei Geophiliden). Ventralporen fehlen. Kopfschild viel länger als breit. Pleurocoxalgrenze der Kieferfüße parallel dem Seitenrand; die Kieferfüße überragen weit den Stirnrand . . . . 38. Gen. **Geomerinus**

3 b) Telopodit der 2. Maxille viergliedrig, das Endglied dick, rund, beborstet. Ventralporen vorhanden. Kopfschild so lang wie breit. Pleurocoxalgrenze des Kieferfußsegments sehr schräg. Kieferfußhüften sehr kurz und breit; die Ungula erreichen den Stirnrand nicht . . 39. Gen. **Macronicophilus**

4 a) Die Hüftdrüsen der Endbeine haben keinen kräftig chitinisierten Ausführungsgang. Jede Hüfte hat zwei große Gruppen von Drüsen, die durch je einen großen Porus nach außen münden . . . . . 41. Gen. **Maoriella**

4 b) Hüftdrüsen der Endbeine mit normalem, stark chitinisiertem Ausführungsgang 5

5 a) Hüften der 2. Maxille völlig verwachsen, ohne Mediannaht 6

6 a) Telopodit der 1. Maxille deutlich zweigliedrig. Ventralporen vorhanden. Endkralle der 2. Maxille einfach . . . . . . 31. Gen. **Pachymerium**

6 b) Telopodit der 1. Maxille ungegliedert, am Ende häutig. Keine Ventralporen. Klaue der 2. Maxille gekämmt . . 32. Gen. **Tasmanophilus**

5 b) Hüften der 2. Maxille breit aneinanderstoßend mit erhaltener Mediannaht oder durch eine schmale Brücke verbunden 7

7 a) Ventralporen vorhanden 8

8 a) Clypealarea fein punktiert. Hüften der 2. Maxille breit aneinander stoßend . . . . 33. Gen. **Eurytion**

8 b) Clypealarea polygonal gefeldert. Hüften der 2. Maxille nur durch eine schmale Brücke verbunden . . . . 34. Gen. **Schizotaenia**

7 b) Ventralporen fehlen 9

9 a) Mandibel mit einem stumpfen Zahn neben den Kammzähnen und mit mehrspitzigen Dornen am Ventralrand . . 37. Gen. **Pachymerinus**

9b) Mandibel ohne solchen Zahn 10
10a) 1. Maxille mit 1—2 Paar Außentaster. Endbeinhüfte mit zahlreichen einzeln und frei dorsal und ventral mündenden Poren:
35. Gen. **Sepedonophilus**
10b) 1. Maxille ohne Außentaster. Endbeinhüfte mit 3 gelappten Drüsen, die unter dem Sternitrand münden . . . 36. Gen. **Philogeonus**

31. Gen. **Pachymerium** C. L. Koch

1847 *P.*, C. L. Koch in: Koch-Panzer, Krit. Revis., *v.* 3 p. 85, 187 | 1898 *Geophilus* subg. *Pachymerium*, Verhoeff in: Arch. Naturg., *v.* 64 I p. 341 | 1899 *Polycricus*, Cook in: P. ent. Soc. Washington, *v.* 4 p. 307 | 1901 *Pachymerium*, Verhoeff in: N. Acta Ac. Leop., *v.* 77 p. 416 | 1903 *Geophilus* subg. *P.*, Attems in: Zool. Jahrb., Syst. *v.* 18 p. 248 | 1905 *P.*, Silvestri in: Zool. Jahrb., Suppl. 6 p. 761 | 1907 *P.*, Silvestri in: Mt. Mus. Hamburg, *v.* 24 p. 252 | 1909 *P.*, Attems in: Denk. Ges. Jena, *v.* 14 p. 34 | 1909 *P.*, Brölemann in: Arch. Zool. expér., ser. 5 *v.* 3 p. 338.

Kopfschild viel länger als breit, Basalschild trapezisch, vorn so breit wie der Kopfschild, hinten meist bedeutend schmäler als der Vorderrand des 1. Tergits; die Kieferfüße sind von oben zum großen Teil sichtbar und überragen sehr merklich den Stirnrand. Stirnfurche vorhanden oder fehlend; 1—2 fein punktierte Clypealareae.

Mittelteil des Labrum meist von mittlerer Breite, selten klein mit meist kurzen Zähnen, Seitenteile in der Medianhälfte lang gefranst, lateral oft auch. 1. Maxille mit 2 Paar Außentastern. Hüften der 2. Maxille breit verwachsen, ohne Mediannaht, Inneneck und Telopoditglieder außen ohne Zacken oder sonstige Fortsätze. Endkralle einfach, Kieferfüße mit oder ohne Chitinlinien. Pleurocoxalgrenze parallel dem Seitenrand, Vorderrand der Hüften meist mit 2 Zähnen. Präfemur innen meist mit einem Zahn, selten mit 2 oder ohne Zahn, Tarsus mit Basalzahn. Tergite doppelfurchig.

Ventralporen vorhanden, in einem breiten Querband hinten, das in der Mitte unterbrochen oder ganz in 2 runde Felder aufgelöst sein kann und meist auch in 2 Häufchen nahe den Vorderecken.

Endbeinhüfte mit zahlreichen, meist frei und einzeln, meist auch lateral und dorsal mündenden Poren; Tarsus zweigliedrig; eine Endkralle vorhanden oder nicht.

Palaearktische Region, Nord- und Südamerika.

12 Arten.

Typus: *P. ferrugineum* C. L. Koch

Übersicht über die Arten:

1a) Präfemur der Kieferfüße innen mit 2 Zähnen. 37 Beinpaare (Chile):
5. **P. armatum**
1b) Präfemur der Kieferfüße innen mit einem oder ohne Zahn 2
2a) Endbeine mit gut entwickelter Endkralle*) (Palaearktisch) 3
3a) Eine Clypealarea, Präfemur der Kieferfüße ohne Innenzahn, die Endbeinhüftporen liegen alle unter dem Rande des Sternits. Chitinlinien kräftig. Keine Stirnfurche . . . . 4. **P. tristanicum**
3b) Zwei Clypealareae, Präfemur der Kieferfüße mit einem Zahn; alle oder die meisten Poren der Endbeinhüfte münden frei auf dem größten Teil der Oberfläche 4
4a) Basalschild mit einer medianen Furche, 1. Tergit zweifurchig; abgekürzte Chitinlinien sind vorhanden . . . . . . 1. **P. ferrugineum**
4b) Basalschild und 1. Tergit ungefurcht. Keine Chitinlinien 5

*) Hierher auch: 6. *P. grandiceps.*

5a) Präfemur der Kieferfüße nur außen bis an den Stirnrand reichend. Hintere Sternite mit 2 kleinen Porenfeldchen. Letztes Antennenglied mit Sinneszäpfchen in flachen Gruben . . . . . 2. **P. caucasicum**

5b) Präfemur der Kieferfüße weit über den Stirnrand reichend. Hintere Sternite ohne Porenfeld. Letztes Antennenglied angeblich ohne Grübchenorgane . . . . 3. **P. atticum**

2b) Endbeine ohne Prätarsus (Kralle od. dgl.). Keine Chitinlinien 6

6a) Ungulum der Kieferfüße innen gekerbt . . . . . . 9. **P. floridanum**

6b) Ungulum der Kieferfüße innen glatt*) 7

7a) Eine Clypealarea; die ersten 4 Antennenglieder sind spärlich beborstet, die Borsten des 2. und 3. Gliedes stehen in unregelmäßigen Quirlen. 53—55 Beinpaare (Südamerika) . . . . 8. **P. stolli**

7b) Zwei Clypealareae, die ersten 5 Antennenglieder sind reichlich mit großen und kleinen Borsten besetzt, die nicht zu Quirlen angeordnet sind. 87 Beinpaare (Syrien) . . . . 7. **P. syriacum**

1. **P. ferrugineum** C. L. Koch 1835 *Geophilus ferrugineus*, C. L. Koch, C. M. A., fasc. 3 t. 2 | 1847 *Pachymerium ferrugineum*, C. L. Koch in: Koch-Panzer, Krit. Revis., *v.* 3 p. 187 | 1863 *P. f.*, C. L. Koch, Myr., *v.* 1 p. 92 f. 81 | 1866 *Geophilus ferrugineus*, Bergsoe & Meinert in: Naturh. Tidsskr., ser. 3 *v.* 4 p. 88 | 1870 *G. f.*, Meinert in: Naturh. Tidsskr., ser. 3 *v.* 7 p. 88 | 1880 *G. f.*, Latzel, Myr. Österr.-Ung., *v.* 1 p. 171 | 1881 *G. f.*, E. Haase in: Z. Ent. Breslau, ser. 2 *v.* 8 p. 76 | 1883 *G. f.*, Ant. Berlese, A. M. S., fasc. 5 nr. 9 | 1889 *G. f.*, Daday, Myr. Regni Hungar., p. 88 | 1889 *G. f.*, Porat in: Ent. Tidskr., *v.* 10 p. 138 | 1895 *Mecistocephalus attenuatus*, Cook in: P. U. S. Mus., *v.* 18 p. 61 | 1903 *Geophilus (Pachymerium) ferrugineus*, Attems in: Zool. Jahrb., Syst. *v.* 18 p. 255 | 1908 *G. (Khroumiriophilus) kervillei*, Attems in: Gadeau de Kerville, Voy. Khroumirie, p. 58, 109 t. 20 f. 1—5 | 1909 *G. k.*, Attems in: Denk. Ges. Jena, *v.* 14 p. 35 | 1924 *Pachymerium ferrugineum*, Verhoeff in: Nat. Hist. Juan Fernandez, *v.* 3 p. 415.

Rostgelb oder rostrot, manchmal ockergelb, Kopf und Kieferfüße rostbraun. Länge bis 45 mm. Zahl der Beinpaare ♂ 41—55, ♀ 43—57.

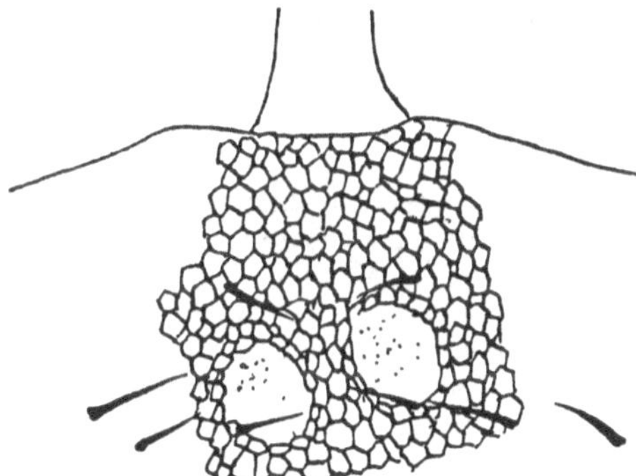

Fig. 205. **Pachymerium ferrugineum** C. L. Koch. Clypealareae.

Kopfschild viel länger als breit, sehr grob eingestochen punktiert, die Punkte mehr oder weniger gereiht; ohne Stirnfurche. Antennen lang. Zwei fein punktierte Clypealareae (Fig. 205), hinter denselben eine unregelmäßige Querreihe von 3 und 3 Borsten, hinter denselben noch 2 Paare von Borsten. Mittelteil des Labrum mit 4 kräftigen Zähnchen und Fransen zu den Seiten

*) Hierher auch: 10. *P. godmani* Poc. 11. *P. salvini* Poc. 12. *P. marginale* Mein.

derselben, die Seitenteile gefranst. 1. Maxille mit 2 Paar schlanker, zugespitzter Außentaster; die des Telopodits überragen noch ein wenig das Endglied. 2. Telopoditglied der 2. Maxille mit 2 größeren und einigen ganz kleinen Borsten. 3. Glied ventral reichlich beborstet, dorsal nur mit ein Paar Börstchen.

Die Kieferfüße überragen den Stirnrand bis zur Mitte des 1. Antennengliedes. Vorderrand der Hüften mit 2 Zähnchen. Chitinlinien schwach und sehr abgekürzt. Präfemur mit einem Zahnhöcker nahe dem Ende. Tarsus mit einem spitzen Basalzahn. Ungulum innen glatt.

Basalschild schmal mit einer medianen Längsfurche, Tergite vom ersten an zweifurchig.

Ventralporen vom ersten Sternit an in einem breiten Streifen vor dem Hinterrand, der sich auf dem etwa 13. Sternit in 2 Haufen zerteilt. Außerdem finden sich 2 kleine Haufen nahe den Vorderecken. Diese 4 Felder sind noch auf dem vorletzten Sternit vorhanden. Subcoxa auch mit Poren. Alle Prästernite mit Mediannaht.

Sternit des Endbeinsegments schmal, hinten verschmälert und abgerundet. Hüften groß, aufgetrieben, mit zahlreichen, oft pigmentierten Poren auf allen Seiten. Endkralle vorhanden. Endbeine des ♂ ein wenig dicker.

Terminalporen vorhanden.

Ganz Europa, Kanaren, Azoren, Nordafrika, Kaukasus, Cypern, Zentralasien, NO-Amerika; Juan Fernandez, Osterinsel.

2. **P. caucasicum** Att. 1903 *Geophilus (P.) caucasicus*, Attems in: Zool. Jahrb., Syst. *v.* 18 p. 256.

Heller als *P. ferrugineum*, besonders der Kopf.

Länge 33 mm, Breite 1 mm. Zahl der Beinpaare ♂ 47, ♀ 49.

Kopfschild vorn wie bei *P. ferrugineum*, fein eingestochen punktiert, hinten 2 nach vorn divergierende Reihen gröberer Pünktchen. 2 fein punktierte Clypealareae, davor 2 Borsten, dahinter 6 Borsten. Mittelteil des Labrum ziemlich schmal aber doch die Seitenteile ganz trennend, mit 6 Tuberkelzähnen; Seitenteile in der medialen Hälfte lang gefranst, in der lateralen Hälfte glatt. 1. Maxille mit 2 Paar langer, sehr schlanker Außentaster, die fein bestachelt sind; die Taster des Telopodits überragen etwas das Endglied. Telopodit zweigliedrig, Coxalfortsatz deutlich abgesetzt. Das einheitliche Syncoxit und das Telopodit der 2. Maxille ohne äußere Fortsätze; nur das 3. Telopoditglied reichlich und lang beborstet, die anderen Glieder nur mit winzigen Börstchen. Mandibel in der Endhälfte außen dicht behaart. 1. bis 7. Antennenglied mit 2 Quirlen langer Borsten, zwischen denen nach und nach kurze Borsten auftreten. Endhälfte kürzer und dichter behaart. Endglied mit kurzen Sinneszäpfchen, die in so flachen Gruben stehen, daß sie aus denselben herausragen. (Verhoeff gibt für *P. atticum* an, daß das letzte Antennenglied keine Grübchenorgane hat.)

Vorderrand der Kieferfußhüften mit 2 kleinen spitzen Zähnchen. Hüften ziemlich dicht und fein eingestochen punktiert, ohne Chitinlinien. Präfemur am Ende innen mit großem, schwarzem Zahn, Außenrand bis an den Stirnrand reichend. Der große, etwas gekrümmte schwarze Basalzahn des Tarsus liegt an der Stirnlinie. Ungulum innen glatt.

Basalschild und 1. Tergit ungefurcht, die weiteren Tergite zweifurchig.

Vordere Sternite mit einem schmalen Querband von Poren, das ziemlich weit vom Hinterrand entfernt ist, außerdem noch einige Poren jederseits nahe dem Vordereck; gegen die Körpermitte zu werden die Poren immer weniger zahlreich und auf den hinteren Segmenten sind nur mehr vereinzelte Poren in 2 Häufchen, nahe den Hinterecken vorhanden, Subcoxa mit Poren.

Sternit des Endbeinsegments schmal, sein Hinterende dicht behaart. Hüfte mit zahlreichen Poren auf der ganzen Fläche mit Ausnahme des hinteren, bei ♂ und ♀ dicht behaarten Teils. Endkralle vorhanden.

Terminalporen vorhanden.

Lenkoran, Kaukasus.

3. **P. atticum** Verh. 1901 *P. a.*, Verhoeff in: N. Acta Ac. Leop., *v.* 77 p. 418.

Länge bis 33 mm. Zahl der Beinpaare ♂ 47, ♀ 49.

Basalschild kurz, ungefurcht. 1. Tergit ungefurcht. Die Präfemora der Kieferfüße reichen weit über den Stirnrand vor und haben innen einen kräftigen Zahn; Tarsus mit ebenso kräftigem Zahn. Vorderrand der Hüften mit 2 Höckern. Chitinlinien fehlen. 1. Maxille mit langen, spitzen fein bestachelten Außentastern. Kralle der 2. Maxille groß.

Endglieder der Antennen „ohne Grübchenorgane“ (?).

Vordere Sternite mit einer queren, schwachen und sehr zerstreuten Drüsengruppe. Hintere Sternite ohne Ventralporen. Subcoxa, namentlich die Metacoxa, mit einigen Poren.

Sternit des Endbeinsegments dreieckig, hinten abgerundet und hier ebenso wie das Enddrittel der Hüften beim ♂ dicht behaart. Hüftdrüsen weit über die Fläche zerstreut. Endkralle des ♀ kräftig, des ♂ kleiner. Endbeine des ♂ deutlich verdickt.

Kephisia, Attika, unter Platanen- und Olivenlaub.

4. **P. tristanicum** Att. 1928 *P. t.*, Attems in: Ann. S. Afr. Mus., *v.* 26 p. 157 t. 20 f. 489, 490 textf. 58—62 (Fig. 206—208).

Blaßgelblich, Kopf braun.

Länge bis 37 mm. Zahl der Beinpaare ♂ 39—51, ♀ 39—55.

Kopfschild viel länger als breit, schütter mit langen feinen Borsten besetzt, ohne Stirnfurche. Clypeus grob gefeldert; eine kleine weiße fein-

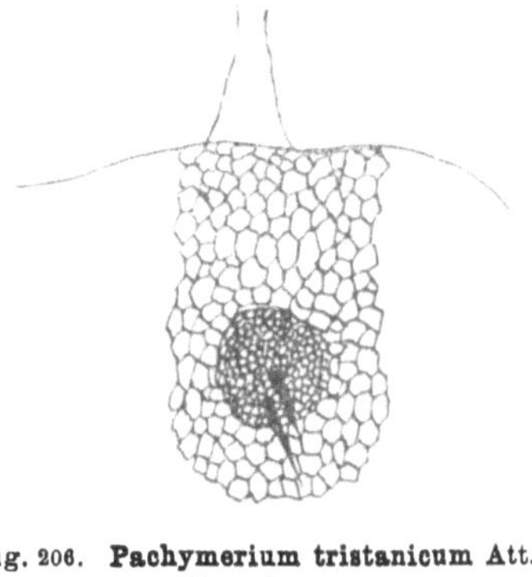

Fig. 206. **Pachymerium tristanicum** Att. Clypealarea.

gekörnte Chypealarea (Fig. 206); in oder hinter ihr 2 Borsten, vor ihr nahe dem Seitenrand 2 Borsten. Die ersten 7 Antennenglieder mit langen Borsten, die nicht in regelmäßigen Quirlen stehen, außerdem ganz kleine Haare in großer Zahl, 8. Glied mit basalem Quirl längerer Borsten, der Rest dieses Gliedes und die restlichen Glieder kurz und mäßig dicht fein beborstet.

Mittelteil des Labrum mit 2 kurzen, braunen Medialzähnen, jederseits 5 lange Fransen, die ebenso beschaffen sind wie die Fransen der Seitenteile, deren laterales Drittel ungefranst bleibt (Fig. 207). 1. Maxille mit 2 Paar fein bestachelter Außentaster, die des Syncoxits schlank, die des 2gliedrigen Telopodits breiter. Endglied und Coxalfortsatz mit einigen starken Borsten.

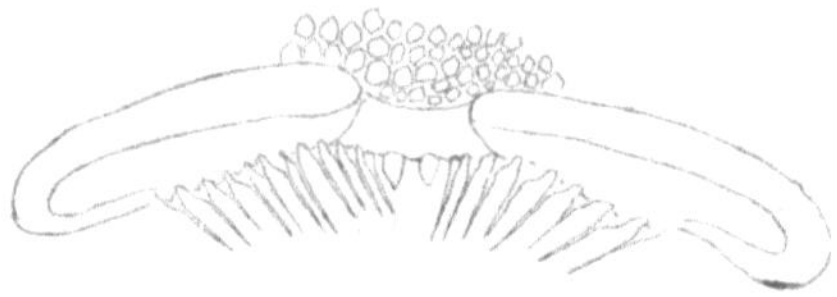

Fig. 207. **Pachymerium tristanicum** Att. Labrum.

Hüften der 2. Maxille durch eine breite Brücke ohne Mediannaht verbunden, die Maschen der Felderung sind verschieden groß. Telopoditglieder ohne Fortsätze, Endkralle einfach (Fig. 208).

Die von oben zum Teil sichtbaren Kieferfüße überragen mit dem dunklen Ungulum den Stirnrand bis zur Mitte des 1. Antennengliedes. Chitinlinien stark ausgeprägt, abgekürzt. Tarsus mit kleinem Basalzahn, die anderen Glieder ungezähnt. Ungulum innen gekerbt. Die ganzen Kieferfüße nur spärlich beborstet. Pleurocoxalnaht parallel den Körperseiten bis in die Nähe des Gelenkhöckers.

Basalschild trapezisch, mit medialer Längsfurche, hinten fast so breit wie das folgende Tergit. Tergite doppelfurchig, glatt, spärlich und kurz

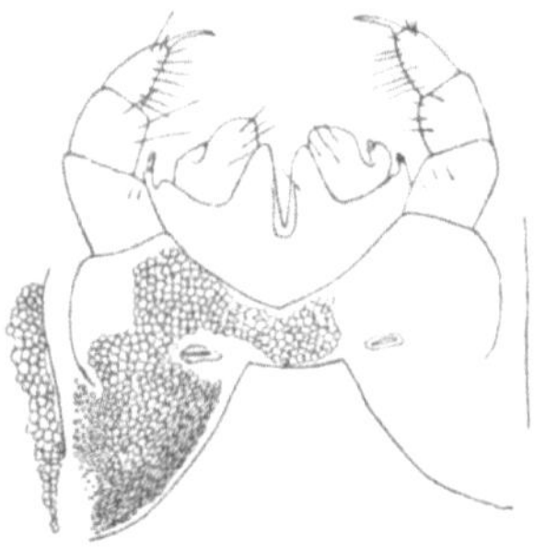

Fig. 208. **Pachymerium tristanicum** Att., ♀
Beide Maxillenpaare.

beborstet. Prästernite der ersten 6 Segmente nur als kleine seitliche Zwickel sichtbar. 1. Sternit mit 4 Poren. 2. und 3. Sternit mit dreieckigem Porenfeld, das weiterhin zu einem Querband wird, das die Seiten nicht erreicht und auf dem etwa 16. Segment aufhört. Sternite mit 2 kleinen Borsten jederseits nahe dem Seitenrand.

Sternit des Endbeinsegments sehr breit, trapezisch, der Hinterrand seicht eingebuchtet, zerstreut beborstet. Hüfte mit 8—10 verschieden großen Poren, die alle unter dem Sternitrand liegen, Endrand der Hüfte mit winzigen Börstchen. Endkralle beim ♂ sehr klein, beim ♀ normal groß. Endbeine ziemlich verdickt.

Terminalporen vorhanden.

Insel Tristan d'Acunha; Vàlaszut im Szamostal bei Klausenburg, Siebenbürgen.

5. **P. armatum** Silv. 1905 *P. a.*, Silvestri in: Zool. Jahrb., Suppl. 6 p. 763 t. 37 f. 58, 59, 60 (Fig. 209, 210).

Fig. 209. **Pachymerium armatum** Silv. Labrum.

Gelb, Kopf rostrot. Länge 20 mm, Breite 1,2 mm. 37 Beinpaare. Die Borsten des Kopfschildes in 4 undeutlichen Reihen. Die Kieferfüße überragen das 1. Antennenglied, Vorderrand der Hüften mit 2 spitzen großen Zähnchen. Präfemur innen mit 2 Zähnen, einem in der Mitte, einem am Ende, die Zwischenglieder mit je einem kleinen Zahn, Tarsus mit großem Basalzahn, alle Glieder mit langen und kurzen Borsten.

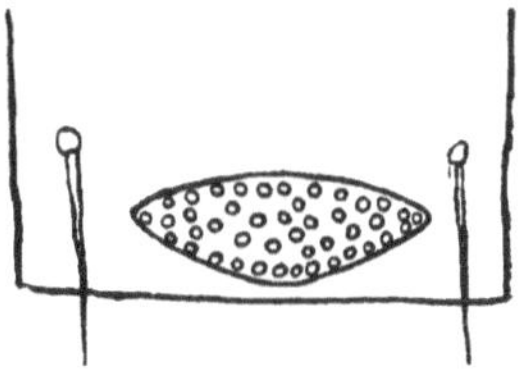

Fig. 210. **Pachymerium armatum** Silv. Ventralporenfeld.

Vordere Sternite mit einem kleinen, queren Porenfeld (Fig. 210) im hinteren Teil, hintere Sternite mit 2 seitlichen Porenfeldchen; jederseits ein Borstenpaar. Sternit des Endbeinsegments schmal, länger als breit, trapezisch; Hüfte mit 11 ziemlich großen Poren, von denen 2—3 bedeckt sind. Endkralle groß.

Puerto Mayno, Chile.

6. **P. grandiceps** (Por.) 1893 *Geophilus g.*, Porat in: Bih. Svenska Ak., *v.* 18 nr. 7 p. 47.

Ockergelb, Kopfschild rostbraun.

Länge bis 65 mm, Breite 1,5 mm, ziemlich schlank, spärlich beborstet. 71—75 Beinpaare.

Kopfschild zweimal so lang wie breit, vorn und hinten geradlinig, dicht und tief punktiert, die mittleren Punkte hinten gereiht, ohne Stirnfurche. Die Kieferfüße überragen den Stirnrand bis zum Ende des 1. Antennengliedes; Hüften dicht und tief punktiert, Vorderrand mit 2 Zähnen. Präfemur mit 2 Höckern, Tarsus mit Basalzahn.

Tergite zweifurchig, zwischen den Furchen 2 undeutliche Grübchen.

Sternite punktiert mit tiefer Medianfurche, die auf den 20—22 vorderen Segmenten hinten in eine ziemlich breite und tiefe Grube übergeht, die folgenden Sternite haben zu jeder Seite der Furche ein Grübchen, das auf den hinteren Segmenten allmählich verschwindet.

Sternit des Endbeinsegments ziemlich breit, hinten abgerundet, Hüfte mit zahlreichen Poren, unten (14) seitlich und dorsal (14) einige davon bedeckt. Endbeine spärlich beborstet, auch beim ♂ nicht verdickt. Endkralle deutlich.

Terminalporen vorhanden.

Kapstadt.

7. **P. syriacum** Att. 1903 *Geophilus (P.) syriacus*, Attems in: Zool. Jahrb., Syst. *v.* 18 p. 257 (Fig. 211).

Braungelb, Kopf dunkel rotbraun.

Länge 110 mm, vorn am breitesten, hinten stark verjüngt. 87 Beinpaare (♀). Kopfschild viel länger als breit, vorn etwas breiter als hinten,

Stirnfurche sehr schwach; sehr grob eingestochen punktiert, in den Punkten kleine Härchen, hinten 2 feine nach vorn divergierende Furchen. Zwei weiße, fein punktierte *Clypealareae;* hinter jeder eine Gruppe von 7—9 unregelmäßig in einem runden Haufen stehenden Borsten; nahe dem Labrum und am Stirnrand je 2 Borsten. Mittelteil des Labrum mit 9—10 langen, schlanken Zähnen, die Seitenteile mit Ausnahme eines kleinen nackten Außenstückes mit sehr langen Fransen. Die Seitenteile kommen vor dem Mittelteil, trotzdem dieses nicht gerade klein ist, fast zusammen. 1. Maxille mit 2 Paar langer, schlanker, dicht und fein bestachelter Außentaster; die des Telopodits überragen noch ein wenig das Endglied. Telopodit zweigliedrig; Coxalfortsatz gut abgesetzt. 2. Maxille weder am einheitlichen Syncoxit noch an den Telopoditgliedern außen mit Fortsätzen. 1. und 2. Telopoditglied unterseits mit einem größeren Büschel starker Borsten, 3. Glied ringsum reichlich beborstet.

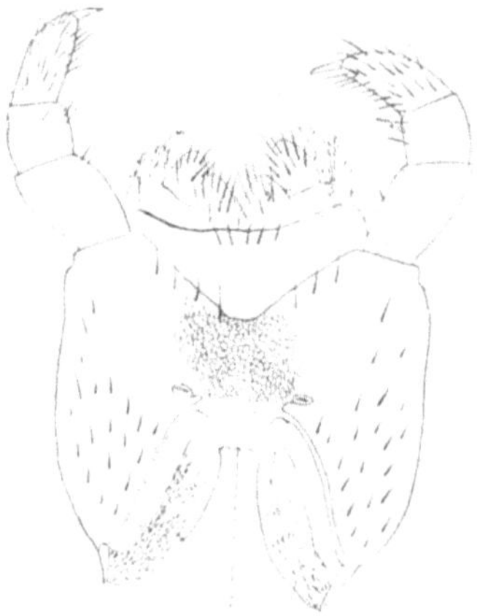

Fig. 211. **Pachymerium syriacum** Att. Maxillen.

Kralle einfach (Fig. 211). Antennen ziemlich lang, die ersten 5 Glieder reichlich beborstet, die Borsten ungleich groß, ohne deutliche Quirle. Kieferfüße den Stirnrand überragend. Vorderrand der Hüften mit 2 sehr kleinen, spitzen, nicht schwarz gefärbten Zähnen. Keine Chitinlinien. Präfemur am Ende innen zahnartig vorspringend. Tarsus mit kräftigem, schwarzem Zahn. Ungulum kräftig, innen glatt. Die ganzen Kieferfüße reichlich beborstet.

Basalschild trapezförmig, hinten mäßig breit, ungefurcht.

Vordere Tergite punktiert. 1. Tergit fast ungefurcht, die folgenden Tergite tief zweifurchig.

Die Sternite der vorderen Körperhälfte sind dicht und kräftig punktiert; in den Punkten feine Börstchen. Nach dem Hinterende zu nimmt die Stärke der Punktierung und die Behaarung allmählich ab; die hintersten sind schütter beborstet und fast unpunktiert. Die Prästernite trennen die Sternite erst vom etwa 30. Segment an. Ventralporen nicht beobachtet. Sternit des Endbeinsegments sehr lang und schmal, fast parallelrandig, hinten gerade, dicht beborstet. Hüfte groß und dick, mit zahlreichen Poren auf der ganzen Fläche dicht bedeckt, dazwischen beborstet. Telopodit schlank, schütter langborstig und dicht und kurz behaart, 2. Tarsalglied lang, dünn. Kein Prätarsus.

Genital- und Analregion sehr langborstig; Terminalporen vorhanden.

Beirut, Syrien.

8. P. stolli (Poc.) 1896 *Geophilus S.*, Pocock in: Biol. Centr.-Amer., Chilop. p. 38 t. 3 f. 9 | 1903 *G. (Pachymerium) S.*, Attems in: Zool. Jahrb., Syst. *v.* 18 p. 259 | 1909 *P. S.*, Attems in: Denk. Ges. Jena, *v.* 14 p. 35 f. 5 (Fig. 212).

Rotgelb. Länge 40 mm. 53—55 Beinpaare (♂), 55 (♀).

Kopfschild vorn ziemlich abgerundet, hinten gerade, seitlich konvex. Vor der feinen Stirnfurche eine Bogenreihe borstentragender Grübchen, die übrige Fläche fein punktiert und beborstet; in der hinteren Hälfte ordnen sich größere Grübchen zu 2 Längsreihen an. Antennen ziemlich lang, die ersten 4 Glieder zerstreut langborstig; 4. und 5. Glied mit kürzeren Borsten dazwischen, vom 6. Glied an kurz behaart. Nur eine unpaare *Clypealarea*, hinter ihr jederseits eine Gruppe von 6—9 Borsten und näher zum Labrum noch ein Borstenpaar. — Mittelteil des Labrum gezähnt, die Seitenteile gefranst. 1. Maxille mit 2 Paar langer, bestachelter Außentaster; die des

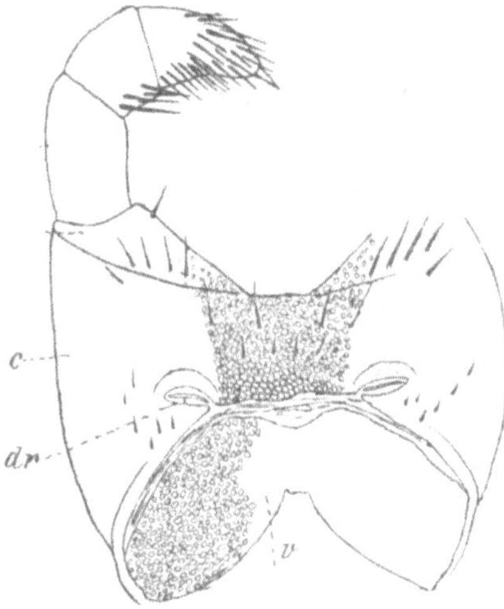

Fig. 212. **Pachymerium stolli** (Poc.) 2. Maxille.
dr = Drüsenmündung, *c* = Coxit.

zweigliedrigen Telopodits überragen das Endglied. 1. Telopoditglied der 2. Maxille ohne Borsten, 2. Glied mit einem Büschel starker Borsten ventral, 3. Glied ringsum reichlich beborstet. Kieferfüße ohne Chitinlinien, Hüften punktiert, Vorderrand mit 2 stumpfen braunen Zähnen; Präfemur und Tarsus mit gleichgroßen, spitzen schwarzen Zähnen; Ungulum innen glatt, von der Basis an den Stirnrand überragend. Tergite punktiert und relativ reichlich beborstet, doppelfurchig, zwischen den Furchen noch 2 seichte Längsgrübchen. Basalschild schmal, trapezisch, hinten schmäler als das folgende Tergit.

Sternite mit tiefer Medianfurche; die Ventralporen liegen in einem recht breiten, durch die Mittelfurche geteilten Querband vor dem Hinterrande; außerdem noch in der Nähe jeder Vorderecke ein rundlicher Porenhaufen.

Tergit des Endbeinsegments ziemlich schmal, nach hinten verjüngt und abgerundet, läßt den größten Teil der Hüften unbedeckt. Sternit schmal und kurz, so lang wie breit. Hüften oben und unten dicht mit gleich großen Poren bedeckt, dazwischen beborstet; der hintere Teil der Ventralfläche ist porenfrei, dafür dicht beborstet. Die Glieder der Endbeine nehmen endwärts ein wenig an Länge ab. Endkralle rudimentär. ♂ Gonopoden lang, zweigliedrig.

Mexiko, Orizaba, Guatemala.

9. **P. floridanum** (Cook) 1899 *Polycricus floridanus*, Cook in: P. ent. Soc. Washington, *v.* 4 p. 307 t. 4 f. 2.

Bräunlich, mit 2 undeutlichen, parallelen dorsalen Binden.

Länge 55 mm, Breite 1,5 mm. Zahl der Beinpaare ♂ 59, ♀ 61—63.

Kopfschild ²/₃ so breit wie lang, ohne Stirnfurche. Basalschild schmal, trapezisch. Kieferfüße mäßig punktiert, ohne Chitinlinien; Präfemur mit einem stumpfen Zahn ober der Mitte, Tarsus mit großem, stumpfem Basalzahn. Ungulum innen gekerbt. Tergite doppelfurchig.

Sternite mit tiefer Mediangrube, die das Porenquerband teilt.

Sternit des Endbeinsegments breiter als lang; Hüfte mit zahlreichen, pigmentierten Poren; kein Prätarsus. Endbeine des ♂ mäßig verdickt.

Sugar Loaf Key, Florida.

10. **P. godmani** (Poc.) 1896 *Geophilus G.*, Pocock in: Biol. Centr.-Amer., Chilop. p. 37 t. 3 f. 11 | 1900 *G. G.*, Brölemann in: Mém. Soc. zool. France, *v.* 13 p. 96 t. 6 f. 15—17.

Ockergelb, Kopf und Kieferfüße kastanienbraun.

Länge 50 mm. 73—79 Beinpaare.

Kopfschild punktiert, mit Stirnfurche (nach der Zeichnung). Antennen kurz. Mittelteil des Labrum mit 5 langen, dünnen Zähnen, Seitenteile ganz gefranst. 1. Maxille mit 2 Paar langer, schlanker, spitzer Außentaster; die des zweigliedrigen Telopodits überragen das Endglied. Die Kieferfüße überragen den Stirnrand mit dem Ungulum; Hüften punktiert, mit medianem Längseindruck, ohne Chitinlinien; Vorderrand mit 2 Zähnen; Präfemur innen mit einem Höcker, Tarsus mit Basalzahn.

Tergite doppelfurchig, glatt.

Sternite mit medianer Längsgrube; die Ventralporen in 2 vertieften Feldern, zu den Seiten der Mediangrube etwas hinter der Mitte.

Tergit des Endbeinsegments schmal, länger als breit, hinten verschmälert, Sternit schmal, länger als breit, beim ♂ hinten abgerundet, beim ♀ gerade abgestutzt. Hüfte groß, aufgeblasen, mit zahlreichen Poren auf allen Seiten. Kein Prätarsus.

Mexiko, Omilteme, Guatemala.

11. **P. salvini** (Poc.) 1896 *Geophilus s.*, Pocock in: Biol. Centr.-Amer., Chilop. p. 38 t. 3 f. 10.

Ockergelb mit einem mehr oder weniger deutlichen dunklen Längsband in der vorderen Körperhälfte; Kopf und Kieferfüße blaß kastanienbraun.

Länge 43 mm. 71 Beinpaare.

Kopfschild beträchtlich länger als breit, ziemlich grob punktiert, mit Stirnfurche, Antennen kurz und dick. Die Kieferfüße überragen weit den Stirnrand, vom Basalzahn an; Vorderrand der Hüften mit 2 Zähnen, keine Chitinlinien, Präfemur mit einem stumpfen Zahn, Basalzahn spitz. Basalschild trapezisch, hinten viel schmäler als das 1. Tergit. Tergite mit Ausnahme des 1. und einiger der letzten mit den gewöhnlichen 2 Furchen und 2 seichten Längseindrücken zwischen diesen Furchen.

Sternite mit tiefem Mediangrübchen, die vorderen außerdem mit seichtem Eindruck jederseits (Ventralporen?).

Sternit des Endbeinsegments schmal, ungefähr zweimal so lang wie breit, hinten verengt. Hüfte fast ganz mit zahlreichen einzel und frei mündenden relativ großen Poren bedeckt. Kein Prätarsus.

Mexiko, Teapa in Tabasco.

12. **P. marginale** (Mein.) 1885 *Geophilus marginalis*, Meinert in: P. Amer. phil. Soc., *v.* 23 p. 218.

Gelb, Kopf, Kieferfüße und Basalschild braun, Rückenmitte mit breitem, unterbrochenem, dunklem Doppelband, die Seiten dunkel gefleckt.

Länge 46 mm, Breite 1,6 mm. 61 Beinpaare.

Kopfschild länger als breit (10 : 7), grob und ziemlich dicht punktiert, mit 2 undeutlichen Furchen; Antennen lang bis sehr lang. Die Kieferfüße überragen das erste Antennenglied; Vorderrand der Hüften mit 2 kurzen Zähnen, keine Chitinlinien; Präfemur mit einem großen stumpfen Zahn; Basalzahn groß, spitz.

Tergite grob punktiert, mit 2 Gruben und den gewöhnlichen 2 Furchen.

Sternite tief gefurcht, die vorderen mit 4 Porenfeldern.

Sternit des Endbeinsegments schmal, hinten verschmälert; Hüfte mit zahlreichen kleinen Poren ventral und dorsal, spärlich beborstet. Kein Prätarsus. Endbeine des ♂ sehr verdickt.

Key West, Florida.

32. Gen. **Tasmanophilus** Chamb.

1920 *T.*, Chamberlin in: Bull. Mus. Harvard, *v.* 64 p. 44.

Mittelteil des Labrum breit, mit zahlreichen Zähnchen, Seitenteile dicht gekämmt. Syncoxit der 1. Maxille mit kurzem Außentaster, Telopodit ungegliedert und ohne Außentaster. 2. Maxille sonst wie bei *Pachymerium*, aber die Endkralle gekämmt. Kieferfüße kurz und kräftig, den Stirnrand kaum überragend, ohne Chitinlinien. Ventralporen fehlen. Endbeinhüfte mit zahlreichen Poren ventral, lateral und dorsal. Tarsus? (zweigliedrig?). Prätarsus krallenförmig. Keine Terminalporen.

Tasmanien.

1 Art.

1. **T. tasmanianus** Chamb. 1920 *T. t.*, Chamberlin in: Bull. Mus. Harvard, *v.* 64 p. 44.

Länge 50 mm. 55 Beinpaare.

Kopfschild viel länger als breit (35 : 29), ohne Stirnfurche. Basalschild kurz, trapezisch. Länge : Breite = 1 : 3 mit medianer Längsfurche. Vorderrand der Kieferfußhüften mit 2 stumpfen schwarzen Zähnen. Präfemur am Ende mit breitem, niedrigem Vorsprung.

Sternite mit medianer Längsfurche.

Tergite vom ersten an zweifurchig. Sternit des Endbeinsegments breiter als lang, hinten abgerundet. Endbeine des ♂ verdickt, auf der Ventralseite dicht, fein und kurz beborstet.

Tasmania.

33. Gen. **Eurytion** Att.

1903 *E.*, Attems in: Zool. Jahrb., Syst. *v.* 18 p. 244 | 1905 *E.*, Silvestri in: Zool. Jahrb., Suppl. 6 p. 760 | 1909 *E.*, Attems in: Denk. Ges. Jena, *v.* 14 p. 28 | 1925 *E.*, Verhoeff in: Ark. Zool., *v.* 17 A nr. 3 p. 57.

Kopfschild viel länger als breit, mit oder ohne Stirnfurche. Eine feinpunktierte *Clypealarea* (Fig. 213). Die ersten 6—7 Glieder der Antennen meist mit 2 Quirlen langer Borsten, zwischen denen nach und nach immer mehr kleine Borsten auftreten, die distalen 6—8 Glieder kurz und dicht beborstet. Mittelteil des Labrum klein, ungezähnt (Fig. 214) oder mit kleinen stumpfen Tuberkelzähnen oder gefranst, manchmal rudimentär und hinter den vor ihm zusammentretenden Seitenteilen gelegen; letztere gefranst. 1. Maxille ohne oder mit 1—2 Paar Außentaster, beide Telopoditglieder getrennt, Coxalfortsatz abgesetzt oder nicht abgesetzt. Hüften der 2. Maxille median ziemlich breit aneinander stoßend; fast immer bleibt die Mediannaht erhalten, wenigstens unterscheidet sich das Chitin in der Mediane durch hellere Farbe und Durchsichtigkeit von dem der Umgebung, Hüften am Ende innen ohne Fortsatz. Endkralle einfach. Die Kieferfüße überragen den Stirnrand sehr merklich. Hüften ohne Chitinlinien, der Vorderrand mit 2 Zähnchen, die Pleurocoxalgrenze verläuft parallel dem Seitenrand. Präfemur mit 0,1 oder 2 (meist 1) Zähnen innen. Basalschild trapezisch, schmäler oder breiter. Tergite doppelfurchig. Ventralporen vorhanden (und dann auf den vorderen Segmenten meist in einem runden Feld, auf den mittleren und hinteren Segmenten in 2 Feldern nebeneinander oder hier fehlend) oder ganz fehlend.

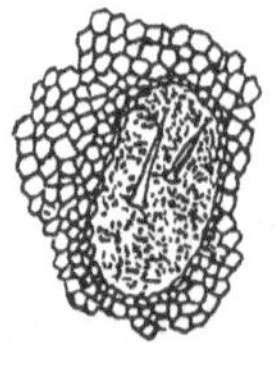

Fig. 213. **Eurytion badiceps** Att. Clypealarea.

Fig. 214. **Eurytion badiceps** Att. Labrum.

Sternit des Endbeinsegments breit oder schmal, Hüften meist mit zahlreichen Poren, die einzeln münden, und zwar entweder über fast die ganze Oberfläche zerstreut oder selten nur unter dem Sternitrand und am oberen Hüftrand. Tarsus zweigliedrig, ein krallenförmiger Prätarsus vorhanden. Terminalporen vorhanden oder fehlend.

Südafrika, Südamerika.

Typus: *E. michaelseni* Att.

18 Arten.

Übersicht über die Arten:

1 a) Auf den vorderen Segmenten ein rundes Ventralporenfeld vorhanden, auf den mittleren und hinteren Segmenten meist 2 kleine Porenfelder nebeneinander 2

2 a) Endbeinhüfte ohne Poren . . . . 10. **E. aporopus**

2 b) Endbeinhüfte mit Poren 3

3 a) Syncoxit der 1. Maxille ohne Außentaster 4

4 a) Präfemur der Kieferfüße innen ohne oder mit einem Zahn; keine Stirnfurche (Südafrika) 5

5 a) Präfemur der Kieferfüße innen ganz ohne Zahn. 81—89 Beinpaare . . . . 4. **E. badiceps**

5 b) Präfemur der Kieferfüße mit einem kleinen Zähnchen innen nahe dem Ende; 61—75 Beinpaare 6

6 a) Das Porenfeld der vorderen Segmente ist kreisrund und zerteilt sich auf dem etwa 20. Segment in 2 Felder; Sternit des Endbeinsegments abgerundet. 61 Beinpaare:

5. **E. kalaharinus**

6b) Das Porenfeld der vorderen Segmente ist queroval und zerteilt sich auf dem etwa 26. Segment. Sternit des Endbeinsegments trapezisch hinten gerade abgeschnitten. 71—75 Beinpaare: 6. **E. dolichocephalus**

4b) Präfemur der Kieferfüße mit 2 großen Zähnen innen; eine Stirnfurche vorhanden (Südamerika) 7

7a) 49 Beinpaare, nur die vorderen Segmente mit (ungeteiltem) Ventralporenfeld; Furchen der Tergite sehr seicht: 3. **E. metopias**

7b) 63—73 Beinpaare, vordere Segmente mit ungeteiltem, die weiteren Segmente mit in 2 geteiltem Porenfeld. Furchung der Tergite deutlich 8

8a) Hüfte der Endbeine ventral, lateral und dorsal mit Poren. Terminalporen vorhanden . . . . 1. **E. michaelseni**

8b) Hüfte der Endbeine nur ventral unter dem Seitenrand des Sternits mit Poren. Terminalporen fehlen: 2. **E. moderatus**

3b) Syncoxit der 1. Maxille mit Außentaster (Südafrika) 9

9a) Mittelteil des Labrum mit kleinen, kurzen Tuberkeln, Präfemur der Kieferfüße innen mit 2 großen Zähnen. Endbeinhüfte mit 7—8 frei neben dem Sternitrand mündenden Poren: 7. **E. sabulosus**

9b) Mittelteil des Labrum lang gefranst; die Poren der Endbeinhüfte münden außer neben dem Sternitrand auch auf der Fläche und dem Dorsalrand 10

10a) Präfemur der Kieferfüße innen mit 2 großen Zähnen, das Porenfeld der vorderen Segmente bis etwa zum 20. ist kreisrund, Sternit des Endbeinsegments sehr breit, ♂ mit 73—75 Beinpaaren . . . . 8. **E. dentatus**

10b) Präfemur der Kieferfüße innen ohne Zahn. Porenfeld der vorderen Segmente vorn bogig, hinten unregelmäßig begrenzt, seitlich zugespitzt. Sternit des Endbeinsegments schmal. ♂ mit 65—69 Beinpaaren . . . . 9. **E. trichopus**

1b) Junge Exemplare immer ohne Ventralporen, bei älteren können auf den vorderen Sterniten spärliche, zerstreute, feine Poren vor dem Hinterrande vorkommen 11

11a) Präfemur der Kieferfüße mit 2 starken Zähnen. (Ungulum der Kieferfüße innen gekerbt. Endbeinhüften auf der ganzen Fläche mit Poren. Sternit schmal, 1. Telopoditglied der 2. Maxille parallelseitig; Klaue so lang wie das 2. Telepoditglied). 51 Beinpaare . . . . 11. **E. incisunguis**

11b) Präfemur der Kieferfüße mit 1 Zahn nahe dem Ende . . 12

12a) Ungulum der Kieferfüße innen glatt. Endbeinhüften nur ventral mit Poren. Vordere Sternite älterer Individuen mit einigen Poren vor dem Hinterrand. Mittelteil des Labrum 2—3zähnig. 1. Telopoditglied der 2. Maxille außen nicht basal eingeschnürt und nur schwach gebogen, am Ende nur wenig breiter als an der Basis, Klaue fast so lang wie das 2. Telopoditglied. 37—39 Beinpaare . . . 12. **E. mjöbergi**

12b) Ungulum fein gekerbt. Endbeinhüften mit Poren ventral. lateral und dorsal. Sternite ganz ohne Poren. Mittelteil des Labrum ohne Zähnchen. 1. Telopoditglied der 2. Maxille außen an der Basis eingeschnürt und dann stark herausgebogen, der Endrand $1^1/_2$ mal so breit wie die Basis: Klaue höchstens halb so lang wie das 2. Telopoditglied. 53—55 Beinpaare . . . . 13. **E. attemsi**

1. **E. michaelseni** Att. 1903 *Geophilus (E.) m.*, Attems in: Zool. Jahrb., Syst. *v.* 18 p. 245 t. 14 f. 39, 40.

Kopf kastanienbraun, Antennen und Rumpf braungelb.

Länge 45 mm. Zahl der Beinpaare ♂ 63—67, ♀ 73, spärlich beborstet.

Kopfschild viel länger als breit, vorn und hinten geradlinig, mit Stirnfurche, vor derselben eine regelmäßige Bogenreihe von Grübchen. Kopfschild und Kieferfüße fein punktiert. Mittelteil des Labrum sehr klein, schwach gezähnt, Seitenteile fein gefranst; Hüften der 1. Maxille ohne Außentaster, Telopodit mit schlankem, bestacheltem Außentaster, der die Spitze des Endgliedes nicht erreicht. Vorderrand der Kieferfußhüften mit 2 kegelförmigen Zähnen, Präfemur in der Mitte und am Ende mit je einem kräftigen Zahn. Basalzahn groß. Ungulum innen glatt. Basalschild hinten schmäler als das folgende Tergit. Die Kieferfüße überragen den Stirnrand vom distalen Präfemurzahn an.

Sternite mit einer scharfen, tiefen, die ganze Länge einnehmenden Mittelfurche; bis etwa zum 20. Segment springt der Hinterrand winklig vor und schiebt sich unter den Vorderrand des folgenden Sternits. Porenfeld bis zum 20. Sternit rund oder schwach längsoval, relativ weit vom Hinterrand entfernt; im 21. Segment teilt es sich in 2 kleine, nebeneinander gelegene Häufchen, die immer porenärmer werden; auf den letzten 2 Sterniten vor dem Endbeinsegment vereinigen sie sich wieder.

Sternit des Endbeinsegments sehr breit, trapezförmig, hinten nur wenig schmäler und gerade abgeschnitten. Hüfte mit einer größeren Zahl von Poren ventral, lateral und dorsal, 6—8 davon liegen längs des Sternitrandes. Beim ♂ ist die Beborstung der Endbeine und des ganzen Hinterendes überhaupt eine viel reichlichere als beim ♀. Terminalporen vorhanden.

Valparaiso.

2. **E. moderatus** Att. 1903 *Geophilus (E.) m.*, Attems in: Zool. Jahrb., Syst. *v.* 18 p. 247.

Blaßgelb, Kopf kaum etwas dunkler.

Länge 40 mm, Breite 1 mm. 67 Beinpaare (♀), spärlich beborstet.

Kopfschild lang und schmal, Stirn durch eine Furche abgesetzt, unpunktiert, die übrige Fläche ziemlich reichlich punktiert. Basalschild hinten fast so breit wie das folgende Tergit, trapezisch. Vorderrand der Kieferfußhüften mit 2 braunen Zähnen, Präfemur innen mit 2 Zähnen, von denen der distale der größere ist. Basalzahn kräftig; das ganze Ungulum überragt den Stirnrand.

Tergite tief zweifurchig.

Die ersten 25 Sternite mit großem, rundem Porenfeld, das bis über die Mitte nach vorn reicht, weiterhin scheint es sich in 2 Felder zu teilen.

Sternit des Endbeinsegments vorn sehr breit, nach hinten stark verschmälert, Hinterrand gerade, Ecken abgerundet. Hüfte mit einigen unter dem Sternitrand mündenden Poren, am Ende ventral dicht und kurz behaart; ebenso sind die folgenden Glieder behaart. Endbeine des ♀ bis inklusive Tibia verdickt, die 2 Tarsalglieder schlank.

Keine Terminalporen.

Chile, Quilpué.

3. **E. metopias** Att. 1903 *Geophilus (E.) m.*, Attems in: Zool. Jahrb., Syst. *v.* 18 p. 246 t. 14 f. 41; t. 15 f. 45—47.

Gleichmäßig braungelb, Kopf nicht dunkler. Länge 35 mm, Breite 1,8 mm. 49 Beinpaare (♀), fein und spärlich beborstet.

Kopfschild viel länger als breit, vorn und hinten geradlinig, Antennen dünn, von mittlerer Länge, Stirnfurche vorhanden. Kopf und Rücken der vorderen Segmente fein punktiert. Mittelteil des Labrum sehr klein, aber die Seitenteile völlig trennend, ungezähnt, Seitenteile fein gefranst. Syncoxit der 1. Maxille ohne Außentaster. Telopodit mit schlankem, bestacheltem Taster, der etwas über die Mitte des Endgliedes reicht. Hüften der 2. Maxille durch eine schmale durchsichtige Brücke verbunden, ihre Medialränder bilden einen tiefen Winkel bis zu dieser Brücke. 2. und 3. Telopoditglied mit starken Borsten. Clypealarea rund, mit 2 Borsten, hinter ihr jederseits nur eine Borste. Vorderrand der Kieferfußhüften mit zwei großen schwarzen Zähnen, Präfemur innen in der Mitte mit niedrigem, schwarzem Höcker, am Ende mit einem kräftigen Zahn. Basalzahn kräftig. Die Basis des Ungulum befindet sich gerade in der Höhe des Stirnrandes. Basalschild hinten merklich schmäler als das folgende Tergit. Tergite sehr seicht gefurcht, die ersten 2—3 ganz ungefurcht. Ventralporen sind nur auf den vorderen Segmenten in einem sehr unscheinbaren rundlichen Feld vor dem Hinterrand vorhanden. Sternit des Endbeinsegments sehr breit, Hinterrand gerade, Ecken abgerundet. Hüfte mit etwa zwölf dichtgedrängten dunkelbraunen Poren längs dem Vorderrand und längs dem Sternitseitenrand, außerdem eventuell einige auf der Fläche zerstreut. Terminalporen vorhanden.

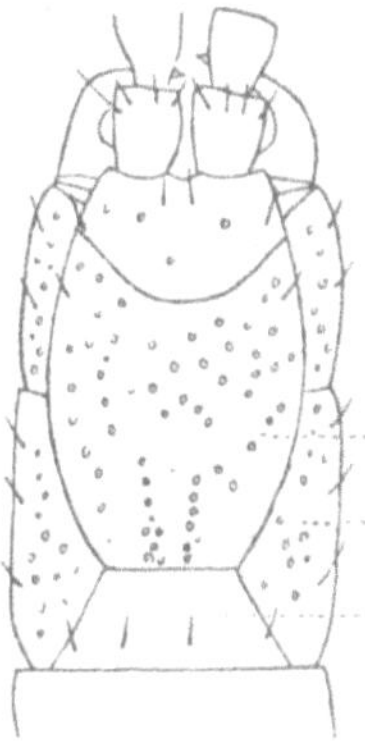

Fig. 215. **Eurytion metopias** Att. A = Kopfschild, B = Basalschild, KFPL = Kieferfußpleuren.

Chile, Corral.

4. **E. badiceps** Att. 1909 *E. b.*, Attems in: Denk. Ges. Jena, *v.* 14 p. 32 t. 1 f. 24, 25; t. 2 f. 26—31 (Fig. 213, 216—218).

Bräunlichgelb, Kopf kastanienbraun.

Länge bis 60 mm. 79—89 Beinpaare.

Kopfschild länger als breit, vorn stumpfwinklig, hinten gerade, ohne Stirnfurche. Clypealarea längsoval, fein punktiert mit 1—2 Borsten, jederseits von ihr 5—6 Borsten (Fig. 213). Antennen von mittlerer Länge, die ersten

Fig. 216. **Eurytion badiceps** Att. 1. Maxille.

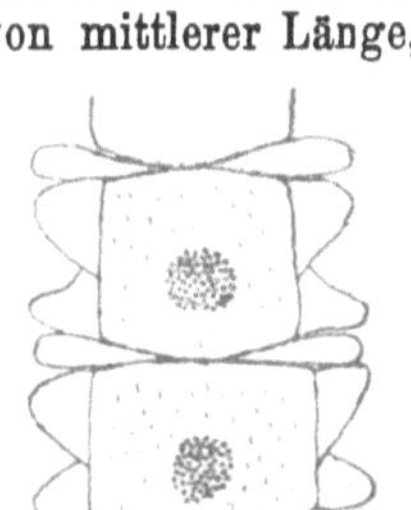
Fig. 217. **Eurytion badiceps** Att. 6. und 7. Sternit.

6 Glieder mit 2 Quirlen von Borsten, das 6. außerdem mit kleineren Borsten, die restlichen Glieder mäßig dicht kurz beborstet. Kieferfußhüften reichlich und fein punktiert, spärlich beborstet, Vorderrand eingekerbt, ungezähnt, Basalzahn groß, gekrümmt, schwarzbraun. Ungulum innen glatt, überragt den Stirnrand. Präfemur ohne Zahn. Behaarung der Tergite fein und spärlich.

Vordere Sternite so lang wie breit, der Hinterrand stumpfwinklig, hintere Sternite $1^1/_2$ mal so lang wie breit, Hinterrand gerade. 2.—25. Sternit mit erst kreisrundem, dann querovalem Porenfeld (Fig. 217), vom 26.—29. Sternit zerteilt es sich in 2 runde Felder nahe dem Hinterrand, die bis zum vorletzten Sternit bleiben (Fig. 218). Sternit des Endbeinsegments breiter als lang, nach hinten nur wenig verschmälert, Hüften mit zahlreichen Poren ventral und dorsal; das distale Drittel bleibt porenfrei. Keine Terminalporen.

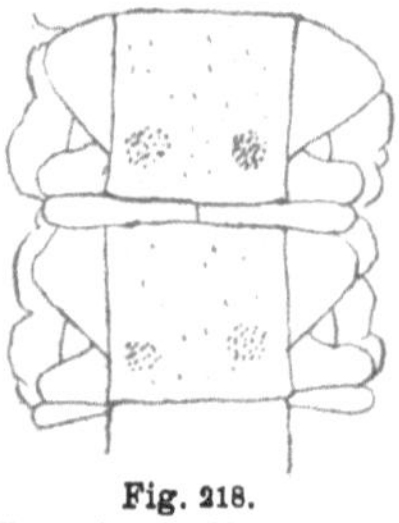

Fig. 218.
Eurytion badiceps Att.
9. und 10. Sternit vor dem Hinterende.

Mittelteil des Labrum schwach chitinisiert, weder gezähnt noch gefranst, Seitenteile spärlich gefranst. Hüften der 1. Maxille (Fig. 216) ohne Außentaster, 1. Telopoditglied mit langem, schlankem, bestacheltem Außentaster; der nicht abgesetzte Coxalfortsatz und das 2. Telopoditglied kräftig beborstet.

Klein Namaland: Kamaggas und Steinkopf; Kapland: Caledon.

5. **E. kalaharinus** Att. 1909 *E. k.*, Attems in: Denk. Ges. Jena, *v.* 14 p. 30 t. 2 f. 45, 46 (Fig. 219).

Blaßgelb, Kopf und Kieferfüße nur wenig dunkler bräunlichgelb. Länge 28 mm, schlank. 61 Beinpaare, spärlich beborstet.

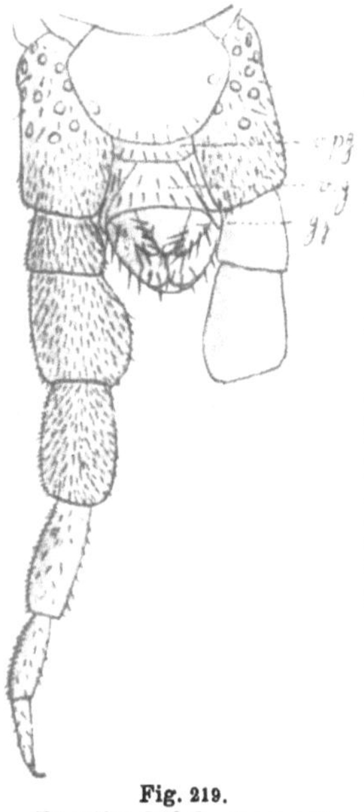

Fig. 219.
Eurytion kalaharinus Att.
v.pg = Sternit des Prägenitalsegments, *v.g* = Sternit des Genitalsegments, *Gg* = Gonopoden.

Kopfschild fast doppelt so lang wie breit (5,5 : 3), ohne Stirnfurche, spärlich und fein beborstet; Antennen ziemlich kurz, Beborstung relativ kurz und fein. Die ersten 6—7 Glieder mit Quirlen. Clypealarea oval. Hüften der 1. Maxille ohne Außentaster. 1. Telopoditglied mit langem, schlankem, bestacheltem Außentaster.

2.—19. Sternit mit kreisrundem Porenfeld, das anfangs in der Mitte, dann näher dem Hinterrande liegt. 20. bis vorletztes Sternit mit 2 runden Porenfeldern nebeneinander. Sternit des Endbeinsegments (Fig. 219) breiter als lang, Seiten konvex im Bogen in den Hinterrand übergehend. Hüfte mit zahlreichen Poren ventral, seitlich und dorsal, die die distale Hälfte der Unterseite frei lassen. Beim ♂ sind die Endbeinglieder bis inklusive Femur verdickt und dicht und kurz behaart; Tibia und Tarsus gradatim schlanker und spärlich beborstet.

♂ Gonopoden eingliedrig, lang.

Keine Terminalporen.

Kalahari zwischen Severelela und Khakhea.

6. **E. dolichocephalus** Att. 1928 *E. d.*, Attems in: Ann. S. Afr. Mus., *v.* 26 p. 162 t. 19 f. 471; t. 20 f. 491 textf. 63—65.

Blaßgelb, Kopfschild nur wenig dunkler bräunlich. Länge 52 mm, sehr schlank. Zahl der Beinpaare ♂ 71, ♀ 73—75.

Kopfschild $1^1/_2$ mal so lang wie breit, reichlich punktiert und beborstet, ohne Stirnfurche. Felderung des Clypeus großmaschig; Clypealarea längsoval, feinkörnig mit 2 starken Borsten. Antennen fadenförmig, endwärts ein wenig verjüngt. Basalschild trapezisch, ungefähr so lang wie das 1. Tergit. Mittelteil des Labrum etwas vorgewölbt und mit kürzeren Fransen als die Seitenteile besetzt. Syncoxit der 1. Maxille außen mit schuppiger Struktur, ohne Außentaster; 1. Telopoditglied mit langem, schlankem Außentaster, der das Endglied überragt. Mediannaht der Coxen der 2. Maxille deutlich, alle Glieder innen ohne Fortsatz, Kralle glatt. Kieferfüße fein punktiert und beborstet, überragen den Stirnrand bis zur Mitte des 1. Antennengliedes; Vorderrand der Hüften eingekerbt, mit 2 braunen stumpfen Zähnen, Präfemur am Ende innen mit kleinem, schwarzem Zähnchen, Tarsus mit kleinem, schwarzem Basalzahn.

Fig. 220. **Eurytion dolichocephalus** Att.

Ventralporen auf dem 2.—25. Segment in einem querovalen Feld, das vom 26. Segment an sich in 2 Felder teilt, die immer kleiner werden und weiter auseinanderrücken. Sternite mit scharfer Medianfurche, die auf den vorderen Segmenten mit noch ungeteiltem Porenfeld nur vor letzterem vorhanden ist. Die vorderen Prästernite sind nur als kleine spitzdreieckige Zwickel sichtbar, die des hinteren Körperendes sind groß und ungeteilt.

Sternit des Endbeinsegments sehr breit, trapezisch, hinten geradlinig. Tergit sehr groß, so daß man von oben her von den Basalgliedern der Endbeine wenig sieht; Hüfte mit einer größeren Zahl frei mündender und auf den größten Teil der Ventralseite verteilter Poren. Keine Terminalporen.

Kapland: Harwick, De Aar.

7. **E. sabulosus** Att. 1909 *E. s.*, Attems in: Denk. Ges. Jena, *v.* 14 p. 33 t. 2 f. 32—37 (Fig. 221, 222).

Kopf und Kieferfüße kastanienbraun, Antennen und Rumpf bräunlichgelb. Spärlich beborstet.

Länge bis 52 mm, Körper kräftig, vorn am breitesten. Zahl der Beinpaare ♂ 69, ♀ 71—77.

Kopfschild bedeutend länger als breit, ziemlich dicht und fein punktiert, Stirnfurche nur in den Seiten deutlich. Antennen ziemlich lang, die ersten 6 Glieder mit 2 Quirlen langer Borsten, vom 8. Glied an fein, kurz und

Fig. 221. **Eurytion sabulosus** Att. Labrum.

mäßig dicht beborstet. Clypealarea längsoval mit 3—5 Borsten, dahinter eine Reihe von 2—6 Borsten. Mittelteil des Labrum klein, mit etwa 3 kleinen runden Knöpfchen; Seitenteile groß, langgefranst, nur ganz seitlich ungefranst (Fig. 221). 1. Maxille mit 2 Paar spitzer, schlanker, bestachelter Außentaster, der des Syncoxits viel kleiner; Coxalfortsatz deutlich abgesetzt; er und das Endglied des zweigliedrigen Telopodits reichlich und stark beborstet. Coxite der 2. Maxille mit kurzen, Telopodit mit langen Borsten. Vorderrand der Kieferfußhüften mit 2 kräftigen Zähnen, keine Chitinlinien. Präfemur mit 2 kräftigen Zähnen. Basalzahn kräftig. Eine Kerbung des Ungulum nur angedeutet; die Ungula kreuzen sich in der Mitte des 1. Antennengliedes. Basalschild hinten nur wenig breiter als der Kopfschild. 2.—21. Sternit mit anfangs kreisrundem und etwas hinter der Mitte gelegenem, dann querovalem und näher dem Hinterrand liegendem Porenfeld. Auf dem 22.—24. Sternit teilt sich das Porenfeld in 2 Felder, die immer weiter auseinander rücken, porenärmer werden und noch auf dem vorletzten Sternit vorhanden sind. Hinterrand der vorderen 15 bis 20 Sternite stumpfwinklig.

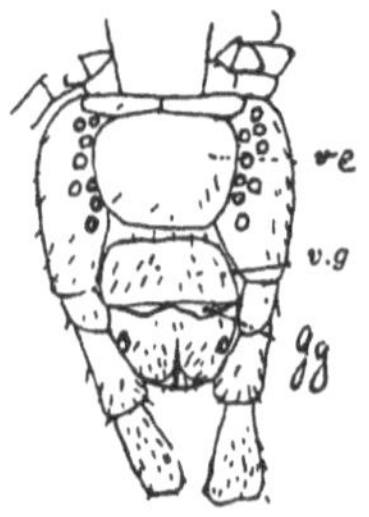

Fig. 222. **Eurytion sabulosus** Att., ♀ *v.e* = Sternit des Endbeinsegments, *vg* = Sternit des Genitalsegments, *Gg* = Gonopoden.

Sternit des Endbeinsegments (Fig. 222) groß, etwas breiter als lang, hinten wenig verschmälert, die Ecken abgerundet, im ganzen mehr rundlich. Hüfte mit 7—8 fast in einer Längsreihe liegenden frei neben dem Sternitrand mündenden Poren. Endbeine des ♂ nur wenig verdickt, Beborstung kurz, fein und ziemlich reichlich. Terminalporen groß.

Klein Namaland, Kamaggas. Kapland, Kogmans Kloof bei Ashton, Robertson Div.

8. **E. dentatus** Att. 1909 *E. d.*, Attems in: Denk. Ges. Jena, *v.* 14 p. 31 t. 2 f. 38—43 (Fig. 223—225).

Gelb, Kopfschild und Kieferfüße licht kastanienbraun, Beborstung spärlich. Länge 40 mm. Zahl der Beinpaare ♂ 73, ♀ 77—81.

Kopfschild bedeutend länger als breit (8:5), ohne Stirnfurche. Antennen von mittlerer Länge, die ersten 6 Glieder mit Quirlen längerer Borsten; die distalen 8 Glieder ziemlich dicht kurzborstig. Mittelteil des Labrum klein, gefranst so wie die Seitenteile (Fig. 223). 1. Maxille mit 2 Paar bestachelter Außentaster, die der Hüften kurz, die des Telopodits lang und schlank, Coxalfortsatz nicht abgesetzt (Fig. 225). Kieferfußhüften (Fig. 224) reichlich und fein punktiert, Vorderrand mit 2 größeren, stumpfen, lichtbraunen Zähnchen. Präfemur mit 2 kräftigen, schwarzen Zähnen, Basalzahn kräftig, die Ungula kreuzen sich vor der Mitte des 1. Antennengliedes. Clypealarea längsoval, weiß, scharf gegen die sattgelbe, großgefelderte Umgebung abstechend, mit 2—4 kleinen Borsten, dahinter eine unregelmäßige Reihe von 6 Borsten.

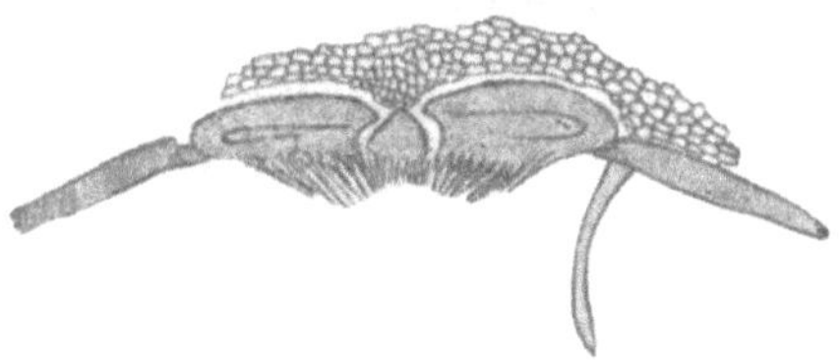

Fig. 223. **Eurytion dentatus** Att. Labrum.

Basalschild ziemlich schmal. 2. bis 4. Sternit mit länglichem, 5.—20. Sternit mit kreisrundem Porenfeld, das je weiter nach hinten, um so näher zum Hinterrand rückt. Vom 21.—26. Sternit teilt es sich in 2 Felder, die noch auf dem vorletzten Sternit vorhanden sind.

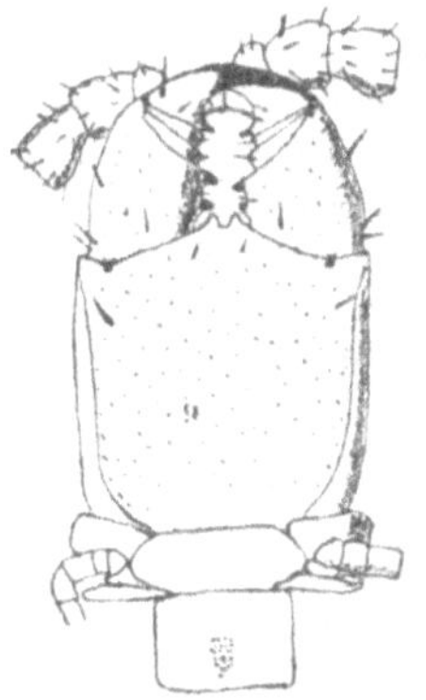

Fig. 224. **Eurytion dentatus** Att.

Fig. 225. **Eurytion dentatus** Att. 1. Maxille. *t* = Außentaster.

Sternit des Endbeinsegments groß, trapezisch, Hinterecken kaum abgerundet, Hinterrand gerade. Hüfte mit 2 Gruppen großer Poren, die einen, etwa 7—8, münden in einem Streif unter dem Sternitrand, die anderen 5—6 dorsal unter dem Tergitrand. Endbeine des ♂ etwas reichlicher beborstet und ein wenig verdickt. Terminalporen vorhanden.

Klein Namaland, Steinkopf und Kamaggas. Kapland, Rifle Range, Simonstown, Cape Town, Table Mountain, Caledon, Pass at Avontuur, Sir Lowries Pass. Ondergvlei in the Bergvlei River Valley, Aohton, Kimberley.

9. **E. trichopus** Att. 1928 *E. t.*, Attems in: Ann. S. Afr. Mus., *v.* 26 p. 165 t. 19 f. 477, 478; t. 20 f. 487, 488 textf. 66, 67 (Fig. 226, 227).

Bräunlichgelb, Kopfschild und Kieferfüße nur wenig dunkler.

Länge bis 65 mm. Zahl der Beinpaare ♂ 65—69, ♀ 69—79.

Kopfschild schütter punktiert und langborstig, keine Stirnfurche; die 2 Episcutalfurchen sind vom Hinterrand bis etwa zur Mitte schwach sichtbar. Basalschild ohne Längsfurchen, kurz. Die Kieferfüße reichen bis zur Mitte des 1. Antennengliedes. Clypealarea längsoval, fein punktiert, vor ihr 3 und zu jeder Seite 2 starke Borsten. Felderung des Clypeus im übrigen sehr regelmäßig von mittlerer Maschengröße. Die ersten 6 Antennenglieder mit 2 Quirlen langer Borsten; vom 5. Glied an treten dazwischen kürzere Borsten auf. Mittelteil und Seitenteile des Labrum lang gefranst. 1. Maxille mit 2 Paar Außentastern, beide fein bestachelt, die des Syncoxits kurz dreieckig,

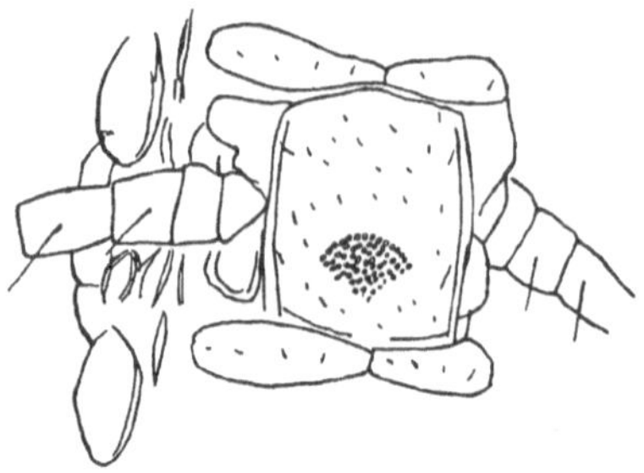

Fig. 226. **Eurytion trichopus** Att. 6 Segment.

die des 1. Telopoditgliedes länger und schlanker; Coxalfortsatz nicht abgesetzt, mit einigen kräftigen Borsten. Die 3 Telopoditglieder der 2. Maxille stark beborstet. Die Pleurocoxalnaht des Kieferfußsegments erreicht den Vorderrand, vor dem Ende etwas nach außen biegend; Vorderrand der Hüften mit 2 kurzen, schwarzen Zähnchen. Präfemur mit einem kleinen Innenzahn oder ohne solchen, Basalzahn sehr klein, Ungulum innen glatt. Tergite punktiert, die Episcutalfurchen tief. 1. Sternit mit einigen wenigen Poren; vom 2. Sternit an ein großes, rundliches oder mehr querovales Porenfeld, das vorn durch eine regelmäßige bogige Furche begrenzt ist und nicht ganz bis zur Mitte reicht (Fig. 226); auf dem 25. Segment beginnt es sich in 2 kleine querovale Felder zu teilen, die noch auf dem vorletzten Sternit vorhanden sind. In der Mitte eine kurze, aber tiefe Längsgrube, die ganze Fläche zerstreut fein beborstet. In den Vorderecken keine Porenfelder.

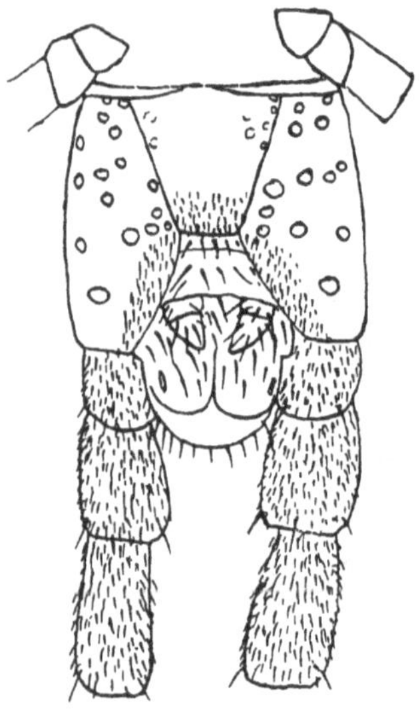

Fig. 227. **Eurytion trichopus** Att., ♂

Sternit des Endbeinsegments hinten stark verschmälert; Hüfte mit zahlreichen großen Poren; beim ♂ sind das hintere Viertel des Sternits, ein breiter Streif der Hüfte längs des Medialrandes sowie die Unterseite der Telopoditglieder mit Ausnahme des 2. Tarsalgliedes dicht behaart (Fig. 227). Endbeine des ♂ mäßig verdickt. Terminalporen vorhanden.

Kapland. Kaphalbinsel mit Table Mountain usw.

10. **E. aporopus** Att. 1922 *E. a.*, Attems in: Beitr. Land-Süßw.-Fauna D.-S.-W.-Afr., *v.* 2 p. 99 | 1928 *E. a.*, Attems in: Ann. S. Afr. Mus., *v.* 26 p. 167.

Blaßgelb, Kopf kaum etwas satter gelb. Spärlich beborstet.

Länge 50 mm. Zahl der Beinpaare ♂ 57—59, ♀ 59—61.

Kopfschild bedeutend länger als breit, grob polygonal gefeldert, vorn stumpflappig, ohne Stirnfurche. Clypealarea rund, fein punktiert mit 2 Borsten, neben ihr einige Borsten. Mittelteil des Labrum rudimentär hinter den vor ihm fast zusammenstoßenden Seitenteilen gelegen, weder gezähnt noch gefranst. Die Seitenteile haben nur in ihrer medialen Hälfte einige schwache, schmale Zähnchen. Syncoxit der 1. Maxille ohne Außentaster. 1. Telopoditglied mit langem, schlankem, bestacheltem Außentaster. 2. und 3. Telopoditglied der 2. Maxille mit einigen starken Borsten. Die Kieferfüße überragen noch das 1. Antennenglied. Vorderrand der Hüften ungezähnt, ebenso Präfemur innen, Basalzahn winzig, Ungulum glatt, Basalschild relativ schmal.

2.—19. Sternit mit kreisrundem Porenfeld und mit großmaschiger polygonaler Felderung. Vom 20. bis vorletzten Sternit zwei Porenfelder.

Sternit des Endbeinsegments breit, die Ecken ganz abgerundet, Hüften porenlos. 1. bis 5. Glied (Hüfte bis Tibia) mit dicken Drüsenmassen im Innern und mäßig verdickt. Keine Terminalporen.

Deutsch-Südwestafrika: Okahandja, Farm Paulinenhof an den Bismarckbergen, 38 km östlich von Windhuk.

11. **E. incisunguis** Att. 1911 *E. i.*, Attems in: Fauna S. W.-Austral., *v.* 3 p. 160 (Fig. 228).

Blaß weißlichgelb, Kopfschild kastanienbraun. Länge 24 mm. 51 Beinpaare. Kopfschild merklich länger als breit (4 : 3,2), keine Stirnfurche, Antennen kurz, die ersten 5 Glieder mit wenigen langen Borsten, die Endglieder dicht und kurz beborstet, Clypealarea klein, rund, mit 3 Borsten, Clypeus mit großmaschiger Felderung. Syncoxit der 1. Maxille ohne, Telopodit mit rudimentärem, bestacheltem Außentaster. Endkralle der 2. Maxille lang, gerade; 1. Telopoditglied parallelrandig (Fig. 228). Mittelteil des Labrum groß, mit kleinen Zähnen. Kieferfüße den Stirnrand vom Ende des Präfemurs an überragend. Vorderrand der Hüften mit zwei lichtbraunen, stumpfen Zähnen, Präfemur mit 2 dunkelbraunen großen Zähnen, Tarsus mit Basalzahn, Ungulum innen gekerbt.

Tergite mit 2, Prätergite mit 1 Querreihe von Borsten. Sternite langgestreckt, jede mit 2 Querreihen von 4 Borsten, ohne Poren. Sternit des Endbeinsegments schmal, Hüften mit zahlreichen großen Poren auf der ganzen Fläche, ihr Endrand und die Unterseite von Trochanter, Präfemur und Femur dicht und kurz behaart.

Terminalporen vorhanden.

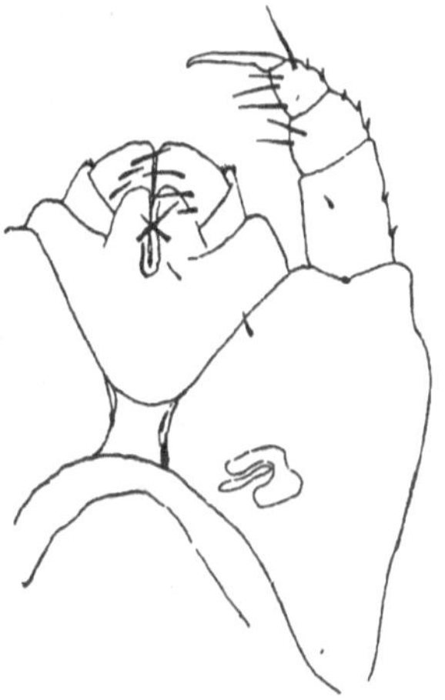

Fig. 228. Eurytion incisunguis Att. Maxillen.

SW.-Australien, Harvey.

12. **E. mjöbergi** Verh. 1925 *E. m.*, Verhoeff in: Ark. Zool., *v.* 17 A. nr. 3 p. 59 t. 2 f. 26—28.

Einfarbig gelb, der Kopf wenig dunkler. Länge 15—28 mm. 37 und 39 Beinpaare. Kopfschild und Kieferfüße schwach und spärlich punktiert. Mittelteil des Labrum mit 2—3 Zähnchen, zwischen oder etwas hinter den Seitenteilen gelegen (1. Maxille?). 1. Telopoditglied der 2. Maxille in der Grundhälfte nicht eingeschnürt, endwärts allmählich erweitert, außen schwach gebogen, der Endrand nur wenig breiter als die Basis; Klaue fast ebenso lang wie das 2. Telopoditglied, am Grunde etwas gebogen. Präfemur der Kieferfüße mit einem stumpfen, hellen Höcker nahe dem Ende. Basalzahn stumpf, Ungulum innen glatt. In der Clypealarea 2 (1—3) Borsten, daneben jederseits 2.

Vordere Sternite vor dem Hinterrand mit spärlichen, zerstreuten, feinen Poren bei älteren Individuen; bei jüngeren fehlen sie.

Hüften der Endbeine nur unten mit (8) 10—13 vorwiegend gleich großen Poren. Sternit etwas länger als breit, dreieckig und hinten schmal abgerundet.

Terminalporen groß.

Queensland, Blackal Range, Bellenden Ker.

13. **E. attemsi** Verh. 1925 *E. A.*, Verhoeff in: Ark. Zool., *v.* 17 A. nr. 3 p. 60 t. 2 f. 29, 30.

Rötlichgelb. Länge 23—36 mm. 53 und 55 Beinpaare.

Kopf und Kieferfußhüften zerstreut grob punktiert. Mittelteil des Labrum klein und rundlich, ohne Zähnchen, die Seitenteile deutlich trennend (1. Maxille?). 1. Telopoditglied der 2. Maxille an der Basis außen eingeschnürt, gegen das Ende bis über die Mitte stark erweitert, außen stark herausgebogen, der Endrand $1^1/_2$ mal breiter als die Basis. Klaue höchstens halb so lang wie das 2. Telopoditglied, einfach kegelig und kurz. Präfemur der Kieferfüße mit spitzem, dunklem Zahn am Ende, Basalzahn spitz, Ungulum fein gekerbt. Clypealarea ohne Borsten, daneben jederseits 2—3 und außen 1—2.

Terminalporen groß.

Queensland, Evelyne, Malanda.

34. Gen. **Schizotaenia** Cook

1895 *S.*, Cook in: P. U. S. Mus., *v.* 18 p. 73 | 1896 *S.*, Cook, Brandtia, p. 35 | 1905 *S.*, Silvestri in: Zool. Jahrb., Suppl. 6 p. 761 | 1920 *Mesoleptodon*, Chamberlin in: Bull. Mus. Harvard, *v.* 64 p. 47 | 1920 *Philosogus*, Chamberlin in: Bull. Mus. Harvard, *v.* 64 p. 49 | 1924 *Schizotaenia*, Verhoeff in: Nat. Hist. Juan Fernandez, *v.* 3 p. 411.

Kopfschild schmal, bedeutend länger als breit, ohne oder mit Stirnfurche. Eine runde, polygonal gefelderte Clypealarea vorhanden. Mittelteil des Labrum klein, mehr oder weniger deutlich gezähnt, zwischen den gefransten Seitenteilen gelegen. 1. Maxille mit Außentaster auf dem 1. Telopoditglied oder ganz ohne Außentaster. Telopodit zweigliedrig. Hüften der 2. Maxille nur durch eine schmale Brücke verbunden, Inneneck ohne Fortsatz, Telopoditglieder ohne Außenzacken, Kralle einfach. Kieferfüße ohne Chitinlinien, den Stirnrand merklich überragend.

Tergite mehr oder weniger deutlich zweifurchig oder ungefurcht.

Ventralporen, wenn vorhanden, in 1—2 sehr unscheinbaren Querbändern auf den Segmenten der vorderen Körperhälfte oder fehlend.

Hüfte der Endbeine mit einzeln mündenden Poren. Tarsus zweigliedrig, Prätarsus krallenförmig. Terminalporen vorhanden.

6 sichere, 3 unsichere Arten.

Typus: *S. magellanica* Att.

(Cook hat 1895 als Typus *S. prognatha* Cook angegeben, von dem keine Beschreibung existierte.)

Übersicht über die Arten.

1 a) Hüfte der Endbeine mit 2 Poren 2

2 a) Ventralporen vorhanden, Vorderrand der Kieferfußhüften ungezähnt. Telopodit der 1. Maxille mit langem Außentaster. 61 Beinpaare: 5. **S. laeta**

2b) Ventralporen fehlen. Vorderrand der Kieferfußhüften gezähnt. Telopodit der 1. Maxille ohne Außentaster. 37 Beinpaare . . 6. **S. oliga**

1b) Hüfte der Endbeine mit 5 und mehr Poren 3

3a) Telopodit der 1. Maxille mit Außentaster, Keine Ventralporen. 33 oder 35 Beinpaare . . . . 2. **S. alacer**

3b) 1. Maxille ohne Außentaster 4

4a) Vordere Sternite mit Ventralporen. 33 Beinpaare: 1. **S. magellanica**

4b) alle Sternite ohne Ventralporen 5

5a) Länge 16 mm. Präfemur der Kieferfüße mit 1 Zahn. Sternit des Endbeinsegments breit. Hüfte mit 2—5 Poren ventral: 3. **S. psilopus**

5b) Länge 37 mm. Präfemur der Kieferfüße mit 2 Zähnen. Sternit des Endbeinsegments schmal. Hüfte mit zahlreichen Poren ventral, lateral und dorsal . . . . 4. **S. schauinslandi**

1. **S. magellanica** (Att.) 1897 *Scolioplanes magellanicus*, Attems in: Ergeb. Hamburg. Magalh. Sammelr., *v.* 2 Myr. p. 4 | 1902 *S. m.*, Attems in: Result. Voy. Belgica, Myr. p. 3 f. 1—9 | 1924 *Schizotaenia m.*, Verhoeff in: Nat. Hist. Juan Fernandez, *v.* 3 p. 412 (Fig. 229).

Blaßgelb, Kopf und Kieferfüße braun. Länge 16—17 mm, Breite 0,7—0,8 mm, relativ breit.

Kopfschild viel länger als breit (3 : 2), vorn und hinten gerade, ohne Stirnfurche. Mittelteil des Labrum *(M)* mit einigen Zähnchen, Seitenteile *(L)*

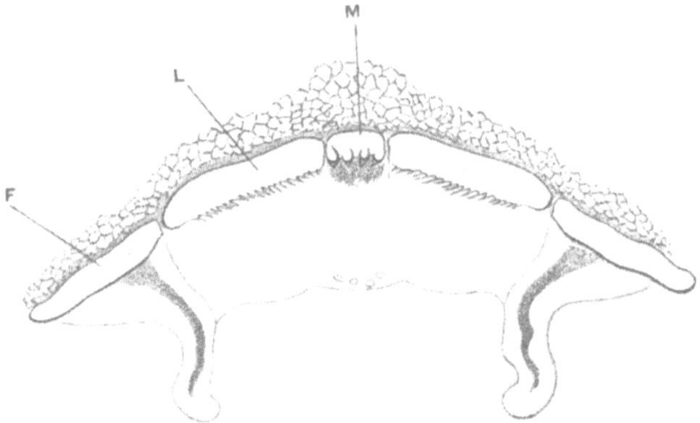

Fig. 229. **Schizotaenia magellanica** (Att.) Labrum. *M* = Mittelteil, *L* = Seitenteile, *F* = Fulcrum.

kurz gefranst (Fig. 229). 1. Maxille ohne Außentaster. Klaue der 2. Maxille fast so lang wie das 2. Telopoditglied. Die Kieferfüße überragen den Stirnrand, manchmal sogar das 1. Antennenglied; Vorderrand der Hüften mit 2 kleinen braunen Zähnchen, Präfemur und Tarsus mit großem Zahn.

Tergite ungefurcht.

Sternite mit 4 Borsten, eine nahe jeder Ecke, vordere Sternite mit 2 schwer sichtbaren Querfeldern von Poren vor dem Hinterrand.

Sternit des Endbeinsegments vorn so breit wie das vorangehende Sternit, nach hinten verschmälert. Hüfte mit 6—12 Poren von ungleicher Größe, von denen 1—2 unter dem Sternitrand liegen. Endbeine des ♂ verdickt und dichter beborstet. Terminalporen vorhanden.

Magalhaens-Straße, Feuerland, Chile, Golf St. Jean, Argentinien.

2. **S. alacer** (Poc.) 1891 *Geophilus a.*, Pocock in: Ann. nat. Hist., ser. 6 *v.* 8 p. 226 t. 12 f. 11 | 1899 *Schizotaenia a.*, Silvestri in: Revista Chilena, *v.* 3 p. 151 | 1905 *S. a.*, Silvestri in: Zool. Jahrb., Suppl. 6 p. 764 t. 37 f. 56 | 1924 *S. a.*, Verhoeff in: Nat. Hist. Juan Fernandez, *v.* 3 p. 411 t. 18 f. 14 (Fig. 230).

Ockergelb, Kopf und Kieferfüße blaß kastanienbraun.

Länge bis 21 mm. Zahl der Beinpaare 33—35; kräftig, hinten nicht merklich schmäler.

Kopfschild länger als breit, vorn am breitesten, vorn und hinten gerade, spärlich punktiert, Stirnfurche undeutlich, Antennen von mittlerer Länge, endwärts verdünnt.

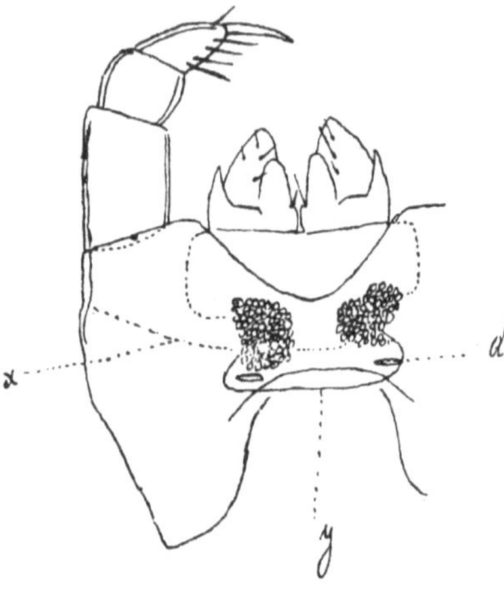

Fig. 230. **Schizotaenia alacer** (Poc.) Beide Maxillen.
dr = Drüsenmündung, *x* = Ansatzlinie der Hautduplikatur, *y* = Sternit.

Mittelteil des Labrum mit 2—6 Zähnen, die Seitenteile gefranst. Telopodit der 1. Maxille mit kurzem Außentaster; Klaue der 2. Maxille lang und spitz. Die Kieferfüße überragen den Stirnrand beträchtlich; Vorderrand der Hüften mit 2 kräftigen Zähnen; Präfemur und Tarsus mit einem großen, Femur und Tibia mit einem kleinen Zahn.

Sternite mit medianer Längsgrube; die vordersten mit Poren.

Tergite spärlich beborstet, die der Körpermitte undeutlich zweifurchig.

Sternit des Endbeinsegments schmal, länger als breit, hinten verjüngt und im hintersten Drittel beim ♂ dicht und kurz beborstet. Hüfte ventral mit 5—8 großen Poren.

Terminalporen vorhanden.

Magalhaens-Straße, Feuerland, Chile, Argentinien, Juan Fernandez.

3. **S. psilopus** (Att.) 1897 *Schendyla (Schendyloides) p.*, Attems in: Ergeb. Hamburg. Magalh. Sammelr., *v.* 2 Myr. p. 6 | 1905 *Schizotaenia p.*, Silvestri in: Zool. Jahrb., Suppl. 6 p. 765 t. 37 f. 58 | 1924 *S. p.*, Verhoeff in: Nat. Hist. Juan Fernandez, *v.* 3 p. 412.

Blaßgelb, Kopf nur wenig bräunlich verdunkelt.

Länge bis 18 mm, Breite 0,4—0,8. Sehr schlank. 43—53 Beinpaare.

Kopfschild merklich länger als breit, hinten verschmälert. Antennen lang, dünn, fadenförmig. Mittelteil des Labrum mit 5 Zähnchen, Seitenteile lang gefranst. 1. Maxille ohne Außentaster. Endklaue der 2. Maxille lang und schlank. Die Kieferfüße überragen den Stirnrand, Vorderrand der Hüften mit 2 gelben Zähnchen, Präfemur mit kleinem Zahn, Tarsus mit spitzem Zahn, Ungulum innen glatt. Tergite deutlich zweifurchig.

Ventralporen fehlen. Sternite etwas länger als breit, mit ziemlich tiefer Mittelgrube.

Sternit des Endbeinsegments breit, trapezförmig, nach hinten nur wenig verschmälert, Hüfte mit 5—6 Poren. Endbeine des ♂ nur wenig verdickt.

Terminalporen vorhanden.

Magalhaens-Straße, Elisabethinsel; Chile, Coipué; Patagonien, Buenos Aires, Berg beim Argentin See.

4. **S. schauinslandi** (Att.) 1903 *Geophilus (Pachymerium) S.*, Attems in: Zool. Jahrb., Syst. *v.* 18 p. 251 t. 14 f. 29, 30.

Kopf mit Ausnahme der Antennen kastanienbraun, letztere und der übrige Körper gelb.

Länge 37 mm. 39 (♂♀)—53 (♀) Beinpaare. Körper vorn am breitesten.

Kopfschild viel länger als breit, grob punktiert. Eine feine Stirnfurche vorhanden. Basalschild schmal, die Kieferfüße, von oben zum großen Teil sichtbar, überragen weit den Stirnrand, Vorderrand der Hüften mit 2 großen, braunen Zähnen, Präfemur mit 2 stumpfen schwarzen Zähnen, Tarsus mit starkem gekrümmtem Zahn, Ungulum innen glatt. Mittelteil des Labrum sehr klein, dreieckig mit 3 runden Zähnchen. Seitenteile gefranst. 1. Maxille ohne Außentaster. Endkralle der 2. Maxille kräftig.

Tergite zweifurchig, sehr spärlich beborstet.

Sternit mit einem ziemlich tiefen medianen Längsgrübchen, jederseits 2 größere Borsten, keine Ventralporen. Der Hinterrand der vorderen Sternite bildet einen Vorsprung, der sich unter das nachfolgende Sternit schiebt.

Sternit des Endbeinsegments schmal. Hüfte mit zahlreichen Poren ventral, lateral und dorsal und mit einzelnen langen Borsten.

Terminalporen vorhanden.

Stephensinsel, Chatham.

5. **S. laeta** (Chamb.) 1920 *Mesoleptodon laetus*, Chamberlin in: Bull. Mus. Harvard, *v.* 64 p. 47.

Rotgelb. Länge 30 mm. 61 Beinpaare.

Kopfschild $1^1/_2$ mal so lang wie breit, mit Spuren einer undeutlichen Stirnfurche. Antennen kurz. Die Kieferfüße. überragen ein wenig das erste Antennenglied; Vorderrand der Hüften ungezähnt. Präfemur mit einem kleinen blassen Zahn am Ende, Tarsus mit dunkelgefärbtem spitzem Zahn. Mittelteil des Labrum klein, mit sehr zarten Zähnen. Tergite zweifurchig.

Ventralporen in einem Querband vor dem Hinterrand, das sich auf den hinteren Segmenten in zwei teilt.

Sternit des Endbeinsegments sehr breit, hinten etwas gerundet. Hüfte mit 2 großen Poren neben dem Seitenrand des Sternits, jede Pore mehr oder weniger zweiteilig.

Neu-Seeland: Taumarunni.

6. **S. oliga** (Chamb.) 1920 *Philosogus oligus*, Chamberlin in: Bull. Mus. Harvard, *v.* 64 p. 49.

Länge 19 mm. 37 Beinpaare. Kopfschild fast $1^1/_2$ mal so lang wie breit, Mittelteil des Labrum mit 5 kräftigen Zähnen. Die Kieferfüße reichen fast bis zum Ende des 2. Antennengliedes. Präfemur am Ende mit einem kurzen stumpfen, in der Mitte mit einem undeutlichen Zahn. Tarsus mit langem Zahn, Vorderrand der Hüften mit 2 großen stumpfen Zähnen.

Ventralporen fehlen. Sternit des Endbeinsegments breit, nach hinten stark verschmälert und abgerundet. Hüfte mit 2 Poren, die vom Sternit bedeckt sind.

New South Wales: Wentworth Falls.

Folgende Arten sind ganz ungenügend beschrieben:

S. gracilis (Gerv.) 1849 *Geophilus g.*, P. Gervais in: Gay, Hist. Chile, *v.* 4 p. 70 | 1899 *Schizotaenia g.*, Silvestri in: Revista Chilena, *v.* 3 p. 150.

Chile: Santiago.

S. prognatha Cook 1895 *S. p.*, Cook in: P. U. S. Mus., *v.* 18 p. 72 (nom. nud.) | 1896 *S. p.*, Cook, Brandtia, p. 88 (nom. nud.).

Liberia.

S. vara Cook 1896 *S. v.*, Cook, Brandtia, p. 89.

Westafrika.

35. Gen. **Sepedonophilus** Att.

1909 *S.*, Attems in: Denk. Ges. Jena, *v.* 14 p. 34 | 1920 *Zelanion*, Chamberlin in: Bull. Mus. Harvard, *v.* 64 p. 39 | 1920 *Pachymeroides*, Chamberlin in: Bull. Mus. Harvard, *v.* 64 p. 45.

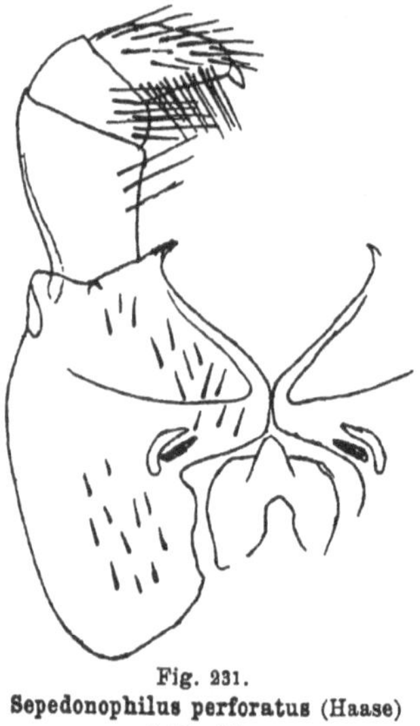

Fig. 231.
Sepedonophilus perforatus (Haase)
2. Maxille.

Kopfschild viel länger als breit, ohne oder mit sehr schwacher Stirnfurche, eine unpaare Clypealarea mit kleinmaschiger polygonaler Felderung. Die gefransten Seitenteile des Labrum sind einander mit ihren Medianenden sehr genähert. 1. Maxille mit 1 bis 2 Paar Außentastern. Hüften der 2. Maxille aneinanderstoßend mit erhaltener Mediannaht (Fig. 231). Die Kieferfüße überragen weit den Stirnrand, Hüften ohne Chitinlinien. Präfemur innen mit 1 bis 2 Zähnen; die Pleurocoxalgrenze verläuft parallel dem Seitenrand. Basalschild schmal, hinten schmäler als das folgende Tergit. Tergite mehr oder weniger deutlich zweifurchig.

Ventralporen fehlen.

Hüfte der Endbeine mit zahlreichen, einzeln und frei, ventral und dorsal mündenden Poren. Tarsus zweigliedrig, ein krallenförmiger Prätarsus vorhanden.

Terminalporen vorhanden.

Australien, Neu-Seeland, Tasmanien.

2 sichere und 7 unsichere Arten.

Typus: *S. perforatus* (Haase)

Übersicht über die Arten:

a) 79 Beinpaare. Syncoxit der 1. Maxille mit kleinem Außentaster. Präfemur der Kieferfüße mit 2 Zähnen, Klaue der 2. Maxille sehr klein, etwa $^1/_4$ so lang wie das 2. Telopoditglied . . . . 1. **S. perforatus**

b) 39 Beinpaare. Syncoxit der 1. Maxille ganz ohne Außentaster. Präfemur der Kieferfüße mit 1 Zahn, Klaue der 2. Maxille so lang wie das 2. Telopoditglied . . . . 2. **S. sitocola**

Zu b) gehören auch die von Chamberlin als *Zelanion* und *Pachymeroides* ungenügend beschriebenen Arten, die sich in eine Tabelle nicht einordnen lassen.

1. **S. perforatus** (Haase) 1887 *Geophilus concolor* var. *p.*, E. Haase in: Abh. Mus. Dresden, nr. 5 p. 109 | 1903 *G. (Pachymerium) p.*, Attems in: Zool. Jahrb., Syst. *v.* 18 p. 252 t. 16 f. 52, 53 | 1909 *Sepedonophilus p.*, Attems in: Denk. Ges. Jena, *v.* 14 p. 34 f. 3, 4 (Fig. 231, 232).

Chitingelb. Länge 50 mm, Breite vorn 1,5 mm, hinten 0,8 mm. 79 Beinpaare (♀). Kopfschild viel länger als breit, vorn ganz gerade. Keine Stirnfurche. Clypealarea mit polygonaler Felderung, die auffallend kleinmaschiger ist als die der Umgebung, aber durch die Farbe nicht auffallend von der Umgebung verschieden, ohne Borsten; hinter und seitlich von ihr bis an die Seiten des Clypeus mit 10 bis 12 ungeordneten größeren Borsten. Die Seitenteile des Labrum stoßen median fast zusammen. 1. Maxille mit winzigen Außentastern auf dem Syncoxit und kleinen, spitzen Tastern auf dem 1. Telopoditglied, die ungefähr $^1/_3$ so lang wie das Endglied sind (Fig. 232). Das Inneneck der Hüfte der 2. Maxille ist in einen kleinen warzigen spitzen Fortsatz ausgezogen. 1. Telopoditglied an der Basis merklich dünner als am Ende (4:6,2), alle 3 Telopoditglieder reichlich beborstet, die Endkralle sehr klein, kurz und stumpf, nicht einmal $^1/_4$ so lang wie das 2. Telopoditglied (Fig. 231). Vorderrand der nicht punktierten Kieferfußhüften mit 2 Kegelzähnen, Präfemur innen mit 2 Zähnen; Basalzahn groß. Ungulum innen glatt. Basalschild hinten schmäler als das 1. Tergit. 1. Tergit ungefurcht, fein punktiert, die folgenden zweifurchig. Sternite mit kleinem Mittelgrübchen.

Fig. 232. **Sepedonophilus perforatus** (Haase) 1. Maxille.

Sternit des Endbeinsegments mäßig breit, etwas länger als breit, Seiten konvex, Hinterrand gerade. Hüfte mit zahlreichen Poren, die nur den hinteren Teil der Außenseite freilassen. Terminalporen vorhanden.

Gayndah.

2. **S. sitocola** (Att.) 1903 *Geophilus (Pachymerium) s.*, Attems in: Zool. Jahrb., Syst. *v.* 18 p. 256 | 1909 *Eurytion (Steneurytion) s.*, Attems in: Denk. Ges. Jena, *v.* 14 p. 28 | 1911 *E. s.*, Attems in: Fauna S. W.-Austral., *v.* 3 p. 161 (Fig. 233).

Gelbbraun, Kopf kastanienbraun. Länge 38 mm, Breite 1,7 mm. 39 Beinpaare (♀).

Kopfschild viel länger als breit, vorn gerade, Seitenränder konvex, Hinterrand etwas abgerundet, Stirnnaht sehr schwach, die reichlichen Punkte ordnen sich hinten in 2 Längsreihen. Clypealarea rund, hellgelb, scharf gegen die sattgelbe Umgebung abstechend, mit 2 kleinen Borsten; hinter und neben ihr jederseits 3 kleine Borsten. Mittelteil des Labrum klein, mit 5 deutlichen Zähnchen; die in der ganzen Breite gefransten Seitenteile stoßen vor dem Mittelteil fast zusammen. 1. Maxille mit kleinem, zugespitztem, bestacheltem Außentaster nur auf dem 1. Telopoditglied; er ist etwa $^1/_3$ so

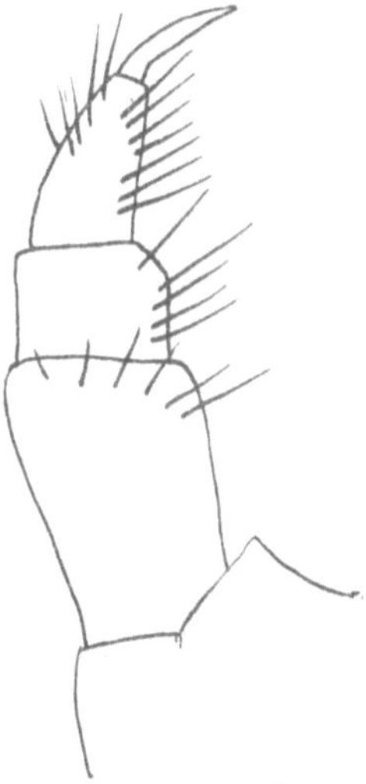

Fig. 233. **Sepedonophilus sitocola** (Att.) Telopodit der 2. Maxille.

lang wie das Endglied. Das Inneneck der Hüfte der 2. Maxille bildet keinen Fortsatz; alle Telopoditglieder beborstet, die Zahl und Größe der Borsten nimmt endwärts allmählich zu, 1. Telopoditglied an der Basis etwas schlanker als am Ende (4:4,5). Endkralle so lang wie das 2. Telopoditglied, an der Basis etwas gebogen (Fig. 233). Kieferfußhüften reichlich punktiert, zerstreut beborstet, Vorderrand mit 2 kräftigen braunen Kegelzähnen; Präfemur mit einem dunklen Zähnchen nahe dem Ende, Basalzahn spitz. Ungulum innen glatt, die Kieferfüße überragen den Stirnrand weit, mit fast dem ganzen Tarsungulum. 1. Tergit punktiert, ungefurcht, die übrigen Tergite zerstreut beborstet, nicht punktiert, undeutlich gefurcht.

Sternite spärlich beborstet, mit tiefer Mittelfurche.

Sternit des Endbeinsegments lang und schmal, hinten gerade, sein Hinterende sowie der innere Endrand der Hüften dicht und kurz behaart, Hüften mit zahlreichen, gleichmäßig verteilten größeren und kleineren Poren.

Neu-Seeland.

S. dux (Chamb.) 1920 *Zelanion d.*, Chamberlin in: Bull. Mus. Harvard, *v.* 64 p. 39.

49—51 Beinpaare. Eine schwache Stirnfurche vorhanden. Basalschild 8 mal so breit wie in der Mitte lang. Kieferfußungulum innen gekerbt. Präfemur mit einem stumpfen Zahn am Ende. Sternit des Endbeinsegments schmal, länger als breit, nach hinten mäßig verschmälert, Hüfte mit mäßig vielen Poren ventral, lateral und dorsal, einige vom Sternit bedeckt.

Neu-Seeland: Plummerton, Day's Bay bei Wellington.

S. librius (Chamb.) 1920 *Zelanion l.*, Chamberlin in: Bull. Mus. Harvard, *v.* 64 p. 40.

41 Beinpaare. Basalschild 3,3 mal so breit wie in der Mitte lang. Die geschlossenen Kieferfüße reichen bis zum Ende des 2. Antennengliedes, Präfemur mit 1 dicken Zahn. Vordere Sternite mit tiefer medianer Längsfurche. Sternit des Endbeinsegments von mittlerer Breite, trapezisch, hinten stark verschmälert, Hüfte mit etwa 16 Poren ventral, lateral und dorsal.

Neu-Seeland: Lyell Bay.

S. curtus (Chamb.) 1920 *Zelanion c.*, Chamberlin in: Bull. Mus. Harvard, *v.* 64 p. 41.

39 Beinpaare. Kopfschild relativ etwas länger als bei *S. dux* und von der Mitte nach hinten gleichmäßig verschmälert; hinten 2 punktierte Furchen. Basalschild in der Mitte ebenso kurz wie bei *S. dux*. Endbeinhüftporen größer und weniger zahlreich als bei *dux* und nicht dorsal.

Neu-Seeland: Taumarunui.

S. similis (Chamb.) 1920 *Zelanion s.*, Chamberlin in: Bull. Mus. Harvard, *v.* 64 p. 41.

39 Beinpaare. Kopfschild $1^1/_2$ mal länger als breit, ohne oder mit undeutlicher Stirnfurche, hinten keine Längsfurchen, von der Mitte nach hinten allmählich verschmälert. Basalschild 4,4 mal so breit wie in der Mitte lang. Die Kieferfüße überragen das 1. Antennenglied. Sternit des Endbeinsegments breit, hinten verschmälert und ein wenig abgerundet, Hüfte mit wenigen kleinen Poren längs und unter dem Sternitrand.

Neu-Seeland: Day's Bay bei Wellington.

S. paucipes (Chamb.) 1920 *Zelanion p.*, Chamberlin in: Bull. Mus. Harvard, *v.* 64 p. 42.

Letztes Antennenglied länger als die 2 vorangehenden zusammen. Die Zähne am Vorderrand der Kieferfußhüften eng neben einander liegend, abgestumpft. Sternit des Endbeinsegments breit. Hüfte mit wenigen unbedeckten Poren längs des Sternitrandes, hinten ein kleiner Einzelporus.

Neu-Seeland: Day's Bay bei Wellington.

S. mimeticus (Chamb.) 1920 *Pachymeroides m.*, Chamberlin in: Bull. Mus. Harvard, *v.* 64 p. 45.

39 Beinpaare. Kopfschild viel länger als breit (14:9), vorn am breitesten, Basalschild 3mal so breit wie in der Mitte lang. Die geschlossenen Kieferfüße reichen bis zur Mitte des 2. Antennengliedes. Präfemur mit einem kurzen starken Zahn nahe dem Ende und einem kleineren dunklen Höcker in der Mitte. Sternit des Endbeinsegments schmal, länger als breit (13:11), nach hinten verschmälert und abgerundet. Hüfte ventral mit etwa 15 Poren.

Tasmanien.

S. alter (Chamb.) 1920 *Pachymeroides a.*, Chamberlin in: Bull. Mus. Harvard, *v.* 64 p. 46.

37 Beinpaare. Kopfschildseiten in den vorderen 2 Dritteln parallel, dann zu den abgerundeten Hinterecken konvergierend. Basalschild $4^1/_2$mal so breit wie in der Mitte lang. Präfemur der Kieferfüße ohne deutlichen Höcker in der Mitte. Sternit des Endbeinsegments schmal, nach hinten stärker verschmälert. Die Poren der Endbeinhüfte weniger zahlreich als bei *S. mimeticus*, fast in einem Kreis angeordnet, die medialen bedeckt.

Tasmanien: Wedge Bay.

36. Gen. **Philogeonus** Chamb.

1920 *P.*, Chamberlin in: Bull. Mus. Harvard, *v.* 64 p. 48.

Mittelteil des Labrum klein, ohne Zähne oder nur schwach und undeutlich gekerbt. 1. Maxille ohne Außentaster. Hüften der 2. Maxille durch eine schmale Brücke verbunden, mit noch erhaltener Mediannaht, die Klaue glatt. Die Kieferfüße überragen den Stirnrand, Vorderrand der Hüften, Präfemur und Tarsus gezähnt. Keine Chitinlinien.

Ventralporen fehlen.

Endbeinhüfte mit 3 gelappten Drüsen, die unter dem Sternitrand münden. Endkralle vorhanden.

Neu-Seeland.

1 Art.

1. **P. zelanicus** Chamb. 1920 *P. z.*, Chamberlin in: Bull. Mus. Harvard, *v.* 64 p. 48.

Gelb. Länge 28 mm. 47 Beinpaare.

Kopfschild länger als breit (4:3), ohne Stirnfurche, Antennen kurz. Basalschild breit. Die Kieferfüße überragen das Ende des 1. Antennengliedes, Präfemur am Ende mit einem Kegelzahn.

Die Furchen der Tergite breit und seicht.

Sternit des Endbeinsegments sehr breit, die Hinterecken breit abgerundet.

Neu-Seeland: Takopema See bei Auckland.

37. Gen. **Pachymerinus** Silv.

1905 *P.*, Silvestri in: Zool. Jahrb., Suppl. 6 p. 755 | 1907 *P.*, Silvestri in: Mt. Mus. Hamburg, *v.* 24 p. 252 | 1912 *P.*, Brölemann in: Rec. Austral. Mus., *v.* 9 p. 60.

Eine Clypealarea vorhanden (ihre Struktur?). Mittelteil des Labrum sehr klein, ungezähnt, die Seitenteile gefranst. Mandibel mit einem stumpfen Zahn neben der Reihe der Kammzähne und mit mehrspitzigen Poren am Ventralrand. Syncoxit der 1. Maxille ohne oder mit sehr kleinen Außentastern. 1. Telopoditglied mit kleinem Außentaster. Telopodit zweigliedrig.

Hüften der 2. Maxille median zusammenstoßend, mit erhaltener Mediannaht; am Inneneck ein kleiner konischer Fortsatz; Telopoditglieder ohne äußere Zacken, Klaue oft sehr kurz. Kieferfüße von oben zum großen Teil sichtbar, überragen sehr merklich den Stirnrand, Vorderrand der Hüften mit 2 Zähnen, Präfemur innen mit 1—2 Zähnen. Tarsus mit 1 Zahn. Basalschild schmal.

Tergite zweifurchig. Ventralporen fehlen.

Hüfte der Endbeine mit zahlreichen, einzeln und zumeist frei, ventral, lateral und dorsal mündenden Poren. Tarsus zweigliedrig, Prätarsus krallenförmig. Terminalporen vorhanden.

Chile, New South Wales, Australien.

6 Arten, 1 Unterart.

Typus: *P. millepunctatus* (Gerv.).

Übersicht über die Arten (außer nr. 3):

1 a) Präfemur der Kieferfüße innen mit 2 Zähnen (N.S.-Wales) 2
2 a) 55 Beinpaare. Mittelteil des Labrum schmal, trapezförmig. Außentaster am Telopodit der 1. Maxille kürzer. Endbeinhüfte mit etwa 15 Poren . . . . 5. **P. froggatti**
2 b) 71 Beinpaare. Mittelteil des Labrum breiter, dreieckig. Außentaster der 1. Maxille länger. 30—40 Endbeinhüftporen . . . 6. **P. australis**
1 b) Präfemur der Kieferfüße innen mit einem Zahn (Chile) 3
3 a) Kopfschild und Kieferfüße dicht und grob punktiert. Kopfschild mehr rechteckig, die Ecken nur wenig abgerundet 4
4 a) Sternite dicht punktiert. Klaue der 2. Maxille klein. 61 Beinpaare . . . . 1. **P. millepunctatus**
4 b) Sternite nicht punktiert. Klaue der 2. Maxille groß. 47—51 Beinpaare . . . . 4. **P. porteri**
3 b) Kopfschild und Kieferfüße weniger punktiert. Kopfschild durch starke Abrundung der Ecken fast elliptisch. 75 Beinpaare: 2. **P. canaliculatus**

1. **P. millepunctatus** (Gerv.) ?1849 *Geophilus m.*, P. Gervais in: Gay, Hist. Chile, *v.* 4 p. 71 f. 9a—d | 1899 *Mecistocephalus m.*, Silvestri in: Revista Chilena, *v.* 3 p. 148 | 1905 *Pachymerinus m.*, Silvestri in: Zool. Jahrb., Suppl. 6 p. 756.

Gelb, Kopf rostfarben.

Länge bis 68 mm, Breite bis 2,6 mm. 61 Beinpaare.

Kopfschild viel länger als breit, die Seiten parallel, fast rechteckig; dicht und grob punktiert. Die Kieferfüße überragen das 2. Antennenglied, Vorderrand der Hüften mit 2 kleinen Zähnen, Präfemur mit einem großen Zahn nahe dem Ende; Tarsus mit großem Zahn.

Tergite zweifurchig, spärlich punktiert. Sternite dicht punktiert mit Medianfurche.

Sternit des Endbeinsegments schmal und lang, Hüfte mit ziemlich großen, voneinander sehr wenig entfernten Poren auf allen Seiten.

Chile: Corral, Valparaiso, El Salto, Valdivia, Temuco, S.-Rosendo.

1a. **P. m. abbreviatus** Silv. 1905 *P. m. a.*, Silvestri in: Zool. Jahrb., Suppl. 6 p. 757.

Soll sich von *P. millepunctatus* dadurch unterscheiden, daß die Poren der Endbeinhüfte größer, voneinander weiter entfernt, daher weniger zahlreich sind. 51 Beinpaare.

Chile: El Salto.

2. **P. canaliculatus** (Gerv.) ? 1849 *Geophilus c.*, P. Gervais in: Gay, Hist. Chile, *v.* 4 p. 72 | 1899 *Mecistocephalus millepunctatus c.*, Silvestri in: Revista Chilena, *v.* 3 p. 148 | 1905 *Pachymerinus c.*, Silvestri in: Zool. Jahrb., Suppl. 6 p. 758.

Ockergelb, Kopf rostgelb. Länge 75 mm, Breite 2 mm. 75 Beinpaare (♀).

Kopfschild viel länger als breit, weniger grob und dicht punktiert als bei *P. millepunctatus*, vorn und hinten seitlich mehr abgerundet und dadurch fast elliptisch. Kieferfüße weniger grob und dicht punktiert, Präfemur und Tarsus mit je einem sehr kleinen Zahn.

Hüfte der Endbeine stärker verdickt als bei *P. millepunctatus*, mit kleinen einander genäherten Poren.

Chile: Coipué.

3. **P. pluripes** (Silv.) 1899 *Mecistocephalus millepunctatus p.*, Silvestri in: Revista Chilena, *v.* 3 p. 149 | 1905 *Pachymerinus p.*, Silvestri in: Zool. Jahrb., Suppl. 6 p. 759 t. 37 f. 54 (Fig. 234).

Länge 32 mm, Breite 1,2 mm. 79—81 Beinpaare.

Kopfschild länger als breit, mit seichten länglichen Punkten, Stirnfurche vorhanden. Kieferfüße punktiert, Vorderrand der Hüften mit 2 großen Zähnen. Präfemur und Tarsus mit je einem großen Zahn.

Fig. 234. **Pachymerinus pluripes** (Silv.) Labrum.

Sternite mit tiefer Mittelfurche.

Sternit des Endbeinsegments lang, stark verschmälert; Hüfte mit kleinen, ziemlich weit auseinander stehenden Poren auf allen Seiten.

Läßt sich in der Tabelle nicht mit Sicherheit unterbringen.

Chile: S.-Vicente (Talcahuano).

4. **P. porteri** (Silv.) 1899 *Mecistocephalus p.*, Silvestri in: Revista Chilena, *v.* 3 p. 149 | 1905 *Pachymerinus p.*, Silvestri in: Zool. Jahrb., Suppl. 6 p. 759.

Ockergelb, Kopf rostrot.

Länge 46 mm, Breite 2 mm. Zahl der Beinpaare 47 (♂♀)—51 (♀).

Kopfschild viel länger als breit, grob und dicht punktiert, Stirnfurche vorhanden. Klaue der 2. Maxille groß. Kieferfüße grob punktiert, das erste Antennenglied überragend, Vorderrand der Hüften mit 2 kleinen Zähnen. Präfemur und Tarsus mit je einem großen Zahn.

Tergite zweifurchig, undeutlich punktiert. Sternite mit Medianfurche, unpunktiert.

Sternit des Endbeinsegments fast so lang wie breit, Hüfte ventral mit 15 großen Poren, von denen 2—3 vom Sternit bedeckt sind, lateral mit 4—5, dorsal mit 6—7 Poren.

Chile: Coipué, Temuco.

5. **P. froggatti** Bröl. 1912 *P. f.*, Brölemann in: Rec. Austral. Mus., *v.* 9 p. 61 f. 6—17 (Fig. 235).

Länge 28 mm. 55 Beinpaare.

Kopfschild länger als breit (1,5 : 0,85); Vorderrand gerade, Seitenränder parallel, Hinterecken abgerundet, an Stelle der Stirnfurche ein blasser Streif. Clypeus mit 8 Borsten (2 + 6). Mandibel mit einem stumpfen, gut chitinisierten Zahn am Ende und mit in mehrere Spitzchen endenden Borsten am Ventralrand. 1. Maxille nur auf dem ersten Telopoditglied mit einem sehr kurzen, zugespitzten Außentaster. Am Inneneck der Hüfte der 2. Maxille ein kurzer konischer Fortsatz; Hüfte mit zahlreichen Borsten, Klaue kurz, glatt. Die Kieferfüße überragen den Stirnrand von der Basis des Ungulum an. Vorderrand der punktierten Hüften zweizähnig, Präfemur innen mit 2 Zähnen, Tarsus mit kurzem, kräftigem Zahn. Antennen von mittlerer Länge. Tergite doppelfurchig, einige vordere schwach punktiert. Sternite mit kurzer, tiefer Medianfurche, die nach dem hinteren Körperende zu länger und seichter wird; die vorderen Segmente haben nahe dem Hinterrande eine abgerundete, mediane Vorwölbung. Sternit des Endbeinsegments so lang wie breit, schmal, nach hinten wenig verschmälert. Hüfte mit 10—12 Poren ventral und lateral; 4 bis 5 davon sind in einer Reihe unter dem Sternitrand gelegen, außerdem dorsal unter dem Tergitrand eine Gruppe von Poren.

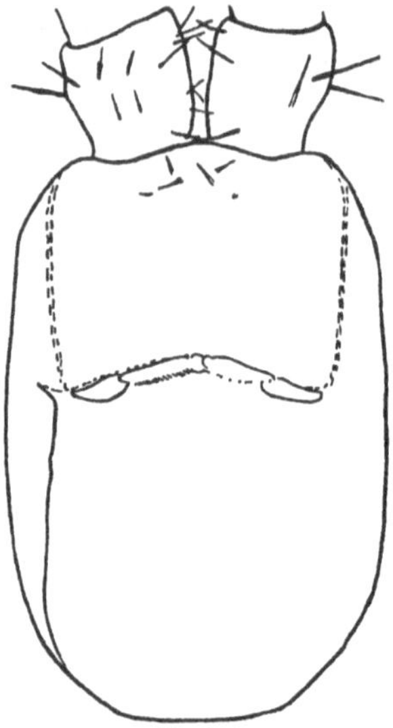

Fig. 235.
Pachymerinus froggatti Bröl.

New South Wales: Penrith.

6. **P. australis** Chamb. 1920 *P. a.*, Chamberlin in: Bull. Mus. Harvard, *v.* 64 p. 43.

Gelb, Kopf und Kieferfüße licht rostgelb.

Länge 45 mm. 71 Beinpaare.

Kopfschild 1,4 mal länger als breit, ohne Stirnfurche, vorn dreieckig, hinten leicht konvex. Antennen kurz. Die Kieferfüße reichen bis zur Mitte des 2. Antennengliedes; Vorderrand der Hüften mit 2 spitzen Zähnen, Präfemur mit 2 Zähnen, von denen der distale der längere ist, Tarsus mit ebenso großem Zahn. Mittelteil des Labrum dreieckig, etwas größer als bei *P. froggatti*. Außentaster am Telopodit der 1. Maxille länger als bei *froggatti*.

Sternite grob punktiert.

Sternit des Endbeinsegments lang und schmal, merklich länger als breit. Hüfte mit 30—40 kleinen Poren ventral, lateral und dorsal, einige unter dem Sternitrand.

New South Wales: Southerland.

38. Gen. **Geomerinus** Bröl.

1912 *G.*, Brölemann in: Rec. Austral. Mus., *v.* 9 p. 65.

Kopfschild viel länger als breit; eine Clypealarea vorhanden (ihre Struktur?). Mittelteil des Labrum klein, glatt, Seitenteile gefranst. Mandibel mit einem stumpfen, stark chitinisierten Zahn neben den Kammzähnen, und mit mehrspitzigen Dornen am Ventralrand (wie bei *Pachymerinus*) (Fig. 236, 237). Syncoxit der 1. Maxille ohne Außentaster, das erste der beiden Telopoditglieder mit rudimentärem Außentaster. Hüften der 2. Maxille median zusammenstoßend, die Naht erhalten, Innenfortsatz rudimentär, die drei Telopoditglieder ohne Außenzacken, Klaue sehr klein.

Kieferfußhüfte ohne Chitinlinien, die Pleurocoxalgrenze parallel dem Seitenrand, Vorderrand der Hüften, Präfemur und Tarsus mit Zahnbildungen.

Fig. 236.
Geomerinus curtipes (Haase)
Teil der Mandibel.

Fig. 237.
Geomerinus curtipes (Haase)
Einige Dornen der Mandibel.

Ventralporen fehlen. Hüfte der Endbeine mit zahlreichen, einzeln mündenden Poren.

Tarsus eingliedrig, ein krallenförmiger Prätarsus vorhanden.

Australien.

1 Art.

1. **G. curtipes** (Haase) 1887 *Geophilus c.*, E. Haase in: Abh. Mus. Dresden, nr. 5 p. 109 t. 6 f. 114 | 1912 *Geomerinus c.*, Brölemann in: Rec. Austral. Mus., *v.* 9 p. 65 f. 18—25 (Fig. 236—238).

Hellrostbraun, Kopf rotbraun. Antennen gelblich.

Länge bis 67 mm, Breite 2,1 mm. 71 Beinpaare.

Kopfschild (Fig. 238) viel länger als breit (2,6 : 1,7), vorn und hinten gerade, punktiert, hinten 2 feine Längsfurchen, die Stirnfurche undeutlich; Antennen ziemlich lang. Clypeus vorn mit 5 + 5 Borsten.

Die Kieferfüße sind von oben zum großen Teil sichtbar, sie überragen den Stirnrand von der Basis des Ungulum an. Vorderrand der Hüften mit 2 rudimentären Zähnen, Präfemur mit 2 stumpfen Tuberkeln, Tarsus mit kurzem, etwas hakigem Zahn. Basalschild schmal, punktiert.

Tergite spärlich punktiert, zweifurchig.

Sternite der vorderen Segmente grob punktiert, die der mittleren und hinteren Segmente weniger; eine abgekürzte Medianfurche ist auf den vorderen Segmenten tiefer als auf den hinteren. Unmittelbar vor dem Hinterrand der vorderen Sternite eine abgerundete Vorwölbung.

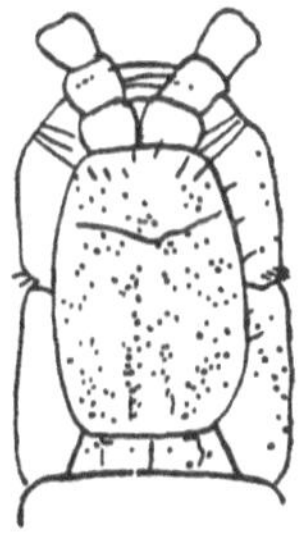

Fig. 238. **Geomerinus curtipes** (Haase)

Tergit des Endbeinsegments etwas kürzer als breit, nach hinten verschmälert. Sternit schmal, länger als breit. Hüfte groß aufgeblasen, spärlich beborstet; die Oberfläche mit Ausnahme des hinteren Drittels der Dorsalseite mit zahlreichen Poren von ungleicher Größe bedeckt.

Terminalporen vorhanden.

Australien, Paramatta, New South Wales.

39. Gen. **Macronicophilus** Silv.

1909 *M.*, Silvestri in: Atti Acc. Lincei, Rend. ser. 5 *v.* 18ɪ p. 267 | 1910 *M.*, Silvestri in: Boll. Laborat. Zool. Portici, *v.* 4 p. 50.

Kopfschild so lang wie breit. Labrum deutlich vom Clypeus getrennt, dreieckig, das Mittelteil jedoch sehr klein, undeutlich abgegrenzt, der freie Hinterrand des Labrum eine median nicht unterbrochene Zahnreihe bildend. Eine unpaare, erhabene, fein punktierte Clypealarea vorhanden. Keine Stirnfurche, Antennen ungefähr fadenförmig. Mandibelzähne von etwas abweichender Beschaffenheit, neben ihnen kein starker Zahn und keine mehrspitzigen Dornen am Ventralrand (Fig. 239). Coxosternum der 1. Maxille ohne Außentaster, Telopodit ungegliedert, mit Außentaster. Hüften der 2. Maxille (Fig. 240) verwachsen, Telopodit viergliedrig, indem an Stelle des krallenförmigen Prätarsus anderer Gattungen ein dickes, abgerundetes, beborstetes und Spitzchen tragendes Glied vorhanden ist (Fig. 241). Kieferfüße ohne Chitinlinien, Hüften sehr kurz und breit. Pleurocoxalgrenze sehr schräg, alle Glieder ohne Zahnbildung. Sie erreichen den Stirnrand bei weitem nicht. Tergite seicht doppelfurchig. Ventralporen vorhanden. Keine Paratergite. Endbeinsegment mit breitem Prätergit, ohne Präpleurite; Hüfte groß, allseitig mit Poren; Tarsus eingliedrig; ein kräftiger, krallenförmiger Prätarsus vorhanden. Terminalporen vorhanden.

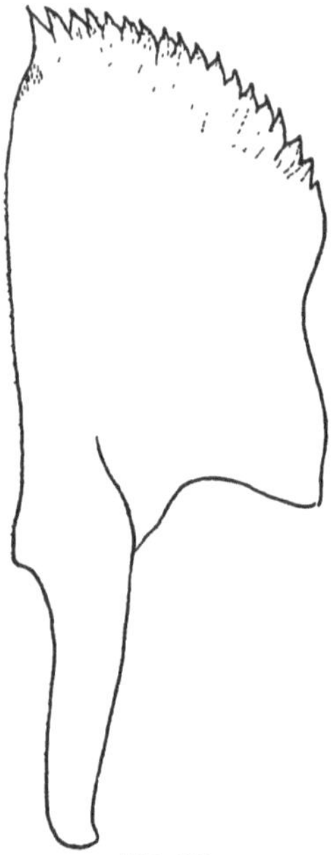

Fig. 239. Macronicophilus ortonedae Silv. Mandibel.

Ecuador, Kolumbien.

1 Art.

1. **M. ortonedae** Silv. 1909 *M. o.*, Silvestri in: Atti Acc. Lincei, Rend. ser. 5 *v.* 18ɪ p. 267 | 1910 *M. o.*, Silvestri in: Boll. Laborat. Zool. Portici, *v.* 4 p. 51 f. 8 | 1912 *M. o.*, Ribaut in: Mém. Soc. Neuchâtel, *v.* 5 p. 87 f. 16—25 (Fig. 239—242).

Ockergelb. Länge 27 mm, Breite 1 mm. 57 (♂)—59 (♀) Beinpaare. Kopfschild so breit wie lang, ohne Stirnfurche. Vorderteil des Clypeus mit erhabener, von feinen Kanälen durchbohrter Area, Hinterteil des Clypeus stark chitinisiert und glatt, ohne Felderung. Labrum mit etwa 60 Zähnen, die seitlichen sehr spitz. Der dorsalen Fläche des Labrum liegt eine zweite Kammreihe auf, mit kürzeren, spitzeren und zahlreicheren (etwa 90) Zähnen. Die Mandibelzähne haben ein stärker chitinisiertes Zentrum und dünnere Flügel, die mit denen des benachbarten Zahnes verwachsen. Antennen mehr als doppelt so lang wie der Kopf. Coxosternum der Kieferfüße (Fig. 242) hinten sehr verschmälert, die Pleurocoxalgrenze sehr schräg verlaufend. Ungulum stark abgeflacht, wie eine Säbelklinge. 1. bis vorletztes Sternit mit rundlichem oder dreieckigem Porenfeld, das auf den mittleren und hinteren Segmenten sehr groß ist. Endbeinsternit klein, dreieckig, Hüfte allseitig mit zahlreichen, ziemlich großen Poren. Endbeine ein wenig länger als das vorangehende Paar.

Ecuador, Narangito bei Guayaquil; Kolumbien, Cafetal Camelia bei Argelopolis.

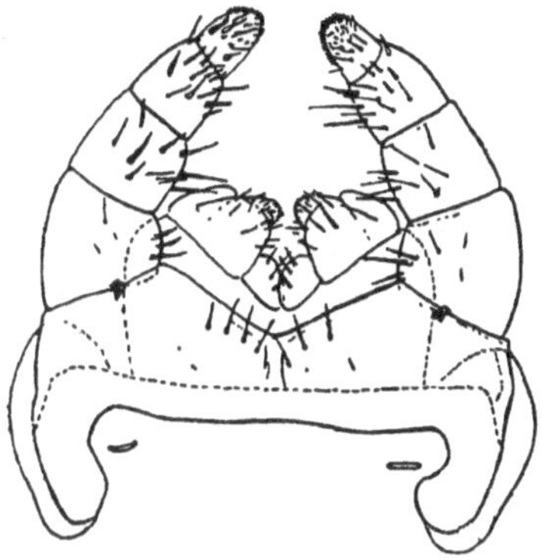

Fig. 240.
Macronicophilus ortonedae Silv.
Maxillen.

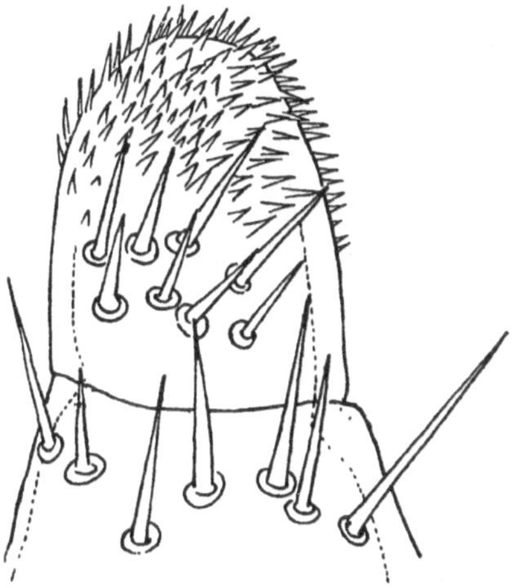

Fig. 241. **Macronicophilus ortonedae** Silv.
Endglied der 2. Maxille.

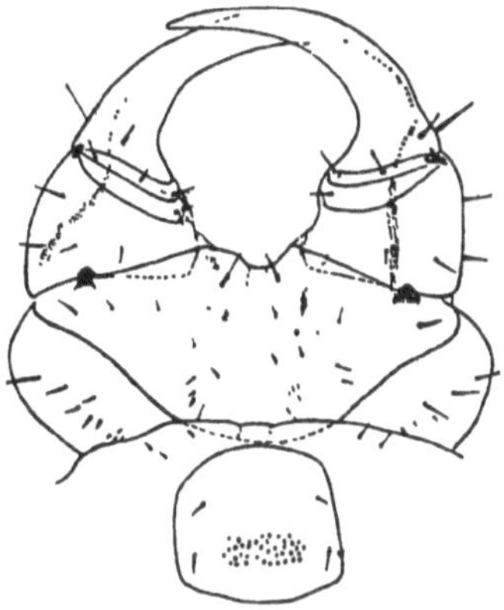

Fig. 242. **Macronicophilus ortonedae** Silv. Kieferfüße.

40. Gen. **Achilophilus** Att.

1926 *A.*, Attems in: Kükenthal & Krumbach, Handb. Zool., *v.* 4 p. 363 | 1928 *A.*, Attems in: Ann. S. Afr. Mus., *v.* 26 p. 153.

Eine feingekörnte Clypealarea vorhanden. Labrum in allen Teilen verkümmert, nur die großen Fulcren (labroclypeales Gerüst) erhalten (Fig. 243).

Syncoxit der 1. Maxille ohne Außentaster, die Coxalfortsätze sehr kurz und breit. Telopodit zweigliedrig, das erste Glied mit glattem Außentaster. Hüften der 2. Maxille in einer Mediannaht aneinander stoßend (Fig. 244). Endkralle einfach. Kieferfüße ohne Chitinlinien; die Pleurocoxalnaht läuft dem Seitenrand parallel und erreicht den Vorderrand nicht ganz, Trochanterkerbe sichtbar, Femur und Tibia getrennt; die Ungula erreichen den Stirnrand nicht. Basalschild breit. Tergite doppelfurchig.

Ventralporen in unscharf begrenzten Feldern vorhanden. Prästernite median geteilt; Sternit des 1. beintragenden Segments breit an das Coxosternum der Kieferfüße stoßend.

Endbeinhüfte mit einem großen Porus. Tarsus zweigliedrig, Prätarsus krallenförmig. Terminalporen fehlen.

Kapland.

1 Art.

1. **A. monoporus** Att. 1928 *A. m.*, Attems in: Ann. S. Afr. Mus., *v.* 26 p. 154 t. 20 f. 482 textf. 53—57 (Fig. 243—245).

Blaßgelb, Kopfschild wenig oder nicht dunkler.

Länge 38 mm, ziemlich kräftig. Zahl der Beinpaare ♂ 49—55, ♀ 55.

Kopfschild länger als breit, gleichmäßig und ziemlich grob polygonal gefeldert, ohne Stirnfurche. Clypeus auch grob polygonal gefeldert; eine

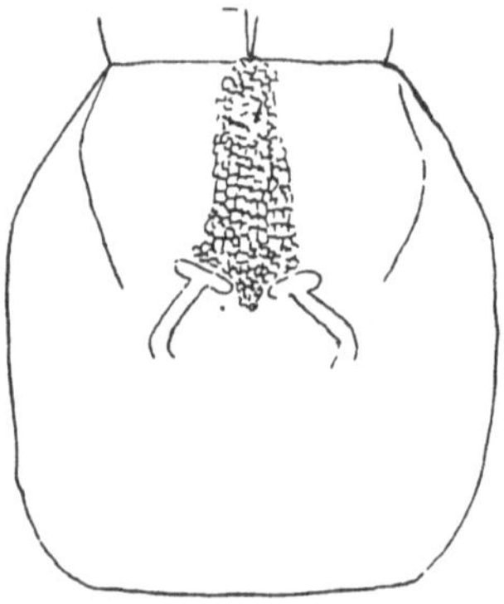

Fig. 243. **Achilophilus monoporus** Att. Kopf. Ventralseite.

Fig. 244. **Achilophilus monoporus** Att. Beide Maxillenpaare.

runde, feinkörnige Clypealarea mit einigen schwachen Borsten, lateral von ihr ebensolche Borsten. Der Clypealrand springt median in einen stumpf dreieckigen Lappen vor, an dessen Seiten sich die stark entwickelten Fulcren ansetzen, die besonders einen größeren, medianwärts gerichteten Ast haben. Ein Labrum fehlt völlig. Klaue der 2. Maxille einfach, schlank, ungefähr so lang wie das 2. Telopoditglied innen. Basalschild breit, bis an die Seiten des Körpers reichend, die Seiten konvex; von den Kieferfüßen ist von oben nur ein kleiner Zwickel sichtbar, Vorderrand der Hüften ungezähnt. Tarsus ohne oder mit kleinem Zahn. Ungulum relativ klein, die basale Hälfte der Innenseite mit einigen stumpfen seichten Kerben. Die geschlossenen Kieferfüße bleiben noch ein gutes Stück vom Stirnrand entfernt. Haupt- und Prätergite ebenso grob polygonal gefeldert wie der Clypeus, spärlich beborstet. Die Sternite 1—20 mit Ventralporen, auf dem 1. Sternit einige wenige in der Mitte, vom 2. an in 2 immer mehr sich voneinander entfernenden unscharf begrenzten runden Feldern, die sich vom 20. an allmählich verlieren.

Fig. 245. **Achilophilus monoporus** Att.

Sternit des Endbeinsegments sehr breit, breiter als lang, trapezisch, am Hinterrand kurz beborstet; ebenso beborstet die innere Vorwölbung von Hüfte und Präfemur. Hüfte mit einer einzigen großen runden Drüsenmasse, die durch einen Porus unter dem Sternitrand mündet (Fig. 245). Endbeine des ♂ mäßig verdickt.

Kapland: Hanover, Graaf Reinet, Matjes Fontein.

41. Gen. **Maoriella** Att.

1903 *M.*, Attems in: Zool. Jahrb., Syst. *v.* 18 p. 283.

Eine kreisrunde, fein punktierte Clypealarea vorhanden, in der keine Borsten stehen.

Kopfschild länger als breit. Die Kieferfüße von oben zu großem Teil sichtbar. Mittelteil des Labrum winzig klein, die Seitenteile gefranst. Syncoxit der 1. Maxille ohne Außentaster, Telopodit mit Außentaster. Hüften der 2. Maxille verwachsen, die Verbindungsbrücke sehr schmal; Telopodit ohne besondere Fortsätze; die Endkralle gerade, schlank und spitz. Kieferfüße ohne Chitinlinien.

Basalschild breit, aber nicht bis an die Körperseiten reichend.

Tergite zweifurchig. Ventralporen vorhanden.

Hüfte der Endbeine mit 2 großen Drüsenmassen, die durch je einen großen Porus direkt nach außen münden. Tarsus zweigliedrig, Prätarsus krallenförmig. Analporen vorhanden.

Neu-Seeland.

2 Arten.

Typus: *M. aucklandica* Att.

Übersicht über die Arten:

91 Beinpaare. Hinterrand des Kopfschildes eingebuchtet. Stigmen sehr klein: 1. **M. aucklandica**

63—65 Beinpaare. Hinterrand des Kopfschildes gerade. Stigmen sehr groß: 2. **M. macrostigma**

1. **M. aucklandica** Att. 1903 *M. a.*, Attems in: Zool. Jahrb., Syst. *v.* 18 p. 285.

Bräunlichgelb. Länge 90 mm, Breite 2,4 mm. 91 Beinpaare (♀).

Kopfschild länglich, vorn gerade, hinten eingebuchtet, die Seiten gewölbt; fein zerstreut punktiert und beborstet; die Stirnfurche fein. Vorderrand der Kieferfußhüften eingekerbt, ohne Zähne, Präfemur mit einem winzigen Höckerchen, Basalzahn groß, Ungulum innen glatt, den Stirnrand überragend.

Sternite mit einer tiefen Längsfurche, die das große, quere, fast bis an die Seiten reichende Porenfeld in 2 Hälften teilt. Stigmen sehr klein.

Sternit des Endbeinsegments sehr groß, so breit wie das ganze vorangehende Segment, Hinterrand gerade, die Ecken abgerundet. Hüfte groß, die Telopoditglieder sehr schlank. Die Lappen der Hüftdrüsen sind zahlreicher und schlanker.

Neu-Seeland, Bay of Island, Auckland.

2. **M. macrostigma** Att. 1903 *M. m.*, Attems in: Zool. Jahrb., Syst. *v.* 18 p. 284 t. 14 f. 26—28.

Dunkelrotbraun. Länge 48—55 mm. 63—65 Beinpaare (♀).

Kopfschild länger als breit, vorn abgerundet, Seiten gewölbt, hinten gerade, Basalschild trapezisch, hinten etwas schmäler als das folgende Tergit. Vorderrand der Kieferfußhüften eingekerbt, mit winzigen Zahnhöckern,

Präfemur innen am Ende mit sehr kleinem Zähnchen, Basalzahn groß, spitz, Ungulum kurz, kräftig, innen glatt, den Stirnrand erreichend.

Tergite seicht zweifurchig, spärlich fein beborstet. Sternite mit tiefer Mittelfurche. Ventralporen vom 1. bis vorletzten beintragenden Segment, in einem Querband vor dem Hinterrand, das sich im Hinterende des Körpers in 2 runde, neben einander gelegene Haufen auflöst. Sternit des Endbeinsegments sehr breit, trapezisch, die Ecken ganz abgerundet.

Nord-Neu-Seeland.

D. Subfam. Chilenophilinae

1909 *C.*, Attems in: Denk. Ges. Jena, *v.* 14 p. 22 | 1909 Subtrib. *Ribautiina*, Brölemann in: Arch. Zool. expér., ser. 5 *v.* 3 p. 327 | 1912 Subtrib. *R.*, Ribaut in: Bull. Soc. Toulouse, *v.* 43 p. 124 | 1912 *Chilenophilinae*, Chamberlin in: Bull. Mus. Harvard, *v.* 54 p. 410 | 1914 *C.*, Attems in: Arch. Naturg., *v.* 80 A. 4 p. 128 | 1925 Trib. *Chilenophilini*, Verhoeff in: Bronn, Kl. Ordn., *v.* 5II p. 576.

Kopfschild länger als breit, oft bedeutend länger, die Kieferfüße sind von der Dorsalseite zum großen Teil sichtbar und überragen den Stirnrand, eine Stirnfurche fehlt meist (bisher nur von *Gnathoribautia* und einigen *Eurytion*-Arten bekannt). Neben dem trapezischen Basalschild, ein Teil der Kieferfußpleuren von oben sichtbar. 1 oder 2 Clypealareae sind vorhanden. Mittelteil des Labrum zumeist gut entwickelt, glatt oder gezähnt, selten etwas undeutlich ausgebildet, Seitenteile lang gefranst. 1. Maxille mit oder ohne Außentaster. die zwei Telopoditglieder meist deutlich geschieden, selten *(Alloschizotaenia)* undeutlich getrennt. Hüften der 2. Maxille bei *Arctogeophilus, Nesidiphilus* und *Suturodes* breit verwachsen, sonst nur durch eine schmale Brücke verbunden, oder wenn breiter aneinanderstoßend, ist die Mediannaht erhalten, mit langer Coxalleiste von der Drüsenöffnung basalwärts (Fig. 246). Kieferfüße zumeist ohne Chitinlinien und mit parallel zum Seitenrand verlaufender Pleurocoxalgrenze; bei *Ribautia* sind Chitinlinien vorhanden und läuft die Pleurocoxalgrenze schräg zum Außenrand. Tergite doppelfurchig oder glatt. Ventralporen vorhanden oder fehlend; wenn vorhanden, in verschiedenartiger Weise verteilt; in 1—2 runden Feldern oder in einem Querband und 2 Feldern davor oder anders. Tarsus der Endbeine zweigliedrig, Prätarsus krallenförmig oder in Gestalt eines zylindrischen, borstentragenden Gliedchens (in welchem Falle von achtgliedrigen Endbeinen gesprochen wird) oder fehlend.

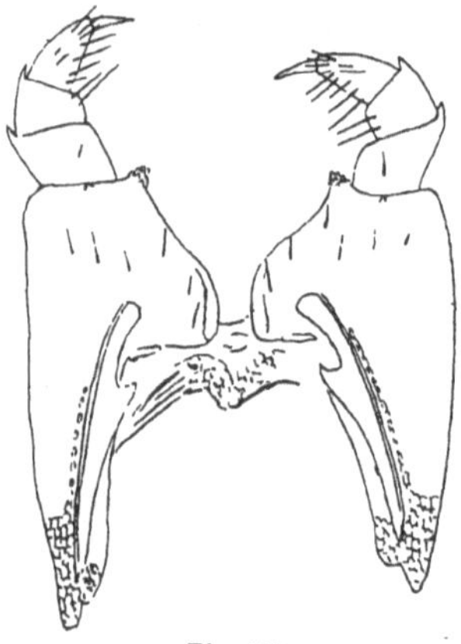

Fig. 246.
Brachygonarea apora (Att.)
2. Maxille.

16 Gattungen, 54 sichere, 4 unsichere Arten.

Übersicht über die Gattungen:

1a) Prätarsus der Endbeine krallenförmig oder fehlend 2
1b) Prätarsus der Endbeine ein cylindrisches beborstetes Gliedchen 12
2a) Hüften der 2. Maxille auf breiter Strecke ganz miteinander verwachsen . 3
2b) Hüften der 2. Maxille nur durch eine schmale Brücke verbunden . . 5
3a) Mittelteil des Labrum undeutlich, die gefransten Seitenteile treten vor ihm zusammen. Keine Ventralporen; die Coxalleiste der 2. Maxille endet lateral von der Drüsenöffnung . . . . 46. Gen. **Arctogeophilus**

3b) **Mittelteil des Labrum groß, kräftig gezähnt, trennt die Seitenteile; Ventralporen vorhanden, in 4 Feldern 4**
4a) Die Coxalleiste der 2. Maxille endet medial oder caudomedial von der Drüsenöffnung . . . . 43. Gen. **Nesidiphilus**
4b) Die Coxalleiste der 2. Maxille krümmt sich von außen über den Außenrand der Drüsenöffnung . . . . 44. Gen. **Suturodes**
5a) Kieferfüße mit Chitinlinien. Die Pleurocoxalgrenze der Kieferfüße verläuft schräg zum Außenrand . . . . 45. Gen. **Ribautia**
5b) Kieferfüße ohne Chitinlinien; die Pleurocoxalgrenze verläuft parallel mit dem Außenrand 6
6a) Mittelteil des Labrum klein, ungezähnt, hinter den vor ihm zusammentretenden Seitenteilen gelegen 7
6b) Mittelteil des Labrum zwischen den Seitenteilen gelegen, meist gezähnt . 8
7a) Vordere Sternite am Hinterrand mit zungenförmigem Lappen. Ventralporen vorhanden . . . . 42. Gen. **Chilenophilus**
7b) Sternite ohne solche Lappen am Hinterrand. Ventralporen fehlen:
47. Gen. **Queenslandophilus**
8a) Ventralporen vorhanden 9
8b) Ventralporen fehlen 10
9a) 2. Maxille am Medialeck der Hüfte mit einem Fortsatz. Endbeinhüfte innen mit rundem, behaartem, lappigem Vorsprung. Ventralporen in einem median oft geteilten großen hinteren Feld und 2 vorderen Feldern. Endbeine mit Endkralle . . . . 48. Gen. **Polygonarea**
9b) 2. Maxille ohne Fortsatz am Inneneck der Hüfte. Endbeinhüfte ohne runden, behaarten Lappen. Ventralporen in einem schmalen Querband vor dem Hinterrand. Endbeine ohne Kralle . . . 49. Gen. **Lestophilus**
10a) Einige vordere Sternite mit dreieckigem Lappen am Hinterrand und korrespondierender Grube am Vorderrand des folgenden Sternits:
50. Gen. **Taiyuna**
10b) Sternite ohne solche Lappen und Gruben 11
11a) Eine Clypealarea. Keine Stirnfurche. Endbeine mit Kralle:
51. Gen. **Brachygonarea**
11b) Zwei Clypealareae. Eine Stirnfurche vorhanden. Endbeine ohne Kralle:
52. Gen. **Gnathoribautia**
12a) Ventralporen vorhanden 13
12b) Ventralporen fehlen 14
13a) Ventralporen in einem runden Feld. Hüften der 2. Maxille nicht verwachsen. 1. Maxille ohne Außentaster . . . . 53. Gen. **Proschizotaenia**
13b) Ventralporen in 4 Feldern. Hüften der 2. Maxille durch eine ziemlich breite Brücke verbunden. 1. Maxille mit 2 Paar Außentastern:
54. Gen. **Telocricus**
14a) Die Endbeinhüftporen münden in 2 große Gruben, 1. und 2. Telopoditglied der 2. Maxille mit zahnartiger Außenecke . . 55. Gen. **Schizonampa**
14b) Die Hüftporen sind klein und münden jeder gesondert. 2. Telopoditglied der 2. Maxille ohne zahnartige Verlängerung außen 15
15a) 1. Maxille mit 2 Paar langer Außentaster. 1. Telopoditglied der 2. Maxille mit Innen- und Außenfortsatz. Terminalporen vorhanden:
56. Gen. **Watophilus**
15b) 1. Maxille mit winzigem Außentaster am 1. Telopoditglied. Telopoditglieder der 2. Maxille ohne Außenfortsätze. Terminalporen fehlen:
57. Gen. **Alloschizotaenia**

42. Gen. **Chilenophilus** Att.

1909 *C.*, Attems in: Denk. Ges. Jena, *v.* 14 p. 27.

Kopfschild merklich länger als breit, ohne Stirnfurche. Mittelteil des Labrum sehr klein, hinter den vor ihm median zusammentretenden, gefransten

Seitenteilen gelegen. Eine fein punktierte Clypealarea vorhanden. Syncoxit der 1. Maxille mit rudimentärem Telopodit mit gut entwickeltem Außentaster. Telopodit zweigliedrig. Hüften der 2. Maxille getrennt, nur durch eine schmale Brücke miteinander verbunden, mit langer Chitinleiste, die lateral von der Drüsenöffnung beginnt. Alle Glieder ohne besondere Fortsätze (Fig. 247). Kieferfüße den Stirnrand sehr merklich überragend, die Pleurocoxalgrenze verläuft parallel dem Seitenrand, keine Chitinlinien. — Ventralporen in einem hinteren Querband und 2 vorderen Häufchen angeordnet. Vordere Sternite mit einem runden Lappen am Hinterrand (Fig. 248). Tergite doppelfurchig. Hüfte der Endbeine mit zahlreichen einzeln und zumeist frei mündenden Poren ventral, lateral und dorsal. Tarsus zweigliedrig. Prätarsus krallenförmig. Sternit schmal. Terminalporen vorhanden.

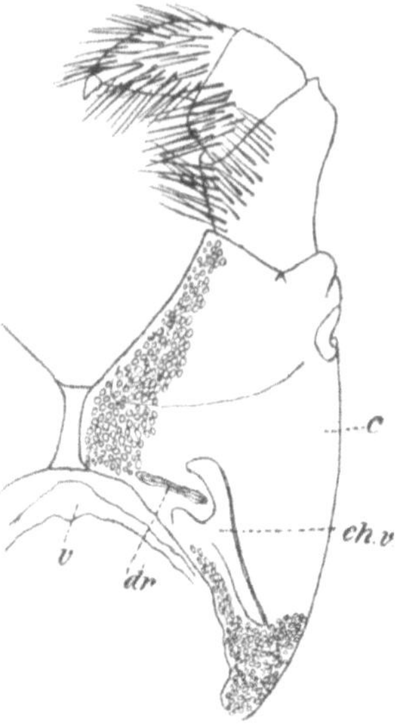

Fig. 247.
Chilenophilus corralinus (Att.)
2. Maxille.
v = Sternit, *dr* = Drüsenmündung, *chv* = Chitinleiste, *c* = Coxit.

Chile.

1 Art.

1. **C. corralinus** (Att.) 1903 *Geophilus (Pachymerium) c*, Attems in: Zool. Jahrb., Syst. *v.* 18 p. 253 t. 14 f. 33—38 | 1909 *Chilenophilus c.*, Attems in: Denk. Ges. Jena, *v.* 14 p. 27 f. 2 (Fig. 8, 247, 248).

Braungelb, Kopf kastanienbraun. Länge 68 mm, Breite 2,5 mm. 61—65 Beinpaare. Kopfschild dicht und fein punktiert, vorn und hinten fast gerade. Antennen ziemlich lang. Der Außentaster des 1. Telopoditgliedes der 1. Maxille reicht bis etwa zur Mitte des 2. Telopoditgliedes. Alle 3 Telopoditglieder der 2. Maxille kräftig beborstet, Endkralle sehr kurz und stumpf. Vorderrand der Kieferfußhüften eingekerbt, jederseits ein kleines braunes Zähnchen;

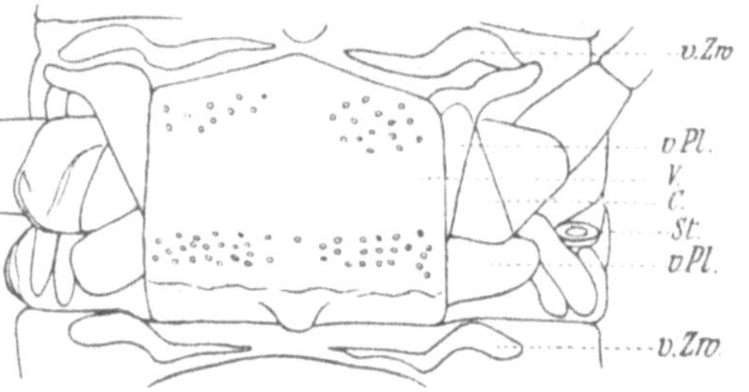

Fig. 248. **Chilenophilus corralinus** (Att.)
v. Zw = Prästernit, *V* = Sternit, *vPl vPl* = Pro- und Metacoxa, *c* = Coxa, *St* = Stigma.

Präfemur innen nahe dem Ende mit schwarzem Zahn, Tarsus mit einem ebensolchen, der gerade am Stirnrand zu liegen kommt. Ungulum innen glatt. Basalschild hinten etwas schmäler als das folgende Tergit. Tergit des 1. beintragenden Segments sehr groß und viel tiefer ventral herabreichend als die anderen.

Sternite fein punktiert und beborstet, mit abgekürzter Medianfurche. Tergite sehr fein punktiert und beborstet. Subcoxa mit den Ventralporen gleichen Poren.

Tergit des Endbeinsegments etwas länger als breit, hinten abgerundet. Sternit schmal, hinten wenig verschmälert, gerade abgeschnitten; Telopodit von Trochanter bis Tibia ventral dicht kurz und fein beborstet.

Chile: Corral, Valparaiso, Valdivia.

43. Gen. **Nesidiphilus** Chamb.

1915 *N.*, Chamberlin in: Bull. Mus. Harvard, *v.* 59 p. 511.

Kopfschildlänge: Breite etwa = 3:2. Stirnfurche fehlend oder vorhanden. Antennen kurz bis mäßig lang. Basalschild breit, trapezisch, ungefähr 3 mal so breit wie lang. Mittelteil des Labrum groß, mit kräftigen Zähnen, Seitenteile gefranst. 1. Maxille mit 2 Paar Außentaster. Hüften der 2. Maxille ziemlich breit miteinander verwachsen, die verbindende Brücke ebenso stark chitinisiert wie die seitlichen Teile; alle Glieder ohne besondere Fortsätze, Klaue einfach, die Chitinleiste der Hüfte endet medial oder caudomedial von der Drüsenöffnung, so daß letztere lateral vom Distalende der Leiste liegt. Kieferfüße groß, das 1. Antennenglied überragend, ohne Chitinlinien, Präfemur am Ende mit einem schwarzen Zahn oder abgerundeten blassen Höcker. Tarsus mit kräftigem Basalzahn.

Ventralporen in 2 durch eine schmale Lücke getrennten hinteren und in 2 vorderen Feldern. Sternite mit Medianfurche und schwächerer Querfurche.

Tergite zweifurchig, außerdem oft noch Medianfurchen und eine Querfurche.

Sternit des Endbeinsegments schmal oder breit; Tergit breit, die Endbeinhüften von oben bedeckend. Hüften mit zahlreichen einzeln ventral, lateral und dorsal mündenden Poren. Tarsus zweigliedrig, ohne oder nur mit rudimentärem Prätarsus.

Kuba, Jamaica, Haiti, Nicaragua.

4 Arten.

Typus: *N. latus* Chamb.

Übersicht über die Arten:

1a) 79 Beinpaare, eine Stirnfurche vorhanden. Präfemur der Kieferfüße am Ende mit einem schwarzen, stumpfen Zahn. Sternit des Endbeinsegments schmal, Endbein ganz ohne Prätarsus . . . . 4. **N. nicaraguae**

1b) 47—55 Beinpaare, ohne Stirnfurche oder eine solche nur durch eine blasse Linie ersetzt 2

2a) Sternit des Endbeinsegments breit. Präfemur der Kieferfüße am Ende mit einem spitzen, schwarzen Zahn, Endbeine mit dem Rudiment eines Prätarsus: 3. **N. juvenis**

2b) Sternit des Endbeinsegments schmal. Präfemur der Kieferfüße am Ende mit einem blassen, runden Höcker 3

3a) An Stelle der Stirnfurche eine blasse Linie. Ungulum der Kieferfüße in der proximalen Hälfte fein gekerbt. Endbeine mit dem Rudiment eines Prätarsus. Rücken der vorderen Segmente mit einer schwarzen Längsbinde. 47—49 Beinpaare . . . . 1. **N. latus**

3b) Gar keine Stirnfurche. Ungulum der Kieferfüße glatt(?). Endbeine ohne Prätarsus(?). Rücken ohne schwarze Längsbinde. 55 Beinpaare: 2. **N. montis**

1. **N. latus** Chamb. 1915 *N. l.*, Chamberlin in: Bull. Mus. Harvard, *v.* 59 p. 512.

Rücken dunkelbraun, vorn mit einer schwarzen Medianbinde, die sich weiterhin in 2 teilt und undeutlich wird. Kopf und Kieferfüße kastanienbraun.

Länge 24—40 mm. 47 (♂)—49 (♀) Beinpaare.

An Stelle der Stirnfurche eine blasse Linie. Die Kieferfüße reichen geschlossen bis zur Mitte des 2. Antennengliedes; Ungulum in der proximalen Hälfte fein gekerbt; Präfemur am Ende mit einem kräftigen, abgerundeten blassen Höcker.

Auf den vorderen Tergiten außer den gewöhnlichen 2 Längsfurchen eine scharfe Querfurche hinter der Mitte und eine Medianfurche, die weiter kaudalwärts durch 2 Längsfurchen ersetzt wird.

Sternite mit einer tiefen medianen Längsfurche, die auf einigen vorderen Segmenten abgekürzt ist und nahe der Mitte von einer schwächeren Querfurche gekreuzt wird. Sternit des Endbeinsegments schmal.

2. Tarsalglied der Endbeine mit dem undeutlichen Rudiment einer Klaue.

Jamaica: Blue Mountain Peak.

2. **N. montis** Chamb. 1915 *N. m.*, Chamberlin in: Bull. Mus. Harvard, *v.* 59 p. 513.

Braun, Kopf und Kieferfüße heller braun oder rötlich.

Länge 26 mm. 55 Beinpaare.

Keine Stirnfurche. Die geschlossenen Kieferfüße erreichen das Ende des 2. Antennengliedes; Präfemur nahe dem Ende mit einem kräftigen, abgerundeten blassen Höcker.

Tergite mit den 2 gewöhnlichen Längsfurchen, einer medianen Längsfurche und mit einer scharfen Querfurche hinter der Mitte.

Sternite mit einer tiefen Längsfurche und einer seichteren Querfurche. Sternit des Endbeinsegments schmal und lang.

2. Tarsalglied der Endbeine lang und schlank.

Kuba: Monte Verde.

3. **N. juvenis** Chamb. 1918 *N. j.*, Chamberlin in: Bull. Mus. Harvard, *v.* 62 p. 161.

Gelb, Kopf und Kieferfüße orangefarben. 49 Beinpaare.

Basalschild kürzer als bei *N. latus*. Die geschlossenen Kieferfüße überragen das 1. Antennenglied; Präfemur am Ende mit einem spitzen, schwarzen Zahn. Sternit des Endbeinsegments breit, nach hinten stark verschmälert.

2. Tarsalglied mit einem winzigen, durchsichtigen Prätarsus.

Haiti: Petionville.

4. **N. nicaraguae** Chamb. 1915 *N. n.*, Chamberlin in: Bull. Mus. Harvard, *v.* 59 p. 515.

Rücken vorn lichtbraun, hinten gelblich, Kopf und Kieferfüße kastanienbraun. Länge 54 mm. 79 Beinpaare.

Stirnfurche vorhanden. Antennen mäßig lang. Die geschlossenen Kieferfüße erreichen fast das Ende des 2. Antennengliedes; Präfemur am Ende mit einem kräftigen, abgerundeten, dunkleren und stärker chitinisierten Zahn als gewöhnlich.

Sternite mit einer Querfurche und einer Längsfurche, an der Kreuzungsstelle ein Grübchen. Sternit des Endbeinsegments schmal.

2. Tarsalglied der Endbeine schlank, ohne Spur eines Prätarsus.

Nicaragua: Escondido River.

44. Gen. **Suturodes** Chamb.

1922 *S.*, Chamberlin in: P. U. S. Mus., *v.* 60 nr. 7 p. 13.

Kopfschild merklich länger als breit, ohne oder mit undeutlicher Stirnfurche. Antennen kurz, fadenförmig. 2 kleine Clypealareae, jede mit einer Borste, davor ein Paar Borsten, seitlich und hinten jederseits 3—5 Borsten. Mittelteil des Labrum groß, nach hinten vorgewölbt, mit (6) starken Zähnen, trennt die lang gefransten Seitenteile. 1. Maxille mit 2 Paar Außentastern, Telopodit zweigliedrig, Coxalfortsatz deutlich abgesetzt. Hüften der 2. Maxille breit verwachsen, der Medianteil mehr membranös; die Chitinleiste krümmt sich um den Lateralrand der Drüsenöffnung; alle Glieder ohne besondere Fortsätze, Kralle einfach. Kieferfüße groß, von oben zum großen Teil sichtbar, den Stirnrand merklich überragend, ohne Chitinlinien, Vorderrand der Hüfte, Präfemur innen am Ende und Tarsus mit je einem Zahn, Ungulum glatt; Basalschild trapezisch, hinten schmäler als das folgende Tergit. Ventralporen in 4 Feldern.

Tergit des Endbeinsegments schmal, läßt die großen Hüften unbedeckt, Hüfte mit zahlreichen kleinen Poren ventral, lateral und dorsal. Sternit schmal. Tarsus zweigliedrig; kein Prätarsus. Tergite zweifurchig.

Honduras, Guatemala.

2 Arten.

Typus: *S. tardus* Chamb.

1. **S. tardus** Chamb. 1922 *S. t.*, Chamberlin in: P. U. S. Mus., *v.* 60 nr. 7 p. 14.

69—71 Beinpaare.

Honduras: San Juan Pueblo.

2. **S. guatemalae** Chamb. 1922 *S. g.*, Chamberlin in: P. U. S. Mus., *v.* 60 nr. 7 p. 15.

59 Beinpaare (♂). Außentaster des Telopodits der 1. Maxille im Verhältnis zu dem des Syncoxits kleiner als bei *S. tardus*. Hüftporen der Endbeine weniger zahlreich als bei *S. tardus*.

Guatemala: San Rafael.

45. Gen. **Ribautia** Bröl.

1909 *R.*, Brölemann in: Arch. Zool. expér., ser. 5 *v.* 3 p. 335 | 1912 *R.*, Ribaut in: Bull. Soc. Toulouse, *v.* 43 p. 126 | 1912 *R.*, Ribaut in: Mém. Soc. Neuchâtel, *v.* 5 p. 84 | 1912 *Schizoribautia*, Brölemann in: Rec. Austral. Mus., *v.* 9 p. 70 | 1923 *Ribautia*, Ribaut in: N. Caledonia, *v.* 3 I p. 70.

Kopfschild viel länger als breit, ohne Stirnfurche, eine Clypealarea, in der meist einige Borsten stehen, vorhanden. Mittelteil des Labrum meist gefranst, seltener gezähnt oder glatt ohne Fransen und Zähne, meist zwischen den Seitenteilen gelegen, letztere vollständig trennend; nur bei *R. porosa* rudimentär und die Seitenteile median fast zusammenstoßend. Mediale Hälfte der Seitenteile gefranst. 1. Maxille ohne Außentaster, Telopodit zweigliedrig, Hüften der 2. Maxille nicht verwachsen, sondern nur durch eine schmale Brücke verbunden mit langer Coxalleiste von der Drüsenmündung an und mit relativ langem, schlankem, spitzem Fortsatz am distalen Inneneck. 2. Telopoditglied außen zuweilen mit zahnartigem Fortsatz. Kieferfüße den Stirnrand sehr merklich überragend, mit abgekürzten Chitinlinien (die bis zur

Mitte oder fast bis zum Condylus reichen können). Die Pleurocoxalgrenze verläuft schräg zum Außenrand (Fig. 249). Präfemur meist mit einem kräftigen Zahn am Innenrand nahe dem Ende und oft mit einem mehr runden Höcker im basalen durch die Trochanterkerbe abgegrenzten Teil (Trochanter). Basalschild trapezförmig, hinten schmäler als das 1. Tergit. Tergite doppelfurchig.

Fig. 249.
Ribautia imparata (Att.)
Kieferfüße.

Ventralporen vorhanden, meist auf den vorderen und hinteren Segmenten in einem unpaaren rundlichen Feld, auf den mittleren Segmenten in 2 Feldern nebeneinander, manchmal auch auf den hinteren Segmenten in zwei Feldern, oder auf allen Segmenten in einem unpaaren Feld; bei einigen Arten nur auf den Segmenten der vorderen Körperhälfte vorhanden, auf dem 1. Segment vorhanden oder fehlend. Die Hüftporen der Endbeine münden entweder einzeln (selten bei *R. bouvieri* und *fuhrmanni*) oder in Gruppen vereinigt in Gruben oder Taschen am Sternitrand. Das Ende der Hüfte ist dicht kurz beborstet und öfters mehr oder weniger lappig abgesetzt. Tarsus zweigliedrig. Endkralle fast stets vorhanden (fehlt bei *bouvieri*).

SW-Australien, Neu-Caledonien, Columbien, Brasilien, Peru, Westafrika.

17 sichere, 3 unsichere Arten.

Typus: *R. bouvieri* Bröl.

Übersicht über die Arten.

1 a) Die Endbeinhüftporen sind gleichmäßig verteilt, [nicht zu Gruppen vereinigt in Taschen mündend] 2

2 a) Alle Ventralporenfelder ungeteilt, 1. Sternit mit Porenfeld. Außenseite der Endbeinhüfte mit Poren, Endbeine ohne Prätarsus: 1. **R. bouvieri**

2 b) Mittlere Ventralporenfelder in 2 geteilt, vordere und hintere unpaar. 1. Sternit ohne Porenfeld. Auf der Außenseite der Endbeinhüfte keine Poren. Endbeine mit Kralle . . . . 2. **R. fuhrmanni**

1 b) Die Endbeinhüftporen münden zu 1—3 Gruppen vereinigt in Taschen neben dem Sternitrand 3

3 a) Ventralporen bis zum vorletzten Sternit vorhanden 4

4 a) 105—125 Beinpaare. Der Zahn auf dem Kieferfußtarsus ist häkchenförmig. Am Innenrand des Kieferfußpräfemur kein Zahn: 3. **R. taeniata**

4 b) Höchstens 85 Beinpaare. Der Basalzahn des Kieferfußtarsus ist nicht hakig. Am Innenrand des Kieferfußpräfemur meist ein Zahn 5

5 a) Mittelteil des Labrum undeutlich, hinter die median zusammenstoßenden Seitenteile gerückt . . . . 4. **R. porosa**

5 b) Mittelteil des Labrum stets deutlich entwickelt und die Seitenteile trennend 6

6 a) Terminalporen vorhanden 7

7 a) 2. Telopoditglied der 2. Maxille außen ohne Zahnbildung, Mittelteil des Labrum gefranst, Kieferfußpräfemur innen mit distalem Zahn und mittlerem Höcker. Sternite reichlich und kurz beborstet . . . . 5. **R. repanda**

7 b) 2. Telopoditglied der 2. Maxille am Ende außen zahnartig vorspringend 8

8a) Mittelteil des Labrum ohne Zähne oder Fransen. Präfemur der Kieferfüße innen ohne deutlichen Zahn, nur mit runden Buckeln. Das Ventralporenfeld teilt sich vom 25. Sternit an. 65 Beinpaare, Chitinlinien fast vollständig . 6. **R. rainbowi**

8b) Mittelteil des Labrum gefranst. Präfemur der Kieferfüße am Ende innen mit kräftigem Zahn 9

9a) Das Ventralporenfeld teilt sich vom etwa 14. Sternit an. Chitinlinien der Kieferfüße deutlich abgekürzt. 61—73 Beinpaare . . . . 7. **R. conifera**

9b) Das Ventralporenfeld teilt sich vom 21. Sternit an. Chitinlinien der Kieferfüße fast vollständig. 81 Beinpaare: 8. **R. mjöbergi**

6b) Terminalporen fehlen 10

10a) 2. Telopoditglied der 2. Maxille am Ende außen zahnartig vorspringend 11

11a) Mittelteil des Labrum nicht gefranst. 1. Sternit mit Ventralporenfeld. Die Endbeinhüftporen sind in einer Gruppe vereinigt . . . . 9. **R. imparata**

11b) Mittelteil des Labrum fein und lang gefranst. 1. Sternit ohne Ventralporenfeld. Die Endbeinhüftporen münden in 2 Gruppen . . 10. **R. aggregata**, 11. **R. dietrichiae**

10b) 2. Telopoditglied der 2. Maxille außen ohne Zahn 12

12a) Die Endbeinhüftporen sind in einer Gruppe vereinigt. Das Ventralporenfeld ist schon vom 3. Segment an in 2 geteilt. 43 Beinpaare (Neu-Kaledonien): 12. **R. coarctata**

12b) Die Endbeinhüftporen bilden 2 Gruppen 13

13a) Ventralporenfeld überall ungeteilt, auf den hinteren Segmenten groß, von der Mitte bis zum Hinterrand reichend. 65 Beinpaare. Ungulum innen glatt (Kolumbien) . . . . 13. **R. centralis**

13b) Das Ventralporenfeld teilt sich schon auf dem 5. Sternit in 2 kleine runde Felder. 47 Beinpaare. Ungulum fein gekerbt (Neu-Kaledonien) . . . . . . 14. **R. sarasini**

3b) Ventralporenfelder nur auf der vorderen Körperhälfte vorhanden . 14

14a) 1. und 2. Telopoditglied der 2. Maxille am Ende außen mit Zahn. Präfemur der Kieferfüße mit 2 runden Tuberkeln. Mittelteil des Labrum gezähnt 15. **R. brittini**

14b) Telopoditglieder der 2. Maxille außen ohne Zähne. Präfemur der Kieferfüße am Ende innen mit mehr oder weniger spitzem Zahn 15

15a) Terminalporen fehlen. Mittelteil des Labrum gefranst (Neu-Kaledonien) . . . . 16. **R. gracilis**

15b) Terminalporen vorhanden. Mittelteil des Labrum gezähnt (Peru) . . . . 17. **R. seydi**

1. **R. bouvieri** Bröl. 1909 *R. B.*, Brölemann in: Bull. Mus. Paris, *v.* 15 p. 421 | 1923 *R. b.*, Ribaut in: N. Caledonia, *v.* 3 I p. 70.

Länge 33 mm, Breite 1 mm. 73 Beinpaare.

Kopfschild viel länger als breit, vorn am breitesten, hinten gerade.

Mittelteil des Labrum mit 5 Tuberkeln oder Zähnen, die Seitenteile bilden medial einen vorspringenden, die Seiten des Mittelteils bedeckenden Lappen, mediale Hälfte der Seitenteile gefranst. Telopodit der 2. Maxille außen ohne Zacken. Endkralle lang und schlank; Fortsatz am Inneneck der Hüfte schlank. Vorderrand der Kieferfußhüften mit 2 schwachen Zähnen; Präfemur mit einem kräftigen Zahn am Ende und einem flachen Tuberkel in der Mitte; Tarsus mit kleinem Zahn, Ungulum innen glatt.

1. bis vorletztes Sternit mit einem medianen fast kreisrunden Porenfeld. Sternit des Endbeinsegments breit, hinten wenig verschmälert, abgerundet; Hüfte am Sternitrand mit 3 großen, teilweise vom Sternit bedeckten Poren, seitlich 4—5 kleinere Poren. Kein Prätarsus.

Terminalporen vorhanden.

Haut Carsévène, Guyana, Brasilien.

2. **R. fuhrmanni** Rib. 1912 *R. F.*, Ribaut in: Mém. Soc. Neuchâtel, *v.* 5 p. 79 f. 8—15 | 1923 *R. f.*, Ribaut in: N. Caledonia, *v.* 31 p. 70 (Fig. 250, 251).

Länge 53 mm. Zahl der Beinpaare 53 (♂♀)—69 (♀).

Kopfschild länger als breit (1,46 : 1), ohne Stirnfurche, weitschichtig punktiert. Clypealarea mit 2 Borsten, dahinter 4 Borsten in einer Querreihe.

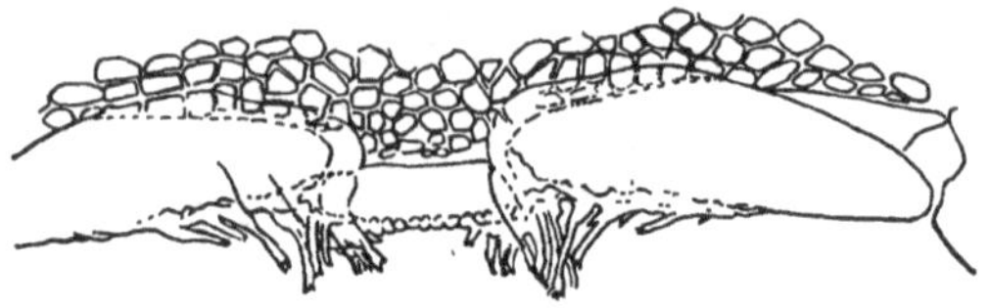

Fig. 250. **Ribautia fuhrmanni** Rib. Labrum.

Mittelteil des Labrum mit 8 kurzen, abgestutzten und am Endrand feingezähnelten Zähnen, mediane Hälfte der Seitenteile gefranst, die Fransen am Ende zerfasert (Fig. 250). Die Seitenteile bedecken teilweise die Seiten des Mittelteils. Telopodit der 2. Maxille ohne Außenzacken. Vorderrand der Kieferfußhüften mit 2 Zähnchen, Präfemur mit 2 kräftigen Zähnen, Tarsus mit starkem Zahn. Ungulum glatt. Basalschild schmal, trapezisch.

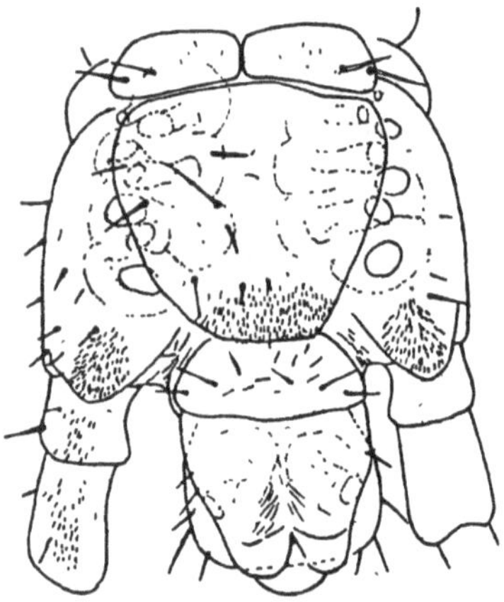

Fig. 251. **Ribautia fuhrmanni** Rib., ♂

Tergite vom 1. an gefurcht, die ersten 15 weitschichtig punktiert.

2. bis vorletztes Sternit mit Porenfeld; auf den vorderen etwa 209 und auf etwa 5 hinteren Sterniten ist das Feld ungeteilt, dazwischen in 2 geteilt.

Sternit des Endbeinsegments so lang wie breit, beim ♂ das hintere Drittel, beim ♀ das hintere Viertel dicht und kurz beborstet. Endbeine des ♂ nur wenig verdickt und wenig beborstet. Hüfte beim ♂ und ♀ mit einer dicht und kurz beborsteten Vorragung; 5—7 Poren, die in einer Grube am Sternitrand münden (Fig. 251). Endkralle vorhanden.

Terminalporen vorhanden.

Kolumbien, am Ufer des Magdalenen Stromes, Puerto de los Potres am Cauca (Zentral Kordilleren), Guaduas (Ost-Kordilleren).

3. **R. taeniata** Rib. 1923 *R. t.*, Ribaut in: N. Caledonia, *v.* 3 I p. 68 f. 180—185 (Fig. 252).

Länge bis 75 mm. Zahl der Beinpaare ♂ 105—121, ♀ 111—125.

Kopfschild $1^1/_2$ mal so lang wie breit. Stirnregion durch einen schmalen farblosen Streif abgegrenzt. In der runden Clypealarea 4 Borsten, dahinter 3 + 2 + 3 Borsten. Mittelteil des Labrum klein, gefranst. Seitenteile median stark verjüngt, ihre medianen $^2/_3$ lang gefranst; Borsten des Mandibelrandes pinselartig zerschlitzt (Fig. 252). Beide Maxillenpaare stärker beborstet

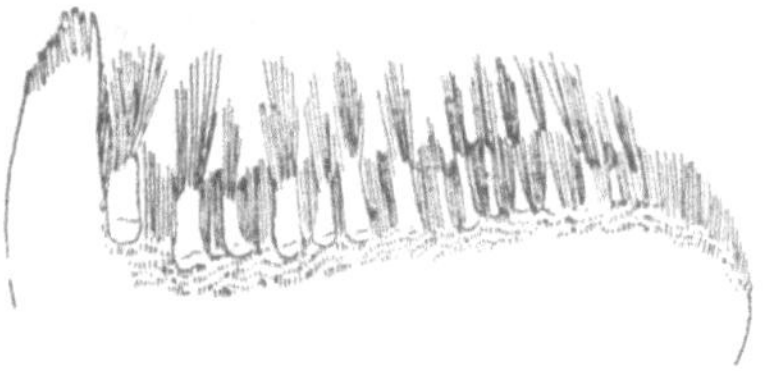

Fig. 252. **Ribautia taeniata Rib.** Borsten des Mandibelrandes.

als sonst, Telopodit der 2. Maxille ohne Außenzacken. Chitinlinien der Kieferfüße fast vollständig, Vorderrand der Hüften ohne Zähne, Präfemur innen ohne Zahn, Tarsus mit hakig zurückgebogenem Zahn, Ungulum innen glatt. Die Borsten der Mandibel sind pinselartig zerfasert.

2. bis vorletztes Sternit mit Porenfeld, das erst rund, dann queroval ist und sich vom etwa 36. Sternit an in 2 Seitenfelder teilt.

Sternit des Endbeinsegments an der Basis breiter als lang (5:4). Hüften hinten innen mit beborstetem Kissen. Hüftporen sehr zahlreich, in 3 Gruppen in der Tasche am Sternitrand mündend; die Poren der vordersten Gruppe münden teilweise frei und auf der Dorsalseite. Telopoditglieder bis inklusive Tibia bei ♂ und ♀ ziemlich verdickt.

Terminalporen fehlen.

Neu-Kaledonien: Paru, Tchalabel, Nègropo-Tal, Mont Canala.

4. **R. porosa** (Verh.) 1925 *Polygonarea p.*, Verhoeff in: Ark. Zool., *v.* 17 A. nr. 3 p. 56 t. 2 f. 36—38.

♂ 33 mm lang. 55 Beinpaare.

Clypeus vorn nur in der blassen Area mit 2 Borsten. Seitenteile des Labrum in der Mitte zusammenstoßend und nach hinten zurückgebogen, so daß kein deutlicher Mittelteil entwickelt ist. 2. Telopoditglied der 2. Maxille außen ohne Zacken. Ungulum der Kieferfüße innen fein gekerbt, alle Glieder ungezähnt.

Ventralporenfeld der vorderen Sternite rundlich, vom 19. Sternit an in 2 Felder getrennt.

Terminalporen fehlen.

Cedar Creek in Queensland, Australien.

5. **R. repanda** (Att.) 1911 *Polygonarea r. multipes,* Attems in: Fauna S.W.-Austral., *v.* 3 p. 164 f. 17, 18 | 1912 *Ribautia repandum,* Ribaut in: Mém. Soc. Neuchâtel, *v.* 5 p. 86 | 1923 *R. repanda,* Ribaut in: N. Caledonia, *v.* 3I p. 64 (Fig. 30, 253).

Gelb, Kopf licht kastanienbraun.

Länge bis 68 mm. 75 (♂)—85 (♀) Beinpaare.

Kopfschild $1^1/_2$ mal so lang wie breit, ohne Stirnfurche, zerstreut beborstet, mit grober polygonaler Felderung. Clypealarea nahe dem Stirnrand gelegen, blaßgelb mit 4—5 Borsten, vorn außen 1 + 1 Borsten. Antennen sehr lang und schlank. Mittelteil des Labrum gefranst, Seitenteile in der Mitte am breitesten, die mediale Hälfte gefranst. Mandibelborsten einfach, nicht pinselig.

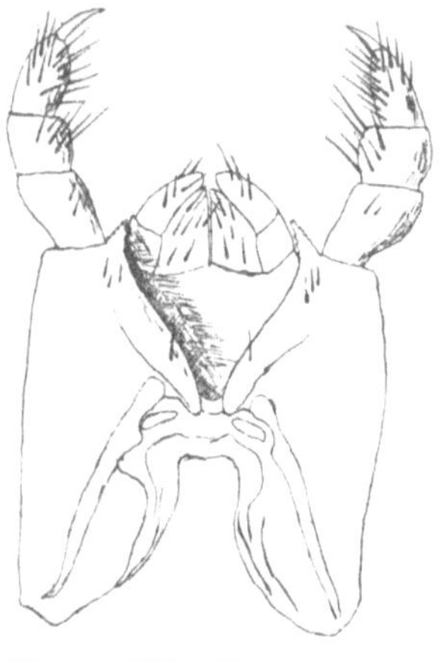

Fig. 253. **Ribautia repanda** (Att.) Beide Maxillenpaare.

Telopodit der 2. Maxille ohne Außenzacken. Die Kieferfüße überragen den Stirnrand mit dem Tarsungulum, Hüften ziemlich dicht punktiert, Vorderrand mit 2 Zähnen, Präfemur innen mit distalem Zahn und proximalem Höcker, Tarsuszahn groß, spitz, Ungulum innen glatt.

Sternite vom 2. an mit Poren. Das Feld ist schon auf dem 2. Sternit groß, anfangs kreisrund, dann vom etwa 11. Sternit an queroval, dann vom etwa 14. an in 2 geteilt; auf einigen der letzten Segmente vereinigen sich wieder beide Felder zu einem unpaaren. Sternite reichlich und kurz beborstet. Sternite des Endbeinsegments breit, trapezisch, ein breiter Streif am Hinterrand bei ♂ und ♀ dicht beborstet. Distaler Teil der Hüfte und der ganze Präfemur, Femur und Tibia ventral dicht beborstet, beim ♀ etwas schwächer als beim ♂. Die Hüftporen münden in 2—3 Gruppen neben dem Sternitrand. Endkralle vorhanden; Endbeine des ♂ etwas verdickt. Terminalporen vorhanden.

S.W.-Australien, Neu-Kaledonien, Loyaltyinseln.

6. **R. rainbowi** (Bröl.) 1912 *Schizoribautia r.,* Brölemann in: Rec. Austral. Mus., *v.* 9 p. 71 f. 26—34 | 1923 *Ribautia r.,* Ribaut in: N. Caledonia, *v.* 3I p. 71 (Fig. 254).

Länge 50 mm, Breite 1,5 mm. 65 Beinpaare.

Kopfschild viel länger als breit (1,5:0,9), vorn abgerundet, zwischen den Antennen eingekerbt, hinten gerade; ohne Stirnfurche, hinten 2 tiefe divergierende Längsfurchen. Antennen lang. Mittelteil des Labrum ziemlich

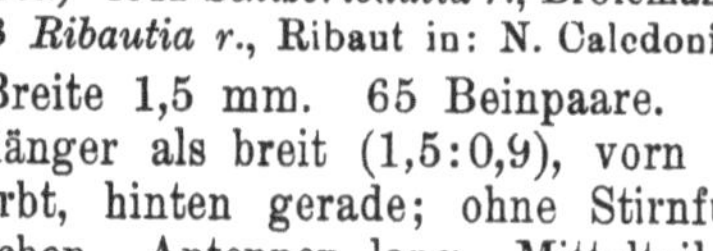

Fig. 254. **Ribautia rainbowi** (Bröl.) Labrum.

groß, ohne Zähne oder Fransen; Seitenteile nur medial gefranst. 2. Telopoditglied der 2. Maxille außen mit kräftigem, stumpfem Zahn. Die Kieferfüße überragen den Stirnrand mit dem Ungulum; Hüften stark punktiert, mit wenig abgekürzten Chitinlinien, Vorderrand mit 2 kleinen Zähnen, Präfemur innen ohne Zahn, Basalzahn des Tarsus klein.

Vordere Sternite kräftig punktiert, mit abgekürzter Medianfurche, reichlich und kurz beborstet. Das Ventralporenfeld beginnt auf dem 3. Sternit, ist bis etwa 24. Sternit einheitlich, dann bis zum vorletzten Sternit in 2 Felder geteilt. Sternit des Endbeinsegments breit, nach hinten stark verschmälert abgestutzt. Hüfte distal mit dicht und kurz beborstetem Kissen, die zahlreichen Hüftporen münden einzeln in eine tiefe Grube am Sternitrand.

Keine Terminalporen.

New South-Wales: Paramatta.

7. **R. conifera** (Att.) 1911 *Polygonarea repanda c.*, Attems in: Fauna S.W.-Austral., *v.* 3 p. 165 f. 19 | 1923 *Ribautia c.*, Ribaut in: N. Caledonia, *v.* 3ɪ p. 71 (Fig. 255).

Bis 48 mm lang. 61(♂)—73(♀) Beinpaare. Clypealarea rund, knapp am Stirnrand, mit 4 Borsten. 2. Telopoditglied der 2. Maxille außen am Ende mit kleiner Kegelspitze. 2. Sternit nur mit einigen wenigen oder ganz ohne Poren; vom 3. Sternit an ein anfangs rundes, dann querovales und schließlich in 2 geteiltes Ventralporenfeld. Die Endbeinhüftporen münden in 2—3 Gruppen in eine tiefe Tasche am Sternitrand. Präfemur der Kieferfüße mit distalem Zahn und proximalem Höcker.

Im übrigen gleicht diese Art *R. repanda* (Att.).

S.W.-Australien: Yalgoo, Dongarra, Mundijong, Brunswick, Bridgetown, Gooseberry Hill, York, Broome Hill, Cranbrook.

Fig. 255.
Ribautia conifera (Att.) Maxillen.

8. **R. mjöbergi** (Verh.) 1925 *Polygonarea m.*, Verhoeff in: Ark. Zool., *v.* 17 A. nr. 3 p. 55.

60 mm lang. 81 Beinpaare. Mandibelborsten einfach, 2. Telopoditglied der 2. Maxille außen am Ende mit einem endwärts gerichteten Zahn. Vorderrand der Kieferfußhüften in der Mediane eingeschnitten, jederseits mit hellem Höcker, Präfemur am Ende mit kräftigem, dunklem Zahn, in der Mitte mit abgerundetem Höcker. Tarsus mit starkem Zahn und dahinter noch ein kleiner Nebenzahn. Clypeus in der blassen Area mit 2 Borsten, sonst borstenlos.

1. Sternit nur mit zerstreuten Poren, Porenfelder der vorderen Sternite rundlich, fast in der Mitte gelegen, vom 21. Sternit an in 2 Felder geteilt.

Endbeinhüfte mit 3 Porengruppen, die so dicht nebeneinander liegen, daß sie fast wie eine Gruppe erscheinen. Sternit wenig länger als breit, hinten breit abgerundet, vor dem Hinterrande dicht und fein beborstet, sonst fast nackt. Terminalporen vorhanden.

Perth, Australien.

9. **R. imparata** (Att.) 1911 *Polygonarea i.*, Attems in: Fauna S.W.-Austral., *v.* 3 p. 161 f. 16 | 1912 *Ribautia i.*, Ribaut in: Mém. Soc. Neuchâtel, *v.* 5 p. 86 | 1923 *R. i.*, Ribaut in: N. Caledonia, *v.* 3ɪ p. 72.

Länge bis 35 mm. Zahl der Beinpaare ♂ 45—51, ♀ 47—55.

Kopfschild viel länger als breit (3:2), ohne Stirnfurche, mit einigen langen Borsten, derb polygonal gefeldert. Clypealarea mit 1—4 Borsten. Mittelteil des Labrum von mittlerer Größe, ungefranst, die mediale Hälfte der Seitenteile gefranst. 2. Telopoditglied der 2. Maxille am Ende außen mit einem Zahn.

Die Kieferfüße überragen den Stirnrand mit dem Tarsungulum, Chitinlinien abgekürzt, Vorderrand der Hüften mit 2 kurzen, stumpfen Zähnen.

Präfemur mit 2 schwachen, nicht dunkelgefärbten Höckern, Basalzahn des Tarsus gut entwickelt. Ungulum innen glatt.

1. bis vorletztes Sternit mit Ventralporen; auf dem 2. Sternit ein kleines rundes, dann ein größeres rundes bis querovales Feld, das sich vom 16. Sternit an in 2 Felder teilt, die bis zum vorletzten bleiben. Sternite zerstreut, kurz beborstet.

Sternit des Endbeinsegments breit, nach hinten verschmälert, ein Streif am Hinterrand bei ♂ und ♀ dicht und kurz beborstet. Die Hüftporen münden in eine runde Grube neben dem Sternitrand. Endkralle vorhanden. Beim ♂ sind die Endbeine verdickt und dicht beborstet; manchmal bleiben die 2 Tarsalglieder schlanker.

SW.-Australien: Lion Mill, Mundaring, Weir, Subiaco, Karakatta, East Fremantle, Collie, Boyanup, Piekering Brooke.

10. **R. aggregata** (Bröl.) 1915 *Schizoribautia aggregatum*, Brölemann in: P. Linn. Soc. N. S. Wales, *v.* 40 p. 683 f. 1—3 | 1923 *Ribautia aggregata*, Ribaut in: N. Caledonia, *v.* 31 p. 72.

50 mm lang. 67—71 Beinpaare (♀).

Mittelteil des Labrum ziemlich breit, die Seitenteile völlig trennend mit zerfaserten Fransen, Seitenteile in der medialen Hälfte mit einigen Fransen.

Präfemur der Kieferfüße mit einem abgerundeten Tuberkel nahe dem Ende. 2. bis vorletztes Sternit mit Ventralporen, auf den hinteren Segmenten in 2 Feldern.

Hüfte der Endbeine am Ende innen dicht und kurz beborstet, aber ohne lappige Vorragung. Hüftporen in 2 Gruppen münden in tiefe Gruben am Sternitrand, zum Teil vom Sternit bedeckt.

Keine Terminalporen.

Gleicht im übrigen *R. rainbowi* Bröl.

N. S.-Wales: Brewarinna.

11. **R. dietrichiae** (Verh.) 1925 *Polygonarea d.*, Verhoeff in: Ark. Zool., *v.* 17 A. nr. 3 p. 56.

48 mm lang. 71 Beinpaare (♀).

Mittelteil des Labrum schwach gezähnt, trennt die Seitenteile völlig. 2. Telopoditglied der 2. Maxille mit Andeutung eines Zahnes am äußeren Ende. Chitinlinien nur bis zur Mitte reichend. In der blassen Clypealarea 4 Tastborsten, außerdem 2 in der Mitte und 3 + 3 vorn jederseits.

1. Sternit ohne Poren. Porenfeld der vorderen Sternite groß und rundlich, fast in der Mitte gelegen, vom 23. Sternit an in 2 Felder geteilt.

Sternit des Endbeinsegments etwas breiter als lang, hinten breit abgerundet, vor dem Hinterrand dicht und fein beborstet, sonst zerstreut beborstet.

Kimberley Distr., Australien.

12. **R. coarctata** Rib. 1923 *R. c.*, Ribaut in: N. Caledonia, *v.* 31 p. 66 f. 171—174 (Fig. 256).

15 mm lang. 43 Beinpaare (♀).

Kopfschild $1^1/_2$ mal so lang wie breit, vorderes Drittel mit stärkerer Felderung, keine Stirnfurche. Runde Clypealarea mit 4 Borsten. Mittelteil des Labrum und das mediane Drittel der Seitenteile gefranst. 2. Telopoditglied der 2. Maxille außen ohne Zacken. Kieferfüße wie bei *R. sarasini*, nur das Ungulum etwas stärker gekerbt.

2. bis vorletztes Sternit mit in 2 geteiltem Porenfeld, letztes mit 6 + 6 Poren.

Endbeinhüfte mit einer Gruppe von 3—4 Poren, die in eine Grube am Sternitrand münden. Keine Terminalporen.

Neu-Kaledonien, Mont Panié.

Fig. 256.
Ribautia coarctata Rib.

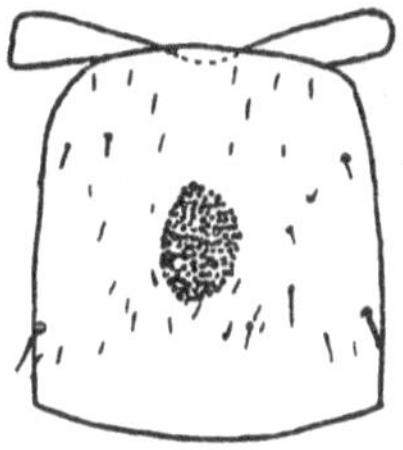

Fig. 257.
Ribautia centralis (Silv.)
Sternit.

13. **R. centralis** (Silv.) 1907 *Eurytion c.*, Silvestri in: Mt. Mus. Hamburg, *v.* 24 p. 256 f. 81—86 | 1909 *Polygonarea c.*, Attems in: Denk. Ges. Jena, *v.* 14 p. 25 | 1912 *Ribautia c.*, Ribaut in: Mém. Soc. Neuchâtel, *v.* 5 p. 84 | 1923 *R. c.*, Ribaut in: N. Caledonia, *v.* 31 p. 72.

Ockergelb, Kopf rötlich. Länge 46 mm, Breite 1,3 mm. 65 Beinpaare (♀).

Kopfschild um ein Drittel länger als breit, spärlich beborstet. Telopoditglieder der 2. Maxille außen ohne Zahn, die Klaue sehr kurz. Die Kieferfüße reichen geöffnet bis zur Mitte des 3. Antennengliedes, Vorderrand der Hüften mit 2 kurzen Zähnchen, Innenrand des Präfemur in der Mitte mit einem kleinen Tuberkel und am Ende mit einem kräftigen Zahn, Basalzahn des Tarsus ziemlich groß. Ungulum nach der Zeichnung innen glatt.

1. Sternit ohne Poren. 2. Sternit mit kleinem, rundem in der Mitte gelegenem Porenfeld, vom 3. Sternit an wird das Porenfeld oval und immer größer, auf den hinteren Segmenten reicht es von der Mitte bis fast zum Hinterrand. Sternit des Endbeinsegments breit und lang, Hinterecken abgerundet. Hüfte mit 2 Gruppen von Drüsen, die in 2 halb vom Sternit bedeckten Gruben münden. Endkralle groß.

Kolumbien.

14. **R. sarasini** Rib. 1923 *R. s.*, Ribaut in: N. Caledonia, *v.* 31 p. 65 f. 167—170.

28 mm lang. 47 Beinpaare (♀).

Kopfschild mehr als $1^1/_2$ mal so lang wie breit; das vordere $^1/_6$ mit stärkerer polygonaler Felderung, keine Stirnfurche. Die runde Clypealarea mit 4 Borsten. Mittelteil des Labrum gefranst, Seitenteile nur auf der medialen Hälfte gefranst. 2. Telopoditglied der 2. Maxille außen ohne Zacken. Präfemur der Kieferfüße mit einem starken Zahn nahe dem Ende, Tarsus mit starkem Basalzahn, Ungulum fein gekerbt.

1. bis vorletztes Sternit mit Ventralporen; das Feld ist schon auf dem 2. Sternit stark eingeschnürt und beide Hälften nur durch eine schmale Brücke verbunden, vom 5. Sternit ist es in 2 Felder geteilt, die Felder werden kaudalwärts immer porenärmer, letztes mit 8 + 8 Poren.

Endbeinhüfte mit 2 Gruppen von je 5—7 Poren, die in Gruben am Sternitrand münden. Keine Terminalporen.

Neu-Kaledonien, Mont Canala.

15. **R. brittini** (Arch.) 1922 *Schizoribautia b.*, Archey in: Rec. Canterbury Mus., *v.* 2 p. 73 t. 13 f. 2, 2a.

Gelb, Kopf kastanienbraun. (Zahl der Beinpaare?.)

Kopfschild 1,7 mal so lang wie breit, Frontalfurche nur seitlich schwach sichtbar. Mittelteil des Labrum relativ breit, $^1/_3$ so breit wie ein Seitenteil, mit 10 sehr kleinen runden Zähnchen, die Seitenteile medial mit einigen Fransen: 1. und 2. Telopoditglied der 2. Maxille mit einem kleinen Zahn am Außenende; Klaue einfach, lang, gerade. In der Clypealarea 4 Borsten. Kieferfußhüften grob punktiert, Vorderrand mit 2 Zähnen, Präfemur innen mit 2 abgerundeten Tuberkeln, Tarsus mit großem, stumpfem Zahn.

Fig. 258.
Ribautia sarasini Rib.
Labrum.

Fig. 259.
Ribautia brittini (Arch.)
Labrum.

Sternite mit Medianfurche. 2.—17. Sternit mit rundem Porenfeld, 18.—28. Sternit mit 2 Feldern, weiterhin keine Poren mehr.

Sternit des Endbeinsegments so breit wie lang, hinten verschmälert, das hintere Drittel dicht und kurz beborstet. Hüfte mit 4 Poren unter dem Sternitrand.

Waipara, Canterbury, Neu-Seeland.

16. **R. gracilis** Rib. 1923 *R. g.*, Ribaut in: N. Caledonia, *v.* 3 I p. 67 f. 175—179 (Fig. 260).

Länge bis 20 mm. 53 Beinpaare (♂ und ♀).

Kopfschild 1,45 mal so lang wie breit, ohne Stirnfurche. In der runden Clypealarea keine Borsten, dahinter 1 + 1 Borsten. Mittelteil des Labrum gefranst, Seitenteile innen nicht verschmälert, die mediale Hälfte gefranst. Telopoditglieder der 2. Maxille außen ohne Zahn; Klaue ziemlich groß.

Fig. 260. **Ribautia gracilis** Rib. Labrum.

Chitinlinien der Kieferfüße nur bis zur Mitte reichend, Vorderrand der Hüften mit 2 kleinen Zähnchen, Innenrand des Präfemur in der Mitte mit einem Tuberkel, am Ende mit einem kräftigen Zahn. Basalzahn des Tarsus konisch. Ungulum innen glatt.

1. und 2. Sternit ohne Poren; vom 3. an ein rundes, ein wenig in die Länge gezogenes Porenfeld, 15. Sternit mit 2 Porenfeldern, 16. und 17. Sternit mit einigen wenigen Poren, die folgenden porenlos.

Auf der Hüfte der Endbeine hinten innen ein beborstetes Kissen; die Poren in 3 Gruppen zu 2—3 Poren münden in die Tasche am Sternitrand. Keine Terminalporen.

Neu-Kaledonien: Koné.

17. **R. seydi** Rib. 1923 *R. S.*, Ribaut in: N. Caledonia, *v.* 31 p. 71.

Die eigentliche Beschreibung ist noch nicht erschienen. Die Art ist nur durch die Übersichtstabelle für die Gattung *Ribautia* charakterisiert.

Die Endbeinhüftporen münden in Gruppen vereinigt in Taschen am Sternitrand. Ventralporen sind nur auf den Segmenten der vorderen Körperhälfte vorhanden. 1. Sternit ohne Porenfeld. 2. Telopoditglied der 2. Maxille außen ohne Zahn. Präfemur der Kieferfüße innen mit Zahn am Ende und Tuberkel in der Mitte. Mittelteil des Labrum gezähnt. Terminalporen vorhanden. 59 Beinpaare.

Peru.

Die Beschreibung der folgenden 3 Arten genügt nicht, um sie in eine Tabelle aufzunehmen.

R. wheeleri (Chamb.) 1920 *Polygonarea w.*, Chamberlin in: Bull. Mus. Harvard, *v.* 64 p. 55.

Länge 48 mm. 65 Beinpaare.

Innenfortsatz an der Hüfte der 2. Maxille fingerähnlich stumpf, nicht zugespitzt. Telopoditglieder außen ohne Zahn. Vorderrand der Kieferfußhüften ohne deutliche Zähne. Innenrand des Präfemur am Ende mit niedrigem, abgerundetem Tuberkel, in der Mitte ein undeutlicher Tuberkel.

1. Sternit ohne Ventralporen. 2. Sternit mit kreisrundem Porenfeld, das nicht viel kleiner ist als das des 3. (weitere Sternite?).

Sternit des Endbeinsegments breit, hinten verschmälert, am Hinterrand dicht, kurz und fein beborstet. Die Hüftporen münden in 2 Gruben.

Keine Terminalporen.

Queensland: Koak.

R. derrana (Chamb.) 1920 *Polygonarea d.*, Chamberlin in: Bull. Mus. Harvard, *v.* 64 p. 56.

Länge 31 mm. 51 Beinpaare.

Kopfschild 1,47 mal so lang wie breit, ohne Stirnfurche. Die geschlossenen Kieferfüße reichen bis zum Ende des 2. Antennengliedes. Chitinlinien der Kieferfüße abgekürzt. Vorderrand der Hüften mit 2 stumpfen Zähnen. Präfemur mit einem abgerundeten Tuberkel am Ende und einem undeutlichen Höcker in der Mitte. Basalzahn des Tarsus konisch, dunkel gefärbt. Telopoditglieder der 2. Maxille außen ohne Zahn.

1. Sternit ohne Poren. Vom 2. an ein erst kreisrundes, dann querovales Porenfeld, das sich auf den hinteren Segmenten in 2 teilt. Das Porenfeld des 2. Sternits viel kleiner als die folgenden. Sternit des Endbeinsegments breit. Die Hüftporen münden in 2 Gruben am Rande des Sternits, das sie teilweise bedeckt.

Keine Terminalporen.

Queensland: Dana bei Brisbane.

R. unguiculata (Por.) 1894 *Geophilus unguiculatus*, Porat in: Bih. Svenska Ak., *v.* 20 nr. 5 p. 23 | 1896 *Schizotaenia unguiculata,* Cook, Brandtia, p. 38 | 1926 *Schizoribautia u.*, Brölemann in: Arch. Zool. expér., *v.* 65 p. 151 f. 173—176.

Ockergelb, Kopf rötlich. Länge bis 25 mm. 47—57 Beinpaare. Kopfschild viel länger als breit (7:5), punktiert, hinten 2 Längsfurchen bis zur Mitte. Antennen kurz. Mittelteil des Labrum fast so breit wie ein Seitenteil mit 10 kurzen, stumpfen Zähnen, Seitenteile in der medialen Hälfte mit 5 Fransen, $2^1/_2$ mal so breit wie lang. Eine kreisrunde fein gefelderte Clypealarea mit einigen kurzen Borsten. Inneneck der Hüfte der 2. Maxille in einen langen schlanken Zacken ausgezogen. Telopoditglieder außen ohne Zacken, Kralle lang und schlank. Kieferfußhüften punktiert, Präfemur und Tarsus mit je einem großen Zahn. Sternite mit Medianfurche, 2. bis drittletztes Sternit mit Porenfeld, das in der vorderen Körperhälfte groß ist, dann bis zum etwa

45. an Größe abnimmt; die letzten 4 Porenfelder sind wieder so groß wie die ersten. Endbeinsternit breit, die Seiten konvex, konvergierend, Hinterrand gerade, fein beborstet. Endbeinhüfte mit 7 großen Poren unter dem Sternitrand; der Innenrand ist, auch beim ♀, verdickt und kurz und dicht beborstet; Endkralle gut ausgebildet.

Kamerun, Dahomey, Togo-Kolonie.

Mit *R. repanda* oder *centralis* verwandt, Terminalporen?

46. Gen. **Arctogeophilus** Att.

1909 *Geophilus* subgen. *A.*, Attems in: Ark. Zool., *v.* 5 nr. 3 p. 23 | 1912 *Gnathomerium*, Ribaut in: Bull. Soc. Toulouse, *v.* 43 p. 106.

Kopfschild merklich länger als breit (etwa 1,3 : 1), ohne Stirnfurche; Clypealarea kleingefeldert, groß, aber etwas undeutlich, ganz allmählich in die großmaschigere Umgebung übergehend, vor ihr 2 Borsten, hinter ihr eine Querreihe von einigen (4—7) Borsten. Antennen fadenförmig, von mittlerer Länge. Mittelteil des Labrum sehr undeutlich entwickelt, die gefransten Seitenteile treten hinter ihm zusammen (Fig. 261). 1. Maxille mit 2 Paar

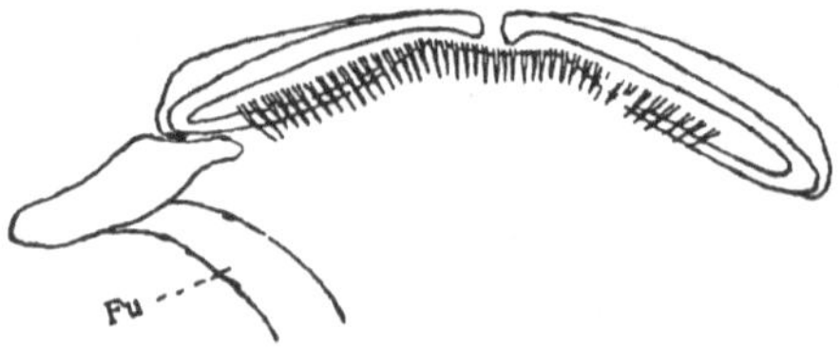

Fig. 261. **Arctogeophilus glacialis** Att. Labrum.

fein bestachelter Außentaster. Telopodit zweigliedrig. Hüften der 2. Maxille völlig ohne Mediannaht, verwachsen, der mediane Teil mit gröberer polygonaler Felderung; mit langen Chitinleisten, die lateral von der Drüsenöffnung beginnen; Telopodit normal, dreigliedrig, nur das Endglied kräftig beborstet. Die Endkralle einfach, alle Glieder außen ohne besondere Fortsätze. Kieferfüße den Stirnrand merklich überragend, ohne Chitinlinien, Vorderrand der Hüften mehr oder weniger eingebuchtet, ungezähnt, Präfemur und Tarsus, meist auch die 2 Zwischenglieder innen gezähnt. Ungulum innen glatt. Basalschild trapezisch, hinten schmäler als das folgende Tergit. Tergite doppelfurchig. Ventralporen fehlen. Hüfte der Endbeine mit zerstreuten, einzeln und zum Teil frei mündenden Poren auf der Ventralseite. Tarsus zweigliedrig; ein krallenförmiger Prätarsus vorhanden oder fehlend. Sternit ziemlich breit, trapezisch. Terminalporen vorhanden.

Eismeerküste, Deutschland, Frankreich, N.-Carolina.

4 sichere, 1 unsichere Art.

Typus: *A. glacialis* Att.

Übersicht über die Arten:

1 a) Endbeine ohne Prätarsus. ♂ und ♀ mit 39 Beinpaaren 2

2 a) Außentaster der 1. Maxille kürzer, der des Syncoxits nur bis zum Ende des 1. Telopoditgliedes, der des letzteren bis zur Mitte des 2. Telopoditgliedes reichend. Vorderrand des Coxosternum der 2. Maxille ohne medianen Einschnitt (Eismeerküste) . . . . 1. **A. glacialis**

2 b) Außentaster der 1. Maxille länger, der des Syncoxits überragt sehr merklich das 1. Telopoditglied, der des letzteren überragt noch das 2. Telopoditglied. Vorderrand des Coxosternum der 2. Maxille mit kurzem, medianem Einschnitt (Frankreich) . . . . . 2. **A. inopinatus**

1b) Ein krallenförmiger Prätarsus der Endbeine vorhanden. 47—49 Beinpaare: 3

3a) Das ganze Syncoxit der 1. Maxille gleichmäßig fein polygonal gefeldert. Präfemur der Kieferfüße innen kürzer als an der Basis breit. Die Innenränder der Kieferfußhüften berühren sich nur vorn und weichen nach hinten auseinander. Antennenglieder kurz, das 5. ebenso lang wie breit. Endbeine des ♀ ventral nur spärlich beborstet (Rheinpfalz): 3. **A. wolfi**

3b) Syncoxit der 1. Maxille nur auf einem Medianstreif polygonal gefeldert. Präfemur der Kieferfüße innen länger als an der Basis breit. Die Innenränder der Kieferfußhüften sind fast der ganzen Länge nach parallel. Antennenglieder länger, das 5. $1^1/_2$ mal so lang wie breit. Endbeine des ♀ ventral dicht und kurz beborstet (N.-Carolina): 4. **A. americanus**

1. **A. glacialis** Att. 1909 *A. g.*, Attems in: Ark. Zool., *v.* 5 nr. 3 p. 23 t. 1 f. 1—4 (Fig. 12, 32, 261, 262).

Gelb, Kopf und Kieferfüße braungelb.

Länge 20 mm, Breite 1,2 mm. ♂ und ♀ mit 39 Beinpaaren.

Kopfschild vorn und hinten gerade, die Seiten konvex. Die Borsten der Antennen werden distalwärts immer zahlreicher, feiner und kürzer, ohne

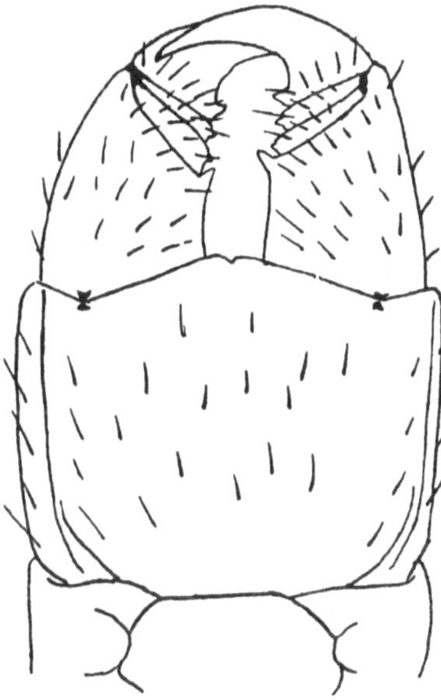

Fig. 262. **Arctogeophilus glacialis** Att. Kieferfüße.

deutlichen Unterschied zwischen Quirlen starker Borsten auf den proximalen Gliedern und feiner Behaarung auf den Endgliedern. Außentaster der 1. Maxille ziemlich kurz und dick, fein bestachelt. Vorderrand des Coxosternum der 2. Maxille ohne medianen Einschnitt, der Medianteil mit sehr ausgeprägter, grober, polygonaler Felderung. Telopoditglieder der Kieferfüße vom Präfemur bis Tarsus mit einem Zahn. Die geschlossenen Kieferfüße reichen bis zum Ende des 1. Antennengliedes. Vordere Sternite quadratisch, kaudalwärts sind sie längsrechteckig. Sternit des Endbeinsegments trapezisch, nach hinten nur wenig verschmälert, Hinterrand gerade. Endbeine des ♂ verdickt und dichter beborstet, in beiden Geschlechtern ohne Prätarsus. 2. Tarsus länglich eiförmig, etwas kürzer als der 1.

Nunamo; Konyam Bay im Senjavin Sund; Port Clarence in Alaska.

2. **A. inopinatus** (Rib.) 1912 *Gnathomerium inopinatum*, Ribaut in: Bull. Soc. Toulouse, *v.* 43 p. 108 f. 1—5.

Länge 18 mm, Breite 0,8 mm. ♂ und ♀ 39 Beinpaare.

Kopfschild oval (Länge : Breite = 1,3 : 1). Außentaster der 1. Maxille lang, die des Syncoxits überragen das 1. Telopoditglied, die des letzteren das 2. Telopoditglied. Das ganze Syncoxit fein und gleichmäßig gefeldert. Vorderrand des Coxosternum der 2. Maxille mit kurzem, medianem Einschnitt. Die beiden Seiten des Coxosternum sind durch eine Zone mit grober Felderung verbunden. Kieferfüße grob punktiert und ziemlich reichlich beborstet.

Die Sternite des ersten Körperdrittels und die letzten 7—8 mit breiter Medianfurche.

Hüften der Endbeine mit etwa 15 Poren auf dem vorderen $^3/_4$ der Unterseite. 2. Tarsus beim ♂ so lang wie der 1., beim ♀ länger, ohne Prätarsus. ♂ Gonopoden zweigliedrig.

Frankreich: Lyons-La-Forêt, Eure; Puy-de-Dôme.

3. **A. wolfi** (Rib.) 1912 *Gnathomerium W.*, Ribaut in: Bull. Soc. Toulouse, *v.* 43 p. 117 f. 6—11.

Länge 14 mm, Breite 0,55 mm. ♀ 49 Beinpaare.

Form des Körpers und Kopfschildes wie bei *A. inopinatus*. Außentaster der 1. Maxille lang, schlanker als bei *A. inopinatus*. Felderung des Syncoxits fein und gleichmäßig. Präfemur der Kieferfüße innen kürzer als er an der Basis breit ist. Antennenglieder kurz, das 5. so breit wie lang.

Sternite, ausgenommen einige hintere, mit tiefer Medianfurche.

Endbeine des ♀ viel länger als das vorangehende Paar und ungefähr ebenso schlank, ventral ohne kurze Beborstung. 2. Tarsalglied länger als das erste. Prätarsus krallenförmig wie auf den vorangehenden Beinen.

Haardt bei Neustadt, Rheinpfalz.

4. **A. americanus** (Rib.) 1912 *Gnathomerium americanum*, Ribaut in: Bull. Soc. Toulouse, *v.* 43 p. 120 f. 12—17.

Länge 28 mm, Breite 1 mm. ♀ 47 Beinpaare.

Kopfschild wie bei *A. inopinatus*. Antennenglieder länger, das 5. ist $1^1/_2$ mal so lang wie breit. Außentaster der 1. Maxille so breit wie bei *A. inopinatus*, Syncoxit nur auf einem schmalen longitudinalen Streif polygonal gefeldert. Präfemur der Kieferfüße innen länger als an der Basis breit.

2.—17. und die letzten 12 Sternite mit tiefer Medianfurche, die 15 ersten Sternite sind weitschichtig punktiert.

Endbeine des ♀ viel länger als die vorangehenden, merklich verdickt, ventral kurz und dicht beborstet. 2. Tarsus etwas kürzer als der 1., Prätarsus kleiner als auf den Laufbeinen.

Beaufort, Nord-Carolina.

A. melanonotus (H. C. Wood) 1862 *Mecistocephalus m.*, H. C. Wood in: J. Ac. Philad., ser. 2 *v.* 5 p. 41 | 1865 *M. m.*, H. C. Wood in: Tr. Amer. phil. Soc., ser. 2 *v.* 13 p. 177 | 1867 *M. quadratus*, H. C. Wood in: P. Ac. Philad., p. 128 | 1912 *Gnathomerium melanonotum*, Chamberlin in: Pomona, *v.* 4 p. 661.

Braungelb mit einem Stich ins Grünliche oder Olivenfarbige, Rücken mit einfacher oder doppelter schwarzer Längslinie. Länge bis 50 mm. 47 bis 65 Beinpaare. Körper vorn am breitesten. Präfemur und Tarsus der Kieferfüße mit Zahn. Endbeinsternit mäßig breit, Hüfte ventral und dorsal mit einer Anzahl meist kleiner Poren.

Georgia, Kalifornien.

Läßt sich wegen der mangelhaften Beschreibung nicht in der Tabelle unterbringen.

47. Gen. **Queenslandophilus** Verh.

1925 *Arctogeophilus* subgen. *Q.*, Verhoeff in: Ark. Zool., *v.* 17 A. nr. 3 p. 49.

Kopfschild merklich länger als breit; eine kleine entweder nicht gefelderte oder fein gefelderte Clypealarea vorhanden. Der Mittelteil des Labrum liegt hinter den median sich berührenden Seitenteilen. 1. Maxille mit 1—2 Paar Außentaster. Hüften der 2. Maxille getrennt, oder nur durch eine schmale polygonal gefelderte Brücke verbunden; Telopoditglieder der 2. Maxille ohne Außenfortsätze, das erste außen etwas eingeschnürt, Endkralle einfach. Kieferfüße ohne Chitinlinien, den Stirnrand überragend. Basalschild trapezisch, hinten schmäler als das folgende Tergit. Keine Ventralporen. Sternite ohne Fortsätze am Hinterrand. Endbeinsternit lang und schmal, Endbeinhüfte mit zahlreichen einzeln und zumeist frei ventral und dorsal mündenden Poren. Tarsus zweigliedrig; ein krallenförmiger Prätarsus vorhanden. Terminalporen vorhanden.

Australien, Japan.

2 Arten.

Typus: *Q. sjöstedti* Verh.

Übersicht über die Arten:

a) Nur das Telopodit der 1. Maxille mit kurzem, nicht bestacheltem Außentaster. Hüften der 2. Maxille völlig getrennt. 55 Beinpaare . . . 1. **Q. sjöstedti**

b) 1. Maxille mit 2 Paar langer schlanker, bestachelter Außentaster. Hüften der 2. Maxille durch eine gefelderte Brücke verbunden. 41—47 Beinpaare: 2. **Q. viridicans**

1. **Q. sjöstedti** Verh. 1925 *Arctogeophilus (Q.) s.*, Verhoeff in: Ark. Zool., *v.* 17 A. nr. 3 p. 50 t. 2 f. 39—41.

♀ 27 mm lang. 55 Beinpaare.

Hüften der Kieferfüße am Vorderrand mit 2 kleinen dunklen Höckern, Präfemur mit einem Höcker nahe dem Ende. Tarsus mit kräftigem Zahn, Ungulum innen schwach gekerbt, schwarz gefärbt. Die ersten Antennenglieder sind innen aneinander angepaßt, indem jedes mit einer Längsleiste in eine Längsgrube des anderen Gliedes greift, Telopodit der 1. Maxille mit kurzem, nicht bestacheltem Außentaster. Hüften der 2. Maxille median völlig getrennt, die Kralle sehr kurz, kürzer als das 3. Telopoditglied am Ende breit ist. Hinter der nicht gefelderten Clypealarea 3 + 3 Borsten. Tergite und Sternite mit einer Querreihe längerer Borsten, erstere außerdem noch mit 2 bis 4 großen Borsten hinten. Endbeinhüfte mit etwa 30 Poren, 3—4 unter dem Sternitrande, die anderen frei mündend. Endbeinkralle groß.

Queensland, Blackal Range.

2. **Q. viridicans** (Att.) 1927 *Brachygonarea v.*, Attems in: Zool. Anz., *v.* 72 p. 296 f. 5—7 (Fig. 263, 264).

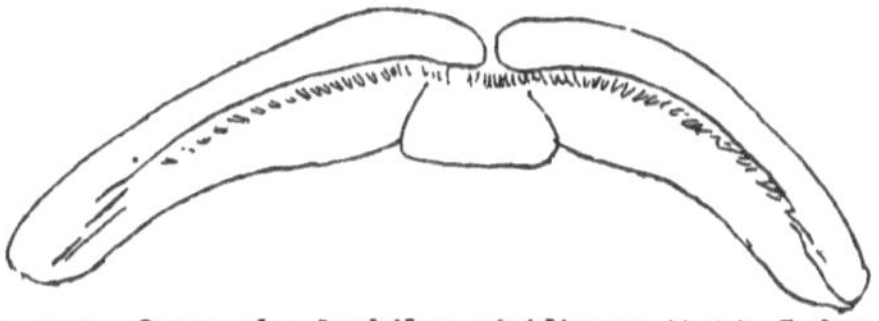

Fig. 263. **Queenslandophilus viridicans** (Att.) Labrum.

Kopf, Kieferfußsegment und vorderer Teil des 2. Rumpfsegmentes rotbraun, der Rest des Rumpfes grünlich, infolge eines in feinen Körnchen (im

Fettkörper?) verteilten, unregelmäßige Stränge bildenden, durchschimmernden Pigments. Länge bis 24 mm. Zahl der Beinpaare ♂ 41—45, ♀ 43—47. Kopfschild bedeutend länger als breit, nach hinten deutlich verschmälert und hinten bogig abgerundet, die hinteren $^2/_3$ kräftig aber zerstreut punktiert und beborstet. In der blassen Clypealarea keine Borsten. Zwischen Area und Labrum jederseits eine Querreihe von 3 Borsten. Mittelteil des Labrum sehr undeutlich und durch die großen median zusammenstoßenden Seitenteile in die Tiefe gedrängt; letztere bilden einen in der Mitte etwas nach hinten vorgewölbten am Rande kräftig und kurz gezähnten Bogen (Fig. 263). Das 1. und 2. Telopoditglied der 2. Maxille springen am Ende außen nicht zahnartig vor (Fig. 264). Vorderrand der Kieferfußhüften mit ziemlich tiefer Mediankerbe, ohne Zahnbildung, Präfemur und Tarsus mit je einem dunkel gefärbten Zähnchen. Kieferfüße zerstreut punktiert und beborstet, bis zum Ende des 1. Antennengliedes vorragend. Basalschild hinten nicht ganz so breit wie das folgende Tergit, beide ebenso punktiert und beborstet wie der Kopfschild. Tergite ohne deutliche Längsfurchen, mit 2 Reihen feiner Borsten. Vordere Sternite quadratisch, hintere bedeutend länger als breit; mit 2 Querreihen feiner Borsten.

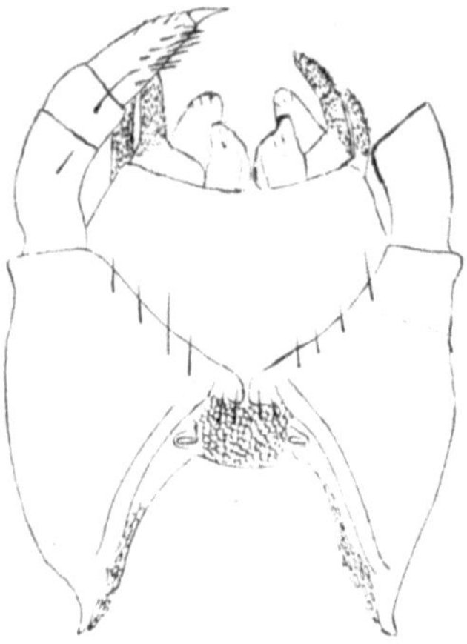

Fig. 264. **Queenslandophilus viridicans** (Att.) Maxillen.

Sternit des Endbeinsegments merklich länger als breit, hinten geradlinig, spärlich beborstet. Hüfte mit mehr als 20 relativ großen einzeln und frei auf dem größten Teil der Ventral- und Lateralfläche mündenden Poren. Endbeine des ♂ merklich dicker als die des ♀, spärlich beborstet. Terminalporen vorhanden.

Japan: Yamanaka, Negishi, Takakiyama, Yamanbutoge, Ooyama.

48. Gen. **Polygonarea** Att.

1909 *P.*, Attems in: Denk. Ges. Jena, *v.* 14 p. 24 | 1912 *P.*, Ribaut in: Mém. Soc. Neuchâtel, *v.* 5 p. 83.

Kopfschild bedeutend länger als breit, fast 2 mal so lang, kräftig punktiert, ohne Stirnfurche. Eine Clypealarea mit feiner polygonaler Felderung, der Rest des Clypeus gleichmäßig und viel gröber gefeldert. Mittelteil des Labrum

Fig. 265. **Polygonarea monospathis** Att. Labrum.

zwischen den Seitenteilen gelegen, letztere völlig trennend (Fig. 265), gezähnt oder glatt, Seitenteile nur in der medialen Hälfte gefranst. 1. Maxille mit 2 Paar langer, schlanker, fein bestachelter Außentaster. Hüften der 2. Maxille nur durch eine schmale blasse Brücke verbunden, Inneneck mit ziemlich langem, spitzem, warzigem Fortsatz, 2. Telopoditglied mit einigen, 3. Glied mit einer größeren Zahl starker Borsten; Kralle einfach (Fig. 266). Die Kieferfüße sind von oben zum großen Teil sichtbar und überragen den Stirnrand bedeutend; Pleurocoxalgrenze parallel dem Seitenrand; Hüften ohne Chitinlinien, Vorderrand mit 2 Zähnchen, Präfemur am Ende innen mit rundem Höcker, Tarsus mit kräftigem Basalzahn. Ungulum innen glatt. Tergite doppelfurchig mit zwei Querreihen, Prätergite mit einer Querreihe von Borsten.

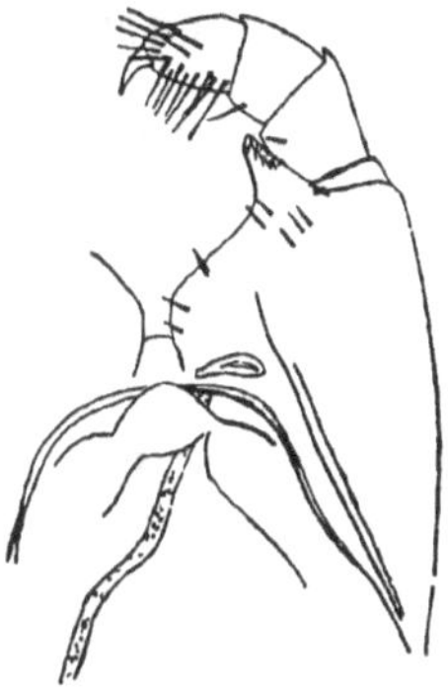

Fig. 266.
Polygonarea monospathis Att.
2. Maxille.

Fig. 267.
Polygonarea monospathis Att., ♂

Ventralporen vorhanden in einem hinteren Feld, das sich in 2 teilen kann und in 2 vorderen runden Feldern. Sternite ohne Lappen am Hinterrand.

Hüfte der Endbeine (Fig. 267) am Ende innen mit einem kurz und dicht beborsteten Kissen, die Poren münden einzeln am Rande des Sternits, zum Teil von ihm bedeckt. Tarsus zweigliedrig, Prätarsus krallenförmig. Sternit breit, trapezisch, am Hinterrand dicht, kurz und fein beborstet.

Kapland.

3 Arten.

Typus: *P. oligopus* Att.

Übersicht über die Arten:

1 a) Mittelteil des Labrum glatt, ungezähnt. 1. Sternit mit 2 kleinen Porenfeldern. Terminalporen vorhanden . . . . 2. **P. kräpelini**

1 b) Mittelteil des Labrum gezähnt. 1. Sternit ohne Porenfeld. Terminalporen fehlen 2

2 a) Die ersten 6 Antennenglieder mit 2 Quirlen langer Borsten. Ventralporen auf dem 2. bis vorletzten Sternit in einem hinteren breiten, median schmal unterbrochenen Querband und 2 vorderen runden Feldern. Telopodit der 2. Maxille außen ganz ohne Zähne. Klaue der 2. Maxille kurz, halb so lang wie das 2. Telopoditglied innen . . . . 1. **P. oligopus**

2 b) 3.—6. Antennenglied mit einem einzigen basalen Quirl langer Borsten. 2.—18. und die letzten 10 Sternite mit einem medianen, rundlichen Porenfeld, das auf den dazwischen gelegenen Segmenten in 2 Felder geteilt ist, außerdem 2 vordere Porenfelder. 1. und 2. Telopoditglied der 2. Maxille am Ende außen mit einem kleinen, distal gerichteten Zahn. Klaue der 2. Maxille so lang wie das 2. Telopoditglied . . . . . 3. **P. monospathis**

1. **P. oligopus** Att. 1909 *P. o.*, Attems in: Denk. Ges. Jena, *v.* 14 p. 26 t. 1 f. 21—23 | 1912 *P. o.*, Ribaut in: Mém. Soc. Neuchâtel, *v.* 5 p. 85 (Fig. 16).

Dunkelgelb, Kopf kastanienbraun.

Zahl der Beinpaare ♂ 51—61, ♀ 53—59.

Die 6 ersten Antennenglieder mit 2 Quirlen langer Borsten, zwischen denen nach und nach immer mehr kleine auftreten, die distalen 8 Glieder dicht, kurz und fein beborstet. Clypealarea queroval mit 2 Borsten, dahinter 4—6 Borsten in einer Querreihe. Mittelteil des Labrum ziemlich groß mit 9 spitzen Zähnchen und einigen längeren Fransen jederseits; die Seitenteile in ihrer medialen Hälfte gefranst. Telopoditglieder der 2. Maxille außen ohne Endzacken, die Klaue kurz, halb so lang wie das 2. Telopoditglied innen. Präfemur der Kieferfüße am Ende mit einem stumpfen Höcker.

1. Sternit ohne Poren; 2. bis vorletztes Sternit mit einem Querstreif von Poren, der in der Mitte schmal unterbrochen ist; außerdem nahe den Vorderecken je ein rundes Porenfeld; lateral 2 größere Borsten, auf der Fläche zerstreut winzige Börstchen.

Sternit des Endbeinsegments beim ♀ abgerundet, beim ♂ gerade abgestutzt; Hüften mit 5 großen, verdeckten Poren. Endbeine des ♂ nur wenig verdickt. Terminalporen fehlen.

Kamaggas, Klein-Namaland; Kapland: Umgebung von Kapstadt, Port Elisabeth, Limonstown, Tomos River, Howick, Natal, Grahamstown, Kei Road usw.

2. **P. kräpelini** (Silv.) 1907 *Eurytion k.*, Silvestri in: Mt. Mus. Hamburg, *v.* 24 p. 254 f. 75—80 | 1909 *Polygonarea k.*, Attems in: Denk. Ges. Jena, *v.* 14 p. 25 | 1912 *P. k.*, Ribaut in: Mém. Soc. Neuchâtel, *v.* 5 p. 85.

Ockergelb, Kopf rötlich. Zahl der Beinpaare ♂ 61—63, ♀ 65.

Mittelteil des Labrum glatt, ohne Zähne oder Fransen. Innenfortsatz an der Hüfte der 2. Maxille ziemlich lang; 2. Telopoditglied außen ohne Zahn (nach der Zeichnung). Die Kieferfüße reichen geschlossen fast bis zum Ende des 1. Antennengliedes, Präfemur innen nahe dem Ende mit kleinem, stumpfem Höcker.

1. Sternit mit 2 kleinen rundlichen Porenfeldern nahe dem Hinterrand, 2. bis vorletztes Sternit mit einem großen queren Porenfeld, das in der Mediane durch eine schmale Lücke in 2 geteilt ist und auf den vorderen Segmenten fast in der Mitte, auf den hinteren Segmenten nahe dem Hinterrand liegt; außerdem vorn, den Ecken genähert, 2 runde Porenfelder; jederseits 2 größere Borsten.

Endbeine nur wenig länger als die vorangehenden, die des ♂ ziemlich verdickt, mit Ausnahme des Tarsus; Hüfte mit 4—5 großen bedeckten Poren.

Terminalporen vorhanden.

Port Elizabeth, Südafrika.

3. **P. monospathis** Att. 1928 *P. m.*, Attems in: Ann. S. Afr. Mus., *v.* 26 p. 175 t. 19 f. 470; t. 20 f. 492—494 textf. 68, 69 (Fig. 265—269).

Blasser oder dunkler gelb, der Kopf nur wenig dunkler.

Länge bis 42 mm, kräftig, vorn am breitesten. 51—57 Beinpaare.

Die ersten 2 Antennenglieder mit 2 etwas unregelmäßigen Quirlen längerer Borsten. 3.—6. Glied mit einem einzigen basalen Borstenquirl; auf dem 6. Glied beginnt außerdem die dichte, kurze, feine Beborstung, die alle folgenden Glieder bedeckt. Clypeus gleichmäßig polygonal gefeldert, die Maschen groß. In der blassen rundlichen schwach querovalen Area 2 Borsten, dahinter eine Querreihe kleiner Borsten. Mittelteil des Labrum schmal aber weit vorragend mit 7 kräftigen Zähnchen und einigen Fransen jederseits (Fig. 265). 2. und 3. Telopoditglied der 2. Maxille am Ende außen mit sehr kurzem, distal gerichtetem Zacken, die Klaue groß, so lang wie das 2. Telopoditglied innen. Präfemur der Kieferfüße innen treppig gestuft, die Vorsprünge aber nicht dunkler gefärbt. 1. Sternit ohne Porenfeld, 2.—18. Sternit mit einem großen rundlichen oder rhombischen Porenfeld, das sich auf dem 19. Sternit in 2 Felder teilt, die sich auf den 10 letzten Segmenten wieder zu einem großen rundlichen Feld vereinigen; außerdem das 2. bis vorletzte Sternit vorn seitlich mit je einem kleinen Porenfeld (Fig. 269). Die Hüfte der Endbeine springt bei ♂ und ♀ in einen breit abgerundeten, dicht und kurz beborsteten Lappen vor (Fig. 267); 7 teilweise bedeckte Poren am Sternitrand. Terminalporen fehlen.

Kapland: Vensler Ravine, Caledon, Kogmans Kloof bei Ashton.

Fig. 268.
Polygonarea monospathis Att.
1. Maxille.

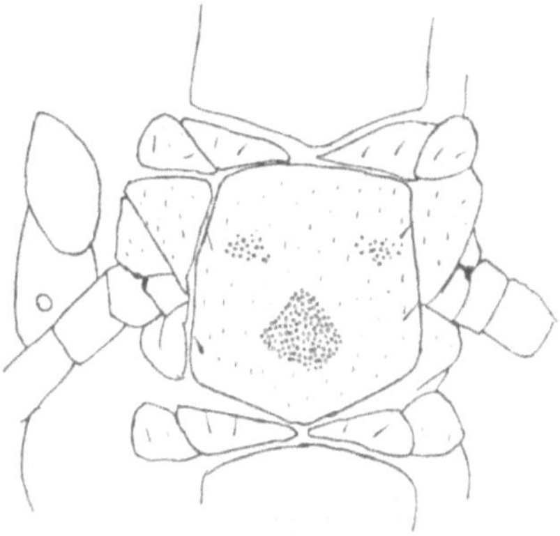

Fig. 269.
Polygonarea monospathis Att.
12. Sternit.

49. Gen. **Lestophilus** Chamb.

1915 *L.*, Chamberlin in: Bull. Mus. Harvard, *v.* 59 p. 522.

Gelb, Kopf kastanienbraun. Kopfschild merklich länger als breit, ohne Stirnfurche. Basalschild breit, zum größten Teil vom Kopfschild bedeckt. Mittelteil des Labrum ziemlich groß, gezähnt, die Seitenteile trennend; letztere gefranst. 1. Maxille mit 2 Paar Außentaster, Telopodit zweigliedrig, Coxalfortsatz abgesetzt. Hüften der 2. Maxille nur durch eine sehr schmale Brücke verbunden, alle Glieder ohne Fortsätze, Endklaue einfach. Kieferfüße groß, den Stirnrand weit, bis zum Ende des 1. oder 2. Antennengliedes überragend, Hüften ohne Chitinlinien, Vorderrand der Hüften, Präfemurende und Tarsus mit einem Zahn, Präfemur außerdem meist noch mit einem runden Tuberkel in der basalen Hälfte (Trochanterteil).

Ventralporen in einem schmalen Band vor dem Hinterrand, Sternite mit Medianfurche.

Tergit des Endbeinsegments breit, die Hüften von oben zum größten Teil bedeckend. Hüfte mit zahlreichen Poren ventral und dorsal, die einzeln münden, der distale Teil der Hüfte bleibt porenfrei. Tarsus zweigliedrig, kein Prätarsus; Sternit schmal. Tergite doppelfurchig, mit 2 Querreihen von Borsten, Prätergite mit einer Querreihe.

Mexiko, Haiti.

4 Arten.

Typus: *L. paucipes* Chamb.

Die Beschreibungen der 4 bisher bekannten Arten lassen trotz ihrer Länge nur sehr geringfügige Unterschiede erkennen und lauten im übrigen fast identisch.

Übersicht über die Arten.

1a) 77 Beinpaare. Ventralporen zahlreicher als bei den anderen Arten. Letztes Antennenglied viel kürzer als die 2 vorangehenden zusammen: 4. **L. nesiotes**

1b) 43—57 Beinpaare 2

2a) Letztes Antennenglied so lang wie die 2 vorangehenden zusammen: 3. **L. didymus**

2b) Letztes Antennenglied kürzer als die 2 vorangehenden zusammen . . . 3

3a) 43—47 Beinpaare. (Ungulum der Kieferfüße?) . . . . . 1. **L. paucipes**

3b) 57 Beinpaare. Ungulum der Kieferfüße fein gekerbt . . 2. **L. haitiensis**

1. **L. paucipes** Chamb. 1915 *L. p.*, Chamberlin in: Bull. Mus. Harvard, *v.* 59 p. 523 t. 5 f. 4—6.

Länge 23—35 mm. 43—47 Beinpaare.

Letztes Antennenglied kürzer als die 2 vorangehenden zusammen. Die Kieferfüße reichen bis zum Ende des 2. Antennengliedes. Ungulum innen glatt (?). Kopfschild in der Mitte am breitesten.

Mexiko: Hidalgo, Guerrero Mills.

2. **L. haitiensis** Chamb. 1915 *L. h.*, Chamberlin in: Bull. Mus. Harvard, *v.* 59 p. 526.

Länge 29 mm. 57 Beinpaare.

Letztes Antennenglied ungefähr $^4/_5$ so lang wie die 2 vorangehenden zusammen. Die Kieferfüße reichen über das 1. Antennenglied hinaus; Ungulum proximal innen fein gekerbt. Kopfschild hinter der Frontalregion am breitesten.

Haiti: Furey.

3. **L. didymus** Chamb. 1915 *L. d.*, Chamberlin in: Bull. Mus. Harvard, *v.* 59 p. 525.

Länge 22 mm. 47 Beinpaare.

Das letzte Antennenglied so lang wie die 2 vorangehenden zusammen. Die Kieferfüße reichen bis über das Ende des 1. Antennengliedes hinaus. Kopfschild in der Frontalregion am breitesten.

Mexiko: Hidalgo, Pachuca.

4. **L. nesiotes** Chamb. 1915 *L. n.*, Chamberlin in: Bull. Mus. Harvard, *v.* 59 p. 527.

Länge 36 mm. 77 Beinpaare (♀).

Letztes Antennenglied viel kürzer als die 2 vorangehenden zusammen. Ventralporen zahlreicher als bei den anderen Arten, in einem in der Mitte am breitesten Querband vor dem Hinterrand. Das Tergit des Endbeinsegments ist etwas schmäler als bei den anderen Arten und läßt mehr von den Endbeinhüften sehen.

Haiti: Petionville.

50. Gen. **Taiyuna** Chamb.

1912 *T.*, Chamberlin in: Pomona, *v.* 4 p. 661.

Mittelteil des Labrum seitlich von den Seitenteilen teilweise überlagert, aber letztere doch nicht sich berührend. Mittelteil mit dichtgedrängten, kräftigen Spitzen am Rande. Telopodit der 1. Maxille mit langem Außentaster. Hüften der 2. Maxille nur durch eine schmale Brücke verbunden, die

Telopoditglieder ohne Lateralzacken. Kieferfüße ohne Chitinlinien. Keine Ventralporen; am Hinterrand einiger vorderer Sternite ein dreieckiger Lappen, der in eine Grube am Vorderrand des folgenden Sternits paßt. Endbeinsternit schmal, Hüften mit einer Anzahl kleiner Poren, Tarsus zweigliedrig, ohne oder mit krallenförmigem Prätarsus.

Kalifornien, Michigan, Britisch Guiana.

4 Arten.

Typus: *T. occidentalis* (Mein.).

Übersicht über die Arten:

1a) Endbeine ohne Prätarsus 2
1b) Endbeine mit Kralle . . . . 3. **T. australis**, 4. **T. claremontus**
2a) 41 Beinpaare . . . . 2. **T. opita**
2b) 67—87 Beinpaare . . . . 1. **T. occidentalis**

1. **T. occidentalis** (Mein.) 1885 *Geophilus o.*, Meinert in: P. Amer. phil. Soc., *v.* 23 p. 220 | 1912 *Taiyuna o.*, Chamberlin in: Pomona, *v.* 4 p. 661.

Gelb, Kopf und Kieferfußsegment braunrot. Länge bis 70 mm. 67 bis 87 Beinpaare. Kopfschild länger als breit; die geschlossenen Kieferfüße überragen das erste Antennenglied, Präfemur und Tarsus der Kieferfüße mit einem Zahn. Erstes Stigma senkrecht elliptisch und viel größer als das zweite, die anderen kreisrund. Endbeinsternit länger als breit, hinten verschmälert; Hüfte mit 4 oder 5 bis 39 Poren, die teilweise vom Sternitrand bedeckt sind; meist ein Porus größer als die anderen. Endbeine ohne Kralle.

Kalifornien.

2. **T. opita** Chamb. 1912 *T. o.*, Chamberlin in: Canad. Ent., *v.* 44 p. 67.

Länge 15 mm, Breite 0,9 mm. 41 Beinpaare (♀). Spärlich lang beborstet. Kopfschild länger als breit, 19 : 16, Antennen kurz. Die geschlossenen Kieferfüße reichen bis zum Ende des 1. Antennengliedes, Präfemur und Tarsus mit größerem, die Zwischenglieder mit kleinerem Zahn. Tergite schwach doppelfurchig. Alle Stigmen kreisrund, das erste viel größer. Erstes Beinpaar sehr reduziert; vordere Beinpaare kräftiger als die hinteren. Vordere Sternite mit schwacher Medianfurche, Endbeinsternit mäßig breit, hinten verschmälert mit geraden Seitenrändern; Hüfte mit etwa 4 Poren in einer Reihe unter dem Sternitrand und 4—5 frei mündenden Poren seitlich; Endbeine ohne Kralle.

Posers and Kimballs, Michigan, Nordamerika.

3. **T. australis** Chamb. 1914 *T. a.*, Chamberlin in: Bull. Mus. Harvard, *v.* 58 p. 218.

Gelb, Kopf und Kieferfüße dunkler, braun. Länge etwa 42 mm. Zahl der Beinpaare unbekannt. Kopf 1,38mal so lang wie breit, hinter dem Labrum am breitesten. 1. Maxille mit 2 Paar Außentastern, die distalen die größeren. Antennen kurz, 1,8mal so lang wie der Kopf, endwärts verdünnt. Die geschlossenen Kieferfüße bis zum Ende des 1. Antennengliedes reichend; Präfemur und Tarsus mit einem Zahn, die Zwischenglieder mit niedrigen runden Tuberkeln, Vorderrand der Hüften ungezähnt, 8—10 der vorderen Sternite mit dreieckigem Lappen am Hinterrand und Grube am Vorderrand, ohne oder nur mit seichter Längsfurche. Endbeinsternit schmal, hinten verschmälert und abgestutzt; Hüfte mit 14—16 Poren, teilweise unter dem Sternitrand, ein Porus etwas größer als die anderen, von ihnen entfernt. Endbeine mäßig lang, schlank, mit kleiner Endkralle.

Britisch Guiana.

4. **T. claremontus** Chamb. 1912 *T. c.*, Chamberlin in: Pomona, *v.* 4 p. 662.

Länge 49 mm. 65 Beinpaare. Endbeine mit deutlicher Kralle.

Kalifornien, Klaremont.

51. Gen. **Brachygonarea** Rib.

1912 *B.*, Ribaut in: Bull. Soc. Toulouse, *v.* 43 p. 123.

Kopfschild bedeutend länger als breit, ohne Stirnfurche. Eine kleinpolygonal gefelderte Clypealarea vorhanden. Mittelteil des Labrum gezähnt und die nur in ihrer medialen Hälfte gefransten Seitenteile vollkommen trennend (Fig. 270). 1. Maxille (Fig. 271) mit 2 Paar langer, fein bestachelter

Fig. 270.
Brachygonarea apora (Att.)
Labrum.

Fig. 271.
Brachygonarea apora (Att.)
1. Maxille.

Außentaster; Telopodit zweigliedrig. Hüften der 2. Maxille nur durch eine schmale basale Brücke verbunden, ihr Inneneck mit kurzem Fortsatz, Endkralle einfach. Die Kieferfüße überragen den Stirnrand sehr merklich, Hüften ohne Chitinlinien, Pleurocoxalgrenze parallel dem Seitenrande. Ungulum innen glatt. Tergite mit 2 Längsfurchen.

Keine Ventralporen; Sternite ohne Lappen oder dgl. am Hinterrand.

Hüfte der Endbeine mit einzeln und frei mündenden Poren. Tarsus zweigliedrig, Prätarsus krallenförmig.

Klein-Namaland, Kapland.

1 Art.

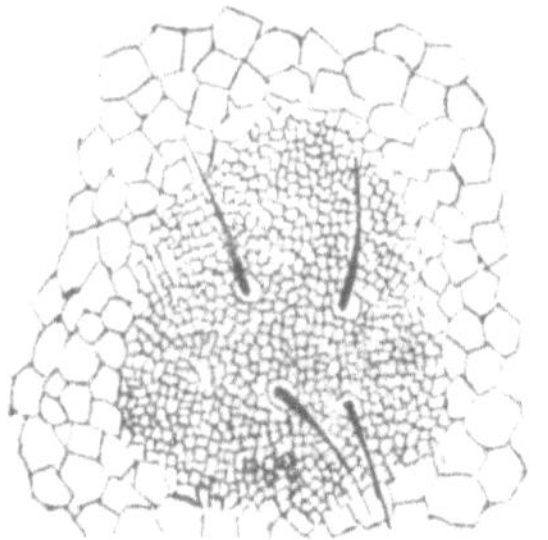

Fig. 272.
Brachygonarea apora (Att.) Clypealarea.

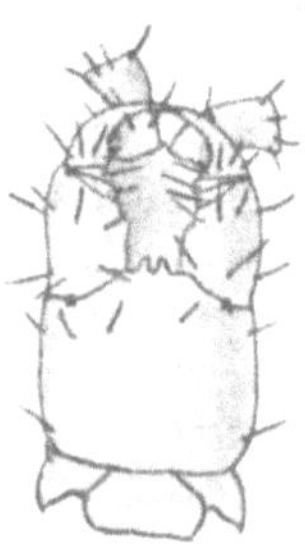

Fig. 273.
Brachygonarea apora (Att.)

1. **B. apora** (Att.) 1909 *Polygonarea a.*, Attems in: Denk. Ges. Jena, *v.* 14 p. 25 t. 1 f. 14—20 (Fig. 270—273).

Gelb, Kopf und Kieferfüße etwas dunkler.

Länge bis 55 mm, vorn am breitesten. Zahl der Beinpaare ♂ 55—63, ♀ 63—65. Kopfschild schmal, vorn und hinten gleich breit, die Ecken abgerundet, reichlich punktiert. In der Clypealarea 3—4 Borsten (Fig. 272). Antennen lang, die ersten 6 Glieder mit 2 Quirlen langer Borsten, dazwischen wenige kurze, vom 7. Glied an ist die Beborstung fein, dicht und kurz. Basalschild schmal und lang, trapezisch. Mittelteil des Labrum mit 6 längeren spitzen Zähnchen. Vorderrand der Kieferfußhüften mit 2 kleinen, kastanienbraunen Zähnen, getrennt durch eine runde Kerbe, Innenrand des Präfemur nur abgerundet, abgestuft ohne Zahnbildung, Tarsus mit kleinem, spitzem Basalzahn, der in einer Linie mit dem Stirnrand liegt. Ungulum innen glatt (Fig. 273).

Tergite spärlich beborstet, außer einigen winzigen 2 größere Borsten jederseits. Sternite mit einer kleinen Borste in der Nähe jeder Ecke, mit tiefer Mediangrube, der Hinterrand der vordersten etwa 20 Sternite springt stumpfwinklig vor. Sternit des Endbeinsegments groß, die nach hinten konvergierenden Seiten konvex, die Hinterecken abgerundet, am Hinterrand dicht, im übrigen zerstreut beborstet. Hüfte mit 4 ungleich großen Poren.

Klein-Namaland: Steinkopf. Natal: Howick.

52. Gen. **Gnathoribautia** Bröl.

1909 *G.*, Brölemann in: Arch. Zool. expér., ser. 5 *v.* 3 p. 336 | 1912 *G.*, Ribaut in: Bull. Soc. Toulouse, *v.* 43 p. 125.

Kopfschild bedeutend länger als breit, mit deutlicher Stirnfurche. 2 kleine, runde, fein punktierte Clypealareae, jede mit einer starken Borste. Mittelteil des Labrum mit Tuberkelzähnen, zwischen den gefransten Seitenteilen gelegen, sie ganz trennend. 1. Maxille mit 2 Paar Außentastern, Telopodit zweigliedrig. Hüften der 2. Maxille nur durch eine schmale, polygonal gefelderte Brücke verbunden, Inneneck ohne Fortsatz. 2. Telopoditglied außen am Ende mit Zahn. Die Kieferfüße überragen den Kopfschild bedeutend, Hüften ohne Chitinlinien, Pleurocoxalgrenze parallel dem Seitenrande bis an das Ende des Syncoxits laufend. Basalschild schmal. Tergite doppelfurchig.

Keine Ventralporen; Sternite ohne Lappen oder dgl.

Endbeinhüfte mit zerstreuten, einzeln, ventral und dorsal mündenden Poren. Tarsus zweigliedrig, kein Prätarsus. Sternit schmal.

Terminalporen vorhanden.

Westmediterran.

1 Art.

1. **G. bonensis** (Mein.) 1870 *Geophilus b.*, Meinert in: Naturh. Tidsskr., ser. 3 *v.* 7 p. 90 t. 4 f. 10—15 | 1871 *G. hirsutus*, Porath in: Öfv. Ak. Förh., *v.* 27 p. 817 t. 2 f. 1—6 | 1883 *G. bonensis*, Ant. Berlese, A. M. S., fasc. 5 nr. 10 | 1896 *Mecistocephalus lusitanus*, Verhoeff in: Zool. Anz., *v.* 19 p. 2 | 1899 *Geophilus (Pachymerium) hirsutus*, Verhoeff in: Zool. Anz., *v.* 22 p. 367 | 1900 *Mecistocephalus agricola*, Attems in: Arch. Naturg., *v.* 66I p. 317 | 1903 *Geophilus (Pachymerium) a.*, Attems in: Zool. Jahrb., Syst. *v.* 18 p. 259 | 1909 *Gnathoribautia a.*, Brölemann in: Arch. Zool. expér., ser. 5 *v.* 3 p. 336.

Länge bis 55 mm. 71—79 Beinpaare.

Kopfschild lang und schmal, ungefähr parallelseitig, fein punktiert, auf der Stirn 2 große Punkte, hinter der Stirnnaht eine Reihe gröberer Punkte und nahe dem Hinterrand zwei solche. Basalschild hinten viel schmäler als das folgende Tergit, mit deutlicher Medianfurche. Hinter den weißen Clypealareae eine Zone von nicht deutlich in Reihen geordneter Borsten, am Stirnrand 2 Borsten, die polygonale Felderung des ganzen Clypeus ist kleinmaschig.

Mittelteil des Labrum mit etwa 1 Dutzend kurzer Tuberkelzähne. Kieferfüße dicht punktiert; Vorderrand der Hüften mit medianem Einschnitt, begrenzt von 2 schwarz eingefaßten Längskanten. Präfemur mit einem Zahn nahe dem Ende, und einem stumpfen Höcker in der Mitte. Tarsus mit spitzem Zahn. Ungulum innen glatt. Basalschild, Tergite und Sternite punktiert, die Dichte der Punktierung nimmt kaudalwärts noch zu.

2. Tarsalglied der Endbeine länger und schlanker als das 1.

Tunis, Algier, Sizilien, Portugal (Coimbra), Spanien (Uclès), Kanaren, Azoren.

53. Gen. **Proschizotaenia** Silv.

1907 *P.*, Silvestri in: Mt. Mus. Hamburg, *v.* 24 p. 252 | 1909 *P.*, Brölemann in: Arch. Zool. expér., ser. 5 *v.* 3 p. 337 | 1912 *P.*, Ribaut in: Bull. Soc. Toulouse, *v.* 43 p. 124.

Kopfschild bedeutend länger als breit. [Über Stirnfurche, Clypealarea und Labrum ist nichts bekannt.]

1. Maxille ohne Außentaster, Telopodit zweigliedrig. Hüften der 2. Maxille nur durch eine Brücke verbunden mit langer Coxalleiste, Inneneck mit Fortsatz; Telopoditglieder ohne laterale Zacken. Kieferfüße ohne Chitinlinien; die Pleurocoxalgrenze verläuft parallel dem Seitenrande. Ventralporen in einem runden Feld hinter der Mitte.

Endbeinhüfte mit zerstreuten einzeln, neben und teilweise unter dem Sternitrand mündenden Poren; Tarsus zweigliedrig, Prätarsus kegelförmig mit einer Borste (Fig. 274).

Ostafrika.

1 Art.

Fig. 274. **P. mediocris** Silv. Endbeinprätarsus.

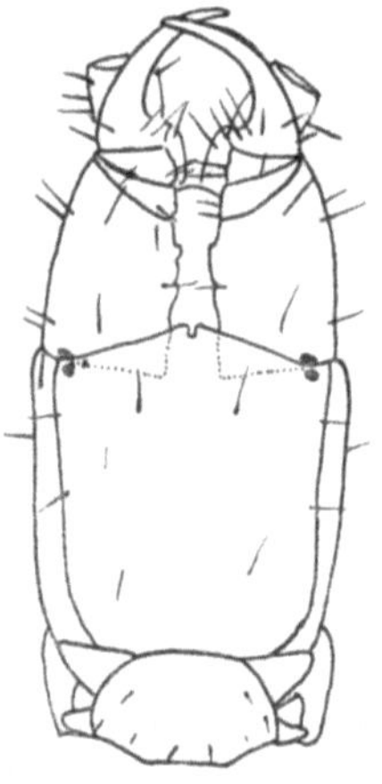

Fig. 275. **P. mediocris** Silv. Kieferfüße.

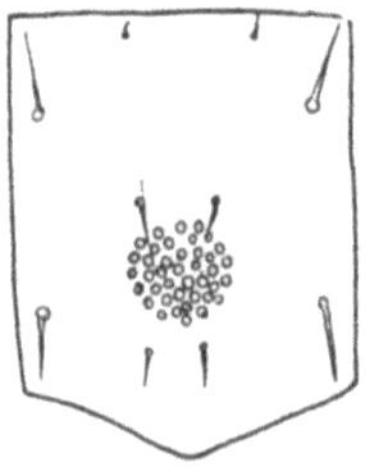

Fig. 276. **P. mediocris** Silv. Sternit.

1. **P. mediocris** Silv. 1907 *P. m.*, Silvestri in: Mt. Mus. Hamburg, *v.* 24 p. 252 f. 69—74 (Fig. 274—276).

Gelb, Kopf rostbraun. Länge 12 mm, Breite 0,6 mm. 43—45 Beinpaare (♀). Kopfschild, Länge : Breite = 7 : 4,5, zerstreut lang beborstet. Endglied der Antenne so lang wie die 2 vorangehenden zusammen. Die Kieferfüße (Fig. 275) überragen weit den Stirnrand, so daß der Basalzahn des Tarsus an das Ende des 1. Antennengliedes zu liegen kommt; Vorderrand der Hüften mit 2 kurzen stumpfen Zähnen, Präfemur mit ziemlich großem Zahn am Ende und kleinem Tuberkel in der Mitte, Basalzahn groß. Sternite mit einer Borste nahe jeder Ecke; vom 2. bis vorletzten mit rundem Porenfeld (Fig. 276), die 2 letzten Porenfelder kleiner.

Sternit des Endbeinsegments trapezisch-länglich, hinten abgerundet. Hüfte mit 4 Poren, von denen nur eine teilweise frei liegt.

Von den Terminalporen sagt der Autor einmal, daß sie vorhanden seien, dann daß sie fehlen.

Usambara, Amani.

54. Gen. **Telocricus** Chamb.

1915 *T.*, Chamberlin in: Bull. Mus. Harvard, *v.* 59 p. 516.

Kopfschild bedeutend länger als breit, $1^1/_2$ mal und mehr, ohne Stirnfurche, die Frontalregion kann aber durch eine blassere Linie begrenzt sein. Antennen fadenförmig, das Endglied ein wenig oder merklich kürzer als die 2 vorangehenden zusammen. Mittelteil des Labrum groß, stark gezähnt, trennt die gefransten Seitenteile. 1. Maxille mit 2 Paar Außentastern. Hüften der 2. Maxille ziemlich breit miteinander verbunden, die verbindende Brücke ebenso stark chitinisiert wie die lateralen Teile, alle Glieder ohne besondere Fortsätze. Klaue einfach. Kieferfüße groß, den Stirnrand weit überragend, meist bis zum Ende des 2. Antennengliedes. Vorderrand der Hüften, Innenrand des Präfemur und Tarsus mit einem Zahn. Keine Chitinlinien.

Ventralporen in 4 Feldern. Sternite mit tiefer Medianfurche.

Endbeintergit ungewöhnlich schmal, beträchtlich länger als breit, läßt die Hüften von oben frei. Sternit schmal. Hüften sehr lang, die Poren sehr zahlreich dorsal und ventral, Tarsus zweigliedrig, Prätarsus in Gestalt eines kleinen membranösen Gliedes. Tergite doppelfurchig.

Cuba, Haiti.

5 Arten.

Typus: *T. cubae* Chamb.

Aus den Beschreibungen der bisher publizierten Arten gehen nur ganz unbedeutende Unterschiede hervor, so daß die Berechtigung eines Teils der Arten recht zweifelhaft erscheint.

Übersicht über die Arten:

1a) 103—113 Beinpaare 2
- 2a) Basalschild 8 mal so breit wie lang. 113 Beinpaare (Haiti): 5. **T. multipes**
- 2b) Basalschild 2,1 mal so breit wie lang. 103 Beinpaare (Cuba): 4. **T. hyper**

1b) 65—89 Beinpaare (Cuba) 3
- 3a) Die Zähne am Vorderrand der Kieferfußhüften sind etwas weiter voneinander entfernt. Basalschild 4—5 mal so breit wie lang. 89 Beinpaare: . . . . 3. **T. maior**
- 3b) Die Kieferfußhüftzähne stehen sehr nahe nebeneinander. 65—79 Beinpaare 4
- 4a) Basalschild 3 mal so breit wie lang. Kopf dunkler braun als der Rumpf. 79 Beinpaare . . . . 1. **T. cubae**
- 4b) Basalschild 6 mal so breit wie lang. Kopf kaum dunkler als der Rumpf. 65 Beinpaare . . . . 2. **T. frater**

1. **T. cubae** Chamb. 1915 *T. c.*, Chamberlin in: Bull. Mus. Harvard, *v.* 59 p. 517.

Länge 52—58 mm. 79 Beinpaare.

Kopf kastanienbraun verdunkelt, die Seiten parallelrandig, daher vorn und hinten gleich breit. Basalschild 3mal so breit wie in der Mitte lang. Innenrand des Kieferfußpräfemur in der Mitte vorgewölbt.

Kuba: Soledad bei Cienfuegos.

2. **T. frater** Chamb. 1915 *T. f.*, Chamberlin in: Bull. Mus. Harvard, *v.* 59 p. 518.

Länge 26 mm. 65 Beinpaare.

Der Kopf ockergelb, nicht merklich dunkler als der Rumpf, am breitesten knapp hinter der Frontalregion. Basalschild 6mal so breit wie lang. Mitte des Kieferfußpräfemur nur undeutlich vorgewölbt. Die Zähne am Vorderrand der Kieferfußhüften einander sehr genähert, näher zueinander als zum Präfemur.

Kuba: Monte Verde.

3. **T. maior** Chamb. 1915 *T. m.*, Chamberlin in: Bull. Mus. Harvard, *v.* 59 p. 519.

Länge 80 mm. 89 Beinpaare (♀).

Kopfschild am breitesten knapp vor den abgerundeten Hinterecken, die Seiten gerade. Basalschild 4—5mal so breit wie lang. Die Zähne am Vorderrand der Kieferfußhüften etwas weiter voneinander entfernt, so weit wie von der Basis des Präfemur.

Kuba: San Diego de los Baños.

4. **T. hyper** Chamb. 1918 *T. h.*, Chamberlin in: Bull. Mus. Harvard, *v.* 62 p. 163.

65 mm lang. 103 Beinpaare.

Gelb, Kopfschild und Kieferfüße samt Basalschild kastanienbraun. Basalschild 2,1mal so breit wie lang. Die Kieferfußhüftzähne sind weiter voneinander entfernt und näher zur Präfemurbasis als bei *T. cubae.*

Kuba: Guantanamo, San Carlos.

5. **T. multipes** Chamb. 1915 *T. m.*, Chamberlin in: Bull. Mus. Harvard, *v.* 59 p. 521.

Länge 35 mm. 113 Beinpaare (♂).

Kopfschild vorn am breitesten, die geraden Seiten konvergieren beträchtlich nach hinten. Basalschild 8mal so breit wie lang. Präfemur der Kieferfüße ohne Vorragung in der Mitte, aber mit einem kräftigen schwarzen Zahn am Ende.

Haiti: Manville.

55. Gen. **Schizonampa** Chamb.

1914 *S.*, Chamberlin in: Bull. Mus. Harvard, *v.* 58 p. 214.

Kopfschild viel länger als breit, ohne Stirnfurche. Eine kleine Clypealarea mit feiner, polygonaler Felderung und Borsten. Mittelteil des Labrum kräftig gezähnt, die gefransten Seitenteile trennend. Syncoxit der 1. Maxille mit langem, bestacheltem Außentaster, Telopodit ungegliedert, ohne Außentaster. Hüften der 2. Maxille nur durch eine schmale membranöse Brücke zusammenhängend, innen ohne Fortsatz; 1. und 2. Telopoditglied am Ende außen zahnartig vorspringend, Endklaue einfach. Kieferfüße den Stirnrand weit überragend, ohne Chitinlinien, Basalschild breit, trapezisch.

Tergite doppelfurchig. Keine Ventralporen.

Hüfte der Endbeine mit 2 großen Öffnungen (ob Einzelporen oder Mündungen von Gruben, in die Einzelporen münden, nicht ersichtlich). Tarsus zweigliedrig; Prätarsus ein kleiner beborsteter Stummel.

Keine Terminalporen.

Pará.

1 Art.

1. **S. manni** Chamb. 1914 *S. m.*, Chamberlin in: Bull. Mus. Harvard, *v.* 58 p. 215 t. 6 f. 1—7.

Blaßgelb, Kopf und Kieferfüße etwas dunkler, lichtorangefarben oder rostbraun. Länge 13 mm. 37 Beinpaare (♀), schlank, spärlich und kurz beborstet. Antennen kurz, endwärts verdünnt. Basalschild $4^1/_2$ mal breiter als in der Mitte lang. Mittelteil des Labrum groß, dreieckig mit 5 großen spitzen Zähnen. Klaue der 2. Maxille groß. Die Kieferfüße reichen bis zum Ende des 2. Antennengliedes; Vorderrand der Hüften mit 2 kleinen stumpfen Zähnen; Präfemur mit einem kräftigen stumpfen Zahn am Ende und einem abgerundeten Höcker in der Mitte. Tarsus mit kräftigem Basalzahn. Ungulum innen glatt.

Vordere Sternite mit ziemlich tiefer vollständiger medianer Längsfurche, die ersten 10—11 Sternite mit breit dreieckigem Fortsatz am Hinterrand, der in eine Grube des folgenden Sternits paßt.

Sternit des Endbeinsegments breit, trapezisch. 2. Tarsalglied lang und schlank; der mit einigen Borsten besetzte Prätarsus sehr kurz.

Pará.

56. Gen. **Watophilus** Chamb.

1912 *W.*, Chamberlin in: Bull. Mus. Harvard, *v.* 54 p. 420 | 1912 *W.*, Chamberlin in: Pomona, *v.* 4 p. 662.

Kopfschild länger als breit, ohne Stirnfurche (Clypealarea?). Mittelteil des Labrum gezähnt, zwischen den Seitenteilen gelegen. 1. Maxille mit 2 Paar langer Außentaster. Hüften der 2. Maxille mit starker Leiste; median fast getrennt; das 1. Telopoditglied am Ende innen und außen mit Fortsatz. Kieferfüße ohne Chitinlinien, den Stirnrand überragend, die Pleurocoxalgrenze parallel dem Seitenrand, Basalschild schmal.

Tergite doppelfurchig. Keine Ventralporen.

Hüfte der Endbeine mit wenigen, einzeln, teilweise unter dem Sternitrand mündenden Poren. Tarsus zweigliedrig, Prätarsus ein kleiner beborsteter Stummel. Terminalporen vorhanden.

Kalifornien: Alabama.

3 Arten.

Typus: *W. alabamae* Chamb.

1. **W. alabamae** Chamb. 1912 *W. a.*, Chamberlin in: Bull. Mus. Harvard, *v.* 54 p. 421 t. 1 f. 5, 6, 7.

Gelb, Kopf und Kieferfüße licht kastanienbraun.

Länge bis 22 mm. Zahl der Beinpaare 49 ♂, 51 ♀.

Kopfschild Länge : Breite = 3 : 2, spärlich beborstet. Mittelteil des Labrum mit 10 kleinen spitzen Zähnen, Seitenteile mit nur wenigen, meist 3—4, langen Fransen. Antennen kurz, verjüngt, Endglied so lang wie die 2 vorangehenden zusammen. Die Kieferfüße reichen bis zum Ende des

1. Antennengliedes, Präfemur innen mit 2 Zähnen oder Höckern, Basalzahn des Tarsus ziemlich groß. Vorderrand der Hüften ungezähnt.

Vordere Sternite mit medianer Längsfurche, die auf den ersten Sterniten vorn abgekürzt ist, und mit einem Vorsprung des Hinterrandes, der in eine seichte Aushöhlung des folgenden Sternits paßt.

Sternit des Endbeinsegments breit. Hüfte mit 4—8 ventral oder auch lateral einzeln mündenden Poren, von denen 2—4 vom Sternit bedeckt sind. Endbeine bei ♂ und ♀ verdickt.

Alabama: Anniston und Mapplesville; Georgia: Tallulah Falls.

2. **W. errans** Chamb. 1912 *W. e.*, Chamberlin in: Pomona, *v.* 4 p. 663.

Gelblichweiß, Kopf blaßrötlich. Länge bis 13 mm. 41 (♂) oder 43 (♀) Beinpaare. Antennen kurz, fadenförmig. Frei sichtbarer Teil des Basalschildes 8mal so breit wie lang, mit medianer Längsfurche. Präfemur und Tarsus der Kieferfüße mit je einem konischen Zahn. Endbeinsternit breit; die wenigen kleinen Hüftporen größtenteils bedeckt.

Kalifornien: Berkeley.

3. **W. laetus** Chamb. 1912 *W. l.*, Chamberlin in: Pomona, *v.* 4 p. 663.

Länge etwa 15 mm. 47—55 Beinpaare. Antennen länger als bei *W. errans.* Frei sichtbarer Teil des Basalschildes $3^1/_2$mal so breit wie lang. Endbeinsternit breit, hinten verschmälert, der Hinterrand etwas eingebuchtet. Wenige teilweise bedeckte Hüftporen. 2. Tarsalglied der Endbeine lang und schlank. Endbeine des ♂ bis inklusive Präfemur verdickt, die anderen Glieder schlank.

Kalifornien: Stanford, Pacific Grove, Berkeley.

57. Gen. **Alloschizotaenia** Bröl.

1907 *Schizotaenia*, Silvestri in: Mt. Mus. Hamburg, *v.* 24 p. 250 | 1909 *Alloschizotaenia*, Brölemann in: Arch. Zool. expér., ser. 5 *v.* 3 p. 337 | 1909 *Schizotaenia*, Attems in: Ergeb. Schwed. Exp. Kilimandjaro, *v.* 19 p. 8.

Kopfschild viel länger als breit, ohne Stirnfurche; eine fein polygonal gefelderte Clypealarea vorhanden. Mittelteil des Labrum mit Tuberkelzähnen, zwischen den gefransten Seitenteilen gelegen. Syncoxit der 1. Maxille ohne, Telopodit mit winzigem Außentaster, die beiden Telopoditglieder nur undeutlich abgeteilt. Hüften der 2. Maxille nur durch eine schmale basale Brücke verbunden; lange Coxalleisten; Inneneck mit kurzem, breitem Fortsatz, Telopoditglieder ohne Zahn außen, Klaue einfach. Kieferfüße sehr lang, den Stirnrand mit dem Tarsungulum überragend, ohne Chitinlinien; Pleurocoxalgrenze parallel dem Seitenrand. Keine Ventralporen.

Hüfte der Endbeine mit 2 einzeln mündenden Poren. Tarsus zweigliedrig; der Prätarsus ist ein beborsteter kleiner Stummel (Fig. 25).

Terminalporen fehlen.

Ostafrika.

1 Art.

1. **A. minuta** (Silv.) 1907 *Schizotaenia m.*, Silvestri in: Mt. Mus. Hamburg, *v.* 24 p. 250 f. 62—66 | 1909 *Alloschizotaenia m.*, Brölemann in: Arch. Zool. expér., ser. 5 *v.* 3 p. 337 | 1909 *Schizotaenia pluvia*, Attems in: Ergeb. Schwed. Exp. Kilimandjaro, *v.* 19 p. 8 t. 3 f. 55; t. 4 f. 81—84 | 1914 *Alloschizotaenia minuta*, Ribaut in: Alluaud & Jeannel, Voy. Afr. Or., Chilop. p. 25 (Fig. 25, 31).

Gelb, Kopf licht kastanienbraun.

Länge bis 15 mm. Zahl der Beinpaare 37 (♂)—39 (♂♀).

Kopfschild $1^1/_2$ mal so lang wie breit, spärlich beborstet. Clypealarea rund mit 4 Borsten, dahinter eine Querreihe von 4 Borsten. Die ersten 5 Antennenglieder mit 2 Quirlen langer Borsten, dazwischen nach und nach immer mehr kurze Borsten, 6. Glied mit einem basalen Quirl. Die Sinneszäpfchen des Endgliedes sind nicht in eine Grube versenkt. Mittelteil des Labrum mit 4 kräftigen Zähnchen. Vorderrand der Kieferfußhüften mit 2 spitzen aber nicht dunkel gefärbten Zähnen (Fig. 31). Präfemur am Ende mit großem, mäßig spitzem blassem Zahn. Basalzahn des Tarsus groß, spitz. Ungulum innen glatt. Basalschild hinten schmäler als das folgende Tergit. Tergite mit 2, Prätergite mit einer Querreihe von Borsten.

Sternit des Endbeinsegments vorn breit, nach hinten stark verschmälert, mit ganz abgerundeten Ecken, der hinterste Abschnitt reichlich beborstet, Hüfte mit 2 großen freien, oder zum Teil bedeckten Poren; das Ende innen hügelartig vorstehend und kurz beborstet (bei ♂ und ♀). Unterseite von Trochanter, Präfemur und Femur beim ♂ dicht und kurz beborstet. Prätarsus mit etwa 10 Borsten.

Meru, Regenwald; Usambara, Amani; Kenia; Kilimandjaro.

E. Subfam. **Aphilodontinae** Silv.

1908 Fam. *Brasilophilidae*, Verhoeff in: Bronn, Kl. Ordn., *v.* 5 II p. 275 | 1909 Tribus *Aphilodontini*, Brölemann in: Arch. Zool. expér., ser. 5 *v.* 3 p. 324 | 1910 Fam. *Aphilodontidae*, Silvestri in: Boll. Laborat. Zool. Portici, *v.* 4 p. 52 | 1925 Fam. *A.*, Verhoeff in: Bronn, Kl. Ordn., *v.* 5 II p. 557 | 1926 *Aphilodontinae*, Attems in: Kükenthal & Krumbach, Handb. Zool., *v.* 4 p. 365.

Kopfschild meist nicht oder nur wenig länger als breit, selten lang, keine Stirnfurche. Antennen endwärts etwas verjüngt. Labrum nur aus den ungefransten, ungezähnten Seitenteilen bestehend, oder aus einem einzigen

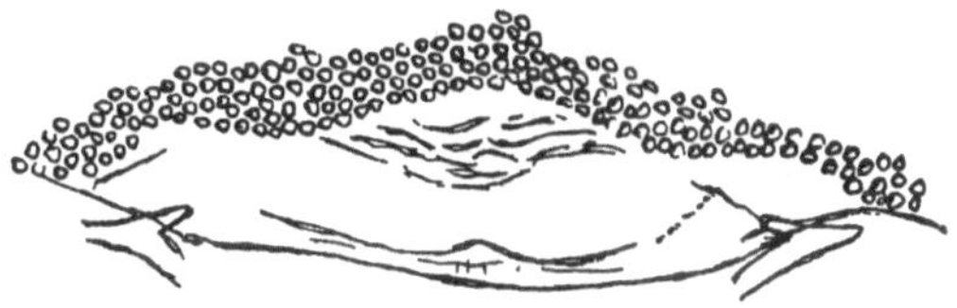

Fig. 277. Aphilodon weberi Silv. Labrum.

ungezähnten Stück bestehend (Fig. 277). 1. Maxille ohne Außentaster, Telopodit zweigliedrig. Hüften der 2. Maxille meist ganz zu einem Syncoxit verwachsen oder *(Mecistauchenus)* getrennt bleibend, ohne lange Leiste neben der Drüsenöffnung; das Telopodit ist entweder dreigliedrig, wie gewöhnlich, oder die Glieder verschmelzen mehr oder weniger (Fig. 278), so daß es im Extrem ungegliedert ist; immer ohne Endkralle. Die Pleurocoxalgrenze der Kieferfüße verläuft schräg zum Außenrand, keine Chitinlinien. Telopodit dreigliedrig, indem Trochanteropräfemur und Femur verwachsen (Fig. 279) (bei *Mecistauchenus?)*. Tarsungulum normal. Basalschild breit.

Tergite ungefurcht. Ventralporen fehlen.

Endbeinhüfte mit zahlreichen, einzeln und meist frei mündenden Poren.

4 Gattungen mit 9 Arten.

Übersicht über die Gattungen:

1a) Die Hüften der 2. Maxille bleiben getrennt . . 61. Gen. **Mecistauchenus**

1b) Die Hüften der 2. Maxille verwachsen zu einem Syncoxit 2

2 a) Tarsus der Endbeine zweigliedrig, ein krallenförmiger Prätarsus vorhanden. Die Telopoditglieder der 2. Maxille verwachsen mehr oder weniger miteinander . . . . 60. Gen. **Philacroterium**
2 b) Tarsus der Endbeine eingliedrig, ohne Prätarsus. Die Telopoditglieder der 2. Maxille bleiben getrennt 3
3 a) Kopfschild nur wenig länger als breit; die Kieferfußspitzen erreichen höchstens den Stirnrand, meist bleiben sie von ihm entfernt; Präfemorofemur der Kieferfüße innen kurz . . . . 58. Gen. **Aphilodon**
3 b) Kopfschild und Kieferfüße langgestreckt, letztere überragen den Stirnrand noch um ein gutes Stück, Präfemorofemur sehr lang: 59. Gen. **Mecophilus**

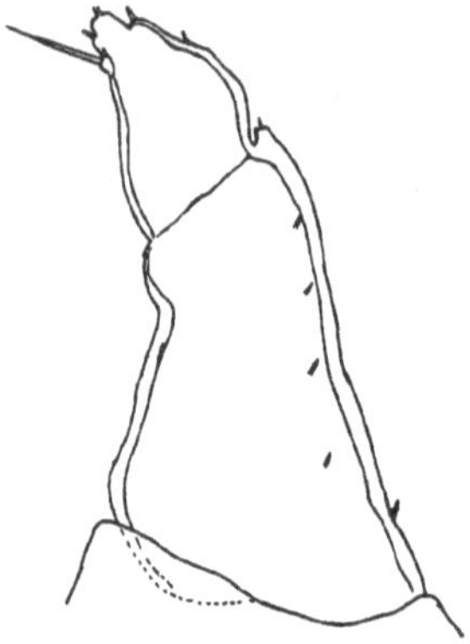

Fig. 278.
Philacroterium cribellatum Att.
Telopodit der 2. Maxille.

Fig. 279.
Philacroterium cribellatum Att.
Telopodit der Kieferfuße.

58. Gen. **Aphilodon** Silv.

1898 *A.*, Silvestri in: Comun. Mus. Buenos Aires, *v.* 1 p. 39 | 1903 *A.*, Attems in: Zool. Jahrb., Syst. *v.* 18 p. 283 | 1908 *A.*, Verhoeff in: Bronn, Kl. Ordn., *v.* 5 II p. 279 | 1910 *A.*, Silvestri in: Boll. Laborat. Zool. Portici, *v.* 4 p. 53 | 1926 *A.*, Attems in: Kükenthal & Krumbach, Handb. Zool, *v.* 4 p. 365.

Kopfschild etwas länger als breit, ohne Stirnfurche, Antennen endwärts ein wenig verdünnt, mehr als zweimal so lang wie der Kopfschild. Labrum mehr oder weniger verkümmert. 1. Maxille ohne Außentaster, Telopodit deutlich zweigliedrig. Hüften der 2. Maxille zu einem Syncoxit verwachsen, Telopodit dreigliedrig, ohne Kralle (Fig. 280). Kieferfußhüften kurz, ohne Chitinlinien, die Pleurocoxalgrenze zieht schräg zum Außenrand, ihn noch vor der Mitte erreichend; Präfemur und Femur verschmelzen miteinander (Fig. 281); die geschlossenen Kieferfüße bleiben meist noch vom Stirnrand entfernt, selten erreichen sie ihn, Tarsus ohne Zahn. Basalschild breit, bis an die Körperseiten reichend. Tergite ungefurcht, keine Ventralporen.

Hüfte der Endbeine mit ± zahlreichen einzeln und frei mündenden Poren, Tarsus eingliedrig, kein Prätarsus. Terminalporen vorhanden.

Südamerika, Kapland.

5 Arten.

Typus: *A. spegazzinii* Silv.

Die Beschreibungen der 5 Arten lassen nur sehr geringe Unterschiede erkennen, die zum sicheren Auseinanderhalten kaum genügen. Folgende Übersicht ergibt sich aus den im übrigen fast gleichlautenden Beschreibungen:

1a) Die Kieferfüße erreichen den Stirnrand, Tarsus der Endbeine etwas kürzer als die Tibia. 61—65 Beinpaare Sternit des Endbeinsegments etwas länger als an der Basis breit: . . . . 1. **A. spegazzinii**

1b) Die Kieferfüße bleiben meist ein gutes Stück vom Stirnrand entfernt, nur bei *A. intermedius* erreichen sie ihn fast. Tarsus der Endbeine etwas länger als die Tibia. 45—59 Beinpaare 2

2a) Sternit des Endbeinsegments etwas länger als an der Basis breit. 45 Beinpaare, 5 Endbeinhüftporen . . . . 4. **A. modestus**

2b) Sternit des Endbeinsegments etwas kürzer als an der Basis breit. 49—59 Beinpaare 3

3a) Die Kieferfüße erreichen fast den Stirnrand, 20 Endbeinhüftporen: 2. **A. intermedius**

3b) Die Kieferfüße bleiben ein gutes Stück vom Stirnrand entfernt. 4—12 Endbeinhüftporen . . . . { 3. **A. angustatus** / 5. **A. weberi** }

Fig. 280. **Aphilodon weberi** Silv., ♂. Beide Maxillen.

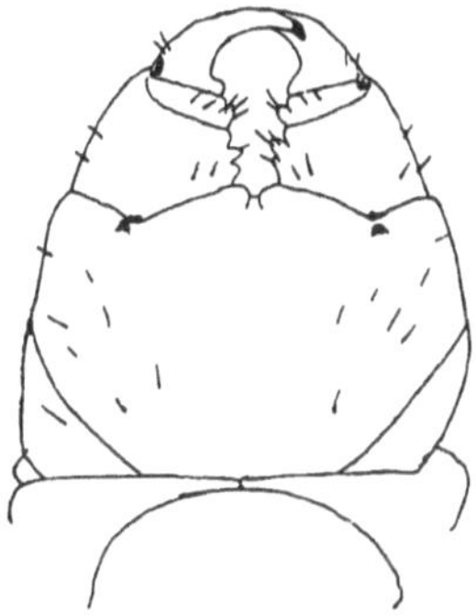

Fig. 281. **Aphilodon weberi** Silv., ♂ Kieferfuß.

Fig. 282. **Aphilodon spegazzinii** Silv.

1. **A. spegazzinii** Silv. 1898 *A. S.*, Silvestri in: Comun. Mus. Buenos Aires, *v.* 1 p. 40 | 1910 *A. S.*, Silvestri in: Boll. Laborat. Zool. Portici, *v.* 4 p. 54 f. 9 (Fig. 282).

Ockergelb, Kopf rostbraun. Länge 42 mm, Breite 1,1 mm. Zahl der Beinpaare ♂ 61—63, ♀ 63—65.

Kopfschildlänge: Breite = 4:3,7, nach vorn ein wenig verschmälert und vorn winkelig. Die geschlossenen Kieferfüße erreichen den Stirnrand, Vorderrand der Hüften abgestutzt oder schwach eingebuchtet, Präfemorofemur mit 2 Zähnen innen, der vordere derselben größer, Tibia mit ziemlich großem, stumpfem Zahn, Tarsus ohne Zahn.

Sternit des Endbeinsegments lang, etwas länger als an der Basis breit, nach hinten verschmälert; Hüfte mit zahlreichen, großen, zumeist unbedeckten Poren. Endbeine des ♂ etwas verdickt. Tarsus etwas kürzer als die Tibia. (Dieser Angabe entspricht die beigegebene Abbildung nicht.)

Argentinien, Las Talas am La Plata.

2. **A. intermedius** Silv. 1909 *A. i.*, Silvestri in: Atti Acc. Lincei, Rend. ser. 5 *v.* 18 I p. 268 | 1910 *A. i.*, Silvestri in: Boll. Laborat. Zool. Portici, *v.* 4 p. 55 f. 10.

Ockergelb, Kopf rostrot. Länge 20 mm, Breite 0,6 mm. 57 Beinpaare. Kopfschildlänge : Breite = 2,5 : 2. Antennen endwärts stärker verdünnt als bei den anderen Arten. Die geschlossenen Kieferfüße erreichen fast den Stirnrand. Präfemorofemur mit 2 borstentragenden Zähnen, Tibia mit ähnlichem Zahn. Sternit des Endbeinsegments an der Basis etwas breiter als lang, endwärts wenig verschmälert, hinten geradlinig. Hüfte mit etwa 20 teilweise bedeckten Poren. Tarsus etwas länger als die Tibia.

Argentinien, Misiones, Pampa Piray.

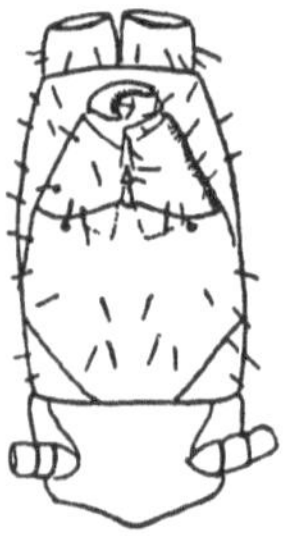

Fig. 283.
Aphilodon modestus Silv.

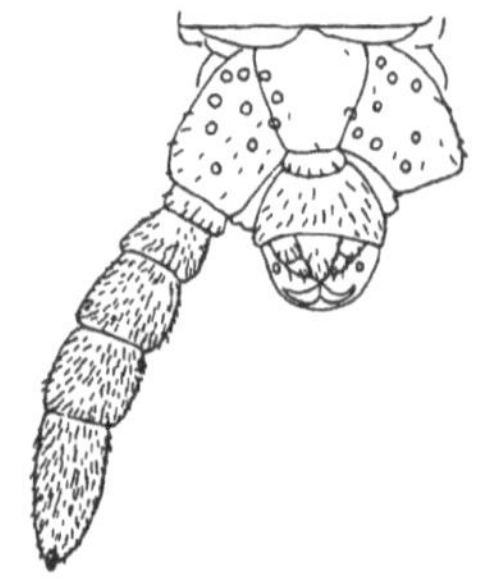

Fig. 284.
Aphilodon weberi Silv. ♂.

3. **A. angustatus** Silv. 1909 *A. a.*, Silvestri in: Atti Acc. Lincei, Rend. ser. 5 *v.* 18 I p. 269 | 1910 *A. a.*, Silvestri in: Boll. Laborat. Zool. Portici, *v.* 4 p. 56 f. 11.

Blaßgelb, Kopf rostrot. Länge 18 mm, Breite 0,39 mm. Zahl der Beinpaare ♂ 55—57, ♀ 57—59.

Kopfschildlänge : Breite = 4,5 : 4. Die geschlossenen Kieferfüße bleiben ein gutes Stück vom Stirnrand entfernt, Präfemorofemur innen mit 2 Zähnen, von denen der vordere etwas größer ist und eine Borste trägt, Tibia mit einem großen borstentragenden Zahn.

Sternit des Endbeinsegments an der Basis fast zweimal so breit wie lang, nach hinten etwas verschmälert; Hüfte mit 4—7 Poren, von denen 2—3 bedeckt sind. Tarsus etwas länger als die Tibia.

Argentinien, Misiones, Corrientes, S.-Pedro; Paraguay; Brasilien, Matto Grosso, Corumbá, Urucum.

4. **A. modestus** Silv. 1909 *A. m.*, Silvestri in: Atti Acc. Lincei, Rend. ser. 5 *v.* 18 I p. 268 | 1910 *A. m.*, Silvestri in: Boll. Laborat. Zool. Portici, *v.* 4 p. 57 f. 12 (Fig. 283).

Blaß ockergelb. Länge 9 mm, Breite 0,3 mm. 45 Beinpaare.

Kopfschildlänge : Breite = 3 : 2,7. Die geschlossenen Kieferfüße bleiben ein gutes Stück vom Stirnrand entfernt. Präfemorofemur mit 2, Tibia mit 1 großen Zahn.

Sternit des Endbeinsegments um 1/3 länger als an der Basis breit (entspricht nicht der beigegebenen Zeichnung), nach hinten wenig verschmälert, Hüfte mit 5 freien Poren. Tarsus um 1/3 länger als die Tibia.

Paraguay, Tacurú Pucú.

5. **A. weberi** Silv. 1909 *A. W.*, Silvestri in: Atti Acc. Lincei, Rend. ser. 5 *v.* 18I p. 269 | 1910 *A. W.*, Silvestri in: Boll. Laborat. Zool. Portici, *v.* 4 p. 59 f. 13 (Fig. 277, 280, 281, 284).

Blaßgelb, Kopf rostrot. Länge 25 mm, Breite 1 mm. Zahl der Beinpaare ♂ 49, ♀ 55. Kopfschild nur wenig länger als breit (3,4 : 3,1). Die geschlossenen Kieferfüße bleiben weit vom Stirnrand entfernt, Präfemorofemur mit 2, Tibia mit 1 Zahn. Sternit des Endbeinsegments an der Basis um 1/4 breiter als lang, endwärts etwas verschmälert. Hüfte mit 8—12 Poren, fast alle frei. Tarsus länger als die Tibia.

Constantia, Südafrika.

59. Gen. **Mecophilus** Silv.

1909 *M.*, Silvestri in: Atti Acc. Lincei, Rend. ser. 5 *v.* 18I p. 268 | 1910 *M.*, Silvestri in: Boll. Laborat. Zool. Portici, *v.* 4 p. 60.

Kopfschild lang, länger als breit, ohne Stirnfurche. Labrum verkümmert. 1. Maxille ohne Außentaster, Telopodit zweigliedrig. Hüften der 2. Maxille verwachsen, Telopodit dreigliedrig, keine Kralle. Kieferfüße sehr langgestreckt, den Stirnrand weit überragend; Präfemur und Femur verwachsen zu einem sehr langen, am Ende innen 2 Zähnchen tragenden Glied. Basalschild trapezförmig, sehr lang, hinten fast so breit wie das folgende Tergit. Keine Ventralporen. Hüfte der Endbeine mit einer Anzahl einzeln und frei mündender Poren. Tarsus eingliedrig, kein Prätarsus. Terminalporen vorhanden.

Brasilien.

1 Art.

1. **M. neotropicus** Silv. 1909 *M. n.*, Silvestri in: Atti Acc. Lincei, Rend. ser. 5 *v.* 18I p. 269 | 1910 *M. n.*, Silvestri in: Boll. Laborat. Zool. Portici, *v.* 4 p. 61 f. 14 (Fig. 285).

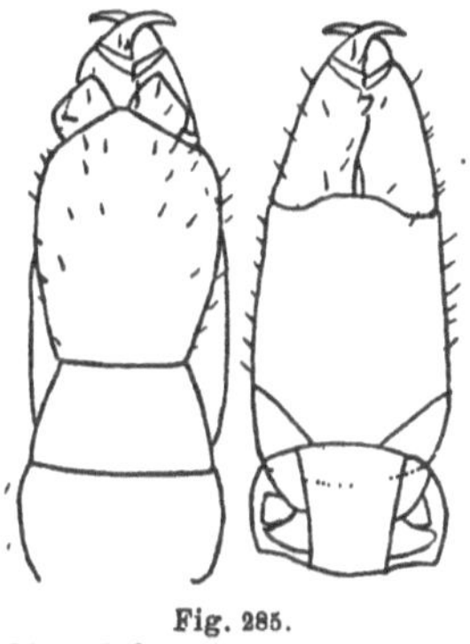

Fig. 285.
Mecophilus neotropicus Silv.

Gelblichweiß, Kopf ockergelb. Länge 8 mm, Breite 0,34 mm. 35 Beinpaare. Kopfschildlänge : Breite = 9,5 : 7, spärlich und sehr kurz beborstet. Vorderrand der Kieferfußhüften seicht eingebuchtet, ungezähnt, Tibia und Tarsus mit je einem kleinen Höcker (Präfemorofemur siehe oben).

Sternit des Endbeinsegments trapezförmig, an der Basis breiter als lang, hinten geradlinig. Endbeine mehr als doppelt so lang wie die vorangehenden, Hüfte mit 8 Poren auf der Ventralseite.

Brasilien: Paraná, Iguazu.

60. Gen. **Philacroterium** Att.

1926 *P.*, Attems in: Kükenthal & Krumbach, Handb. Zool., *v.* 4 p. 365 | 1928 *P.*, Attems in: Ann. S. Afr. Mus., *v.* 26 p. 182.

Kopfschild ungefähr so lang wie breit, ohne Stirnfurche; Antennen endwärts leicht verjüngt, die Borsten der proximalen Glieder bilden keine deutlichen

Quirle, da auch zahlreiche ungeordnete, fast ebenso große Borsten vorhanden sind. Labrum nur aus den seitlichen Teilen bestehend, schmalen, glatten, medialwärts etwas verbreiterten und hier unregelmäßig zackigen Stäben, die durch einen geringen Zwischenraum getrennt sind; ein Mittelteil fehlt (Fig. 286). 1. Maxille und Telopodit der 2. Maxille außerordentlich klein. 1. Maxille ohne Außentaster, Telopodit deutlich zweigliedrig, Coxalfortsatz schmal, nicht abgesetzt (Fig. 287). Hüften der 2. Maxille völlig, ohne Median-

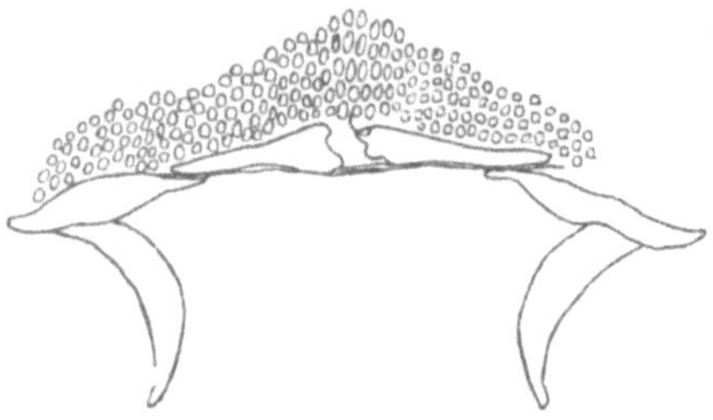

Fig. 286. **Philacroterium pauperum** Att., ♀. Labrum.

naht verwachsen. Die Breite der 2. Maxille beträgt ungefähr $^1/_8$ der Breite des Kopfes; die Telopodite sind nicht ganz lateral am Syncoxit inseriert, sondern letzteres bildet lateral vom Telopodit noch eine größere Schulter (Fig. 288). Die ersten 2 Telopoditglieder verwachsen völlig miteinander, die Grenze zwischen Endglied und vorangehendem Glied ist schwach sichtbar oder auch verwischt. Endglied ohne Kralle. Kieferfüße ohne Chitinlinien, Vorderrand der Hüften ungezähnt, die Pleurocoxalgrenze zieht so schräg zum Seitenrand, daß sie ihn vor der Mitte erreicht. Telopodit dreigliedrig, indem Trochanteropräfemur und Femur miteinander verwachsen, dieses Ver-

Fig. 287. **Philacroterium pauperum** Att., ♀
Mandibeln und Maxillen.

wachsungsglied trägt 2, die Tibia 1 borstentragendes Zäpfchen. Die Procoxen des 1. Laufbeinsegments schließen vor dem Sternit zusammen, dieses vom Kieferfuß-Coxosternum trennend. Basalschild breit, bis an die Seiten des Körpers reichend; von den Kieferfüßen ist von oben nur ein kleiner Zwickel sichtbar. Tergite ungefurcht. Ventralporen fehlen.

Hüfte der Endbeine mit zahlreichen einzeln und frei auf der Ventralseite mündenden Poren. Tarsus zweigliedrig. Prätarsus krallenförmig. Terminalporen vorhanden.

Kapland.

2 Arten.

Typus: *P. cribellatum* Att.

1. **P. cribellatum** Att. 1928 *P. c.*, Attems in: Ann. S. Afr. Mus., *v.* 26 p. 183 textf. 70—75 (Fig. 278, 279, 289).

Gelbbraun, Länge bis 48 mm. Gestalt kräftig, bandförmig, vorn und hinten nur wenig verschmälert. 55 (♂ und ♀) bis 71 (♀) Beinpaare.

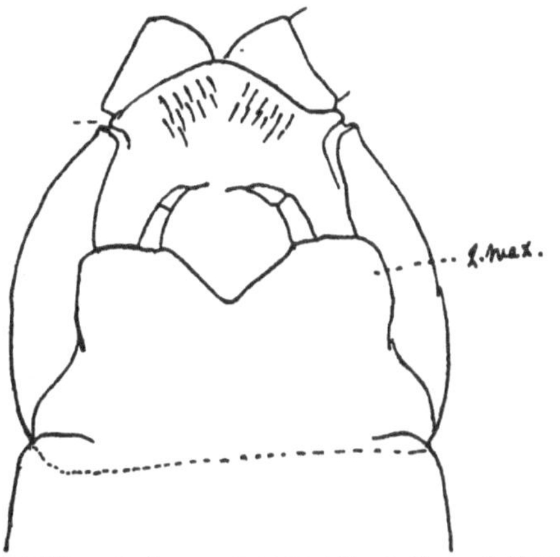

Fig. 288. **Philacroterium pauperum** Att. *2. Max.* = 2. Maxille.

Kopfschild zerstreut beborstet. Die Grenze zwischen Endglied und den verwachsenen Grundgliedern des Telopodits der 2. Maxille ist nur undeutlich sichtbar. Am Ende des Doppelgliedes außen ein kleines Zäpfchen mit einem winzigen Spitzchen, ähnliche Spitzchen auch auf der Außenseite des Endgliedes und ganz am Ende desselben, neben der einzigen großen Borste.

Kieferfußhüften groß, zerstreut beborstet. Telopodit klein. Tarsus mit einem kleinen Zahn; die geschlossenen Kieferfüße erreichen den Stirnrand nicht. Tergite mit zwei, Prätergite mit einer Querreihe von Börstchen.

Hinterrand des 1. bis 3. Sternits ein wenig winkelig vortretend, die übrigen ganz gerade. Sternite zerstreut fein punktiert und beborstet.

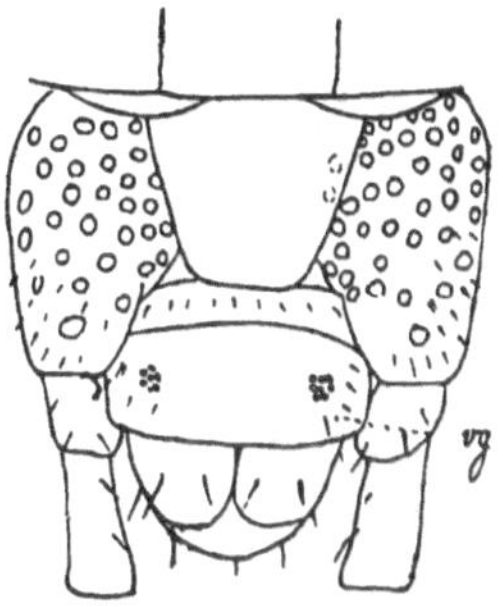

Fig. 289. **Philacroterium cribellatum** Att. *vg* = Sternit des Genitalsegments.

Sternit des Endbeinsegments breit, nach hinten ein wenig verschmälert und abgerundet. Endbeine des ♂ mäßig verdickt und ventral dicht beborstet, nur das Endglied schütter langborstig.

Das Genitalsternit des ♀ hat jederseits ein kleines kreisrundes Porenfeld.

Kapland: Kaphalbinsel und Tafelberg, Caledon, Kalkbay, Kogmans Kloof, Hottentots Holland, Ceres.

2. **P. pauperum** Att. 1928 *P. p.*, Attems in: Ann. S. Afr. Mus., *v.* 26 p. 186 textf. 76—81 (Fig. 286—288, 290, 291).

Gelbbraun. Länge bis 30 mm, plump, in der hinteren Körperhälfte am breitesten, 45—51 Beinpaare (♀).

Kopfschild dicht eingestochen punktiert und beborstet. Kieferfüße reichlich und kurz beborstet, den Stirnrand nicht erreichend. Telopodit klein, auch vom Seitenrand entfernt bleibend. Tarsus ohne Zahn.

Tergite mit mehreren etwas unregelmäßigen, Prätergite mit einer Querreihe von Borsten. Sternite hinten geradlinig, zerstreut punktiert und beborstet. Sternit des Endbeinsegments sehr schmal, nach hinten stark verjüngt, Hinterrand gerade, mit einigen Borsten. Hüftporen dunkel umrandet, einige unter dem Sternitrand.

Kapland: Tafelberg, Kalkbay, Kryona.

Fig. 290.
Philacroterium pauperum Att., ♀

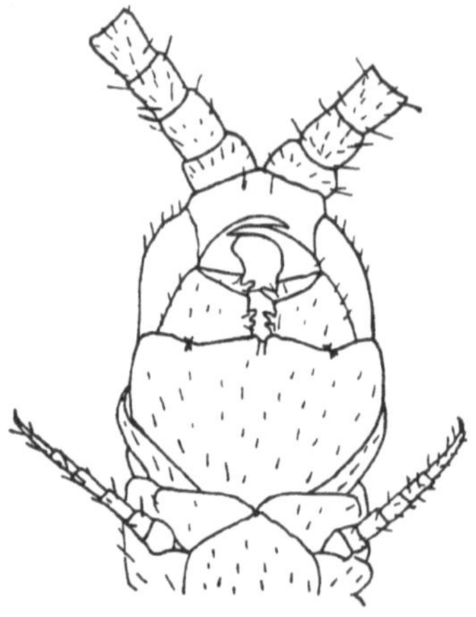

Fig. 291.
Philacroterium pauperum Att., ♀

61. Gen. **Mecistauchenus** Bröl.

1907 *M.*, Brölemann in: Bull. Soc. ent. France, p. 283 | 1908 *Brasilophilus*, Verhoeff in: Bronn, Kl. Ordn., *v.* 5 II p. 286 | 1909 *Mecistauchenus*, Brölemann in: Arch. Zool. expér., ser. 5 *v.* 3 p. 335.

Labrum rudimentär, aus einem einzigen Stück bestehend, ohne Zähne oder Fransen. Syncoxit der 1. Maxille ohne Außentaster, Telopodit deutlich zweigliedrig. Die Hüften der 2. Maxille bleiben durch eine Mediannaht getrennt, der Prätarsus hat die Gestalt eines Tuberkels; die 3 Telopoditglieder sind schlank (Fig. 292). Kieferfüße ohne Chitinlinien, über die Gliederung seines Telopodits kann man sich aus den bisher gemachten Angaben kein klares Bild machen. Tergite ungefurcht. Keine Ventralporen. Endbeinhüfte mit zahlreichen einzeln und frei mündenden Poren. (Die Endglieder des einzigen bisher bekannten Exemplars fehlten, so daß die Zahl der Tarsenglieder und Gestalt des Prätarsus unbekannt sind.)

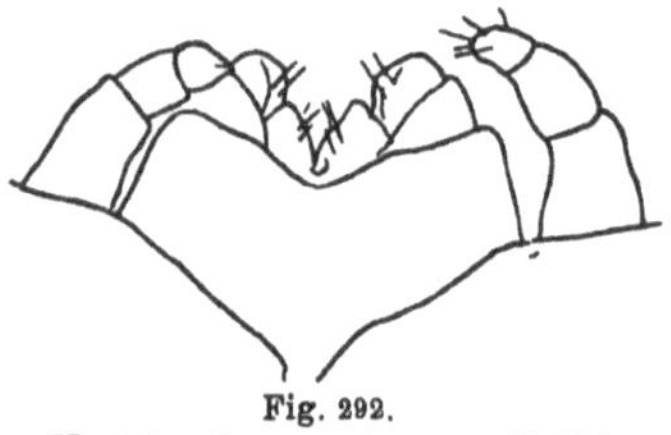

Fig. 292.
Mecistauchenus micronyx (Bröl.)
Beide Maxillenpaare.

Brasilien.

1 Art.

1. **M. micronyx** (Bröl.) 1902 *Aphilodon m.*, Brölemann in: Revista Mus. Paul., *v.* 5 p. 46 t. 1 f. 14—19 | 1907 *Mecistauchenus m.*, Brölemann in: Bull. Soc. ent. France, *p.* 283 (Fig. 292—294).

Ockergelb. Länge 54 mm, größte Breite 1,9 mm. 59 Beinpaare (♀). Kopfschild breiter als lang, spärlich und grob punktiert, ohne Stirnfurche.

Antennen kurz, endwärts verdünnt. Kieferfüße grob punktiert, Vorderrand der Hüften vorgewölbt, ungezähnt. Basalschild breit und kurz, punktiert. Tergite glatt, glänzend, punktiert ohne Längsfurchen.

Sternite glatt, glänzend, die vorderen stärker punktiert als die hinteren. Die ersten 15 mit einer breiten Längsfurche, die kaudalwärts immer mehr in ein seichtes, quer sich verbreiterndes Grübchen übergeht. Endbeintergit kurz und breit. Sternit des Endbeinsegments klein, rechteckig, ohne Medianfurche. Hüften aufgeblasen, ventral und lateral mit zahlreichen mittelgroßen und kleinen regellos verteilten Poren.

Brasilien, ohne näheren Fundort.

Fig. 293.
Mecistauchenus micronyx (Bröl.)
Hinterende, Dorsalseite.

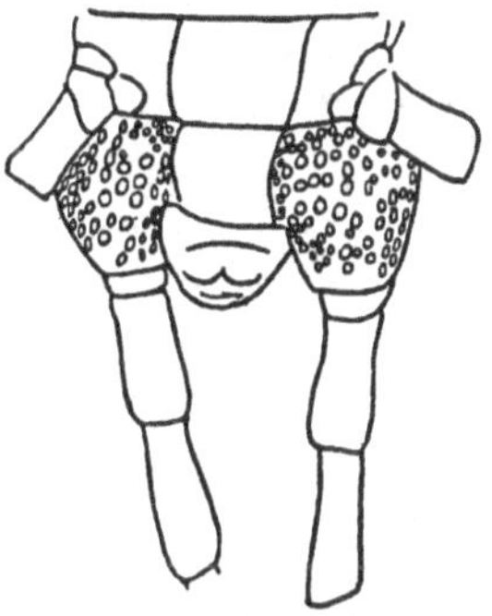

Fig. 294.
Mecistauchenus micronyx (Bröl.)
Ventralseite.

Geophilidarum Species inquirendae

[In die Gattung *Geophilus* gehören wohl die wenigsten dieser Arten.]

Geophilus aequalis Por. 1894 *G. a.*, Porat in: Bih. Svenska Ak., *v.* 20 nr. 5 p. 23.

Gelb, Kopf roströtlich. Länge 25 mm, Breite 1 mm. 53 Beinpaare.

Kopfschild viel länger als breit, ohne Stirnfurche. Die Kieferfüße überragen geschlossen den Stirnrand weit, Basalzahn groß. (Chitinlinien?)

Tergite zweifurchig, zwischen den Furchen keine Mediangrube.

Vordere etwa 25 Sternite mit einer ziemlich tiefen länglichen Mediangrube; auf den hinteren Segmenten ist sie fast verwischt. (Ventralporen?)

Hüfte der Endbeine mit 4—6 bedeckten Poren auf der Ventralseite. Keine Endkralle. Keine Terminalporen.

Kamerun.

G. alaskanus Cook 1904 *G. a.*, Cook in: Harriman Alaska Exp., *v.* 8 p. 75.

Orangebraun. Länge 30 mm, Breite 0,75 mm. 53 Beinpaare (♂). Kopfschild etwas länger als breit, ohne Stirnfurche. Kieferfüße mit Chitinlinien, alle Glieder ungezähnt. Die 2 Furchen der Tergite sehr seicht. Rücken glatt, nackt.

Sternite vom 2. an mit tiefer ovaler Mediangrube, die nach hinten seichter und undeutlich wird.

Sternit des Endbeinsegments trapezisch, länger als breit, Seiten gerade, hinten abgestutzt. Hüfte mit 8—10 pigmentierten Poren. Der hinterste größer und in einer tiefen Höhlung gelegen. Endkralle vorhanden. Endbeine des ♂ kaum etwas verdickt.

Sitka, Alaska.

G. antipodum Poc. 1891 *G. a.*, Pocock in: Ann. nat. Hist., ser. 6 *v.* 8 p. 222 t. 12 f. 8.

Dunkelockergelb. Länge 31 mm. 39 Beinpaare (♂ und ♀). Kopf viel länger als breit, spärlich punktiert. Basalschild sehr schmal, halb so breit wie das erste Tergit.

Kieferfüße ohne Chitinlinien, Vorderrand der Hüften mit 2 Zähnen. Die Klauen überragen weit den Stirnrand, alle Telopoditglieder mit je einem Zahn. Tergite doppelfurchig. Endbeintergit dreieckig, Sternit schmal, viel länger als breit, verjüngt, Hüften mit etwa 12 ungleich großen Poren, Tarsus zweigliedrig, Prätarsus krallenförmig. Terminalporen vorhanden.

Neu-Seeland, Maungatua, Wellington.

G. cayugae Chamb. 1904 *G. c.*, Chamberlin in: P. Ac. Philad., *v.* 56 p. 655.

Länge 55 mm. 65 Beinpaare (♀).

Kopfschild länger als breit (7,4 : 6,7), ohne Stirnfurche, vorn und hinten gerade abgestutzt. Die Seiten gerade, fast parallel. Die geschlossenen Kieferfüße erreichen ungefähr den Stirnrand, Chitinlinien vorhanden (vollständig oder abgekürzt?). Vorderrand der Hüften breit winkelig eingebuchtet, ungezähnt wie auch die Telopoditglieder.

(Sternite, Ventralporen?)

Sternit des Endbeinsegments eher schmal, Seiten gerade, konvergent. Hüfte auf der ganzen Fläche, ausgenommen hinten, mit etwa 30 großen und kleinen Poren. Endkralle lang und schlank. Endbeine des ♀ dicker und länger als das vorletzte Paar. (♂ unbekannt.)

Ithaca, New York.

G. challengeri Poc. 1891 *G. c.*, Pocock in: Ann. nat. Hist., ser. 6 *v.* 8 p. 217 t. 12 f. 3.

Länge 59 mm, 73 Beinpaare. Kopf nur wenig länger als breit. Basalschild lang und breit. Kieferfüße ohne Chitinlinien, erreichen den Stirnrand nicht, nur die vorderen Sternite mit mittlerem Porenfeld. Endbeinhüfte mit einigen Poren unter dem Sternitrand. Die ersten 2 Endbeinglieder fast miteinander verschmolzen und stark verdickt, 2., 3. und 4. Glied unten ausgehöhlt, die Ränder der Grube dicht beborstet, keine Endkralle.

St. Vincent, Kapverde-Inseln.

G. concolor Gerv. 1847 *G. c.*, P. Gervais in: Walckenaer & Gervais, Hist. Apt., *v.* 4 p. 320 | 1887 *G. c.*, E. Haase in: Abh. Mus. Dresden, nr. 5 p. 108 t. 6 f. 113.

Länge 48 mm, 69—71 Beinpaare. Keine Stirnfurche. Antennen sehr lang, bis zum 6. Segment reichend; Kieferfüße den Stirnrand überragend, Hüften mit 2 Zähnen, Präfemur mit 2 Zahnhöckern. Tarsus mit einem starken Zahn. Tergite vom ersten an doppelfurchig. Keine Ventralporen. Endbeinhüfte mit 2—4 freien und 6—8 bedeckten Poren, Tarsus zweigliedrig, Endkralle vorhanden.

Australien, Port Jackson, Rockhampton, Sidney.

G. deducens Chamb. 1909 *G. d.*, Chamberlin in: Ann. ent. Soc. Amer., *v.* 2 p. 180 t. 25 f. 1, 2, 3.

Rücken braun, längs der Mitte schwärzlich. Kopf und Kieferfüße licht kastanienbraun. Länge 38 mm, Breite 1,8 mm. 51 Beinpaare.

Kopfschild länger als breit (4,2 : 3,7), ohne Stirnfurche. Die Kieferfüße reichen geschlossen bis zur Mitte des 1. Antennengliedes. Tarsus mit kleinem, blassem stumpfem Basalzahn, die anderen Glieder ungezähnt, (Chitinlinien?) Hüften grob punktiert. Basalschild hinten so breit wie das folgende Tergit, trapezisch.

Tergite zweifurchig, einige vordere dazwischen mit einem 2. Furchenpaar.

Vordere Sternite median breit eingedrückt mit einer abgekürzten Längsfurche. (Ventralporen?)

Sternit des Endbeinsegments breit, hinten stark verschmälert und abgerundet. Hüfte mit 2 großen Poren unter dem Sternitrand. Endkralle lang. Endbeine kurz und schlank.

Keine Terminalporen.

Sea Cliff, Long Island, New York.

G. edentulus Por. 1894 *G. e.*, Porat in: Bih. Svenska Ak., *v.* 20 nr. 5 p. 24 | 1896 *Ctenophilus e.*, Cook, Brandtia, p. 38.

Länge 24 mm. 51 Beinpaare. Kopfschild ein wenig länger als breit. Die Kieferfüße überragen nicht den Stirnrand, Tarsus ohne Zahnhöcker. Endbeinhüfte ohne Poren, keine Endkralle.

Bonge, Kamerun.

G. elegantulus Mein. 1886 *G. e.*, Meinert in: Vidensk. Meddel., *v.* 36—38 p. 145.

Länge 25 mm. 45 Beinpaare. Kopf länger als breit (7:6) ohne Stirnfurche. Die Kieferfüße erreichen den Stirnrand oder überragen ihn, alle Glieder ohne Zähne. Antennen kurz. Das Ventralporenfeld der vorderen und hinteren Segmente ist unpaar, das der mittleren Segmente in zwei geteilt, außerdem eine vordere abgekürzte Längsfurche. Endbeinhüften mit 2 großen, größtenteils bedeckten Poren. Endbeinsternit sehr breit, hinten wenig verschmälert, breit eingebuchtet. Endbeine mit kleiner Kralle.

Riacho del Oro.

G. fossuliferus Karsch 1884 *G. f.*, Karsch in: SB. Ges. Marburg, *v.* 2 p. 56.

Gelb. Länge 36 mm, sehr schlank. 67 Beinpaare.

Kopfschild fast doppelt so lang wie breit, ziemlich grob, fast längsreihig punktiert, hinten mit 2 Furchen, ohne Stirnfurche. Die Kieferfüße überragen den Stirnrand weit; sie sind grob und spärlich punktiert. Hüften mit Medianfurche und 2 fast durchlaufenden Seitenfurchen. (Chitinlinien?) Tarsus mit Basalzahn. Basalschild sehr breit, vorn wenig verschmälert.

Tergite zweifurchig, mit mehr oder weniger deutlicher Mediangrube, fein punktiert.

Sternite fein punktiert, mit tiefer Mittellängsfurche. (Ventralporen?) Sternit des Endbeinsegments breit. (Endkralle? Beine verstümmelt.)

Insel S. Thomé, Westafrika.

G. grantii Poc. 1891 *G. G.*, Pocock in: Ann. nat. Hist., ser. 6 *v.* 8 p. 216 t. 12 f. 2.

Gelb, Kopf und Kieferfüße blaß kastanienbraun.

Länge 38 mm. Zahl der Beinpaare ♂ 55, ♀ 57.

Kopfschild viel länger als breit, vorn und hinten gerade, ohne Stirnfurche. Antennen ziemlich lang, Basalschild hinten schmäler als das folgende Tergit. Kieferfüße ohne Chitinlinien, den Stirnrand wenig überragend, Präfemur mit kleinem Innenzahn, die anderen Glieder ungezähnt.

Tergite doppelfurchig, glatt, glänzend.

Vordere Sternite mit einem medianen Porenfeld hinten und einer Vertiefung vorn, die mittleren Sternite mit einer medianen und 2 seichten lateralen Vertiefungen. Sternit des Endbeinsegments sehr groß, breiter als lang. Hüften klein, ohne Poren. Tarsus zweigliedrig. Kein Prätarsus oder eine winzige Kralle.

Madeira.

G. huronicus Mein. 1885 *G. h.*, Meinert in: P. Amer. phil. Soc., *v.* 23 p. 220.

Gelb. Kopf und Kieferfüße braun.

Länge ♂ 30 mm, ♀ 33 mm, Breite ♂ 1,2 mm, ♀ 1 mm. Zahl der Beinpaare ♂ 53—55, ♀ 55—57.

Kopfschild wenig länger als breit (10:9), spärlich punktiert, mit 2 Längsfurchen, ohne Stirnfurche. Antennen lang. Die geschlossenen Kieferfüße überragen den Stirnrand mehr oder weniger. Chitinlinien fehlen (?). Vorderrand der Hüften eingebuchtet, ungezähnt; Tarsungulum mit kleinem Basalzahn.

Tergite deutlich zweifurchig, mit undeutlicher Mediangrube.

Vordere und mittlere Sternite mit großem, querem Porenfeld hinter der Mitte, das auf den vorderen Sterniten ungeteilt, auf den mittleren in 2 geteilt ist.

Sternit des Endbeinsegments breit, hinten wenig schmäler. Hüfte spärlich beborstet, mit 6—8 großen, zum größten Teil bedeckten Poren. Endbeine viel länger als das vorangehende Paar, beim ♂ stark verdickt. Endkralle des ♀ größer, des ♂ kleiner.

Massachusetts; N.-England.

G. mordax Mein. 1885 *G. m.*, Meinert in: P. Amer. phil. Soc., *v.* 23 p. 217 | 1896 *G. louisianae*, Brölemann in: Ann. Soc. ent. France, *v.* 65 p. 55 t. 5 f. 4—6.

Rotgelb. Länge 25 mm, Breite 1,2 mm. 51 Beinpaare (♀).

Kopfschild ungefähr so lang wie breit, Stirnfurche vorhanden, Antennen ziemlich lang. Die Kieferfüße erreichen geschlossen kaum den Stirnrand, Chitinlinien vollständig, Tarsungulum mit winzigem, stumpfem Basalzahn, die anderen Glieder ungezähnt.

Tergite deutlich zweifurchig.

Vordere Sternite mit tiefer Medianfurche und einem hinteren queren Porenfeld; die mittleren und hinteren Sternite mit seichterer Medianfurche in der ganzen Länge.

Sternit des Endbeinsegments nicht breit, trapezförmig; Hüften fast nackt, mit 10 bis 12 großen gereihten Poren. Endbeine abgebrochen.

Verein. Staaten von N.-Amerika ohne näheren Fundort.

G. mustiquensis Poc. 1893 *G. m.*, Pocock in: J. Linn. Soc. London, *v.* 24 p. 470.

Länge 31 mm, 45 (♂)—49 (♀) Beinpaare. Kopf nur wenig länger als breit, zerstreut punktiert, Basalschild trapezisch; die Kieferfüße überragen den Stirnrand nur wenig. Endbeintergit breit, bedeckt die Hüften fast ganz. Hüften ohne Poren, Sternit breiter als lang, Endkralle vorhanden.

Mustique Island, Westindien.

G. okolonaë Bollm. 1888 *G. o.*, Bollman in: Ent. Amer., *v.* 4 p. 5 | 1893 *G. o.*, Bollman in: Bull. U. S. Mus., *v.* 46 p. 77.

Länge 40 mm, 61 (♂)—63 (♀) Beinpaare. Keine Stirnfurche. Kopf nur wenig länger als breit, Antennen kurz. Keine Ventralporen. Endbeinhüfte ohne Poren, Sternit breit.

Okolona.

G. parthorum Poc. 1891 *G. p.*, Pocock in: Ann. nat. Hist., ser. 6 *v.* 8 p. 218 t. 12 f. 4.

Länge 73 mm, 69 Beinpaare. Kopf etwas länger als breit, punktiert, Stirnfurche undeutlich. Basalschild trapezisch. Kieferfüße ohne Chitinlinien, ungezähnt, den Stirnrand erreichend. Keine Ventralporen. Endbeinsternit schmal, vorn 2mal so breit wie hinten, Hüfte mit etwa 40 Poren oben und unten, Tarsus zweigliedrig, keine Endkralle. Terminalporen vorhanden.

Samarkand.

G. pilosus Mein. 1870 *G. p.*, Meinert in: Naturh. Tidsskr., ser. 3 *v.* 7 p. 86 | 1876 *G. p.*, Stuxberg in: Öfv. Ak. Förh., *v.* 33 nr. 2 p. 33.

Ockergelb, Kopf braun. Länge bis 40 mm. 45 (♂)—49 (♀) Beinpaare. Kopf länger als breit, grob und ziemlich dicht punktiert, Kieferfüße ebenso punktiert, den Stirnrand weit überragend, die Chitinlinien sehr kurz, Tarsus ohne Zahn. Antennen lang. Tergite dicht punktiert, besonders hinten, undeutlich zweifurchig. Sternite dicht beborstet, die vorderen mit tiefer Medianfurche. Endbeinsternit sehr schmal, fast parallelrandig, Hüfte mit zahlreichen Poren dorsal und ventral; Endbeine lang und zerstreut beborstet, mit kleiner Endkralle.

Sartung, Insel Sachalin.

G. porati Att. 1894 *G. unguiculatus*, Porat (non Daday) in: Bih. Svenska Ak., *v.* 20 nr. 5 p. 23 | 1903 *G. porati*, Attems in: Zool. Jahrb., Syst. *v.* 18 p. 236.

Ockergelb, Kopf rötlich, beborstet.

Länge 20 mm, Breite 1 mm. 47—51 Beinpaare.

Kopfschild viel länger als breit (3,5 : 2,5), ohne Stirnfurche, hinten mit 2 Längsfurchen, mit großen teilweise gereihten Grübchen. Die Kieferfüße überragen den Stirnrand weit, Hüften punktiert, mit Medianfurche, vorn mit schwachen Höckerchen. (Chitinlinien?) Präfemur und Tarsus mit großem Zahn. Antennen kurz.

Tergite zweifurchig.

Sternite mit einer Medianfurche, die auf den vorderen Segmenten häufig zu einem breiten Dreieck erweitert, auf den hinteren Segmenten weniger deutlich ist. (Ventralporen?)

Sternit des Endbeinsegments breit, hinten abgerundet. Hüfte mit 4—6 bedeckten Poren. Endkralle lang.

Kamerun.

G. pusillus Mein. 1870 *G. p.*, Meinert in: Naturh. Tidsskr., ser. 3 *v.* 7 p. 68.

Gelb. Kopf und Kieferfüße braun.

Länge ♂♀ 11 mm, Breite 0,68 mm. Zahl der Beinpaare ♂ 31—33, ♀ 35. Kopfschild so lang wie breit, mit Stirnfurche, die Kieferfüße überragen geschlossen den Stirnrand kaum; Hüftvorderrand ohne Zahnhöcker, Chitinlinien fehlen. Basalzahn des Tarsungulum winzig. Basalschild breit. Antennen lang. Tergite deutlich zweifurchig.

Sternite tief dreifurchig, besonders die vorderen.

Endbeinhüften spärlich und lang beborstet, mit 3—5 großen, teilweise bedeckten Poren. Endkralle beim ♀ groß, beim ♂ winzig. Endbeine des ♂ verdickt und dichter beborstet. Analporen fehlen.

Tübingen, Algier (Bona).

Das Fehlen der Chitinlinien läßt die Zugehörigkeit zu *Geophilus* überhaupt zweifelhaft erscheinen, eine Unterscheidung von den anderen Arten ist schwer wegen der unvollständigen Beschreibung; Ventralporen?

G. porosus Por. 1894 *G. p.*, Porat in: Bih. Svenska Ak., *v.* 20 nr. 5 p. 22.

Gelb. Kopf rötlich.

Länge 37 mm, Breite 1,5 mm, 59 - 69 Beinpaare.

Kopfschild viel länger als breit (8,5 : 5,5), punktiert, Stirnfurche sehr schwach. Antennen lang. Kieferfüße punktiert, Vorderrand der Hüften mit 2 Zähnchen, Präfemur mit einem großen, braunen Zahn, Basalzahn groß.

Tergite spärlich langborstig, zwischen den gewöhnlichen 2 Furchen 2 mehr oder weniger deutliche Grübchen.

Sternite mit tiefer abgekürzter Längsfurche, nahe dem Hinterrand jederseits ein Grübchen.

Sternit des Endbeinsegments breit, hinten abgestutzt, die konvexen Seiten konvergierend. Hüfte mit zahlreichen Poren, ventral, lateral und dorsal, einige (4—6) davon bedeckt. Keine Endkralle. Terminalporen vorhanden.

Kamerun, Ekundu, Bonge.

G. quadrisulcatus Por. 1894 *G. q.*, Porat in: Bih. Svenska Ak., *v.* 20 nr. 5 p. 23.

Fahlgelb. Kopf rötlich, die letzten Segmente dorsal und besonders ventral dunkel gefleckt. Länge 25 mm, Breite 1 mm. 43—45 Beinpaare, beborstet.

Kopfschild viel länger als breit (4,2 : 2,7), mit gereihten borstentragenden Grübchen. Die geschlossenen Kieferfüße überragen weit den Stirnrand. Präfemur mit einem Zahn, Basalzahn des Tarsungulum groß. (Chitinlinien?) Keine Stirnfurche.

Zwischen den 2 Längsfurchen der Tergite Mittelgruben.

Sternite dreifurchig. (Ventralporen?)

Sternit des Endbeinsegments breit, hinten abgestutzt. Hüfte mit 4—6 teilweise bedeckten Poren. Keine Endkralle. Terminalporen vorhanden.

Kamerun, Bonge.

G. regnans Chamb. 1904 *G. r.*, Chamberlin in: P. Ac. Philad., *v.* 56 p. 654 | 1912 *G. r.*, Chamberlin in: Pomona, *v.* 4 p. 657.

Lichtbraun. Länge bis 70 mm. 77—85 Beinpaare.

Kopfschild von der Mitte nach vorn verschmälert, Vorderrand stumpf dreieckig, keine Stirnfurche. Die Kieferfüße erreichen geschlossen den Stirnrand nicht, Vorderrand der Hüften winkelig eingebuchtet, ungezähnt, alle Telopoditglieder auch ungezähnt. Antennen kurz. (Chitinlinien?)

Tergite nicht gefurcht.

(Sternite?)

Sternit des Endbeinsegments sehr breit, die Seiten konvex, nach hinten mäßig konvergierend, hinten gerundet. Hüfte mit wenigen verdeckten Poren. Endkralle lang und kräftig.

Süd-Kalifornien, Los Angeles & Claremont, Pacific Grove.

G. ridleyi Poc. 1890 *G. r.*, Pocock in: J. Linn. Soc. London, *v.* 20 p. 526.

Länge 44 mm. 73 Beinpaare (♀). Kopfschild vorn geradlinig, ohne Stirnfurche, fast unpunktiert. Kieferfüße ungezähnt, überragen ein wenig den Stirnrand. Tergite doppelfurchig. Ein kreisrundes Ventralporenfeld in der hinteren Sternithälfte. Endbeintergit und -sternit breit, Hüfte ohne Poren. Terminalporen vorhanden.

Fernando Noronha.

G. sedunensis Faes 1902 *G. s.*, Faes in: Rev. Suisse Zool., *v.* 10 p. 45 t. 1 f. 2—4.

Hellgelb. Kopf, Kieferfüße und Analsegment braungelb.

Länge 65 mm. 57 Beinpaare.

Kieferfuß-Tarsungulum ohne Basalzahn, innen glatt. (Chitinlinien?) Eine Anzahl vorderer Sternite (wie viele?) mit *carpophagus*-Bildung. Endbeinhüfte mit 4 Poren am Rande des Sternits, teilweise von letzterem bedeckt. Keine Terminalporen.

Mont Tourbillon bei Lion und Mont Orge, Valais, Schweiz.

G. spiniger Mein. 1870 *G. s.*, Meinert in: Naturh. Tidsskr., ser. 3 *v.* 7 p. 85.

Länge 27 mm (pull.). 71 Beinpaare (♂). Kopf und Kieferfüße braun, spärlich beborstet. Kopf länger als breit, die Kieferfüße erreichen den Stirnrand bei weitem nicht, Chitinlinien vollständig, keine Zähne. Antennen lang. Tergite doppelfurchig. Sternite glatt. Endbeinhüfte mit 2 Poren, der eine halb bedeckt; Präfemur und Femur mit je 2 dornartigen Fortsätzen, einem größeren ventralen und kleineren dorsalen. Endkralle lang. Tarsus zweigliedrig.

Algier: Bona.

G. sublaevis Mein. 1870 *G. s.*, Meinert in: Naturh. Tidsskr., ser. 3 *v.* 7 p. 72.

Länge 45 mm. 67 Beinpaare (♀). Kopf viel länger als breit, glatt, Antennen lang. Keine Stirnfurche. Die Kieferfüße überragen den Stirnrand nicht, ohne Chitinlinien, Tarsus ohne Zahn. Endbeinsternit sehr groß, fast quadratisch, Hüfte ohne Poren, keine Endkralle. Keine Terminalporen.

Lagoa Santa, Minas Geraes, Brasilien.

G. sydneyensis Poc. 1891 *G. s.*, Pocock in: Ann. nat. Hist., ser. 6 *v.* 8 p. 219 t. 12 f. 5a—6.

Ockergelb. Länge 18 mm. 43 Beinpaare. Kopfschild etwas länger als breit. Stirnfurche undeutlich. Basalschild breit, trapezisch. Kieferfüße ohne Zähne, den Stirnrand nicht überragend, Chitinlinien vollständig. Tergite doppelfurchig, keine

Ventralporen. Endbeintergit breiter als lang, nach hinten stark verschmälert. Sternit breit, 2mal so breit wie lang, nach hinten stark verschmälert. Hüfte ohne Poren. Endbeintarsus zweigliedrig, mit Kralle.

Australien: Port Jackson, Inner Double Bay.

G. urbicus Mein. 1885 *G. u.*, Meinert in: P. Amer. phil. Soc., *v.* 23 p. 218.

Länge 22 mm. 41 Beinpaare (♀). Kopfschild so lang wie breit; die Kieferfüße erreichen den Stirnrand, ohne Chitinlinien. Endbeinhüfte mit 20 großen bis sehr großen Poren, Sternit schmal, Endkralle groß.

Cambridge Mass.

G. trichopus Mur. 1926 *G. t.*, Muralewicz in: Zool. Anz., *v.* 69 p. 43.

Gelbbraun, Kopf dunkler. Länge 45 mm. (Zahl der Beinpaare?) Kopfschild länger als breit, ohne Stirnfurche. Die Kieferfüße reichen nicht bis zum Stirnrand, Chitinlinien abgekürzt, Hüften und Tarsus ungezähnt. Tergite doppelfurchig. Sternite mit tiefer Medianfurche; keine Ventralporen. Endbeinhüfte mit 25 Poren, teilweise vom Sternit bedeckt, einzeln mündend. Endbeine des ♂ sehr dick, dicht beborstet, mit langer Kralle. Keine Terminalporen.

Belaja-Fluß, Kaukasus.

G. venezuelae Silv. 1897 *G. V.*, Silvestri in: Ann. Soc. ent. Belgique, *v.* 41 p. 346.

Blaßrötlich, Kopf rostfarben. Länge 38 mm, Breite 1,6 mm. 53 Beinpaare. Kopfschild wenig länger als breit, Antennen lang. Kieferfüße geschlossen den Stirnrand ungefähr erreichend. Vorderrand der Hüften und Innenrand des Präfemur ohne Zähne. (Chitinlinien?) Tergite undeutlich gefurcht.

Sternite mit einem Querband von Poren vor dem Hinterrand, das nahezu bis an die Seiten reicht.

Sternit des Endbeinsegments sehr breit, trapezförmig; Hüfte mit 15 Poren von ungleicher Größe, die zum Teil bedeckt sind. Endkralle kräftig.

Venezuela.

G. xenoporus Chamb. 1902 *G. x.*, Chamberlin in: Amer. Natural., *v.* 36 p. 475.

Gelb, Kopf und Kieferfüße lichtbraun.

Länge ♂ 19—21 mm, ♀ 30—31 mm, Breite ♂ 0,5—0,6 mm, ♀ 0,9—1 mm. Zahl der Beinpaare ♂ 45, ♀ 47—49.

Kopfschild viel länger als breit (7:5), hinten schmäler und abgerundet. Stirnfurche vorhanden, hinter ihr 2 lange laterale und eine kurze scharfe Medianfurche. Antennen kurz, die ersten 7—8 Glieder schütter beborstet, die restlichen dicht und kurz behaart. Die Kieferfüße erreichen das Ende des 1. Antennengliedes oder überragen es ein wenig, Vorderrand der Hüften eingeschnitten, ungezähnt. (Chitinlinien?) Präfemur und Tarsus mit einem Zahn. Tergite zweifurchig.

Sternite mit tiefer Medianfurche, besonders die vorderen. (Ventralporen?)

Sternit des Endbeinsegments schmal, die Seiten gerade und parallel. Hüfte mit etwa 9 kleinen Poren ventral und lateral. Endbeine des ♂ stark verdickt mit kurzer oder undeutlicher Kralle, die des ♀ schlank mit größerer Kralle. Terminalporen klein.

Salt Lake City, Utah.

Geophilidae incertae sedis

1895 **Geophilus armatus**, Silvestri in: Ann. Mus. Genova, *v.* 34 p. 769.

Argentinien.

1869 **G. aztecus**, Humbert & Saussure in: Rev. Mag. Zool., ser. 2 *v.* 21 p. 159 | 1872 *G. a.*, Saussure & Humbert in: Miss. Mex., part. 6 sect. 2 p. 140 | 1896 *G. a.*, Pocock in: Biol. Centr.-Amer., Chilop. p. 36 t. 3 f. 7.

Omilteme, Mexiko

1895 **G. borellii,** Silvestri in: Boll. Mus. Torino, *v.* 10 nr. 203 p. 2.
Paraguay.

1849 **Arthronomalus brevicornis,** H. Lucas in: Expl. Algérie, Zool. *v.* 1 p. 388 t. 3 f. 7.
Oran.

1862 **Geophilus brevicornis,** H. C. Wood in: J. Ac. Philad., ser. 2 *v.* 5 p. 45 | 1865 *G. b.*, H. C. Wood in: Tr. Amer. phil. Soc., ser. 2 *v.* 13 p. 179.
Illinois.

1887 **G. brunneus,** McNeill in: P. U. S. Mus., *v.* 10 p. 331.
Bloomington, Indiana.

1888 **G. californicus,** Bollman in: P. U. S. Mus., *v.* 10 p. 624 | 1893 *G. c.*, Bollman in: Bull. U. S. Mus., *v.* 46 p. 41.
Kalifornien.

1920 **G. ethopus,** Chamberlin in: P. biol. Soc. Washington, *v.* 33 p. 41.
Alaska.

1887 **G. glaber,** Bollman in: Ent. Amer., *v.* 2 p. 225 | 1893 *G. g.*, Bollman in: Bull. U. S. Mus., *v.* 46 p. 201.
Kalifornien.

1884 **G. Haasei,** Selivanoff in: Horae Soc. ent. Ross., *v.* 18 p. 81.
Rjasan.

1845 **Arthronomalus hopei,** Newport in: Tr. Linn. Soc. London, *v.* 19 p. 433 | 1847 *G. h.*, P. Gervais in: Walckenaer & Gervais, Hist. Apt., *v.* 4 p. 312.
Neapel.

1887 **Geophilus Indianae,** McNeill in: P. U. S. Mus, *v.* 10 p. 331.
La Fayette, Indiana.

1891 **G. (?) laticeps,** Pocock in: Ann. nat. Hist., ser. 6 *v.* 8 p. 220 t. 12 f. 6.
King Island, S.-Australien.

1895 **G. longitarsis,** Silvestri in: Boll. Mus. Torino, *v.* 10 nr. 203 p. 3.
Paraguay.

1846 **Arthronomalus mandibularis,** H. Lucas in: Rev. zool., *v.* 9 p. 288 | 1847 *Geophilus m.*, P. Gervais in: Walckenaer & Gervais, Hist. Apt., *v.* 4 p. 310 | 1849 *Mecistocephalus m.*, H. Lucas in: Expl. Algérie, Zool. *v.* 1 p. 350 t. 2 f. 11.

1849 **A. marginatus,** H. Lucas in: Expl. Algérie, Zool. *v.* 1 p. 387 t. 3 f. 6.
Algier.

1884 **Geophilus minutus,** Selivanoff in: Horae Soc. ent. Ross., *v.* 18 p. 89.
Ranenburg.

1877 **Himantarium morbosum,** F. W. Hutton in: Ann. nat. Hist., ser. 4 *v.* 20 p. 115 | 1891 *Geophilus morbosus*, Pocock in: Ann. nat. Hist., ser. 6 *v.* 8 p. 221.
Wellington, Neu-Seeland.

1845 **Arthronomalus opinatus,** Newport in: Tr. Linn. Soc. London, *v.* 19 p. 433 | 1887 *Geophilus o.*, E. Haase in: Abh. Mus. Dresden, nr. 5 p. 108 | 1901 *G. o.*, Pocock in: Ann. nat. Hist., ser. 7 *v.* 8 p. 461.
Australien, Vandiemensland.

1881 **Geophilus orientalis,** Sseliwanoff in: Mém. Ac. St.-Pétersb., *v.* 40 Beil. nr. 7 p. 4 | 1884 *G. o.*, Selivanoff in: Horae Soc. ent. Ross., *v.* 18 p. 80.

Nikolajewsk am Amur.

1888 **G. oweni,** Bollman in: P. U. S. Mus., *v.* 10 p. 623 | 1893 *G. o.*, Bollman in: Bull. U. S. Mus., *v.* 46 p. 40.

Indiana.

1849 **Arthronomalus punctatus,** H. Lucas in: Expl. Algérie, Zool. *v.* 1 p. 386 t. 3 f. 14.

Lacalle, Algier.

1849 **A. puncticeps,** H. Lucas in: Expl. Algérie, Zool. *v.* 1 p. 389 t. 3 f. 5.

Oran.

1895 **Geophilus paraguayensis,** Silvestri in: Ann. Mus. Genova, *v.* 34 p. 768.

Paraguay, Rio Apa.

1887 **G. salemensis,** Bollman in: Ent. Amer., *v.* 3 p. 82 | 1893 *G. s.*, Bollman in: Bull. U. S. Mus., *v.* 46 p. 71.

Indiana.

1887 **G. setiger,** Bollman in: Ent. Amer., *v.* 3 p. 82 | 1893 *G. s.*, Bollman in: Bull. U. S. Mus., *v.* 46 p. 71.

Indiana.

1876 **G. sibiricus,** Stuxberg in: Öfv. Ak. Förh., *v.* 33 nr. 2 t. 2 | 1884 *G. s.*, Selivanoff in: Horae Soc. ent. Ross., *v.* 18 p. 90.

Krasnojarsk.

1889 **G. smithii,** Bollman in: P. U. S. Mus., *v.* 11 p. 347 | 1893 *G. s.*, Bollman in: Bull. U. S. Mus., *v.* 46 p. 99.

Washington.

1901 **Necrophloeophagus Spenceri,** Pocock in: Ann. nat. Hist., ser. 7 *v.* 8 p. 462.

Neu-Seeland.

1882 **Geophilus tenellus,** L. Koch in: Verh. Ges. Wien, *v.* 31 p. 672.

Balearen.

1884 **G. transmontanus,** Selivanoff in: Horae Soc. ent. Ross., *v.* 18 p. 86.

Kaukasus.

1887 **G. varians,** McNeill in: P. U. S. Mus., *v.* 10 p. 332 | 1912 *G. v.*, Chamberlin in: Bull. Mus. Harvard, *v.* 54 p. 414.

Indiana.

1899 **Linotaenia araucaniensis,** Silvestri in: Revista Chilena, *v.* 3 p. 151 | 1905 *L. a.*, Silvestri in: Zool. Jahrb, Suppl. 6 p. 767.

Nach dem Labrum kein *Scolioplanes* (= *Linotaenia*). Stellung unbestimmbar.

Temuco, Chile.

1867 **Strigamia gracilis,** H. C. Wood in: P. Ac. Philad., p. 128.

San José.

1867 **S. inermis,** H. C. Wood in: P. Ac. Philad., p. 129.

Santa Cruz, Kalifornien.

1862 **S. taeniopsis,** H. C. Wood in: J. Ac. Philad., ser. 2 *v.* 5 p. 48 | 1865 *S. t.*, H. C. Wood in: Tr. Amer. phil. Soc., ser. 2 *v.* 13 p. 185.

Georgia.

Gen. **Poabius** C. L. Koch

1847 *P.*, C. L. Koch in: Koch-Panzer, Krit. Revis., *v.* 3 p. 182.

Poabius nitens C. L. Koch wird heute als Synonym von *Clinopodes flavidus* (S. 203) und *Poabius bistriatus* C. L. Koch als Synonym von *Schendyla nemorensis* (S. 60) angesehen.

Gen. **Stenotaenia** C. L. Koch

1847 *S.*, C. L. Koch in: Koch-Panzer, Krit. Revis., *v.* 3 p. 85, 187.

Stenotaenia linearis C. L. Koch = *Clinopodes linearis* (C. L. Koch) (S. 205). *Stenotaenia acuminata* C. L. Koch = *Scolioplanes acuminatus* (Leach) (S. 222).

Gen. **Polycricus** Sauss. & Humb.

1872 *Arthronomalus* subgen. *P.*, Saussure & Humbert in: Miss. Mex., part. 6 sect. 2 p. 143 | 1899 *P.*, Cook in: P. ent. Soc. Washington, *v.* 4 p. 307 | 1912 *P.*, Chamberlin in: Bull. Mus. Harvard, *v.* 54 p. 411.

Die Diagnose von Saussure und Humbert ist ganz ungenügend. Cook beschreibt eine neue Art (*P. floridanus*), die wohl zu *Pachymerium* gehört. Chamberlin stellt die Gattung in die Nähe von *Pachymerium*, ohne aber genaue Angaben zu machen.

P. toltecus (Humb. & Sauss.) 1869 *Arthronomalus t.*, Humbert & Saussure in: Rev. Mag. Zool., ser. 2 *v.* 21 p. 159, 31 | 1872 *A. (Polycricus) t.*, Saussure & Humbert in: Miss. Mex., part. 6 sect. 2 p. 143 t. 6 f. 23 | 1896 *Geophilus t.*, Pocock in: Biol. Centr.-Amer., Chilop. p. 37 t. 3 f. 8.

Gelb, Vorderende etwas dunkler, Kopf und Kieferfüße blaß kastanienbraun.

Länge 40 mm. 51 Beinpaare.

Kopfschild viel länger als breit (fast 2:1), spärlich punktiert, mit Stirnfurche, hinten zwei divergierende seichte Längsfurchen. Antennen von mittlerer Länge. Die Kieferfüße überragen den Stirnrand mit dem Ungulum, Vorderrand der Hüften mit 2 spitzen Zähnen, keine Chitinlinien, Präfemur mit einem Innenzahn, Basalzahn spitz. Basalschild trapezisch, hinten viel schmäler als das 1. Tergit.

Tergite ausgenommen die ersten und letzten 2 doppelfurchig.

Sternite mit medianer Vertiefung, ohne Porenfeld.

Sternit des Endbeinsegments schmal, länger als breit, hinten verengt; Hüfte mit etwa 30 ungleich großen Poren; kein Prätarsus.

Terminalporen vorhanden.

Mexico: Ostkordillere, Orizaba, Omilteme in Guerrero.

P. aequatorialis Silv. 1897 *P. a.*, Silvestri in: Boll. Mus. Torino, *v.* 12 nr. 305 p. 2.

Länge 30 mm. 55(♂)—57(♀) Beinpaare. Sternite bis zum 15. mit großem, ovalem Porenfeld, die anderen Sternite ohne Ventralporen. Endbeinhüfte mit 6 Poren. Endbeine mit Kralle. Im übrigen wie *P. toltecus.*

San José, Valle del Santiago, Chile.

6. Fam. **Soniphilidae**

1912 *S.*, Chamberlin in: Canad. Ent., *v.* 44 p. 65 | 1912 *S.*, Chamberlin in: Pomona, *v.* 4 p. 663 | 1926 *S.*, Attems in: Kükenthal & Krumbach, Handb. Zool., *v.* 4 p. 365.

Labrum frei, aus drei zu einem Ganzen verwachsenen Stücken bestehend, die Mitte vorgewölbt, mit kräftigen Zähnen besetzt, von denen die 2 mittelsten die größten sind, Seiten gefranst. Mandibel mit einfachem Besatz von Kammzähnen. Hüften der 1. Maxille ganz verwachsen, mit oder ohne Außentaster; Telopodit zweigliedrig, ohne Außentaster. Hüften der 2. Maxille verwachsen,

Klaue einfach. Kieferfüße mit starken Chitinlinien. Antennen fadenförmig. Ventralporen fehlen. Gewisse Sternite mit Quergrube am Vorderrand und korrespondierender Ecke am Hinterrand. Tergite doppelfurchig. Endbeinhüfte mit wenigen, teils frei, teils unter dem Sternitrand mündenden Poren. Tarsus zweigliedrig, Prätarsus krallenförmig. Stigmen kreisrund.

[Diese bisher nur von Chamberlin untersuchte Familie wird sich möglicherweise bei den *Geophilidae* einreihen lassen.]

3 Gattungen, 5 Arten.

Übersicht über die Gattungen:

1a) Einige Glieder der Kieferfüße mit Zähnen. Die geschlossenen Kieferfüße überragen den Stirnrand. Endbeinsternit mäßig breit: 3. Gen. **Poaphilus**

1b) Kieferfüße ohne Zähne. Die geschlossenen Kieferfüße überragen den Stirnrand nicht. Endbeinsternit sehr breit 2

2a) Labralrand samt Zähnen in der Mitte ventral gerichtet. Coxen der ersten Maxille ohne Außentaster, erstes Telopoditglied mit konischem Außentaster, der kürzer ist als das distale Glied . . . . 1. Gen. **Soniphilus**

2b) Labralrand und Zähne in der Mitte kaudalwärts gerichtet. 1. Maxille mit 2 Paar langer Außentaster . . . . 2. Gen. **Tabiphilus**

1. Gen. **Soniphilus** Chamb.

1912 *S.*, Chamberlin in: Canad. Ent., *v.* 44 p. 68.

Mittelteil des Labrum ventral gerichtet; die Zähne sind ebenfalls ventral gerichtet, die zwei medianen sind die größten, Seitenteile mit einigen viel schwächer chitinisierten Fransen. Coxalfortsatz der 1. Maxille abgesetzt, Telopodit mit kurzem, konischem Außentaster. Alle Glieder der Kieferfüße ungezähnt, nur der Tarsus manchmal mit winzigem Kegelzahn; die Enden erreichen nicht den Stirnrand. Keine Frontalfurche. Endbeinsternit sehr breit.

Nordamerika, Mexiko.

3 Arten.

Typus: *S. embius* Chamb.

Übersicht über die Arten:

1a) 73 Beinpaare . . . . 3. **S. geronimo**

1b) 41—43 Beinpaare 2

2a) Mittelteil des Labrum mit 8 kräftigen Zähnen, von denen die 2 mittleren die größten sind; die Größe der anderen nimmt lateralwärts allmählich ab: 1. **S. embius**

2b) Mittelteil des Labrum mit 2 sehr kräftigen Zähnen und einer Anzahl viel längerer und dünnerer Zähne lateral von diesen. Der Übergang ist ein plötzlicher . . . . 2. **S. secundus**

1. **S. embius** Chamb. 1912 *S. e.*, Chamberlin in: Canad. Ent., *v.* 44 p. 69.

Gelblich weiß, Kopf und Kieferfüße blaß rötlich-braun, Antennen gelblich weiß. Länge 13 mm. 43 Beinpaare (♀). Kopfschild hinten am breitesten, die Seiten von der Mitte nach vorn gerade und deutlich konvergierend. Vorderrand gerade. Basalschild 4mal so breit wie in der Mitte lang, etwas breiter als der Kopf. Antennen fadenförmig, von mittlerer Länge. Kieferfußtarsus mit winzigem Kegelzahn. Endbeinsternit sehr breit, nach hinten stark verschmälert, der Hinterrand gerade. Hüfte mit einem freien kleinen Porus und 2 großen unter dem Sternitrand liegenden Gruben.

De Witt, Iowa.

2. **S. secundus** Chamb. 1912 *S. s.*, Chamberlin in: Pomona, *v.* 4 p. 665.

Gelb, Kopf licht rötlichgelb, Antennen gelb. Länge 18 mm. 41 (♂) bis 43 (♀) Beinpaare. Kopfschild etwas vor dem Hinterrand am breitesten, nach vorn mäßig verschmälert. Labrum mit 2 starken Zähnen in der Mitte; die lateral anschließenden sind plötzlich viel schwächer chitinisiert und länger. Chitinlinien der Kieferfüße nicht ganz vollständig; Tarsus mit einem winzigen oder undeutlichen Zähnchen. Basalschild sehr breit. Endbeinsternit sehr breit, nach hinten verschmälert. Endbeinhüfte mit 2 mäßig großen Gruben, die teilweise oder ganz vom Sternit bedeckt sind.

Sausalito, Pacific Grove, Kalifornien.

3. **S. geronimo** Chamb. 1912 *S. g.*, Chamberlin in: Ann. ent. Soc. Amer., *v.* 5 p. 158.

Vorn gelblichbraun, hinten lichter. Länge 34 mm. Breite 1 mm. 73 Beinpaare. Kopfschild länger als breit (7 : 6), nach vorn verschmälert, mit 6 feinen, nach vorn divergierenden Furchen im hinteren Teil. Mittelteil des Labrum relativ groß mit 6 starken Zähnen. Basalschild 4,5 mal so breit wie lang. Kieferfüße ungezähnt. Tergite mit 2 paramedianen Furchen zwischen den gewöhnlichen Längsfurchen. Sternite mit einem Furchenkreuz. Endbeinsternit sehr breit, nach hinten stark verschmälert, Hinterrand gerade oder leicht eingebuchtet. Endbeinhüfte mit einer Anzahl kleiner Poren, die alle vom Sternit bedeckt sind; Tarsalglieder ventral längsgefurcht.

San Geronimo, Neu-Mexiko.

2. Gen. **Tabiphilus** Chamb.

1912 *T.*, Chamberlin in: Pomona, *v.* 4 p. 665.

Der Rand des Mittelteils des Labrum ist nicht ventral umgebogen und seine Zähne sind kaudalwärts gerichtet und die 2 mittleren sind in der Größe nicht so stark von den anderen verschieden. 1. Maxille mit 2 Paar langer Außentaster, der des Telopodits länger als das distale Telopoditglied.

Kalifornien.

1 Art.

1. **T. rex** Chamb. 1912 *T. r.*, Chamberlin in: Pomona, *v.* 4 p. 665.

Licht rostgelb. Länge 30 mm. 75 Beinpaare. Kopfschild etwas länger als breit (17 : 15), vorn und hinten geradlinig, die Seiten im vordersten Drittel in den Vorderrand zugerundet. Keine Stirnfurche. Antennen 3 mal so lang wie der Kopf. Basalschild 3,8 mal so breit wie lang. Die geschlossenen Kieferfüße erreichen nicht den Stirnrand, alle Glieder ungezähnt; Chitinlinien kräftig entwickelt, Hüften breiter als lang (4 : 3). Ventralporen in einem Querband vor dem Hinterrand, wenig zahlreich. Endbeinsternit sehr breit, die Seiten konvex, der Hinterrand gerade. Endbeinhüftporen größtenteils bedeckt, nur 1—2 teilweise frei. Endbeine viel dicker und länger als das vorangehende Paar.

Kalifornien: Claremont.

3. Gen. **Poaphilus** Chamb.

1912 *P.*, Chamberlin in: Canad. Ent., *v.* 44 p. 70.

Die Kieferfüße sind gezähnt und überragen bedeutend den Stirnrand. Endbeinsternit schmal bis mäßig breit.

Iowa.

1 Art.

1. **P. kewinus** Chamb. 1912 *P. k.*, Chamberlin in: Canad. Ent., *v.* 44 p. 70.

Licht gelblich-braun, Kopf und Kieferfüße licht rötlich-braun, Antennen und Beine blaßgelb. Länge 6,5 mm. 37 Beinpaare (♀). Kopfschild viel länger als breit (11:8), 10—11mal so lang wie das kurze Basalschild, relativ schmal, einen Teil der Kieferfüße unbedeckt lassend, hinten geradlinig. Keine Stirnfurche. Antennen ziemlich lang, fadenförmig. Die Kieferfüße reichen bis zum Ende des 1. Antennengliedes; Präfemur mit einem niedrigen Kegel in der Mitte, Tarsus mit einem spitzen konischen Zahn; Hüften breiter als lang (20:17), die Chitinlinien deutlich. Tergite doppelfurchig und mit schwacher Medianfurche. Endbeinsternit mäßig breit, nach hinten verschmälert, Hinterrand eingeschnitten. 4 Hüftporen, davon 2 frei, 2 ganz oder teilweise vom Sternit bedeckt. Endbeine länger und dicker als das vorangehende Paar, die Endkralle lang und schlank. Die vorderen Beine kürzer und dicker als die hinteren.

Iowa: Marshalltown.

7. Fam. **Gonibregmatidae**

1895 *G.*, Cook in: P. U. S. Mus., *v.* 18 p. 66 | 1898 *G.*, Pocock in: Willey, Zool. Results, part. 1 p. 64 | 1903 *G.*, Attems in: Zool. Jahrb., Syst. *v.* 18 p. 166, 286 | 1908 *G.*, Verhoeff in: Bronn, Kl. Ordn., *v.* 5II p. 274 | 1909 *G.*, Brölemann in: Arch. Zool. expér., ser. 5 *v.* 3 p. 322 | 1914 *G.*, Attems in: Arch. Naturg., *v.* 80 A. 4 p. 116 | 1926 *G.*, Attems in: Kükenthal & Krumbach, Handb. Zool., *v.* 4 p. 366.

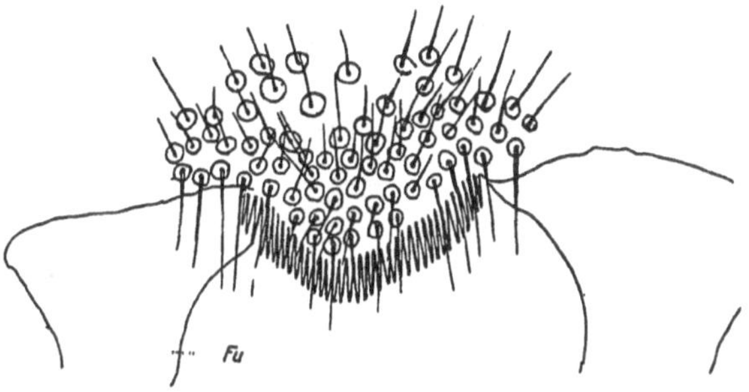

Fig. 295. **Gonibregmatus anguinus** Poc. Labrum. *Fu* = Fulcrum.

Kopfschild ungefähr so lang wie breit, mit oder ohne Stirnfurche. Antennen meist pfriemenförmig, an der Basis dorsoventral abgeplattet, oder auch mehr fadenförmig. Kopfpleurite gegen den Clypeus durch eine Falte abgesetzt, vom dorsalen Kopfschild nicht durch eine Naht getrennt. Clypeus ohne Area. Labrum schmal, höchstens mäßig breit ohne Abgrenzung in den Clypeus übergehend, der ganze freie Rand gezähnt; Fulcren sehr groß (Fig. 295). Mandibel mit einfachem Besatz von Kammzähnen (Fig. 296), die gegen den Grund zu manchmal stärker werden; manchmal ein schlanker fein behaarter Kegel am Endrand; außen öfter beborstet; ohne Condylus. Hüften der 1. Maxille meist verwachsen, seltener frei; Außentaster vorhanden oder fehlend. Hüften der 2. Maxille ganz verwachsen, Telopodit dreigliedrig und eine einfache oder beborstete Endkralle, die in letzterem Falle entweder gekämmt (mit einer Reihe von Borsten auf jeder Kante) oder ringsum beborstet ist. Kieferfüße kurz, den Stirnrand bei weitem nicht erreichend, ohne Zahnbildungen, die

Coxopleuralgrenze sehr schräg, im spitzen Winkel außen mit dem Endrand zusammenstoßend, so daß fast kein Seitenrand vorhanden ist. Chitinlinien vorhanden oder fehlend. Basalschild breit. Tergite meist runzelig, seltener glatt und doppelfurchig. Präscutellum und Stigmenpleurit getrennt, ersteres viel größer. Paratergite können vorhanden sein, in 1—6 Reihen, meist fehlen sie. Ventralporen stets vorhanden. Endbeinhüfte sehr groß, manchmal seitlich bis zum drittletzten Segment nach vorn reichend (Fig. 297), allseitig mit zahlreichen einzeln und frei mündenden Poren. Tarsus zweigliedrig, Prätarsus krallenförmig oder fehlend.

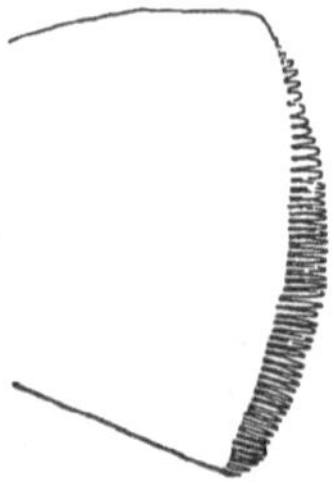

Fig. 296. **Gonibregmatus anguinus** Poc. Mandibel.

5 Gattungen, 11 sichere Arten mit 2 Unterarten, 2 unsichere Arten.

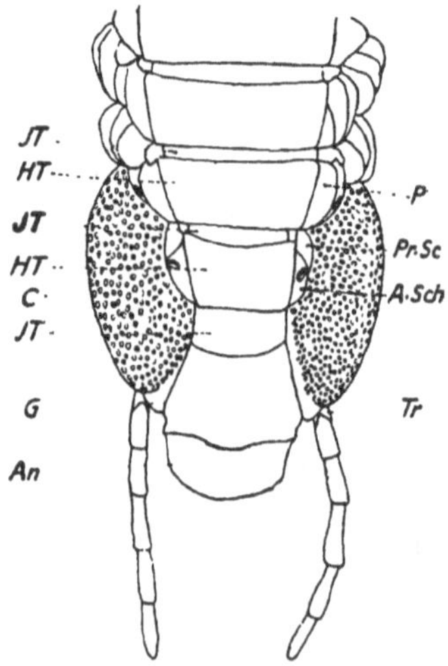

Fig. 297. **Gonibregmatus anguinus** Poc.
JT = Prätergite, *HT* = Haupttergite, *C* = Endbeinhüfte, *P* = Paratergit, *Pr. Sc* = Präscutellum, *A. Sch* = Stigmenschild, *Tr* = Endbeintrochanter, *G* = Genitaltergit, *An* = Analsegment.

Übersicht über die Gattungen:

1a) Labrum bogig vorgewölbt; Endkralle der 2. Maxille einfach; 1. Maxille ohne Außentaster 2

2a) Paratergite vorhanden, auf den hinteren Segmenten bis zu 6 Reihen. Tergite runzelig. Ventralporen in einem Rechteck, dessen Mitte frei bleibt. Die Stigmen sind senkrechte Schlitze: 1. Gen. **Gonibregmatus**

2b) Keine Paratergite, Tergite doppelfurchig, Ventralporen in einem Querband vor dem Hinterrande. Stigmen kreisrund . . . . . . 2. Gen. **Tuoba**

1b) Labrum eingebuchtet oder rudimentär. Endkralle der 2. Maxille beborstet. 1. Maxille mit Außentastern 3

3a) Labrum rudimentär, Ventralporen in einem unscheinbaren Querband vor dem Hinterrande. Tergite glatt doppelfurchig: 5. Gen. **Sogophagus**

3b) Labrum gut ausgebildet, Ventralporen in einem Viereck oder in einem vorderen runden Feld und hinteren Querband 4

4a) Ventralporen in einem vorderen runden Feld und hinteren Querband. Tergite runzelig, ungefurcht. Endbeine mit Kralle. Kralle der 2. Maxille in der distalen Hälfte ringsum beborstet . . 3. Gen. **Himantosoma**
4b) Ventralporen in einem Rechteck, das in der Mediane durch einen Längsstreifen von Poren geteilt wird. Tergite glatt, doppelfurchig. Endbeine ohne Prätarsus, Kralle der 2. Maxille auf beiden Kanten gekämmt . . . . 4. Gen. **Eucratonyx**

1. Gen. **Gonibregmatus** Newp.

1842 *G.*, Newport in: P. zool. Soc. London, *v.* 10 p. 180 | 1845 *G.*, Newport in: Tr. Linn. Soc. London, *v.* 19 p. 434 | 1887 *G.*, E. Haase in: Abh. Mus. Dresden, nr. 5 p. 113 | 1894 *G.*, Pocock in: Weber, Ergeb. Reise Niederl. O.-Ind., *v.* 3 p. 307 | 1898 *G.*, Pocock in: Willey, Zool. Results, part. 1 p. 64 | 1903 *G.*, Attems in: Zool. Jahrb., Syst. *v.* 18 p. 288 | 1914 *G.*, Attems in: Arch. Naturg., *v.* 80 A. 4 p. 118 | 1926 *G.*, Attems in: Kükenthal & Krumbach, Handb. Zool., *v.* 4 p. 368.

Kopfschild vorn mehr oder weniger zugespitzt, mit oder ohne Stirnfurche. Clypeus dicht und lang beborstet. Labrum nach hinten vorgewölbt, am ganzen Rand gezähnt (Fig. 295). Fulcren sehr groß. Außenseite der Mandibel dicht behaart; die Zähne werden gegen die Basis nicht wesentlich größer (Fig. 296). Hüften der 1. Maxille ganz verwachsen, Telopodit ungegliedert, keine Außentaster. Coxalfortsatz und Telopodit kurz und sehr breit abgerundet. Telopodit der 2. Maxille dreigliedrig, mit einfacher Kralle. Kieferfußhüften sehr breit und kurz, mit oder ohne Chitinlinien. Tergite runzelig, zuweilen mit zwei flachen Eindrücken. Ventralporen in einem geschlossenen Viereck, dessen Mitte porenfrei ist; werden auch als fehlend angegeben. 1 bis 6 Reihen von Paratergiten (Fig. 298). Stigmen senkrechte Schlitze. Hüften der Endbeine groß, seitlich bis zum drittletzten Segment nach vorn reichend, mit zahlreichen Poren (Fig. 297), Telopodit schlank, Tarsus zweigliedrig, kein Prätarsus. Prätergit des Endbeinsegments entweder wie gewöhnlich vom Tergit getrennt oder mit ihm verschmolzen.

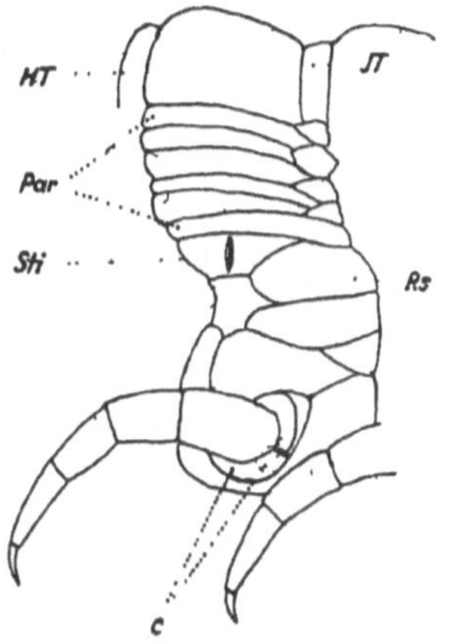

Fig. 298.
Gonibregmatus anguinus Poc.
Ein mittleres Segment von der Seite.
HT = Haupttergit, *JT* = Prätergit, *Par* = Paratergite, *Sti* = Stigmenschild, *Rs* = Präscutellum.

Neu-Guinea-Archipel, Fiji-Inseln, Philippinen.

5 Arten.

Typus: *G. cumingii* Newp.

Die meisten Arten sind sehr oberflächlich und ungenau beschrieben und nachstehende Übersicht kann nur als provisorische gelten.

Übersicht über die Arten:

1a) Prätergit des Endbeinsegments scharf vom Haupttergit getrennt 2
1b) Prätergit des Endbeinsegments nur durch eine seichte Furche undeutlich vom Haupttergit getrennt oder ganz mit ihm verschmolzen 3
2a) Keine Stirnfurche, 161 Beinpaare (Philippinen) . . . . . 1. **G. cumingii**
2b) Eine Stirnfurche vorhanden, 177 Beinpaare (Fiji-Inseln) . 2. **G. fijianus**
3a) 191 Beinpaare, Prätergit des Endbeinsegments scharf vom Haupttergit getrennt. Keine Stirnfurche . . . . 3. **G. plurimipes**
3b) 129—131 Beinpaare 4

4 a) Prätergit des Endbeinsegments ganz mit dem Haupttergit verschmolzen (Stirnfurche?) . . . . 4. **G. insularis**
4 b) Prätergit des Endbeinsegments durch eine seichte gebogene Furche abgesetzt. Eine Stirnfurche vorhanden . . . . 5. **G. anguinus**

1. **G. cumingii** Newp. 1842 *G. C.*, Newport in: P. zool. Soc. London, *v.* 10 p. 180 | 1845 *G. C.*, Newport in: Tr. Linn. Soc. London, *v.* 19 p. 434 t. 33 f. 11—14, t. 40 f. 12 | 1887 *G. C.*, E Haase in: Abh. Mus. Dresden, nr. 5 p. 113 t. 6 f. 118.

Grau; Länge 115—125 mm. 161 Beinpaare. Kopfschild klein, vorn etwas zugespitzt, ohne Stirnfurche. Kieferfußhüften kurz, vorn ganz gerade, ohne Chitinlinien, geschlossen den Stirnrand überragend, Tarsungulum sehr lang und gekrümmt. 5 Reihen von Paratergiten. Drittletztes, noch mehr das vorletzte und am meisten das letzte Tergit hinten verschmälert. Keine Ventralporen. Hüften der Endbeine bis zum drittletzten Segment vorragend, mit sehr zahlreichen Poren, der porenlose Innenrand breit abgesetzt.

Philippinen.

2. **G. fijianus** Chamb. 1920 *G. f.*, Chamberlin in: Bull. Mus. Harvard, *v.* 64 p. 34.

Rotgelb. Länge 150 mm. 177 Segmente. Kopf breiter als lang (43:38), vorn und hinten winkelig, mit Stirnfurche, auch am Hinterrand eine Querfurche. Clypeus mit breiter medianer Längsfurche, Labrum stark konvex. Erste Antennenglieder breit, abgeplattet, das Ende verjüngt. Endbeinsternit breiter als lang, hinten abgestutzt. Prätergit des Endbeinsegments durch eine tiefe Furche abgetrennt, die einen vorn offenen Winkel bildet. Endbeine nicht länger als das vorangehende Paar; die 4 Endglieder von gleicher Länge.

Fiji-Inseln: Nadarivatu, Vanna Ava.

3. **G. plurimipes** Chamb. 1920 *G. p.*, Chamberlin in: Bull. Mus. Harvard, *v.* 64 p. 33.

Rotgelb. 191 Beinpaare. Antennen an der Basis breit, abgeplattet, bis zur Mitte verschmälert, dann nahezu gleich breit, zylindrisch. Basalschild breiter als der Kopf; die geschlossenen Kieferfüße reichen bis zum Ende des 1. Antennengliedes. Stigmen vertikale Schlitze. Endbeinsternit breiter als lang. Endbeine länger als das vorangehende Paar. Prätergit des Endbeinsegments durch eine seichte Furche vom Tergit getrennt. Keine Stirnfurche.

Fiji-Inseln: Lomati.

4. **G. insularis** Poc. 1894 *G. i.*, Pocock in: Weber, Ergeb. Reise Niederl. O.-Ind., *v.* 3 p. 318 t. 19 f. 9.

Ockergelb. Länge 97 mm. 131 Beinpaare, Kopfschild ungefähr so lang wie breit, vorn winkelig, hinten gerade. Basalschild breiter als der Kopf. Kieferfußhüften 3 mal so breit wie lang, Vorderrand seicht eingebuchtet, Ungulum kräftig, stumpf, gekrümmt, den Stirnrand nicht überragend. Tergite leicht runzelig; Sternite fast glatt. Prätergit mit dem Haupttergit verschmolzen, letzteres größer als das Prätergit, hinten breiter als vorn. Endbeinhüften dick, seitlich bis zum Hinterrand des drittletzten Segments reichend. Endbeinsternit klein, breiter als lang. Vordere Segmente mit 2 Reihen von Paratergiten, deren Zahl dann bis zu 5—6 zunimmt und kaudalwärts wieder abnimmt; vorletztes Segment ohne Paratergite. Stigmen vertikale Schlitze.

Insel Saleyer.

5. **G. anguinus** Poc. 1898 *G. a.*, Pocock in: Willey, Zool. Results, part. 1 p. 65 t. 6 f. 1 | 1914 *G. a.*, Attems in: Arch. Naturg., *v.* 80 A. 4 p. 119 t. 1 f. 1—12 | 1926 *G. a.*, Attems in: Kükenthal & Krumbach, Handb. Zool., *v.* 4 f. 427—432 (Fig. 299).

Gelbbraun, auf dem Kopf ein hellrotes Querband. Länge bis 130 mm. 115 (♂)—129 (♀) Beinpaare. Kopfschild so breit wie die folgenden Tergite, eher etwas länger als breit, Stirn durch eine helle Linie sehr deutlich abgesetzt und sehr lang. Antennen pfriemenförmig, an der Basis einander sehr genähert, endwärts verjüngt, die 4 Grundglieder kahl, auf dem 5. beginnt eine allmählich zunehmende feine Behaarung. Clypeus sehr reichlich beborstet.

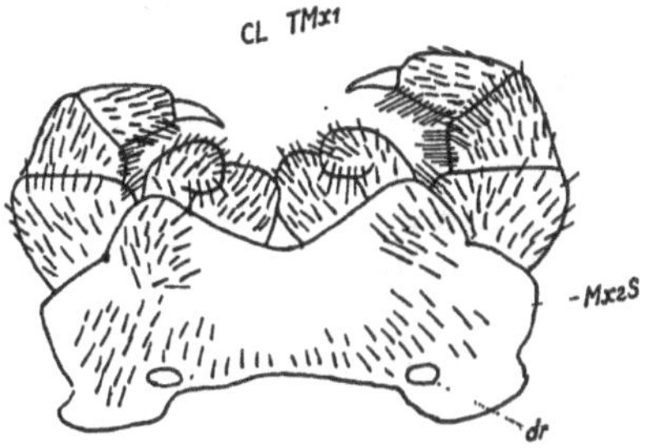

Fig. 299. **Gonibregmatus anguinus** Poc. Beide Maxillenpaare. *Mx2S* = Syncoxit der 2. Maxille, *dr* = Drüsenmündung, *TMx1* = Telopodit, *Cl* = Coxalfortsatz der 1. Maxille.

Die Borsten lang und kräftig, besonders dicht im hinteren Teil und seitlich. Labrum schmal, ohne Grenze in den Clypeus übergehend, stark bogig nach hinten vorgewölbt, der ganze Rand dicht mit starken, gleichgroßen dolchförmigen Zähnen besetzt. Fulcren sehr groß, breiter als das Labrum. Die Mandibel endigt mit einem schlanken, fein behaarten Kegel; die Außenseite ist dicht pelzig beborstet; die Zähne sind alle fast gleich groß, die basalen durchaus nicht vergrößert. Coxalfortsatz und Telopodit der 1. Maxille reichlich beborstet, beide breit abgerundet, das Telopodit ein wenig medialwärts gebogen. Vorderrand des Coxosternum der 2. Maxille flach bogig eingebuchtet, das ganze Coxosternum reichlich beborstet. Telopodit kurz und sehr dick, unterseits dicht beborstet, die Hinterseite schwächer, die Vorderseite fast gar nicht beborstet, Endkralle kräftig, einfach (Fig. 299). Die Kieferfüße erreichen den Stirnrand nicht, in allen Teilen kurz und breit, Hüften mit vollständigen Chitinlinien, Vorderrand mit 2 stumpfen Lappen, alle anderen Glieder ohne Zahnbildung, Ungulum glatt. Ventralporen winzig klein, sehr zahlreich, in einem Viereck, das in der Mitte frei bleibt. Glieder der Endbeine vom Präfemur an ungefähr gleich lang.

Neu-Britannien, Nord-Neu-Guinea, Neu-Pommern, Admiralitäts-Inseln, Ponam.

2. Gen. **Tuoba** Chamb.

1920 *T.*, Chamberlin in: Bull. Mus. Harvard, *v.* 64 p. 35 | 1926 *T.*, Attems in: Kükenthal & Krumbach, Handb. Zool., *v.* 4 p. 368.

Labrum nach hinten vorgewölbt, die Zähne derber und kürzer als bei *Gonibregmatus*, einige der mittleren dunkler und stärker chitinisiert als die anderen. Keine Stirnfurche. Antennen fadenförmig. Hüften der 1. Maxille verwachsen, Telopodit zweigliedrig, keine Außentaster. Hüften der 2. Maxille verwachsen, die Kralle einfach. Kieferfüße mit Chitinlinien, den Stirnrand nicht überragend. Tergite doppelfurchig. Keine Paratergite. Endbeinsternit breit. Ventralporen in einem Querband längs des Hinterrandes. Endbeinhüftporen klein, mäßig zahlreich; Endbeintarsus zweigliedrig. Prätarsus krallenförmig. Stigmen kreisrund.

Salomon-Inseln.

1 Art.

1. **T. curticeps** Chamb. 1920 *T. c.*, Chamberlin in: Bull. Mus. Harvard, *v.* 64 p. 35.

Gelblich bis licht rostrot. Länge 21 mm. 47 (♂)—49 (♀) Beinpaare. Kopfschild so breit wie lang, vorn sehr stumpfwinklig, 5 Mittelzähne des Labrum dunkler und stärker chitinisiert als die anderen. Basalschild kurz, viel breiter als der Kopf. Kieferfüße mit feinen Chitinlinien, der Tarsus mit einem winzigen Zähnchen, die anderen Glieder ungezähnt. Sternite mit medianem Längseindruck. Endbeinsternit sehr breit, nach hinten stark verschmälert, Hinterrand gerade. Endbeine des ♂ proximal mäßig verdickt, die Tarsen schlank.

Salomon-Inseln: Pamua, Wainoni Bay.

3. Gen. **Himantosoma** Poc.

1891 *H.*, Pocock in: Ann. Mus. Genova, *v.* 30 p. 428 | 1903 *H.*, Attems in: Zool. Jahrb., Syst. *v.* 18 p. 286 | 1908 *H.*, Verhoeff in: Bronn, Kl. Ordn., *v.* 5 II p. 274 | 1914 *H.*, Attems in: Arch. Naturg., *v.* 80 A. 4 p. 123 | 1919 *H.*, Silvestri in: Rec. Ind. Mus., *v.* 16 p. 98 | 1926 *H.*, Attems in: Kükenthal & Krumbach, Handb. Zool., *v.* 4 p. 368.

Antennen ziemlich dick, endwärts nicht merklich verjüngt. Keine Stirnfurche. Clypeus nur spärlich beborstet. Labrum ohne Abgrenzung in den Clypeus übergehend, schmal, seicht eingebuchtet, der ganze Rand mit langen

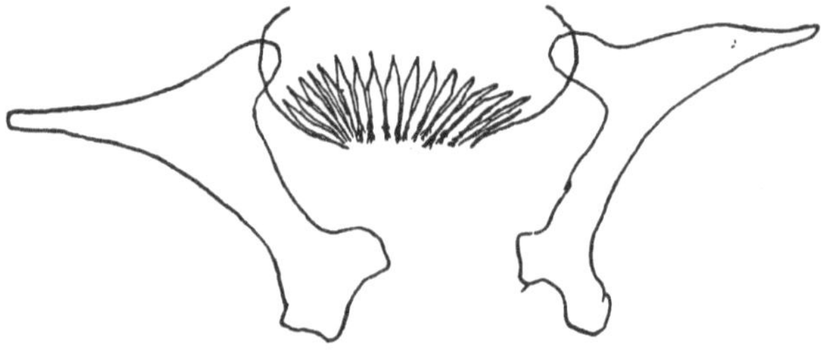

Fig. 300. **Himantosoma porosum** Poc. Labrum.

fransenartigen Zähnen besetzt. Fulcren sehr groß (Fig. 300). Mandibel innen mit kleinen Kegelspitzen, außen nackt; die Zähne unter einander an Größe kaum verschieden; neben der Zahnreihe ein sehr schlanker, spitzer, fein bestachelter Kegel. Hüften der 1. Maxille nicht verwachsen, sondern in einer Mediannaht zusammenstoßend; 2 Paar Außentaster, Telopodit undeutlich zweigliedrig. Hüften der 2. Maxille verwachsen, Telopodit dreigliedrig, ungewöhnlich groß, mit Endkralle, die in der distalen Hälfte büschelig beborstet ist. Kieferfüße ohne oder mit undeutlichen feinen Chitinlinien, Hüften sehr kurz und breit, fast ohne Seitenrand, Ungulum sehr schlank (Fig. 301). Basalschild sehr kurz. Tergite runzelig, ohne Längsfurchen. Keine Paratergite.

Ventralporen vorhanden, in einem runden vorderen Feld und hinteren Querband. Endbeinhüfte groß, mit zahlreichen Poren oben und unten, Tarsus zweigliedrig, Prätarsus krallenförmig.

Indien: Sunda-Inseln.

2 Arten mit 2 Varietäten.

Typus: *H. typicum* Poc.

Übersicht über die Arten:

a) Endbeinklaue winzig klein. Die Kieferfüße überragen den Stirnrand. Sternite median eingedrückt. 63—81 Beinpaare . . . . 1. **H. typicum**

b) Endbeine mit kräftiger Klaue. Die Kieferfüße überragen den Stirnrand nicht. Sternite median nicht eingedrückt. 59—61 Beinpaare . . 2. **H. porosum**

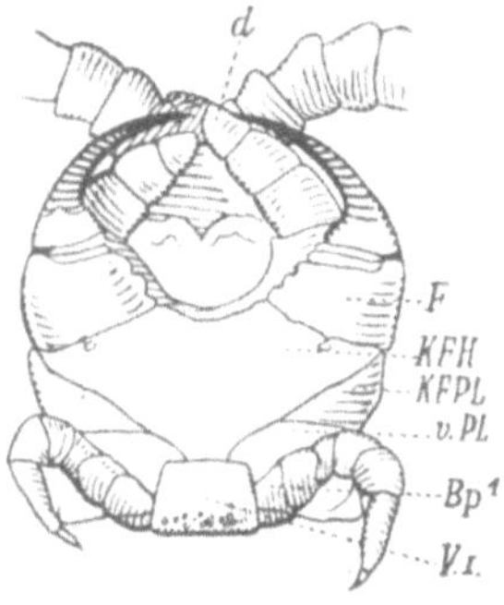

Fig. 301. **Himantosoma porosum** Poc.
d = Telopodit der 2. Maxille, *F* = Präfemur, *KFH* = Coxit, *KFPl* = Pleurit der Kieferfüße, V_1 = Sternit des 1. Beinpaares (*Bp*¹), *vPL* = Pleurite desselben.

1. **H. typicum** Poc. 1889 *Himantarium indicum*, Pocock (nec Meinert) in: J. Linn. Soc. London, *v.* 21 p. 289 t. 24 f. 3 | 1891 *Himantosoma typicum*, Pocock in: Ann. Mus. Genova, *v.* 30 p. 429 | 1919 *H. t.*, Silvestri in: Rec. Ind. Mus., *v.* 16 p. 100 f. 35.

Ockergelb. Länge bis 69 mm, 63—81 Beinpaare. Kopfschild fast quadratisch, punktiert und beborstet. Antennen dick, beborstet, gegen die Mitte zu verdickt. Die schlanken, wenig gekrümmten Ungula der Kieferfüße überragen den Stirnrand; Kieferfußhüften mit vorn breiterem, hinten verschmälertem Längseindruck. Tergite glatt und glänzend, die der Körpermitte seicht doppelfurchig und zwischen den Furchen undeutlich gerunzelt. Sternite in der Mitte eingedrückt; im eingedrückten Teil ein vorderes kreisrundes oder querovales und ein hinteres querbandförmiges, eventuell median geteiltes Porenfeld. Endbeintergit hinten verschmälert; Hüften mäßig aufgeblasen, beborstet, die Ventralseite hinten und außen porenlos; Sternit länglich, median eingedrückt. Endbeine des ♂ sehr dick und kürzer als das vorangehende Paar; manchmal mit äußerst winzigem Prätarsus versehen. Labrum mit mäßig langen, einfachen geraden, schlanken Spitzen, die beiden äußersten die größten.

Moulmein, Birma, Mergui-Archipel.

1a. **H. t. var. bidivisum** Silv. 1919 *H. t.* var. *bidivisa*, Silvestri in: Rec. Ind. Mus., *v.* 16 p. 101 f. 37.

Ziegelrot, Kopf und die ersten 2 Segmente gelb, Rückenmitte mit einer schmalen, gelben Längsbinde. Länge 45 mm. 79 Beinpaare. Das vordere Ventralporenfeld ist queroval, das hintere Porenfeld ist median geteilt (bei der f. gen. ist ersteres kreisrund, letzteres ungeteilt). Die Endbeinhüften haben etwas weniger zahlreiche Poren.

Indien: Barkul, Orissa.

2. **H. porosum** Poc. 1891 *H. p.*, Pocock in: Ann. Mus. Genova, *v.* 30 p. 481 | 1903 *H. p.*, Attems in: Zool. Jahrb., Syst. *v.* 18 p. 65 t. 5 f. 1; p. 287 t. 12 f. 7—10.

Gelbbraun, dorsal etwas dunkler. Länge bis 42 mm. 59—61 Beinpaare. Keine Stirnfurche. Antennen ziemlich dick, der ganzen Länge nach ungefähr gleich dick. Kopfschild etwas breiter als lang, gleichmäßig und reichlich beborstet, vorn sehr flachbogig, hinten am breitesten. Labrum schmal, mit sehr langen, am Ende büschelig zerfaserten Fransen besetzt (Fig. 302). Fulcren sehr groß. Mandibeln vgl. Genus-Diagnose. 1. Maxille mit 2 Paar schlanken Außentastern; Coxalfortsatz und Telopodit mit relativ wenigen, mittelstarken Borsten. Coxosternum der 2. Maxille sehr wenig beborstet, die Glieder des sehr großen Telopodits unterseits dicht beborstet, die Kralle in der Endhälfte ringsum

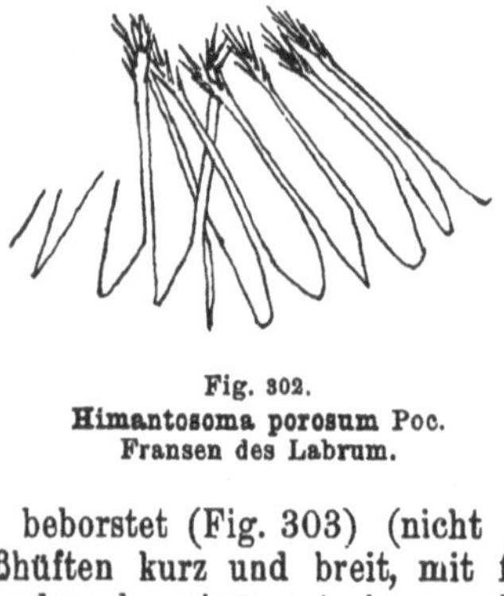

Fig. 302.
Himantosoma porosum Poc.
Fransen des Labrum.

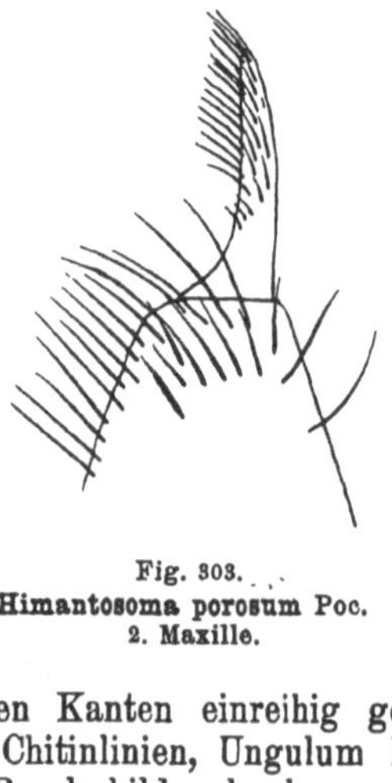

Fig. 303.
Himantosoma porosum Poc.
2. Maxille.

reichlich beborstet (Fig. 303) (nicht auf den Kanten einreihig gekämmt), Kieferfußhüften kurz und breit, mit feinen Chitinlinien, Ungulum lang und schlank, schwach gekrümmt, innen glatt. Basalschild sehr kurz, mehrmals breiter als lang. Beborstung des Rumpfes spärlich, fein und kurz. Tergite leicht runzelig, ungefurcht. Das hintere Ventralporenfeld reicht vom 1. bis vorletzten Sternit und ist ein fast die ganze Breite des Sternits einnehmendes etwas vom Hinterrand entferntes Querband; das vordere Porenfeld beginnt auf dem 3. Sternit und reicht auch bis zum vorletzten, es ist rund oder etwas queroval. Endbeintergit quadratisch; Hüften stärker verdickt als bei *H. typicum*, die ganze Fläche dicht mit Poren bedeckt, besonders längs des Sternitrandes; Sternit median nicht eingedrückt, Hinterrand gerade, Seiten konvergierend, konvex; Endbeine kürzer als das vorangehende Paar, schlank (♀) mit kräftiger Endklaue.

Moulmein, Birma, Java, Mergui-Archipel.

2a. **H. p. var. tridivisum** Silv. 1895 *H. p.*, Silvestri in: Ann. Mus. Genova, *v.* 34 p. 719 | 1919 *H. typicum* var. *tridivisa*, Silvestri in: Rec. Ind. Mus., *v.* 16 p. 101 f. 36.

Sternite vom 2. bis vorletzten mit einem vorderen ovalen und einem hinteren in 3 Teile geteilten Porenfeld. Endbeinhüfte ventral mit 18 zerstreuten und dorsal mit 8 Poren. 59 Beinpaare. Länge bis 22 mm.

Sumatra, Si Rambé.

4. Gen. **Eucratonyx** Poc.

1898 *E.*, Pocock in: Willey, Zool. Results, part. 1 p. 66 | 1903 *E.*, Attems in: Zool. Jahrb., Syst. *v.* 18 p. 197 | 1908 *E.*, Verhoeff in: Bronn, Kl. Ordn., *v.* 5II p. 288 | 1912 *E.*, Ribaut in: Abh. Senckenb. Ges., *v.* 34 p. 287 | 1914 *E.*, Attems in: Arch. Naturg., *v.* 80 A. 4 p. 120 | 1919 *E.*, Silvestri in: Rec. Ind. Mus., *v.* 16 p. 102 | 1926 *E.*, Attems in: Kükenthal & Krumbach, Handb. Zool., *v.* 4 p. 368.

Clypeus mäßig beborstet, Labrum mäßig breit, seicht eingebuchtet, gezähnt. Fulcren groß. Mandibel: die Zähnchen werden gegen den Grund zu breiter und stumpfer, die Fläche mit Querreihen feiner Börstchen. Hüften der 1. Maxille ganz verwachsen, 2 Paar schlanker, bestachelter Außentaster. Telopodit zweigliedrig. Hüften der 2. Maxille durch eine schmale Brücke verwachsen, Kralle auf beiden Kanten gekämmt. Kieferfüße kurz, Hüften mit vollständigen Chitinlinien. Tergite doppelfurchig. Keine Paratergite. Endbeintergit und Prätergit deutlich getrennt, kein Präpleurit; Hüften sehr groß, bis zum vorletzten oder drittletzten Segment reichend, allseitig mit Poren bedeckt. Telopoditglieder schlank, auch beim ♂, Tarsus zweigliedrig, ohne Prätarsus. Beine der vorderen Körperhälfte mit eigentümlichem, hyalinem Lappen am Ende des Tarsus unter der starken hakigen Kralle (Fig. 304).

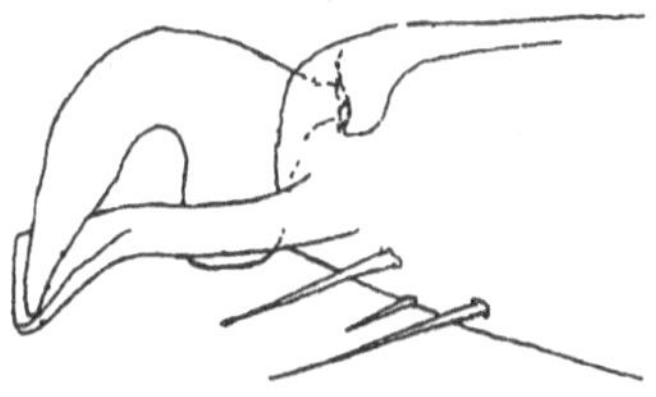

Fig. 304. **Eucratonyx hamatus** Poc. Prätarsus eines vorderen Beines.

Indo-australische Region.

2 Arten.

Typus: *E. meinerti* (Poc.)

Übersicht über die Arten:

a) Kralle der vorderen Beine schwach gebogen. Prätarsus der hinteren Beine mit kleiner Nebenborste. Pleurite des Kieferfußsegments dorsal sichtbar. Labrum mit seichter gleichmäßiger Einbuchtung . . . . . 1. **E. meinerti**

b) Kralle der vorderen Beine stärker gebogen. Prätarsus der hinteren Beine ohne Nebenborste. Pleurite des Kieferfußsegments dorsal fast nicht sichtbar. Labrum mit mittlerer schmaler aber tieferer Einbuchtung: 2. **E. hamatus**

1. **E. meinerti** (Poc.) 1889 *Himantarium m.*, Pocock in: J. Linn. Soc. London, *v.* 21 p. 289 t. 24 f. 1 | 1891 *H. m.*, Pocock in: Ann. Mus. Genova, *v.* 30 p. 426 | 1898 *Eucratonyx m.*, Pocock in: Willey, Zool. Results, part. 1 p. 66 | 1919 *E. m.*, Silvestri in: Rec. Ind. Mus., *v.* 16 p. 104.

Ockergelb, Kopf wenig dunkler. Länge bis 130 mm. Breite vorn 1,9 mm. 103 (♂)—129 (♀) Beinpaare. Kopfschild fast um $^1/_4$ breiter als lang, glatt, Hinterrand gerade. Die Pleurite des Kieferfußsegments sind zu den Seiten des Basalschildes sichtbar; Ungulum der Kieferfüße gekerbt. Labrum sehr seicht eingebuchtet. Antennen lang, an der Basis sich berührend, endwärts verdünnt, die Glieder länger als breit. Tergite zwischen den kräftigen Längsfurchen unregelmäßig längsrunzelig. 1. Sternit mit einem kleinen querovalen Porenfeld, die folgenden Sternite mit einem hinteren Querband von Poren und einem Häufchen zerstreuter Poren jederseits vorn, in der hinteren Körperhälfte auch mit einigen zerstreuten Häufchen in der Mitte vorn. Die Subcoxa auch mit Poren. Die Endkralle der Beine der vorderen Körperhälfte ist nur schwach gebogen; in der hinteren Körperhälfte hat der Prätarsus eine kleine Nebenborste. Endbeinsternit fast quadratisch; Hüfte groß, bis zur Mitte des vorangehenden Segments reichend, mit zahlreichen kleinen Poren. Endbeine ungefähr doppelt so lang wie das vorangehende Paar.

Mergui-Archipel, Birma, Andamanen.

2. **E. hamatus** Poc. 1898 *E. h.*, Pocock in: Willey, Zool. Results, part. 1 p. 66 t. 6 f. 2 | 1912 *E. h.*, Ribaut in: Abh. Senckenb. Ges., *v.* 34 p. 285 t. 12 f. 1—19 | 1914 *E. h.*, Attems in: Arch. Naturg., *v.* 80 A. 4 p. 121 t. 2 f. 14—21.

Strohgelb, Kopf nicht dunkler, Stirn und Antennen etwas heller. Länge bis 85 mm. 103 (♂)—125 (♀) Beinpaare. Kopfschild etwas länger als breit, ohne Einkerbung zwischen den sich berührenden Antennen. Stirnfurche nur sehr undeutlich. Clypeus mit einer unregelmäßigen Zone von Börstchen vorn. Labrum mit schmaler aber ziemlich tiefer mittlerer Einbuchtung, die Seiten etwas hervorgewölbt, der ganze Rand mit Ausnahme der äußersten Enden dicht gezähnt, die Zähne der Mittelbucht etwas kürzer. Mandibelfläche mit langen Querreihen feiner Börstchen, die basalen Zähnchen des Randes sind

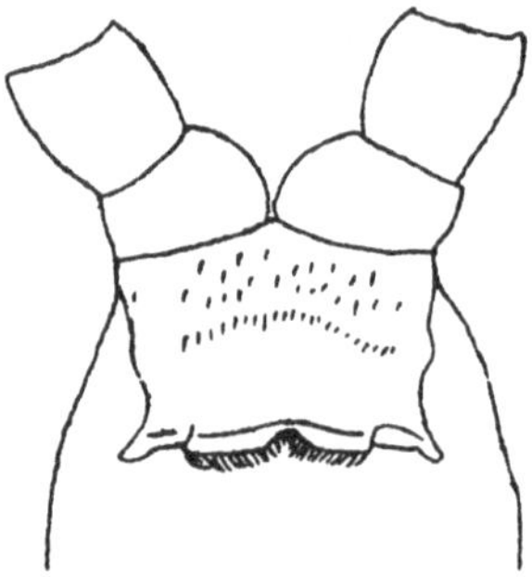

Fig. 305.
Eucratonyx hamatus Poc.
Kopf mit Labrum.

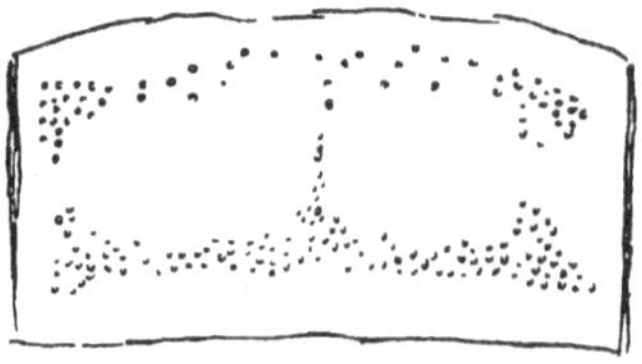

Fig. 306.
Eucratonyx hamatus Poc.
Sternit.

merklich breiter und stumpfer als die endwärtigen. Coxalfortsatz und Telopodit der 1. Maxille mit wenigen Borsten. Telopoditglieder der 2. Maxille unten dicht beborstet. Kieferfüße den Stirnrand bei weitem nicht erreichend, Hüften viel breiter als lang, fast ohne Seitenrand, Chitinlinien vollständig, kräftig. Ungulum in den basalen $^2/_3$ rundwellig gekerbt, lang und schlank, schwach gebogen; alle Glieder der Kieferfüße ohne Zahnbildung. Basalschild breit; von den Pleuriten ist dorsal fast nichts zu sehen. Tergite doppelfurchig, glatt, fast nackt. Die Ventralporen stehen in einem Viereck, dessen Seiten und Vorderseite manchmal Lücken haben. Die Mittelfläche des Vierecks bleibt auf den vorderen Segmenten porenfrei, von der Körpermitte an teilt ein mittlerer Längsstreif das Viereck in zwei, erst auf den letzten Segmenten verschwindet dieser Mittelstreif wieder. Auch die Subcoxa hat Poren. Kralle der Beine der vorderen Körperhälfte stark, im rechten Winkel gebogen. Endbeinsternit rechteckig oder quadratisch. Tergit und Prätergit des (vorletzten und) Endbeinsegments von den weit nach vorn reichenden Endbeinhüften seitlich umgeben und eingeengt, die sehr groß, allseitig mit Poren bedeckt und dazwischen beborstet sind. Telopoditglieder vom Präfemur an gleichlang, schlank, zylindrisch. Keine Terminalporen.

Neu-Britannien, Neu-Guinea, Neu-Pommern, Aru-Insel Kobroor.

5. Gen. **Sogophagus** Chamb.

1897 *Geophagus* (non Heckel 1840), Attems in: Abh. Senckenb. Ges., *v.* 23 p. 475 | 1903 *G.*, Attems in: Zool. Jahrb., Syst. *v.* 18 p. 283 | 1912 *Sogophagus*, Chamberlin in: Canad. Ent., *v.* 44 p. 220 | 1914 *S.*, Attems in: Arch. Naturg., *v.* 80 A. 4 p. 122 t. 2 f. 22, 23 | 1926 *S.*, Attems in: Kükenthal & Krumbach, Handb. Zool., *v.* 4 p. 368.

Labrum rudimentär, ohne Zähne. Fulcren groß. Clypeus schwach beborstet. Mandibel außen unbeborstet, die Randzähne gegen die Basis zu größer. Hüften der 1. Maxille ganz verwachsen, keine Außentaster. Hüften der 2. Maxille nur durch eine ganz dünne, ungefärbte schmale Spange miteinander verbunden, die Endkralle auf beiden Kanten gekämmt (Fig. 307).

Fig. 307. **Sogophagus serangodes** (Att.)
Beide Maxillenpaare.

Kieferfüße kurz und breit, die Chitinlinien vollständig, alle Glieder ohne Zahnbildung. Antennen der ganzen Länge nach ungefähr gleich dick.

Basalschild breit. Tergite doppelfurchig, glatt. Keine Paratergite. Ventralporen in einem Querband vor dem Hinterrand. Endbeinhüfte groß, nach vorn bis zum vorletzten beintragenden Segment reichend, allseits dicht mit Poren bedeckt. Tarsus zweigliedrig, kein Prätarsus.

Halmaheira.

1 Art.

1. **S. serangodes** (Att.) 1897 *Geophagus s.*, Attems in: Abh. Senckenb. Ges., *v.* 23 p. 475 t. 21 f. 1—4.

Blaßgelb. Länge bis 90 mm, Breite 2 mm. 131—135 Beinpaare. Basalschild breit, so daß von den Pleuriten nur ein schmaler Streif sichtbar ist. Telopodit der 1. Maxille ungegliedert, mit mehreren starken Borsten. Coxalfortsatz abgesetzt, mit ein paar starken Borsten. Telopodit der 2. Maxille dick, kurz, unten reichlich beborstet, die Kralle auf beiden Kanten aber nur in der distalen Hälfte gekämmt. Die Kieferfüße bleiben ein gutes Stück vom Stirnrand entfernt, Ungulum mit Ausnahme des glatten Endviertels sägeartig gekerbt, die Zwischenglieder sehr kurz. Das quere bandförmige Ventralporenfeld ist schmal und undeutlich abgegrenzt. Im übrigen sind die Sternite glatt. Endbeinsternit trapezförmig. Terminalporen vorhanden.

Halmaheira, Soah Konorah.

In diese Familie gehören wahrscheinlich die folgenden Arten:

Geophilus huttoni Poc. 1877 *Himantarium ferrugineum*, Hutton in: Ann. nat. Hist., ser. 4 *v.* 20 p. 115 | 1891 *Geophilus Huttoni*, Pocock in: Ann. nat. Hist., ser. 6 *v.* 8 p. 223 t. 12 f. 9.

Länge 118 mm. 109 Beinpaare. Kopf etwas länger als breit, Stirnfurche undeutlich, Antennen kurz. Basalschild trapezisch, schmäler als das folgende Tergit. Kieferfüße mit vollständigen Chitinlinien, ohne Zähne, überragen den Stirnrand nicht. Tergite doppelfurchig. Vordere Sternite mit undeutlichem hinterem Porenfeld. Endbeintergit sehr schmal, Sternit lang und schmal, viel länger als breit, Hüften groß, seitlich fast bis zum Vorderrand des vorangehenden Segments reichend, oben und unten mit großen Poren, Tarsus zweigliedrig, Endkralle vorhanden.

Keine Terminalporen.

Neu-Seeland: Wellington.

G. polyporus Haase 1887 *G. p.*, E. Haase in: Abh. Mus. Dresden, nr. 5 p. 110 t. 6 f. 116.

Länge 102 mm. 95 Beinpaare. Antennen 2 mal so lang wie der Kopf, sehr kurz zerstreut beborstet. Keine Stirnfurche; Kopfschild länger als breit, zerstreut fein punktiert, vor dem Hinterrand 2 flache Grübchen. Kieferfüße den Stirnrand nicht überragend, mit kurzen Chitinlinien, Tarsus ohne Zahn. Tergite doppelfurchig. Ventralporenfeld queroval, die der hinteren Körperhälfte in zwei geteilt. Endbeintergit doppelt so lang wie breit, Sternit ebenfalls, fast rechteckig. Hüften groß, bis an den Vorderrand des vorletzten Tergits reichend, mit zahlreichen, verschieden großen Poren dorsal und ventral.

Endkralle vorhanden.

D'Urville-Insel.

8. Fam. **Sogonidae**

1912 *S.*, Chamberlin in: Bull. Mus. Harvard, *v.* 54 p. 430 | 1912 *S.*, Chamberlin in: Canad. Ent., *v.* 44 p. 65 | 1915 *S.*, Chamberlin in: Bull. Mus. Harvard, *v.* 59 p. 506 | 1926 *S.*, Attems in: Kükenthal & Krumbach, Handb. Zool., *v.* 4 p. 368.

Labrum aus einem Stück bestehend, in der Mitte ganz mit dem Clypeus verwachsen, eingebuchtet, die Mitte meist etwas konvex gefranst. Mandibel mit einfachem Besatz von Kammzähnen. Hüften der 1. Maxille ganz verwachsen, Telopodit zweigliedrig, Außentaster vorhanden oder fehlend. Hüften der 2. Maxille verwachsen, Telopodit dreigliedrig, Klaue einfach. Kieferfüße ungezähnt, mit starken Chitinlinien. Basalschild breit. Antennen an der Basis abgeplattet, distal verjüngt. Keine Frontalfurche. Tergite doppelfurchig. Ventralporen in einem schmalen Querband vor dem Hinterrand. Die Hüften der Endbeine sind nicht nach vorn über das Endbeinsegment hinaus verlängert, die Hüftporen münden gruppenweise in 1—2 Gruben. Tarsus ein- oder zweigliedrig, eine Endkralle (Prätarsus) vorhanden oder fehlend.

Keine Paratergite.

Nordamerika, Mexiko.

3 Gattungen, 3 Arten.

Übersicht über die Gattungen:

1a) Tarsus der Endbeine eingliedrig. Die Endbeinhüftporen münden in einer Grube . . . . 3. Gen. **Timpina**

1b) Tarsus der Endbeine zweigliedrig. Die Endbeinhüftporen münden in 2 Gruben 2

2a) Endbeine klauenlos. 1. Maxille mit langen Außentastern. Kieferfüße von oben teilweise sichtbar . . . . 1. Gen. **Sogona**

2b) Endbeine mit Endklaue. 1. Maxille ohne Außentaster. Kieferfüße von oben nicht sichtbar . . . . 2. Gen. **Garrina**

1. Gen. **Sogona** Chamb.

1912 *S.*, Chamberlin in: Bull. Mus. Harvard, *v.* 54 p. 431.

Kopf klein, Kieferfüße von oben teilweise sichtbar. Mittelteil des Labrum ein wenig konvex, langgefranst. Telopodit der 1. Maxille mit Außentastern. Endbeinsternit breit; Tarsus zweigliedrig, ohne Prätarsus; die Hüftporen münden in 2 große Gruben.

Tennessee.

1 Art.

1. **S. minima** Chamb. 1912 *S. m.*, Chamberlin in: Bull. Mus. Harvard, *v.* 54 p. 431.

Gelb, Kopf und Kieferfüße rötlichbraun. Länge bis 16 mm. 51 (♂) bis 55 (♀) Beinpaare. Kopfschild ungefähr so lang wie breit, vorn stumpfwinkelig, spärlich beborstet. Basalschild 3mal so breit wie lang. Antennen mäßig lang oder kurz. Die geschlossenen Kieferfüße erreichen nicht ganz den Stirnrand, Hüften breiter als lang (11:8), nur spärlich beborstet. Sternite mit tiefer longitudinaler Medianfurche; die vorderen am Hinterrand mit winkeligem Vorsprung, der in eine Grube des folgenden Sternits paßt. Vordere Sternite mit Ventralporen in einem schmalen Querband vor dem Hinterrande, das seitlich zugespitzt ist. Endbeinsternit breit, nach hinten verschmälert, mit geradem Hinterrand. Endbeine des ♂ stark verdickt. 2 kleine Terminalporen vorhanden.

Taylor's, S. C. — Johnson City, Tenn.

2. Gen. **Garrina** Chamb.

1915 *G.*, Chamberlin in: Bull. Mus. Harvard, *v.* 59 p. 506.

Kopf klein. Labrum in der Mitte konvex und seitlich konkav. 1. Maxille ohne Außentaster. Hüften der 2. Maxille durch eine schmale Brücke verbunden. Kieferfüße von der Dorsalseite bedeckt, den Stirnrand nicht überragend. Tarsus der Endbeine zweigliedrig, mit Endklaue.

Mexiko.

1 Art.

1. **G. ochrus** Chamb. 1915 *G. o.*, Chamberlin in: Bull. Mus. Harvard, *v.* 59 p. 507 t. 3 f. 1—3.

Hellgelb, Kopf etwas dunkler. Länge 26 mm. 59—63 Beinpaare. Kopf hinter der Mitte am breitesten, vorn winkelig, so lang wie breit. Basalschild sehr breit. Antennen kurz, 2,5 mal so lang wie der Kopf. Die geschlossenen Kieferfüße erreichen den Stirnrand, die Hüften breiter als lang, die Chitinlinien vollständig. Erstes Tergit breiter als der Basalschild und als das 2. Tergit. Sternite mit Längsfurche vom Vorderrand bis hinter die Mitte, wo sie gewöhnlich in eine schwächere Querfurche endet. Endbeinsternit breit, nach hinten stark verschmälert, der Hinterrand winkelig eingebuchtet. Endbeine des ♂ verdickt, Femur am dicksten, 2. Tarsalglied plötzlich viel dünner; Beborstung kurz, spärlich.

Mexiko: Hidalgo; Guerrero Mill; Pachuca; Distrito Federal, Esclava.

3. Gen. **Timpina** Chamb.

1912 *T.*, Chamberlin in: Bull. Mus. Harvard, *v.* 54 p. 432.

Labrum-Mitte etwas konvex, lang gefranst. Telopodit der 1. Maxille mit langem Außentaster. Die Kieferfüße sind von der Dorsalseite zum Teil sichtbar, alle Glieder zahnlos. Endbeinhüfte mit einer einzigen, teilweise durch das Sternit verdeckten Grube; Tarsus eingliedrig, ohne Prätarsus.

Texas.

1 Art.

1. **T. texana** Chamb. 1912 *T. t.*, Chamberlin in: Bull. Mus. Harvard, *v.* 54 p. 432.

Gelb, die Mitte etwas dunkler; eine undeutliche dunkle Doppelbinde verläuft über einen Teil des Rückens. Länge 49 mm, Breite 1,4 mm. (Zahl der Beinpaare?) Kopfschild so lang wie breit, vorn und hinten geradlinig. Kieferfußhüften viel breiter als lang (10 : 7), die Ungula sehr kurz, wenig gekrümmt, erreichen gerade den Stirnrand. Ventralporen nur auf etwa den 12 ersten Sterniten vorhanden, in geringer Zahl, in einem schmalen, seitlich zugespitzten Querband etwas hinter der Mitte. Endbeinsternit sehr breit, nach hinten verschmälert, Hinterrand gerade. Endbeine viel länger als das vorangehende Paar, beim ♂ stark und gleichmäßig verdickt.

Texas: Austin.

9. Fam. **Neogeophilidae**

1917 *Neogeophilinae*, Silvestri in: Boll. Laborat. Zool. Portici, *v.* 12 p. 352 | 1926 *Neogeophilidae*, Attems in: Kükenthal & Krumbach, Handb. Zool., *v.* 4 p. 365.

Labrum aus einem Stück bestehend, der freie Rand in der Mitte gezähnt, Mandibel mit einfachem Besatz von Kammzähnen. Hüften der 1. Maxille voneinander getrennt, jede trägt ein kurzes, dick kegeliges Glied, ob abgesetzter Coxalfortsatz oder ungewöhnlich gestaltetes Telopodit, ist aus den bisherigen Angaben nicht ersichtlich. Hüften der 2. Maxille ganz verwachsen, Telopodit dreigliedrig, die Endkralle einfach. Kieferfüße klein, mit vollständigen Chitinlinien, die Telopoditglieder ungezähnt, die Ungula weit vom Stirnrand entfernt bleibend; Basalschild breit, Kieferfüße von oben wenig sichtbar. Antennen endwärts verjüngt. Keine Stirnfurche. Tergite ungefurcht. Kralle der vorderen Beine mit einem starken Zahn auf der Hohlseite und mit einer breiten, die Spitze der Kralle überragenden vorderen Nebenborste, die von der Basis der Unterseite vorn ausgeht. Endbeinhüfte mit einer Anzahl frei mündender Poren. Tarsus eingliedrig. Kein Prätarsus. Keine Paratergite. Keine Ventralporen.

2 Gattungen, 2 Arten.

Übersicht über die Gattungen:

a) Endbeinsegment mit großem Prätergit. Vorderrand der Kieferfußhüften ungezähnt . . . . 1. Gen. **Neogeophilus**
b) Endbeinsegment ohne Prätergit. Vorderrand der Kieferfußhüften mit 2 kleinen Zähnchen . . . . 2. Gen. **Evallogeophilus**

(Beide Gattungen sind wohl in eine zusammen zu ziehen.)

1. Gen. **Neogeophilus** Silv.

1917 *N.*, Silvestri in: Boll. Laborat. Zool. Portici, *v.* 12 p. 352.

Kopfschild so lang wie breit, Labrum vorgewölbt, in der Mitte ohne Abgrenzung in den Clypeus übergehend, der Rand nur in der Mitte fein und kurz gezähnt. Basalschild sehr kurz. Vorderrand der Kieferfußhüften breit eingebuchtet, ungezähnt. Ungulum lang, innen weitschichtig tief gekerbt.

Präscutellum größer als das Stigmenpleurit. Endbeinsegment mit großem Prätergit, das Tergit nach hinten wenig verschmälert und hinten breit abgerundet; Sternit kurz, an der Basis 2 mal so breit wie lang, nach hinten wenig verschmälert; Hüfte oben mit 10, unten mit 8 kleinen Poren.

Mexiko.

1 Art.

1. **N. primus** Silv. 1917 *N. p.*, Silvestri in: Boll. Laborat. Zool. Portici, *v.* 12 p. 354.

Ockergelb. Länge 34 mm, Breite vorn 0,56 mm. 81 Beinpaare.

Mexiko: Cuernavaca.

2. Gen. **Evallogeophilus** Silv.

1917 *E.*, Silvestri in: Boll. Laborat. Zool. Portici, *v.* 12 p. 355.

Kopfschild kaum länger als breit. Labrum seicht eingebuchtet, die Mitte leicht vorgewölbt; der Rand mit Ausnahme der Seiten fein gefranst. Mandibeln und Maxillen wie bei *Neogeophilus*. Vorderrand der Kieferfußhüften mit 2 kleinen, stumpfen Zähnchen. Präscutellum in der hinteren Körperhälfte größer als in der vorderen und vom 7. von hinten bis vorletztes nach und nach größer werdend, so daß es im vorletzten Segment so lang ist wie Tergit und Prätergit zusammen. Endbeinsternit so lang wie an der Basis breit, nach hinten wenig verschmälert. Endbeinsegment ohne Prätergit, das Tergit nach hinten verschmälert. Hüfte unten-innen mit 8—11, oben mit 10—13 Poren. Terminalporen sehr klein.

Mexiko.

1 Art.

1. **E. mexicanus** Silv. 1917 *E. m.*, Silvestri in: Boll. Laborat. Zool. Portici, *v.* 12 p. 357.

Ockergelb. Länge 30 mm. Breite vorn 0,6 mm. 63 (♂)—67 (♀) Beinpaare. Endbeine des ♂ verdickt, außen dicht, innen weniger dicht kurz beborstet.

Mexiko: Ialapa.

10. Fam. **Azygethidae**

1920 *A.*, Chamberlin in: Bull. Mus. Harvard, *v.* 64 p. 32 | 1926 *A.*, Attems in: Kükenthal & Krumbach, Handb. Zool., *v.* 4 p. 366.

Labrum aus einem Stück bestehend. Mandibeln mit einfachem Besatz von Kammzähnen. Hüften der 1. Maxille getrennt, Außentaster vorhanden. Hüften der 2. Maxille in der Mitte verbunden, Klaue gekämmt. Antennen kurz, endwärts verjüngt, an der Basis stark abgeplattet. Keine Ventralporen Eine Reihe von Paratergiten. Hüften der Endbeine von den Pleuren getrennt, porenlos, die Pleuren mit einem Stigma; Tarsus zweigliedrig, ohne Prätarsus.

Falls die Angabe über den Besitz von Stigmen im Endbeinsegment richtig ist, unterscheidet sich diese Familie dadurch von allen anderen Chilopoden.

1 Gattung, 1 Art.

1. Gen. **Azygethus** Chamb.

1920 *A.*, Chamberlin in: Bull. Mus. Harvard, *v.* 64 p. 33.

Labrum breit, in der Mitte nach hinten vorgewölbt, der ganze Rand fein gezähnt. Kieferfüße kurz, ungezähnt, ohne Chitinlinien. Tergite nicht deutlich gefurcht. Stigmen oval, schräg gestellt. Keine Terminalporen.

1. **A. atopus** Chamb. 1920 *A. a.*, Chamberlin in: Bull. Mus. Harvard, *v.* 64 p. 33.

Gelb, mit einem dunklen Doppelband auf dem Rücken. Länge 51 mm. 71 Beinpaare. Kopf kurz und breit, vorn winkelig, bedeckt die Kieferfüße fast ganz. Basalschild sehr breit, $3^1/_2$ mal so breit wie lang. Endbeinsternit groß, trapezisch.

Fiji-Insel: Levuka.

Geophilomorpha incertae sedis

Die folgenden Arten gehören zum großen Teil wohl nicht in die Gattung *Geophilus*; es läßt sich nicht einmal die Familie bestimmen.

1841 **Geophilus algerium,** J. F. Brandt in: M. Wagner, Reis. Algier, *v.* 3 p. 289 | 1847 *G. a.*, P. Gervais in: Walckenaer & Gervais, Hist. Apt., *v.* 4 p. 326.

Algier.

1841 **G. ambiguus,** J. F. Brandt in: M. Wagner, Reis. Algier, *v.* 3 p. 289 | 1847 *G. a.*, P. Gervais in: Walckenaer & Gervais, Hist. Apt., *v.* 4 p. 326.

Algier.

1823 **G. angustatus,** Eschscholtz in: Mém. Soc. Moscou, *v.* 6 p. 112.

Südl. Vereinigte Staaten von Nordamerika.

1821 **G. attenuatus,** Say in: J. Ac. Philad., *v.* 2 p. 113.

Vereinigte Staaten, Nordamerika.

1849 **G. attenuatus,** H. Lucas in: Expl. Algérie, Zool. *v.* 1 p. 389 t. 3 f. 8.

Westalgier.

1847 **G. dubius,** P. Gervais in: Walckenaer & Gervais, Hist. Apt., *v.* 4 p. 325.

Algier.

1847 **G. guillemini,** P. Gervais in: Walckenaer & Gervais, Hist. Apt., *v.* 4 p. 324.

Brasilien.

1837 **G. lefebvraei,** Guérin-Méneville, Iconogr. Règne an., Ins. t. 1 f. 10.

Egypten.

1832 **G. levigatus,** Brullé in: Exp. Morée, *v.* 3 p. 62 t. 28 f. 14 | 1835 *G. l.*, P. Gervais in: Mag. Zool., *v.* 5 Cl. 9 t. 137 p. 1 | 1837 *G. l.*, P. Gervais in: Ann. Sci. nat., ser. 2 *v.* 7 p. 52.

Peloponnes.

1845 **G. lineatus,** Newport in: Tr. Linn. Soc. London, *v.* 19 p. 436 | 1847 *G. l.*, P. Gervais in: Walckenaer & Gervais, Hist. Apt., *v.* 4 p. 321.

Honduras.

1789 **Scolopendra occidentalis,** J. F. Gmelin-Linné, Syst. Nat., ed. 13 *v.* 3 p. 1064.

Amerika.

1846 **Geophilus rubrovittatus,** H. Lucas in: Rev. zool., *v.* 9 p. 288 | 1849 *G. r.*, H. Lucas in: Expl. Algérie, Zool. *v.* 1 p. 347 t. 2 f. 9.

Algier.

1837 **G. savignianus,** P. Gervais in: Ann. Sci. nat., ser. 2 *v.* 7 p. 53 | 1841 *G. S.*, J. F. Brandt in: M. Wagner, Reis. Algier, *v.* 3 p. 289.

Egypten, Algier.

1832 **G. sulcatus,** Brullé in: Exp. Morée, *v.* 3 p. 62 t. 28 f. 2 | 1837 *G. s.*, P. Gervais in: Ann. Sci. nat., ser. 2 *v.* 7 p. 53.

Peloponnes.

1841 **G. viridipes,** J. F. Brandt in: M. Wagner, Reis. Algier, *v.* 3 p. 288 | 1847 *G. v.*, P. Gervais in: Walckenaer & Gervais, Hist. Apt., *v.* 4 p. 326.

Algier.

1845 **G. Whitei,** Newport in: Tr. Linn. Soc. London, *v.* 19 p. 436 | 1847 *G. W.*, P. Gervais in: Walckenaer & Gervais, Hist. Apt., *v.* 4 p. 321.

Patria?

1887 **Schendyla** (?) **perforata,** McNeill in: P. U. S. Mus., *v.* 10 p. 325 t. 11 f. 6, 7.

Pensacola, Florida.

1881 **Mesocanthus porosus,** Sseliwanoff in: Mém. Ac. St.-Pétersb., *v.* 40 Beil. nr. 7 p. 25 | 1884 *M. p.*, Selivanoff in: Horae Soc. ent. Ross., *v.* 18 p. 105 | 1904 *M. p.*, Brölemann in: Bull. Soc. ent. Ital., *v.* 35 p. 118.

Turkestan.

Chomatophilus Poc.

1896 *C.*, Pocock in: Biol. Centr.-Amer., Chilop. p. 39.

Ohne jede Genus-Diagnose.

C. smithi Poc. 1896 *C. s.*, Pocock in: Biol. Centr.-Amer., Chilop. p. 39 t. 3 f. 12.

Amula.

Disargus Cook

1896 *D.*, Cook in: P. U. S. Mus., *v.* 18 p. 69 (ohne Diagnose).

D. striatus (Poc.) 1890 *Himantarium* (?) *striatum*, Pocock in: Ann. nat. Hist., ser. 6 *v.* 5 p. 248 t. 12 f. 4 | 1896 *Disargus striatus*, Cook in: P. U. S. Mus., *v.* 18 p. 69.

Madras.

Piestophilus Cook

1896 *P.*, Cook in: P. U. S. Mus., *v.* 18 p. 73.

P. tenuitarsis (Poc.) 1888 *Geophilus t.*, Pocock in: Ann. nat. Hist., ser. 6 *v.* 2 p. 475 | 1896 *Piestophilus t.*, Cook in: P. U. S. Mus., *v.* 18 p. 73.

Dominica.

Polyechinogaster Verh.

1899 *P.*, Verhoeff in: Zool. Anz., *v.* 22 p. 364.

P. fossulatum Verh. 1899 *P. f.*, Verhoeff in: Zool. Anz., *v.* 22 p. 365.

Tunis.

Stylolaemus Karsch

1881 *S.*, Karsch in: Arch. Naturg., *v.* 47 I p. 9.

S. peripateticus Karsch 1881 *S. p.*, Karsch in: Arch. Naturg., *v.* 47 I p. 9.
Tripolis.

Taeniolinum Poc.

1893 *T.*, Pocock in: J. Linn. Soc. London, *v.* 24 p. 471.

T. setosum Poc. 1893 *T. s.*, Pocock in: J. Linn. Soc. London, *v.* 24 p. 472.
St. Vincent, Westindien.

Tretechthus Cook

1896 *T.*, Cook, Brandtia, p. 39 (ohne Diagnose).

T. uliginosus (Por.) 1894 *Geophilus u.*, Porat in: Bih. Svenska Ak., *v.* 20 nr. 5 p. 24 | 1896 *Tretechthus*, Cook, Brandtia, p. 39.
Bibundi, Kamerun.

Tylonyx Cook

1899 *T.*, Cook in: P. ent. Soc. Washington, *v.* 4 p. 308 nota.

T. tampae Cook 1899 *T. t.*, Cook in: P. ent. Soc. Washington, *v.* 4 p. 308 nota (ohne Diagnose).

Nachtrag

ad p. 69: **Gen. Nannophilus Cook**

Subgen. Nesonannophilus Verh.

1928 *N.* (subgen. *N.*), Verhoeff in: Mt. Mus. Berlin, *v.* 14 p. 282.

„Endbeine 5gliedrig, indem Trochanter und Präfemur miteinander verwachsen sind. Unten und innen sind diese beiden Glieder durch Naht gegeneinander abgesetzt, außen und oben aber völlig verschmolzen."

Das angeführte Merkmal genügt wohl nicht, um darauf ein Subgenus für eine einzige Art zu begründen. Bei einer anderen Art der Gattung *Nannophilus* unterscheiden sich ♂ und ♀ bezüglich der Endbeingliederung in noch viel stärkerem Maße voneinander. Es scheint bei dieser Gattung eine ziemliche Variabilität der Gliederung der Endbeine zu herrschen und solange solche Variationen nur eine Art betreffen, brauchen letztere nicht vom Genus abgetrennt zu werden.

In der oben (p. 69) gegebenen Übersicht muß es bei 1b heißen: Endbeintelopodit bei ♂ und ♀ 5gliedrig.

1. **N. (N.) medius** Verh. 1928 *N. (Nesonannophilus) m.*, Verhoeff in: Mt. Mus. Berlin, *v.* 14 p. 282.

Länge bis 34 mm. 65 Beinpaare, sehr schlank. Kopf $1^1/_8$ mal länger als breit. Clypeus mit $2+4+2$ Borsten. Mittelteil des Labrum mit 11 Zähnchen. Antennen ziemlich lang, die Zapfen des Endgliedes nicht in Gruben versenkt. Mundteile ähnlich wie bei *N. ariadnae.* Klaue der Kieferfüße glatt. 3.—19. Sternit mit großem, mittlerem, querovalem Porenfeld, das $1^1/_2$ mal breiter als lang ist. 2.—15. Sternit kurz und spärlich beborstet, hintere Sternite lang und reichlich beborstet; polygonale Felderung der vorderen Sternite sehr gut ausgeprägt. Trochanter und Präfemur der Endbeine miteinander verwachsen, nach innen gegen das Femur erheblich vorspringend, ebenso das Femur gegen die Tibia.

Ognina bei Catania, Sizilien.

ad p. 73: **Gen. Schendylurus Silv.**

Subgen. Schendylotyn Chamb.

1926 *S.* (subgen. *S.*), Chamberlin in: P. biol. Soc. Washington, *v.* 39 p. 10.

Unterscheidet sich von *Schendylurus* dadurch, daß das Zahnblatt der Mandibel einheitlich, nicht in Blocks zerklüftet ist.

S. (Schendylotyn) integer Chamb. 1926 *S. (S.) i.*, Chamberlin in: P. biol. Soc. Washington, *v.* 39 p. 10.

Länge 12 mm. 49 Beinpaare. Blaßgelb. Kopf hinter der Mitte am breitesten, ohne Stirnfurche. Antennen kurz. Basalschild breit. Die Kieferfüße erreichen bei weitem nicht den Stirnrand, ohne Chitinlinien, alle Glieder ungezähnt. Labrum mit 12 Zähnen. Zahnblatt der Mandibel ungeteilt, 6zähnig. Erstes bis vorletztes Sternit mit Ventralporen, das Feld kreisrund oder elliptisch. Sternit des Endbeinsegments breit, nach hinten verschmälert. Endbeinhüfte mit 2 homogenen Drüsen, die sich unter dem Sternitrand öffnen.

Kanalzone: Barro Colorado, in einem Termitennest von *Anoplotermes gracilis* Snyder.

ad p. 160: Gen. **Geophilus** Leach

Die Entdeckung einer Anzahl neuer *Geophilus*-Arten, von Verhoeff 1928 als Subgen. *Cyphonychius* beschrieben, das identisch ist mit *Orinophilus* Att. 1895, macht es notwendig, die Gattung *Orinophilus* (siehe oben p. 188) einzuziehen und die Arten mit *Geophilus* zu vereinigen. *Orinophilus* ist charakterisiert durch die Gestalt der Klaue der 2. Maxille: kurz, stummelförmig, mit ein oder mehreren zarten Spitzchen am Ende, von den Nachbarborsten weit überragt. Die Abtrennung aller Arten mit diesem Merkmal und ihre Zusammenfassung in ein eigenes Genus oder Subgenus wäre nicht richtig, erstens da diese Arten im übrigen Körperbau, besonders im Bau der Sternite, doch sehr verschieden sind und zweitens, weil dann unzweifelhaft nahe verwandte Arten, wie z. B. *carpophagus* und *proximus* einerseits und *insculptus* andererseits auseinandergerissen und verschiedenen Gattungen zugerechnet würden.

Noch weniger ist das Subgenus *Bothrogeophilus* Verh. eine natürliche Gruppe; es ist nur durch den Besitz der vorderen Sternitgruben charakterisiert; diese finden sich aber auch bei Arten verschiedener anderer Gattungen, und die Dominanz dieses Faktors bei einer Anzahl von *Geophilus*-Arten, die im übrigen Körperbau recht verschieden sind, ist noch lange kein Beweis ihrer gemeinsamen Abkunft. Der Autor selbst äußert übrigens Zweifel an der Berechtigung seines Subgenus. Die Definition von *Bothrogeophilus* und *Cyphonychius* ist übrigens unklar, denn auf p. 231 teilt Verhoeff das Subgenus *Bothrogeophilus* in 2 Gruppen: *Bothrogeophilus* s. str. und *Cyphonychius* und auf p. 237 werden als *Cyphonychius* Arten mit und solche ohne vordere Sternitgruben angeführt; Widerspruch. — Zu den auf p. 160 angeführten Synonyma von *Geophilus* kommen folgende:

1895 *Orinomus*, Attems in: SB. Ak. Wien, *v.* 104 p. 166 | 1896 *Orinophilus*, Cook in: P. U. S. Mus., *v.* 18 p. 72 | 1926 *O.*, Attems in: Kükenthal & Krumbach, Handb. Zool., *v.* 4 p. 362 | 1929 *O.*, Attems in: Tierreich, *v.* 52 p. 188.

1927 *Bothrogeophilus*, Verhoeff in: Bronn, Kl. Ordn., *v.* 5II p. 581 | 1928 *B.*, Verhoeff in: Mt. Mus. Berlin, *v.* 14 p. 231.

Übersicht der Arten:

A. Endkralle der 2. Maxille lang und spitz, die Nachbarborsten überragend: vgl. oben p. 160, Tabelle 1—34. Nr. 26—31 dieser Tabelle sind durch nachfolgenden Teil zu ersetzen. [Außerdem sind 57. *G. frigidanus* und 56. *G. scillyensis* einzureihen.]

26 { 37 Beinpaare . . . . 3. **G. pauropus**
45 und mehr Beinpaare — **27**

27 { Terminalporen fehlen . . . . 7. **G. ganonotus**
Terminalporen vorhanden — **28**

28 Porenfelder nicht scharf umgrenzt, querbandförmig, fast bis an die Seiten des Sternits reichend; vom 15. bis 18. Sternit an teilt sich das Porenfeld in 2 Häufchen, die noch auf dem vorletzten Sternit vorhanden sind . 1. G. carpophagus
Porenfelder scharf umgrenzt, von den Seiten des Sternits weiter entfernt bleibend — 29

29 Die 2 Ventralporenhäufchen fehlen nur auf 3—4 Segmenten vor dem Endbeinsegment . . . . 8. G. pyrenaicus*)
Die Ventralporen fehlen in der hinteren Körperhälfte ganz — 30

30 Endbeinhüfte mit 15—21 ungefähr gleich großen Poren . 6. G. studeri
Endbeinhüfte mit höchstens 10 Poren — 31

31 Mittelteil des Labrum 1zähnig . . . . 2. G. proximus
Mittelteil des Labrum 5zähnig . . . . 4. G. kobelti

B. Endkralle der 2. Maxille kurz, kegelig oder stummelförmig, mit einer oder einigen zarten Spitzchen, von den Nachbarborsten überragt — 35

35 Porenfeld des 2.—11. Sternits rundlich; 4 Sternite vor dem Endbeinsegment mit ungewöhnlich großem, abgerundet-dreieckigem Porenfeld. Chitinlinien der Kieferfüße vollständig. Vordere Sternitgruben fehlen 46. G. pinivagus
Porenfelder quer; hintere Sternite ohne Porenfeld oder wenn ein solches vorhanden, ist es nicht groß. Chitinlinien abgekürzt — 36

36 1. Maxille mit Außentastern; vordere Sternitgruben vorhanden . . . . 47. G. glacialis
1. Maxille ohne Außentaster — 37

37 Vordere Sternitgruben fehlen oder sind sehr undeutlich — 38
Vordere Sternitgruben deutlich ausgebildet — 39

38 Klaue der Kieferfüße innen glatt, 37 Beinpaare, Terminalporen fehlen . . . . 48. G. minimus
Klaue der Kieferfüße innen gekerbt, 53 Beinpaare, Terminalporen groß . . . . 49. G. aetnensis

39 Klaue der Kieferfüße innen glatt oder kaum merklich gekerbt — 40
Klaue der Kieferfüße innen gekerbt-gesägt — 42

40 Die vorderen Sternite sind nicht durch Querlinien in Abschnitte geteilt. Die Porenfelder sind nicht scharf umrandet, die letzten zerfallen nicht in 2 Häufchen 5. G. nesiotes
Auf den vorderen Sterniten ist das Vordergebiet mit der Grube durch eine feine Querlinie abgegrenzt; die Porenfelder sind scharf umrandet; die letzten Porenfelder sind in 2 Häufchen zerteilt — 41

41 Mittelteil des Labrum mit 8—9 Zähnchen, von denen die 2 äußeren jeder Seite lang fransenartig sind. Endbeinhüfte mit 4—8 großen Poren . . . . 50. G. insculptus
Mittelteil des Labrum mit 3 Zähnchen; Endbeinhüfte mit 2 Poren . . . . 51. G. promontorii

42 Mittelteil des Labrum mit 8—9 Zähnchen . . . . . . 52. G. gavoyi
Mittelteil des Labrum mit 3—4 Zähnchen — 43

43 37 oder 39 Beinpaare; vordere Sternitgruben fast so breit wie das ganze Sternit — 44
61 Beinpaare; vordere Sternitgruben höchstens halb so breit wie das Sternit . . . . 55. G. bluncki

44 Terminalporen fehlen . . . . 53. G. oligopus
Terminalporen vorhanden . . . . 54. G. noricus

*) An Stelle von 8. *G. commutatus*, das als Synonym von *G. proximus* wegfällt.

ad p. 164:

Die Beschreibung von *G. proximus* ist durch Folgendes zu ersetzen:

2. **G. proximus** C. L. Koch 1847 *G. p.*, C. L. Koch. in: Koch-Panzer, Krit. Revis., *v.* 3 p. 186 | 1863 *G. p.*, C. L. Koch, Myr., *v.* 2 p. 82 f. 205 | 1866 *G. p.*, Bergsoe & Meinert in: Naturh. Tidsskr., ser. 3 *v.* 4 p. 93 | 1870 *G. p.*, Meinert in: ibid., ser. 3 *v.* 7 p. 81 | 1909 *G. p.*, Chalande in: Feuille Natural., ser. 4 *v.* 39 p. 91 f. 8—12 | 1928 *G. p.*, Verhoeff in: Mt. Mus. Berlin, *v.* 14 p. 234 | 1929 *G. commutatus*, Attems in: Tierreich, *v.* 52 p. 167.

45—53 Beinpaare. Antennen schütter langborstig, die Beborstung endwärts sehr allmählich etwas kürzer, feiner und dichter werdend. Clypeus gleichmäßig grob gepflastert. Mittelteil des Labrum 1zähnig; die Fransen der Seitenteile berühren sich an der Basis nicht, verschmälern sich in der Mitte plötzlich und sind am Ende in Spitzchen zerfasert. 1. Maxille mit 2 Paar spitzer, fein bestachelter Außentaster. Kralle der 2. Maxille lang, schlank, spitz, fast gerade, nur das Ende leicht gekrümmt, die Nachbarborsten überragend. Hüften der Kieferfüße vorn unbewehrt, Chitinlinien abgekürzt, die 2 Zwischenglieder innen abgerundet, Tarsungulum mit winzigem Basalzahn, Kralle innen glatt. 1. Sternit mit einigen wenigen Poren, 2.—16. Sternit mit querovalem oder rhombischem, vorn und hinten scharf umgrenztem Porenfeld, 17. Sternit mit einigen Poren, vom 18. an fehlen Poren ganz. Sternite außer den zerstreuten kurzen Börstchen mit 2 längeren Borsten jederseits. Sternit des Endbeinsegments sehr breit, breiter als lang wie 5 : 3, hinten gerade abgestutzt, nach hinten verschmälert. Endbeinhüfte mit 6—8 großen Poren, die teils neben teils unter dem Sternitrande münden. Endkralle kräftig. Vordere Grube auf den Sterniten 2.—15. breit, den größten Teil der Sternitbreite einnehmend.

Bayern, Brandenburg, Dänemark, Schweden.

3. **G. pyrenaicus** Chal. 1909 *G. p.*, Chalande in: Feuille Natural., ser. 4 *v.* 39 p. 89 f. 1—7.

Blaßgelb, Kopf etwas dunkler. Länge bis 27 mm. 45—69 Beinpaare. Kopf kaum länger als breit, ohne Stirnfurche, zerstreut, fast gereiht, punktiert-beborstet. Antennen $2^1/_2$ mal so lang wie der Kopf. Mittelteil des Labrum 3zähnig, die Fransen der Seitenteile berühren sich an der Basis, verjüngen sich allmählich und enden mit einem Büschel von Dörnchen. 1. Maxille mit 2 Paar fein bestachelter Außentaster. Kralle der 2. Maxille spitz, gerade, lang. Die Kieferfüße erreichen $\pm$ den Stirnrand, Chitinlinien ein wenig abgekürzt, Ungulum innen glatt. Sternite mit 3 undeutlichen flachen Längsfurchen; 1. mit einigen wenigen Poren, 2. bis etwa 16. mit querem Porenfeld, das vorn geradlinig, hinten stumpfwinklig und rings scharf umgrenzt ist. Ungefähr im 16. Segment ist das Porenfeld fast so breit wie das Sternit und beginnt sich in 2 Häufchen zu teilen, die immer kleiner werden aber nur auf 3 oder 4 der letzten Segmente ganz fehlen. 3. bis 16. Sternit mit querer Vordergrube von $^2/_3$ Sternitbreite, 2.—16. Sternit mit Vorsprung am Hinterrande. Sternit des Endbeinsegments nach hinten verschmälert, hinten gerade abgestutzt. Hüftporen groß, 6—10, teils frei, teils unter dem Sternitrand mündend. Endbeine des ♂ ein wenig verdickt, mit langer Endkralle. Terminalporen groß.

Als Forma *elongata* werden die unter den normalen sich findenden Individuen mit 67—69 Beinpaaren bezeichnet; die anderen haben 45 bis 49 Beinpaare.

Ganze Pyrenäenkette.

46. **G. pinivagus** Verh. 1928 *G. p.*, Verhoeff in: Mt. Mus. Berlin, *v.* 14 p. 237, 249 f. 25—27.

♂ Länge 10 mm. 39 Beinpaare. Antennen ziemlich lang. Clypeus mit 3 Borstenpaaren. 1. Maxille ohne Außentaster. Klaue der 2. Maxille kurz, von den Borsten überragt. Chitinlinien der Kieferfüße vollständig, sehr dick, Tarsungulum ohne Basalzahn, Klaue innen glatt. 1. Sternit ohne Poren, 2.—11. Sternit mit rundlichem Porenfeld, 12. und folgende mit 2 kleinen Porenhaufen, 4 Sternite vor dem Endbeinsegment wieder mit einem großen Porenfeld, das letzte das größte; alle Porenfelder nicht besonders begrenzt. Sternite spärlich und vorwiegend kurz beborstet, die 4 Eckenborsten länger; letztes Sternit viel breiter als lang, hinten gerundet. Vordere Sternitgruben fehlen. Endbeinhüfte mit 3 Poren, der vordere der größte und frei mündend, die anderen unter dem Sternitrand. Endbeine des ♂ verdickt. Endkralle lang und spitz. Terminalporen vorhanden.

Le Trayas im Esterelgebirge.

47. **G. glacialis** Verh. 1928 *G. g.*, Verhoeff in: Mt. Mus. Berlin, *v.* 14 p. 231, 238, 241 f. 1—5, 11.

Länge bis 35 mm. 51 (♂)—53 (♀) Beinpaare. Körper reichlich beborstet. Antennen recht lang. 1. Maxille mit deutlichen aber stumpfen Außentastern. Klaue der 2. Maxille auffallend klein, von den Nachbarborsten überragt. Kieferfußklauen innen glatt, höchstens vorn etwas gekerbt, Chitinlinien abgekürzt. 1. Sternit ohne Poren. Porenfelder vorn und hinten durch Linien scharf begrenzt, ihre Verteilung wie bei *G. insculptus*. Vordere Gruben und hintere Zapfen der vorderen Sternite vorhanden, aber schwächer ausgeprägt als bei *G. insculptus*. Hüfte der Endbeine mit 7 oder 8 Poren. Terminalporen vorhanden.

Oberbayern, Kreuzeck, Nebelhorn im Allgäu.

48. **G. minimus** Verh. 1928 *G. m.*, Verhoeff in: Mt. Mus. Berlin, *v.* 14 p. 238, 245 f. 10.

♂: Länge 9,5 mm. 37 Beinpaare. Antennen mäßig lang. 1. Maxille ohne Außentaster. Endkralle der 2. Maxille kurz, von den Nachbarborsten überragt. Klaue der Kieferfüße innen glatt, Chitinlinien abgekürzt. Sternite ohne vordere Gruben. 2.—13. (14.) Sternit mit einheitlichem Porenfeld, das nur hinten scharf begrenzt ist; die weiteren Sternite ohne Poren. Die Sternite mit größerem Porenfeld haben 4 + 4 große Tastborsten. Hüfte der Endbeine mit 4 Poren, Endkralle vorhanden. Terminalporen fehlen.

S. Remo an der Riviera.

49. **G. aetnensis** Verh. 1928 *G. a.*, Verhoeff in: Mt. Mus. Berlin, *v.* 14 p. 239, 244 f. 9.

♂: Länge 28 mm. 53 Beinpaare. Antennen ziemlich lang. Mitte des Labrum mit 8 oder 9 Zähnchen. 1. Maxille ohne Außentaster. Klaue der 2. Maxille kurz, von den Nachbarborsten überragt. Klaue der Kieferfüße innen gekerbt, Chitinlinien abgekürzt. 1.—20. Sternit mit einheitlichem querem Porenfeld, das hinten ganz und vorn mit Ausnahme der Mitte scharf umgrenzt ist. Vordere Sternite mit 4 + 4 langen Tastborsten; vordere Gruben fehlen. Hüfte der Endbeine mit 5 Poren, Endkralle kräftig. Terminalporen groß.

Am Aetna bei Randazzo.

50. **G. insculptus** Att. 1880 *G. proximus*, Latzel (nec C. Koch), Myr. Österr.-Ung., *v.* 1 p. 184 | 1895 *G. insculptus*, Attems in: SB. Ak. Wien, *v.* 104 p. 163 | 1895 *G. i.*, Verhoeff in: Arch. Naturg., *v.* 61 I p. 346 f. 1 | 1918 *G. i.*, Brade-Birks in: Irish Natural., *v.* 27 p. 27 | 1928 *G. i.*, Verhoeff in: Mt. Mus. Berlin, *v.* 14 p. 238 f. 2, 3, 4, 6 | 1929 *G. proximus*, Attems in: Tierreich, *v.* 52 p. 164.

Hellgelb. Kopf und Kieferfüße dunkler. Länge bis 35 mm. 43 (♂) bis 63 (♀) Beinpaare. Kopf nur wenig länger als breit, ohne Stirnfurche. Mittelteil des Labrum mit 8—9 Zähnchen, von denen die 2 äußeren jeder Seite lang gefranst sind. 1. Maxille ohne Außentaster. Kralle der 2. Maxille sehr kurz, kegelig, mit ein oder mehreren feinen Spitzchen, von den Nachbarborsten weit überragt. Chitinlinien der Kieferfüße abgekürzt, Ungulum innen glatt; die Kieferfüße erreichen geschlossen den Stirnrand nicht ganz oder überragen ihn. Sternite mit seichtem Mittelgrübchen und 2 seitlichen flachen Furchen. Auf einer Anzahl der vorderen Sternite ist der vordere Teil durch eine feine Querlinie abgegrenzt und hat eine dunkelgelb gefärbte, quere, beinahe die ganze Breite einnehmende Grube; am Hinterrand ein durch eine Linie scharf abgesetzter Vorsprung oder Zapfen. Gruben und Zapfen beginnen auf dem 1.—6. Sternit und enden auf dem 15.—20. Vordere Sternite mit querem, vorn und hinten scharf durch Linien abgegrenztem Porenfeld, das $^3/_5$ der Sternitbreite einnimmt; vom 20. oder 22. an teilt es sich in 2 runde Häufchen; die letzten auf dem 28. Sternit. Sternit des Endbeinsegments breit, hinten gerade abgestutzt, die Ecken gerundet, die Seiten etwas konvex. Die großen Poren der Endbeinhüfte, 4—8, münden in einem Streif neben, teilweise unter dem Sternitrand, einer davon etwas entfernt hinten in der Mitte. Endkralle kräftig. Endbeine des ♂ mäßig verdickt. Terminalporen vorhanden.

Österreichische Alpenländer (Steiermark, Kärnten, Nieder-Österreich, Ober-Österreich, Tirol), Ungarn, Bosnien, Kroatien, Rumänien, Ober-Italien (Macugnaga, Monte Cavallo), Sardinien.

51. **G. promontorii** Verh. 1928 *G. p.*, Verhoeff in: Mt. Mus. Berlin, *v.* 14 p. 239, 248.

Länge 13 mm. 49 Beinpaare. 1. Maxille ohne Außentaster. Klaue der 2. Maxille kurz, zapfenartig, von den benachbarten Borsten überragt. Labrum-Mittelstück mit 3 Zähnen, Chitinlinien der Kieferfüße vorn abgekürzt. Klaue innen glatt. Antennen mäßig lang, weniger beborstet als bei *G. insculptus*. 1.—19. Sternit mit einheitlichem Porenfeld, das vorn abgerundet, hinten abgerundet stumpfwinklig und ziemlich gut begrenzt ist; vom 20. Sternit an zerfällt es in 2 Häufchen; in der hinteren Rumpfhälfte fehlen Poren. 8.—15. Sternit mit nierenförmiger vorderer Grube, die $^3/_4$ der Sternitbreite einnimmt. Sternite mit 4 + 4 mittellangen Borsten. Terminalporen vorhanden.

Riviera: Cap Martin.

52. **G. gavoyi** Chal. Vgl. oben p. 188. *Orinophilus g.*, Chal.

53. **G. oligopus** Att. Vgl. oben p. 188. *Orinophilus o.*, Att.

54. **G. noricus** Verh. 1928 *G. n.*, Verhoeff in: Mt. Mus. Berlin, *v.* 14 p. 232, 239, 242 f. 12.

♀: Länge bis 18 mm. 27 oder 39 Beinpaare. Mitte des Labrum mit 4 Zähnen. 1. Maxille ohne Außentaster, Klaue der 2. Maxille knopfartig mit 2 feinen Spitzchen. Klaue der Kieferfüße innen gekerbt-gesägt. 1. Sternit ohne Poren, 2.—14. Sternit mit einheitlichem Porenfeld, 15. mit wenigen

Poren, vom 16. an fehlen Poren; Porenfelder vorn und hinten im Bogen begrenzt. Vordere Sternite, besonders das 8.—12. mit vorderer, querer, nierenförmiger Grube, fast in der ganzen Sternitbreite. Hüfte der Endbeine mit 5—7 Drüsenporen. Terminalporen vorhanden.

Salzburg: Schmittenhöhe, 1950 m, St. Gilgen. Tirol: Steinach a. Brenner beim Naturfreundeschutzhaus.

55. **G. bluncki** Verh. 1928 *G. b.*, Verhoeff in: Mt. Mus. Berlin, *v.* 14 p. 233, 239, 241 f. 13.

♀: Länge 23 mm. 61 Beinpaare. Mittelstück des Labrum mit 4 spitzen Zähnchen. 1. Maxille ohne Außentaster, Kralle der 2. Maxille kurz, kegelig, von den Nachbarborsten überragt. Klaue der Kieferfüße innen gekerbt-gesägt. Antennen recht lang, fünfmal länger als der Kopf. 1. Sternit ohne Poren, 2.—20. Sternit mit einheitlichem, querem, vorn und hinten scharf begrenztem Porenfeld, 21. und 22. Sternit mit 2 Häufchen von Poren, die weiteren Sternite ohne Poren. 3.—11. Sternit vorn mit kleiner, querer Grube, höchstens von halber Sternitbreite; vorderer Abschnitt des Sternits durch eine feine Linie abgesetzt, wie bei *G. insculptus* u. a. Hüfte der Endbeine mit 4 Drüsenporen. Terminalporen vorhanden.

S. Remo.

ad p. 169:

Geophilus electricus helveticus Verh. 1928 *G. h.*, Verhoeff in: Mt. Mus. Berlin, *v.* 14 p. 246 f. 8.

Unterscheidet sich von *G. electricus* nur durch die Anordnung der Endbeinhüftdrüsen: die 7 oder 8 Drüsen münden alle auf der Ventralfläche, 2—3 davon im Bereich des Prästernits; zugleich sind die Hüften nach vorn gegen das Prästernit verschmälert, während sie bei *electricus* hier mehr aufgetrieben sind.

Brunnen am Vierwaldstätter See.

ad p. 172: Statt *G. osquidatum* Bröl. ist zu setzen:

18. **Geophilus joyeuxi** Bröl. 1903 *G. electricus J.*, Brölemann in: Arch. Zool. expér., ser. 4 *v.* 1 p. 319 [cfr. p. 169] | 1909 *G. osquidatum*, Brölemann in: Feuille Natural., ser. 4 *v.* 39 p. 209 [cfr. p. 172] | 1925 *G. Joyeuxi*, Brölemann in: Bull. Soc. Corse, *v.* 45 p. 232.

Korsika, Pyrenäen, Zentralfrankreich (Puy-de-Dôme).

G. joyeuxi ist somit als Subspecies von *G. electricus* zu streichen.

56. **Geophilus scillyensis** Verh. 1928 *G. s.*, Verhoeff in: Mt. Mus. Berlin, *v.* 14 p. 235, 247 f. 7.

♀ 31—32 mm lang. 61 Beinpaare. Kopf so lang wie breit. 1. Maxille mit schmalen, spitzen Außentastern, Klaue der 2. Maxille lang und spitz, die umgebenden Borsten entschieden überragend. Klaue der Kieferfüße innen gesägt, da wo die Zähnelung aufhört, etwas eingeknickt, Chitinlinien vorn abgekürzt. Mittelstück des Labrum mit 5 Zähnchen, die seitlichen sehr schwach. Vordere Sternite von einigen winzigen Börstchen abgesehen kahl. Ventralporenfelder deutlich abgegrenzt, vorn abgestutzt, hinten stumpfwinklig bis abgerundet, vom 2.—18. oder 19. einheitlich, dann bis zum vorletzten Sternit in 2 Häufchen geteilt. 4.—16. Sternit mit vorderen Gruben, die auf den Sterniten 4—8 noch kleiner sind. Diese Sternite (mit Gruben) haben außer dem Porenfeld noch eine Anzahl zerstreuter Poren. Hüfte der Endbeine mit 3 großen Poren auf der Ventralseite. Endkralle der Endbeine kräftig. Terminalporen vorhanden.

Scilly-Inseln, Castle Bryker.

Ist am nächsten mit *G. joyeuxi verwandt.* Unterschiede: a) *G. joyeuxi:* Terminalporen fehlen. Mittelstück des Labrum mit 2 Zähnchen. Chitinlinien der Kieferfüße fast vollständig. 51—57 Beinpaare. Außer dem Ventralporenfeld keine zerstreuten Poren. b) *G. scillyensis:* Terminalporen vorhanden. Mittelstück des Labrum mit 5 Zähnchen, die 2 seitlichen schwach. Chitinlinien der Kieferfüße vorn ein gutes Stück abgekürzt. 61 Beinpaare. Vordere Sternite außer dem gewöhnlichen Porenfeld mit zerstreuten Poren.

ad p. 174:

19b. **G. longicornis taorminensis** Verh. 1928 *G. l. t.*, Verhoeff in: Mt. Mus. Berlin, *v.* 14 p. 248.

♀ 19—24 mm lang. 53—55 Beinpaare. Kopf $1\frac{1}{2}$mal länger als breit, Antennen lang. Mittelstück des Labrum mit 3 deutlichen und jederseits einem schwächlichen Zähnchen. 1. Maxille mit dünnen, blassen, ziemlich langen und spitzen Außentastern; Klaue der 2. Maxille die benachbarten Borsten weit überragend. Tarsungulum der Kieferfüße mit kleinem Basalzahn. Klaue fast glatt, nur hinten mit schwachen Spuren von Kerbung. Chitinlinien vorn beträchtlich abgekürzt. 1.—16. Sternit mit querem, vorn geradlinigem, hinten stumpfwinkligem Porenfeld; auf dem 17. Sternit ist es in 2 Haufen geteilt, weiterhin fehlt es ganz. Sternit des Endbeinsegments breiter als lang. Endbeinhüfte mit 3 Poren, die ganz frei, vom Sternit abgerückt sind, Endkralle rudimentär, sehr blaß. Präfemur, Femur und Tibia der Laufbeine mit einer langen Borste. Terminalporen deutlich.

Isola bella bei Taormina; Riviera: Pegli, S. Raphael.

19c. **Geophilus longicornis bobolianus** Verh. 1928 *G. l. b.*, Verhoeff in: Mt. Mus. Berlin, *v.* 14 p. 252.

Länge 12—18 mm. 47—51 Beinpaare. Antennen mäßig lang. Kieferfußklauen innen schwach gekerbt. 1.—14. Sternit mit einheitlichem Porenfeld, 15. Sternit mit 2 Porenhäufchen. (Die weiteren Sternite?) Endbeinhüfte mit 3 oder 4 gleich großen, vorwiegend frei gelegenen Poren. Endklaue der Endbeine sehr klein und blaß. Femur und Tibia der Beine mit langer Borste, Präfemur nur mit sehr kurzen Börstchen.

Le Trayas; Corpo di Cava auf der sorrentinischen Halbinsel; Florenz, Boboli-Allee.

Übersicht der Subspecies von *G. longicornis:*

1	Kralle der Endbeine kräftig — 2		
	Kralle der Endbeine klein, kurz und blaß — 3		
2	♂ mit 49—53 Beinpaaren	19a.	**G. l. longicornis** var. l.
	♂ mit 43—47 Beinpaaren		**G. l. l. var. austriaca**
3	3 Endbeinhüftporen, vorn 2 sehr große, hinten eine viel kleinere, Präfemur, Femur und Tibia der Laufbeine mit einer langen Borste	19b.	**G. l. taorminensis**
	3 Endbeinhüftdrüsen, alle gleich groß, Präfemur der Laufbeine nur mit kurzen Börstchen . . .	19c.	**G. l. bobolianus**

ad p. 174:

57. **G. frigidanus** Verh. 1928 *G. longicornis f.*, Verhoeff in: Mt. Mus. Berlin, *v.* 14 p. 254.

♀: Länge 16 mm. 43 Beinpaare. Antennen fast so lang wie bei *G. longicornis.* Labrummitte mit 2 Zähnchen. 1. Maxille ohne Außentaster, 2. Maxille mit kräftiger Endkralle*). Vorderrand der Kieferfußhüften mit 2 kleinen

*) In Verhoeffs Beschreibung sind die Maxillen offenbar vertauscht.

Knötchen, Tarsungulum mit kräftigem Basalzahn, Klaue innen glatt. Ventralporenfeld nicht abgegrenzt, auf dem 1.—13. Sternit einheitlich, vom 14. bis vorletzten in 2 Häufchen geteilt. Endbeinhüfte mit 3 Drüsenporen, vorn zwei große, dahinter ein viel kleinerer, Endkralle lang. Präfemur, Femur und Tibia der Beinpaare unten mit einer besonders langen Borste.

Frigido-Ebene bei Massa.

Nach der etwas unvollständigen Beschreibung gehört diese Form nicht zu *G. longicornis*, sondern vielleicht eher zu *G. pusillifrater* Verh., von dem sie sich durch die Zahl der Beinpaare und die auch auf den hinteren Segmenten vorhandenen Ventralporen unterscheidet.

ad p. 183:

Geophilus carnicus Verh. 1928 *G. c.*, Verhoeff in: Mt. Mus. Berlin, *v.* 14 p. 253.

♀ 17—23 mm lang. 45—49 Beinpaare. Antennen ziemlich kurz; Labrummitte 3zähnig. Klauen der Kieferfüße innen glatt. Ventralporenfelder nicht durch Furchen abgegrenzt, bis zum 12. Sternit einheitlich, vom 13. bis 18. in 2 kleine Häufchen geteilt, weiterhin ganz fehlend. Endbeinhüfte mit 6 Drüsenporen, von denen 2 über den Sternitseiten versteckt, drei in einer Grube ventral vorn und einer unten in der Mitte frei mündet. Präfemur, Femur und Tibia der vorderen Beine mit einer besonders langen Borste. Endkralle der Endbeine stark. Terminalporen groß.

Krain, Wocheiner Feistritz.

Der Autor hält diese Art für eine nahe Verwandte von *G. longicornis*, von der sie jedoch erhebliche Unterschiede zu trennen scheinen. Nach der unvollständigen Beschreibung ist eine Einreihung nicht möglich.

ad p. 187:

7. **Nesogeophilus silvestrii** (Verh.) 1928 *Geophilus (Notadenophilus) s.*, Verhoeff in: Mt. Mus. Berlin, *v.* 14 p. 269 f. 28, 29.

♂: Länge 10 mm. 47 Beinpaare. Kopf $1^1/_2$mal so lang wie breit, vorn gerade abgestutzt. Labrum mit 4—5 kleinen Zähnchen. Clypeus mit 4 + 4 + 2 Borsten. Klaue der 2. Maxille spitz, kürzer als die benachbarten Borsten. Kieferfüße mit vollständigen Chitinleisten, Tarsungulum ohne Zahn. Klaue innen glatt. Sternite spärlich und kurz beborstet. 1.—19. Sternit mit rundlichem bis kurz längsovalem Porenfeld, das vom 20. an in 2 kleine Häuflein von wenigen Poren zerfällt. Endbeinhüfte vorn mit einem Büschel von 5—6 Drüsen, die durch einen gemeinsamen Porus unter dem Tergit des vorangehenden Segments münden, außerdem ein großer Porus hinten, der unter dem sehr breiten Sternit mündet. Endbeine des ♂ stark verdickt mit kräftiger Kralle. Gonopoden 2gliedrig.

Albano im Albanergebirge.

Unterscheidet sich von den Arten der Gattung durch die größere relative Länge des Kopfschildes. Aus dem von Verhoeff mitgeteilten geht nicht die Notwendigkeit hervor, diese Art generisch von *Nesogeophilus* zu trennen.

ad p. 199:

1a. **Pleurogeophilus mediterraneus glandulosus** Verh. 1928 *P. m. g*, Verhoeff in: Mt. Mus. Berlin, *v.* 14 p. 255.

Vorletztes Beinpaarsternit mit großem, hinten tiefeingebuchtetem Porenfeld, drittletztes mit sehr großem, $^2/_3$ der Sternitbreite einnehmendem, viertletztes mit noch größerem $^2/_8$ der Breite einnehmendem Porenfeld, letzteres das größte. Porenfeld des 5.—7. Sternits von hinten gerechnet, rundlich aber viel größer als bei *P. mediterraneus*. 71—75 Beinpaare.

[Bei *P. mediterraneus* haben das vorletzte und drittletzte Sternit nur kleine Porengruppen, das viertletzte ein rundliches Porenfeld, das $^1/_4$—$^1/_8$ der Sternitbreite einnimmt. 63—69 Beinpaare.]

Italienisch-französische Riviera: Mentone, Alassio, Ospedaletti, Bordighera, Le Trajas, La Turbie, S. Remo, St. Jean.

ad p. 204:

Geophilus flavidus noduliger Verh. 1928 *G. f. n.*, Verhoeff in: Mt. Mus. Berlin, *v.* 14 p. 270.

Aus den vom Autor gemachten Angaben scheint hervorzugehen, daß diese Form identisch ist mit *Clinopodes flavidus escherichii* var. *trebevicensis.*

ad p. 218: Geophilinae

Gen. **Aporophilus** Att.

1903 Subgen. *A.*, Attems in: Zool. Jahrb., Syst. *v.* 18 p. 217 | 1928 *Anadenophilus*, Verhoeff in: Mt. Mus. Berlin, *v.* 14 p. 264.

Hüften der Endbeine ganz ohne Poren. Endbeine mit gut entwickelten Krallen (Tarsus also vermutlich 2gliedrig). Ventralporen in einem Querband in der hinteren Hälfte, das in 2 Haufen zerfallen kann. Syncoxit der 2. Maxille einheitlich. Labrum mit kräftigen Zähnchen.

Ist in der Übersichtstabelle der Geophilinae (p. 159) nach 13a einzufügen:

a) Endbeinhüfte ohne Poren . . . . Gen. **Aporophilus**
b) Endbeinhüfte mit Poren — **14**

1 sichere, 2 unsichere Arten.

A. coryli Verh. 1928 *Geophilus (Anadenophilus) c.*, Verhoeff in: Mt. Mus. Berlin, *v.* 14 p. 265.

♀ 13 mm lang, mit 51 Beinpaaren. Antennen dick und lang. Clypeus mit 7—8 Borsten. Labrum-Mittelstück stark gegen die Seitenteile abgesetzt, mit 2 ziemlich kräftigen Zähnen, die auf einer trapezförmigen, ziemlich breiten Basis sitzen. 1. Maxille mit 2 langen, spitzen Außentastern. Syncoxit der 2. Maxille einheitlich, die Endkralle spitz. Kieferfußhüften vorn unbewehrt. Die Chitinlinien vorn abgekürzt, Tarsungulum ohne Zahn. Die Klaue innen glatt. Sternite und Beine kurz beborstet. 1.—15. Sternit mit losem Querband von Poren in der hinteren Hälfte, 16. bis vorletztes Sternit mit zwei getrennten Porenhäufchen. 4.—9. Sternit mit kleiner, zweiteiliger vorderer Grube, 2.—12. Sternit hinten höckerartig vorspringend. Letztes Sternit breiter als lang, hinten zugerundet. Endbeine des ♀ ziemlich dick, mit kurzer, starker Kralle. Terminalporen groß.

Albano im Albanergebirge.

A. grantii (Poc.) 1891 *Geophilus g.*, Pocock in: Ann. nat. Hist., ser. 6 *v.* 8 p. 216 [cfr. p. 323].

Madeira.

A. mustiquensis (Poc.) 1893 *Geophilus m.*, Pocock in: J. Linn. Soc. London, *v.* 24 p. 470 [cfr. p. 324].

Mustique Island, Westindien.

ad p. 232: 27. Gen. **Henia** C. L. Koch

In der Genus-Diagnose ist zu korrigieren: Terminalporen vorhanden oder fehlend.

Übersicht der Arten:

1	Hüfte der Endbeine ohne Poren — 2	
	Endbeinhüfte mit einer tiefen Grube, in die eine Anzahl Poren münden, manchmal außerdem weiter hinten ein Einzelporus — 3	
2	103 Beinpaare, neben dem Ventralporenfeld keine Furche	2. **H. athenarum**
	143—153 Beinpaare, neben dem Ventralporenfeld starke Furchen	1. **H. devia**
3	1. Sternit mit Porenfeld, das Porenfeld aller Segmente länger als breit, Endbeinhüfte mit einem hinteren Einzelporus — 4	
	Ventralporenfeld fast oder ganz kreisrund, fehlt auf dem 1. Sternit: weiter wie p. 232 Tabelle nr. 6.	
4	Tergite mit 4 kurzen Längswülsten. Antennen spärlich und kurz beborstet. Sternite 1—10 mit einigen etwas größeren Borsten neben dem Ventralporenfeld, die übrigen äußerst kurz beborstet, fast unbeborstet	3. **H. africana**
	Tergite ohne Längswülste. Antennen reichlich und ziemlich lang beborstet; Sternite, wenn auch meist kurz, so doch deutlich beborstet — 5	
5	Körper reichlich und ziemlich lang beborstet; Sternite jederseits mit etwa 20 Borsten, die bis zur nächsten Borste oder darüber hinaus reichen. Rumpf mit dunklem Pigment	11. **H. hirsuta**
	Körper spärlicher und kürzer beborstet. Sternite jederseits mit 2—6, höchstens 10 etwas längeren Borsten, sonst nur kurz beborstet — 6	
6	Rücken der Erwachsenen mit 2—4 dunklen Längsbinden. 53—63 Beinpaare. 1. bis 5. Ventralporenfeld deutlich biskuitförmig, vom 15. an nicht oder nur schwach eingeschnürt. Terminalporen fehlen	5. **H. pulchella**
	Rücken einfarbig gelb. 67—97 Beinpaare — 7	
7	Terminalporen fehlen; Innenbläschen der hintersten Endbeinhüftdrüse zweiästig	12. **H. cassinensis**
	Terminalporen gut ausgebildet; Innenbläschen der hintersten Endbeinhüftdrüse einfach — 8	
8	1.—15. Ventralporenfeld fast halb so breit wie das Sternit daneben, ohne Einschnürung, das 1. genau oval	13. **H. attemsii**
	1.—5. Ventralporenfeld $^1/_4$—$^1/_3$ so breit wie das Sternit daneben, in der Mitte stark eingeschnürt, das erste flaschenförmig, hinten breit und rund, vorn schmal	4. **H. bicarinata**

11. **H. hirsuta** Verh. 1928 *H. h.*, Verhoeff in: Mt. Mus. Berlin, *v.* 14 p. 260, 262 f. 19, 20.

Grau, Vorder- und Hinterende rötlichgelb, vom 10.—62. Tergit 2 graugrüne Flecke jederseits des Rückengefäßes, außerdem im mittleren und hinteren Rumpfdrittel verwaschenes graugrünes Pigment in den unteren Pleuren und Hüften. 63 Beinpaare. Körper besonders reichlich und ziemlich lang beborstet; die Borsten der Sternite, etwa 20 jederseits sind so lang, daß sie bis zur Basis der nächsten Borste oder darüber hinaus reichen. Endbeinsegment langborstig. Ventralporenfelder länglich, auf den vorderen Segmenten stark biskuitförmig eingeschnürt, dann immer weniger eingeschnürt, die letzten 7 Porenfelder doppelt so lang wie breit, nicht eingeschnürt. Terminalporen fehlen. Die hintere große Drüse der Endbeinhüfte mit einfachem Innenbläschen. Kieferfußhüften vorn stumpfwinkelig eingebuchtet. Terminalporen fehlen.

Mesolongi, Mittelgriechenland.

12. **H. cassinensis** Verh. 1928 *H. c.*, Verhoeff in: Mt. Mus. Berlin, *v.* 14 p. 262 f. 21, 22.

Rücken einfarbig. 75—77 Beinpaare. Antennen reichlich und ziemlich lang beborstet. Kieferfußhüften vorn stumpfwinklig ausgebuchtet. Tergite dreifurchig. Porenfeld des 1.—5. Sternits bandartig schmal und lang, das des 1.—3. Sternits gar nicht, das des 4. und 5. schwach eingeschnürt. Porenfeld des vorletzten Sternits $^{1}/_{3}$, des 3. und 4. letzten $^{1}/_{2}$ der Sternitlänge erreichend. Sternite spärlich beborstet. Labrum mit 8 Zähnen. Innenbläschen der großen, hintersten Endbeinhüftdrüse zweiästig.

Cassino Berg bei Monte Cassino.

13. **H. attemsii** Verh. 1928 *H. a.*, Verhoeff in: Mt. Mus. Berlin, *v.* 14 p. 261, 264.

Rücken einfarbig. ♂ mit 71 Beinpaaren. Labrum mit 9 langen und spitzen, dolchartig nach vorn und innen konvergierenden Zähnchen. Antennen reichlich und ziemlich lang beborstet. Kieferfußhüften vorn stumpfwinklig eingebuchtet. Porenfeld des 1.—5. Sternits fast halb so breit wie das Sternit daneben, das des 1. Sternits genau oval, $1\,^{2}/_{3}$ mal länger als breit, die folgenden 2—3 mal länger als breit, alle ohne mittlere Einschnürung. Sternite zerstreut kurz beborstet, die vorderen ohne längere Borsten neben dem Porenfeld. Innenbläschen der hinteren Endbeinhüftdrüse einfach. Terminalporen gut ausgebildet.

Triest.

ad p. 220: **Gen. Scolioplanes** Bergs. & Mein.

Die Gattung *Scolioplanes* enthält eine Reihe von Formen, die nur durch wenige und geringfügige Merkmale unterschieden sind und bei Anlegung des gleichen Maßstabes wie in anderen Gruppen etwa als Varietäten gewertet würden. Die mannigfache Kombination dieser Merkmale und die in den Details noch ungeklärte Verbreitung der Formen läßt vorläufig noch kein klares Bild von ihrer Verwandtschaft gewinnen. Entgegen den Angaben Verhoeffs kommen *S. acuminatus* und *S. crassipes* auch in der neuen Fassung durch ganz Italien bis nach Calabrien hinab vor.

Übersicht der paläarktischen Arten:

1	Die Kieferfüße überragen den Stirnrand	6. **S. sacolinensis**
	Die Kieferfüße reichen höchstens bis zum Stirnrand, meist erreichen sie ihn nicht — 2	
2	Sternite mit schmaler Medianfurche; nach Behandlung mit Kalilauge sieht man einen schmalen, fein gefältelten, oft abgekürzten Mittelstreif — 3	
	Sternite ohne Medianstreif, höchstens mit seichtem Grübchen, von dem nach Behandlung mit Kalilauge nichts mehr sichtbar ist. Porenhaufen der Sternite auch in der hinteren Körperhälfte durch einen breiten, ganz porenlosen Zwischenraum sehr deutlich getrennt — 5*)	
3	Poren der Endbeinhüftdrüsen $^{1}/_{3}$—$^{1}/_{2}$ so breit wie der Ausführungsgang	**S. mediterraneus**
	Poren der Endbeinhüftdrüsen so weit wie der Ausführungsgang — 4	

*) Hierher auch *S. transsilvanicus* Verh.

4 Der Medianstreif der Sternite ist bis zum Hinterrand deutlich sichtbar. Porenhaufen der hinteren Körperhälfte nur durch einen schmalen, von einzelnen Poren durchsetzten Zwischenraum getrennt. Beide Zwischenglieder der Kieferfüße innen abgerundet. Die Giftdrüse der Kieferfüße 3mal so lang wie breit und bis nahe an den Grund des Präfemur reichend. Borsten der Sternite klein und nicht zahlreich. Die Hüftdrüsen der Endbeine verschieden groß, die Poren so weit wie die Ausführungsgänge. 57 (♂)—63 (♀) Beinpaare . . . . 4. **S. alokosternum**

Medianstreif der Sternite hinten abgekürzt. Porenhaufen auch in der hinteren Körperhälfte durch einen mäßig breiten, porenlosen Zwischenraum deutlich getrennt. 2. Zwischenglied der Kieferfüße innen kegelig vortretend. Die Giftdrüse reicht ungefähr bis zur Mitte des Präfemur. Sternitborsten klein und nicht zahlreich. ♂ mit 45—57 Beinpaaren . . . . 1. **S. crassipes**

5 Sternite sehr reichlich und lang beborstet; die Borsten so lang, daß sie angelegt über die Basis der benachbarten Borsten hinausreichen. Die 2 Zwischenglieder der Kieferfüße innen abgerundet. Porenhaufen weit vom Hinterrand der Sternite entfernt; in der Vorderhälfte keine Poren. Endbeinhüfte mit 10 oder 11 ungleich großen Poren, die ebenso weit sind wie die Ausführungsgänge. Giftdrüse bis zur Mitte des Präfemur reichend. ♂ mit 41 oder 43 Beinpaaren. (Retyezát, Siebenbürgen) . . . . **S. crinitus***)

Sternitborsten viel kleiner, angelegt von den Nachbarborsten weit entfernt bleibend — 6

6 In der vorderen Hälfte der Sternite zerstreute Poren. Die 2 großen Porenhaufen sehr nahe dem Hinterrande gelegen. Sternit des Endbeinsegments vorn bedeutend breiter als der Hinterrand des vorangehenden Sternits. Beide Zwischenglieder der Kieferfüße innen abgerundet. Giftdrüse sehr kurz und gerade nur in das Präfemur hineinreichend. 47 bis 51 Beinpaare . . . . 5. **S. maritimus**

In der vorderen Hälfte der Sternite keine Poren. Die 2 Porenhaufen weit vom Hinterrand entfernt. Endbeinsternit vorn nur wenig breiter als der Hinterrand des vorangehenden Sternits — 7

7 Borsten der Sternite zahlreich und unregelmäßig verteilt, nicht in Querreihen. Borsten der Beine lang und kräftig. Beide Zwischenglieder der Kieferfüße innen abgerundet; die Giftdrüse ungefähr bis zur Mitte des Präfemur reichend. Poren der Endbeinhüften verschieden groß, absolut und relativ; teils so weit wie ihr Ausführungsgang, teils nur halb so weit. 39—51 Beinpaare . . . . 3. **S. hirsutipes**

Borsten der Sternite weniger zahlreich und in Querreihen. Borsten der Beine spärlich und dünn. Giftdrüse der Kieferfüße sehr kurz, gerade nur in das Präfemur reichend. Bauch rötlich. ♂ meist mit 39, selten 33—45 Beinpaaren . . . . 2. **S. acuminatus**: 8

*) nov. sp.

8	Die Poren der Endbeine sind ebenso weit wie ihre Ausführungsgänge. Die 2 Zwischenglieder der Kieferfüße innen ganz abgerundet oder kurz kegelig vortretend	2a. **S. a. acuminatus**
	Die Poren der Endbeinhüften sind $^{1}/_{3}$—$^{1}/_{2}$ so weit wie der Ausführungsgang	2b. **S. a. italicus**

2b. **S. a. italicus** Verh. 1928 *S. i.*, Verhoeff in: Mt. Mus. Berlin, *v.* 14 p. 275 f. 30.

♂ mit 39, ♀ mit 42 Beinpaaren. Alle Rumpfsternite ohne Medianstreifen. Die Poren der 10—17 Endbeinhüftdrüsen sind nur halb bis $^{1}/_{3}$ so breit wie ihre Ausführungsgänge.

Laveno am Lago Maggiore, Brunate am Lago di Como, Trient, Torreglia in den Colli Euganei, Temesvar im Banat.

S. mediterraneus Verh. 1928 *S. m.*, Verhoeff in: Mt. Mus. Berlin, *v.* 14 p. 277, 279 f. 36, 37.

Länge bis 44 mm. Einfarbig gelb oder fuchsiggelb mit 2 paramedianen dunklen Längsflecken auf den Segmenten des hintersten Viertels. 45 bis 51 Beinpaare. Beborstung der Sternite wie bei *S. crassipes*. Sternite mit einem schmalen, hinten abgekürzten Medianstreifen. Drüsen der Endbeinhüfte zahlreich, 18—30, die Poren $^{2}/_{5}$—$^{3}/_{5}$ so breit wie die Sammelbläschen resp. Ausführungsgänge; letztere entweder sehr verschieden groß oder fast von gleicher Größe. Distales Zwischenglied der Kieferfüße mit Andeutung eines Zähnchens.

Ober-Italien, Riviera (Nervi, Savona, S. Margherita); Orvieto; Carrara; Lienz im Drautal; Münster im Elsaß; Pratteln bei Basel.

S. transsilvanicus Verh. 1928 *S. t.*, Verhoeff in: Mt. Mus. Berlin, *v.* 14 p. 276, 278 f. 32.

Länge bis 36 mm. ♂ mit 45—57 Beinpaaren. Distales Zwischenglied der Kieferfüße innen mit kleinem Zähnchen; Sammelbläschen der Giftdrüse etwa 3 mal länger als breit und bis in die Mitte des Präfemur reichend. Sternite ohne Medianstreifen. Die Borsten klein, wenig zahlreich.

Siebenbürgen: Hermannstadt; Ober-Ungarn: Tàtra; Krain: Gottschee; Kärnten: Hermagor; Tirol: Brenner, Arlberg; Schwarzwald: Titisee; Schweiz: Pilatus, Kulm.

ad p. 240:

Chaetechelyne vesuviana pharyngealis Verh. 1928 *C. v. p.*, Verhoeff in: Mt. Mus. Berlin, *v.* 14 p. 282.

Die angegebenen Merkmale: längsovales Porenfeld auf dem 2. bis 10. Sternit, rundes Porenfeld auf den weiteren Segmenten. 55—61 Beinpaare, würden auf *Chaetechelyne montana* hindeuten, während die Farbe (einfarbig) und das Vorhandensein von Terminalporen nicht auf diese Art passen.

Laveno am Lago Maggiore; Abbazia.

ad p. 253:

1909 Subgen. *Plateurytion*, Attems in: Denk. Ges. Jena, *v.* 14 p. 23, 28 hätte damals Subgen. *Eurytion* genannt werden müssen; jetzt = Gen. *Eurytion* Att.

ad p. 268:

Chamberlin in: Bull. Mus. Harvard, *v.* 64 p. 39, 1920 teilt die mit *Sepedonophilus* Att. synonyme Gattung *Zelanion* Chamb. in 2 überflüssige Subgenera *Zelanion* und *Zelanoides*.

ad p. 333:

6. Gen. **Tampiya** Chamb.

1912 *T.*, Chamberlin in: Pomona, *v.* 4 p. 655.

Antennen ziemlich schlank, fadenförmig. Labrum ungeteilt, in der Mitte vorgewölbt, kräftig gezähnt. Telopodit der 1. Maxille zweigliedrig, mit Außentastern. Klaue der 2. Maxille einfach, weder gezähnt noch beborstet. Kieferfußhüften mit starken Chitinlinien, am Vorderrande 2 kräftige Zähne. Ventralporen fehlen. Endbeinhüfte mit einzeln mündenden Poren; eine kräftige Endkralle vorhanden. Stigmen kreisrund. Keine Paratergite.

Kalifornien.

Chamberlin hat für die Gattung *T.* eine Familie *Tampiyidae* (1912 Pomona *v.* 4 p. 654) aufgestellt, doch scheint sie überflüssig und wird die Gattung *T.* besser bei den *Gonibregmatidae* eingereiht. Von den anderen Gattungen unterscheidet sie sich durch das Fehlen der Ventralporen und das Vorhandensein der kräftigen Zähne am Vorderrande der Kieferfußhüften, von *Gonibregmatus* und *Tuoba*, mit denen sie am nächsten verwandt ist, außerdem durch die Außentaster der 1. Maxille, und von *Gonibregmatus* durch die Chitinlinien und Krallen der Endbeine.

1 Art.

1. **T. pylorus** Chamb. 1912 *T. p.*, Chamberlin in: Pomona, *v.* 4 p. 655.

125 Beinpaare. Basalschild $3^1/_2$ mal so breit wie lang, die Kieferfüße von oben zum Teil sichtbar, den Stirnrand erreichend. Sternit des Endbeinsegments schmal, jederseits 8 oder mehr Endbeinhüftporen, die einzeln, frei oder unter dem Sternit münden. Endbeine kurz mit kräftiger Endklaue.

Sansalito.

Alphabetisches Register

Nomenclator generum et subgenerum

von C. Apstein

Achilophilus Attems in: Kükenthal & Krumbach, Handb. Zool., *v.* 4 p. 363. 1926. Sp.: *A. monoporus* (Ann. S. Afr. Mus., *v.* 26 p. 153. 1928).

Adenoschendyla Brölemann & Ribaut in: Bull. Soc. ent. France, p. 192. 1911.

Agathothus Bollman in: Bull. U. S. Mus., *v.* 46 p. 166. 1893. Sp.: *A. gracilis.*

Alloschizotaenia Brölemann in: Arch. Zool. expér., ser. 5 *v.* 3 p. 337. 1909. Sp.: *A. minuta.*

Anadenophilus subgen. Verhoeff in: Mt. Mus. Berlin, *v.* 14 p. 264. 1928. Sp.: *Geophilus (A.) coryli.*

Anarrup Chamberlin in: Psyche, *v.* 27 p. 144. 1920. Sp.: *A. nesiotes.*

Aphilodon Silvestri in: Comun. Mus. Buenos Aires, *v.* 1 p. 39. 1898. Sp.: *A. Spegazzini.*

Apogeophilus Silvestri in: Zool. Jahrb., Suppl. *v.* 6 p. 766. 1905. Sp.: *A. claviger.*

Aporophilus Attems in: Zool. Jahrb., Syst. *v.* 18 p. 217. 1903. Sp.: *A. coryli.*

Arctogeophilus subgen. Attems in: Ark. Zool., *v.* 5 nr. 3 p. 23. 1909. Sp.: *Geophilus (A.) glacialis.*

Arenophilus Chamberlin in: Bull. Mus. Harvard, *v.* 54 p. 416. 1912. Sp.: *A. unaster, bipuncticeps, watsingus.*

Arrup Chamberlin in: Pomona, *v.* 4 p. 654. 1912. Sp.: *A. pylorus.*

Arthronomalus Newport in: Tr. Linn. Soc. London, *v.* 19 p. 276, 430. 1844/1845. Sp.: *A. longicornis, punctiventris, carpophagus, similis, Hopei, flavus, opinatus.*

Aspidopleres subgen. Porat in: Bih. Svenska Ak., *v.* 18 nr. 7 p. 14. 1893. Sp.: *Orphnaeus (A.) intercalatus.*

Australiophilus Verhoeff in: Ark. Zool., *v.* 17 A nr. 3 p. 51. 1925. Sp.: *A. longissimus.*

Azygethus Chamberlin in: Bull. Mus. Harvard, *v.* 64 p. 33. 1920. Sp.: *A. atopus.*

Ballophilus nom. nud. Cook in: P. U. S. Mus., *v.* 18 p. 70. 1896. Sp.: *B. clavicornis**).

Ballophilus Cook, Brandtia, p. 36. 1896. Sp.: *B. clavicornis, maculosus.*

Bothriogaster Sseliwanoff in: Zool. Anz., *v.* 2 p. 620. 1879. Sp.: *B. signatus, affinis, Meinerti.*

Bothrogeophilus Verhoeff in: Bronn, Kl. Ordn., *v.* 5II p. 581. 1927.

Brachygeophilus Brölemann in: Arch. Zool. expér., ser. 5 *v.* 3 p. 338. 1909. Sp.: *B. truncorum.*

Brachygonarea Ribaut in: Bull. Soc. Toulouse, *v.* 43 p. 126. 1912. Sp.: *B. apora.*

Brachyptyx Chamberlin in: Canad. Ent., *v.* 52 p. 184. 1920. Sp.: *B. mirandus.*

Brachyschendyla Brölemann & Ribaut in: Bull. Soc. ent. France, p. 193. 1911.

Brasilophilus Verhoeff in: Bronn, Kl. Ordn., *v.* 5II p. 286. 1908. Sp.: *B. micronyx.*

Chaetechelyne Meinert in: Naturh. Tidsskr., ser. 3 *v.* 7 p. 44. 1870. Sp.: *C. vesuvianus, montana.*

---

*) Im Text ist irrtümlich 1895 für diese Zeitschrift angegeben, die Arbeiten von Cook sind April 1896 erschienen. (Siehe dagegen Zool. Rec. 1895!)

Chalandea Brölemann in: Arch. Zool. expér., ser. 5 *v.* 3 p. 338. 1909. Sp.: *C. pinguis.*

Chilenophilus Attems in: Denk. Ges. Jena, *v.* 14 p. 27. 1919. Sp.: *C. corralinus.*

Chomatobius Humbert & Saussure in: Rev. Mag. Zool., ser. 2 *v.* 22 p. 205. 1870. Sp.: *C. mexicanus, brasiliensis.*

Chomatophilus Pocock in: Biol. Centr.-Amer., Chilop. p. 39. 1896. Sp.: *C. smithi.*

Clinopodes C. L. Koch in: Koch-Panzer, Krit. Revis., *v.* 3 p. 184. 1847. Sp.: *C. flavidus, carniolensis.*

Ctenophilus Cook in: P. U. S. Mus., *v.* 18 p. 71. 1896. Sp.: *C. africanus.*

Ctenorya Cook, Brandtia, p. 34. 1896. Sp.: *C. jombene.*

Cyphonychius subgen. Verhoeff in: Mt. Mus. Berlin, *v.* 14 p. 231, 237. 1928. Sp.: *Geophilus (C.) pinivagus, glacialis, insculptus, minimus, promontorii, aetnensis, gavoyi, noricus, bluncki.*

Dasyptyx Chamberlin in: Bull. Mus. Harvard, *v.* 64 p. 63. 1920. Sp.: *D. solomonensis, gigas, subgigas, uncifer.*

Diadenoschisma Verhoeff in: Bronn, Kl. Ordn., *v.* 5II p. 530, 552. 1918, 1925.

Dicellophilus Cook in: P. U. S. Mus., *v.* 18 p. 61. 1896.

Dignathodon Meinert in: Naturh. Tidsskr., ser. 3 *v.* 7 p. 36. 1870. Sp.: *D. microcephalum.*

Dinogeophilus Silvestri in: Atti Acc. Lincei, Rend. ser. 5 *v.* 18I p. 269. 1909. Sp.: *D. pauropus.*

Diphtherogaster Attems in: Denk. Ges. Jena, *v.* 14 p. 16. 1909. Sp.: *D. flavus.*

Diplethmus Cook in: P. ent. Soc. Washington, *v.* 4 p. 306. 1899. Sp.: *D. mexicanus.*

Diplochora Attems in: Zool. Jahrb., Syst. *v.* 18 p. 281. 1903. Sp.: *D. fusata.*

Disargus Cook in: P. U. S. Mus., *v.* 18 p. 69. 1896. Sp.: *D. striatus.*

Echinoschendyla subgen. Brölemann & Ribaut in: N. Arch. Mus. Paris, ser. 5 *v.* 4 p. 145. 1912. Sp.: *Schendyla (E.) mediterranea, Vizzavonae, zonalis.*

Ectoptyx Chamberlin in: Bull. Mus. Harvard, *v.* 64 p. 65. 1920. Sp.: *E. labasanus, kubasanus, turucanus, somonus, siaronus.*

Erithophilus Cook in: P. ent. Soc. Washington, *v.* 4 p. 308. 1899. Sp.: *E. neopus.*

Escaryus Cook & Collins in: P. U. S. Mus., *v.* 13 p. 391. 1891. Sp.: *E. phyllophilus, liber.*

Eucratonyx Pocock in: Willey, Zool. Results, part. 1 p. 66. 1898. Sp.: *E. meinerti, hamatus.*

Eurygeophilus subgen. Verhoeff in: Zool. Anz., *v.* 22 p. 366. 1899. Sp.: *Geophilus (E.) multistiliger.*

Eurytion subgen. Attems in: Zool. Jahrb., Syst. *v.* 18 p. 244. 1903. Sp.: *Geophilus (E.) michaelseni, metopias, moderatus.*

Evallogeophilus Silvestri in: Boll. Laborat. Zool. Portici, *v.* 12 p. 355. 1917. Sp.: *E. mexicanus.*

Galliophilus Brölemann in: Bull. Soc. Toulouse, *v.* 56 p. 107. 1927.

Garrina Chamberlin in: Bull. Mus. Harvard, *v.* 59 p. 506. 1915. Sp.: *G. ochrus.*

Geomerinus Brölemann in: Rec. Austral. Mus., *v.* 9 p. 65. 1912. Sp.: *G. curtipes.*

Geoperingueyia Attems in: Kükenthal & Krumbach, Handb. Zool., *v.* 4 p. 362. 1926. Sp.: *G. conjungens* (Ann. S. Afr Mus., *v.* 26 p. 150. 1928).

Geophagus Heckel in: Ann. Wien. Mus., *v.* 2 p. 383. 1840. Pisces.

Geophagus Attems in: Abh. Senckenb. Ges., *v.* 23 p. 475. 1897. Sp.: *G. serangodes.*

Geophilus Leach in: Tr. Linn. Soc. London, *v.* 11 p. 384. 1815. Sp.: *G. carpophagus, subterraneus, acuminatus, longicornis.*

Geoporophilus Silvestri in: Rec. Ind. Mus., *v.* 16 p. 105. 1919. Sp.: *G. angustus.*

Gnathomerium Ribaut in: Bull. Soc. Toulouse, *v.* 43 p. 106. 1912. Sp.: *G. inopinatum, wolfi, americanum.*

Gnathoribautia Brölemann in: Arch. Zool. expér., ser. 5 *v.* 3 p. 336. 1909. Sp.: *G. agricola.*

Gonibregmatus Newport in: P. zool. Soc. London, *v.* 10 p. 180. 1842. Sp.: *G. Cumingii.*

Gosiphilus Chamberlin in: Pomona, *v.* 4 p. 671. 1912. Sp.: *G. minor, bakeri, laticeps.*

Gosothrix Chamberlin in: P. Calif. Ac., ser. 4 *v.* 12 p. 398. 1923. Sp.: *G. insulanus.*

Haplogaster Verhoeff in: Zool. Anz., *v.* 19 p. 76. 1896. Sp.: *H. dimidiatum.*

Haplophilus Cook, Brandtia, p. 6. 1896.

Haploschendyla subgen. Verhoeff in: Zool. Anz., *v.* 23 p. 485. 1900. Sp.: *Schendyla (H.) Attemsii, wallachica.*

Henia C. L. Koch in: Koch-Panzer, Krit. Revis., *v.* 3 p. 83, 181. 1847. Sp.: *H. devia.*

Heniorya Cook, Brandtia, p. 34. 1896. Sp.: *H. longissima.*

Himantariella Chalande & Ribaut in: Arch. Zool. expér., ser. 5 *v.* 1 p. 236. 1909. Sp.: *H. maroccana.*

Himantarium C. L. Koch in: Koch-Panzer, Krit. Revis., *v.* 3 p. 82, 176. 1847. Sp.: *H. gabrielis, regulosum, fuscatum, laevipes.*

Himantosoma Pocock in: Ann. Mus. Genova, *v.* 30 p. 428. 1891. Sp.: *H. typicum, porosum.*

Holitys Cook in: P. ent. Soc. Washington, *v.* 4 p. 304 nota. 1899. Sp.: *H. neomexicana.*

Hydroschendyla Brölemann & Ribaut in: Bull. Soc. ent. France, p. 193. 1911.

Insigniporus Attems in: Zool. Jahrb., Syst. *v.* 18 p. 269. 1903. Sp.: *I. sturanyi.*

Ityphilus Cook in: P. ent. Soc. Washington, *v.* 4 p. 306. 1899. Sp.: *I. lilacinus.*

Khroumiriophilus subgen. Attems in: H. Gadeau de Kerville, Voy. Khroumirie, p. 58, 107. 1908. Sp.: *Geophilus (K.) Kervillei.*

Lamnonyx Cook in: P. U. S. Mus., *v.* 18 p. 61. 1896. Sp.: *L. leonensis, carniolensis, castaneiceps; gigas, japonicus, maxillaris, punctifrons, punctilabrum, spissus, tenuiculus.*

Leptophilus Chamberlin in: Bull. Mus. Harvard, *v.* 59 p. 528. 1915. Sp.: *L. caribeanus.*

Lestophilus Chamberlin in: Bull. Mus. Harvard, *v.* 59 p. 522. 1915. Sp.: *L. paucipes, didymus, haitiensis, nesiotes.*

Linotaenia C. L. Koch in: Koch-Panzer, Krit. Revis., *v.* 3 p. 86, 188. 1847. Sp.: *L. crassipes, subtilis, rosulans, nemorensis.*

Linotenia [pro *Linotaenia* C. L. Koch 1847] Chamberlin in: Pomona, *v.* 4 p. 658. 1912.

Litoschendyla Chamberlin in: P. Calif. Ac., ser. 4 *v.* 12 p. 391. 1923. Sp.: *L. americanus.*

Macronicophilus Silvestri in: Atti Acc. Lincei, Rend. ser. 5 *v.* 18ɪ p. 267. 1909. Sp.: *M. Ortonedae.*

Maoriella Attems in: Zool. Jahrb., Syst. *v.* 18 p. 283. 1903. Sp.: *M. aucklandica, macrostigma.*

Mecistauchenus Brölemann in: Bull. Soc. ent. France, p. 283. 1907. Sp.: *M. micronyx.*

Mecistocephalus Newport in: P. zool. Soc. London, *v.* 10 p. 178. 1842. Sp.: *M. ferrugineus, maxillaris, punctifrons, Guildingii, punctilabium.*

Mecophilus Silvestri in: Atti Acc. Lincei, Rend. ser. 5 *v.* 18ɪ p. 268. 1909. Sp.: *M. neotropicus.*

Megethmus Cook in: P. U. S. Mus., *v.* 18 p. 61. 1896. Sp.: *M. microporus.*

Meinertia pro: *Scotophilus* Meinert Bollman in: P. U. S. Mus., *v.* 46 p. 167. 1893.

Meinertophilus Silvestri in: Bull. Soc. ent. Ital., *v.* 29 p. 9. 1897. Sp.: *M. superbus.*

Mesocanthus Meinert in: Naturh. Tidsskr., ser. 5 *v.* 7 p. 34. 1870. Sp.: *M. albus.*

Mesogeophilus subgen. Verhoeff in: Zool. Anz., *v.* 24 p. 681. 1901. Sp.: *Geophilus (M.) baldensis.*

Mesoleptodon Chamberlin in: Bull. Mus. Harvard, *v.* 64 p. 47. 1920. Sp.: *M. laetus.*

Mesoschendyla subgen. Attems in: Denk. Ges. Jena, *v.* 14 p. 19. 1909. Sp.: *Schendyla (M.) monopora.*

Mexiconyx Chamberlin in: Psyche, *v.* 29 p. 9. 1922. Sp.: *M. hidalgoensis.*

Microschendyla subgen. Brölemann & Ribaut in: N. Arch. Mus. Paris, ser. 5 *v.* 4 p. 160, 165. 1912. Sp.: *Brachyschendyla (M.) armata, dentata.*

Nannocrix Chamberlin in: Ann. ent. Soc. Amer., *v.* 11 p. 376. 1918. Sp.: *N. porethus.*

Nannophilus Cook in: P. U. S. Mus., *v.* 18 p. 73. 1896. Sp.: *N. eximius.*

Nannopodellus Chamberlin in: Zool. N. York, *v.* 5 p. 140. 1924. Sp.: *N. purpurascens.*

Nannopus subgen. Bollman in: Bull. U. S. Mus., *v.* 46 p. 167. 1893. Sp.: *Pectiniunguis (N.)*

Necrophloeophagus subgen. Newport in: P. zool. Soc. London, *v.* 10 p. 180. 1842. Sp.: *Geophilus (N.) longicornis.*

Neogeophilus Silvestri in: Boll. Laborat. Zool. Portici, *v.* 12 p. 352. 1917. Sp.: *N. primus.*

Nesidiphilus Chamberlin in: Bull. Mus. Harvard, *v.* 59 p. 511. 1915. Sp.: *N. latus, montis, nicaraguae, marginalis.*

Nesogeophilus subgen. Verhoeff in: Nat. Hist. Juan Fernandez, *v.* 3 p. 413. 1924. Sp.: *Geophilus (N.) bäckströmi.*

Nesonannophilus subgen. Verhoeff in: Mt. Mus. Berlin, *v.* 14 p. 282. 1928. Sp.: *Nannophilus (Nesonannophilus) medius.*

Nesonyx Chamberlin in: P. Calif. Ac., ser. 4 *v.* 12 p. 397. 1923. Sp.: *N. flagellans.*

Nesoporogaster Verhoeff in: Ent. Tidsskr., *v.* 45 p. 99. 1924. Sp.: *N. excavatum.*

Nodocephalus Attems in: Zool. Anz., *v.* 75 p. 115–120. 1928. Sp.: *N. edentulus.*

Notadenophilus subgen. Verhoeff in: Mt. Mus. Berlin, *v.* 14 p. 269 f. 28, 29. Sp.: *Geophilus (N.) silvestrii.*

Nothobius Cook in: P. ent. Soc. Washington, *v.* 4 p. 308 note. 1899. Sp.: *N. californicus.*

Notiphilides Latzel in: Zool. Anz., *v.* 3 p. 547. 1880.

Notiphilus C. L. Koch in: Koch-Panzer, Krit. Revis., *v.* 3 p. 82, 180. 1847. Sp.: *N. taeniatus, sanguineus.*

Notobius pro *Nothobius* Cook 1899 Chamberlin in: Pomona, *v.* 4 p. 669. 1912.

Nyctunguis Chamberlin in: Bull. Mus. Harvard, *v.* 58 p. 201. 1914. Sp.: *N. montereus.*

Onychopodogaster subgen. Brölemann in: Feuille Natural., *v.* 39 p. 211. 1909. *Geophilus (O.)*

Orinomus Attems in: SB. Ak. Wien, *v.* 104 p. 166. 1895. Sp.: *O. oligopus.*

Orinophilus Cook in: P. U. S. Mus., *v.* 18 p. 72. 1896. Sp.: *O. oligopus.*

Orphnaeus Meinert in: Naturh. Tidsskr., ser. 3 *v.* 7 p. 17. 1870. Sp.: *O. lividus, brasiliensis.*

Orya Meinert in: Naturh. Tidsskr., ser. 3 *v.* 7 p. 14. 1870. Sp.: *O. barbarica.*

Pachymerellus Chamberlin in: Bull. Mus. Harvard, *v.* 64 p. 51. 1920. Sp.: *P. zygethus.*

Pachymerinus Silvestri in: Zool. Jahrb., suppl. 6 p. 755. 1905. Sp.: *P. millepunctatus, m. abbreviatus, canaliculatus, pluripes, porteri.*

Pachymerium C. L. Koch in: Koch-Panzer, Krit. Revis., *v.* 3 p. 85, 187. 1847. Sp.: *P. ferrugineum.*

Pachymeroides Chamberlin in: Bull. Mus. Harvard, *v.* 64 p. 45. 1920. Sp.: *P. mimeticus, alter.*

Pagotaenia Chamberlin in: Bull. Mus. Harvard, *v.* 59 p. 508. 1915. Sp.: *P. lestes.*

Pauroptyx Chamberlin in: Canad. Ent., *v.* 52 p. 188. 1920. Sp.: *P. himalayanus.*

Pectiniunguis Bollman in: P. U. S. Mus., *v.* 12 p. 212. 1890. Sp.: *P. americanus.*

Pentorya Cook, Brandtia, p. 34. 1896. Sp.: *P. afra.*

Philacroterium Attems in: Kükenthal & Krumbach, Handb. Zool., *v.* 4 p. 365. 1926. Sp.: *P. cribellatum, pauperum* (Ann. S. Afr. Mus., *v.* 26 p. 182. 1928).

Philacrotherium [pro *Philacroterium* Attems 1926, 1928] Attems in: Ann. S. Afr. Mus., *v.* 26 p. 186. 1928.

Philogeonus Chamberlin in: Bull. Mus. Harvard, *v.* 64 p. 48. 1920. Sp.: *P. zelanicus.*

Philosogus Chamberlin in: Bull. Mus. Harvard, *v.* 64 p. 49. 1920. Sp.: *P. oligus.*

Piestophilus Cook in: P. U. S. Mus., *v.* 18 p. 73. 1896. Sp.: *P. tenuitarsis.*

Plateurytion subgen. Attems in: Denk. Ges. Jena, *v.* 14 p. 28. 1909. Sp.: *Eurytion (P.) kalaharinus, badiceps, michaelseni, metopias, moderatus, dentatus, sabulosus.*

Plesioschendyla Ribaut in: N. Caledonia, *v.* 3I p. 72. 1923. Sp.: *P. confossa.*

Pleurogeophilus subgen. Verhoeff in: N. Acta Ac. Leop., *v.* 77 p. 417. 1901. Sp.: *Geophilus (P.) mediterraneus, herzegowinensis.*

Pleuroschendyla Brölemann & Ribaut in: Bull. Soc. ent. France, p. 192. 1911.

Poabius C. L. Koch in: Koch-Panzer, Krit. Revis., *v.* 3 p. 182. 1847. Sp.: *P. nitens, bistriatus.*

Poaphilus Chamberlin in: Canad. Ent., *v.* 44 p. 70. 1912. Sp.: *P. kewinus.*

Polycricus subgen. Saussure & Humbert in: Miss. Mex., Part. 6 Sect. 2 p. 143. 1872. Sp.: *Arthronomalus (P.) toltecus.*

Polyechinogaster Verhoeff in: Zool. Anz., *v.* 22 p. 364. 1899. Sp.: *P. fossulatum.*

Polygonarea Attems in: Denk. Ges. Jena, *v.* 14 p. 24. 1909. Sp.: *P. apora, centralis, kräpelini, oligopus.*

Polyporogaster Verhoeff in: Zool. Anz., *v.* 22 p. 364. 1899. Sp.: *P. tunetanum.*

Prolamnonyx Silvestri in: Rec. Ind. Mus., *v.* 16 p. 84. 1919. Sp.: *P. holstii, sauteri.*

Proschizotaenia Silvestri in: Mt. Mus. Hamburg, *v.* 24 p. 252. 1907. Sp.: *P. mediocris.*

Pseudohimantarium Chalande & Ribaut in: Arch. Zool. expér., ser. 5 *v.* 1 p. 236. 1909. Sp.: *P. mediterraneum, europaeum.*

Purcellinus Attems in: Kükenthal & Krumbach, Handb. Zool., *v.* 4 p. 362. 1926. Sp.: *P. robustus* (Ann. S. Afr. Mus., *v.* 26 p. 148. 1928).

Queenslandophilus subgen. Verhoeff in: Ark. Zool., *v.* 17 A nr. 3 p. 49. 1925. Sp.: *Arctogeophilus (Q.) sjöstedti.*

Ribautia Brölemann in: Arch. Zool. expér., ser. 5 *v.* 3 p. 335. 1909. Sp.: *R. Bouvieri.*

Schendyla Bergsoe & Meinert in: Naturh. Tidsskr., ser. 3 *v.* 4 p. 103. 1866. Sp.: *S. nemorensis.*

Schendylellus Chamberlin in: Psyche, *v.* 27 p. 65. 1920. Sp.: *S. hodites.*

Schendyloides subgen. Attems in: Ergeb. Hamburg. Magalh. Sammelr., *v.* 2 Myr. p. 6. 1897. Sp.: *Schendyla (S.) psilopus.*

Schendylops Cook in: P. ent. Soc. Washington, *v.* 4 p. 305. 1899. Sp.: *S. grandidieri.*

Schendylotyn subgen. Chamberlin in: P. biol. Soc. Washington, *v.* 39 p. 10. 1926. Sp.: *Schendylurus (Schendylotyn) integer.*

Schendylunguis Verhoeff in: Zool. Anz., *v.* 69 p. 101. 1926. Sp.: *S. dampfi.*

Schendylurus Silvestri in: Mt. Mus. Hamburg, *v.* 24 p. 245. 1907. Sp.: *S. australis.*

Schizonampa Chamberlin in: Bull. Mus. Harvard, *v.* 58 p. 214. 1914. Sp.: *S. Manni.*

Schizonampus pro: *Schizonampa* Chamberlin 1914 Attems in: Kükenthal & Krumbach, Handb. Zool., *v.* 4 p. 364. 1926.

Schizoribautia Brölemann in: Rec. Austral. Mus., *v.* 9 p. 70. 1912. Sp.: *S. rainbowi.*

Schizoschendyla subgen. Brölemann & Ribaut in: N. Arch. Mus. Paris, ser. 5 *v.* 4 p. 160, 162. 1912. Sp.: *Brachyschendyla (S.) Appenninorum, Monoeci, montana.*

Schizotaenia Cook in: P. U. S. Mus., *v.* 18 p. 73. 1896. Sp.: *S. prognatha.*

Scnipaeus Bergsoe & Meinert in: Naturh. Tidsskr., ser. 3 *v.* 4 p. 95. 1866. Sp.: *S. foveolatus, sodalis.*

Scolioplanes Bergsoe & Meinert in: Naturh. Tidsskr., ser. 3 *v.* 4 p. 98. 1866.

Scolopendra Linné, Syst. Nat., ed. 10 p. 637. 1758. Sp.: *S. lagura, coleoptrata, forficata, gigantea, morsitans, electrica, phosphorea, occidentalis, marina.*

Scotophilus Leach in: Tr. Linn. Soc. London, *v.* 13 p. 69, 71. 1821. Sp.: *S. Kuhlii.* Mamm.

Scotophilus Meinert in: Naturh. Tidsskr., ser. 3 *v.* 7 p. 40. 1870. Sp.: *S. bicarinatus, pulchellus.*

Sepedonophilus Attems in: Denk. Ges. Jena, *v.* 14 p. 34. 1909. Sp.: *S. perforatus.*

Simophilus Silvestri in: Natural. Sicil., n. ser. *v.* 1 p. 154. 1896. Sp.: *S. frenum.*

Snipaeus pro: *Scnipaeus* Bergsoe & Meinert 1866 Dallas in: Zool. Rec., *v.* 3 p. 266. 1867.

Snipoeus Marschall, Nomencl. zool., p. 390. 1873.

Sogodes Chamberlin in: P. U. S. Mus., *v.* 60 nr. 7 p. 11. 1922. Sp.: *S. difficilis.*

Sogolabis Chamberlin in: Psyche, *v.* 27 p. 63. 1920. Sp.: *S. scapheus.*

Sogona Chamberlin in: Bull. Mus. Harvard, *v.* 54 p. 431. 1912. Sp.: *S. minima.*

Sogophagus pro: *Geophagus* Attems 1897 Chamberlin in: Canad. Ent., *v.* 44 p. 220. 1912.

Soniphilus Chamberlin in: Canad. Ent., *v.* 44 p. 68. 1912. Sp.: *S. embius, secundus.*

Steneurytion subgen. Attems in: Denk. Ges. Jena, *v.* 14 p. 28. 1909. Sp.: *Eurytion (S.) sitocola.*

Stenotaenia C. L. Koch in: Koch-Panzer, Krit. Revis., *v.* 3 p. 85, 187. 1847. Sp.: *S. linearis, acuminata.*

Stigmatogaster Latzel, Myr. Österr.-Ung., *v.* 1 p. 211. 1880. Sp.: *S. gracilis.*

Strigamia Gray in: Todd, Cycl. Anat. Physiol., *v.* 3 p. 547. 1843.

Stylolaemus Karsch in: Arch. Naturg., *v.* 47 I p. 9. 1881. Sp.: *S. peripateticus.*

Suturodes Chamberlin in: P. U. S. Mus., *v.* 60 nr. 7 p. 13. 1922. Sp.: *S. tardus, Guatemalae, Stolli.*

Tabiphilus Chamberlin in: Pomona, *v.* 4 p. 665. 1912. Sp.: *T. rex.*

Taeniolinum Pocock in: J. Linn. Soc. London, *v.* 24 p. 471. 1893. Sp.: *T. setosum.*

Taiyuna Chamberlin in: Pomona, *v.* 4 p. 661. 1912. Sp.: *T. occidentalis.*

Tampiya Chamberlin in: Pomona, *v.* 4 p. 655. 1912. Sp.: *T. pylorus.*

Tanophilus Chamberlin in: P. U. S. Mus., *v.* 60 nr. 7 p. 12. 1922. Sp.: *T. hondurasanus.*

Tasmanophilus Chamberlin in: Bull. Mus. Harvard, *v.* 64 p. 44. 1920. Sp.: *T. tasmanianus.*

Telocricus Chamberlin in: Bull. Mus. Harvard, *v.* 59 p. 516. 1915. Sp.: *T. cubae, frater, major, multipes.*

Thalthybius Attems in: Zool. Jahrb., Syst. *v.* 13 p. 139. 1900. Sp.: *T. melanostigma.*

Thracophilus Verhoeff in: Zool. Anz., *v.* 69 p. 97, 98. 1926. Sp.: *T. bulgaricus.*

Timpina Chamberlin in: Bull. Mus. Harvard, *v.* 54 p. 432. 1912. Sp.: *T. texana.*

Titanophilus Chamberlin in: Bull. Mus. Harvard, *v.* 59 p. 502. 1915. Sp.: *T. maximus, fratrellus.*

Tomotaenia Cook in: Amer. Natural., *v.* 29 p. 866. 1895. Sp.: *T. bidens, bothriopus, branneri, chionophila, exsul, fulva, laevipes, longicornis, maculaticeps, parviceps, robustus, rubra, walkeri.*

Trematorya Brölemann in: Arch. Zool. expér., ser. 5 *v.* 3 p. 333. 1909. Sp.: *T. sternalis.*

Tretechthus Cook, Brandtia, p. 39. 1896.

Tuoba Chamberlin in: Bull. Mus. Harvard, *v.* 64 p. 35. 1920. Sp.: *T. curticeps.*

Tygarrup Chamberlin in: Bull. Mus. Harvard, *v.* 58 p. 210. 1914. Sp.: *T. intermedius.*

Tylonyx Cook in: P. ent. Soc. Washington, *v.* 4 p. 308 nota. 1899. Sp.: *T. tampae.*

Watophilus Chamberlin in: Bull. Mus. Harvard, *v.* 54 p. 420. 1912. Sp.: *W. alabamae.*

Zelanion Chamberlin in: Bull. Mus. Harvard, *v.* 64 p. 39. 1920. Sp.: *Z. dux, librius, curtus, similis, paucipes.*

Zelanoides subgen. Chamberlin in: Bull. Mus. Harvard, *v.* 64 p. 39. 1920. Sp.: *Zelanion (Z.) similis, paucipes.*

Zelanophilus Chamberlin in: Bull. Mus. Harvard, *v.* 64 p. 50. 1920. Sp.: *Z. wheeleri.*

FSC
www.fsc.org
MIX
Papier | Fördert
gute Waldnutzung
FSC® C083411

Kolibri 360 GmbH
Ferdinand-Jühlke-Straße 7
99095 Erfurt, Deutschland
produktsicherheit@kolibri360.de